Werkzeugmaschinen 4

Manfred Weck • Christian Brecher

Werkzeugmaschinen 4

Automatisierung von Maschinen und Anlagen

6. Auflage

 Springer Vieweg

Manfred Weck
Produktionstechnologie (IPT)
Fraunhofer Institut für
    Produktionstechnologie (IPT)
Aachen, Deutschland

Christian Brecher
WZL Laboratorium für Werkzeugmaschinen
    und Betriebslehre
Aachen, Deutschland

ISBN 978-3-540-22507-2 (Hardcover)
ISBN 978-3-642-38747-0 (Softcover)   ISBN 978-3-540-45366-6 (eBook)
DOI 10.1007/978-3-540-45366-6

Die Deutsche Nationalbibliothek verzeichnet diese Publikation in der Deutschen Nationalbibliografie; detaillierte bibliografische Daten sind im Internet über http://dnb.d-nb.de abrufbar.

Springer Vieweg

Gedruckt auf säurefreiem und chlorfrei gebleichtem Papier

Springer Vieweg ist eine Marke von Springer DE.
Springer DE ist Teil der Fachverlagsgruppe Springer Science+Business Media.
www.springer-vieweg.de

Überblick über Dateien Deutsch-Russisch

Zu den bei Springer veröffentlichten Werken Werkzeugmaschinen 1 bis 5 existiert eine Kurzfassung in russischer Sprache, die den interessierten Lesern verfügbar gemacht werden soll. Inhalte der russischen Kurzfassung orientieren sich an Inhalten der Vorlesungen im Fach Werkzeugmaschinen an der Rheinisch-Westfälischen Technischen Hochschule in Aachen. Die Inhalte sind verfügbar auf http://extras.springer.com.

Die Vorlesung ist in 12 Abschnitte gegliedert:

1 Einführung in Werkzeugmaschinen, Umformmaschinen
1 Обзор станков и оборудования, станки для обработки металлов давлением

2 Spanende Werkzeugmaschinen mit Werkzeugen mit geometrisch bestimmten und unbestimmten Schneiden, Verzahnmaschinen
2 Станки для обработки инструментом с геометрически определенными и неопределенными режущими кромками, станки для обработки зубчатых колес

3 Auslegung und Konstruktion von Gestellen und Gestellbauteilen
3 Расчет и конструирование структурных компонентов

4 Simulation, FEM, MKS, Aufstellung und Fundamentierung
4 Симуляция, МКЭ, МТМ, расчет фундаментов

5 Hydrodynamische Gleitführungen und Gleitlager, hydrostatische und aerostatische Gleitlager, Magnetlager
5 Гидродинамические, гидро- и аэростатические, элетромагнитные подшипники инаправляющие

6 Führungen, Lager und Gewindetriebe
6 Направляющие, подшипники, винтовые передачи

7 Geometrische und kinematische Genauigkeit
7 Геометрическая и кинематическая точность

8 Steifigkeit, Temperatur und Lärm
8 Жесткость, температура и шум

9 Dynamik von Werkzeugmaschinen
9 Динамика станков

10 Motoren und Umrichter
10 Двигатели и преобразователи частот

11 Aufbau von Vorschubantrieben, Positionsmesssysteme und Regelung
11 Конструкция приводов, системы позиционирования и управление

12 Logik- und numerische Steuerungen, NC-Programmierung
12 Логическое и числовое управление, программы ЧПУ

Vorwort
zum Kompendium „Werkzeugmaschinen Fertigungssysteme"

Werkzeugmaschinen zählen zu den bedeutendsten Produktionsmitteln der metall-verarbeitenden Industrie. Ohne die Entwicklung dieser Maschinengattung wäre der heutige hohe Lebensstandard der Industrienationen nicht denkbar. Die Bundesrepublik Deutschland nimmt bei der Werkzeugmaschinenproduktion eine führende Stellung in der Welt ein. Innerhalb der Bundesrepublik Deutschland entfallen auf den Werkzeugmaschinenbau etwa 8% des Produktionsvolumens des gesamten Maschinenbaus; 8% der Beschäftigten des Maschinenbaus sind im Werkzeugmaschinenbau tätig.

So vielfältig wie das Einsatzgebiet der Werkzeugmaschinen ist auch ihre konstruktive Gestalt und ihr Automatisierungsgrad. Entsprechend den technologischen Verfahren reicht das weitgespannte Feld von den urformenden und umformenden über die trennenden Werkzeugmaschinen (wie spanende und abtragende Werkzeugmaschinen) bis hin zu den Fügemaschinen. In Abhängigkeit von den zu bearbeitenden Werkstücken und Losgrößen haben diese Maschinen einen unterschiedlichen Automatisierungsgrad mit einer mehr oder weniger großen Flexibilität. So werden Einzweck- und Sonderwerkzeugmaschinen ebenso wie Universalmaschinen mit umfangreichen Einsatzmöglichkeiten auf dem Markt angeboten.

Aufgrund der gestiegenen Leistungs- und Genauigkeitsanforderungen hat der Konstrukteur dieser Maschinen eine optimale Auslegung der einzelnen Maschinenkomponenten sicherzustellen. Hierzu benötigt er umfassende Kenntnisse über die Zusammenhänge der physikalischen Eigenschaften der Bauteile und der Maschinenelemente. Eine umfangreiche Programmbibliothek versetzt den Konstrukteur heute in die Lage, die Auslegungen rechnerunterstützt vorzunehmen. Messtechnische Analysen und objektive Beurteilungsverfahren eröffnen die Möglichkeit, die leistungs- und genauigkeitsbestimmenden Kriterien, wie die geometrischen, kinematischen, statischen, dynamischen, thermischen und akustischen Eigenschaften der Maschine, zu erfassen und nötige Verbesserungen gezielt einzuleiten.

Die stetige Tendenz zur Automatisierung der Werkzeugmaschinen hat zu einem breiten Fächer von Steuerungsalternativen geführt. In den letzten Jahren nahm die Entwicklung der Elektrotechnik/Elektronik sowie der Softwaretechnologie entscheidenden Einfluss auf die Maschinensteuerungen. Mikroprozessoren und Prozessrechner ermöglichen steuerungstechnische Lösungen, die vorher nicht denkbar waren. Die Mechanisierungs- und Automatisierungsbestrebungen beziehen auch den Materialtransport und die Maschinenbeschickung mit ein. Die Überlegungen auf diesem Gebiet führten in der Massenproduktion zu Transferstraßen und in der Klein- und Mittelserienfertigung zu flexiblen Transferstraßen und flexiblen Fertigungszellen und -systemen.

Die in dieser Buchreihe erschienenen fünf Bände zum Thema „Werkzeugmaschinen Fertigungssysteme" wenden sich sowohl an die Studierenden der Fachrichtung „Fertigungstechnik" als auch an alle Fachleute aus der Praxis, die sich in die immer komplexer werdende Materie dieses Maschinenbauzweiges einarbeiten müssen. Außerdem verfolgen diese Bände das Ziel, dem Anwender bei der Auswahl der geeigneten Maschinen einschließlich der Steuerungen zu helfen. Dem Maschinenhersteller werden Wege für eine optimale Auslegung der Maschinenbauteile, der Antriebe und der Steuerungen sowie Möglichkeiten zur gezielten Verbesserung aufgrund messtechnischer Analysen und objektiver Beurteilungsverfahren aufgezeigt.

Der Inhalt des Gesamtwerkes lehnt sich eng an die Vorlesung „Werkzeugmaschinen" an der Rheinisch-Westfälischen Technischen Hochschule Aachen an und ist wie folgt gegliedert:

Band 1:   Maschinenarten, Bauformen und Anwendungsbereiche,
Band 2:   Konstruktion und Berechnung,
Band 3:   Mechatronische Systeme, Vorschubantriebe und Prozessdiagnose,
Band 4:   Automatisierung von Maschinen und Anlagen,
Band 5:   Messtechnische Untersuchung und Beurteilung.

Aachen, im Juli 2005   *Manfred Weck, Christian Brecher*

Vorwort zum Band 4

Der vorliegende Band 4 soll dem Leser einen Einblick in die Automatisierungs- und Steuerungstechnik von Werkzeugmaschinen geben. Der Schwerpunkt liegt sowohl in der Darstellung von Lösungen, die sich seit langem in der Praxis bewährt haben, als auch in der Vorstellung neuester Entwicklungen, die erst durch die Fortschritte in der modernen Halbleitertechnologie, den Einsatz von Mikroprozessoren und neuerdings durch die steigende Nutzung von Internettechnologien ermöglicht wurden.

Schwerpunkt von Band 4 ist die Betrachtung der verschiedenen Arten von Steuerungen. Hinzu kommen die in der Peripherie eingesetzten Robotersteuerungen sowie die Betrachtung der übergeordneten Leitebene.

Nach einer kurzen Einleitung (Kapitel 1) und einem geschichtlichen Rückblick über die Mechanisierung und Automatisierung werden im 2. Kapitel die automatisierbaren Funktionen bei Produktionseinrichtungen sowie deren Realisierungsmöglichkeiten beispielhaft beschrieben.

Es folgen die mechanischen Steuerungen als älteste Gattung der Steuerungstechnik (Kapitel 3). Wenn sie auch im Zeitalter der Elektronik stark an Bedeutung verloren haben, so sind dennoch viele Exemplare der mechanischen Automaten in den Werkstätten zu finden.

Die Grundlagen der Informationsverarbeitung in Kapitel 4 bilden die Basis für die elektrischen Steuerungen, die im Kapitel 5 erörtert werden. Neben verbindungspro grammierten (VPS) werden speicherprogrammierbare Steuerungen (SPS) vorgestellt und ihre Wirkungsweise anhand von Beispielen verdeutlicht. Im Werkzeugmaschinenbau haben die speicherprogrammierbaren Steuerungen eine besondere Bedeutung erlangt, weshalb nicht nur die unterschiedlichen Programmierverfahren ausführlich dargestellt werden, sondern auch die prinzipielle Vorgehensweise zur systematischen Entwicklung von komplexen SPS-Programmen geschildert wird.

Numerische Steuerungen (NC) haben eine zentrale Bedeutung für die Automatisierung von Werkzeugmaschinen erlangt. Im Kapitel 6 werden der interne Aufbau, der Funktionsumfang, die Programmierung bzw. die diversen Programmierverfahren und die Bedienung von numerischen Steuerungen sowie Entwicklungstendenzen ausführlich erörtert.

Daran anschließend wird in einem gesonderten Kapitel 7 die geometrische Datenverarbeitung in den NC-Steuerungen behandelt. Hierzu zählen die verschiedenen Verfahren zur Interpolation und Bewegungsführung sowie Werkzeugkorrekturen. Die NC-interne Behandlung des Vorschub-Overrides und der externen Geschwindigkeitsbeeinflussung werden am Ende dieses Kapitels gesondert erläutert.

Numerisch gesteuerte Handhabungssysteme und Industrieroboter sind heute vielfach Bestandteil von autonomen Fertigungs- und Montagezellen sowie flexiblen Fertigungssystemen. Sie werden häufig zur Beschickung der NC-Maschinen mit Werkstücken und Werkzeugen Aufgabenbereichen eingesetzt, u.a. zur Maschinenbeschickung und zum Werkstücktransport. Des Weiteren werden sie für Montage-, Schweiß- und Schneidaufgaben eingesetzt. Kapitel 8 behandelt daher eingehend die Robotersteuerungen. Diverse Roboterkinematiken, Koordinatentransformationen und Programmiermöglichkeiten bilden die Schwerpunkte dieses Kapitels.

Der Trend zur durchgehenden Integration und Vernetzung aller Unternehmensbereiche zu integrierten Informations- und Datenverarbeitungssystemen greift immer weiter um sich. Diese als „CIM" (Computer Integrated Manufacturing) bezeichnete bereichsübergreifende Bereitstellung der Produkt- und Produktionsdaten bildet eine wesentliche Voraussetzung für eine moderne, rationelle Fertigung.

In Kapitel 9 wird ein Modell für die CIM-Struktur eines Unternehmens vorgestellt. Einen Schwerpunkt bilden dabei die Leitstandsysteme zur Steuerung verketteter Anlagen. Ein im WZL realisiertes flexibles Fertigungs- und Montagesystem (IFMS), an dem die Verwirklichung mechanischer und steuerungstechnischer Komponenten für eine anspruchsvolle Produktionsaufgabe präsentiert wird, bildet den Abschluss des Kapitels.

Die Überarbeitung dieser Auflage des Bandes „Steuerungstechnik von Maschinen und Anlagen" geschah unter Mitwirkung unserer Mitarbeiter, der Herren Dipl.-Ing. *Carlos Almeida*, Dipl.-Ing. *Tilman Buchner*, Dipl.-Inform. *Frederik Bungert*, Dipl.-Ing. *Werner Herfs*, Dipl.-Ing. *Peter Hirsch*, Dipl.-Ing. *Martin Hork*, Dipl.-Ing. *Marco Lescher*, Dipl.-Ing. *Falco Paepenmüller*, Dipl.-Ing. *Frank Possel-Dölken*, Dipl.-Ing. *Ben Schröter*, Dipl.-Ing. *Mirco Vitr*, Dipl.-Inform. *Markus Voss* sowie Dipl.-Ing. *Jochen Wolf*. Allen Beteiligten möchten wir für ihre große Einsatzbereitschaft herzlich danken.

Für die Koordination und Organisation der Überarbeitung sowie die mühevolle EDV-technische Erfassung der Texte und Bilder zur sechsten Auflage möchten wir Herrn *René Günthel* und Herrn Dipl.-Inform. *Markus Voss* besonders danken.

Den Firmen, die die bildlichen Darstellungen aufbereitet und für diesen Band zur Verfügung gestellt haben, möchten wir ebenfalls herzlich danken.

Aachen, im März 2006   *Manfred Weck, Christian Brecher*

Inhaltsverzeichnis

Formelzeichen und Abkürzungen

Großbuchstaben

A, B, C, D	–	vektorwertige Koeffizienten
A_i	–	Transformationsmatrix zwischen K_i und K_{i-1}
F	N	Kraft
H	–	Hundertstel einer Kurvenscheibe
M	Nm	Drehmoment
N^i	–	Basisfunktionen vom Grad i
P	–	Abtastpunkt
R	m	Kreisradius
R	–	Rotationsmatrix
S	–	Splinefunktion
T	$1/s$	Interpolationstakt
T	–	Transformationsmatrix
U_{ges}	–	Gesamtanzahl der Spindelumdrehungen
U_h	–	Anzahl der Spindelumdrehungen innerhalb der Hauptzeit
U_{hi}	–	Anzahl der Spindelumdrehungen für den i-ten Arbeitsgang

Kleinbuchstaben

a	m/s^2	Beschleunigung
a_e	mm	Eingriffsbreite
a_i	mm	Denavit-Hartenberg-Parameter für die i-te Achse
d_i	mm	Denavit-Hartenberg-Parameter für die i-te Achse
d_i	mm	Länge der Arme des Handachsenkopfes beim Tricept
d_{max}	mm	größter Drehdurchmesser
h	mm	Abweichung
h	mm	Lagerspalt
h	m	Sehnenlänge
l	m	Beinlänge
l	mm	Länge
l	mm	Tasterauslenkung
l_i	mm	Arbeitsweg pro Arbeitsgang

l_{KE}	mm	absolute Auslenkung des Tasters in der Kopierebene
n	min^{-1}	Spindeldrehzahl
n	–	Polynomgrad
p_P	bar	Pumpendruck
p_T	bar	Taschendruck
r	mm	Radius des zylindrischen Spiegels
r	m/s^3	Ruck
s	m	Bogenlänge
s	m	Weg
s_i	mm/U	Vorschub pro Arbeitsgang
t	s	Zeit
t_h	s	Hauptzeit
t_w	s	Werkstückzeit
u	–	Knoten
v	m/min	Geschwindigkeit
v	m/min	Schnittgeschwindigkeit
v_B	m/s	Bahngeschwindigkeit
x,y,z	mm	Wege in Koordinatenrichtung
x	mm	Regelgröße
z	–	Übersetzungsverhältnis

Griechische Buchstaben

α_i	Grad	Denavit-Hartenberg-Parameter für die i-te Achse
ε	mm	Auslenkung
ε	mm	Toleranzbereich
γ	Grad	Triangulationswinkel
φ	Grad	Auslenkwinkel
Θ	Grad	Roboterachswinkel
θ_i	Grad	Denavit-Hartenberg-Parameter für die i-te Achse
ϖ	$°/s$	Kreisgeschwindigkeit
$\vec{i}, \vec{j}, \vec{k}$	–	Einheitsvektoren des Zielkoordinatensystems
L	–	Beinvektor (bei Parallelkinematiken)
P	–	Stützpunktvektor
$\vec{P}$	–	Positionsvektor
$\vec{r_1}, \vec{r_2}, \vec{r_3}$	–	Lage der feststehenden Kardangelenke beim Tricept
$\vec{r_a}, \vec{r_b}, \vec{r_c}$	–	Lage der beweglichen Kugelgelenke beim Tricept
$\vec{r_S}$	–	Lage der Schwenkachse beim Tricept
$\vec{r_F}$	–	Lage des Flanschkoordinatensystems beim Tricept
$\vec{r_P}$	–	Lage der beweglichen Plattform beim Tricept
U	–	Trägervektor

1 Einleitung

1.1 Begriffsbestimmung

Automatisierung nennt man alle Maßnahmen zum völlig oder teilweise selbstständigen Ablauf von Prozessen, die nach einem vorher erstellten Programm ohne Eingreifen des Menschen selbsttätig gesteuert werden. Voraussetzungen hierzu sind die Mechanisierung und die Steuerungstechnik (Bild 1.1). Die *Mechanisierung* ersetzt die Muskelkraft und Muskelarbeit des Menschen durch Vorrichtungen und motorischen Antrieb der Maschinen.

Die *Steuerungstechnik* entlastet den Menschen von monotoner Gedächnis- und Gedankenarbeit; sie umfasst das Speichern, die logische Verarbeitung und die Übertragung von Weg- und Schaltinformationen sowie die Ansteuerung von Aktoren.

Ein *Automat* ist demnach eine Vorrichtung oder Maschine, die nach einem einmaligen Einricht- bzw. Programmiervorgang und nach Beschicken mit Material und Hilfsstoffen vorbestimmte Aufgaben teilweise oder völlig selbstständig durchführt.

Ein *Halb-* oder *Teilautomat* ist im Werkzeugmaschinenbau eine Maschine, die alle prozessbedingten Arbeits- und Vorschubbewegungen des Werkzeugs bzw.

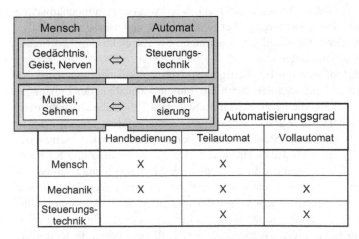

Bild 1.1. Zusammenhänge zwischen menschlicher Tätigkeit, Mechanisierung und Automatisierung

Werkstücks selbstständig durchführt. Funktionen wie Materialvorschub, Werkstückspannen, Drehzahlvorwahl u.ä. werden von Hand vorgenommen.

Der *Vollautomat* als Werkzeugmaschine führt alle Bewegungen und Funktionen selbsttätig aus; der Mensch braucht nicht in den Arbeitsablauf einzugreifen. Er übt lediglich noch Kontrollfunktionen aus und muss eventuell Rohmaterial ins Magazin bzw. Rohlinge ins Futter einlegen.

1.2 Geschichtliche Entwicklung und Gründe für die Automatisierung von Werkzeugmaschinen

Erste Vorrichtungen, die gewisse Ähnlichkeiten mit Werkzeugmaschinen haben, gehen auf das Mittelalter zurück. Beispielsweise wird bei der Wippendrehbank aus dem 14. Jahrhundert das Werkstück auf einer Holzbank zwischen verstellbaren Spitzen geführt und ausschließlich durch Muskelkraft mit einem Stichelmesser bearbeitet. Die Schnittbewegung, d.h. die Drehung des Werkstücks, wird mit einer Fußwippe über einen Umschlingungsseiltrieb aufgebracht; die Vorschubbewegung geschieht von Hand [254].

Erst gegen Ende des 18. Jahrhunderts gelingt es mit Hilfe der Dampfmaschine, motorisch getriebene Bearbeitungsmaschinen einzusetzen. Während anfangs bei diesen Maschinen das Werkzeug noch von Hand geführt werden musste, entwickelte man um 1790 Metallbearbeitungsmaschinen mit geführten Werkzeugschlitten (Supporten) und Gestellteilen aus Gusseisen anstelle von Holz. Im Jahr 1830 baute *Maudslay* in England eine Drehmaschine mit selbsttätigem Längsvorschub. Damit war die erste Stufe der Mechanisierung gegeben und zugleich die Voraussetzung für die Automatisierung geschaffen [41]. Der Übergang von der Mechanisierung zur Automatisierung ist in den letzten 150 Jahren der industriellen Entwicklung fließend gewesen. Die Steuerungstechnik entwickelte sich von der rein mechanischen Kurven-, Hebel- und Nockensteuerung über hydraulische, elektrische und elektrohydraulische Positionier- und Nachformsteuerungen bis zur elektronischen Steuerung und heutigen Computersteuerung.

Die Entwicklung im Bereich der Fertigungsprozessautomatisierung wurde in den letzten Jahrzehnten hauptsächlich durch die immense Zunahme der Leistungsfähigkeit elektronischer Bauelemente bestimmt. Seit etwa 1960 haben sich numerische Steuerungen, seit 1970 programmierbare und rechnergeführte Steuerungen in dem weiten Anwendungsfeld der Steuerungstechnik durchgesetzt. Mit diesen Steuerungen und den Möglichkeiten der elektronischen Datenverarbeitung und Kommunikation ist heute die Basis gegeben, die Fertigung mit durchgängigen Datenmodellen in den gesamten Informationsfluss eines Betriebes zu integrieren. Die höchste Stufe der Automatisierung haben neben den Transferstraßen für die Massenproduktion derzeit flexible Fertigungssysteme erreicht. Letztere wurden für die automatische Fertigung unterschiedlicher Werkstücke innerhalb bestimmter Teilefamilien entwickelt, wobei auch das Umrüsten der Maschine automatisch erfolgt. In solchen Systemen sind mehrere numerisch gesteuerte Maschinen durch automatische Materialtransporteinrichtungen bzw. Roboter so miteinander verkettet, dass man die

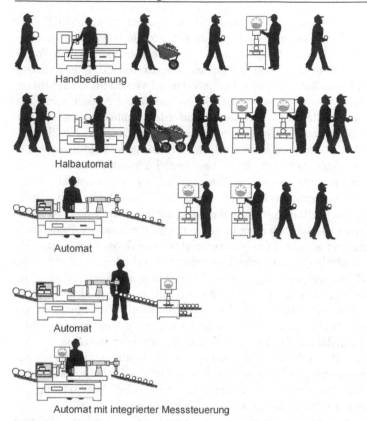

Handbedienung

Halbautomat

Automat

Automat

Automat mit integrierter Messsteuerung

Bild 1.2. Stufen der Automatisierung (nach Saljé)

Bearbeitungsreihenfolge der Werkstücke frei wählen kann. Die Steuerung der Maschinen und des Materialflusses geschieht mit Hilfe eines Leitstand-Rechners [174]. Wegen der Komplexität und hohen Investitionskosten solcher flexibel verketteter Anlagen ist eine angemessene Wirtschaftlichkeit nicht einfach realisierbar. Hohe Störungsraten bei diesen Systemen haben dazu geführt, kleinere Systeme, sog. Fertigungszellen, zu schaffen, die übersichtlicher und vom Benutzer einfacher zu handhaben sind. Dabei wird immer mehr Funktionalität vom Leitstand-Rechner in die Steuerung integriert, sodass sich ein Trend zu dezentralen Leitstandssystemen abzeichnet.

Entsprechend dieser Entwicklung verlagert sich künftig die Tätigkeit des Menschen von unattraktiven, monotonen und körperlich anstrengenden Arbeiten auf kreative Aufgaben der Planung, Überwachung und Optimierung der Vorgänge.

Bild 1.2 zeigt in allgemeiner Form die einzelnen Entwicklungsstufen der Automatisierung am Beispiel der Drehbearbeitung. In der ersten Stufe werden alle Steuerungs- und Hilfsfunktionen (Bedienung der Maschine, Werkstücktransport und Messen) von Hand ausgeführt. In der zweiten Stufe entlastet der Halbautomat den Benutzer. Wegen der größeren Stückzahl fällt jedoch mehr manuelle Arbeit für Transport und Messen an. Es folgt als dritte Stufe die Vollautomatisierung der Bearbeitung und des Werkstücktransports sowie die Handhabung von Werkstücken und Werkzeugen durch Handhabungseinrichtungen, wie z.B. Industrieroboter. Geschieht das Messen hier noch von Hand, wird in der vierten Stufe auch dieser Vorgang von einem Messautomaten besorgt. Der Mensch greift nur ein, wenn das Messergebnis ein Nachstellen des Drehautomaten erfordert. Schließlich findet in der fünften Stufe ein vollautomatischer Fertigungsprozess statt. Durch das in die Maschine integrierte Werkstückmesssystem wird eine selbsttätige Korrektur der Werkzeugzustellung ermöglicht. Der Mensch greift nur noch im Störungsfall ein.

Die Gründe für die Automatisierung lagen zu Beginn der Industrialisierung hauptsächlich in der Forderung nach einer höheren Produktivität, d.h. nach schnellerer und leichterer Herstellung größerer Werkstückzahlen. Durch das tayloristische Prinzip der Arbeitsteilung konnten in der Vergangenheit enorme Produktivitätssteigerungen erreicht werden. Die vorherrschenden Techniklösungen im Bereich der Automatisierungstechnik orientierten sich daher bis in die heutige Zeit an den Prinzipien einer Großserienfertigung. Neuere Entwicklungen zeigen jedoch, dass sich ein Trend von der Großserinfertigung hin zur Kleinserien- und Einzelfertigung abzeichnet. Das bedeutet, dass qualifizierte Facharbeit in Kombination mit ganzheitlichen Aufgabeninhalten zunehmend an Bedeutung gewinnen wird. Übertragen auf den Bereich der Bearbeitungsmaschinen charakterisieren umfassende Arbeitsinhalte, ausgehend von der Programmierung über die Optimierung, bis hin zur Überwachung von Fertigungsprozessen, den Arbeitsplatz des Facharbeiters an den Werkzeugmaschinen. Die grundlegende Voraussetzung für die Unterstützung des Personals im Umgang mit neuen, innovativen Techniklösungen ist hierbei in der ergonomischen Gestaltung der Maschinennutzer-Schnittstelle zu sehen. Moderne Steuerungen bieten in der Regel Programmierschnittstellen an, die eine individuelle Anpassung an die Bedürfnisse der Benutzer ermöglichen. Gleichzeitig können die Steuerungen um eigene Funktionalitäten erweitert werden. Neuere Entwicklungen eröffnen der Steuerung die Möglichkeit zur Ferndiagnose und Einbindung in Intra- und Internet.

1.3 Steuerungs- und Automatisierungstechnik als Teilaufgabe der Maschinenentwicklung

Das allgemeine Streben nach günstigeren und dabei zuverlässigeren Fertigungsmaschinen lässt die Automatisierungstechnik weiter an Bedeutung gewinnen. Ein Grund dafür ist der zunehmend mechatronische Charakter neuer Maschinen, deren Funktionalitäten immer öfter mit Hilfe der Steuerungstechnik realisiert werden.

Die steigende Integration von mehreren Funktionen in einer Maschine bedingt eine komplexere Struktur der Komponenten und der gesamten Anlage. Dieser wachsenden Komplexität kann nur durch die abteilungsübergreifende Kooperation verschiedener Fachabteilungen begegnet werden. Als ein wichtiges Hilfsmittel hat sich dabei das Pflichtenheft erwiesen. Ausgehend von einem generellen Überblick über

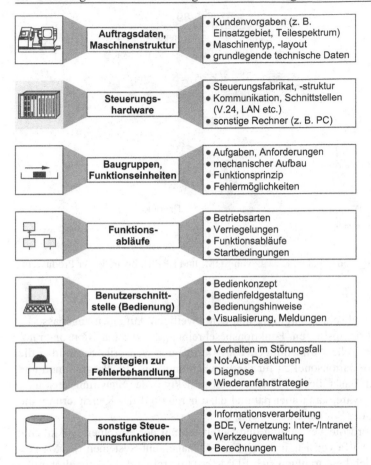

Bild 1.3. Prinzipieller Aufbau eines bereichsübergreifend verwendbaren Pflichtenheftes

die Anlage, in dem unter anderem Einsatzgebiet, spezielle Kundenanforderungen, wesentliche Komponenten und grundlegende technische Daten zusammengefasst sind, sollte das Pflichtenheft noch weitere Informationen enthalten (Bild 1.3):

– die Spezifikation aller Baugruppen der Maschine hinsichtlich des mechanischen Aufbaus, Funktionsprinzips, technischer Daten, Ausfallmöglichkeiten, usw.,
– die Beschreibung aller relevanten Funktionsabläufe und Betriebsarten,
– Angaben zur Steuerungshardware,
– die Konzeption des Bedienfelds und der Bedienelemente.
– Vernetzungsfähigkeit

Das Pflichtenheft muss während der gesamten Entwicklungsphase ständig aktualisiert werden, da sich in dieser Zeit die ins Auge gefassten Lösungen zur Erfüllung der Spezifikationen durch Optimierungsüberlegungen noch häufig ändern. Eingangsinformationen, die der Steuerungskonstrukteur aus der mechanischen Kon-

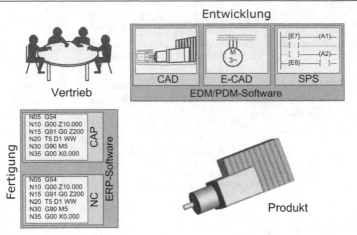

Bild 1.4. Einbindung von Kunden, Einsatz von EDM- und ERP-Software in der Produktentwicklung

struktion erhält, sind sehr manigfaltig und den jeweiligen Aufgaben angepasst. Es handelt sich um Prinzipskizzen, Funktionsbeschreibungen oder Funktionsdiagramme, sowie tabellarische Aufstellungen von Aktorik und Sensorik. Sie bilden die wesentlichen Informationsquellen für die Entwicklung von SPS-Programmen und Steuerungen. Auf Basis dieser Informationen projektiert der Steuerungstechniker zunächst die Hardware, kann aber parallel dazu bereits mit der Konzipierung und Implementierung der Software beginnen.

Heutzutage wird die Verwaltung und Bereitstellung der einzelnen Dokumente in der Regel mit Hilfe von Engineering-Data-Management-Systemen (EDM) realisiert. Ursprünglich beschränkten sich EDM-Systeme rein auf die Verwaltung von Dokumenten, wie sie mit CAx-Systemen erstellt worden sind und bieten heute auch eine Versionsverwaltung für die einzelnen Dokumente sowie eine Benutzerverwaltung mit an. Neuere EDM-Systeme eröffnen die Möglichkeit, Produkte komponentenbezogen zu verwalten. Hierdurch kann die Zusammenarbeit zwischen den einzelnen Abteilungen weiter intensiviert werden.

Häufig besitzen EDM-Systeme eine Schnittstelle zu Produktionsplanungs- und Steuerungssystemen (ERP), welche die Herstellung der einzelnen Produktkomponenten und die Zuordnung zu Fertigungsressourcen koordiniert (Bild 1.4).

2 Automatisierbare Funktionen der Fertigungseinrichtungen und ihre Realisierung

Die Möglichkeiten, manuell ausgeführte Funktionen sowie menschliche Denkprozesse zur Bedienung und Steuerung von Maschinen zu automatisieren, sind im Bereich der Fertigungstechnik sehr vielfältig. Die einzelnen Fertigungsverfahren und -aufgaben erfordern in der Regel speziell angepasste Lösungen.

Der derzeitige Stand der Technik bei der mechanischen Fertigung ist durch den hohen Entwicklungsstand der Werkzeugmaschinen gekennzeichnet, die entsprechend den ständig steigenden technologischen Anforderungen komplizierte Bearbeitungsaufgaben zu lösen vermögen. Vollautomatische Maschinen (z.B. Drehautomaten) sowie verkettete Anlagen (z.B. Transferstraßen) zählen seit langem zum Stand der Technik. In den letzten Jahren konzentrierten sich Automatisierungsbemühungen auf die Flexibilisierung von Fertigungsanlagen für die Kleinserien- und Einzelfertigung. Der selbstständige Ablauf wechselnder Bearbeitungs-, Handhabungs- und Spannaufgaben für eine große Anzahl von verschiedenen Werkstücken erfordert eine einfache und schnelle Umprogrammierung der Funktionsfolgen und Anpassung von Greif- und Spannvorrichtungen. Die an Fertigungseinrichtungen durchführbaren Basisfunktionen, auf die sich die Automatisierungsbestrebungen konzentrieren, sind in Tabelle 2.1 den Objekten Maschine, Werkzeug, Vorrichtungen und Werkstück global zugeordnet.

Zur Automatisierung der in Tabelle 2.1 gezeigten Funktionen (Beispiel: Transportieren, Handhaben, Ordnen von Werkstücken, Einrichten der Maschine, usw.) ist die elektronische Datenverarbeitung in Form von speicherprogrammierbaren Steuerungen (SPS, Kapitel 5) und numerischen Steuerungen (NC, Kapitel 6) entscheidende Voraussetzung. Mit der Zunahme der Komplexität sowie dem Investitionswert der Anlagen kommen sowohl der Zuverlässigkeit der Komponenten als auch einem geeigneten Diagnosesystem eine große Bedeutung zu, um Fehler an der Anlage frühzeitig zu erkennen und zu lokalisieren. Dies ist besonders im Hinblick auf Folgeschäden und daraus resultierende kostenintensive Stillstandszeiten wichtig.

Die für den Material- und Betriebsmittelfluss in einer Werkzeugmaschine erforderlichen Teilfunktionen werden prinzipiell anhand Bild 2.1 verdeutlicht. Die dort aufgeführten Funktionen werden von einer Numerischen Steuerung (NC) mit einer Speicherprogrammierbaren Steuerung (SPS) initiiert, ausgeführt und überwacht. Da die Automatisierung der verschiedenen Funktionen einer Anlage oder einer Maschine immer mit einem hohen Kapitaleinsatz verbunden ist, entscheiden in der Regel

Tabelle 2.1. Automatisierbare Funktionen an Werkzeugmaschinen

Funktion	Objekt			
	Maschine	Werkzeug	Vorrichtung	Werkstück
Transportieren, Handhaben, Ordnen		X	X	X
Einrichten	X	X	X	
Speichern	X	X	X	X
Spannen, Entspannen	(X)	X	X	X
Bearbeiten	X	(X)	(X)	X
Aufbereiten		X	X	X
Kontrollieren (Messen und Auswerten)	(X)	X	(X)	X
Diagnose (Maschinen- und Werkzeugzustand)	X	X	X	

X - Objekt führt die Funktion aus
(X) - Objekt indirekt an der Funktion beteiligt

Wirtschaftlichkeitsbetrachtungen darüber, welche Untermenge der in Tabelle 2.1 aufgeführten Funktionen zu automatisieren ist.

Bei allen Automatisierungsbemühungen hat die Praxis gezeigt, dass die Störanfälligkeit mit zunehmender Komplexität und zunehmendem Automatisierungsgrad überproportional ansteigt. In jüngster Zeit besinnt man sich daher zurück auf die ausgezeichneten Fähigkeiten des Menschen, insbesondere des Facharbeiters. In dem oft komplexen Zusammenspiel von Organisation (Material- und Werkzeugverwaltung), der Maschinenprogrammierung, der Maschinenaufrüstung, Fertigungskontrolle und Optimierung des technologischen Prozessablaufs treten oft Abweichungen von den Plandaten auf. Qualifizierte und motivierte Mitarbeiter finden besser und schneller die Entscheidung für eine wirtschaftliche Lösung gegenüber hochautomatisierten Produktionsanlagen. Bestrebungen, die planerischen Arbeiten (Arbeitsvorbereitung, Programmierung usw.) in die direkte Umgebung der Produktionsmaschinen in Form sinnvoller Gruppenarbeit zu verlegen, findet man heute in vielen Unternehmen vor. Sie sind Ausdruck der gemachten Erfahrungen.

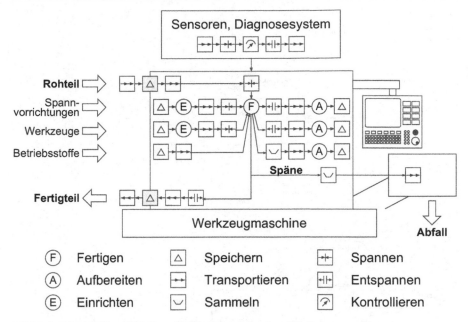

Bild 2.1. Prinzipieller Ablauf von Teilfunktionen in einer Werkzeugmaschine

2.1 Steuerung des Funktionsablaufs

2.1.1 Funktionsfolgen

Voraussetzung für einen automatisierten Fertigungsablauf ist eine räumliche und zeitliche Koordination der Teilfunktionen. Diese Aufgabe wird von der Maschinensteuerung übernommen. Sie besteht darin, die genaue Folge aller Teilfunktionen zu speichern, die Abläufe folgerichtig zum entsprechenden Zeitpunkt zu initiieren, die Ausführung zu überwachen, ggf. den Fertigungsprozess zu regeln (Messregelung, Adaptive Control) und den Zustand des Gesamtsystems kontinuierlich zu diagnostizieren.

Außer der zentralen Aufgabe der Maschinensteuerung, den Fertigungsprozess zu steuern, müssen die Werkstücke und die benötigten Werkzeuge sowie die zugehörigen Betriebsmittel und Spannvorrichtungen gespeichert, transportiert, gespannt und entspannt werden. Während und nach der Bearbeitung erfolgt die Überprüfung der Fertigungsqualität, d.h. die Werkstückmaße werden vermessen und, falls erforderlich, entsprechende Korrekturschritte, wie beispielsweise das Nachstellen der Maschinenvorschubwege, eingeleitet. Die Überwachung und Diagnose nahezu aller Komponenten der Maschine sowie des eigentlichen Fertigungsprozesses geschieht während der gesamten Betriebszeit. Die vollständige Realisierung dieser allumfassenden Steuerungsaufgabe ist nur bei sehr aufwändigen Einrichtungen, wie flexiblen Fertigungssystemen, gegeben. Vor allem die Überwachung der am Prozess beteiligten Objekte (Werkzeugzustand) bereitet heute mangels geeigneter Sensoren,

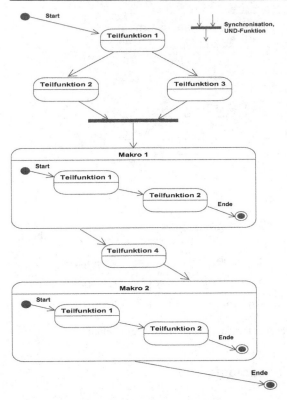

Bild 2.2. Ablauf einer Funktionsfolge in der Unified Modelling Language (UML)

die die Verschleißgröße direkt erfassen und die dem rauen Werkstattbetrieb stand-
halten können, noch große Schwierigkeiten.

Die Programm- bzw. Ablaufsteuerung einer Anlage muss entsprechend der
wechselnden Bearbeitungsaufgabe umprogrammiert werden. Im Bild 2.2 wird der
allgemeine Ablauf einer Funktionsfolge aus Teilfunktionen und Makros verdeutlicht. Makros bestehen aus einer bestimmten Anzahl wiederkehrender Teilfunktion-
en. Sie erleichtern dem Benutzer die Erstellung der Programmieranweisungen für
komplizierte, umfangreiche Funktionsabläufe. Teilfunktionen und Makros eines Arbeitszyklus (Bearbeitung eines Werkstücks) werden entsprechend der programmierten Funktionsfolge initiiert und ausgeführt. Die auszuführenden Funktionen laufen
dabei entweder nacheinander, d.h. nach Quittierung der zeitlich vorher ablaufenden
Funktion(en), oder wenn möglich bzw. erforderlich auch parallel ab. Die Quittierung
der letzten auszuführenden Funktion (z.B. Vermessung des Werkstücks) beendet die
Ausführung der Funktionsfolge bzw. des Arbeitszyklus und initiiert gleichzeitig die
erste Teilfunktion für die nächste Werkstückbearbeitung oder setzt die Maschine
still.

2.1.2 Elemente der Steuerung, Programmierung und Speicherung

Die Steuerung wird mit Hilfe mechanischer, hydraulischer, pneumatischer, elektrischer und elektronischer Elemente aufgebaut. Die Komplexität der Elemente zur Ausführung der Teilfunktionen ist von der Steuerungsart abhängig. Einfachste Elemente sind Hand- oder Endschalter, wobei letztere in der Regel gleichzeitig zur Quittierung der vorangegangenen Wegfunktion herangezogen werden können.

Bei mechanischen Steuerungen erfordern die Funktionsaufrufe häufig komplizierte Schaltmechanismen. Endanschläge und Nocken sind auf entsprechenden Trägersystemen angebracht, die sich ihrerseits mit dem Maschinenschlitten bewegen und durch ihre örtliche Lage zu den mechanischen Schaltfühlern den Vorschubweg bestimmen. Sie initiieren Schalt- und Steuerungsfunktionen, die über Kurvenscheiben rein mechanisch ausgeführt werden (vgl. Kapitel 3).

Bei elektrischen und elektronischen Steuerungen werden elektrische Schalter (Hand- und Endschalter) zur Initiierung bzw. Quittierung von Funktionen eingesetzt. Die logische Signalverarbeitung geschieht bei elektrischen Steuerungen mit Hilfe von Relais, bei elektronischen Steuerungen je nach Aufgabenumfang mit Hilfe von integrierten Logikbausteinen (IC – Integrated Circuits), Mikroprozessoren und Prozessrechnern. Das Umsetzen der bei elektronischen Steuerungen meist energieschwachen Steuerbefehle in die Ausführungsfunktionen erfolgt mit Verstärkern bzw. Servobausteinen. Üblicherweise finden hier Schütze, Transistor- und Thyristorelemente oder Ventile und Kupplungen Verwendung (vgl. Kapitel 5).

Tabelle 2.2. Speichermedien für Schalt- und Weginformationen

Steuerungstechnologie	Programmierung	Speichermedium		Ausführung der logischen Verknüpfung und Programmablaufsteuerung
		Wegfunktion	Schaltfunktion	
kurvengesteuerte Maschine	Herstellung der mechanischen Speichermedien und Setzen von Nocken	-Festanschläge -Kurvenscheiben -Kurvenlineal	-Nocken auf Hilfssteuerwelle und bewegten Schlitten	-Kupplung, Getriebe -Schaltgestänge -Kurven
nachformende (kopierende) Maschinen	Herstellung der mechanischen Speichermedien und Setzen von Nocken	-Schablonen -Kurvenlineal -3D-Modelle	-Endschalter -Nocken auf Leisten oder Trommeln	-SPS -Relais
Kombination aus kurven- und elektronisch gesteuerten Maschinen	Herstellung der mechanischen Speichermedien und über Display und Tastatur	-Festanschläge -Kurvenscheiben	-Endschalter -Nocken auf Leisten oder Trommeln und bewegte Schlitten	-SPS -Relais (teilweise auf NC)
elektrisch/elektronisch gesteuerte Maschinen SPS	über Kreuzschienenverteiler, Steckertafel oder über Display und Tastatur	-Maßstäbe	-Steckertafel -Endschalter -Nocken mit Schaltern	-SPS -Relais
numerisch gesteuerte Maschine (Basis: Mikroprozessor)	online über Display und Tastatur, offline über Programmiersprachen oder grafisch	NC- Programme: -Lochstreifen -ROM- und RAM-Speicher -magnetische und optische Speicher (Floppy, Harddisk, Server, CD, ...)		-NC -SPS -Relais

Zur Erzeugung der Hauptarbeitsbewegung einer Maschine (z.B. Linearbewegung von Pressenstößeln und Hobelschlitten, Drehbewegung von Hauptspindeln an Dreh- und Fräsmaschinen, usw.) sowie der Vorschubbewegungen (z.B. Kreuztische,

Pinolen sowie Walzen- und Zangenvorschub bei der Blechbearbeitung usw.) werden elektrische und hydraulische Motoren zur Erzeugung der rotatorischen oder translatorischen Bewegung eingesetzt. Diese werden je nach Anwendungsfall drehzahl- oder auch kraftgeregelt ausgeführt. Häufig müssen geeignete Wandler (Beispiel: Getriebe, Spindelmuttersysteme, usw.) zwischengeschaltet werden, um den gewünschten Drehzahl- bzw. Drehmomentenbereich zu erreichen oder um die motorische Drehbewegung in eine lineare Antriebsbewegung umzuwandeln.

Kombinationen aus mechanischen und elektrischen bzw. elektronischen Steuerungen finden heutzutage ebenfalls Anwendung. Bedienung bzw. Programmierung einer mechanisch gesteuerten Maschine werden durch Verwendung ergonomischer Benutzerschnittstellen (Bildschirm, Tastatur, ...) anwenderfreundlich gestaltet.

Zur Überwachung der Maschinenfunktionen und des Fertigungsprozesses werden Schalter, Sensoren und Messsysteme eingesetzt. Die Wahl der richtigen Steuerung ergibt sich immer aus dem Kompromiss aus Komfort einerseits und dem Preis, den der Kunde andererseits zu zahlen bereit ist.

Eine wichtige Voraussetzung für die Wiederverwendung von programmierten Werkstückbearbeitungsfolgen ist die Speicherung der zur Ausführung benötigten Informationen. Dazu gehört die Reihenfolge der Einzelfunktionen, d.h. die sequenzielle Vorgabe der Schalt- und Weginformationen, die in ihrer Gesamtheit das Bearbeitungsprogramm ergeben. Schaltinformationen dienen dabei zur Ausführung von einzelnen Teilfunktionen (Beispiel: Wechsel von Drehzahlen und Vorschüben, Weiterschalten des Werkzeugrevolvers, Klemmen des Maschinenschlittens, Spannen von Werkzeugen und Werkstücken usw.). Weginformationen beinhalten alle Angaben für die Bewegungsfolgen der verschiedenen Baugruppen, wie Schlitten, Pinole usw., in den einzelnen Achsen, die zur Erzeugung der Werkstückgeometrie erforderlich sind. In Tabelle 2.2 sind die verschiedenen Speichermedien für die Achsbewegungen (Geometrie) und Schaltbefehle in Abhängigkeit der verwendeten Steuerungstechnologie zusammengestellt.

2.2 Beispiele automatisierter Funktionen

In den folgenden Abschnitten werden repräsentative Beispiele für die Realisierung von wichtigen Funktionen gezeigt.

2.2.1 Weg- und Schaltinformationen

Die Bearbeitung von Werkstückkonturen, wie Bohrungen, das Drehen von Absätzen oder das Fräsen rechtwinkliger Teile, erfordert die Vorgabe definierter, zeitlich nacheinander ablaufender Bewegungen der Maschinenschlitten, der Spindel(n), usw. innerhalb bestimmter Weggrenzen. Voraussetzung für die genaue Steuerung von Bewegungen und den Schaltvorgang von einer Funktion zur nächsten ist entweder die Kenntnis der Wegendinformation durch Nocken- bzw. Schalterleisten (Kapitel 2.2.1.1) oder durch ständig messende, absolute bzw. inkrementale Drehgeber (Kapitel 2.2.1.2).

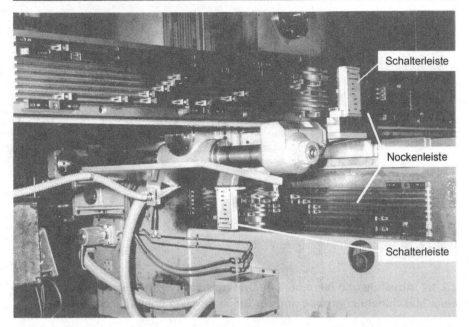

Bild 2.3. Nockenleisten zur Wegbegrenzung und Steuerung von Schaltfunktionen (nach Heller)

2.2.1.1 Nocken- und Schalterleisten

Weg- bzw. Zielinformationen lassen sich auf mechanischem Wege am einfachsten mit Nocken vorgeben und speichern, die verstellbar nebeneinander oder hintereinander auf Schienen oder Walzen angeordnet sind. Die Nocken können mechanisch über Hebel oder mit elektrischen, pneumatischen oder hydraulischen Schaltern abgetastet werden. Mit diesen Wegspeichern werden dann bei Erreichen der Position Schalter betätigt, die die laufenden Funktionen beenden und neue einleiten. Bild 2.3 zeigt die Nockenleisten am Kreuztisch einer Bettfräsmaschine. Die Nocken dienen dabei zur Feststellung eines zu erreichenden Weges und zur Initiierung der folgenden Funktionen wie Änderung der Vorschubgeschwindigkeit und -richtung oder der Spindeldrehzahl.

Die Folge von verschiedenen Schaltfunktionen wird häufig auch auf Nockentrommeln gespeichert. Die Trommel dreht sich dabei entsprechend dem Arbeitsfortschritt zwangsläufig weiter. Nach einer Umdrehung ist der Arbeitszyklus für ein Werkstück beendet und er kann wieder neu gestartet werden. Die absolute Schaltgenauigkeit der Nocken liegt bei ca. 0,1 mm.

Bei häufig wiederkehrender Bearbeitung eines Werkstücks lohnt es sich, die gesamte Nockenleiste mit den mechanischen Nocken wieder zu verwenden. Zu diesem Zweck wird die Leiste von der Maschine abgenommen und bei Wiederholung des Fertigungsauftrags an die Maschine montiert (Bild 2.3).

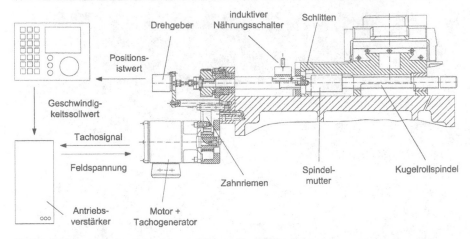

Bild 2.4. NC-gesteuerter Maschinenschlitten. Quelle: Boehringer

2.2.1.2 Absolute und inkrementale Drehgeber zur Erfassung der Istposition einer Maschinenbaugruppe und zur Steuerung von Schaltfunktionen

Drehgeber werden in Verbindung mit Kugelrollspindeln zur indirekten Erfassung von Tischpositionen oder zur direkten Erfassung von Winkellagen, z.B. von Drehtischen, eingesetzt (s. Band 3, Kapitel 2.2).

Bild 2.4 zeigt einen NC-gesteuerten Maschinenschlitten. Die aus dem Ausgangssignal des Drehgebers über die Steigung der Gewindespindel in der Maschinensteuerung ermittelte Istposition wird mit dem entsprechenden Positionssollwert verglichen. Aus der Differenz von Soll- und Istwert wird der Geschwindigkeitssollwert für den Motor gebildet und dem Antriebsverstärker übermittelt. Im Antriebsverstärker wird über einen Tachogenerator am Motor die augenblickliche Geschwindigkeit mit dem Geschwindigkeitssollwert aus der NC-Steuerung verglichen. Aus diesem Vergleich resultiert die Feld- bzw. Läuferspannung für die Ansteuerung des Servomotors. In Abhängigkeit des Positionsistwertes des Drehgebers können u.a. auch Schalt- und Wegfunktionen initiiert werden (Beispiel: Geschwindigkeitsänderungen, Vorschub weiterer Achse, usw.).

2.2.2 Drehzahlverstellung

Wie bereits angedeutet, werden Steuerbefehle über Verstärker, Servomechanismen und Stellorgane in die entsprechend auszuführenden Funktionen umgesetzt. Im Bild 2.5 ist die gerätetechnische Realisierung der Drehzahlverstellung einer Drehmaschine dargestellt.

Die Drehzahlregelung wird mit einem Antriebsverstärker realisiert. In Abhängigkeit von der vorgegebenen Solldrehzahl und Belastung wird die Statorspule des Asynchrondrehstrommotors mit der richtigen Frequenz und Stromstärke angesteuert. Der Tachogenerator ermittelt die Istgeschwindigkeit (Drehzahl)(vgl.

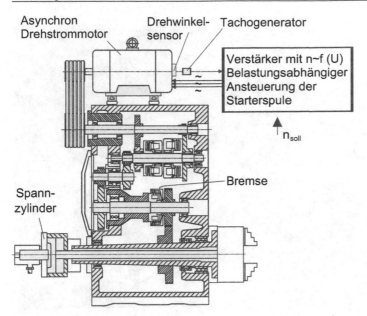

Bild 2.5. Drehzahlregelung mittels Antriebsverstärker und elektrisch betriebener Lamellen-kupplungen (nach Pittler)

Kapitel 2.2.1.2). Um einen großen Drehzahlbereich zu überstreichen, ist zusätzlich ein zweistufiges Schaltgetriebe vorgesehen. Die beiden Getriebestufen werden von der speicherprogrammierbaren Steuerung der Drehmaschine automatisch über eine elektromagnetische Lamellenkupplung geschaltet. Die elektromagnetische Lamel-lenbremse sorgt für eine kurze Auslaufzeit beim Abschalten des Spindelantriebs oder bei der Durchführung der Notausfunktion.

2.2.3 Werkstücktransport und -handhabung

Durch die Automatisierung der unmittelbar zum Fertigungsprozess beitragenden Weg- und Schaltfunktionen verbleiben dem Bediener außer der Optimierung und Überwachung des Fertigungsprozesses und der Fertigteilüberprüfung in Form von Sicht- und Maßhaltigkeitsprüfung die Aufgaben der Materialhandhabung. Dazu ge-hört das Wechseln von Werkstücken bzw. Werkzeugen (vgl. Kapitel 2.2.4) und unter Umständen die Späneentsorgung. Wegen der Monotonie und der einseitigen körper-lichen Belastung, insbesondere beim Werkstückwechsel, liegt es nahe, auch diese Vorgänge zu automatisieren.

Die Versorgung einer Werkzeugmaschine mit Rohmaterial erfolgt in der Regel mit Stangenmaterial, Stangenabschnitten, Guss- oder Schmiedeteilen bzw. Blech-platinen. In diesem Abschnitt sollen Transportsysteme- bzw. Hilfseinrichtungen vorgestellt werden, mit denen die Bereitstellung der zu bearbeitenden Werkstücke an entsprechender Werkzeugmaschinen ermöglicht wird.

Bild 2.6. Werkzeugspeicher mit Futter zur Realisierung des Stangenvorschubs

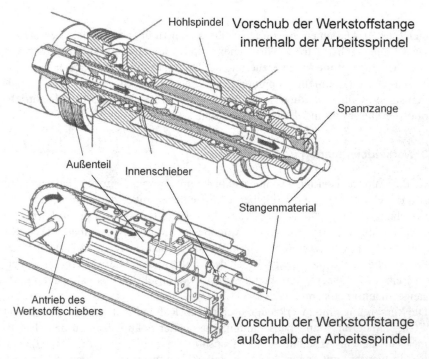

Bild 2.7. Werkstoffspeicher für den Stangenvorschub einer Drehmaschine (nach Traub)

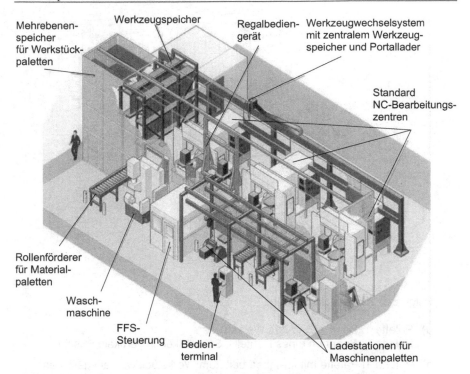

Bild 2.8. Flexibles Fertigungssystem für die Fräsbearbeitung. Quelle: Fastems

Die Versorgung einer vollautomatischen Drehmaschine mit Stangenmaterial erfordert besondere Systeme für die Materialspeicherung und den Materialvorschub. Eine Lösungsmöglichkeit stellt das im Bild 2.6 gezeigte Spannfutter dar, das in einer Drehmaschine in den Trommelwerkzeugspeicher eingesetzt wird. Das Stangenmaterial wird dabei mit dem Gegenfutter durch die hohle Arbeitsspindel gezogen. Der Materialvorschub kann somit durch den Verfahrweg des Werkzeugschlittens flexibel gestaltet werden. Dieses Spannfutter kann weiter zur Bearbeitung der Gegenseite des Werkstückes benutzt werden.

Eine weitere Möglichkeit der Versorgung einer Drehmaschine mit Stangenmaterial ist im Bild 2.7 dargestellt. Der Werkstofftransport wird hierbei über einen zweiteiligen Werkstoffschieber (Teleskopschieber) realisiert, der aus einem Außenteil und einem Innenschieber besteht. Das Außenteil des Teleskopschiebers verharrt mit kürzer werdender Stange am hinteren Ende der Arbeitsspindel, während der Innenschieber mit kleinerem Durchmesser das Vorschieben der Reststange im Bereich der Spindel übernimmt. Dabei wird der Innenschieber über den Kettentrieb und den Mitnehmer durch das geschlitzte Außenteil angetrieben.

Da sich während der Bearbeitung die komplette Stange dreht, muss eine entsprechende Lagerung im Bereich des Stangenlademagazins vorgesehen werden. Diese wird üblicherweise mit Zentrierrollen oder in Form einer Ölführung in einem ge-

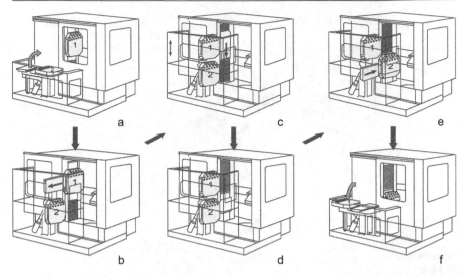

Folge des Werkstückwechsels:

a) Palette 1: Bearbeitung des Werkstücks
   Palette 2: Spannen eines Rohteils, Schwenken in vertikale Position

b) Palette 1: Palette mit fertigbearbeitetem Werkstück wird ausgefahren
   Palette 2: in Wechselposition

c, d) Maschinentisch fährt in Wechselposition für Palette 2

e) Palette 2 wird übernommen

f) Palette 1: zum Werkstückwechsel in waagerechte Position geschwenkt
   Palette 2: Bearbeitung des Werkstücks

Bild 2.9. Palettenspeicher bei Bearbeitungszentren (nach Steinel)

schlossenen Rohr realisiert, wobei sich durch die Rotation der Stange ein tragender, hydrodynamischer Ölfilm aufbaut.

Bei vollautomatisierten, flexiblen Fertigungssystemen (vgl. Kapitel 9) können die zu bearbeitenden Rohteile in einer Fertigungszelle vorbereitet (Beispiel: Sägezelle, Handarbeitsplätze, ...) und in weiteren Fertigungszellen auf den entsprechenden Werkzeugmaschinen bearbeitet werden. Der Transport zwischen den einzelnen Zellen wird, wie im Bild 2.8 zu erkennen ist, i.d.R. über Handhabungsgeräte, Flurförderfahrzeuge oder Transportbänder realisiert. Durch die Flexibilität von programmierbaren Handhabungsgeräten wie Industrierobotern oder modularen Greif- und Transportsystemen können die Umrüstzeiten und damit die Kosten einer Umstellung auf andere Werkstücke niedrig gehalten werden.

Beim manuellen Aufspannen von Werkstücken bringen automatische Wechseleinrichtungen für den Bediener eine wesentliche Entlastung bei der Werkstück-

Bild 2.10. Codeträger eines Palettenidentifikationssystems. Quelle: Balluff

handhabung. An den im Bild 2.9 prinzipiell dargestellten Palettenspeichern eines Bearbeitungszentrums mit horizontaler Arbeitsspindel erfolgt das Beschicken der Paletten auf der ergonomisch horizontal angeordneten Palettenladeeinrichtung vor der Maschine. Zum Wechseln der Paletten wird die fertig abgearbeitete Palette auf den freien Platz des Palettenspeichers heruntergefahren. Danach wird die benötigte Palette in die Ladeposition befördert und der Maschine in vertikaler Position zugeführt. Vorteil der vertikalen Beschickung ist der freie Spänefall in den Späneförderer, wodurch auch die Wärmebelastung der Maschine durch die warmen Späne vermindert wird.

Durch den Einsatz solcher automatischer Palettenwechseleinrichtungen wird der Nutzungsgrad der Maschine beträchtlich gesteigert, da das Auf- und Abspannen der Werkstücke, automatisch oder manuell, parallel zum Bearbeitungsvorgang erfolgen kann. Mit Hilfe geeigneter Palettentransporteinrichtungen können mehrere Maschinen zu einem flexiblen Fertigungssystem verkettet werden.

In der rechnergestützten Fertigung sind der Material- und der Informationsfluss untrennbar miteinander verbunden. Insbesondere die flexible, automatisierte Fertigung erfordert diese Kopplung. Für die Erkennung der Paletten mit den jeweils aufgespannten Werkstücken werden elektronische Identifikationssysteme eingesetzt. Sie bestehen aus einem Codeträger und einem Schreib-/Lesekopf. Der Codeträger kann je nach Anforderung z.B. als RFID-Transponder (**R**adio **F**requency **I**dentification) oder Barcode ausgeführt sein. Er ist in die Palette eingebaut und trägt individuelle Informationen. Im Bild 2.10 ist ein in die Palette eingelassener Codeträger zu erkennen. Über den Lesekopf kann ein Rechner (Leitrechner, Zellenrech-

Bild 2.11. Doppelgreifer beim Be- und Entladen eines unbearbeiteten und fertigen Bauteils einer Drehmaschine

ner, Maschinensteuerung, ...) die Information auslesen und erkennen, um welche Palette es sich handelt. Die im Arbeitsplan aufgeführte Bearbeitungsmaschine wird vom Transportsystem angesteuert. Die entsprechenden NC-Programme werden zur Maschine geladen.

Wie im Bild 2.8 gezeigt, können Werkstücke in Drehmaschinen mit Hilfe von Beschickungsautomaten (z.B. Linienportalroboter) automatisch gewechselt werden. Im Bild 2.11 ist ein Doppelgreifer für einen Industrieroboter zum Be- und Entladen einer Drehmaschine mit Stangenabschnitten oder vorgeformten Rohlingen gezeigt. Der Greifer besteht aus zwei Greifmodulen, die mechanisch gleich aufgebaut sind. Wird der Roboter zur Entnahme eines fertig bearbeiteten Bauteils angefordert, so wird mit einer Seite des Doppelgreifers vorher ein unbearbeitetes Rohteil von der Rohteilpalette gegriffen. Anschließend verfährt der Roboter in die Maschine, wobei das Fertigteil mit dem zweiten Greifer entfernt und das Rohteil dem Spannfutter zugeführt wird. Anschließend wird das Fertigteil auf einer bereitgestellten Palette abgelegt. Gegenüber Greifern mit nur einem Greifmodul lassen sich hier Maschinenstillstandszeiten zum Be- und Entladen der Maschine beträchtlich reduzieren.

2.2.4 Werkzeughandhabung und -speicherung

Eine weitere Voraussetzung für einen vollautomatischen Bearbeitungsablauf ist die Automatisierung des Werkzeugwechsels und der Werkzeughandhabung. Hierzu sind geeignete mechanische Schnittstellen zwischen Maschinen, Werkzeugen,

Spannstellung

Spannzange Zugstange

Tellerfederpaket Druckbolzen

Konus Kolben

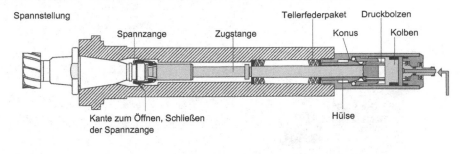

Kante zum Öffnen, Schließen
der Spannzange

Hülse

Lösestellung

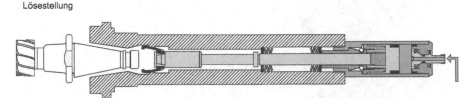

Bild 2.12. Automatische Schnellspanneinrichtung für Steilkegelwerkzeuge (nach Ott)

Handhabungsgeräten sowie Werkzeugmagazinen erforderlich. Typische Schnittstellen für Fräswerkzeuge sind der Steilkegel SK (DIN 69871) und der Hohlschaftkegel HSK (DIN 69893). Bei Drehmaschinen findet der Zylinderschaft mit Anzugskeil (DIN 69880) Verwendung.

Bild 2.12 zeigt eine automatische Schnellspanneinrichtung, wie sie in Bohr- und Frässpindeln zu finden ist. Das Werkzeug wird bei dieser Lösung von Tellerfedern über die Zugstange und Spannzange in die Arbeitsspindel gezogen. Die Haltekraft wird zum einen durch das Tellerfederpaket, zum anderen durch Klemmen der Zugstange über den Konus und die Hülse aufgebracht. Damit ist sichergestellt, dass das Werkzeug auch bei Ausfall der Energieversorgung nicht herausfällt. Gelöst und ausgestoßen wird das Werkzeug über die Maschinenhydraulik. Dabei wird der Kolben mit Druck beaufschlagt, sodass über den Druckbolzen und die Hülse das Tellerfederpaket zusammengedrückt wird. Gleichzeitig wird die Zugstange und damit die Spannzange in Richtung Steilkegel verschoben. Sobald die Spannzange die Kante passiert, öffnet sie sich selbsttätig. Das linke Stangenende stößt das Werkzeug aus der Spindel aus, wobei die Haftreibung im Sitz des Keils überwunden werden muss.

Zur Überwachung des Werkzeugflusses, d.h. zur eindeutigen Identifikation, werden wie bei der Materialflussüberwachung elektronische Identifikationssysteme eingesetzt, die aus einem Lesekopf und einem Codeträger bestehen (Bild 2.13). Jedes Werkzeug trägt seine individuelle Kennung. Über den Lesekopf kann ein Rechner (Leitrechner, Zellenrechner, Maschinensteuerung, usw.) den Code auslesen und das Werkzeug erkennen. Ein weiterer Vorteil des beschreibbaren Speichers an den Werkzeugen liegt in der Möglichkeit, die Standzeiten automatisch zu erfassen und am Werkzeug zu speichern.

Die in einer Drehmaschine benötigten Werkzeuge sind entweder in einem Revolverkopf (Bild 2.6) oder ähnlichen Systemen gespeichert und werden nachein-

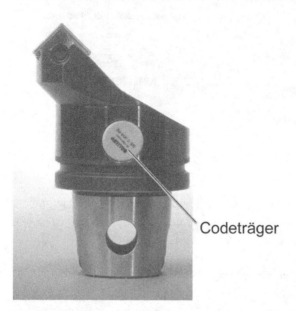

Codeträger

Bild 2.13. Werkzeuge mit elektronischem Identifikationssystem. Quelle: Balluff

Bild 2.14. Werkzeugspeicher in Kassettenform. Quelle: Balluff

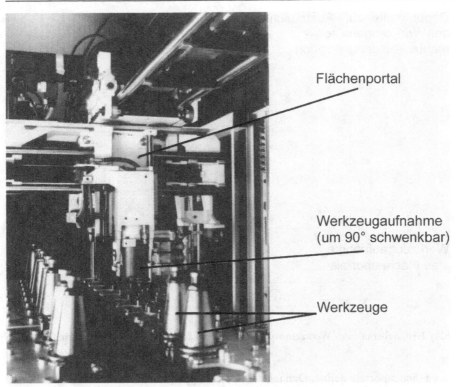

Bild 2.15. Flächenportal zum Werkzeugtransport (nach Thyssen)

ander in Arbeitsposition geschaltet. Werkzeuge für Fräsmaschinen befinden sich in Speicherketten oder in separaten Speicherkassetten (Bild 2.14), welche die auftragsspezifischen Werkzeuge für einen definierten Arbeitszeitraum, z.B. drei Schichten, aufnehmen. Dabei werden die Werkzeuge anhand von asymmetrischen Mitnehmernuten oder einer Orientierungsnut im Magazin ausgerichtet.

Ein zur Bearbeitung benötigtes Werkzeug wird über eine Handhabungseinrichtung (Bild 2.15) aus dem Magazin in die Übernahmeposition für den Werkzeugwechsel gebracht (Bewegung in X-, Y- bzw. Z-Richtung und Schwenken um 90°) und anschließend von der Werkzeugwechseleinrichtung (z.B. Doppelgreiferschwenkarm) mit dem Werkzeug in der Arbeitsspindel ausgetauscht. Das alte Werkzeug wird anschließend vom Handhabungssystem in seinem Kassettenplatz abgelegt. In den Bildern 2.16 und 2.17 ist der Werkzeugwechsel mit einem Doppelgreiferschwenkarm in einem Bearbeitungszentrum dargestellt.

Zum Werkzeugwechsel fährt das Flächenportal mit dem im Greifer befindlichen Werkzeug bis zur Werkzeugübernahmestellung vor. Der Doppelgreifer im Arbeitsraum fährt aus seiner Ausgangsposition (Position 0, Bild 2.17 a) vor (Position 1) und schwenkt um 90° (Position 2, Bild 2.17 b). In dieser Position werden die Werkzeuge vom Doppelgreifer gefasst, verriegelt und anschließend in Spindel und Greifer

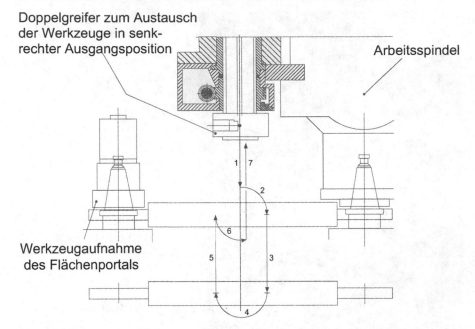

Doppelgreifer zum Austausch
der Werkzeuge in senk-
rechter Ausgangsposition

Arbeitsspindel

Werkzeugaufnahme
des Flächenportals

Bild 2.16. Schema eines Werkzeugwechsels in einem Bearbeitungszentrum (nach Thyssen)

des Flächenportals gelöst. Danach fährt der Doppelgreifer in die Schwenkstellung vor (Position 3, Bild 2.17 c), schwenkt um 180 ° (Position 4, Bild 2.17 d) und fährt in die Werkzeugübernahmestellung (Position 5) zurück. Die Werkzeuge werden im Doppelgreifer entriegelt und in Spindel und Greifer des Flächenportals gespannt. Anschließend schwenkt der Doppelgreifer um 90° (Position6) und fährt in die Ruhestellung (Position 7, Bild 2.17 a).

2.2.5 Prozessüberwachung, Prozessregelung, Diagnose und Sicherheit

Im Bereich der automatisierten Fertigung nehmen die Überwachung, Diagnose und die direkte Korrektur des Produktionsprozessverlaufs eine wichtige Stellung ein. Durch die Diagnose der Maschinen- und Werkzeugzustände können die Produktionskosten gesenkt werden, da beispielsweise Stillstandzeiten durch frühzeitige Erkennung von sich anbahnenden Maschinenfehlern vermieden werden können. Weiterhin können durch geeignete Werkstückvermessungs- und Sensorsysteme Positionsabweichungen während des Bearbeitungsprozesses erkannt und der Fertigungsprozess korrigiert werden, sodass die Güte der hergestellten Bauteile gesichert werden kann. Ein wichtiges Beispiel ist die Kompensation der Maßabweichungen aufgrund von Werkzeugverschleiß oder thermodynamischer Verformung (vgl. Kapitel 7).

Bild 2.17. Werkzeugwechsel in einem Bearbeitungszentrum. Quelle: Thyssen

Im Gegensatz zu kleinen und mittleren CNC-Werkzeugmaschinen werden Groß-werkzeugmaschinen häufig ohne Arbeitsraumverkleidung betrieben. Dadurch entsteht eine Gefahr für Bediener und Dritte, die während der Bearbeitung in den Arbeitsraum gelangen können. Durch die Überwachung des Arbeitsraumes mit optischen Sensoren oder Ultraschall-Systemen gelingt es beispielsweise, bei Betreten des Arbeitsraums die Maschine zu stoppen und die Gefahr für Personen, die in den Arbeitsraum gelangen, zu vermindern.

2.2.6 Leittechnik

Unter dem Begriff Leittechnik werden die Steuerung und die Überwachung von Mehrmaschinensystemen verstanden. Der Informations- bzw. Datenfluss in einem Produktionssystem (z.B. flexibles Fertigungssystem) erfordert geeignete Software-module, die je nach Stellung in der Hierarchie des Leitsystems (Bild 2.18) unterschiedliche Aufgaben erfüllen müssen (vgl. Kapitel 9). Der Planungsebene kommen dabei Funktionen wie Konstruktion oder Produktionsplanung zu. Aufgabe der Leitebene ist es, Aufträge der Planungsebene in dem Produktionssystem umzusetzen, indem den verschiedenen Einheiten der Ausführungsebene (Zellen) entsprechende Fertigungs-, Montage- oder Transportaufträge erteilt werden.

Die Aufträge werden von den Zellenrechnern in Steueranweisungen für die entsprechenden Anlagenteile umgesetzt und an die Steuerungen der Maschinen, Transportsysteme, Lager, usw. übermittelt. Diese setzen die Steueranweisungen dann in die erforderlichen Aktionen der Einheit (Maschine, Roboter, Transportsystem, La-

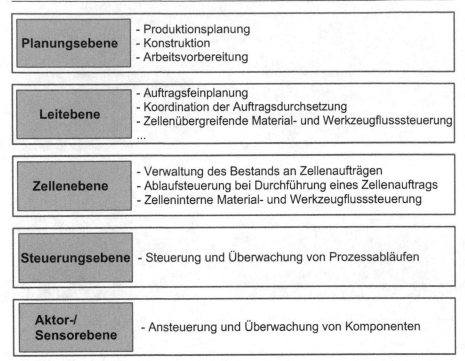

Planungsebene	- Produktionsplanung - Konstruktion - Arbeitsvorbereitung
Leitebene	- Auftragsfeinplanung - Koordination der Auftragsdurchsetzung - Zellenübergreifende Material- und Werkzeugflusssteuerung ...
Zellenebene	- Verwaltung des Bestands an Zellenaufträgen - Ablaufsteuerung bei Durchführung eines Zellenauftrags - Zelleninterne Material- und Werkzeugflusssteuerung
Steuerungsebene	- Steuerung und Überwachung von Prozessabläufen
Aktor-/ Sensorebene	- Ansteuerung und Überwachung von Komponenten

Bild 2.18. Hierarchieebenen eines Leitsystems

ger usw.) um und erfassen Fehlermeldungen, Maschinen- und Betriebsdaten, die an die höheren Ebenen übertragen und dort ausgewertet werden.

2.2.7 Entsorgung

Der Entsorgung von Kühlschmierstoffen und Spänen wird unter dem Gesichtspunkt der Umweltverträglichkeit bei der Automatisierung von Werkzeugmaschinen besondere Beachtung geschenkt. Zusätzlich zur Handhabung von Werkzeugen, Spannmitteln und Werkstücken ist auch der Transport der mit der Produktivität der Maschinen ansteigenden Spänemenge in die Automatisierungsbestrebungen einzubeziehen. Vollautomatische Werkzeugmaschinen sind konstruktiv so aufgebaut, dass die Späne ungehindert in den freien Raum unterhalb des Maschinengestells fallen können (Bild 2.19). Mit einer geeigneten Schneidengeometrie und den entsprechenden, optimalen Prozessparametern erreicht man kurzbrechende, nicht wirrende Späne. Verfahrbare Schutzhauben verhindern, dass umherfliegende Späne aus dem Arbeitsraum entweichen. Unter diesen Bedingungen lassen sich Späne leicht mit Transportbändern oder anderen Förderanlagen aus dem Maschinenbereich entfernen. Größere Fertigungssysteme oder Maschinenverbände sind mit Unterflurförderern ausgerüstet, die die Späne zentral zusammenführen. Werden bei der Bearbeitung Kühlschmierstoffe eingesetzt, so werden diese in Behältern unter den Späne-

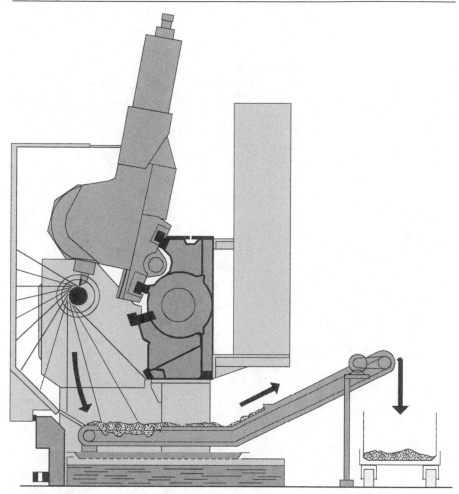

Bild 2.19. Automatische Spänetransporteinrichtung an einem Drehautomaten. Quelle: Georg Fischer (jetzt FMS Drehtechnik Schaffhausen AG)

förderern gesammelt und, soweit sie an den Spänen haften bleiben, in Spänezentrifugen abgeschieden. Filter trennen die kleinen Späne ($> 30...100 \mu$m) vom Kühlschmierstoff, sodass dieser gekühlt und gereinigt wieder dem Prozess zugeführt werden kann.

3 Mechanische Steuerungen

Kennzeichen der mechanischen Steuerung ist, dass sowohl die Speicherung als auch die Initiierung und Ausführung des Arbeitsablaufs durch mechanische Elemente wie Nocken, Kurven, Hebel usw. erfolgt. Trotz der schnellen Entwicklung der elektronisch oder NC-gesteuerten Maschinen werden mechanische Steuerungen heute noch vor allem im Bereich der Drehautomaten wirtschaftlich angewendet, wo aufgrund der großen Werkstückzahlen kürzeste Taktzeiten erforderlich sind und mittlere bis längere Rüstzeiten in Kauf genommen werden können. Weitere Vorteile der mechanisch gesteuerten Drehautomaten sind neben der hohen Produktivität ihre große Betriebssicherheit sowie die geringen Kosten für Anschaffung, Betrieb und Wartung. Aufgrund der relativ langen Rüstzeiten und der aufwändigeren Realisierung von Fertigungsabläufen auf mechanisch gesteuerten Maschinen ergibt sich im Vergleich zu numerisch gesteuerten Maschinen eine geringere Flexibilität.

Bei Drehautomaten, an denen im Folgenden die Wirkungsweise mechanischer Steuerungen erläutert werden soll, unterscheidet man zwischen Ein- und Mehrspindelautomaten.

Beim Einspindler kommen die verschiedenen Werkzeuge, die in einem Revolver untergebracht sind, nacheinander zum Einsatz. Nach der kurzen Eingriffszeit eines Revolverwerkzeugs in dessen Arbeitsphase folgt eine längere Stillstandszeit dieses Werkzeugs, während die anderen Werkzeuge nacheinander zum Einsatz kommen. Weitere Werkzeuge sind auf Planschlitten angeordnet, die parallel zu den im Revolver untergebrachten Werkzeugen verwendet werden.

Mechanisch gesteuerte Einspindelautomaten werden heute nur noch von wenigen Firmen hergestellt. Prinzipiell sind diese Maschinen sehr ausgereift, und es lassen sich kaum weitere Verbesserungen vornehmen. Weltweit werden noch mehrere hunderttausend Maschinen dieses Typs eingesetzt, die oftmals schon ein beträchtliches Alter erreicht haben, aber wegen ihrer guten Eigenschaften immer noch Verwendung finden.

Beim Mehrspindelautomaten wird gleichzeitig auf den vier bis acht Spindeln je ein Werkstück bearbeitet. Dabei ist jeder Spindelposition ein Werkzeugsatz zugeordnet, der die Vorschübe bzw. Schnittbewegungen ausführt. Ist die Bearbeitung des Werkstücks in einer Spindelposition beendet, wird die Spindel durch Drehung der Spindeltrommel in die nächste Position bewegt, in der das Werkstück mit dem Werkzeugsatz dieser Spindelposition weiterbearbeitet wird. Durch die gleichzeitige Bearbeitung mehrerer Teile auf den verschiedenen Spindeln eines Mehrspindlers

Bild 3.1. Einspindel-Revolverdrehautomat. Quelle: Index

können je nach Maschinentyp und Werkstück Stückzeiten von nur wenigen Sekunden erreicht werden. Der Mehrspindler besitzt daher ein Mehrfaches an Produktivität gegenüber dem Einspindler.

Mechanisch gesteuerte Mehrspindelautomaten werden im Gegensatz zu den mechanischen Einspindelautomaten ständig weiterentwickelt und in größeren Stückzahlen gefertigt. Trotz der beschränkten Flexibilität dieser Maschinengattung eröffnen angepasste Werkzeugsätze die Möglichkeit, ein breites Produktspektrum hochgenauer Massenteile zu fertigen. Die Palette der angebotenen Maschinen reicht heute von gänzlich mechanisch gesteuerten Maschinen bis zu Mischformen aus mechanisch und NC-gesteuerten Maschinen.

3.1 Einspindeldrehautomat

Am Beispiel des Revolverdrehautomaten im Bild 3.1 sollen die wesentlichen Elemente der mechanischen Steuerung vorgestellt werden.

Der Querschnitt durch den Einspindel-Revolverdrehautomaten (Bild 3.2) gibt einen Überblick über die wesentlichen Elemente der Steuerung. Der Hauptantrieb im Bettsockel enthält zwei Wechselradstufen, die manuell gewechselt werden können. Eine der Stufen dient der Variation der Spindeldrehzahl. Mittels der anderen Stufe wird die Drehrichtung verändert und der Drehzahlunterschied zwischen Rechts- und Linkslauf für den Vorschub bzw. den Rückhub beim Gewindeschneiden eingestellt. Mit Ketten werden die Bewegungen über die Schaltkupplungen für den Rechts- bzw. Linkslauf auf die Arbeitsspindel übertragen.

Die Hauptsteuerwelle (Bild 3.3) trägt Kurvenscheiben für den Antrieb des Werkzeuglängs- und Werkzeugplanschlittens sowie Nockenscheiben, mit deren Nocken

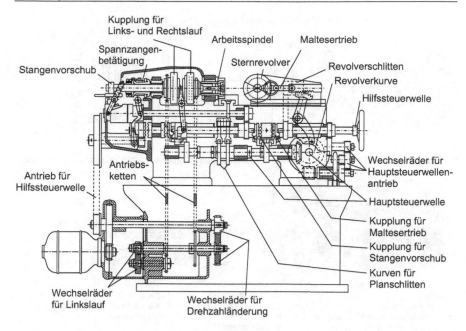

Kupplung für
Links- und Rechtslauf
Arbeitsspindel
Maltesertrieb
Spannzangen-
betätigung
Sternrevolver
Revolverschlitten
Stangenvorschub
Revolverkurve
Hilfssteuerwelle
Antriebs-
ketten
Antrieb für
Hilfssteuerwelle
Wechselräder für
Hauptsteuerwellen-
antrieb
Hauptsteuerwelle
Kupplung für
Maltesertrieb
Kupplung für
Stangenvorschub
Kurven für
Planschlitten
Wechselräder
für Linkslauf
Wechselräder für
Drehzahländerung

Bild 3.2. Antrieb und mechanische Steuerung des Revolverdrehautomaten aus Bild 3.1. Quelle: Index

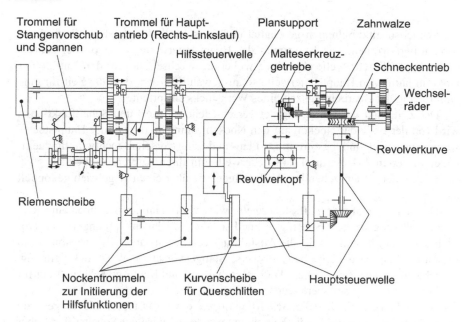

Trommel für
Stangenvorschub
und Spannen
Trommel für Haupt-
antrieb (Rechts-Linkslauf)
Plansupport
Zahnwalze
Hilfssteuerwelle
Malteserkreuz-
getriebe
Schneckentrieb
Wechsel-
räder
Revolverkurve
Revolverkopf
Riemenscheibe
Nockentrommeln
zur Initiierung der
Hilfsfunktionen
Kurvenscheibe
für Querschlitten
Hauptsteuerwelle

Bild 3.3. Getriebeschema eines mechanisch gesteuerten Drehautomaten mit Hilfs- und Hauptsteuerwelle. Quelle: Index

Kupplung in Ruhestellung: Antriebszahnrad dreht auf der stehenden Schaltwelle

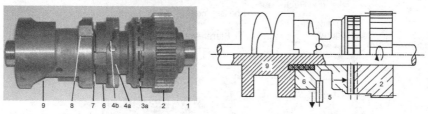

Kupplung im Eingriff:Kraftfluss von 2 nach 9, Antriebszahnrad dreht Schaltwelle und Kurventrommel

1 - Schaltwelle	4a - Schaltstiftnut	7 - Feder
2 - Antriebszahnrad	4b - Entkopplungskurve	8 - Fläche für Indexierungskeil
3a - Stirnverzahnung in Ruhestellung	5 - Schaltstift	9 - Kurventrommel
3b - Stirnverzahnung im Eingriff	6 - Schalttrommel	

Bild 3.4. Schema einer Schnellschaltkupplung zur Ausführung verschiedener Funktionen

die Schnellschaltkupplungen geschaltet und die schnell ablaufenden Hilfsfunktionen initiiert werden. Die Bewegung der Hauptsteuerwelle wird von der schnell laufenden Hilfssteuerwelle abgeleitet, wobei die Wechselräder für den Antrieb der langsam laufenden Hauptsteuerwelle so ausgewählt werden, dass die Zeit für eine Umdrehung der Bearbeitungszeit eines Werkstücks entspricht.

Der Zeitpunkt der Initiierung der verschiedenen Steuer- und Schaltfunktionen wird von der Lage der Nocken auf den Nockentrommeln, die auf der Hauptsteuerwelle angeordnet sind, bestimmt. Da Plan- und Längsvorschub rechtwinklig zueinander verlaufen, besteht die Hauptsteuerwelle mit ihren Kurvenscheiben aus zwei senkrecht zueinander stehenden Wellenzügen, die über einen Kegeltrieb gekoppelt sind.

Die schnell laufende Hilfssteuerwelle wird vom Hauptantrieb über eine Riemenscheibe angetrieben. Sie trägt schnell schaltende Klauenkupplungen zum Antrieb der Kurventrommeln für die Ausführung von Schalt- und Hilfsfunktionen. Zu diesen Funktionen gehören beispielsweise Stangenvorschub, Werkstückspannung, Einschwenken von Anschlägen, Drehzahlschaltung und Maltesertriebschaltung für die Weiterschaltung des Werkzeugrevolvers.

Bild 3.4 zeigt die für die Schaltfunktionen der Hilfssteuerwelle eingesetzte Schnellschaltkupplung. Um die Kupplung auszulösen, wird der Schaltstift (5) über Gestänge aus Nut (4a) der Schalttrommel (6) herausgezogen. Die Schalttrommel, die in Drehrichtung mit der Kurventrommel (9) formschlüssig gekoppelt ist, wird

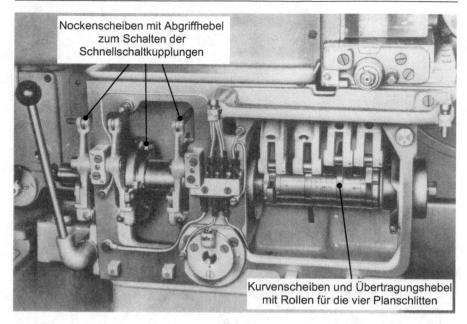

Nockenscheiben mit Abgriffhebel zum Schalten der Schnellschaltkupplungen

Kurvenscheiben und Übertragungshebel mit Rollen für die vier Planschlitten

Bild 3.5. Hauptsteuerwelle eines Drehautomaten mit Planschlittenkurven und Nockenscheiben. Quelle: Index

über eine vorgespannte Feder axial gegen das auf der Kurventrommelwelle kontinuierlich umlaufende Antriebszahnrad gedrückt (2). Über die Stirnverzahnung, die sich auf dem umlaufenden Zahnrad und der Schalttrommel befindet, wird ein Formschluss zwischen den beiden Elementen hergestellt. Das erforderliche Moment zum Antrieb der Kurventrommel wird nun vom Zahnrad (2) über die Schalttrommel (6) auf die Kurventrommel übertragen (9). Kurze Zeit nach der Initiierung der Schaltfunktion wird der Schaltstift (5) wieder radial vorgefahren. Nach der Ausführung der Schaltfunktion, d.h. nach einer bzw. einer halben Umdrehung der Hilfssteuerwelle, wird die Schalttrommel vom Indexbolzen über die Entkopplungskurve (4b) axial vom Antriebszahnrad weggezogen. Der Kraftfluss ist wieder unterbrochen.

Bild 3.5 zeigt den zweiten Teil der Hauptsteuerwelle des Einspindeldrehautomaten nach Bild 3.1. Rechts im Bild sind die Kurvenscheiben mit den Rollenhebeln für die Bewegung der vier Planschlitten zu sehen. Auf dem linken Teil der Hauptsteuerwelle befinden sich drei Nockenscheiben mit den Initialnocken und den Übertragungsgestängen für die Betätigung der Schnellschaltkupplungen, die die Schaltfunktionen sicherstellen (Revolverweiterschaltung, Stangenvorschub und Spannen bzw. Rechts- und Linkslauf). Die durch die Nocken eingeleiteten Bewegungen werden über Gestänge auf die entsprechende Schnellschaltkupplung geschaltet.

Als Beispiel für eine von der Hilfssteuerwelle angetriebene Nebenbewegung ist in den nachfolgenden Bildern das Schalten des Werkzeuglängsrevolverkopfes

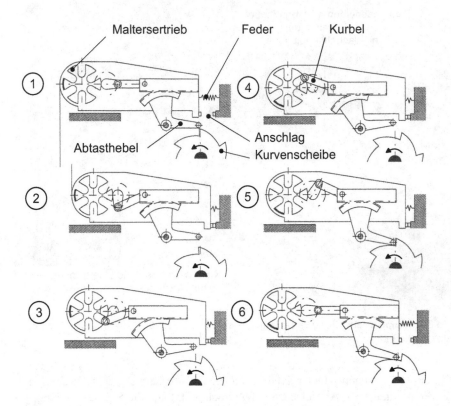

Bild 3.6. Revolverkopf-Schnellschaltung des Drehautomaten aus Bild 3.1. Quelle: Index

dargestellt. Die Bilder 3.6 und 3.7 zeigen das Revolverschaltgetriebe und die Phasen des Ablaufs der Revolverschnellschaltung.

Bild 3.6 veranschaulicht den Schaltablauf des Revolverkopfes. Ein Nocken auf der Nockenscheibe der Hauptsteuerwelle rückt über Hebel die Klauenkupplung für das Malteserkreuzgetriebe auf der Hilfssteuerwelle ein, die hierdurch genau eine Umdrehung ausführt. Vor Betätigung der Kurbel (1) ist der Getriebezug noch in gestreckter Stellung und der Revolverkopf indexiert, so dass der Schlitten über den Abtasthebel und die Zahnstange der Kontur der Kurvenscheibe folgt.

Eine starke Feder zieht den Schlitten nach hinten und sorgt für die exakte Anlage der Abtastrolle an der Kurvenscheibe. Bei Betätigung der Kurbel (2) verkürzt sich die Distanz zwischen Zahnstange und Malteserkreuz, so dass die Feder den Schlitten bis zu seiner hintersten Stellung gegen einen Anschlag zurückzieht und der Abtasthebel angehoben wird. In dieser Stellung schaltet die Kurbel das Malteserkreuz um eine Teilung weiter (3). Auf diese Weise können Niveausprünge auf der Scheibe überbrückt werden. Nach dem Schalten des Revolverkopfes (4) wird mit der Kurbelbewegung zunächst wieder der Abtasthebel an die Kurvenscheibe gedrückt (5).

Koppel   Ölverteiler   Indexbolzen

Zahnstange   Kurbel   Kurbelzapfen

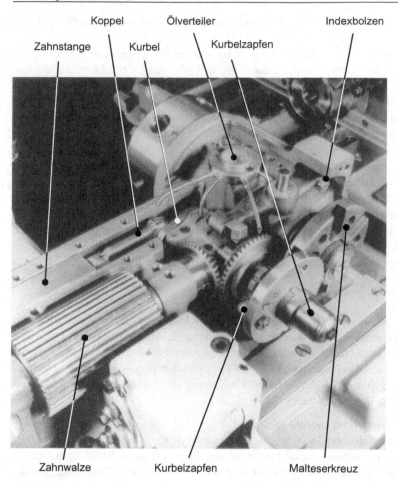

Zahnwalze   Kurbelzapfen   Malteserkreuz

Bild 3.7. Revolver-Schaltgetriebe des Drehautomaten aus Bild 3.1. Quelle: Index

Diese ist in der Zwischenzeit kontinuierlich um einen geringen Winkel bis zum Beginn der nächsten Kontur weitergelaufen. Gestützt auf die Kurvenscheibe drückt die Kurbel in der letzten Phase (6) den Schlitten gegen die Federkraft nach vorn. In der gestreckten Stellung der Kurbel wird dann der Revolverkopf mit einem Indexbolzen blockiert, der über die Kurven neben dem Kegelrad geschaltet wird. Im indexierten Zustand folgt der Schlitten wieder ausschließlich der Kontur der Kurvenscheibe für die nächste Operation.

Ein Blick auf das geöffnete Schaltgetriebe zeigt Bild 3.7. Im Bild vorn ist die Scheibe mit dem Kurbelzapfen zu erkennen, der in das Malteserkreuz eingreift. Die Drehbewegung für die Kurbelwelle gelangt von der Hilfssteuerwelle über eine Klauenkupplung und ein Zwischenrad (Bild 3.3) auf die Zahnradwalze, die auch bei Längsbewegung des Schlittens im Eingriff mit dem Zwischenrad bleibt. Von der

Zahnradwalze verläuft der Kraftfluss über den Kegelradtrieb auf die Kurbel und den Zapfen des Maltesertriebes.

Am anderen Ende der Kurbelwelle ist in gleicher Winkellage die Kurbel zu sehen, die über die Koppel mit der Zahnstange in Verbindung steht. Ebenfalls auf der Kurbelwelle ist neben dem Kegelrad ein Nocken angeordnet, der über einen Hebel den Indexbolzen anhebt bzw. diesen in den Werkzeugrevolver einrasten lässt.

In Konstruktionen aus jüngerer Zeit werden die schnell auszuführenden Hilfsfunktionen zum Teil elektromotorisch oder elektrohydraulisch ausgeführt, so dass die schnell laufende Hilfssteuerwelle entfallen kann. Die Steuerung erfolgt über eine mit der Hauptsteuerwelle synchron laufende Steuertrommel, die mit Hilfe positionierter Nocken und elektrischer Schalter die Steuerfunktionen zeitgerecht initiiert. Ein anderer Weg, die einzelnen Steuerfunktionen entsprechend dem Arbeitsfortschritt einzuleiten, ist über einen Drehgeber möglich (vgl. Band 3, Kapitel 2.2), der auf der Hauptsteuerwelle angebracht ist. Bei Erreichen bestimmter Winkel der Hauptsteuerwelle werden die einzelnen Funktionen, die der jeweilige Bearbeitungsplan verlangt, über elektrische oder andere Aktoren ausgeführt.

Kurvenscheibenberechnung

Die Arbeitsgenauigkeit eines kurvengesteuerten Automaten hängt wesentlich von der exakten Berechnung der Kurvenscheibenkontur ab. Am Beispiel eines Drehteils, das von der Stange bearbeitet wird, soll im Folgenden die Revolverschlittenkurve für einen Einspindel-Drehautomaten (Bild 3.1) mit sechsteiligem Revolver berechnet werden. Ausgehend von der Werkstückzeichnung im Bild 3.9 sind die folgenden Arbeitsschritte durchzuführen:

– *Erstellen des Werkzeugfolgeplans*:
  Die Arbeitsfolge wird so festgelegt, dass das Werkstück mit den sechs verfügbaren Revolverstellungen und höchstens vier Planschlitten vollständig bearbeitet wird. Zur Senkung der Stückzeit sind möglichst mehrere Werkzeuge teils in Mehrfachwerkzeughaltern auf dem Revolverkopf und den Planschlitten in Eingriff zu bringen. Nach diesen Überlegungen zeichnet man den Werkzeugfolgeplan mit den zugehörigen Schlittenendstellungen entsprechend Bild 3.8 auf.
– *Erstellen eines Kurvenberechnungsblatts*:
  Ist die Werkzeugfolge nach Überprüfung der Kollisionsfreiheit festgelegt, steht auch die Folge der Arbeitsgänge und Schaltfunktionen fest. Man trägt diese Folge getrennt nach Revolver- und Planschlitten in die Zeilen eines vorbereiteten Berechnungsblatts ein (Bild 3.9). Die Spalten dienen zum Eintragen aller von den Arbeitsgängen abhängigen Kurvenberechnungsdaten.
– *Bestimmen der Arbeitsspindeldrehzahlen, Wege und Vorschübe*:
  Die erforderliche Spindeldrehzahl n ermittelt man aus der in Werkstofftabellen empfohlenen Schnittgeschwindigkeit v und dem jeweils größten Drehdurchmesser d_{max} nach der Gleichung

$$n = v/(\pi \cdot d_{max}),$$
(3.1)

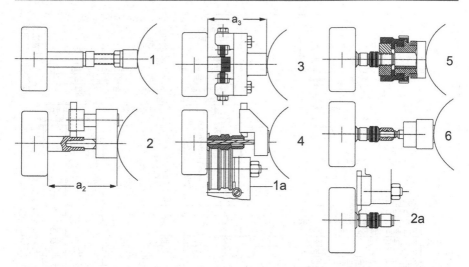

Bild 3.8. Kurvenscheibenberechnung für einen Revolverdrehautomaten

da die Drehzahl während der Bearbeitung konstant bleibt.

Die Eintragung nimmt man im Kopfteil des Berechnungsblatts vor (Bild 3.9). Die Arbeitswege werden der Werkstückzeichnung entnommen. Um ein Anschneiden der Werkzeuge beim schnellen Vorziehen des Schlittens zu verhindern, schlägt man einen Sicherheitszuschlag von 0,5 mm auf (Eintragen in Spalte 1).

Die Wahl des Vorschubs (in mm/Umdrehung) hängt von der verlangten Oberflächengüte, der Zerspanbarkeit des Werkstoffs, der Gewindesteigung, der Steifigkeit des Drehteils und des Werkzeughalters, sowie der gewünschten Standzeit, der Kühlung des Werkzeugs und der Leistung des Antriebsmotors ab. Auch hierfür gibt es Richtwerttabellen (Eintragen in Spalte 2).

– *Berechnung der Arbeitsspindelumdrehungen je Arbeitsgang*:
Da die Kurvenscheibe bei der Herstellung pro Werkstück einmal umläuft und diese Drehung von der Arbeitsspindel abgeleitet wird, muss man zur Berechnung der Kurvenabschnitte für jeden Arbeitsgang die Anzahl der Spindelumdrehungen bestimmen. Die für die weiteren Berechnungen benötigten und auf die Hauptzeit t_h entfallenden Umdrehungen U_h setzen sich aus den Anteilen U_{hi} der einzelnen Arbeitsgänge i zusammen (Spalte 3) und berechnen sich aus den Arbeitswegen l_i und den zugehörigen Vorschüben s_i (in mm/U). Sie betragen

$$U_h = \sum U_{hi} = \sum (l_i/s_i). \tag{3.2}$$

Für die Revolverschlittenkurve werden die Anteile der Planschlitten nicht berücksichtigt (Spalte 4), solange sie zeitparallel zu der Bearbeitungszeit des Revolverschlittens ausgeführt werden.

– *Verteilung der Kurvenabschnitte*:
Die Kurvenscheibe ist in 100 Abschnitte à $3,6°$ aufgeteilt. Die Winkelangaben

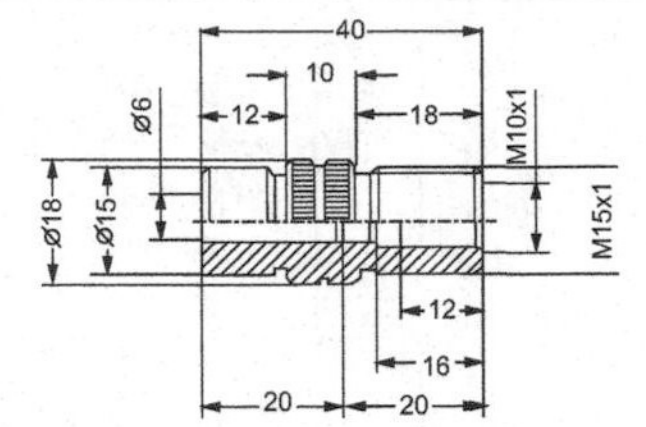

Werkstoff: Rundmessing 18 DIN 1756 Ms 58		
Spindelumdrehungen / min	Drehen	3000
	Gewinde schneiden, außen	1500
	Gewinde schneiden, innen	1500
Schnittgeschwindigkeit m / min	Drehen	170
	Gewinde schneiden, außen	70
	Gewinde schneiden, innen	47
Erforderliche Umdrehungen für ein Werkstück		746
Stückzeit in Sekunden		15

	Nr.	Arbeitsgang		Arbeitsweg	Vorschub bei einer Umdrehung der Arbeitsspindel	Arbeitsspindelumdrehung		100 stel der Kurvenscheibe			
						für den betreffenden Arbeitsweg	zu berücksichtigen	für Leerwege	für Arbeitswege	von	bis
			Spalte	1	2	3	4	5	6	7	8
Revolverkopf	1	Werkstoff-Anschlag						4		0	4
		Schalten des Revolverkopfes						4		4	8
	2	Bohren und Gewindeansatz überdrehen		23,5	0,15	157	157		21	8	29
		Schalten des Revolverkopfes						4		29	33
	3	Kordeln	vor	12	0,4	30	30		4	33	37
			zurück	12	0,6	20	20		2,5	37	39,5
		Schalten des Revolverkopfes						4		39,5	43,5
	4	Durchbohren und Ansatz drehen		22	0,125	175	175		23,5	43,5	67
		Schalten des Revolverkopfes						4		67	71
	5	Außengewinde	Aufschneiden	17Gg		34	34		4,5	71	75,5
			Rücklauf	17Gg		17	17		2,5	75,5	78
		Schalten des Revolverkopfes						4		78	82
	6	Innengewinde	Einschneiden	14Gg		28	28		3,5	82	85,5
			Rücklauf	14Gg		14	14		2	85,5	87,5
Planschlitten	1a	Vorderer Planschlitten	Formdrehen	2,5	0,025	100	(100)		(13)	54	67
	2a	Hinterer Planschlitten	Abstechen	4,5	0,075	60	60		8	87,5	95,5
				1	0,1	10	10		1,5	95,5	97
		Zugabe nach dem Abstechen						3		97	100
				545		27	73				

$$\text{Umdrehungen für ein Werkstück: } \frac{545 \cdot 100}{73} = 746 \qquad \text{Stückzeit: } \frac{60 \cdot 746}{3000} = 15\ \text{s}$$

Gg: Gewindegänge
(..): Werte bei der Berechnung nicht berücksichtigt

Bild 3.9. Kurvenberechnungsblatt

auf der Scheibe nimmt man daher in Hundertstel-Teilungen vor. Der gesamte Kurvenscheibenumfang entspricht der Summe aller Hundertstel H_h für die Hauptzeiten und H_n für die Nebenzeiten. Die Zahlen der Hundertstel für die Nebenzeiten sind in den Betriebshandbüchern der Hersteller fest vorgegeben, z.B. 4 Hundertstel für eine Revolverkopfschaltung oder 3 Hundertstel als Zugabe nach dem Abstechen (Spalte 5). Daher lässt sich die Zahl der verbleibenden Hundertstel für die Hauptzeit direkt aus der Gleichung $H_h = 100 - \sum H_{ni}$ berechnen.

Da eine direkte Proportionalität zwischen den Hundertsteln der Kurvenscheibe und der Anzahl der Arbeitsspindelumdrehungen vorliegt, bestimmt man jetzt die Hundertstel H_{hi} für die einzelnen Hauptzeitanteile (Spalte 6) nach der Gleichung

$$H_{hi} = H_h \cdot U_{hi}/U_h, \text{ z. B. } H_{h2} = 73 \cdot 157/545 = 21{,}09 \tag{3.3}$$

Aus diesen Angaben lässt sich dann in den Spalten 7 und 8 die Aufteilungsfolge bestimmen.

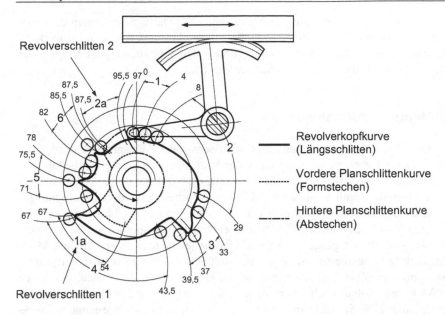

Bild 3.10. Kurvenscheibe

– *Berechnung der Stückzeit*:
Die Gesamtzeit t_w für die Fertigung eines Werkstücks bzw. für eine Umdrehung der Kurvenscheibe gehört zu den Stammdaten im Kopfteil des Berechnungsblatts. Sie lässt sich aus der Gesamtanzahl der Arbeitsspindelumdrehungen U_{ges} nach der Gleichung

$$t_w = U_{ges}/n \tag{3.4}$$

berechnen. Hierin ist

$$U_{ges} = U_h \cdot 100/H_h \tag{3.5}$$

– *Konstruktion der Kurven*:
Für das Aufzeichnen werden üblicherweise vorgedruckte Kurvenblätter verwendet, die eine Abbildung der rohen Kurvenscheibe im Maßstab 1 : 1 enthalten. Die Einteilung in Hundertstel des Kurvenscheibenumfangs geschieht durch Kreisbögen mit dem Radius des Abtasthebels (Bild 3.10).
Man legt den Punkt, welcher der vordersten Stellung des Revolverkopfes im Werkzeugfolgeplan ($a_3 = a_{min}$ in Bild 3.8) entspricht, auf den Außendurchmesser der Rohscheibe. Unter Berücksichtigung des Rollenradius werden die Kurven entsprechend den im Werkzeugfolgeplan aufgezeichneten Stellungen des Revolverkopfes, den Arbeitswegen aus Spalte 1 und den errechneten Hundertstel-Teilungen in den Spalten 7 und 8 gezeichnet (Bild 3.9).

Die Fertigung der Kurvenscheiben geschah früher nach Anriss der Kontur weitgehend manuell. Heute benutzt man hierzu auch numerisch gesteuerte Fräsmaschi-

nen. Mit Hilfe von Rechnerprogrammen werden NC-Daten zum Steuern der Fräsmaschine automatisch erstellt und dazu die Arbeitsplandaten für das auf dem Drehautomaten zu fertigende Werkstück ausgedruckt. Die Gestaltung und Fertigung der
Planscheibenkurven geschieht in analoger Weise.

3.2 Mehrspindeldrehautomat

Bei einem Mehrspindeldrehautomat (Vier-, Sechs- oder Achtspindler) werden die
Werkstücke auf verschiedenen Spindeln der Maschine gleichzeitig bearbeitet. Entsprechend der Arbeitsfolge sind die Werkzeugsätze auf die einzelnen Spindelpositionen verteilt. Somit wird das gleichzeitige Abarbeiten mehrerer Bearbeitungsschritte an den Werkstücken ermöglicht. Die Anzahl der in der Maschine maximal
gleichzeitig zu bearbeitenden Werkstücke entspricht der Spindelanzahl. Bei einer
Aufteilung der Arbeitsgänge auf 6 Spindelpositionen ist nach jedem Arbeitstakt ein
Werkstück fertigbearbeitet, und ein neues Rohteil wird eingelegt bzw. Stangenmaterial wird zugeführt. Im Gegensatz zu den Einspindeldrehautomaten, bei denen
der Werkzeugrevolver nach jedem Arbeitsgang weitergeschaltet wird, werden bei
Mehrspindlern die Spindeln in der Spindeltrommel mit den eingespannten Werkstücken um eine Teilung in die nächste Spindelposition weitergeschaltet. Die auf
die 6 Positionen verteilten Werkzeuge verbleiben am Ort und führen nur die Vorschubbewegungen aus.

Hierzu sind alle Werkzeugschlitten für die Längsbearbeitung auf dem Werk-
zeugträgerblock untergebracht, welche unabhängig voneinander über separate Kurvenscheiben anzusteuern sind. Für die Planbearbeitung sind um jede Spindelposition ein oder mehrere Werkzeugschlitten mit entsprechenden Werkzeughaltern oder
Sonderwerkzeuge wie Tangential- oder Radial-Gewinderolleinrichtungen, Quer-
bohreinrichtungen, Greifeinrichtungen, Profildreheinrichtungen, usw. angeordnet.

Sind bei einfachen Werkstücken laut Arbeitsplan weniger Arbeitstakte erforderlich als Bearbeitungsstationen vorhanden sind, lassen sich bei mehrfach gleicher Bestückung der den Spindelpositionen zugeordneten Werkzeugträgern entsprechend
viele Werkstücke mit jedem Takt fertigstellen. Kann beispielsweise ein Bauteil mit
drei Bearbeitungsstationen eines Sechsspindlers produziert werden, so können auf
der Maschine zwei Werkstücke pro Arbeitstakt bei doppelter Werkzeugbestückung
(Spindelpositionen 1 bis 3 wie Spindelpositionen 4 bis 6) gefertigt werden.

Ein Beispiel eines auf einem Sechsspindler hergestellten Bauteils zeigt Bild 3.11.
Zur Herstellung dieses Teils müssen folgende Fertigungsverfahren durchlaufen werden: Formdrehen, Bohren, Gewindebohren, Vierkantfräsen, lagerichtiges Querboh-
ren, Schrägschlitzen und Abstechen. Die Fertigung des Einstelllagers wird entsprechend den vorhandenen Stationen in sechs Schritten mit insgesamt 10 Bearbeitungsoperationen (davon vier mit Plan- und sechs mit Längsschlitten) vorgenommen (Tabelle 3.1). Die Komplettbearbeitungszeit für das Einstelllager beträgt 2,1
Sekunden.

Einen Schnitt durch einen Mehrspindelautomaten mit Getriebezügen für Spindelantrieb, Vorschubbewegungen sowie Steuerfunktionen zeigt Bild 3.12. Man er-

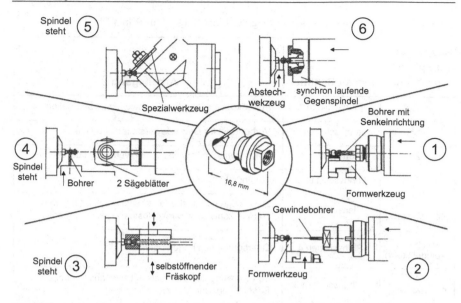

Spindel steht ⑤

⑥

Spezialwerkzeug

Abstech-wekzeug

synchron laufende Gegenspindel

Bohrer mit Senkeinrichtung

④

Spindel steht

Bohrer 2 Sägeblätter

16,8 mm

①

Formwerkzeug

Gewindebohrer

Spindel steht ③

selbstöffnender Fräskopf

Formwerkzeug

②

Bild 3.11. Fertigung eines Einstelllagers auf einem Sechsspindler. Quelle: Index

kennt die Spindeltrommel mit der Hauptantriebswelle, die durch den Arbeitsraum und durch die Mitte der Spindeltrommel verläuft, drei Planbearbeitungsschlitten sowie die Einheiten für Stangenvorschub und Werkstückspannung.

Ebenso ist der Getriebeaufbau für die Antriebs- und Steuerungsfunktionen des Automaten dargestellt. Die Längsbearbeitungsschlitten, die im Arbeitsraum um die Zentralwelle angeordnet sind, sind in diesem Bild aus Gründen der Übersichtlichkeit nicht dargestellt.

Alle Bewegungen für die Arbeitsspindeln, die Vorschubschlitten und Hilfseinrichtungen werden vom zentralen Hauptantriebsmotor abgeleitet. Der Antrieb der sechs Hauptspindeln erfolgt von der Riemenscheibe über aufsteckbarc Wechselräder und einen planetenartig angeordneten Stirnrädertrieb auf alle 6 Spindeln in der Spindeltrommel. Die beiden Steuerwellen werden von der Riemenscheibe über ein Wechselradgetriebe, Schalt- und Sicherheitskupplungen sowie Schneckenräder angetrieben. Die Steuerwellen üben die Funktionen von Haupt- und Hilfssteuerwellen aus. Sie machen je Arbeitstakt eine volle Umdrehung, die sich aus einem langsam laufenden Anteil für die Arbeitsvorschubbewegungen sowie einem schnell laufenden Anteil für die Hilfsbewegungen und für den Rücklauf der Schlitten zusammensetzt. Für den Arbeitsgang ist das Wechselradgetriebe durch die Arbeitsgangkupplung eingeschaltet. Den Schnellgang für die Hilfsfunktionen wie Materialvorschub, Spannklauenbetätigung und Spindeltrommelschaltung erzielt man durch Schalten der Eilgangkupplung. Für den eigentlichen Arbeitsbereich stehen ca. 160°, für die Hilfsfunktionen ca. 200° der Steuerwellendrehung zur Verfügung.

Von der zentralen Antriebswelle werden auch die Drehbewegungen für Zusatzspindeln auf den Längsschlitten über Wechselräder, z.B. für angetriebene Spindeln

Tabelle 3.1. Arbeitsgänge zur Bearbeitung des Einstelllagers aus Bild 3.11

Bearbeitung an Spindelposition	aktiver Schlitten	Arbeitsgang
1	Planschlitten 1	Außenkontur mit erstem Formwerkzeug bearbeiten
1	Längsschlitten 1	Vorbohrung für Gewinde herstellen und senken
2	Planschlitten 2	Außenkontur mit zweitem Formwerkzeug bearbeiten
2	Längsschlitten 2	Gewinde bohren
3 (Spindel steht)	Planschlitten 3	Zweiseitige Planflächenbearbeitung des Lagerkopfes und des Vierkants mit einem selbstöffnenden Fräskopf
4 (Spindel steht)	Planschlitten 4	Querbohren des Lagerkopfes
4 (Spindel steht)	Längsschlitten 3	Fertigstellung des Vierkants mit zwei angetriebenen Sägeblättern auf Abstand
5 (Spindel steht)	Planschlitten 5	Herstellung des schrägen Schlitzes mit einem Spezialwerkzeug (Winkelfräskopf)
6	Längsschlitten 4	Spannen des Werkstücks in der Synchroneinrichtung
6	Planschlitten 6	Fertigdrehen der Kugel und gleichzeitiges Abstechen des Einstelllagers mit Formwerkzeug in der Gegenspindel des Schlittens 6 und anschließendes Ausstoßen

zum Schnellbohren, Reiben und Gewindeschneiden, abgeleitet (Bild 3.13). Zum Gewindeschneiden sind für Vor- und Rücklauf des Werkzeugs zwei Elektromagnetkupplungen (EMK) auf den Achsen der Zahnräder 1 und 4 über den Näherungsschalter (8) schaltbar. Die nötigen Drehzahldifferenzen zwischen Spindel und Gewindeschneidspindel (6) werden dabei mit Wechselrädern (1 und 2 für Vorlauf, 4 und 3 für Rücklauf) erzeugt. Beim Schneidvorgang eines Rechtsgewindes (Vorlauf) dreht die Gewindeschneidspindel entsprechend der Steigung des zu erzeugenden Gewindes langsamer als die Hauptspindel, beim Rücklauf schneller. Der Antrieb der Gewindespindel erfolgt über ein auf der Spindelantriebswelle (9) sitzendes Losrad (7), welches mehrere Gewindeschneideinrichtungen antreiben kann.

Im Bild 3.14 ist die Stangenvorschub- und Spanneinrichtung entsprechend dem Ausschnitt von Bild 3.12 im Detail dargestellt. Diese Einrichtung ist nur an den Spindelpositionen vorgesehen, wo das Abstechen der fertigen Werkstücke erfolgt und der Materialvorschub erforderlich ist. Bei doppelbestückten Werkzeugsätzen (drei Arbeitsgänge auf einem Sechsspindler) ist diese Materialvorschubeinrichtung zweimal vorhanden.

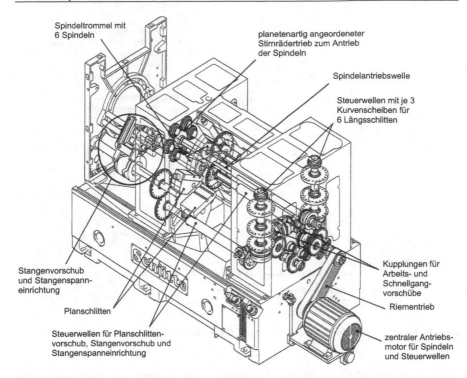

Spindeltrommel mit 6 Spindeln

planetenartig angeordeneter Stirnrädertrieb zum Antrieb der Spindeln

Spindelantriebswelle

Steuerwellen mit je 3 Kurvenscheiben für 6 Längsschlitten

Stangenvorschub und Stangenspanneinrichtung

Planschlitten

Steuerwellen für Planschlittenvorschub, Stangenvorschub und Stangenspanneinrichtung

Kupplungen für Arbeits- und Schnellgangvorschübe

Riementrieb

zentraler Antriebsmotor für Spindeln und Steuerwellen

Bild 3.12. Schnitt durch einen Mehrspindelautomaten mit Getriebezügen für Spindelantrieb, Vorschubbewegungen sowic Steuerfunktionen. Quelle: Schütte

Die betreffenden Spindeln schwenken mit der Spannmuffe (4) in die Spannbacke (9) bzw. mit dem Lager auf dem Führungsring (1) in die Vorschubklappe (16) ein. Nachdem ein Teil abgestochen ist, wird der Stangenanschlag zur Längenbestimmung des Rohteils im Arbeitsraum eingeschwenkt. Danach werden die Spannmuffe (4) und die Spannbacke (9) über den Spannschieber (10), der in die Kurve der Kurventrommel (13) eingreift, in Richtung der Spannzangen (7) gcdrückt.

Der Spannhebel (12) kann dadurch in die Spannmuffe greifen, so dass die durch das Tellerfederpaket (11) erzeugte Vorspannung zwischen Spindel und Spannzange (7) vermindert wird. Über die Rasten- und Spannmutter (2 und 3) kann die genaue Position der Spannzange sowie die Vorspannung durch das Tellerfederpaket eingestellt werden. Die federnd ausgelegte Spannzange öffnet sich selbsttätig sobald sie aus dem Spannkonus herausgeschoben wird. Über die zweite Kurve der Kurventrommel wird die Vorschubzange (inneres Rohr, 8) beim Stangenvorschub nach rechts verschoben (hier in vorderer Endstellung gezeigt). Die Vorschubzange umfasst das zugeführte Stangenmaterial. Durch die federnde Anpresskraft wird das Stangenmaterial über Reibschluss bis zum Stangenanschlag vorgeschoben. Die Bewegung der Vorschubkulisse (14) wird dabei über den Vorschubschieber (15) und die Vorschubklappe (16) auf die Zange übertragen. Anschließend wird die Spann-

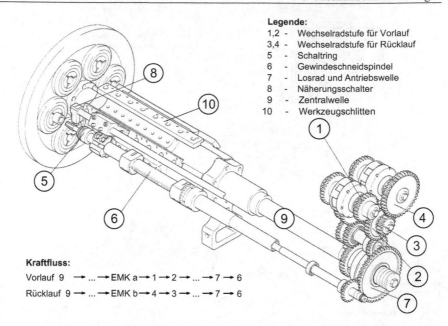

Bild 3.13. Getriebezug für Zusatzspindeln auf den Längsschlitten (hier Gewindeschneiden). Quelle: Schütte

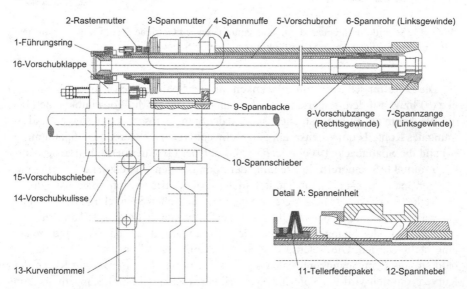

Bild 3.14. Stangenvorschub- und Spanneinheit. Quelle: Schütte

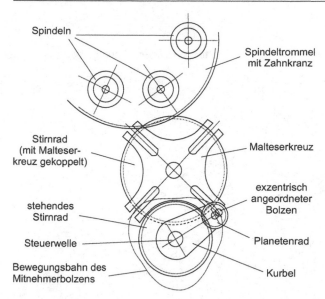

Spindeln

Spindeltrommel mit Zahnkranz

Stirnrad (mit Malteser- kreuz gekoppelt)

Malteserkreuz

exzentrisch angeordneter Bolzen

stehendes Stirnrad

Steuerwelle

Planetenrad

Bewegungsbahn des Mitnehmerbolzens

Kurbel

Bild 3.15. Schema der Spindeltrommelschaltung mit einem modifizierten Maltesertrieb. Quelle: Schütte

zange wieder gespannt, der Stangenanschlag aus dem Arbeitsraum geschwenkt und die Vorschubzange in Grundstellung zurückgefahren. Während der Bearbeitung liegt die Stange im Führungsring (1) und der Spannzange auf.

Zum Weiterschalten der Spindeltrommel wird der in Bild 3.15 gezeigte Maltesertrieb eingesetzt. Dabei ist auf der mit der Steuerwelle umlaufenden Kurbel ein Planetenrad angeordnet, welches auf dem fest stehenden Stirnrad abrollt. Der auf dem Planetenrad exzentrisch angeordnete Bolzen führt bei den Bewegungen von Kurbel und Planetenrad eine Bewegung entlang einer speziellen Kurve durch und dreht das Malteserkreuz um 90°. Der Bolzen bewegt sich dabei auf einer tripodenförmigen Bahn mit tangentialem Ein- und Auslauf in das Malteserkreuz. Diese Bewegung vermindert durch den reduzierten Ruck die dynamische Anregung bei Weiterschaltung der Spindeltrommel um 50% im Vergleich zu einem konventionellen Maltesertrieb. Durch das entsprechend gewählte Übersetzungsverhältnis $z = 2/3$ zwischen dem mit dem Malteserkreuz gekoppelten Stirnrad und der Verzahnung der Spindeltrommel wird die Spindeltrommel bei der 90°-Drehung des Malteserkreuzes um eine Spindelteilung ($360°/6 = 60°$) weitergeschaltet.

Auf der Spindeltrommel befindet sich die Indexiereinrichtung in Form einer dreiteiligen Stirnverzahnung, welche die Spindeln nach der Weiterschaltung durch den Maltesertrieb und während der Bearbeitung genau in Solllage positioniert (Bild 3.16). Der breite, stirnverzahnte Ring wird zur Positionierung in die beiden schmalen Ringe gedrückt und legt diese genau und spielfrei zueinander fest. Zur Weiterschaltung der Spindeltrommel wird der breite stirnverzahnte Ring mittels eines hydraulischen Stellelementes axial aus der Verzahnung heraus geschoben. Der

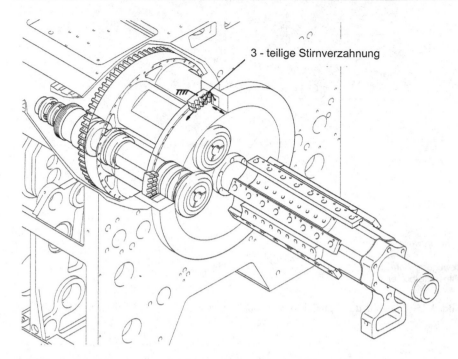

3 - teilige Stirnverzahnung

Bild 3.16. Spindeltrommelverriegelung mittels einer dreiteiligen Stirnverzahnung. Quelle: Schütte

innere schmale Ring, der an der Spindeltrommel befestigt ist, kann sich nun relativ zum äußeren am Spindelkasten befestigten Ring verdrehen. Ist die Spindeltrommel um eine Spindelteilung weitergedreht, bewegt sich der axial verschiebbare Ring zurück und positioniert die beiden schmalen Ringe wieder spielfrei zueinander.

Die sechs Schlitten für die Längsbearbeitung sind auf einem zentralen Block, wie in Bild 3.17 dargestellt, angeordnet und gleiten in Zylindersegmenten, deren Achsen mit denen der Drehspindeln genau fluchten. Deckleisten am Block verhindern eine Verdrehung der Schlitten. Der zentrale Block wird mit einem Haltearm am Antriebskasten oder am Längsbalken fixiert. Für die Aufnahme der Werkzeughalter und Sondereinrichtungen auf den Längsschlitten sind Gewindebohrungen in den Schlitten vorgesehen.

In Bild 3.18 sind der Hebelmechanismus und die Kurvenscheibe (14) mit den Außen- und Innenkurven zur beidseitigen Führung der Kurvenrolle (13) des Kulissenhebels (12) für den Arbeits- und Rückzugzyklus der Längswerkzeuge zu erkennen. Die Bewegung wird über die Druckstange (11) auf das Schubrohr (8) übertragen. Begrenzt wird der Hub durch ein Anschlagstück (10) am Schubrohr und eine Anschlagschraube (9) im Maschinenbett. Die Arbeitslage des Werkzeugs wird über zwei Klemmringe (5 und 7) zur Grobeinstellung und eine Verstellschraube (6) ähnlich einer Mikrometerschraube zur Feinjustierung variiert. Die Vorschubbewegung

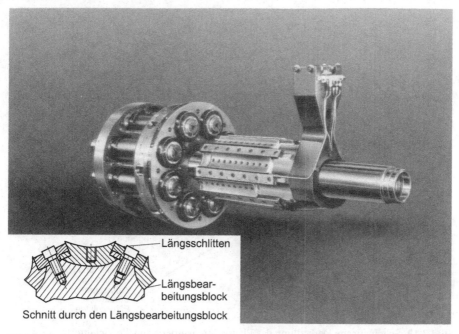

Bild 3.17. Ansicht des Längsbearbeitungsblocks eines Mehrspindlers mit acht unabhängigen Längsschlitten. Quelle: Schütte

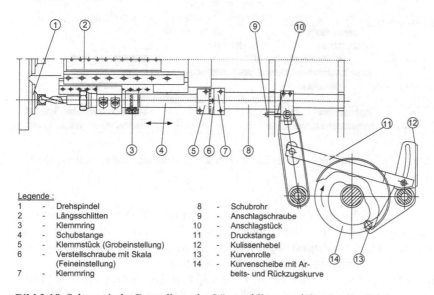

Legende :

1	-	Drehspindel	8	-	Schubrohr
2	-	Längsschlitten	9	-	Anschlagschraube
3	-	Klemmring	10	-	Anschlagstück
4	-	Schubstange	11	-	Druckstange
5	-	Klemmstück (Grobeinstellung)	12	-	Kulissenhebel
6	-	Verstellschraube mit Skala	13	-	Kurvenrolle
		(Feineinstellung)	14	-	Kurvenscheibe mit Ar-
7	-	Klemmring			beits- und Rückzugskurve

Bild 3.18. Schematische Darstellung des Längsschlittenantriebs. Quelle: Schütte

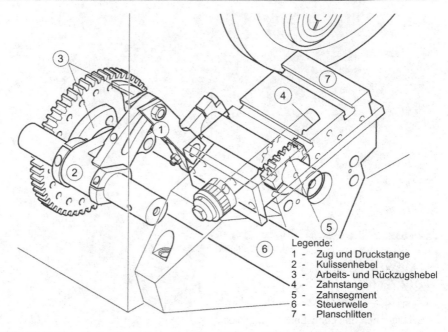

Legende:
1 - Zug und Druckstange
2 - Kulissenhebel
3 - Arbeits- und Rückzugshebel
4 - Zahnstange
5 - Zahnsegment
6 - Steuerwelle
7 - Planschlitten

Bild 3.19. Schematische Darstellung des Planschlittenantriebs. Quelle: Schütte

Bild 3.20. Arbeitsablaufdiagramm eines mechanisch gesteuerten Mehrspindlers. Quelle: Schütte

wird über die Schubstange (4) weiter in den Klemmring (3) geleitet, der zum Einwechseln von verschiedenen Werkzeugen dient. Außerdem sind der Längsschlitten (2) und die Spindel (1) dargestellt. Die Hublänge wird über die Lage des Koppelpunktes der Druckstange in der Kulissennut eingestellt.

Bild 3.19 zeigt den Antrieb für den Planschlitten. Die Bewegungen des Planschlittens (7) werden von der Steuerwelle (6) wie bei den Längsschlitten über die Arbeits- und Rückzugskurve der Kurvenscheibe (3), den Kulissenhebel (2), die Zug- und Druckstange (1), das Zahnsegment (5) und die Zahnstange (4) übertragen. Die

Vorschublänge lässt sich wie bei den Längsschlitten für jeden Schlitten über die einstellbaren Kulissenhebel variieren.

Wegen der Einstellbarkeit des Hubes an den Übertragungshebeln ergibt sich für eine Kurvenscheibe ein breites Anwendungsfeld und umfangreiche Ein- und Umrichtzeiten entfallen. Die Vorschubgeschwindigkeit des Schlittens ergibt sich aus der Winkelgeschwindigkeit der Scheibe, d.h. den Steuerwellen und der Steigung der Kurven. Die größte Vorschubkraft wird durch das maximale Drehmoment der Steuerwellen und die maximalen Übertragungskräfte des Kurvenscheibenantriebs sowie durch das Übertragungsverhältnis der Hebel begrenzt. Ein im Bild 3.20 dargestelltes Arbeitsablaufdiagramm veranschaulicht die zeitliche Zuordnung der gesteuerten Funktionen bei einem Mehrspindler. Eine Teildrehung der Steuerwelle um 200° im Schnellgang dient dabei der Steuerung aller Nebenzeitfunktionen, bei denen kein unmittelbarer Fortschritt bezüglich der Bearbeitung erzielt wird.

Während dieser Teildrehung werden Funktionen wie Stangenzuführung und -spannung, Weiterschaltung der Spindeltrommel, usw. durchgeführt. Die Bearbeitung selbst geschieht während einer langsamen Teildrehung der Steuerwelle um 160°.

3.3 Weiterentwicklung des mechanisch gesteuerten Mehrspindlers

Eine auf den mechanisch gesteuerten Mehrspindler aufbauende Maschine ist der Mehrspindler mit einem drehzahlsteuerbaren Antriebsmotor für den Hauptantrieb und weiteren Servomotoren für Vorschübe, Stangenzuführung, Werkstückspannung, usw. (Bild 3.21). Der Vorteil dieses Prinzips ist die variable Einstellung der Spindeldrehzahl und der Vorschubgeschwindigkeit. Abgeleitet davon werden derzeit auch Maschinen angeboten, bei denen jede Spindel von einem eigenen Motor angetrieben wird und somit die optimale Drehzahl für die spanende Bearbeitung an jeder Spindel eingestellt werden kann.

Eine Zusatzentwicklung des mechanisch gesteuerten Mehrspindlers ist der Mehrspindler mit elektronischem Nockenschaltwerk. Dabei werden verschiedene Schaltfunktionen, wie Spindelantrieb EIN/AUS, Trommelverriegelung und -weiterschaltung, Werkstückspannung, Stangenvorschub usw., nicht mehr durch eine bzw. mehrere Steuerwellen, sondern direkt von der Maschinensteuerung und diversen Servomotoren ausgeführt. In Abhängigkeit von der Stellung der Steuerwellen (Messung über Drehgeber) und damit in Abhängigkeit vom Fertigungsfortschritt werden diese Teilfunktionen gestartet (Bild 3.22). Somit lassen sich die Initiierungszeitpunkte abhängig vom Antrieb der Steuerwellen stufenlos variieren und optimal einstellen.

Ein weiterer Fortschritt im Bereich der Mehrspindeldrehautomaten stellt der zunehmende Einsatz von NC-gesteuerten Werkzeugschlitten für die Planbearbeitung dar. Diese Technik ermöglicht die Herstellung komplizierter Außen- und Innenkonturen und die Minimierung der Umrüstzeiten.

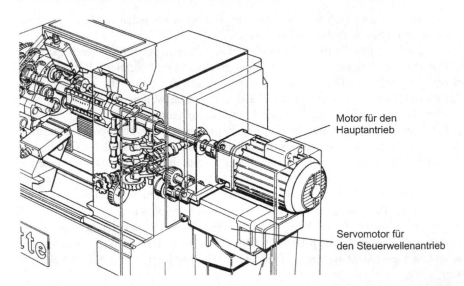

Motor für den
Hauptantrieb

Servomotor für
den Steuerwellenantrieb

Bild 3.21. Mechanisch gesteuerter Mehrspindler mit Hauptantriebs- und Steuerwellenservor-
antrieb. Quelle: Schütte

Bild 3.22. Darstellung eines elektronischen Nockenschaltwerks auf der NC-Steuerung eines
Mehrspindeldrehautomaten. Quelle: Schütte

4 Grundlagen der Informationsverarbeitung

Mit der zunehmenden Automatisierung der Fertigungsprozesse ergaben sich auch höhere Anforderungen an die Informationsverarbeitung. Die Entwicklung der elektronischen Steuerungstechnik vollzog sich auf unterschiedlichen Ebenen. Zum einen wirkte sich dies im maschinen- bzw. prozessnahen Bereich durch leistungsfähige, miniaturisierte Steuerungskomponenten aus, zum anderen eröffnete die Entwicklung leistungsfähiger Datenverarbeitungsanlagen die Möglichkeit, die Steuerung des Fertigungsprozesses in den gesamten Informationsfluss eines Betriebes einzugliedern. Zum Informationsfluss höher integrierter Fertigungssysteme zählt die Übertragung der Steuerdaten an die Bearbeitungs- und Transporteinheiten. Von dort werden Betriebsdaten aufgenommen, gesammelt und ausgewertet, um den Fertigungsablauf zu überwachen und gemäß vorgegebener Strategien zu steuern.

Allen Geräten zur digitalen Informationsverarbeitung ist gemeinsam, dass die zu verarbeitenden Daten in einer bestimmten Form definiert werden müssen. Die Darstellungsform der Daten orientiert sich an der Funktionsweise der Geräte, die auf den elektrischen Zuständen „Ein" und „Aus" basiert. Solche Größen, die nur zwei Werte oder Zustände annehmen können, nennt man binäre Größen.

Binäre Informationen können in Logiknetzwerken verarbeitet werden. Die Logiknetzwerke sind aus Schaltelementen aufgebaut, die logische Funktionen (Verknüpfungs- oder Grundfunktionen nach DIN 19237) realisieren. In den folgenden Abschnitten wird u.a. die Umwandlung von Informationsdaten in unterschiedliche Darstellungsformen und ihre Verarbeitung in Logiknetzwerken gezeigt [28, 31, 68, 86, 130, 135].

4.1 Grundlagen

4.1.1 Zahlensysteme

Das allgemein gebräuchliche Zahlensystem ist das Dezimalsystem. Aufgrund praktischer Anforderungen sind bei Steuersystemen jedoch andere Zahlensysteme besser geeignet.

In jedem Zahlensystem lässt sich eine Zahl als Summe von Potenzen einer Basiszahl darstellen, deren allgemeine Form in Tabelle 4.1 angegeben ist.

$$Z = b_n \cdot B^n + b_{n-1} \cdot B^{n-1} + \ldots b_1 \cdot B^1 + b_0 \cdot B^0 + b_{-1} \cdot B^{-1} + \ldots b_m \cdot B^m$$

In Kurzform:

$$Z = \sum_{i=m}^{n} b_i B^i \qquad 0 \leq b_i \leq B \qquad \begin{array}{l} B: \text{Basis} \\ \\ b_i: \text{Ziffer der i-ten Stelle} \end{array} \qquad (4.1)$$

Der Wert einer Stelle innerhalb einer mehrstelligen Zahl bestimmt sich aus dem Produkt der Ziffer mit der Wertigkeit der Ziffernstelle. Die Wertigkeit ist eine ganzzahlige Potenz zu der Basis, nach der das Zahlensystem benannt ist. Der zugehörige Exponent entspricht dem Ziffernstellenabstand vom Komma aus gerechnet. Die erste Stelle links vom Komma ist die Stelle Null. Von dieser wird nach links steigend und nach rechts fallend gezählt. Wertigkeiten im Hexadezimalsystem sind z.B.:

$$0,01_{16} = 16^{-2}$$
$$0,1_{16} = 16^{-1}$$
$$1_{16} = 16^{0}$$
$$10_{16} = 16^{1}$$
$$100_{16} = 16^{2}$$

Eine besondere Bedeutung besitzt das Dualsystem, da Dualzahlen leicht in Logiknetzwerken verarbeitet werden können. Im Dualsystem beträgt die Basis 2, die unterscheidbaren Ziffern lauten 0 und 1. Da die Darstellung großer Zahlen jedoch zu einer sehr großen Stellenanzahl führt, sind in der Digitalrechentechnik noch das Oktal(8)- und das Hexadezimal(16)-System gebräuchlich. Zahlen aus diesen Zahlensystemen lassen sich sehr leicht in Dualzahlen umwandeln und gleichzeitig übersichtlich darstellen. Die Tabelle 4.1 zeigt eine Gegenüberstellung der gebräuchlichsten Zahlensysteme. Die unterscheidbaren Ziffern lauten im Dezimalsystem 0, 1, 2, 3, 4, 5, 6, 7, 8, 9, im Oktalsystem 0, 1, 2, 3, 4, 5, 6, 7 und im Hexadezimalsystem 0, 1, 2, 3, 4, 5, 6, 7, 8, 9, A, B, C, D, E, F.

Will man Dezimalzahlen durch Logiknetzwerke verarbeiten, müssen diese in Dualzahlen umgewandelt werden. Ferner zeigt sich die besondere Bedeutung des Dualsystems, wenn Dezimalzahlen in Oktal- oder Hexadezimalzahlen umgewandelt werden sollen, da es dort als Zwischenstufe dient.

Eine Dezimalzahl wird zur Umwandlung in einen ganzzahligen und einen gebrochenen Teil aufgespalten. Beide Teile werden mit Hilfe der sogenannten Zigeunermathematik in die entsprechenden Teile der Dualzahl umgewandelt, Tabelle 4.3. Zur Unterscheidung der Zahlendarstellung in unterschiedlichen Systemen wird die Basis als Index mit angegeben.

Die weitere Umwandlung der Dualzahl in eine Oktalzahl geschieht folgendermaßen: Vom Komma der Dualzahl ausgehend werden nach beiden Seiten je drei Ziffernstellen abgetrennt. Verbleibende Ziffern ergänzt man durch Nullen auf drei Stellen. Jeder dieser Blöcke wird nach der Tabelle 4.3 in eine Oktalziffer umgewandelt, die insgesamt die Oktalzahl Z_8 darstellen. Eine Konvertierung in eine Dezimalzahl erfolgt unter Verwendung der Potenzschreibweise.

Tabelle 4.1. Zahlensysteme

Potenzschreibweise:

$$Z = b_n \cdot B^n + b_{n-1} \cdot B^{n-1} + \cdots + b_1 \cdot B^1 + b_0 \cdot B^0 + b_{-1} \cdot B^{-1} + \cdots + b_m \cdot B^m$$

Kurzform: $Z = \sum_{i=m}^{n} b_i B_i \qquad 0 \le b_i \le B \qquad$ B: Basis

$\qquad\qquad\qquad\qquad\qquad\qquad\qquad\qquad\qquad\qquad$ b_i : Ziffer der i-ten Stelle

dezimal			dual							oktal			hexadezimal	
10^2	10^1	10^0	2^6	2^5	2^4	2^3	2^2	2^1	2^0	8^2	8^1	8^0	16^1	16^0
		0							0			0		0
		1							1			1		1
		2						1	0			2		2
		3						1	1			3		3
		4					1	0	0			4		4
		5					1	0	1			5		5
		6					1	1	0			6		6
		7					1	1	1			7		7
		8				1	0	0	0		1	0		8
		9				1	0	0	1		1	1		9
	1	0				1	0	1	0		1	2		A
	1	1				1	0	1	1		1	3		B
	1	2				1	1	0	0		1	4		C
	1	3				1	1	0	1		1	5		D
	1	4				1	1	1	0		1	6		E
	1	5				1	1	1	1		1	7		F
	1	6			1	0	0	0	0		2	0	1	0
	1	7			1	0	0	0	1		2	1	1	1
		⋮					⋮					⋮		⋮
	2	7			1	1	0	1	1		3	3	1	B
		⋮					⋮					⋮		⋮
1	0	0	1	1	0	0	1	0	0	1	4	4	6	4
		⋮					⋮					⋮		⋮

Tabelle 4.3. Umwandlung von Zahlen für die Darstellung in verschiedenen Zahlensystemen

Dezimal:	Z_{10} = 13,6875	
Aufspalten:	13	0,6875

Dezimal→dual:	13 : 2 = 6	Rest 1	0,6875 · 2 = 1,375	= 0,375 + 1
	6 : 2 = 3	Rest 0	0,375 · 2 = 0,75	= 0,75 + 0
	3 : 2 = 1	Rest 1	0,75 · 2 = 1,5	= 0,5 + 1
	1 : 2 = 0	Rest 1	0,5 · 2 = 1,0	= 0 + 1
		Dualzahl = 1101	0 · 2 = 0	dualer Rest = 0,1011

Dual: Z_2 = 1101 , 1011

Dual→hexadezimal:	Z_2 = 1101 , 1011	Dual→oktal:	Z_2 = 001 101 , 101 100
	Z_{16} = D , B		Z_8 = 1 5 , 5 4
Hexadezimal→dual:	Z_2 = 1101 , 1011	Oktal→dual:	Z_2 = 001 101 , 101 100

Umwandlung in dezimal:	$Z_{10} = \sum_{i=m}^{n} b_i \cdot B^i$	B:	Basis des Zahlensystems
		b_i:	Ziffer mit Wertigkeit i; $0 \leq b_i < B$
		n+1:	Anzahl der Vorkommastellen
		m:	Anzahl der Nachkommastellen

Die Umwandlung von Dualzahlen in Hexadezimalzahlen und umgekehrt geschieht analog zur Umwandlung in Oktalzahlen, nur dass hier die Ziffernblöcke vier anstatt drei Stellen umfassen.

Die zentrale Stellung des Dualsystems begründet sich darin, dass sich Dualzahlen mit digital arbeitenden Bausteinen addieren lassen. Alle weiteren arithmetischen Operationen (z.B. Subtraktion, Multiplikation) sind auf die Addition zurückführbar. Dies bedeutet, dass mit Dualzahlen in weitem Umfang maschinell gerechnet werden kann.

Bild 4.1 zeigt, wie die vier Grundrechenarten mit Dualzahlen ausgeführt werden. Zur Darstellung negativer Dualzahlen wird das sogenannte Zweierkomplement gebildet, mit dem die Subtraktion in eine Addition überführt werden kann. Der dabei entstehende Überlauf (linke Stelle) bleibt ohne Betracht.

Das Zweierkomplement wird, wie im Bild 4.1 rechts dargestellt, gebildet: Alle Stellen der Dualzahl werden komplementiert und auf die so gebildete Dualzahl eine „1" addiert. Die Stellenzahl wird so groß gewählt, dass bei der positiven Dualzahl in der ersten Stelle eine „0" steht. Durch die Bildung des Zweierkomplements wird die erste Stelle mit einer „1" besetzt, wodurch die Dualzahl als negativ gekennzeichnet wird.

Bis auf diese Ausnahme kann mit Dualzahlen wie mit Dezimalzahlen gerechnet werden. Die Division zweier ganzer Dualzahlen (Integerzahl) kann auf eine gebrochene Dualzahl (Realzahl) führen. Gebrochene Dualzahlen lassen sich in zwei Arten darstellen: als Festkommazahl (FixPoint-Zahl) und als Gleitkommazahl (Floating-Point-Zahl). Im Gegensatz zur Festkommadarstellung eignet sich die Gleitkomma-dastellung auch zur Verarbeitung von Zahlen unterschiedlicher Größenordnung (z.B. Multiplikation einer großen Zahl mit einer kleinen Zahl). Das Rechnen mit Gleitkommazahlen ist jedoch aufwändiger, da jede Zahl in eine Mantisse (Faktor) und einen Exponenten zur Basis zwei unterteilt ist.

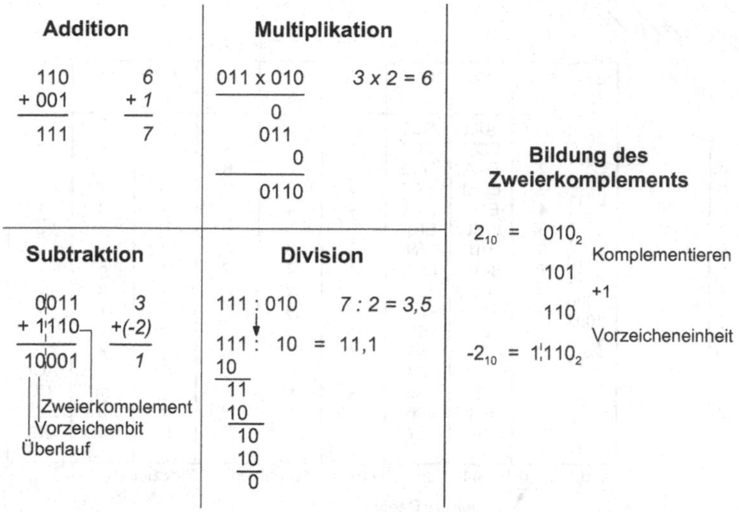

Addition	Multiplikation

```
   110      6       011 x 010      3 x 2 = 6
 + 001    + 1      ────────
 ─────    ───         0
   111      7         011
                      0
                   ──────
                     0110
```

Bildung des Zweierkomplements

Subtraktion	Division

```
   0̸011       3       111 : 010      7 : 2 = 3,5
 + 1̸110     +(-2)     ────────
 ──────     ────      111 : 10  = 11,1
  10̸001       1       10
                     ────
                      11
  Zweierkomplement    10
  Vorzeichenbit     ────
  Überlauf            10
                      10
                     ────
                       0
```

$2_{10} = 010_2$

101   Komplementieren

+1

110

Vorzeicheneinheit

$-2_{10} = 1{,}110_2$

Bild 4.1. Arithmetik mit Dualzahlen

4.1.2 Datencodes

Damit Daten in digitale Geräte eingegeben und dort verarbeitet werden können, muss man die Informationen in geeigneter Weise darstellen. Man spricht von der Codierung der Daten.

Für die stellenweise Darstellung von Dezimalzahlen als Binärzahlen eignen sich BCD (binär codierte Dezimalziffern)-Codes. Diese Codes verbinden den gewohnten dezimalen Zahlenaufbau mit der binären Schreibweise.

Zur Darstellung einer Dezimalziffer werden vierstellige Binärzahlen (Tetraden) benötigt. Tetraden bieten $2^4 = 16$ mögliche Binärkombinationen, von denen man jedoch nur zehn benötigt. Die einzelnen Dezimalziffern werden je nach technischer Anforderung den einzelnen Tetraden zugeordnet. Die vier gebräuchlichsten Codes zeigt Bild 4.2.

Im 8421-BCD-Code wird die Dezimalziffer als gleichwertige Dualzahl dargestellt. Beim 8421-Hexadezimal-Code werden alle 16 Möglichkeiten einer Tetrade ausgenutzt.

Der Gray-Code ordnet die Dezimalziffern den Tetraden in der Art zu, dass sich die Tetraden von einer Dezimalziffer zur nächsten nur in einer Stelle ändern. Das ist gleichermaßen für die Darstellung von Hexadezimalziffern möglich. Vom Aufbau her sind beliebig viele Zuordnungen zu finden, die dem Bildungsgesetz des Gray-Codes gehorchen. Im Bild 4.2 wird ein geschlossener Gray-Code gezeigt. Bei einem geschlossenen Gray-Code entsteht beim Übergang von der höchstwertigen Ziffer „9" oder „F" zur „0" ebenfalls nur eine Änderung in der Tetrade. Der Gray-Code wurde z.B. früher bei der Codierung von absoluten Wegmaßstäben benutzt (vgl. Band 3, Kapitel 2.2), um beim Übergang von einem Wert zum nächsten nur eine Informationsänderung in einer Stelle zu erhalten. Damit hat dieser Code den Vorteil,

Tetraden	8421-BCD-Code	4-Bit-Binär-Code	Gray-BCD-Code	4-Bit-Gray-Code
0000	0	0	0	0
0001	1	1		F
0010	2	2	9	9
0011	3	3		E
0100	4	4	1	1
0101	5	5	2	2
0110	6	6	8	8
0111	7	7	3	3
1000	8	8		B
1001	9	9		C
1010		A		A
1011		B		D
1100		C	6	6
1101		D	5	5
1110		E	7	7
1111		F	4	4

8-Bit ASCII (Bit 7: Parity-Bit)

Bits 654 / 3210	000 / 0	001 / 1	010 / 2	011 / 3	100 / 4	101 / 5	110 / 6	111 / 7
0000 0	NULL	DC0		0	@	P	`	p
0001 1	SOM	DC1	!	1	A	Q	a	q
0010 2	EOA	DC2	"	2	B	R	b	r
0011 3	EOM	DC3	#	3	C	S	c	s
0100 4	EOT	DC4	$	4	D	T	d	t
0101 5	WRU	ERR		5	E	U	e	u
0110 6	RU	SYNC	&	6	F	V	f	v
0111 7	BELL	LEM	'	7	G	W	g	w
1000 8	FE	S0	(	8	H	X	h	x
1001 9	HTAB	S1	)	9	I	Y	i	y
1010 A	LF	S2	*	:	J	Z	j	z
1011 B	VTAB	S3	+	;	K	[	k	
1100 C	FF	S4	,	<	L	/	l	ACK
1101 D	CR	S5	-	=	M	]	m	UC
1110 E	SO	S6	.	>	N	↑	n	ESC
1111 F	SI	S7	/	?	O	←	o	DEL

z.B.: "M": 0 100 1101 oder 4D (hexadezimal) oder 77 (dezimal)

└── gerade Parity

Bild 4.2. Tetradencodes und 8-Bit ASCII-Code

dass eine Verschmutzung bzw. Beschädigung der Skala aufgrund der Störung des Musters erkannt und damit Lesefehler vermieden werden können.

Ebenso wie die Ziffern können auch Buchstaben, Satzzeichen und Sonderzeichen codiert und damit in Logiknetzwerken verarbeitet werden. Hierbei sind etwa 50 bis 60 Zeichen darzustellen. Um einen derartigen Zeichenumfang zu definieren, benötigt man sechsstellige Binärkombinationen ($2^6 = 64$; DIN 66024). Inzwischen hat sich in der allgemeinen Datenverarbeitung insbesondere auch im PC-Bereich der ASCII- Code durchgesetzt, der aus 8 Bits besteht und mit dem 128 Zeichen (Buchstaben, Zahlen und Sonderzeichen) unterschieden werden können. Das 7. Bit dient dabei als Parity-Bit. Dieser Code ist im Bild 4.2 rechts dargestellt.

Der zunehmend internationale Datenaustausch erfordert die Codierung von nationalen Sonderzeichen (z.B. Umlauten). Die Codierung aller weltweit gebräuchlichen Sonderzeichen benötigt weitaus mehr Zeichen, als der ASCII-Code beinhaltet. Die International Standards Organization (ISO) ordnete daher fast jedem Zeichen und jedem Symbol in jeder Sprache eine Zahl von 0 bis 65.535 ($2^{16} - 1$) zu. Dieser Zeichensatz wird als Unicode [90] bezeichnet und mittels 16 Bits codiert.

4.1.3 Boolsche Algebra

Binäre Informationen können in digital arbeitenden Geräten, sogenannten Logiknetzwerken, verarbeitet werden. Sie enthalten Schaltelemente, die logische Funktionen realisieren. Die wichtigsten sind die AND- und die OR-Funktion, die im Folgenden näher betrachtet werden. Logiknetzwerke verknüpfen die Zustände der Eingangsgrößen (Signale an den Eingängen) zu Ausgangsgrößen (Signale an den Ausgängen). Im Bild 4.3 ist ein Logiknetzwerk in allgemeiner Darstellung gezeigt.

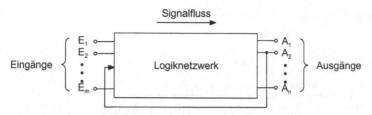

Bild 4.3. Logiknetzwerk in allgemeiner Darstellung

Dort ist auch zu sehen, dass zur Erzeugung spezieller Funktionen Ausgänge auf Eingänge geschaltet werden können.

Typisches Merkmal der Logiknetzwerke ist, dass die Ein- und Ausgangszustände und die interne Arbeitsweise zweiwertig (binär) sind. Die möglichen Zustände der auftretenden Signale werden wie folgt definiert:

– „1": Signal ist vorhanden (Spannung liegt an, Strom fließt, Druck vorhanden).
– „0": Signal ist nicht vorhanden (Spannung, Strom oder Druck gleich null).

Die logische Funktion eines Logiknetzwerks kann mathematisch mit Hilfe der Boolschen Algebra beschrieben und vereinfacht werden. Sie stellt alle Vorschriften bereit, um mit logischen Größen zu rechnen.

Die fundamentalen Rechenoperationen der Boolschen Algebra sind in fünf Postulaten enthalten. Postulat ① definiert den binären Charakter der logischen Zustandsvariablen X. Postulat ② beschreibt die Komplementbildung (Negation) und sagt aus, dass der Zustand „0" das Gegenstück zum Zustand „1" ist und umgekehrt. Als Symbol für die Negation dient ein Querstrich über der Variablen:

$$① \; X = 0, \quad \text{wenn } X \neq 1, \qquad ② \; \overline{0} = 1;$$
$$①' \; X = 1, \quad \text{wenn } X \neq 0, \qquad ②' \; \overline{1} = 0. \tag{4.2}$$

Die Postulate ③ bis ⑤ definieren die Resultate aller mit zwei Eingangsvariablen möglichen Kombinationen für die AND- und die OR-Verknüpfungen, für deren mathematische Schreibweise Symbole genormt sind:

$$\text{AND:} \quad ③ \; 0 \cdot 0 = 0, \qquad ④ \; 1 \cdot 1 = 1, \qquad ⑤ \; 0 \cdot 1 = 1 \cdot 0 = 0$$
$$\text{OR:} \quad ③' \; 0 + 0 = 0, \qquad ④' \; 1 + 1 = 1, \qquad ⑤' \; 0 + 1 = 1 + 0 = 1 \tag{4.3}$$

Im Folgenden werden die internationalen Symbole für die Darstellung benutzt (DIN 66000), s. a. Tabelle 4.4.

In Tabelle 4.4 sind die fünf wichtigsten Grundfunktionen von Logiknetzwerken angegeben. Für jede Funktion sind neben der Boolschen Schreibweise noch die Wertetabelle und das Schaltzeichen dargestellt. Alle drei Darstellungsweisen besitzen die gleiche Aussage.

Die Wertetabelle umfasst alle möglichen Variationen der Eingangszustände und ordnet diesen die zugehörigen Ausgangszustände zu. Jede Zeile der Wertetabelle ist eine Verknüpfung der dargestellten Zustände der Eingangsvariablen – hier A und B – zum angegebenen Zustand der Ausgangsvariablen F.

Tabelle 4.4. Grundfunktionen und Schaltzeichen

Grundfunktionen

Schreibweise (DIN 66000)	AND $A \cdot B = F$	OR $A + B = F$	NOT $\overline{A} = F$	NAND $\overline{A \cdot B} = F$	NOR $\overline{A + B} = F$
Wertetabelle	A B F 0 0 0 0 1 0 1 0 0 1 1 1	A B F 0 0 0 0 1 1 1 0 1 1 1 1	A Ā F 0 1 1 1 0 0	A B F 0 0 1 0 1 1 1 0 1 1 1 0	A B F 0 0 1 0 1 0 1 0 0 1 1 0
Schaltzeichen	A—[&]—F B	A—[≥1]—F B	A—[&]○—F	A—[&]○—F B	A—[≥1]○—F B

Für n Variablen ergeben sich 2^n Zeilen für die Wertetabelle. Das bedeutet, dass die Wertetabelle für zwei Eingangsvariablen vier Zeilen umfasst und die Ausgangsvariable durch eine vierstellige Kombination der Zustände „0" und „1" beschrieben werden kann.

Die Variation mit Wiederholung dieser vierstelligen Zahlenkombination für die Ausgangsvariablen führt zu 16 unterscheidbaren Ausdrücken. Diese sind in Tabelle 4.5 dargestellt. Die obere Tabelle zeigt die Kombinationen der Eingangszustände sowie deren Verknüpfung zu den 16 möglichen Ausgangsfunktionen. Die untere Tabelle erläutert diese Verknüpfungen. Vier der dargestellten Verknüpfungen sind die bereits genannten AND-, OR-, NAND- und NOR-Funktionen (F_2, F_8, F_{15} und F_9). Außer diesen sind noch die Namen derjenigen Verknüpfungen angegeben, die als Funktionsbausteine erhältlich sind: EXOR (Antivalenz, Exklusiv-OR) und EXNOR (Äquivalenz).

In der Spalte 3 der Auflistung werden die Boolschen Ausdrücke für die Funktionen F_1 bis F_{16} angegeben. Jede dieser Funktionen kann als Gleichung geschrieben werden, sie lautet z.B. für F_7:

$$F_7 = \overline{A} \cdot B + A \cdot \overline{B} \tag{4.4}$$

Diese Darstellung einer logischen Funktion wird Boolsche Gleichung genannt. Eine Boolsche Gleichung enthält alle Eingangsvariablen, aus denen durch logische Verknüpfung die Zustände der Ausgangsvariablen abgeleitet werden. Jedoch werden nur diejenigen Verknüpfungen der Eingangszustände aufgenommen, für die die Ausgangsvariable den Wert „1" annimmt. Boolsche Gleichungen sind nur aus ORverknüpften AND-Funktionen unter Einbeziehung der Negierfunktion aufgebaut. Sie lassen sich vorteilhaft aus der verbalen Formulierung logischer Bedingungen erstellen. Der Betriebszustand einer Bearbeitungsmaschine kann zum Beispiel folgendermaßen über die Zustände der Maschinenfunktionen A, B und C definiert werden:

Die Maschine befindet sich im Betriebszustand F, wenn:

– Funktion A und Funktion B den Zustand „1" haben, oder

Tabelle 4.5. Mögliche Verknüpfungen mit zwei Eingangsvariablen A und B

Eing.		möglige Ausgangsfunktionen F_i														
A	B	F_1	F_2	F_3	F_4	F_5	F_6	F_7	F_8	F_9	F_{10}	F_{11}	F_{12}	F_{13}	F_{14}	F_{15}	F_{16}
0	0	0	0	0	0	0	0	0	0	1	1	1	1	1	1	1	1
0	1	0	0	0	0	1	1	1	1	0	0	0	0	1	1	1	1
1	0	0	0	1	1	0	0	1	1	0	0	1	1	0	0	1	1
1	1	0	1	0	1	0	1	0	1	0	1	0	1	0	1	0	1

Ausgangs-funktion	Aussage	Boolscher Ausdruck $F_i=$	Name der Verknüpfung
F_1	nie	0	
F_2	A und B	$A \cdot B$	AND
F_3	A und nicht B	$A \cdot \overline{B}$	
F_4	gleich A	A	
F_5	B und nicht A	$\overline{A} \cdot B$	
F_6	gleich B	B	
F_7	A ungleich B	$\overline{A} \cdot B + A \cdot \overline{B}$	EXOR
F_8	mindestens eines	$A + B$	OR
F_9	weder A noch B	$\overline{A} \cdot \overline{B} = \overline{A+B}$	NOR
F_{10}	A gleich B	$\overline{A} \cdot \overline{B} + A \cdot B$	EXNOR
F_{11}	nicht B	$\overline{B}$	
F_{12}	A oder nicht B	$A + \overline{B}$	
F_{13}	nicht A	$\overline{A}$	
F_{14}	B oder nicht A	$\overline{A} + B$	
F_{15}	eines nicht	$\overline{A \cdot B} = \overline{A} + \overline{B}$	NAND
F_{16}	immer	1	

– Funktion B den Zustand „1" und Funktion C den Zustand „0" hat.

Die Boolsche Gleichung lautet dann:

$$F = A \cdot B + B \cdot \overline{C} \tag{4.5}$$

Logische Ausdrücke, die in Form Boolscher Gleichungen gegeben sind, lassen sich in vielen Fällen vereinfachen, insbesondere dann, wenn die Funktionen drei oder mehr Eingangsvariablen enthalten. Für diese Vereinfachung werden die im

1 :	$X + 1 = 1$	2 :	$X + 0 = X$	
1' :	$X \cdot 0 = 0$	2' :	$X \cdot 1 = X$	
3 :	$X + X = X$	4 :	$\overline{(\overline{X})} = \overline{X}$	
3' :	$X \cdot X = X$	4' :	$\overline{(\overline{X})} = X$	
5 :	$X + Y = Y + X$	6 :	$X + \overline{X} = 1$	
5' :	$X \cdot Y = Y \cdot X$	6' :	$X \cdot \overline{X} = 0$	
7 :	$X + XY = X$	8 :	$(X + \overline{Y}) \, Y = XY$	
7' :	$X \, (X + Y) = X$	8' :	$\overline{X}Y + Y = X + Y$	

9 : $X + Y + Z = (X + Y) + Z = X + (Y + Z)$ Assoziative
9' : $XYZ = (XY) \, Z = X \, (YZ)$ Gesetze

10 : $XY + XZ = X \, (Y+Z)$ Distributive
10' : $(X + Y) \, (X + Z) = X + YZ$ Gesetze

11 : $(X + Y) \, (Y + Z) \, (Z + \overline{X}) = (X + Y) \, (Z + \overline{X})$
11' : $XY + YZ + \overline{Z}X = XY + \overline{X}Z$

12 : $(X + Y) \, (\overline{X} + Z) = XZ + \overline{X}Y$

13 : $\overline{(X + Y + Z + \ldots)} = \overline{X} \cdot \overline{Y} \cdot \overline{Z} \cdot \ldots$ De Morgan
13' : $\overline{X} \cdot \overline{Y} \cdot \overline{Z} \ldots = \overline{X + Y + Z + \ldots}$

Bild 4.4. Theoreme der Boolschen Algebra

Bild 4.4 gezeigten Theoreme der Boolschen Algebra benötigt. Die Vereinfachung ist dann sinnvoll, wenn die logische Schaltung durch diskrete Elemente (Relais, Gatter) realisiert wird. Auf diese Weise lässt sich die Zahl der Bauelemente entsprechend reduzieren.

Die Boolsche Gleichung einer logischen Funktion lässt sich nicht in allen Fällen – vor allem nicht bei komplexen logischen Bedingungen – direkt aus der verbalen Formulierung ableiten. Um alle Eingangszustände gezielt zu berücksichtigen und zu überprüfen, setzt man eine „Wertetabelle" als Hilfsmittel ein. In dieser werden zeilenweise alle Kombinationen der Zustände der Eingangsvariablen angeordnet. Bei jeweils nur zwei möglichen Zuständen pro Eingang umfasst die Tabelle für n Eingangsvariablen 2^n Zeilen. In einer Spalte für die Ausgangsvariable wird der Zustand eingetragen, der durch die Kombination der Eingangssignale gebildet werden soll. In der Wertetabelle sind also neben den logischen Bedingungen für den Wert „1" der Ausgangsvariablen auch die für den Wert „0" angegeben.

Im Bild 4.5 ist an einem Beispiel dargestellt, wie aus der Wertetabelle der Boolsche Ausdruck für eine logische Funktion ermittelt und anschließend mit Hilfe der Theoreme vereinfacht werden kann. Betrachtet wird zunächst nur die Ausgangsvariable F_1. Ihr Zustand ist in diesem Fall eine Funktion von drei Eingangsvariablen A, B und C. Die Wertetabelle hat daher $2^3 = 8$ Zeilen. Sie gibt an, bei welchen Signalkombinationen von A, B und C das Ausgangssignal vorhanden bzw. nicht vorhanden ist. Um den Boolschen Ausdruck für die Funktion der Variablen F_1 zu erhalten, schreibt man die Eingangsvariablenzustände aller Zeilen mit dem Ausgangszustand „1" als AND-Funktionen und verknüpft diese Ausdrücke (Zeilen) durch logische OR-Funktionen (Disjunktionen). Dieser Boolsche Ausdruck wird „vollständige disjunktive Normalform" genannt. Durch Anwendung der Theoreme lässt sich die-

Wertetabelle

Vollständige disjunktive Normalform für F_1

Eingänge			Ausgänge	
A	B	C	F_1	F_2
0	0	0	0	1
0	0	1	0	0
0	1	0	0	1
0	1	1	1	1
1	0	0	1	0
1	0	1	1	0
1	1	0	1	0
1	1	1	1	0

$$F_1 = \overline{A} \, B \, C + A \, \overline{B} \, \overline{C} + A \, \overline{B} \, C + A \, B \, \overline{C} + A \, B \, C$$

Bildung der vereinfachten disjunktiven Normalform:

$F_1 = \overline{A}BC + A\overline{B}\overline{C} + A\overline{B}C + AB\overline{C} + ABC$	Theorem
$\quad = \overline{A}BC + A\,(\overline{B}\overline{C} + \overline{B}C + B\overline{C} + BC)$	(10)
$\quad = \overline{A}BC + A\,[\,\overline{B}\,(\overline{C} + C) + B\,(\overline{C} + C)\,]$	(10)
$\quad = \overline{A}BC + A\,(\overline{B}\cdot 1 + B\cdot 1)$	(6)
$\quad = \overline{A}BC + A\,(\overline{B} + B)$	(2')
$\quad = \overline{A}BC + A$	
$F_1 = BC + A$	(8')

$$F_2 = \overline{A}\,(\overline{C} + B)$$

Bild 4.5. Wertetabelle und disjunktive Normalform

ser Ausdruck auf die „vereinfachte disjunktive Normalform" minimieren. Sollte die Funktion F_1 durch ein Logiknetzwerk realisiert werden, so kann hierdurch – wie oben erwähnt – der Aufwand an Verknüpfungsgliedern durch die Minimierung erheblich verringert werden.

Sind in der Wertetabelle mehr Zeilen mit dem Zustand „1" für die Ausgangsvariable vorhanden als Zeilen mit dem Zustand „0", so kann entsprechend der Boolsche Ausdruck für das Komplement der Ausgangsvariablen aufgestellt werden. Eine abschließende Komplementierung der vereinfachten Normalform ergibt dann den Ausdruck für die Ausgangsvariable. Die zweite Ausgangskombination F_2 ist ohne weitere Herleitung direkt als Ergebnis dargestellt.

4.1.4 Karnaugh-Veitch-Diagramm

Eine andere Möglichkeit, Boolsche Ausdrücke zu minimieren, besteht in der Anwendung des sogenannten Karnaugh-Veitch-Diagramms (KV-Diagramms), einem grafischen Minimierungsverfahren, dessen Vorteil vor allem darin liegt, dass die vielfach sehr aufwändige Anwendung der Theoreme entfallen kann.

Ein KV-Diagramm besteht aus schachbrettartig angeordneten Feldern. Wie die Wertetabelle für n Eingangsvariablen 2^n Zeilen umfasst, so enthält das KV-Diagramm 2^n Felder. Bild 4.6 zeigt KV-Diagramme für zwei und drei Eingangsvariablen. Durch Verdopplung der Felderanzahlen kann das Diagramm für jeweils eine Eingangsvariable mehr eingerichtet werden. Die Anzahl der Eingangsvariablen ist theoretisch unbegrenzt. Für die Anwendung sind jedoch KV-Diagramme mit mehr als fünf Eingangsvariablen zu unübersichtlich.

Die Eingangsvariablen werden so über den Rand der Matrix verteilt, dass alle Felder durch verschiedene Kombinationen aller Eingangsvariablen belegt werden. D.h. jede der Eingangsvariablen überdeckt die Hälfte der 2^n Felder direkt und die andere Hälfte mit ihrem invertierten Wert. Zum besseren Verständnis sind die Zeilennummern der Wertetabelle in die zugehörigen Felder des KV-Diagramms eingetragen. Jedes Feld des KV-Diagramms entspricht somit einer Zeile der Wertetabelle.

Karnaugh-Veitch-Diagramm   **Wertetabelle**

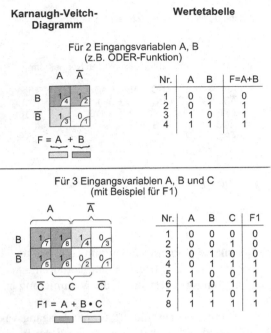

Für 2 Eingangsvariablen A, B
(z.B. ODER-Funktion)

Nr.	A	B	F=A+B
1	0	0	0
2	0	1	1
3	1	0	1
4	1	1	1

$F = A + B$

Für 3 Eingangsvariablen A, B und C
(mit Beispiel für F1)

Nr.	A	B	C	F1
1	0	0	0	0
2	0	0	1	0
3	0	1	0	0
4	0	1	1	1
5	1	0	0	1
6	1	0	1	1
7	1	1	0	1
8	1	1	1	1

$F1 = A + B \cdot C$

Bild 4.6. Karnaugh-Veitch-Diagramm für zwei und drei Eingangsvariablen

Die Zuordnung der Eingangsvariablen zu den Zeilen und Spalten des Diagramms kann man nun durch geschicktes Zusammenfassen komprimieren. Die in Zeilen bzw. Spalten benachbarten Felder eines KV-Diagramms unterscheiden sich jeweils nur durch eine Variable. Dies gilt auch, wenn das KV-Diagramm bei der praktischen Anwendung mehrfach aneinandergereiht wird, was nach allen Richtungen hin möglich ist. Bild 4.7 zeigt eine Ausführung des KV-Diagramms für vier Eingangsvariablen.

Als Beispiel für die Anwendung des KV-Diagramms soll die grafische Minimierung der Funktion aus Bild 4.5 gezeigt werden. Im Bild 4.6 ist rechts unten nochmals die Wertetabelle angegeben. Links unten ist das zugehörige KV-Diagramm für die drei Eingangsvariablen A, B und C dargestellt. Als erstes werden die Zustände der Ausgangsvariablen F_1 („0" bzw. „1") aus jeder Zeile der Wertetabelle in das entsprechende Feld übertragen. Damit umfasst das KV-Diagramm dieselbe Information wie die Wertetabelle.

Zur Minimierung der 2^n Felder (n = Zahl der Eingangsvariablen) werden möglichst viele benachbarte Felder mit dem Inhalt „1" zu rechteckigen Blöcken vereinigt, die 2, 4, 8..., d.h. 2^m (m = 1, 2 < n) Felder umfassen können. Der Ort eines jeden einzelnen Feldes ist durch die Kombination von jeweils n Variablen definiert. Umfasst ein Block z.B. die Hälfte aller Felder (mit gleichem Informationsinhalt) des KV-Diagramms, so kann er durch eine einzige Variable beschrieben werden. Kann man zwei benachbarte Felder mit gleichem Informationsinhalt (1 oder X = don't care) zu einem Block zusammenfassen, so sind zur Feldlagebeschreibung nur

Karnaugh-Veitch-Diagramm **Wertetabelle**

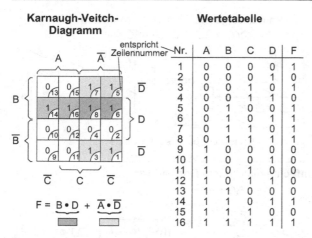

Nr.	A	B	C	D	F
1	0	0	0	0	1
2	0	0	0	1	0
3	0	0	1	0	1
4	0	0	1	1	0
5	0	1	0	0	1
6	0	1	0	1	1
7	0	1	1	0	1
8	0	1	1	1	1
9	1	0	0	0	0
10	1	0	0	1	0
11	1	0	1	0	0
12	1	0	1	1	0
13	1	1	0	0	0
14	1	1	0	1	1
15	1	1	1	0	0
16	1	1	1	1	1

$$F = B \cdot D + \overline{A} \cdot \overline{D}$$

Bild 4.7. Karnaugh-Veitch-Diagramm für vier Eingangsvariablen (mit Beispiel für F)

noch n-1 Kombinationen erforderlich; bei vier Feldern zu einem Block nur noch n-2 Variablen usw.

Um mit Hilfe des KV-Diagramms zur minimierten logischen Funktion zu gelangen, müssen zwei Grundregeln beachtet werden. Zum einen lassen sich bei der Blockbildung Felder mehrfach in verschiedene Blöcke einbeziehen. Überlappende Blöcke sind erlaubt und zur Minimierung sogar erwünscht. Zum anderen muss berücksichtigt werden, dass „zusammenhängende Blöcke" nicht notwendigerweise innerhalb eines Diagramms aneinander angrenzen. So bilden die vier außenliegenden Felder 1, 3, 5, 7 des Diagramms z.B. einen zusammenhängenden Block. Gemäß Bild 4.7 lassen sich diese Felder durch $\overline{A} \cdot \overline{D}$ zusammenfassen. Entsprechendes gilt für die äußeren Spalten ($\overline{C}$)und die vier Eckfelder ($\overline{C} \cdot \overline{D}$) des KV-Diagramms. Unter Berücksichtigung dieser Sonderfälle kann mit dem KV-Diagramm sehr einfach die minimierte logische Gleichung ermittelt werden. Die Gesamtlösung entsteht durch die OR-Verknüpfung aller entstandenen Blöcke sowie der evtl. verbleibenden Einzelfelder. Man erhält die minimierte logische Funktion für die Ausgangsvariable.

Wird für die beiden Beispiele im Bild 4.6 mit Hilfe des KV-Diagramms für die Ausgangsvariable F die minimierte Beschreibung bestimmt, so kann zunächst ein Block gebildet werden, der die linke Hälfte der Felder umfasst. Dies bedeutet, dass dieser Block allein durch die Variable A beschrieben wird.

Ein Feld im unteren Beispiel (Bild 4.6, obere Zeile, drittes Feld von links) ist noch nicht berücksichtigt worden. Dieses ($\overline{A}BC$) lässt sich mit seinem Nachbarfeld, das bereits bei der vorherigen Blockbildung benutzt wurde, zu einem weiteren Block zusammenfassen. Diese beiden Felder werden durch die AND-Verknüpfung der Variablen B und C beschrieben, so dass in diesem Fall eine Beschreibung mit BC ausreicht.

Damit sind alle Felder mit einer „1" des KV-Diagramms berücksichtigt und die logische Funktion für F lautet:

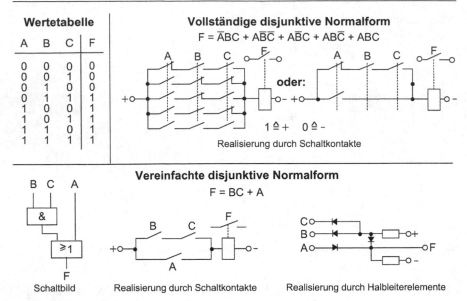

Bild 4.8. Logische Schaltung in unterschiedlicher technischer Realisierung

$$F = A + B \cdot C \qquad\qquad (4.6)$$

Um noch einmal die Bedeutung der Minimierung logischer Gleichungen zu zeigen, ist im Bild 4.8 die Verknüpfung für die Ausgangsvariable F_1 aus Bild 4.5 als logische Schaltung mit unterschiedlichen Bauelementen realisiert. Bild 4.8 zeigt links oben die Wertetabelle und rechts daneben die Gleichung der vollständigen disjunktiven Normalform, wie sie direkt aus der Wertetabelle entnommen werden kann. Darunter ist links die direkte Realisierung dieser Gleichung durch Schaltkontakte gezeigt, rechts die offensichtlich mögliche Vereinfachung durch Zusammenlegung paralleler Schaltkontakte. Die vereinfachte disjunktive Normalform mit dem zugehörigen Schaltbild und den entsprechenden Realisierungsformen durch Schaltkontakte und Halbleiterelemente ist in der unteren Bildhälfte dargestellt.

An der Schaltung, die mit Schaltkontakten aufgebaut wurde, lässt sich die erzielte Minimierung am deutlichsten zeigen. Ohne Minimierung würden statt der tatsächlich benötigten drei Schließer zehn Schließer und fünf Öffner, d.h. insgesamt 15 Schaltkontakte, benötigt (bzw. 10 Schalter nach dem Entfernen offensichtlich redundanter Kontakte), um die Funktion F_1 nach der Wertetabelle zu erhalten.

4.2 Bausteine

4.2.1 Realisierung der Grundfunktionen

Die Schaltzeichen für die logischen Funktionen gestatten die Erstellung von Schaltplänen für Logiknetzwerke unabhängig von der Art der technischen Realisierung

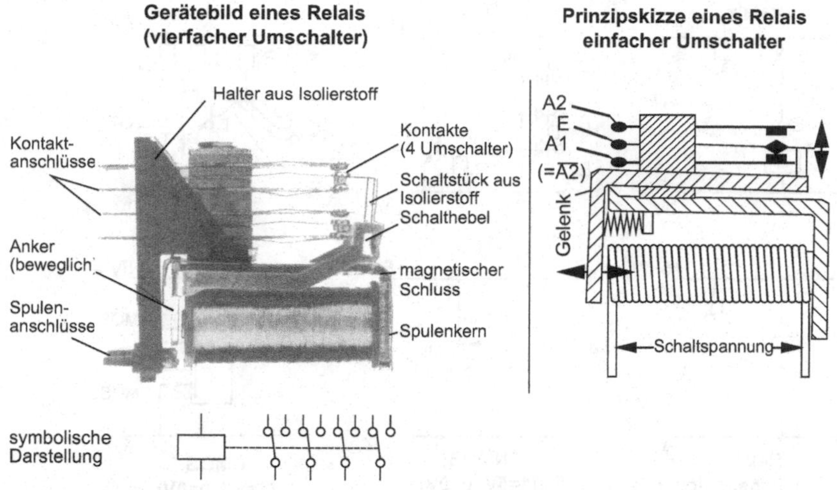

**Gerätebild eines Relais
(vierfacher Umschalter)**

**Prinzipskizze eines Relais
einfacher Umschalter**

Halter aus Isolierstoff

Kontakt-
anschlüsse

Kontakte
(4 Umschalter)

Schaltstück aus
Isolierstoff
Schalthebel

Anker
(beweglich)

magnetischer
Schluss

Spulen-
anschlüsse

Spulenkern

A2
E
A1
(=$\overline{A2}$)

Gelenk

Schaltspannung

symbolische
Darstellung

Bild 4.9. Gerätebild und Funktion eines Relais

der Grundfunktionen. Die Grundfunktionen sind je nach verwendeter Technik als Bausteine erhältlich und können entsprechend den Schaltplänen zu komplexen Logiknetzwerken zusammengeschaltet werden. Je nach Einsatzgebiet sind Logiknetzwerke in unterschiedlichen Techniken realisierbar.

Die einfachste Art der Realisierung logischer Funktionen geschieht unter Verwendung von Schaltkontakten, die binäre Signale bei geeigneter Verschaltung durch die Zustände „Spannung vorhanden" und „Spannung nicht vorhanden" darstellen. Bei Schaltkontakten wird zwischen Arbeits- und Ruhekontakten unterschieden. Die Ruhekontakte, also die im Ruhezustand geschlossenen Kontakte, stellen die Invertierung dar und werden durch einen Querstrich über der Variablenbezeichnung gekennzeichnet.

Werden die Schaltkontakte durch eine Magnetspule betätigt, spricht man von einem Relais. Relais ermöglichen es, einen oder mehrere Kontakte durch einen elektrischen Steuerstrom über größere Entfernungen und an unzugänglichen Stellen zu betätigen. Bei entsprechender Auslegung können durch einen kleinen Erregerstrom in der Magnetspule weit größere Ströme mit den Kontakten geschaltet werden (Leistungsverstärkung). Bild 4.9 zeigt das Gerätebild eines Relais zusammen mit einer Prinzipskizze. An der Magnetspule sitzt der bewegliche Anker. Fließt der Erregerstrom durch die Spule, wird ein Magnetfeld erzeugt und der Anker angezogen. Über einen Schalthebel wird diese Bewegung auf die Schaltkontakte übertragen. Das in Bild 4.9 gezeigte Relais (Foto) hat vier Umschaltkontakte, d.h. es werden gleichzeitig vier Kontakte geöffnet und vier Kontakte geschlossen. Durch Verschaltung mehrerer Relais ist es möglich, Logiknetzwerke beliebigen Umfangs aufzubauen.

Relais werden heute aufgrund der Verfügbarkeit kleinerer, schnellerer und preiswerterer elektronischer Bauelemente für Logikschaltungen nur noch selten eingesetzt. Relais zur Schaltung von Geräten mit höherer Leistung (Motoren, Heizspulen,

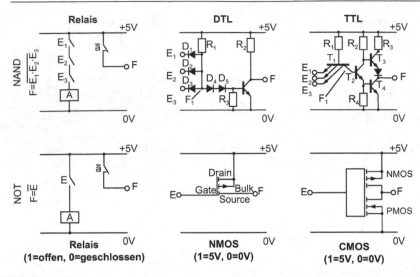

Bild 4.10. Schaltungstechniken zur Realisierung von NOT- und NAND-Gliedern

usw.) nennt man Schütze. Sie können einen thermischen Überlastschutz haben, d.h. das Schütz fällt ab, sobald die eingestellte Grenzleistung überschritten wird.

Logikschaltungen in Halbleitertechnik wurden erst mit der Entwicklung von Festkörper-Verstärker-Elementen, den Transistoren (= transfer resistor, Übertragungswiderstand), realisierbar. Wie ein Relais ermöglicht auch ein Transistor das Schalten von Strömen mit Hilfe wesentlich kleinerer Steuerströme [67]. Transistoren sind zwar analoge Bauelemente, d.h. sie können Spannungen und Ströme stufenlos verstärken; bei geeigneter Verschaltung mehrerer Transistoren kann jedoch ein nahezu digitales Verhalten erzielt werden. Solche Transistorschaltungen eignen sich hervorragend für den Einsatz in logischen Netzwerken.

Einige Techniken der Verschaltung von Transistoren und anderen Bauelementen zu logischen Grundfunktionen sind z.B. DTL (Diode-Transistor-Logik) und TTL (Transistor-Transistor-Logik) für bipolare Schaltungen sowie MOS-FET (Metal Oxid Semiconductor-Field Effect Transistor, NMOS, PMOS) und CMOS (Complementary MOS) für unipolare Schaltungen. Der Unterschied zwischen bipolar und unipolar liegt darin, dass bei bipolaren Elementen Elektronen und Löcher am Ladungstransport beteiligt sind, wohingegen bei unipolaren (Feldeffekt-) Bauelementen nur eine Ladungsträgerart für die Stromleitung verantwortlich ist. Bild 4.10 zeigt NOT- und NAND-Elemente in den unterschiedlichen Schaltungstechniken.

Bei der Dioden-Transistor-Logik arbeitet der Transistor als Spannungsschalter, d.h. er wird im leitenden Zustand übersteuert. Diesem vorgeschaltet ist ein Dioden-AND-Glied (D_1, D_2, D_3, R_1) sowie ein verkümmertes Dioden-OR-Glied (D_5, R_3). Am Ausgang des Dioden-AND-Gliedes liegen genau dann 0 V, wenn einer der Eingänge auf 0 V liegt, da in diesem Fall die entsprechende Diode leitet, während die anderen weiterhin sperren. An F_1 liegt somit das Signal $F_1 = E_1 \cdot E_2 \cdot E_3$

an. Das Ausgangssignal F wird durch Invertierung von F_1 mit Hilfe des Transistors erzeugt. Die Diode D_4 erhöht lediglich die Sperrsicherheit. Bei der Transistor-Transistor-Logik wird anstelle der Dioden $D_1 - D_4$ ein Multiemittertransistor (T_1) mit vergleichbarer Funktion eingesetzt. Der Transistor schaltet und zieht die Basis von T_2 auf 0 V, sobald mindestens einer der Emitter auf 0 V liegt. Damit ist auch hier das Signal am Punkt $F1 = E1 \cdot E2 \cdot E3$. Während T_2 die Diode D_5 ersetzt, dienen T_3 und T_4 als wechselseitig schaltende Transistoren zur Realisierung eines höheren Ausgangsstroms.

Ein MOS-FET besteht aus einem Halbleiterkanal (Source-Drain), dessen Leitfähigkeit durch eine zwischen den Anschlüssen Gate und Bulk (Halbleitersubstrat) angelegte Spannung nahezu leistungslos gesteuert werden kann. Man unterscheidet selbstleitende (d.h. leitend bei nicht angelegter Spannung) und selbstsperrende (d.h. nur leitend bei angelegter Spannung) sowie N- und P-Kanal-Typen (Polarität der Steuerspannung durch Dotierung vorgegeben). MOS-FETs können zwar im Gegensatz zu Relais nur geringe Ströme schalten, dies jedoch bei äußerst hohen Schaltgeschwindigkeiten. CMOS bestehen aus je einem P-Kanal- und einem N-Kanal-Transistor, die so verschaltet sind, dass der Schaltungsausgang entweder mit der Versorgungsspannung oder mit der Masse leitend verbunden wird.

4.2.2 Erweiterte Funktionen

In der Steuerungstechnik können Aufgaben häufig nicht direkt durch die Grundfunktionen gelöst werden. Sie werden in Form von speziellen Schaltungen als Funktionsbausteine hergestellt [67, 255].

4.2.2.1 Flip-Flop

Das Flip-Flop (bistabiler Multivibrator) ist ein Bauelement, das zum Speichern eines kürzer einwirkenden binären Signals dient. Aus dem Schaltzeichen im Bild 4.11 ist zu ersehen, dass das Flip-Flop über je zwei Ein- und Ausgänge verfügt.

Legt man ein Signal an den Setzeingang S, so wird – nach der Wertetabelle – der direkte Ausgang Q gesetzt und so lange gehalten, bis das Flip-Flop über den Rücksetzeingang R zurückgesetzt wird, unabhängig vom zwischenzeitlichen Zustand des Eingangs S. Der Ausgang $\overline{Q}$ hat jederzeit den komplementären, d.h. entgegengesetzten Signalzustand zum Ausgang Q. Aufgrund seiner Eingangsbezeichnungen hat diese Schaltung auch den Namen R-S-Flip-Flop (S = Setzen, R = Rücksetzen).

Das Schaltbild im Bild 4.11 zeigt, wie ein Flip-Flop aus zwei NOR-Funktionsgliedern aufgebaut werden kann. Der Ausgang des einen Logikelements ist jeweils auf einen Eingang des anderen Logikelements geschaltet, wodurch das Speicherverhalten entsteht.

4.2.2.2 Flankengetriggerte Flip-Flops

Oft werden in der Schaltungstechnik Speicherelemente benötigt, die zu einem bestimmten Zeitpunkt ihre Eingangsinformation übernehmen und abspeichern. Als

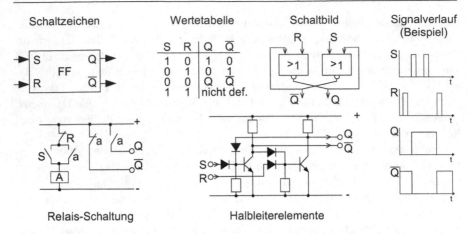

Bild 4.11. Flip-Flop Speicher in unterschiedlicher technischer Realisierung

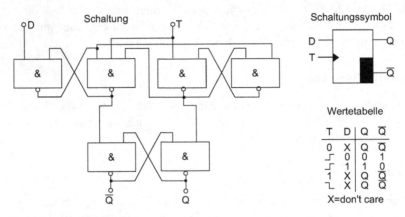

Bild 4.12. D-Flip-Flop

Beispiel für ein solches Element soll hier ein positiv flankengetriggertes D-Flip-Flop (Bild 4.12), erläutert werden.

Wechselt der Eingang T (Takt) seinen Zustand von 0 nach 1 (positive Flanke), wird die am Eingang D (Daten) anliegende Information auf den Ausgang übertragen. Für alle anderen Zustände des Takteingangs T (negative Flanke und statische Zustände 0 und 1) behält der Ausgang Q bzw. $\overline{Q}$ seinen logischen Wert bei, unabhängig von Änderungen am Eingang D (siehe Wertetabelle im Bild 4.12).

4.2.2.3 1:2-Untersetzer

Das D-Flip-Flop dient als Grundlage für viele taktgesteuerte Schaltungen. Eine häufige Anwendung ist der 1:2-Untersetzer, den man durch Rückführung des invertierten Ausgangs Q auf den D-Eingang erhält Bild 4.13.

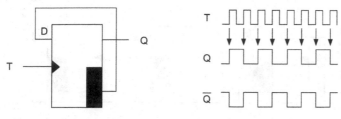

Bild 4.13. 1:2-Untersetzer

Das Impulsdiagramm zeigt, dass der Ausgang bei jeder positiven Taktflanke gesetzt bzw. rückgesetzt wird. Die Frequenz des Eingangstaktes wird also im Verhältnis 1:2 geteilt.

4.2.2.4 Binärzähler

Koppelt man mehrere rückflankengesteuerte Flip-Flops wie im Bild 4.14, so wird jedes Flip-Flop vom vorhergehenden getaktet, das erste vom zu zählenden Eingangstakt selbst. Jede Stufe halbiert an ihrem Ausgang die Frequenz der Eingangstakte, wie das Impulsdiagramm zeigt. An den Ausgängen Q_0 bis Q_3 kann man die Anzahl der Eingangstakte als Dualzahl ablesen. Mit $n = 4$ Stufen lassen sich $2^4 = 16$ unterscheidbare Dualzahlen realisieren, die den Dezimalzahlen 0 bis 15 entsprechen.

Über zusätzliche statische Setz- und Rücksetzeingänge können die Zählerstufen definiert auf „0" oder „1" gesetzt werden, sodass der Zählvorgang bei einem vorwählbaren Anfangswert beginnen kann. Durch Vergrößern der Stufenanzahl lässt sich der Zählumfang beliebig erweitern.

Bei Benutzung der komplementären Ausgänge $\overline{Q}_0$ bis $\overline{Q}_3$ zur Zählanzeige kann die Anordnung mit der gleichen Zählkapazität als Abwärtszähler eingesetzt werden.

Wie im Kapitel 4.3.1.2 noch gezeigt wird, kann die Funktionsweise informationsverarbeitender Geräte, die auf der Basis von Mikroprozessoren oder PCs aufgebaut sind, durch Programmierung (Software) festgelegt werden. Dementsprechend ist es möglich, einen Zähler durch Softwarefunktionen nachzubilden. Meist können die hardwaremäßig aufgebauten Zähler eine höhere Taktfrequenz verarbeiten, sodass diese bevorzugt eingesetzt werden. Das Gleiche gilt für Arithmetikbausteine.

4.2.2.5 Halbaddierer

Außer den Speicher- und Zählbausteinen werden in Steuerungen auch Bausteine benötigt, mit denen sich Rechenoperationen ausführen lassen. Bild 4.15 zeigt eine Schaltung, die zum Addieren von zwei einstelligen Dualzahlen dient. Die Wertetabelle gibt an, wie dies geschieht und wann ein Übertrag zur nächst höheren Ziffernstelle entsteht. Das Schaltbild wurde nach der disjunktiven Normalform (vgl. Kapitel 4.1.3) aufgebaut. Dieses Logiknetzwerk eignet sich nur zur Addition einer binären Ziffernstelle. Bei mehrstelligen Dualzahlen muss man noch den Übertrag von der niederwertigeren Stelle berücksichtigen.

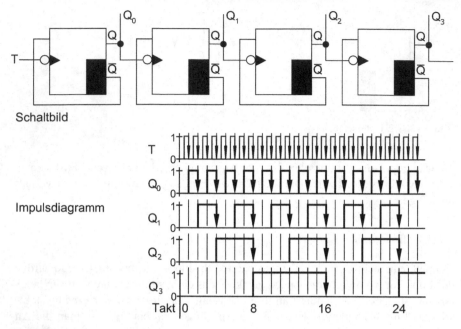

Bild 4.14. Binärzähler, rückflankengesteuert

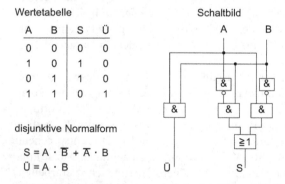

Wertetabelle

A	B	S	Ü
0	0	0	0
1	0	1	0
0	1	1	0
1	1	0	1

disjunktive Normalform

$$S = A \cdot \overline{B} + \overline{A} \cdot B$$
$$Ü = A \cdot B$$

Bild 4.15. Entwicklung eines einfachen Addierers (Halbaddierer)

4.2.2.6 Volladdierer

Die Volladdierer dienen zum Addieren der n-ten Stelle A_n und B_n zweier Dualzahlen A und B unter Berücksichtung des Übertrags $Ü_{n-1}$ von der niederwertigeren Stelle. Die Wertetabelle im Bild 4.16 zeigt die Verknüpfung der Eingänge A_n, B_n und $Ü_{n-1}$ zu den Ausgängen S_n und $Ü_n$.

Der Volladdierer ist aus zwei Halbaddierern aufgebaut. Der erste Halbaddierer summiert die Ziffernstellen A_n und B_n, während der zweite das Ergebnis des ersten und den Übertrag $Ü_{n-1}$ berücksichtigt.

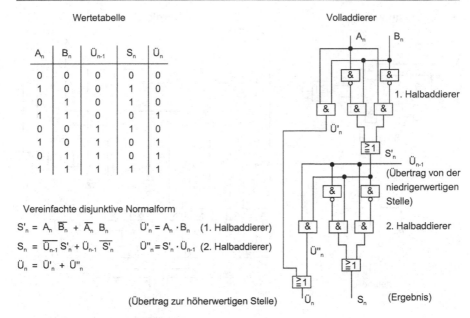

Wertetabelle

A_n	B_n	$Ü_{n-1}$	S_n	$Ü_n$
0	0	0	0	0
1	0	0	1	0
0	1	0	1	0
1	1	0	0	1
0	0	1	1	0
1	0	1	0	1
0	1	1	0	1
1	1	1	1	1

Volladdierer

Vereinfachte disjunktive Normalform

$S'_n = A_n \, \overline{B_n} + \overline{A_n} \, B_n$ $\qquad Ü'_n = A_n \cdot B_n$ (1. Halbaddierer)

$S_n = \overline{Ü_{n-1}} \, S'_n + Ü_{n-1} \, \overline{S'_n}$ $\qquad Ü''_n = S'_n \cdot Ü_{n-1}$ (2. Halbaddierer)

$Ü_n = Ü'_n + Ü''_n$

(Übertrag zur höherwertigen Stelle)

Bild 4.16. Aus zwei Halbaddierern aufgebauter Volladdierer

4.2.2.7 Vergleicher

Bei der Verarbeitung von Informationen ist es oftmals notwendig, die Zahlenwerte zweier Signale zu vergleichen. Bild 4.17 zeigt im linken Teil das Schaltbild und die Wertetabelle für die logische Funktion „Äquivalenz" (EXNOR). Das Ausgangssignal F hat den Zustand „1", wenn die Eingangssignale A und B gleichzeitig den Zustand „1" oder den Zustand „0" aufweisen, d.h. die Signale äquivalent (gleichwertig) sind.

Werden mehrere dieser Schaltungen gekoppelt, so erhält man einen Vergleicher, mit dem mehrstellige Zahlen (z.B. Soll- und Istwert einer Wegposition) auf Äquivalenz geprüft werden können.

Im rechten Teil von Bild 4.17 ist ein Vergleicher für vierstellige Dualzahlen dargestellt. Der Sollwert W und der Istwert X stimmen überein (Koinzidenzsignal „1"), wenn jede der Stellen W_i mit der Stelle X_i, $i = 0...3$, übereinstimmt. Zum Vergleich jeder Ziffernstelle i wird ein Äquivalenzelement eingesetzt, insgesamt vier. Die Ausgänge werden durch eine logische AND-Funktion zum Koinzidenzsignal verknüpft.

4.2.2.8 Decodierer

Bei dem Binärzähler im Bild 4.14 liegt der Zählerstand als Dualzahl an den Ausgängen an. Im Bild 4.18 ist ein sogenannter Decodierer gezeigt, der die vierstelligen Dualzahlen entschlüsselt und eine Dezimalanzeige ansteuern kann. Die Wertetabelle im Bild 4.18 stellt die Dezimalziffern 0 bis 9 den entsprechenden Dualzahlen gegenüber.

Äquivalenz   **Vergleicher**

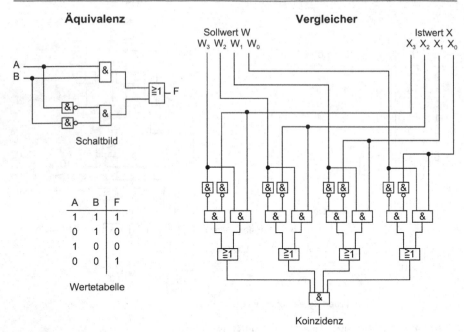

A	B	F
1	1	1
0	1	0
1	0	0
0	0	1

Wertetabelle

Bild 4.17. Binärerer Vergleich von Soll- und Istwert

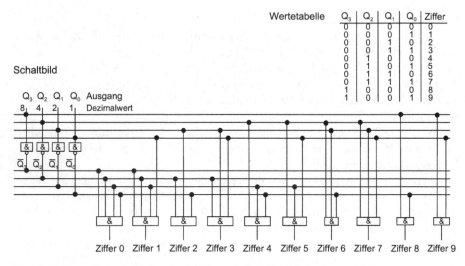

Wertetabelle	Q_3	Q_2	Q_1	Q_0	Ziffer
	0	0	0	0	0
	0	0	0	1	1
	0	0	1	0	2
	0	0	1	1	3
	0	1	0	0	4
	0	1	0	1	5
	0	1	1	0	6
	0	1	1	1	7
	1	0	0	0	8
	1	0	0	1	9

Bild 4.18. Decodierung von Dezimalziffern aus dem 8 4 2 1-Code

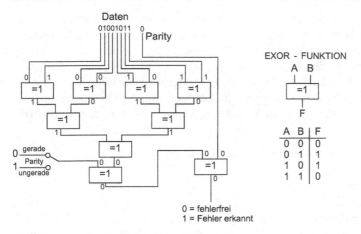

Bild 4.19. Prinzipschaltbild eines Parityprüfers

4.2.2.9 Parityprüfer

Zur Erhöhung der Datensicherheit ist man bestrebt, bei jeder Form der Datenübertragung, sei es zwischen unterschiedlichen Rechnern oder innerhalb eines Rechners selbst, Fehler bei der Übertragung zu erkennen. Eine sehr einfache Möglichkeit, einen Teil der Übertragungsfehler feststellen zu können, ist die zusätzliche Angabe und Prüfung eines Parity-Bits. Das Parity-Bit wird beispielsweise dann gesetzt, wenn eine gerade Anzahl Bits im Datenwort den Zustand „1" besitzen, andernfalls ist es „0". Nach der Übertragung kann durch Testen dieser Bedingung auf einfache Weise ein Fehler festgestellt werden. Dieses Verfahren versagt jedoch in dem seltenen Fall, dass zwei Fehlergleichzeitig auftreten.

Im Bild 4.19 ist das Prinzipschaltbild eines Parityprüfers für 8 Datenbits angegeben, der auch als Baustein erhältlich ist. Der Parityprüfer besteht aus einer Zusammenschaltung von EXOR-Funktionen (Exklusiv-OR, Antivalenz). Am Ausgang eines EXOR-Bausteins liegt dann eine „1", wenn nur an einem Eingang eine „1" anliegt. Wird eine 0/1 oder 1/0 Kombination erkannt, erscheint am Ausgang des Bausteines eine „1". Durch einen Umschalter kann ausgewählt werden, ob auf eine gerade oder ungerade Anzahl von „1"-Bits je Datenwort überprüft werden soll. Im Bild 4.19 wird als Beispiel ein Byte (acht Bits) am Eingang des Parityprüfers angegeben. Das Parity-Bit ist im gezeigten Beispiel 0 (fehlerfreie Übertragung vorausgesetzt), da gerade Parity angewählt ist und bereits eine gerade Anzahl „1"-Bits im Datenwort vorhanden ist. Entsprechend liegt am Fehler-Ausgang 0 an, d.h. es wurde kein Fehler erkannt.

4.2.2.10 A/D-Wandler

Damit Messwerte von einem Prozessrechner verarbeitet werden können, müssen sie in digitaler Form vorliegen. Da viele Messwertaufnehmer jedoch analoge Signale

liefern, sind Prozessrechner in der Regel auch mit Schaltungen ausgerüstet, die analoge Signale in die für den Rechner geeignete Darstellungsform umwandeln. Diese
Schaltungen werden Analog/Digital-(A/D-)Wandler genannt. Neben der Auflösung
dieser Schaltungen, die durch die Breite des erzeugten Ergebniswortes bestimmt
wird (z.B. 14-Bit-Wandler: $2^{14} = 16384$ Schritte über dem Messbereich), ist auch
die schaltungstechnische Realisierung für die Leistungsfähigkeit von Bedeutung.

Die bekanntesten Verfahren zur Umsetzung von analogen in digitale Signale
sind [70]:

– Spannungs-/Frequenzumsetzung,
– Rampenverfahren,
– Wägeverfahren,
– Parallelumsetzung,
– Halbparallelumsetzung,
– Sigma-Delta-Wandlung.

Ein Spannungs/Frequenz-Umsetzer liefert an seinem Ausgang eine dem Eingangssignal entsprechende Frequenz. Dies wird durch Lade-/Entladevorgänge realisiert.
Eine Kapazität wird durch die Eingangsspannung so lange entladen, bis die Spannung die Schwellspannung an einem Vergleichsglied überschritten hat und dieses
durchschaltet. Dadurch wird ein Monoflop (Zeitschalter) gestartet, dessen Ausgang
für eine fest vorgegebene Zeit auf „1" wechselt und somit den Kondensator wieder
auflädt. Je höher die Eingangsspannung ist, desto schneller wird der Kondensator
wieder entladen und desto schneller folgen die Impulse am Ausgang des Monoflops
aufeinander. Da Rechner keine Frequenzen direkt verarbeiten können, sondern diese durch langdauernde Zählvorgänge auswerten müssen, wird diese Form der Umwandlung im Rechnerbereich nicht eingesetzt.

Beim Rampenverfahren unterscheidet man zwischen dem Ein-, Zwei- und Vier-
Rampen-Verfahren, wobei die Vorteile der letzten beiden hauptsächlich in den erzielbaren Genauigkeiten liegen. Bild 4.20 zeigt das Schaltbild eines A/D-Wandlers
nach dem Prinzip des Ein-Rampen-Verfahrens. Bei diesem Verfahren wird im
Wandler von einem Sägezahngenerator eine wiederholt kontinuierlich ansteigende
Spannung erzeugt, die mit der Eingangsspannung verglichen wird. Mit dem Beginn jeder Spannungsrampe am Sägezahngenerator ($U_s > 0$) werden die Takte des
internen Taktgenerators so lange auf einen Zähler gegeben, bis U_s den Wert der
Eingangsspannung erreicht hat. Je höher die Eingangsspannung ist, desto länger
werden die Takte des Taktgenerators auf den Zählereingang durchgeschleift. Damit
steht am Zählerausgang nach jeder erzeugten Spannungsrampe ein zur Eingangsspannung proportionaler Digitalwert zur Verfügung. Die Verläufe der einzelnen zur
Auswertung erforderlichen Signale sind ebenfalls im Bild 4.20 dargestellt. Beim
Zwei-Rampen-Verfahren wird neben der Eingangsspannung noch eine Referenzspannung aufintegriert, wodurch das Ergebnis unabhängiger von Schwankungen der
Taktfrequenz und der Spannungsrampe wird. Eine weitere Verbesserung lässt sich
noch durch das Vier-Rampen-Verfahren erreichen, das im Prinzip aus zwei aufeinander folgenden Zwei-Rampen-Messungen besteht.

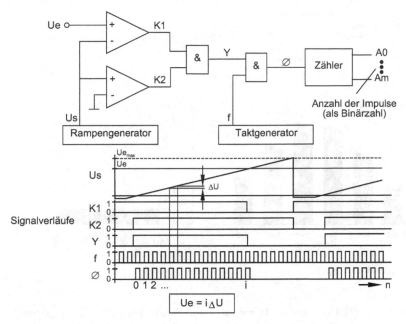

Bild 4.20. A/D-Wandler nach dem Prinzip des Ein-Rampen-Verfahrens

Beim Wägeverfahren wird durch einen sukzessiven Approximationsprozess versucht, eine Spannung zu erzeugen, die gleich der Eingangsspannung ist. Dazu sind ein Vergleicher und ein Digital-Analog-Umsetzer erforderlich. Bei einem 14-Bit-A/D-Wandler nach diesem Verfahren sind genau 12 Messschritte erforderlich, um zum Ergebnis zu gelangen. Dabei wird versucht, ausgehend von der halben maximalen Eingangsspannung durch Vergrößern der Vergleichsspannung um kleiner werdende Spannungsbeträge eine mit der Eingangsspannung identische Spannung zu erzeugen. Bei jedem Schritt wird geprüft, ob die Vergleichsspannung nach der ausgeführten Addition größer oder kleiner als die Eingangsspannung ist. Falls sie größer ist, wird die Addition zurückgenommen und mit dem nächst kleineren Spannungsbetrag fortgefahren. Aus den durchgeführten und zurückgenommenen Additionen ergibt sich ein Bitmuster, das proportional zur Größe der Eingangsspannung ist. Dieses Verfahren ist äußerst schnell und erreicht z.B. bei einer 14-Bit-Auflösung Messzeiten von nur 3 μs pro Messung.

Die mit Abstand höchste Umsetzfrequenz erreichen jedoch Parallelumsetzer. Sie sind aber auch schaltungstechnisch erheblich aufwändiger als die bereits genannten Verfahren. Bei Parallelumsetzern ist für jeden möglichen Spannungszustand ein Vergleicher mit entsprechender Referenzspannung erforderlich. Damit steht zwar das Messergebnis praktisch sofort nach dem Anlegen der Spannung zur Verfügung, jedoch verdoppelt sich der Aufwand mit jedem Bit zusätzlicher Auflösung (8Bit = $2^8 - 1 = 255$ Komparatoren, 14Bit = 16383 Komparatoren). Um diesen Aufwand zu reduzieren, werden bei Halbparallelumsetzern für n Bits zwei Par-

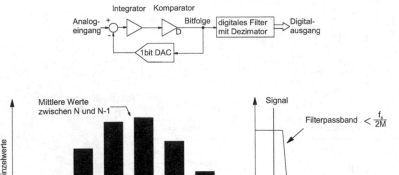

Bild 4.21. Sigma/Delta-Wandler

allelumsetzer für n/2 Bits genutzt. In einem ersten Schritt wird das Eingangssignal über den ersten Parallelumsetzer geleitet. Das Ergebnis stellt die höchstwertigen Bits der Umsetzung dar. Ein Digital-Analog-Wandler setzt dieses Ergebnis in eine Analogspannung um, die von der Eingangsspannung subtrahiert wird. Die verbleibende Differenzspannung wird mit dem Faktor $2^{n/2}$ verstärkt und auf den zweiten Parallelumsetzergegeben. Dessen Ergebnis stellt die niederwertigen n/2 Bits des Ergebnisses dar. Damit sind für einen n-Bit-Umsetzer $2 \cdot 2^{n/2}$ anstatt 2^n Komparatoren erforderlich.

Sigma-Delta-A/D-Wandler sind bereits seit mehr als 30 Jahren bekannt, aber erst seit einigen Jahren – mit der Verfügbarkeit entsprechender Halbleitertechnologie mit hoher Integrationsdichte und Geschwindigkeit – haben sie größere praktische Bedeutung erlangt. Sigma-Delta-Wandler machen sich die Methode der Überabtastung zu Nutze, um mit einfachen Komponenten eine hohe Auflösung zu erzielen. Bevor jedoch im Detail die Funktion dieser Wandler vorgestellt wird, wird das Prinzip an einem Beispiel erläutert [24].

Haupteinflussgröße für die Auflösung eines A/D-Wandlers ist das Quantisierungsrauschen. Tastet man einen Spannungspegel U mehrmals hintereinander ab, so unterscheiden sich die verschiedenen Messwerte im Rahmen dieses Quantisierungsrauschens. Die effektive Auflösung des A/D-Wandlers (in Bit) ist daher so definiert, dass das Quantisierungsrauschen unterhalb von $^1/_2$ LSB (Least Significant Bit) liegt.

Wie in Bild 4.21 links dargestellt ist, ergibt sich bei mehrfacher Abtastung aufgrund des Quantisierungsrauschens eine Verteilung der gemessenen Werte um den tatsächlichen Wert herum. Durch eine anschließende Mittelung kann der tatsächliche Wert aber trotz dieses Rauschens genauer bestimmt werden. Das Endergebnis ist somit genauer als die Auflösung des eingesetzten Wandlers.

Bild 4.21 (oben) zeigt, wie dieses Prinzip beim Sigma/Delta-Wandler umgesetzt ist. Im Wesentlichen besteht er aus einem Integrator, einem Komparator (entspricht 1 Bit A/D-Wandler) und einem 1 Bit D/A-Wandler(DAC). Das Ausgangssignal des DAC wird vom Eingangssignal abgezogen. Der verbleibende Signalanteil wird integriert und vom Komparator in ein 1-Bit Datenwort (0 oder 1) gewandelt. Das resultierende Bit gelangt über den DAC wieder zum Eingang, wo es erneut vom aktuellen Eingangssignal abgezogen wird. Der Prozess mit der Feedbackschleife wird mit einer sehr hohen Überabtastrate durchgeführt. Die entstehende Bitfolge wird dann digital gefiltert und dezimiert, d.h. in ein Signal höherer Bitauflösung aber niedrigerer Datenrate umgewandelt. Die Dichte der logischen Einsen im Ausgangssignal ist proportional zum Eingangssignal.

Durch die Überabtastung verteilt sich die Rauschenergie auf ein großes Frequenzspektrum (Bild 4.21 rechts). Aufgrund der anschließenden Filterung und Dezimierung liegt aber nur ein kleiner Teil des Rauschens im Nutzfrequenzband. Die Auflösung des Wandlers im Nutzfrequenzband ist somit deutlich erhöht. Dabei benötigt man im Vergleich mit anderen A/D-Wandler-Architekturen nur ein einfaches Anti-Aliasing Filter.

Der Nachteil des Sigma-Delta Wandlers besteht in der Durchlaufverzögerung, die wesentlich größer ist, als bei anderen Wandlertypen. Im niederfrequenten Bereich (z.B. Audiotechnik) bietet er jedoch eine kostengünstige, stromsparende und hochgenaue A/D-Wandler-Lösung. Aufgrund des Einschwingverhaltens des digitalen Filters eignet er sich dabei eher für kontinuierliche Messungen als für gemultiplexte Signale, da bei gemultiplexten Signalen (zwei Eingänge werden abwechselnd von einem A/D-Wandlerausgelesen) zwischen zwei Wandlungen eine Verzögerungszeit von mindestens einer Dezimationsperiode eingehalten werden muss.

4.2.2.11 D/A-Wandler

Die Umwandlung von digitalen in analoge Signale ist einerseits zur Erzeugung von Stellgrößen mit Prozessrechnern und andererseits zur Realisierung bestimmter Analog-Digital-Umsetzer erforderlich (s.o.). Dabei unterscheidet man ebenfalls eine Reihe unterschiedlicher Verfahren:

– Parallelverfahren,
– Wägeverfahren,
– R-2R-Netzwerk,
– Zählverfahren.

Auch hier erfordert das Parallelverfahren den höchsten schaltungstechnischen Aufwand. Bei diesem Verfahren kann über ein Widerstandsnetzwerk jede mögliche Ausgangsspannung über einen separaten Schalter auf den Ausgang des Wandlers gelegt werden. Welche Spannung der angelegten digitalen Information entspricht und damit welcher Schalter durchschalten soll, wird von einem sogenannten 1-aus-n-Decoder ermittelt. Ein solches digitales Netzwerk hat n Eingänge und 2^n Ausgänge, von denen nur der dem Eingangsbitmuster entsprechende geschaltet wird.

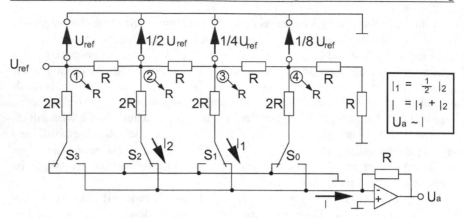

Bild 4.22. Digital/Analog-Wandler in Form eines R-2R-Standard-Netzwerkes

Beim Wägeverfahren ist lediglich für jedes Bit ein Schalter erforderlich. Über diesen Schalter werden entsprechend gewichtete Widerstände mit dem Ausgang verbunden. Über jeden Widerstand wird somit eine der Wertigkeit des jeweiligen Bits entsprechende Spannung (oder Strom) auf den Ausgang gegeben. Die Summe der unterschiedlichen Spannungen (oder Ströme) entspricht dann dem angelegten Bitmuster. Realisiert man die Gewichtung der Stufen durch eine fortgesetzte Spannungsteilung, so erhält man ein R-2R-Netzwerk. Wie im Bild 4.22 dargestellt, liegt an jedem Knotenpunkt des Netzwerkes (hier 1-2) eine gegenüber dem vorherigen Knotenpunkt halbierte Spannung an, da der Gesamtwiderstand des Netzwerkes von jedem Knotenpunkt aus genau R beträgt. Damit wird die Spannung von einem Knotenpunkt zum nächsten genau im Verhältnis R/2R geteilt, also halbiert. Der Operationsverstärker ist so verschaltet, dass er den Strom I in eine dazu proportionale Spannung U_a umwandelt. Einen idealen Operationsverstärker vorausgesetzt, liegt der negative Eingang praktisch auf Masse-Potential, sodass unabhängig von der Stellung der Schalter S_0 bis S_4 der Strom immer gegen Masse abfließen kann. Die durch die Schalter fließenden Ströme halbieren sich also ebenso wie die Spannungen an den Knotenpunkten.

Eine weitere Möglichkeit der D/A-Wandlung bieten Systeme, die nach dem Zählverfahren arbeiten. Dabei wird ein Schalter bei jeder steigenden Flanke am Eingang für eine bestimmte Zeit geschlossen und damit ein Kondensator langsam aufgeladen. Über die Häufigkeit dieses Ladevorgangs, also in Abhängigkeit der Eingangsfrequenz, wird die Spannung am Ausgang verändert. Höhere Schaltzahlen führen zu höheren Ausgangsspannungen. Nachteil dieses Verfahrens ist, dass keine konstante Ausgangsspannung, sondern ein um den gewünschten Mittelwert oszillierender Spannungsverlauf erzielt wird. Das Unterdrücken dieser Restwelligkeit erfordert zusätzlichen schaltungstechnischen Aufwand.

4.2.3 Integrierte Schaltkreise

Heute werden Halbleiterschaltungen nicht mehr aus einzelnen (diskreten) Bauelementen (Widerstände, Dioden, Transistoren) aufgebaut, sondern es werden sogenannte integrierte Schaltkreise (IC) eingesetzt. Diese enthalten auf einer Fläche von nur einigen Quadratmillimetern eine Vielzahl von Bauteilen und werden für Schaltungen, die in großen Stückzahlen benötigt werden, hergestellt. Durch moderne Halbleitertechnologie können in ICs eine Vielzahl von Bauelementen auf geringstem Raum untergebracht werden. In hochintegrierten Schaltungen (VLSI = Very Large Scale Integration) werden heute hauptsächlich MOS-FETs als Schaltelemente eingesetzt.

Ein Hindernis für hohe Integrationsdichten ist die anfallende Verlustwärme. Will man Millionen von Schaltelementen auf einem Chip unterbringen, so darf jedes einzelne Element nur eine ganz geringe Leistungsaufnahme haben. Daher erklärt sich die besondere Eignung von MOSFETs für hochintegrierte Schaltungen.

Die Anzahl der auf einem Chip herstellbaren Funktionselemente hat in den letzten 40 Jahren drastisch zugenommen. Neben der zunehmenden Chipfläche selbst ist hierfür vor allem die Entwicklung in der Fertigungstechnologie für Silizium-Chips verantwortlich. Während 1960 kleinste Strukturen von ca. 20 μm Breite hergestellt werden konnten, werden mittlerweile Werte von deutlich unter 1 μm erreicht. So wird ein aktueller Prozessor in 0, 09 μm-Technologie gefertigt und erreicht so Taktfrequenzen weit über 2 GHz. In Fachkreisen wird in Kürze mit der serienmäßigen Realisierung einer Transistortechnologie mit 18 nm gerechnet [73, 194, 222, 223].

In zunehmendem Maße werden auch anwendungsspezifische, integrierte Schaltungen bei der Entwicklung neuer Systeme und Geräte eingesetzt (sog. ASICs, Application Specific Integrated Circuits). Bei der IC Herstellung werden die vom Schaltungsentwickler entworfenen, elektronischen Funktionen in geometrische Strukturen auf dem Halbleitermaterial umgesetzt. Dazu sind mehrere hochpräzise photolithographische Arbeitsschritte erforderlich. Um die Herstellungskosten zu reduzieren, werden Bauelemente (ASICs) angeboten, bei denen nicht mehr alle Herstellungsschritte nach Angaben des Kunden erfolgen, sondern z.B. nur noch die Verdrahtung der Grundelemente. Auch das Zusammenstellen eines ICs aus fertigen Bibliothekselementen ist möglich [101].

ASICs werden unterteilt in anwenderkonfiguriert und herstellerkonfiguriert. Anwenderkonfigurierte Bausteine werden vom Anwender selbst durch elektrisches Lösen („fuse") oder Herstellen („antifuse") von Verbindungen innerhalb des ICs programmiert. Da vor der Programmierung keine anwenderspezifischen Entwicklungen durchgeführt werden müssen, ist diese Methode sehr preiswert und schnell. Die Möglichkeiten zur Beeinflussung der Funktion des Bausteins sind jedoch begrenzt. Bei den herstellerkonfigurierten Bausteinen unterscheidet man weiter zwischen Gate-Array- und Zellen-ICs. Gate-Array-ICs bestehen aus immer gleich angeordneten Grundelementen (Gattern, Flip-Flops, usw.), die lediglich kundenspezifisch verschaltet werden. Da die meisten Fertigungsschritte hierbei immer gleich sind, rechnen sich solche Bausteine schon bei Stückzahlen ab ca. 500 bis 1000. Bei

Zellen-ICs werden hingegen alle Fertigungsschritte individuell für den Anwender durchgeführt. Entsprechend hoch sind Flexibilität und Kosten der Zellen-ICs.

Neben diskreten Grundfunktionen können ASICs weiterhin folgende passive Elemente enthalten [101]:

– Thyristoren
– Triacs
– Crowbar-Schutzelemente (TrisilTM)
– Zener-Dioden
– Transient-Voltage-Suppressor Dioden (TransilTM)
– Fast-Recovery-Dioden
– PNP/NPN-Transistoren (keine Darlington-Konfiguration)
– Widerstände
– Kondensatoren (bis $\sim$ 500pF)

Diese Bauteile werden ASD (Application Specific Discrets) genannt. Die Integration dieser Bauteile in den ASIC ermöglicht sowohl eine Kosteneinsparung als auch eine Miniaturisierung. Darüber hinaus wird die Zuverlässigkeit – durch eine Reduktion der Bauteilanzahl – erhöht.

4.2.4 Bedien- und Anzeigeelemente

Wie aus Kapitel 4.2.1 zu erkennen ist, lassen sich logische Verknüpfungen in unterschiedlicher Technik (z.B. elektronisch oder elektrisch) realisieren und in Steuerungsgeräten einsetzen. Die Eingangssignale der Logiknetzwerke werden von den Bedienelementen und Signalgebern erzeugt, während die Ausgangssignale Anzeigeelemente oder Antriebe (Ventile, Kupplungen, Motoren, usw.) ansteuern. Nachdem früher im Werkzeugmaschinenbereich vorwiegend elektrische Steuerungen eingesetzt wurden, verfügen heutige Werkzeugmaschinen in der Regel über elektronische Steuerungen. Im Folgenden werden einfache, grundlegende Bauelemente für Ein- und Ausgabegeräte in elektronischen Schaltungen beschrieben [15, 87, 95, 106, 111, 145, 146, 226].

Im Bild 4.23 sind die Schaltzeichen der gebräuchlichsten Schaltglieder und Anzeigeelemente wiedergegeben. Die Schaltglieder können als Signalgeber eingesetzt werden. Hierbei können unterschiedliche physikalische Größen, z.B. durch Druck- oder Temperaturfühler, als Schaltinitiatoren genutzt werden. Die Signalgeber können als Tast- oder Rastschalter ausgebildet sein, die sich nur in ihrer Bedienungsfunktion unterscheiden. Bei Tastschaltern bleiben die Kontakte so lange betätigt, wie die Betätigungskraft wirkt. Danach kehren die Kontakte durch Federkraft in die Ruhelage zurück. Rastschalter dagegen müssen durch eine Betätigungskraft wieder in ihre Ausgangslage zurückgestellt werden. Tast- und Rastschalter können mit mehreren Kontakten (Öffner und/oder Schließer) bestückt sein.

Zur Anzeige von Messwerten werden häufig Messgeräte mit analoger Anzeige verwendet. Bei einfachen Maschinen ist es jedoch erwünscht, Signalwerte als digitale Zahl anzugeben oder zusätzlich durch erläuternden Text zu ergänzen. Für diese Aufgaben wurden unterschiedliche Anzeigeelemente entwickelt.

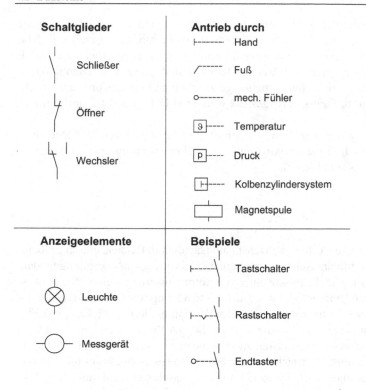

Schaltglieder

Schließer

Öffner

Wechsler

Antrieb durch

├------- Hand

╱------- Fuß

o------- mech. Fühler

ϑ ---- Temperatur

p ---- Druck

H---- Kolbenzylindersystem

Magnetspule

Anzeigeelemente

⊗ Leuchte

─○─ Messgerät

Beispiele

├-------\ Tastschalter

├--⌄--\ Rastschalter

o----\ Endtaster

Bild 4.23. Bedien- und Anzeigeelemente

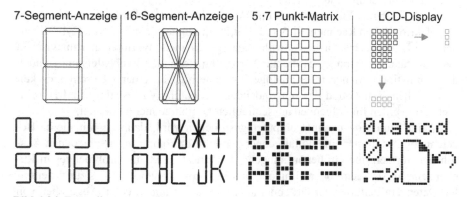

7-Segment-Anzeige | 16-Segment-Anzeige | 5·7 Punkt-Matrix | LCD-Display

Bild 4.24. Darstellung von Ziffern und Buchstaben mit unterschiedlichen Anzeigeelementen

Im Bild 4.24 sind die Strukturen einer 7-Segment-, einer 16-Segment-, einer 5/7-Matrix- und einer LCD-Anzeige dargestellt. Weiterhin wird gezeigt, welche Segmente zur Darstellung von Buchstaben und Ziffern angesteuert werden. Durch die Aneinanderreihung mehrerer Anzeigeelemente sind ganze Textzeilen darstellbar. Mit der Matrixanzeige können beliebige Zeichen und bei entsprechender Anzahl Pixel auch ganze Grafiken dargestellt werden (LCD- oder El.-Lumineszenz-Flachbildschirme).

Die Ansteuerung der einzelnen Segmente oder Punkte erfolgt über Decodierschaltungen, die ihre Information von Logiknetzwerken oder programmierbaren Geräten erhalten (vgl. Kapitel 4.3.2).

4.3 Rechner

Nachdem elektronische Rechner zunächst hauptsächlich in Rechenzentren größerer Unternehmen für kaufmännische und mathematische Aufgaben Anwendung fanden, werden sie heute auch als Prozessrechner zur Automatisierung technischer Prozesse unterschiedlichen Umfangs benutzt. Diese Entwicklung wurde sehr stark von der Miniaturisierung der Rechner unterstützt. Der Aufbau moderner Werkzeugmaschinensteuerungen ist heute vom Einsatz leistungsfähiger Prozessoren geprägt. Dabei ist ein Trend zu Standard-Prozessoren zu erkennen (z.B. von Intel oder AMD), da sie mittlerweile Leistungen erreichen, die – obwohl sie nicht direkt für Steuerungsaufgaben ausgelegt sind – den Einsatz in Werkzeugmaschinen ermöglichen. Im Folgenden werden einige Grundlagen, die für das Verständnis der Funktionsweise von Rechnern notwendig sind, erläutert.

Nach Aufbau, Wirkungsweise und Anwendung unterscheidet man drei Arten von elektronischen Rechnern [4,5,151,179,200]: Digital-, Analog- und Hybridrechner. Die Digitalrechner haben sowohl Analog- als auch Hybridrechner inzwischen fast vollständig verdrängt, da die zur Verfügung stehenden Rechenleistungen auch die Simulation umfangreicher analoger Systeme mit vertretbarer Geschwindigkeit ermöglichen. Auf Grund der schwindenden Bedeutung von Analog- und Hybridrechnern werden im Folgenden ausschließlich Digitalrechner betrachtet.

Wenn heute von einem Computer gesprochen wird, dann ist mit dieser Bezeichnung fast immer ein Digitalrechner gemeint. Er kommt in verschiedenen Ausführungsformen und Größenordnungen zum Einsatz, z.B. als Großrechner in Rechenzentren, als Klein- oder Minicomputer in Form von Workstations zur dezentralen Datenverarbeitung „vor Ort" oder als Personal Computer (PC). Abgesehen von der Leistungsfähigkeit unterscheiden sich Computer für unterschiedliche Einsatzgebiete, z.B. im Büro, als Netzwerkserver, Grafikworkstation oder als Prozessrechner, vor allem durch die für die optimale Bearbeitung der entsprechenden Aufgabe erforderliche Peripherie.

Die in der Automatisierungs- und Steuerungstechnik eingesetzten Rechner zählen zur Kategorie der Prozessrechner. Da Prozessrechner mit dem zu steuernden Prozess gekoppelt werden müssen, verfügen sie über eine Anzahl von analogen und digitalen Ein-/Ausgabeelementen zur Messdatenaufnahme und Stellgrößenausgabe. Der Einsatz eines Prozessrechners zur Realisierung von Steuerungen ist im Kapitel 5 erläutert. Durch die Entwicklung preiswerter Mikroprozessoren ergibt sich heute im Bereich der Prozesssteuerung ein breites Anwendungsfeld.

4.3.1 Aufbau und Funktion

Zur Beschreibung von Aufbau und Funktion eines Digitalrechners sind zunächst die Begriffe Hardware und Software grob zu erläutern. Unter Software versteht man Befehle und Daten, die sowohl den internen Ablauf im Digitalrechner steuern (Systemprogramme) als auch die Problemstellungen des Rechnerbenutzers beschreiben (Anwenderprogramme). Diese Programme werden im Arbeits- oder Peripheriespeicher abgelegt und bei einer anderen Aufgabenstellung einfach ausgetauscht. Bevor anschließend die Software eines Digitalrechners näher behandelt wird, soll im Folgenden auf die Hardware eingegangen werden.

4.3.1.1 Hardware

Als Hardwarestruktur wird der „maschinentechnische" Aufbau des Digitalrechners bezeichnet [126, 197, 259]. Dazu zählen die Funktionseinheiten Rechenwerk, Leitwerk, Arbeitsspeicher und Ein- und Ausgabewerk (Bild 4.25). Zur Hardware gehören ebenso die im Kapitel 4.3.2.2 beschriebenen Peripheriegeräte, wie Bildschirmgeräte mit Tastatur, Drucker und Externspeicher. Rechenwerk und Steuerwerk bilden den Kern eines Digitalrechners. Sie bestimmen seine „Hardwareintelligenz" und werden unter dem Begriff Zentraleinheit (CPU, Central Processing Unit) zusammengefasst. Nach DIN 44300 ist das Rechenwerk (AU, Arithmetic Unit) folgendermaßen definiert:

„Das Rechenwerk stellt bei einer digitalen Rechenanlage den Teil dar, der die Rechenoperationen ausführt. Zu diesen können neben arithmetischen Operationen auch Boolsche Verknüpfungen sowie Verschieben, Vergleichen und Runden gehören" (vgl. Kapitel 4.2). Sein arithmetischer Funktionsumfang umfasst in den meisten Fällen nur die vier Grundrechenarten mit ganzen Zahlen; im einfachsten Fall (z.B. bei Mikroprozessoren für Taschenrechner) nur die Operationen Addition und Subtraktion. Alle komplexeren Rechenarten, wie Wurzelberechnung, trigonometrische Funktionen usw. sowie Berechnungen im Gleitkommaformat, müssen daher per Dienstleistungsprogramm (Unterprogramm) auf diese Grundoperationen zurückgeführt werden. Um die Verarbeitungsgeschwindigkeit bei solchen Funktionen zu erhöhen, befinden sich bei besonders leistungsfähigen Rechnern deshalb häufig mehrere spezialisierte Rechenwerke in einem Prozessor.

Unter dem Begriff Leitwerk (CU, Control Unit) ist jene funktionelle Einheit eines Digitalrechners zu verstehen, die die einzelnen Befehle eines Programms in der definierten Reihenfolge aufruft, entschlüsselt und die verlangten Operationen durch entsprechende Steuersignale veranlasst.

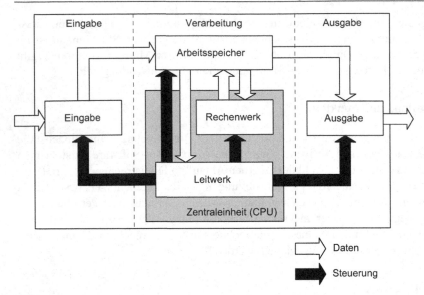

Bild 4.25. Prinzipieller Aufbau eines Digitalrechners

Die Ein-/Ausgabekanäle stellen die Verbindung des Rechners mit der Außenwelt (Peripheriegeräte, Prozess) her. Sie dienen zur Übertragung von Daten zwischen dem Arbeitsspeicher und den peripheren Geräten, wie Festplatte, Diskette, Drucker, Modem, usw., sowie den Prozessein-/-ausgängen.

Die Kommunikation zwischen den einzelnen Funktionseinheiten wird bei den meisten Rechenanlagen über Adress- und Datenbusse abgewickelt. Die Übertragungsgeschwindigkeit von Bussystemen stieg mit zunehmender Prozessorleistung an und liegt bei PCs bei bis zu 4 GByte/s.

Im Arbeitsspeicher eines Rechners wird die Software, auf die in kürzester Zeit zugegriffen werden muss, abgelegt. Das sind sowohl die gerade bearbeiteten System- und Anwenderprogramme als auch die mit diesen Programmen zu verarbeitenden Daten und Ergebnisse. Programme, die nicht dauernd benötigt werden, und größere Datenmengen werden in Externspeichern gespeichert.

Der Arbeitsspeicher wird von der Zentraleinheit beschrieben und gelesen. Alle Speicherplätze sind einzeln adressierbar. Die als eine zusammenhängende Einheit behandelten Speicherplätze werden Worte genannt. Ein Wort besteht aus einer Anzahl von Bits (z.B. 4, 8, 12, l6, 24, 32, 64). Diese Wortlänge ist durch die Rechnerstruktur vorgegeben. Die Anzahl der in einem Speicher ablegbaren Bits gibt die Speichergröße an. Die Speichergröße wird in der Einheit KByte (kilo$= 1.024 = 2^{10}$), MByte (Mega$= 1.048.576 = 2^{20}$), GByte (Giga$= 2^{30}$) oder TByte (Tera$= 2^{40}$) ausgedrückt.

Ein wichtiges Merkmal von Speichern ist außer ihrer Größe die Zugriffszeit. Das ist die Zeit, die benötigt wird, um ein bestimmtes Wort aus dem Speicher zu lesen.

Als Arbeitsspeicher werden Halbleiterspeicher (elektronische Speicher) eingesetzt. Sie unterscheiden sich zum einen in der Technologie der Informationsspei-
cherung, zum anderen aber vor allem im Preis und werden in folgende Gruppen
unterteilt:

- RAM (Random Access Memory). Schreib-Lese-Speicher. Unterschieden wer-
  den hier statische (SRAM) und dynamische (DRAM) Speicher:
- SRAM: Speicherung in Flip-Flops; schneller Zugriff; bei Verwendung von
  CMOS-Technologie geringe Stromaufnahme und somit für Batteriepufferung
  geeignet.
- DRAM: Kapazitive Speicherung; durch Eigenentladung zyklisches Nachladen
  aller Zellen nötig (Refresh); geringerer Platzbedarf; billiger als SRAMs, jedoch
  höhere Stromaufnahme und langsamerer Zugriff.
- ROM (Read-Only-Memory). Nur-Lese-Speicher mit festem Informationsgehalt
  (Festwertspeicher), der bei der Herstellung eingeschrieben wird und dann un-
  veränderbar ist.
- PROM (Programable ROM). Nur-Lese-Speicher, dessen Inhalt vom Anwender
  mit einem Programmiergerät eingespeichert werden kann und dann unveränder-
  bar ist.
- EPROM (Erasable PROM). Nur-Lese-Speicher; reprogrammierbar; Inhalt durch
  UV-Licht lösch- und anschließend neu ladbar.
- OPT-ROM (One Time Programable ROM). EPROM ohne Lösch- und Repro-
  grammiermöglichkeit; höhere Speicherdichte als PROM.
- EEPROM (Electrically Erasable PROM). Nur-Lese-Speicher, reprogrammierbar; Inhalt elektrisch löschbar; heute fast ausschließlich als Flash-EEPROMs
  (besonders schnelles Löschen des gesamten Inhalts oder bestimmter Speicher-
  blöcke).
- NV-RAM (Non Volatile RAM). Kombination aus SRAM und EEPROM; sehr
  schnelles Speichern der Informationen in den SRAM - Elementen, anschließend
  Übertragen aller geschriebenen Daten in den EEPROM-Teil (Dauer ca. 10 ms);
  relativ geringere Speicherdichte.

Neben diesen elektrischen Speichern existieren nach [210] weitere Speichermedien, welche sich in ihrer Zugriffszeit, der Speichergröße und den Speicherkosten
unterscheiden. Diese Speichermedien bilden eine Speicherhierarchie (Bild 4.26). In
dieser Hierarchie nehmen die Kosten für die Speicherung mit der Zunahme der Zugriffszeiten ab. Hierbei stellen die CPU-Register die schnellste aber auch teuerste
Form der Speicherung dar. Der Zugriff auf den Hauptspeicher durch die CPU kann
durch die Zwischenschaltung eines schnellen Cache-Speichers beschleunigt werden. Zur Auslagerung von Daten und Programmen aus dem Hauptspeicher stehen
neben schnellen, elektronischen Speichermedien mit magnetischen und optischen
Speichermedien weitere Speichermöglichkeiten in Form von externer Speicherperipherie (vgl. Kapitel 4.3.2) zur Verfügung. Die externe Speicherperipherie wird auf
Grund der langsamen Zugriffszeiten für die langfristige und kostensparende Speicherung großer Datenmengen verwendet.

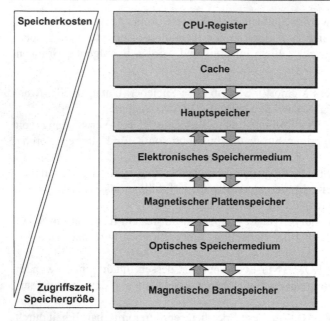

Bild 4.26. Speicherhierarchie

4.3.1.2 Software

Das Wort Software ist eine Sammelbezeichnung für alle Programme, die die Funktionsweise des Rechners bestimmen. Sie bestehen aus Anweisungen, die von ihm bearbeitet werden sollen. Man unterscheidet nach [210] bei diesen Programmen zwischen Anwendungsprogrammen und Systemprogrammen bzw. Betriebssystemen, Bild 4.27. In den Anwendungsprogrammen beschreibt der Benutzer die Lösungsalgorithmen zu seiner speziellen Problemstellung. Ein Anwendungsprogramm greift zur Lösung eines Problems im Allgemeinen nicht direkt auf die Computer-Hardware zu, sondern stellt eine entsprechende Anforderung an das Betriebssystem.

Die Systemprogramme und das Betriebssystem interagieren sowohl direkt mit der Computer-Hardware als auch mit den Anwendungsprogrammen. Sie werden normalerweise vom Rechnerhersteller mitgeliefert und gewöhnlich für einen bestimmten Einsatzbereich des Rechners bei der Inbetriebnahme in den Arbeitsspeicher geladen.

Eines der wichtigsten Systemprogramme ist das Betriebssystem (Bild 4.27). Es koordiniert und verwaltet die Anwenderprogramme durch Realisierung der folgenden Funktionen [16, 65, 72]:

- „Kapselung" der komplizierten Hardwarehandhabung durch Bereitstellung benutzerfreundlicher Befehle,
- Festlegung der Auftragsfolge, Ablaufplanung und Ablaufsteuerung,
- Durchführung aller Ein-/Ausgabeoperationen,
- Abwicklung von Zeitaufträgen,

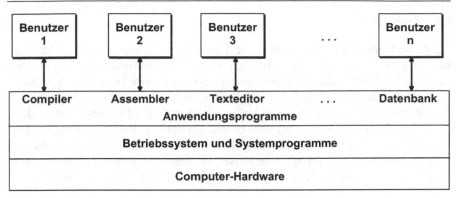

Bild 4.27. Abstrakter Aufbau eines Computersystems

– Verwaltung des Arbeitsspeichers und Schutz des Benutzerprogramms gegen Überschreiben durch andere Programme,
– Verwaltung des Hintergrundspeichers,
– Fehlerbehandlung.

Verbreitete Betriebssysteme im PC-Bereich sind beispielsweise Microsoft Windows oder Linux. Während frühere Betriebssysteme (z.B. DOS) als Single-Task-Betriebssystem nur die exklusive Ausführung eines Programms ermöglichten, unterstützt ein Großteil heutiger Betriebssysteme Multi Tasking. Das Betriebssystem sorgt dabei automatisch für die Aufteilung der Systemressourcen auf die einzelnen Programme (präemptives Multi Tasking), z.B. durch das zyklische Abarbeiten aller Programme in festgelegten „Zeitscheiben". Im Gegensatz zu diesen hauptsächlich im PC-Bereich eingesetzten Betriebssystemen kommen bei Workstations und Großrechnern häufig auf UNIX basierende Systeme zum Einsatz. Damit können nicht nur mehrere Prozesse gleichzeitig ausgeführt werden, sondern es können auch mehrere Bediener, z.B. an dezentralen Terminals, an einem Rechner arbeiten (Multi User / Multi Tasking).

Im Bereich der Werkzeugmaschinen-Steuerungen werden aufgrund der vielen zeitkritischen Abläufe echtzeitfähige Betriebssysteme benötigt. Unter Echtzeitfähigkeit versteht man dabei ein definiertes Reaktionsverhalten auf bestimmte Ereignisse, d.h. es muss gewährleistet werden, dass nach dem Eintreten eines Ereignisses innerhalb einer bestimmten Zeit garantiert die gewünschte Reaktion erfolgt. Gängige Echtzeitsysteme auf dem Markt sind z.B. LynxOS, PXROS, OS/9, QNX, VxWorks und VRTX. Neben diesen auf Echtzeitanwendungen spezialisierten Betriebssystemen gewinnen Lösungen auf Basis von Standard-Betriebssystemen zunehmend an Bedeutung. Hier existieren sowohl Lösungen unter einem echtzeitfähigen Windows CE als auch Echtzeiterweiterungen für andere Windows-Versionen sowie für das Open-Source Unix-Derivat Linux [104].

4.3.2 Peripherie

Die Zentraleinheit eines Rechners ist nicht ohne Zusatzgeräte betreibbar. Zur Ein- und Ausgabe der zu verarbeitenden Daten sowie zur Kommunikation mit dem Bediener und anderen Rechenanlagen muss der Rechner an seine Umwelt „angeschlossen" werden. Weiterhin müssen große Datenmengen, die im Arbeitsspeicher der Zentraleinheit keinen Platz mehr finden, in peripheren Speichern abgelegt werden. Geräte zur Erfüllung dieser Aufgaben bezeichnet man als Rechnerperipherie. Die meisten Rechner verfügen über Benutzer- und Kommunikations- sowie Speicherperipherie. Darüber hinaus erfordert der Einsatz als Prozessrechner zur Aufnahme von Messwerten, Ansteuerung von Stellgliedern usw. zusätzliche Prozessperipherie.

4.3.2.1 Speicherperipherie

Externe Massenspeicher dienen der Aufnahme von großen Datenmengen, auf die ein schneller Zugriff wie beim Arbeitsspeicher nicht erforderlich ist, oder zur Archivierung. Größtenteils arbeiten diese Geräte auf der Basis des magnetischen Aufzeichnungsverfahrens, bei dem, ähnlich wie bei einem Tonbandgerät, ein magnetischer Datenträger an Schreib- und Leseköpfen vorbei bewegt wird und Daten nach einem festgelegten Schema auf den Datenträger übertragen bzw. von ihm gelesen werden (vgl. Kapitel 4.1.2, Datencodes). Ferner sind mittlerweile DVD- und CD-ROM-Laufwerke verfügbar, die das Speichermedium optisch abtasten. In der Regel ermöglichen sie jedoch nur das Einlesen von gespeicherten Daten, nicht jedoch das Schreiben. Löschbare optische Platten (magnetooptisches Prinzip) existieren zwar auch, sind aber verhältnismäßig teuer, und das Beschreiben mit Daten ist vergleichsweise langsam. Auch nichtflüchtige Halbleiterspeicher auf EEPROM-Basis (IC-Speicherkarten) sind mittlerweile verfügbar, jedoch ist ihre Speicherkapazität, verglichen mit Festplatten, deutlich geringer. Ihr Vorteil ist die geringe Zugriffszeit. Lochstreifen als Speichermedien haben, abgesehen von der Speicherung von NC-Daten, für Werkzeugmaschinen praktisch keine Bedeutung mehr. Der Grund für die Verwendung von Lochstreifen bei Werkzeugmaschinensteuerungen vor 30 Jahren lag in der Robustheit dieses Mediums gegenüber den im Werkstattbereich auftretenden Umgebungseinflüssen, wie Staub, Hitze, Magnetfeldern, Öl- und Lösungsmitteldämpfen, usw. Seit vielen Jahren haben die magnetischen und optischen Datenspeicher den Lochstreifen verdrängt. [20, 22, 27].

Plattenspeicher, zu denen auch die Floppy-Disk zählt, ermöglichen – ebenso wie IC-Speicherkarten – einen „wahlfreien Zugriff" (random access). Das bedeutet, dass jede gespeicherte Information einzeln oder in Gruppen zusammengefasst ansprechbar ist und in der für das Gerät typischen Zugriffszeit zur Verfügung steht. Diese ergibt sich im Wesentlichen aus der Zeit für die Positionierung des Schreib-/Lesekopfes und der Drehzahl des Speichermediums (Bild 4.28).

Den höchsten Stellenwert unter den Plattenspeichern haben die sogenannten Festplatten (Bild 4.28). Sie sind nach dem gleichen Prinzip wie eine Floppy-Disk aufgebaut. Anstatt einer einzelnen magnetisierten Scheibe werden hier jedoch mehrere Scheiben übereinander angeordnet. Eine sehr kompakte und fest installierte

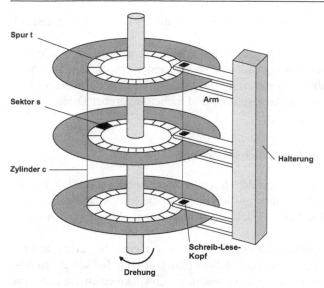

Bild 4.28. Aufbau und Funktion einer Festplatte

Bauweise ermöglicht es, wesentlich mehr Spuren auf eine solche Platte zu schreiben. Gleichzeitig sind die Umdrehungsgeschwindigkeiten wesentlich höher. Solche Festplatten erreichen Kapazitäten in der Größenordnung von mehreren 100 GByte und Übertragungsraten bis zu 300 MByte/s.

Die zahlenmäßig größte Verbreitung bei Plattenspeichern besaß lange Zeit die Diskette (Floppy-Disk). Sie besteht aus einer Hülle, in der sich eine dünne, magnetisch beschichtete Kunststoffscheibe befindet. Auf dieser Scheibe sind die Daten in Form unterschiedlich magnetisierter Bereiche gespeichert. Zum Lesen oder Schreiben auf einer Diskette wird der Schreib-/Lesekopf des Diskettenlaufwerks auf die rotierende Scheibe gedrückt. Am Schreibkopf erzeugte Magnetfelder ändern die Magnetisierung der Diskette an der entsprechenden Stelle, sodass Informationen bitweise auf Kreisbahnen abgelegt werden können. Je nach Diskettentyp und Laufwerk können auf diese Weise bis zu 135 Spuren pro Zoll (tpi, tracks per inch) auf die Diskette aufgebracht werden. Dabei besteht jede Spur aus mehreren Sektoren, d.h. zusammenhängenden Zonen, in denen aufeinander folgende Informationen abgelegt sind. Innerhalb eines Sektors werden die Bits mit einer Dichte von bis zu 200 Bits pro Zoll (bpi, bits per inch) abgelegt. Die Schreibdichte nimmt von innen nach außen aufgrund der steigenden Länge der Spuren ab.

Aufgrund der enorm gestiegenen Datenmengen der heutigen Software stoßen diese Diskettentypen jedoch an ihre Grenzen. Alternativen bieten alternative Diskettenformate, welche mehrere hundert MByte Kapazität besitzen und zudem weitaus höhere Übertragungsraten erlauben (um die 1 MByte/s). Diese haben sich jedoch kaum durchgesetzt. Die mittlerweile gebräuchlichsten Speichermedien sind die CD-R sowie die wiederbeschreibbare CD-RW. Sie speichern bis zu 900 MByte und erreichen Übertragungsraten von etwa 7 MByte/s. Auch die DVD gewinnt zunehmend an Bedeutung.

Magnetband- oder Magnetkassettenspeicher arbeiten sequenziell, d.h. alle Daten werden in Blöcken zusammengefasst und nacheinander gespeichert. Das Aufsuchen bestimmter Datenblöcke kann zu langen Suchläufen führen. Daher werden Bandspeicher hauptsächlich zur Archivierung und Sicherung großer Datenmengen benutzt.

4.3.2.2 Benutzer- und Kommunikationsperipherie

Die Geräte, über die der Mensch mit dem Rechner korrespondiert, werden als Benutzerperipherie bezeichnet. Das sind im Wesentlichen die Ein-/Ausgabeeinheiten, wie Tastatur, Bedientafeln, Maus, Trackball, Touchscreen, Bildschirm, Drucker, Plotter, Scanner, usw.

Insbesondere den Eingabegeräten eines Rechners oder einer Steuerung kommt eine zunehmende Bedeutung im Hinblick auf die Benutzerfreundlichkeit zu. In Abhängigkeit vom Einsatzgebiet sind unterschiedliche Eingabemedien sinnvoll. Im Bürobereich reichen in den meisten Fällen eine übliche Tastatur, eine Maus und evtl. ein Digitalisier- oder Bedientableau aus. In rauer Werkstattumgebung sind diese Eingabemedien in der Regel ungeeignet, entweder weil sie den Umgebungseinflüssen nicht angepasst sind oder weil sie eine zu große Belastung des Benutzers darstellen. Hier sind inzwischen Systeme verfügbar, die mit berührungssensitiven Bildschirmen, Lichtgriffeln und Folientastaturen arbeiten oder sogar Spracherkennung und -ausgabe (vgl. Kapitel 6.5) nutzen.

4.3.2.3 Prozessperipherie

Zur automatischen Steuerung eines Prozesses durch einen Prozessrechner ist der direkte Datenaustausch zwischen Rechner und Prozess notwendig. Über die Prozessperipherie ist der Rechner online an den Prozess gekoppelt. Messwertaufnehmer (Sensoren) liefern die benötigten Prozessdaten, und über Stellelemente beeinflusst der Rechner den Prozessablauf. Da die Mess- und Stelldaten im Rechner nur als digitale Größen verarbeitet werden können, müssen alle analogen Prozessmessgrößen, wie z.B. Druck, Temperatur, usw., mit Hilfe von Analog/Digital-Wandlern digitalisiert werden. Analoge Stellelemente (Ventile, AC-Motor, usw.) werden vom Rechner über Digital/Analog-Wandler angesteuert (vgl. auch Kapitel 4.2.2.10 und Kapitel 4.2.2.11). Eine Auswahl an Mess- und Stell- bzw. Anzeigeelementen ist in Kapitel 5 aufgeführt.

4.3.3 Softwareentwicklung

Die Softwareentwicklung gewinnt für den Maschinenbau zunehmend an Bedeutung, da sowohl mechatronische Produkte als auch automatisierte Produktionsanlagen neben elektrischen und mechanischen Komponenten zu einem wachsenden Anteil aus

Software bestehen. Die Entwicklung der Software erfolgt gemäß eines systematischen Softwareentwicklungsprozesses, der in folgende Entwicklungsphasen untergliedert wird [17]:

1. Planungsphase
2. Definitionsphase
3. Entwurfsphase
4. Implementierungsphase
5. Abnahme- und Einführungsphase
6. Wartungs- und Pflegephase

Diese Phasen werden bei der Softwareerstellung nacheinander, schrittweise durchlaufen, wobei die Ergebnisse einer vorhergehenden Phase die Grundlage für die weitere Entwicklung in der hierauf folgenden Phase bilden. Die Phasen müssen jedoch nicht streng sequenziell durchlaufen werden. Falls erforderlich ist der Rücksprung zu einer vorhergehenden Phase jederzeit möglich (iterativer Softwareentwicklungsprozess).

4.3.3.1 Planungsphase

Zu Beginn des Softwareentwicklungsprozesses wird die Planungsphase durchlaufen. Im Rahmen dieser Planungsphase wird die Durchführbarkeit des Softwareprojektes untersucht. Sie stellt somit eine Voruntersuchung bzw. Durchführbarkeitsstudie dar. Als Ergebnisse dieser Phase werden die Anforderungen des Auftraggebers an das zu entwickelnde Softwareprodukt in Form eines Lastenheftes festgelegt. Darüber hinaus werden in dieser Phase eine erste Kostenkalkulation sowie ein erster Projektplan erstellt. Das Lastenheft bildet die Grundlage für die Erstellung eines Pflichtenheftes in der hierauf folgenden Definitionsphase.

4.3.3.2 Definitionsphase

Die Definitionsphase nimmt eine entscheidende Rolle im Softwareentwicklungsprozess ein, da in dieser Phase die Anforderungen an das Softwareprodukt in Zusammenarbeit mit dem Endanwender definiert werden. Die Anforderungen an das zu entwickelnde System werden in einem Pflichtenheft festgelegt, welches im weiteren Verlauf der Softwareentwicklung schrittweise detailliert wird. Das vollständige Ergebnis der Definitionsphase wird als die Produktdefinition bezeichnet, welche vier Teildokumente umfasst:

– Pflichtenheft
– Produktmodell
– Konzept der Benutzungsoberflächen
– Benutzerhandbuch

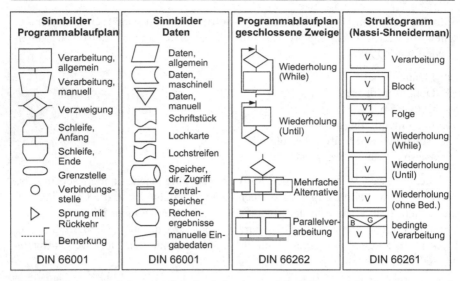

Bild 4.29. Programmdokumentation durch Programmablaufpläne und Struktogramme nach DIN

Zur Beschreibung der Datenmodelle werden in den einzelnen Entwicklungsphasen neben umgangssprachlichen Beschreibungen bevorzugt formale Notationen verwendet. Diese Notationen verwenden Symbole zur Beschreibung der gewünschten Softwareeigenschaften. Je nach Zielsetzung der einzelnen Entwicklungsphasen kommen unterschiedliche Notationen zum Einsatz. In der Definitionsphase werden beispielsweise Datenflussdiagramme, Petrinetze, Entity-Relationship-Diagramme, Klassendiagramme, Zustandsautomaten oder Interaktionsdiagramme verwendet [17].

4.3.3.3 Entwurfsphase

Nachdem in der Definitionsphase die Anforderungen an das Softwareprodukt spezifiziert wurden, werden in der Entwurfsphase geeignete Datenmodelle zur Erfüllung dieser Anforderungen entworfen. Neben der Beschreibung der Abläufe durch Zustandsautomaten und Interaktionsdiagramme wird die Datenstruktur mittels Klassendiagrammen festgelegt [17]. Ergänzend werden die Softwareschnittstellen definiert. Hierzu zählen sowohl die Schnittstellen innerhalb eines Programms als auch die Schnittstellen zur Kommunikation mit anderen Programmen (z.B. über ein Netzwerk). Als Ergebnisse der Entwurfsphase liegen die detaillierten Beschreibungen der dynamischen Aspekte (z.B. der Fertigungsabläufe) und der statischen Eigenschaften (z.B. der Anlagenstruktur) als Datenmodell vor. In der Entwurfsphase wird die Softwarearchitektur des Softwaresystems entworfen.

Programmablaufplan   **Struktogramm**

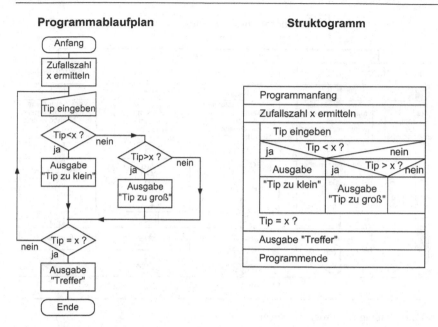

Bild 4.30. Programmablaufplan und Struktogramm anhand eines Programmierbeispiels

4.3.3.4 Implementierungsphase

In dieser Phase werden die Datenmodelle der vorangegangenen Phase unter Verwendung einer Programmiersprache in einen Programmquelltext überführt. Dieser Vorgang wird häufig als Programmierung bezeichnet. Das Ergebnis dieser Phase ist ein ausführbares Programm. Entsprechend der Zielsetzung in dieser Entwicklungsphase werden neben Pseudocode und Struktogrammen Programmablaufpläne verwendet. Die genormten Symbole des Programmablaufplans sowie des Nassi-Shneiderman-Struktogramms sind exemplarisch in Bild 4.29 (DIN 66001, DIN 66262, DIN 66261) und in Bild 4.30 dargestellt.

Das Programm, d.h. alle vom Rechner zu verarbeitenden Befehle und Daten, werden rechnerintern im sogenannten Maschinencode, einer Folge aus den Binärzeichen „0" und „1", gespeichert. Diese Verschlüsselung des Programmablaufs ist bei jedem Rechnerfabrikat anders. Eine Programmierung im Maschinencode, der auch als „Maschinensprache" bezeichnet wird, ist sehr aufwändig. Es wurden daher Programmiersprachen entwickelt, die der menschlichen Ausdrucksweise angepasst sind und mit denen die Problemstellung einfach zu formulieren ist. Allerdings müssen die Programme, bevor sie im Rechner ablaufen können, mit Hilfe von Übersetzern bzw. Compilern (Bild 4.31) in die für den Rechner verständliche Maschinensprache übertragen werden.

Programmiersprachen lassen sich in verschiedene Klassen einteilen (Bild 4.31). Merkmale sind außer der Einteilung in maschinen- und problemorientierte Sprachen

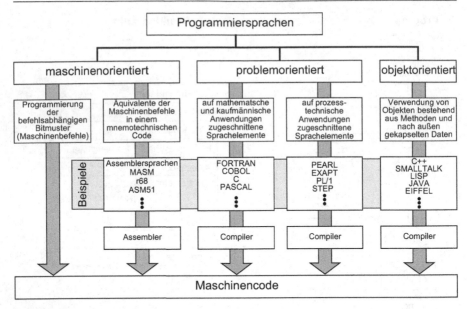

Bild 4.31. Einteilung von Programmiersprachen

die Begriffe Programmierkomfort, Programmlaufzeit und Speicherplatzbedarf, Modularität und Wartbarkeit.

In der Prozessrechentechnik, wo kurze Programmlaufzeiten und kleine Programmlängen besonders bei schnellen, zeitkritischen Prozessen angestrebt werden, erfolgte die Programmierung bisher überwiegend in einer maschinenorientierten Sprache. Sieht man von der Maschinensprache ab, die im eigentlichen Sinn gar keine Programmiersprache ist, dann stehen dem Anwender die sogenannten Assemblersprachen zur Verfügung. Mit ihnen lassen sich die Rechnerbefehle unter Verwendung eines mnemotechnischen Codes (leicht zu merkende Abkürzungen) angeben. Das in der Assemblersprache geschriebene Anwenderprogramm wird mittels eines Übersetzungsprogramms, das Assembler heißt und zu den Systemprogrammen eines Rechners gehört, in den Maschinencode übersetzt (assembliert). Eine Programmierung in der Maschinensprache geschieht höchstens zur Korrektur einzelner Befehle eines Programms, das bereits übersetzt und in den Arbeitsspeicher geladen wurde und bei dem ein Neuladen und Assemblieren aufwändiger wäre.

Die maschinenorientierte Programmierung in der Assemblersprache erfordert genaue Kenntnisse über die rechnerinterne Programmverarbeitung, da jeder Verarbeitungsschritt einzeln vorzugeben ist. Jedem Befehl des Quellprogramms entspricht nach der Assemblierung (Übersetzung in die Maschinensprache) ein Befehl oder eine Befehlsgruppe im sogenannten Objektprogramm, sodass auch hinsichtlich der Anzahl der benötigten Arbeitsspeicherzellen ein eindeutiger Bezug besteht. Im Programmlisting werden die programmierten Anweisungen des Quellprogramms in Assemblersprache und direkt daneben das zugehörige Objektprogramm im Maschinencode (Objektcode) mit den Speicherplatzadressen ausgedruckt. Damit ist der

Test jedes einzelnen Programmschritts unter Zuhilfenahme der Möglichkeiten des Rechners, z.B. durch Setzen von Haltepunkten an definierten Programmstellen oder Lesen von Speicherzelleninhalten, durchführbar.

Die Rechenleistung heutiger Prozessoren sowie der zur Verfügung stehende Speicher und verbesserte Echtzeit-Betriebssysteme ermöglichen mittlerweile auch bei Steuerungen die Programmierung in problemorientierten Sprachen. Der Nachteil eines solchen compiler-erzeugten und weniger optimierten Codes ist im Wesentlichen die geringere Geschwindigkeit, die jedoch durch die inzwischen sehr hohe Leistungsfähigkeit der Systeme teilweise ausgeglichen wird. In der Regel überwiegen jedoch die Vorteile modularer, portierbarer und offener Steuerungsstrukturen auf Hochsprachenbasis.

Problemorientierte Sprachen (z.B. Pascal, C, Fortran, Cobol, Basic, usw.) verfügen über Sprachelemente, die auf mathematisch-wissenschaftliche, kaufmännische oder bestimmte technische Probleme zugeschnitten sind. Sie sind losgelöst von der internen Rechnerstruktur und für verschiedene Rechner anwendbar. Die in einer problemorientierten Sprache geschriebenen Programme werden mit Hilfe von Compilern, das sind ebenfalls Übersetzungsprogramme, in den Maschinencode übersetzt (kompiliert) oder als sog. Interpretersprachen zur Laufzeit in Maschinensprache übersetzt. Es kann aber weder ein genauer Bezug zwischen der Länge des Quellprogramms und dem benötigten Speicherplatzbedarf noch eine Zuordnung zu den Speicheradressen, in denen einzelne Befehle stehen, gegeben werden. Zusätzlich zur leichteren Lesbarkeit des Programmtextes ist der Test solcher Programme mit Hilfe spezieller Testprogramme (Debugger) möglich.

Auch für die Programmierung des Bearbeitungsablaufs zur Werkstückherstellung mit numerisch gesteuerten Werkzeugmaschinen wurden problemorientierte Programmiersprachen, wie z.B. EXAPT, EASYPROG, PROGRAMAT u.a., entwickelt (vgl. Kapitel 6.3).

Manche der bekannten Programmiersprachen (C, Pascal, usw.) sind mittlerweile nicht nur problemorientiert, sondern auch zu objektorientierten Sprachen (Java, Smalltalk, Eiffel, C++, objektorientiertes Pascal, usw.) erweitert worden. Der Unterschied zwischen herkömmlichen und objektorientierten Sprachen liegt darin, dass bei letzteren Daten und Funktionen (Methoden) zu Klassen zusammengefasst werden. Die Daten einer Klasse sind von außen nicht zugänglich, sondern müssen über dafür vorgesehene Methoden gelesen oder verändert werden. Weiterhin können Klassen ihre Eigenschaften an von ihnen abgeleitete Klassen vererben. Der Vorteil des Konzeptes der objektorientierten Programmierung liegt in der besseren Übersichtlichkeit des erstellten Programmcodes und in der guten Weiterverwendbarkeit bereits erstellter Klassen, da definierte Schnittstellen zu jeder Klasse existieren und außerdem auf vorhandene Klassen aufgebaut werden kann (Vererbung). Das bedeutet zum Beispiel, dass eine alte Klasse beliebig gegen eine neuentwickelte Klasse ausgetauscht werden kann, falls die Schnittstelle der neuen Klasse weiterhin die Methoden der alten zur Verfügung stellt. Wie die Daten in der Klasse verwaltet werden und welche Daten genau vorhanden sind, ist dabei unerheblich. Dieser Aspekt trägt ganz erheblich zu einer stärkeren Modularität und Modifizierbarkeit der erstellten

Software bei. Ein zusätzlicher Vorteil dieser Programmiertechnik liegt in der soge-nannten Verkapselung: Ein „fremdes" Objekt bekommt keine Erlaubnis, auf Daten im geschützten Bereich einer Klasse direkt zuzugreifen. Vielmehr müssen wohlde-finierte Schnittstellen zur Kommunikation mit dem Objekt benutzt werden.

Objektorientierte Programmierung wird inzwischen in vielen Bereichen nutz-bringend angewandt. Mit objektorientierter Programmierung (OOP) werden Daten-banken, Texteditoren und Bedienoberflächen ebenso programmiert wie Betriebssys-teme [74,110,210,224]. Auch im mathematisch-wissenschaftlichen und fertigungs-technischen Umfeld wird die objektorientierte Programmierung erfolgreich einge-setzt. Die Verarbeitung geometrischer Elemente und deren Darstellung lässt sich ebenso auf Objekte abbilden wie Materialtransportaufgaben oder ganze Fertigungs-leitsysteme. Auch offene Steuerungssysteme (z.B. OSACA, vgl. Kapitel 6) ziehen Nutzen aus den Möglichkeiten der objektorientierten Programmierung.

Begleitend zur Programmierung erfolgt in der Implementierungsphase die Do-kumentation des Programmquelltextes, welche für die spätere Wartung der Software in der Wartungs- und Pflegephase erforderlich ist.

4.3.3.5 Abnahme- und Einführungsphase

In der Abnahmephase wird das Softwareprodukt durch den Auftraggeber im Hin-blick auf die im Pflichtenheft formulierten Eigenschaften überprüft. Hierbei wird ein Abnahmeprotokoll durchlaufen, in welchem die Funktionsfähigkeit der Soft-ware mittels zuvor vereinbarter Testdaten überprüft wird. In der Einführungsphase erfolgt neben der Installation und Inbetriebnahme des Softwareproduktes auch die Schulung der Benutzer sowie eine mögliche Ablösung eines bestehenden Software-systems durch die neu entwickelte Software.

4.3.3.6 Wartungs- und Pflegephase

Auf die Inbetriebnahme folgt die Wartungs- und Pflegephase. Da sich die Anforde-rung an Softwaresysteme im Laufe der Zeit ändern können (z.B. PLZ- oder Wäh-rungsumstellung), sollte die Software schon in der Entwurfsphase entsprechend wartungsfreundlich gestaltet und in der Implementierungsphase hinreichend doku-mentiert werden. Andernfalls kann die Nachbesserung dieser Versäumnisse in der Wartungsphase zu gravierenden Wartungskosten und somit zu einer Erhöhung der Gesamtkosten der Software führen.

4.3.4 Entwicklung objektorientierter Steuerungssoftware

Auf Grund der gestiegenen Komplexität heutiger Softwaresysteme im Maschinen-bau wird die Steuerungssoftware in zunehmendem Maße objektorientiert modelliert und implementiert. Im Rahmen des objektorientierten Softwareentwicklungsprozes-ses werden die zuvor beschriebenen Entwicklungsphasen durchlaufen, wobei in der Definitions-, Entwurfs- sowie Implementierungsphase schwerpunktmäßig objekt-orientierte Methoden bzw. objektorientierte Sprachen zum Einsatz kommen.

Als Notation für die objektorientierte Analyse und das objektorientierte Design wird heute im Allgemeinen die standardisierte UML-Notation (Unified Modelling Language) während der Definitions- und Entwurfsphase verwendet [17]. In der Implementierungsphase werden bevorzugt C++ und Java eingesetzt. Ein wesentlicher Vorteil bei der objektorientierten Softwareentwicklung liegt in der bruchfreien Übertragung der Konzepte aus der Entwurfsphase bis hin in die Implementierungs- und Wartungsphase. Hierdurch wird das spätere Verständnis des Softwaresystems maßgeblich erleichtert, sodass Erweiterungen leichter hinzugefügt und Fehler schneller beseitigt werden können.

Basierend auf den Kundenanforderungen aus dem Lastenheft der Planungsphase werden zunächst die Anforderungen an die Steuerungssoftware mittels der UML-Notation formuliert. Hierbei steht die Beschreibung der Kundenanforderungen an die Systemfunktionalität im Vordergrund. Die spätere Realisierung durch eine Softwarearchitektur sollte in dieser frühen Phasen nur am Rande berücksichtigt werden. Bei der Systemanalyse werden zum einen die Struktur (Systemstatik) und zum anderen die Abläufe des Systems (Systemdynamik) betrachtet. Zunächst wird die Systemfunktionalität in enger Zusammenarbeit mit dem Endanwender mittels Use-Case-Diagrammen spezifiziert. Dann werden Klassendiagramme für die Analyse der statischen Aspekte des Systems verwendet. Basierend auf diesen Klassendiagrammen werden die Beziehung der Klassen untereinander sowie die Abläufe innerhalb einer Klasse untersucht und beschrieben. Zur Beschreibung der Abläufe und Prozesse im System werden hauptsächlich Interaktions-, Kollaborations- sowie Zustandsdiagramme verwendet. Nach Abschluss der objektorientierten Definitionsphase liegt die objektorientierte Beschreibung der Struktur und Abläufe in Form von objektorientierten Modellen vor (vgl. Kapitel 2.1.1).

Ausgehend von dieser ersten objektorientierten Analyse der Aufgabenstellung erfolgt die weitere Entwicklung der Steuerungssoftware. Die objektorientierten Modelle der Definitionsphase werden in der nun anschließenden Entwurfsphase im Hinblick auf die spätere Implementierung sukzessive verfeinert und ergänzt. Auf diese Weise werden die Modelle der Definitionsphase zu einer objektorientierten Softwarearchitektur weiterentwickelt.

Bei der objektorientierten Modellierung kommen heute in zunehmendem Maße Softwareentwicklungswerkzeuge zum Einsatz. Die Softwareentwicklungswerkzeuge bieten neben der wartungsfreundlichen und aufwandssparenden Erstellung der Softwaredokumentation häufig auch die Möglichkeit für die Generierung von Quellcodefragmenten als Basis für die nun folgende Implementierungsphase.

Nachdem die objektorientierten Datenmodelle der Entwurfsphase entweder manuell oder unter Verwendung von Softwarewerkzeugen in den Quellcode überführt worden sind, erfolgt in der Implementierungsphase die Ausprogrammierung der Klassen mittels einer objektorientierten Programmiersprache. Der Aufwand in der Implementierungsphase kann insbesondere bei der objektorientierten Softwareentwicklung durch die Wiederverwendung ausgetesteter Softwarebausteine reduziert werden. So kann bei der objektorientierten Programmierung leicht auf ausgereifte Softwarebausteine aus vergleichbaren Entwicklungsprojekten in der Vergangenheit zurückgegriffen werden, die mit geringem Aufwand mittels objektorientierter Mechanismen und unter Verwendung von Softwarewerkzeugen an die Anforderungen des Softwaresystems angepasst werden können.

5 Elektrische Steuerungen

Angesichts der Komplexität heutiger Fertigungsprozesse und des hohen Automatisierungsgrades moderner Produktionsanlagen haben elektrische Steuerungen zunehmend an Bedeutung gewonnen und beeinflussen maßgeblich die Qualität und Effizienz des Fertigungsprozesses. Durch die rasante Entwicklung im Bereich der Mikroelektronik – insbesondere der Mikroprozessoren – sind heute leistungsfähige Steuerungssysteme auf dem Markt verfügbar, die selbst unter strengen Echtzeitbedingungen mehrere tausend Prozess-Signale sicher verarbeiten können. Aufgabe der Steuerung ist es dabei, die Vielzahl von Signalen aus dem Prozess, z.B. der zu steuernden Maschine, einzulesen, die notwendigen Steuersignale entsprechend den logischen Verknüpfungen zu bestimmen und an die Stellglieder auszugeben. Der zu steuernde Prozess kann eine einfache Maschinenkomponente sein, wie z.B. ein Vorschubantrieb für einen Maschinentisch, aber auch ein gesamtes Fertigungssystem, wie z.B. ein Bearbeitungszentrum oder eine Transferstraße.

Da bei umfangreichen Steuerungsaufgaben der Logikanteil sehr komplex und dadurch unübersichtlich werden kann, können Planung und Entwurf der Steuerungslogik durch den Einsatz der Boolschen Algebra und der zugehörigen grafischen Hilfsmittel (vgl. Kapitel 4.1) wirkungsvoll unterstützt werden. Eine der Zielsetzungen ist es dabei, die Anzahl der logischen Verknüpfungsfunktionen zur Beschreibung der Steuerungsaufgabe zu minimieren, um auf diese Weise z.B. den Geräteaufwand bei Relaissteuerungen so gering wie möglich zu halten. Speicherprogrammierbare Steuerungen sind allerdings heute so leistungsfähig, dass auf die Minimierung der logischen Verknüpfungsfunktionen zu Gunsten einer besseren Nachvollziehbarkeit häufig verzichtet werden kann. Bei hohen Echtzeitanforderungen an die Steuerung lassen sich jedoch mit Hilfe der Boolschen Algebra die Programme und damit auch die Programmbearbeitungszeit verkürzen.

5.1 Aufbau und Einordnung von elektrischen Steuerungen

Im Bild 5.1 sind der Aufbau und Signalfluss einer elektrischen Steuerung schematisch dargestellt.

In der Eingabeebene werden die Prozess-Signale zunächst erfasst. Die Signale können dabei entweder direkt vom Prozess, z.B. als Sensorsignal, oder extern vom Bediener kommen. Signalgeber sind z.B. Sensoren zur Aufnahme der Maschinenzustände bzw. Prozessrückmeldungen (Temperatur-, Druck-, Füllstandsensoren, Weg-

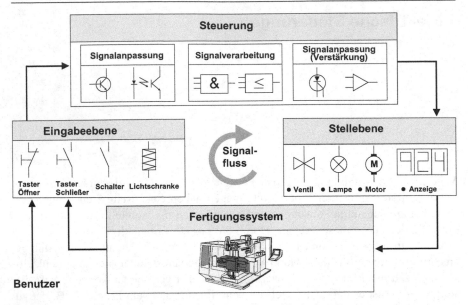

Bild 5.1. Schematischer Aufbau und Signalfluss einer elektrischen Steuerung

aufnehmer, Winkelcodierer usw.) oder die Handbedienelemente einer Werkzeugmaschine – wie Handtaster und -schalter.

Bevor die Signale im Logikteil der Steuerung verarbeitet werden können, müssen sie meist noch elektrisch entkoppelt und an das Spannungsniveau der Steuerung angepasst werden. Dies ist z.B. bei Halbleitersteuerungen erforderlich, wenn die Signalgeber mit 24 V Gleichspannung oder 220 V Wechselspannung arbeiten und die Versorgungsspannung der elektronischen Bauelemente 5 V Gleichspannung beträgt. Zur Entkopplung und Signalanpassung werden Optokoppler oder Relais eingesetzt. Im Vergleich zu den elektromechanischen Relais arbeiten die wesentlich schnelleren Optokoppler photoelektrisch: Eine Leuchtdiode gibt bei elektrischer Ansteuerung ein Lichtsignal ab, das von einem Photohalbleiter wieder in ein elektrisches Signal umgewandelt wird.

Kernstück der Steuerung ist die eigentliche Signalverarbeitung. Die Ausgangssignale werden im Sinne logischer Verknüpfungen aus den Eingangssignalen generiert, wobei die Logik durch den zu steuernden Prozess vorgegeben ist. Die technische Realisierung der logischen Verknüpfung kann entweder elektromechanisch durch Relais bzw. Schütze, elektronisch durch den Einsatz von Halbleiterbauelementen oder durch ein Programm in einem Rechner realisiert sein.

Um die Elemente der Stellebene (Motoren, Kupplungen, Anzeigeelemente usw.) anzusteuern, müssen die Signale oft noch verstärkt werden. Dies geschieht mit Hilfe geeigneter elektronischer Verstärkerschaltungen. Bei Relaissteuerungen hingegen reicht die Schaltleistung der Relais meist aus. Sollen größere Leistungen geschaltet werden, setzt man Schütze ein.

Wie bereits erwähnt, kann die Realisierung der logischen Verknüpfungen auf technisch unterschiedliche Weise erfolgen und stellt gleichzeitig ein wesentliches Unterscheidungskriterium elektrischer Steuerungen dar. Wie im Bild 5.2 dargestellt, lassen sich elektrische Steuerungen prinzipiell in verbindungsprogrammierte (VPS) und speicherprogrammierte Steuerungen (SPS) unterteilen.

Bei einer verbindungsprogrammierten Steuerung wird die Steuerungsfunktion durch die Verbindung der Baugruppen (Relais, Schütze, Halbleiterbausteine) untereinander bestimmt. Erfolgt die Verbindung durch Klemmen, Löten oder Schrauben, so kann die Steuerungsfunktion nur durch mechanischen Eingriff verändert werden. In diesem Fall bezeichnet man die Steuerung als festprogrammiert.

Durch steckbare Leitungsverbindungen, Kreuzschienenverteiler oder Diodenmatrizen wird bei einer verbindungsprogrammierten Steuerung die Programmlogik umprogrammierbar. Solche Steuerungen wurden früher häufig eingesetzt, um z.B. bei Änderungen des werkstückbedingten Steuerungsablaufes eine einfache Umprogrammierung zu ermöglichen. Heute sind jedoch solche Steuerungen, z.B. die Stecktafelsteuerungen – auch Kreuzschienenverteiler genannt –, fast vollständig durch speicherprogrammierte Steuerungen (SPS) abgelöst worden.

Im Gegensatz zur verbindungsprogrammierten Steuerung wird bei einer speicherprogrammierten Steuerung die Steuerungsfunktion durch ein Programm (Software) bestimmt, das in einem Speicher abgelegt wird. Die Hardware der Steuerung wird dadurch problemunabhängig und ist für einen Gerätetyp im Grundausbau immer gleich. Die weitere Unterteilung dieser Steuerungsart richtet sich nach dem zur Anwendung kommenden Speichertyp.

Bei den freiprogrammierbaren Steuerungen kann der Inhalt des Programmspeichers, z.B. MMC (Micro Memory Cards), RAM, batteriegepuffertes CMOS-RAM oder EEPROM, ohne mechanische Eingriffe in das Steuerungsgerät geändert werden. Kommen Nur-Lese-Speicher (ROM = Read Only Memory) zum Einsatz, so handelt es sich um austauschprogrammierbare Steuerungen, d.h. die Software kann nur durch Austausch der Speicherbausteine verändert werden.

Die austauschprogrammierbaren Steuerungen werden nochmals in Steuerungen mit unveränderbarem Speicher (ROM, PROM) oder mit veränderbarem Speicher (EPROM) untergliedert (vgl. Kapitel 5.3.2.1).

Neben der Einteilung von Steuerungen nach der Art der Realisierung des Steuerungsprogramms (Bild 5.2) wird in der DIN 19226, Teil 3 (Steuerungstechnik) [51] prinzipiell noch zwischen sogenannten Verknüpfungssteuerungen und Ablaufsteuerungen unterschieden (Bild 5.3).

5.1.1 Verknüpfungssteuerungen

Der Begriff der Verknüpfungssteuerung ist nach DIN 19226-3 definiert als „eine Steuerung", die den Signalzuständen der Eingangssignale bestimmte Signalzustände der Ausgangssignale im Sinne Boolscher Verknüpfungen zuordnet. Typische Verknüpfungsfunktionen sind z.B. UND-, ODER-, NICHT-, NOR- und NAND-Funktionen (vgl. Kapitel 4.1.3). Praktische Beispiele für eine Verknüpfungssteuerung sind z.B. eine Kran- oder Baggersteuerung, bei der die Reihenfolge der einzel-

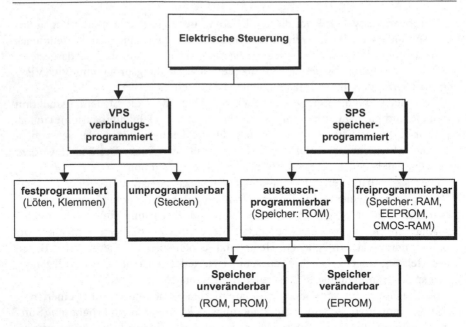

Bild 5.2. Einteilung von elektrischen Steuerungen nach Realisierungsformen

nen Aktionen allein von der Bedienperson festgelegt wird. Ebenso ist die Steuerung zur Drehrichtungswahl eines Motors oder zur Ansteuerung eines Vorschubantriebes mit allen erforderlichen Verriegelungen weitestgehend eine Verknüpfungssteuerung (Beispiele hierzu vgl. Kapitel 5.2).

Die Verknüpfungssteuerungen lassen sich wiederum in Steuerungen mit und ohne Speicherverhalten unterteilen (Bild 5.3).

Bei Verknüpfungssteuerungen *ohne Speicherverhalten* – auch Schaltnetze genannt – hängen die Ausgangssignale zu jedem beliebigen Zeitpunkt allein von dem Zustand der Eingangssignale ab. Das Verhalten der Steuerung kann also vollständig durch den Zusammenhang zwischen Eingangs- und Ausgangssignalen in Form einer Wertetabelle beschrieben werden (vgl. Kapitel 4.1.3).

Bei Verknüpfungssteuerungen *mit Speicherverhalten* – auch Schaltwerke genannt – hängen die Ausgangssignale noch zusätzlich vom „inneren Zustand bzw. der Vorgeschichte" des Systems ab. Soll beispielsweise ein Motor durch kurzzeitiges Betätigen eines Tasters eingeschaltet und durch erneutes Betätigen des Tasters wieder ausgeschaltet werden, so ist das Verhalten der Steuerung abhängig von der Vorgeschichte, nämlich ob der Motor zuvor lief oder nicht.

5.1.2 Ablaufsteuerungen

Neben den Verknüpfungssteuerungen sind die Ablaufsteuerungen von großer Bedeutung, wobei im Bereich der Werkzeugmaschinen der Anteil der Ablaufsteuerungen den Anteil der reinen Verknüpfungssteuerungen bei weitem übersteigt [180].

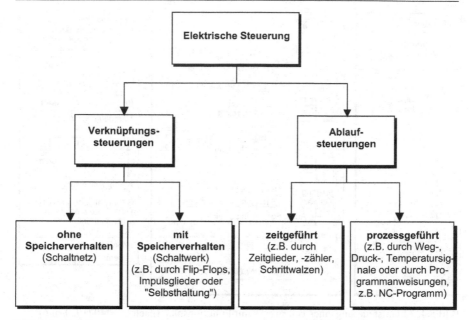

Bild 5.3. Einteilung von elektrischen Steuerungen nach dem Steuerungsprinzip

Ablaufsteuerungen sind Steuerungen mit zwangsläufig schrittweisem Ablauf, wobei das Weiterschalten von einem auf den programmgemäß folgenden Schritt in Abhängigkeit von Weiterschaltbedingungen erfolgt. Wichtigste Eigenschaft der Ablaufsteuerung ist dabei die eindeutige funktionelle und zeitliche Zuordnung der einzelnen Schritte zu technologischen Abläufen. Während bei der Verknüpfungssteuerung alle Verknüpfungen zu jedem beliebigen Zeitpunkt ausführbar sind, werden bei Ablaufsteuerungen die zu einem Schritt gehörenden Steuerungsanweisungen nur ausgeführt, wenn die entsprechende Weiterschaltbedingung des vorherigen Schrittes erfüllt ist.

Sind die Weiterschaltbedingungen nur von der Zeit abhängig, spricht man von einer *zeitgeführten* Ablaufsteuerung. Zum Erzeugen der Weiterschaltbedingungen können z.B. Zeitglieder, Zeitzähler oder Schaltwalzen mit gleichbleibender Drehzahl benutzt werden. Sind hingegen die Weiterschaltbedingungen nur von Signalen der gesteuerten Anlage bzw. dem Prozess abhängig, z.B. dem Erreichen der Endlage einer Vorschubbewegung mit anschließendem Weiterschalten auf eine andere Achsbewegung, handelt es sich um eine *prozessgeführte* Ablaufsteuerung (Bild 5.3).

Wenngleich die Begriffe Verknüpfungs- und Ablaufsteuerung in der DIN 19226-3 eindeutig voneinander abgegrenzt sind, ist zu beachten, dass insbesondere komplexere Maschinensteuerungen eine Kombination der vorgenannten Steuerungen enthalten können [23] und die Übergänge von einer Verknüpfungssteuerung mit Speicherverhalten zu einer Ablaufsteuerung fließend sind [260]. Können den Zuständen des Steuerungsprogramms jedoch eindeutig Ablaufschritte der Anlage zugeordnet werden, so wird das Steuerungsprinzip als Ablaufsteuerung bezeichnet. In

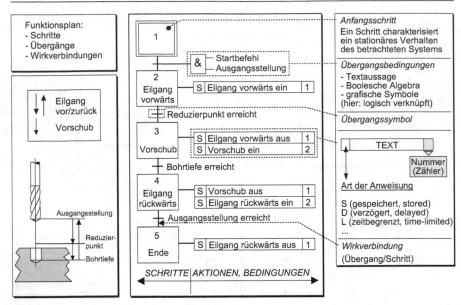

Bild 5.4. Ablaufsteuerung eines Bohrwerks mit Funktionsplan (nach DIN 40719, Teil 6)

diesem Sinne stellt auch die numerische Steuerung (NC) einer Werkzeugmaschine eine Ablaufsteuerung dar, weil den einzelnen Zeilen des NC-Programmes eindeutig einzelne Schritte bei der Bearbeitung des Werkstückes zugeordnet werden können (vgl. Kapitel 6).

Ein praktisches Beispiel für eine prozessgeführte Ablaufsteuerung ist die Steuerung eines Montageautomaten [180]. Entsprechend dem schrittweisen Arbeitsablauf des Automaten – zuführen, spannen, schrauben, entspannen, transportieren usw. – muss die Steuerung das Handlinggerät drehen, senken, greifen, heben, öffnen usw.

Charakteristisch für eine Ablaufsteuerung ist außerdem ein weitgehend automatischer Ablauf. Dieser wird durch ein Startsignal ausgelöst und bis zum Ende selbsttätig weitergeführt.

Ein weiteres Beispiel zu Arbeitsweise und Eigenschaften einer Ablaufsteuerung zeigt Bild 5.4. Es handelt sich hier um einen Teil der Steuerung für ein Bohrwerk. Der Steuerungsablauf ist in Schritte aufgeteilt, die der Arbeitsfolge des Bohrvorgangs entsprechen.

Zur Darstellung des Ablaufes ist der Funktionsplan[1] nach DIN 40719, Teil 6 [54] (Bild 5.4 mitte) gewählt worden, da sich hiermit die Funktionen und das Verhalten einer Steuerung anschaulich und realisierungsunabhängig beschreiben lassen. Zudem eignet sich der Funktionsplan als Dokumentations- und Verständigungs-

---

[1]Der Funktionsplan nach DIN 40719 ist eine grafische Darstellungsform zur Beschreibung von Funktionabläufen und darf nicht mit dem SPS-Programmierverfahren „Funktionsplan"verwechselt werden (vgl. Kapitel 5.3.3.2).

mittel zwischen verschiedenen an der Steuerungsprojektierung beteiligten Fachleuten, wie z.B. Konstrukteuren und Steuerungstechnikern (vgl. Kapitel 5.3.4).

Der Funktionsplan ist im Wesentlichen durch drei Symbole definiert: Schritte, Übergangsbedingungen (oder Transitionen) und Wirkverbindungen, die Schritte und Übergänge miteinander verbinden (Bild 5.4). Die Schritte beschreiben einzelne Zustände (z.B. Schritt 2, „Eilgang vorwärts"), denen ein oder mehrere Befehle (z.B. „Eilgang vorwärts ein") zugeordnet sein dürfen. In den Übergangsbedingungen (z.B. „Reduzierpunkt erreicht") wird festgelegt, wann von einem Schritt zum nächsten gewechselt wird. Die Syntax des Funktionsplanes wird am Beispiel des Bohrwerkes im Bild 5.4 links deutlich.

Der Ausgangszustand, der das Anfangsverhalten der Steuerung beschreibt, wird durch den *Anfangsschritt* (Schritt 1, doppeltumrahmter Kasten) dargestellt. Ausgelöst wird der Bohrzyklus durch einen Startbefehl, z.B. manuell vom Bediener oder automatisch von einer angekoppelten Fertigungseinrichtung. Befindet sich der Bohrer in der Ausgangsstellung, beginnt der Bohrzyklus durch Einschalten des Eilgangs (Schritt 2). Beim Erreichen des Reduzierpunkts wird ein Schaltnocken betätigt (Weiterschaltbedingung von Schritt 2 zu Schritt 3) und die Geschwindigkeit auf normalen Vorschub reduziert. Ähnliches geschieht bei den folgenden Schritten. Schritt 5 führt wieder in den Ausgangszustand und ermöglicht die Auslösung des nächsten Bohrzyklus.

Nachdem in diesem Abschnitt eine grundlegende Einordnung elektrischer Steuerungen hinsichtlich der Realisierungsform und des Steuerungsprinzips vorgenommen wurde, soll in den folgenden beiden Abschnitten näher auf die beiden wichtigsten Realisierungsformen – die verbindungsprogrammierten (vgl. Kapitel 5.2) sowie die speicherprogrammierbaren Steuerungen (vgl. Kapitel 5.3) – eingegangen werden.

5.2 Verbindungsprogrammierte Steuerungen (VPS)

5.2.1 Anwendungsgebiete und Aufgaben

Während die verbindungsprogrammierten Steuerungen in vielen Anwendungsgebieten von den flexibleren und leistungsfähigeren speicherprogrammierbaren Steuerungen verdrängt worden sind, kommen sie bei relativ einfachen Steuerungsaufgaben sowie insbesondere bei sicherheitskritischen Anwendungen noch häufig zum Einsatz (vgl. Kapitel 5.4). Durch die rasante Entwicklung im Bereich der Mikroelektronik und dem damit verbundenen Preisverfall für elektronische Bauteile – insbesondere bei den Mikroprozessoren bzw. Industrie PCs – bieten SPS bereits bei einem Steuerungsumfang von etwa 5 bis 10 Relais bzw. Schützen kostenmäßige Vorteile. Aber auch dann kann auf den Einsatz von Schützen nicht ganz verzichtet werden, da größere elektrische Ströme, z.B. von Hauptantrieben und größeren Magnetventilen, nicht direkt von der SPS, sondern nur über sogenannte Haupt- bzw. Lastschütze geschaltet werden können.

Bei erhöhten Sicherheitsanforderungen, z.B. bei Pressensteuerungen oder zur Überwachung des Not-Aus-Kreises an Werkzeugmaschinen, haben VPS zudem den großen Vorteil der geringeren Komplexität und erlauben eine einfache Erkennung aller Fehlfunktionen (vgl. Kapitel 5.4.3).

Neben einfachen logischen Grundschaltungen lassen sich mit Relaisschaltungen auch Zeitverzögerungen oder Impulse beliebiger Länge erzeugen (z.B. als Taktgeber). Dazu verwendet man sogenannte Zeitrelais, an denen definierte Ein- bzw. Ausschaltverzögerungen eingestellt werden können.

Anhand von Anwendungsbeispielen bei Werkzeugmaschinen sollen nachfolgend einige typische verbindungsprogrammierte Steuerungen vorgestellt werden. Detaillierte Angaben zum Aufbau und zur Funktion von Relais und Schützen sowie ein Ausführungsbeispiel eines typischen Schaltschranks einer Werkzeugmaschine finden sich im Band 2 „Konstruktion und Berechnung" dieser Buchreihe (vgl. Kapitel 9.4.5).

5.2.2 Anwendungsbeispiele

Wie bereits erwähnt, sind Verknüpfungs- und Ablaufsteuerungen unabhängig von der Realisierungsform und lassen sich auch als verbindungsprogrammierte Steuerung verwirklichen. Dabei in fast allen Steuerungen vorkommende Funktionen sind die sogenannte „Selbsthaltung" und „Verriegelung", die im Folgenden anhand einer einfachen Verknüpfungssteuerung erläutert werden sollen. Im Bild 5.5 ist dazu eine Schaltung zur Steuerung der Drehrichtung eines Drehstrommotors als Stromlaufplan dargestellt. Abgebildet ist sowohl der Steuerstromkreis, der meist mit 24 V oder 220 V betrieben wird, als auch der Laststromkreis mit dem zu steuernden Drehstrommotor, der direkt an das 380 V-Dreiphasennetz (L1 bis L3) angeschlossen ist.

Betrachtet man den linken Strompfad im Steuerstromkreis, so kommt die Selbsthaltung auf folgende Weise zustande. Bei der Kontaktplandarstellung werden alle Schalter bzw. Relais in dem nicht angeregten Zustand dargestellt. Wird der Taster S2 gedrückt, so kann der Strom über die Kontakte S1, S2, a2 durch die Relaisspule A1 fließen. Das Relais A1 wird erregt, und alle Kontakte im Stromlaufplan, die mit a1 bezeichnet sind, werden in die Arbeitsstellung bewegt. Dadurch schaltet der im Laststromkreis dargestellte Antriebsmotor auf Linkslauf.

Damit das Relais A1 nach Loslassen des Tasters S2 weiter angezogen bleibt, wird parallel zum Taster S2 ein Kontakt a1 (Schließer) des Relais A1 geschaltet. Über diesen Kontakt bleibt das Relais nach Öffnung von S2 weiter erregt – es hält sich selbst. Der Parallelkontakt a1 heißt „Selbsthaltekontakt" und die Schaltung „Selbsthaltung". Zum Ausschalten des Linkslaufs dient der Taster S1, der bei Betätigung den Stromkreis unterbricht, wodurch das Relais A1 abfällt.

Der rechte Teil der Schaltung im Steuerstromkreis dient sinngemäß dazu, den Antriebsmotor über das Relais A2 auf Rechtslauf zu schalten. Die Drehrichtungsumkehr erfolgt durch einfaches Vertauschen von zwei Leitungsphasen (im Bild L1 und L2 bzw. V und W). Damit dies jedoch verhindert wird, wenn der Motor über A1 in Linkslauf geschaltet ist, wurde ein Kontakt des Relais a1 – ein Öffner – in den

Steuerstromkreis	Laststromkreis
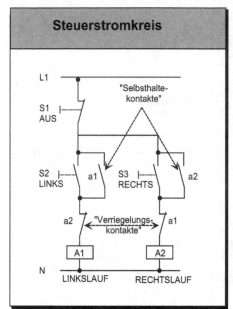	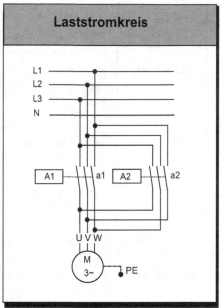

Bild 5.5. Schaltung zur Drehrichtungswahl eines Drehstrommotors

Strompfad einbezogen. Ist Relais A1 angezogen, so ist dieser Kontakt a1 geöffnet und A2 kann nicht erregt werden. Entsprechend wird der Strompfad des Relais A1 gegen gleichzeitiges Einschalten von Relais A2 gesichert. Diese Schaltung nennt man „Verriegelung"; die zugehörigen Kontakte sind die „Verriegelungskontakte".

Als Beispiel für eine etwas kompliziertere Verknüpfungssteuerung soll im Folgenden die Steuerung eines einfachen Vorschubantriebes in Relaistechnik betrachtet werden. In Bild 5.6 ist der Steuerstromkreis einer solchen Steuerung dargestellt.

Der Vorschubantrieb erlaubt drei Bewegungen: Eilgang-Vor, Eilgang-Rück und Arbeitsvorschub. Jede dieser Tischbewegungen lässt sich über einen Taster einschalten und bleibt so lange erhalten, bis der Taster losgelassen wird. Jedoch wird der Tastendruck nur dann wirksam, wenn keine der beiden anderen Bewegungen betätigt ist (Verriegelung). Die jeweilige Bewegung stoppt, sobald einer der Endtaster (vordere oder rückseitige Endlage) angefahren wird. Ein Tastendruck ist ebenfalls unwirksam, wenn entweder die Hydraulik oder die Schmierung gestört sind.

Die beschriebene Verknüpfungssteuerung lässt sich auch in Halbleitertechnik realisieren. Festverdrahtete Halbleitersteuerungen findet man jedoch heute kaum noch, da sie immer mehr durch die viel flexibleren speicherprogrammierbaren Steuerungen (vgl. Kapitel 5.3) verdrängt worden sind.

Zur Realisierung von *Ablaufsteuerungen* können die gleichen Bauelemente eingesetzt werden wie bei Verknüpfungssteuerungen (Relais, Halbleiterbausteine). Bild 5.7 zeigt die Realisierung der Steuerungsaufgabe aus Bild 5.4 als Beispiel für eine Ablaufsteuerung in verbindungsprogrammierter Form.

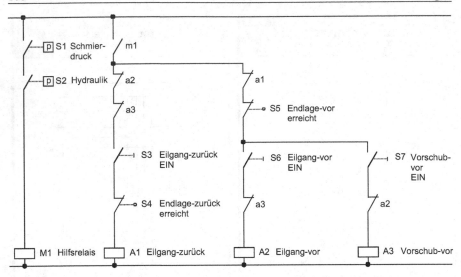

Bild 5.6. Realisierung einer Vorschubsteuerung in Relaistechnik

Da in diesem Beispiel die Weiterschaltbedingungen prinzipiell gleich sind, sei die Schaltung lediglich für den ersten Schritt erläutert. Befindet sich der Bohrer in der Ausgangsstellung (erfasst durch den gedrückten Endschalter S2) und wird der Starttaster betätigt, so zieht das Relais A1 an, und der Eilgang wird eingeschaltet. Der Nockenschalter S2 für die Ausgangsstellung öffnet, aber Relais A1 bleibt über seinen Selbsthaltekontakt a1 zunächst noch im angezogenen Zustand. Mit dem Relais A1 ist auch dessen Kontakt a1 im Strompfad für A2 geschlossen. Dieser Kontakt dient der Freigabe des nächsten Schrittes 2 (Vorschub). Sobald nun der Nockenschalter S3 für den Reduzierpunkt schließt, zieht Relais A2 an und öffnet den Verriegelungskontakt a2 im Strompfad von A1, sodass A1 wieder abfällt. Der jeweils nächste Schritt löscht also den vorhergehenden, bis ein Bohrzyklus abgelaufen ist. Auf diese Weise ist sichergestellt, dass die Schritte nur in der vorgegebenen Reihenfolge ablaufen können.

5.3 Speicherprogrammierbare Steuerungen (SPS)

5.3.1 Anwendungsgebiete und Aufgaben

Seit ihrer Markteinführung zu Beginn der 70er Jahre werden speicherprogrammierbare Steuerungen (SPS, engl. PLC = Programmable Logic Controller) in nahezu allen Industriebereichen eingesetzt und gehören heute zu den wichtigsten Bausteinen der Automatisierungstechnik. Dienten SPS zunächst als preiswerte und flexible Alternative zu den bis dahin ausschließlich eingesetzten Relaissteuerungen, so geht ihr Funktionsumfang heute weit über die Verknüpfung binärer Signale hinaus. Die stark gestiegene Leistungsfähigkeit der Hardware hat dazu geführt, dass mit einer

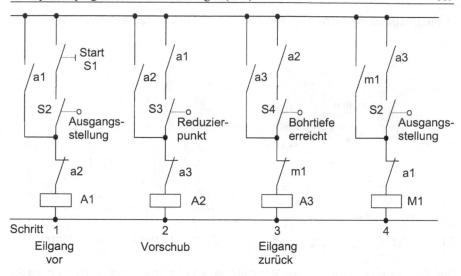

Bild 5.7. Stromlaufplan für die Ablaufsteuerung eines Bohrwerks nach Bild 5.4

SPS immer komplexere Steuerungsaufgaben wirtschaftlich lösbar sind und auch die früher eingesetzten Prozessrechner durch die Entwicklung sehr schneller Multiprozessorsysteme weitestgehend abgelöst worden sind. Die Anwendungsgebiete von SPS sind demzufolge sehr vielfältig. Wie aus Bild 5.8 hervorgeht, hat die Produktionstechnik und insbesondere der Werkzeugmaschinenbau (Factory Automation) an dieser großen Verbreitung einen erheblichen Anteil [139, 171].

Bild 5.9 gibt einen Überblick über die Aufgaben, die SPS bei Werkzeugmaschinen übernehmen können. Die Hauptaufgaben der SPS sind die Steuerung und Überwachung der mechanischen Funktionseinheiten, wozu neben den logischen Verknüpfungen und Verriegelungsfunktionen auch die Zeit- und Plausibilitätsüberwachung einzelner Baugruppen gehören (z.B. Schwenkzeitüberwachung des Werkzeugwechslers oder Paarüberwachung von Endschaltern). Weiterhin werden zahlreiche Funktionen der Maschinenbedientafel, wie z.B. Ein- und Ausschalten der Antriebe, die Kühlmittelzufuhr sowie der Späneförderer, von der SPS gesteuert.

Darüber hinaus werden SPS heute auch zur Erfassung, Aufbereitung und Weiterleitung von Prozessdaten (BDE) oder zur Verwaltung der in der Maschine verfügbaren Werkzeuge eingesetzt. Größere Datenverarbeitungsaufgaben werden jedoch häufig von einem mit der SPS verbundenen Industrie-Personal-Computer (IPC) übernommen (vgl. Kapitel 5.3.2.1). Bei Werkzeugmaschinen steht die SPS zum Informationsaustausch und zur Befehlsübergabe mit der numerischen Steuerung (NC) in Verbindung (vgl. Kapitel 6). Während die NC aus dem zugrundeliegenden NC-Programm die geometrischen Informationen zum Verfahren der Achsen (Koordinaten, Vorschubgeschwindigkeiten) extrahiert und verarbeitet, werden die in den NC-Sätzen enthaltenen Schaltanweisungen (z.B. M- und T-Befehle = Werkzeugwechsel) an die SPS weitergeleitet und von dieser ausgeführt. Weitere Signale zwischen

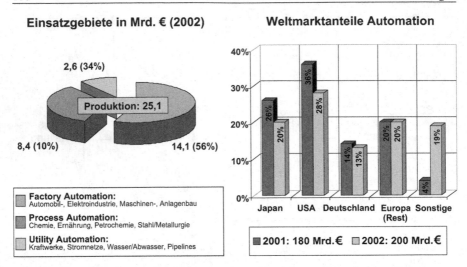

Bild 5.8. Anwendungsbereiche und Marktvolumen speicherprogrammierbarer Steuerungen. Quelle: ZVEI / SPS 6/2002

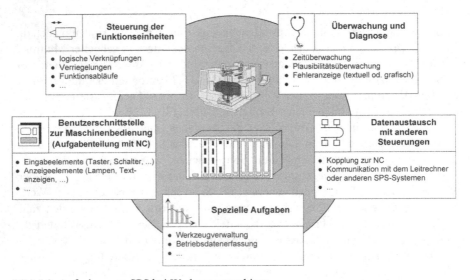

Bild 5.9. Aufgaben von SPS bei Werkzeugmaschinen

NC und SPS dienen der Synchronisation beider Systeme sowie dem Austausch von Zustandsmeldungen und sonstigen Informationen (NC-Programm beendet, Fehlermeldungen usw.). Neben dem Datenaustausch mit der NC kann die SPS auch mit einem übergeordneten Leitrechner oder mit den SPS anderer Maschinen kommunizieren. Ein typisches Beispiel hierfür ist eine verkettete Transferstraße, bei der jede Bearbeitungsstation von einer eigenen SPS gesteuert wird.

Bei SPS wird die Steuerungsaufgabe, d.h. die Abfolge der Befehle, nicht, wie bei VPS üblich, durch eine geeignete Verschaltung von Relais oder Schützen, sondern durch ein Steuerungsprogramm realisiert. Daher können Änderungen der Steuerungsaufgabe ohne zusätzlichen Verdrahtungsaufwand durch einfaches ändern des SPS-Programms durchgeführt werden. Die Steuerungshardware ist problemunabhängig aufgebaut und hat die Aufgabe, die im Steuerungsprogramm festgelegten Verknüpfungen von Prozesssignalen durchzuführen und die Verknüpfungsergebnisse an den Prozess auszugeben. Da SPS taktgesteuert arbeiten, d.h. eine Anweisung nach der anderen abgearbeitet wird (serielle Arbeitsweise) und somit zu einem Zeitpunkt nur ein einziger Signalzustand verarbeitet werden kann, ergibt sich ein weiterer Unterschied zu VPS, die beliebig viele Signalzustände gleichzeitig verarbeiten können (parallele Arbeitsweise). Da die Zeit zur Ausführung einer Anweisung im Mikrosekundenbereich liegt, kann man jedoch von einer quasiparallelen Arbeitsweise sprechen. Die wesentlichen Merkmale beider Steuerungsarten sind in Tabelle 5.1 zusammengefasst.

Tabelle 5.1. Gegenüberstellung von verbindungs- und speicherprogrammierter Steuerung.

Steuerungsart Unter- scheidung durch die ...	verbindungsprogrammierte Steuerung	speicherprogrammierte Steuerung
Programmierung	Hardware (Verdrahtung)	Software (Anweisungen)
Arbeitsweise	parallel	seriell
Technologie	elektromechanisch (Relais) oder kontaktlos (Halbleiterbauelemente)	kontaktlos (Halbleiterbauelemente) (Mikroprozessor)

5.3.2 Aufbau und Funktionsweise

5.3.2.1 Aufbau

Bild 5.10 zeigt den prinzipiellen Aufbau einer SPS, die sich schematisch in Eingabe-, Ausgabe- und Verarbeitungsteil untergliedern lässt.

An die Ein- und Ausgangsbaugruppen einer SPS werden die Signalgeber und Stellglieder des zu steuernden Prozesses unmittelbar über Klemm- oder Steckverbindungen angeschlossen. Die Eingangsbaugruppen haben die Aufgaben, den Spannungspegel der Stellelemente (z.B. 24 V oder 220 V) an die Systemspannung der

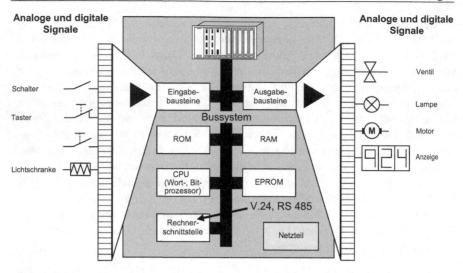

Bild 5.10. Hardware-Komponenten einer speicherprogrammierbaren Steuerung

SPS (5 V) anzupassen, die Signale zu entstören (z.B. mit RC-Filtern, um Störspannungsspitzen auszufiltern) und sie galvanisch von der SPS zu trennen (z.B. mit Optokopplern). Eingebaute Leuchtdioden (LED) zeigen zur Kontrolle den jeweiligen Signalzustand an.

Die Ausgangsbaugruppen enthalten neben den Elementen zur galvanischen Trennung und den LED zur Anzeige der Signalzustände noch einen Ausgangsverstärker, der die SPS-internen Signale verstärkt und die zur Ansteuerung der Stellglieder notwendige Ausgangsleistung zur Verfügung stellt. Die Ausgangsbaugruppen sind meist für einen Signalpegel von 24 V Gleichspannung ausgelegt, es sind jedoch auch andere Spannungen üblich, z.B. 48 V Gleich- oder 220 V Wechselspannung. Die von den Ausgangsbaugruppen gelieferten Ströme (ca. 0,5 bis 2 A) reichen meist zur unmittelbaren Ansteuerung der Stellglieder aus. Zur Bereitstellung größerer Ausgangsleistungen, z.B. bei der Ansteuerung von Antriebsmotoren, werden ggf. Leistungsschütze zwischengeschaltet.

Kernstück jeder SPS ist der Verarbeitungsteil, der aus einem oder mehreren Prozessoren (CPU) und unterschiedlichen Speichern (RAM, ROM, EPROM) besteht. Da moderne Mikroprozessoren byte- oder wortorientiert arbeiten (8, 16, 32 Bit), typische Anwendungsfälle in der Steuerungstechnik jedoch reine Bitoperationen darstellen (z.B. Spannfutter öffnen/schließen), wurden bei SPS neben einem Wortprozessor vielfach spezielle Bitprozessoren eingesetzt. Während der Bitprozessor für die Verarbeitung der rein binären Signale zuständig ist, übernimmt der Wortprozessor die Analogwert- und Textverarbeitung sowie arithmetische Berechnungen. Bei der Programmierung können Bit- und Wortoperationen beliebig gemischt werden, da die Aufgabenteilung steuerungsintern erfolgt und keinen Einfluss auf die Programmierung hat. Wegen der hohen Leistungsfähigkeit heutiger Prozessoren sind moderne SPS jedoch meist Einprozessorsysteme. Werden sehr hohe zeitliche An-

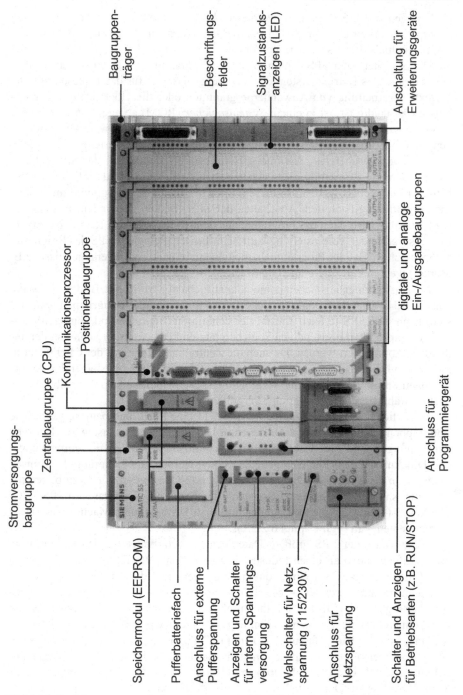

Bild 5.11. Speicherprogrammierbare Steuerung in Modulbauweise. Quelle: Siemens

forderungen an die SPS gestellt, werden auch SPS, die die Möglichkeit des echten Multiprozessorbetriebes bieten, eingesetzt. Dabei wird ein Steuerungsprogramm auf unterschiedliche Prozessoren aufgeteilt.

Der Speicher einer SPS kann in System-, Programm- und Datenspeicher unterteilt werden. Das Betriebssystem der Steuerung, das z.B. für das Einlesen und die korrekte Abarbeitung von Anwenderprogrammen oder die Überwachung der Zykluszeit zuständig ist, ist in einem *Systemspeicher* (ROM) abgelegt und kann vom Anwender nicht manipuliert werden. Das Anwenderprogramm wird meist auf einem externen Programmiergerät erstellt und kann über eine serielle Schnittstelle in den *Programmspeicher*, das (meist batteriegepufferte) RAM, der SPS geladen werden. Um ein Programm noch sicherer abzulegen, kann es zusätzlich in einem EPROM gespeichert werden. In diesem Speicher bleibt das Programm auch ohne Batteriepufferung nach dem Abschalten der SPS erhalten. Bei jedem Einschalten der Steuerung wird dann das Programm aus dem EPROM in das RAM übertragen. Bei entsprechender Voreinstellung läuft beim Einschalten einer SPS das Programm automatisch an. Bei der Programmabarbeitung anfallende Zwischenergebnisse (z.B. Merker) werden kurzfristig im *Datenspeicher* (RAM) abgelegt.

Ein Ausführungsbeispiel einer modular aufgebauten SPS zeigt Bild 5.11. Da die einzelnen Hardwarekomponenten der Steuerung als separate Baugruppen realisiert sind, kann eine SPS je nach Anzahl der benötigten (digitalen und analogen) Ein- und Ausgänge, dem notwendigen Speicherplatz und den externen Schnittstellen individuell konfiguriert werden. Da auch die Zentralbaugruppe mit der CPU (Central Processing Unit) als separate Baugruppe ausgeführt ist, kann bei steigenden Anforderungen an die Steuerung die Verarbeitungsgeschwindigkeit durch Einbau einer leistungsfähigeren CPU-Baugruppe vergrößert werden.

Zusätzlich besitzt die Steuerung in Bild 5.11 eine Positionierbaugruppe. Solche Baugruppen erlauben es, auch Antriebe mit Hilfe einer SPS anzusteuern. Typische Anwendungen sind hier Handhabungseinrichtungen sowie Textil-, Verpackungs- und Druckmaschinen. Für Werkzeugmaschinen werden zur Steuerung der Achsen hingegen in der Regel numerische Steuerungen (NC) eingesetzt. Hierzu bieten die Steuerungshersteller integrierte Lösungen – d.h. Steuerungshardware mit SPS-, NC- und MMC-(Man Machine Communication) bzw. HMI-(Human Machine Interface) Komponenten – an (vgl. Kapitel 6.2.2.1).

Wenn von einer SPS größere Datenmengen verarbeitet werden sollen, kann diese Aufgabe auch an einen Industrie-Personal-Computer (IPC) übertragen werden. Ein Industrie-PC ist ein „industrietauglicher" PC, der wie eine SPS Anforderungen an die Hardware – wie Temperatur-, Vibrations- und elektromagnetische Verträglichkeit (EMV) – erfüllt. Durch den Datenaustausch zwischen SPS und IPC können komplexe Datenverarbeitungsaufgaben (wie z.B. Werkzeugdatenverwaltung, Betriebsdatenerfassung etc.) vom IPC übernommen werden. Der IPC kann auch zusammen mit einem Bildschirm und einer Bedientafel als Mensch-Maschine-Schnittstelle (HMI) zur Visualisierung von Daten und zur Bedienung der zu steuernden Anlage dienen. Der Vorteil eines IPC liegt dabei in der Möglichkeit, Standardsoftware einzusetzen, sowie in der einfachen Anbindung der Steuerung an Leit- oder

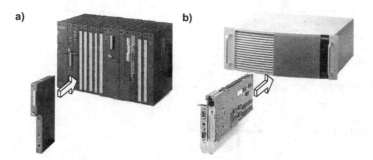

Bild 5.12. a) Modulare SPS mit IPC-Baugruppen und b) IPC mit Steckkarten-SPS. Quelle: Siemens

Betriebsrechner. Außerdem kann der IPC auch zur Erstellung der SPS-Programme (vgl. Kapitel 5.3.3) genutzt werden.

Neben der Anbindung von SPS an externe IPC oder der Erweiterung modularer SPS um IPC-Baugruppen (Bild 5.12a) setzen sich auch immer mehr reine IPC-Lösungen durch. Die SPS wird dabei entweder hardwaretechnisch in Form einer Steckkarte in den IPC integriert (Bild 5.12b) oder softwaremäßig als sogenannte „Soft-SPS", d.h. ohne eigenständigen SPS-Prozessor, auf dem IPC realisiert [113]. Die Aktoren und Sensoren werden meist über externe Ein-/Ausgabebaugruppen und ein Feldbussystem (vgl. Kapitel 5.3.5) angebunden.

5.3.2.2 Funktionsweise

Bei SPS wird das Steuerungsprogramm, das als Anweisungsfolge im Programmspeicher abgelegt ist, normalerweise zyklisch abgearbeitet. Dies bedeutet, dass das gesamte Programm dauernd bearbeitet wird, unabhängig davon, ob sich Signalzustände ändern. Ist die letzte Anweisung des Programms bearbeitet, wird wieder bei der ersten begonnen, wobei durch Sprunganweisungen auch Vor- bzw. Rücksprünge im Programm möglich sind (Bild 5.13).

Neben der normalen zyklischen Programmbearbeitung bieten moderne, größere SPS zusätzlich die Möglichkeit der ereignis- bzw. interruptgesteuerten sowie der zeitgesteuerten Bearbeitung. Bei der *ereignisgesteuerten* Bearbeitung kann durch ein vom Prozess kommendes Signal, z.B. Betätigung des Not-Aus-Tasters, die zyklische Programmbearbeitung unterbrochen werden, um ein spezielles Programm, z.B. die Not-Aus-Routine zum sicheren Ausschalten der Maschine, zu bearbeiten. Wurde das Hauptprogramm nicht generell unterbrochen – wie im Fall der Betätigung des Not-Aus-Tasters –, setzt der Prozessor nach der Bearbeitung dieses Programms an der Unterbrechungsstelle im zyklischen Programm die Bearbeitung fort. Bei der *zeitgesteuerten* Bearbeitung kann die zyklische Programmbearbeitung durch ein internes Zeitsignal (Weckalarm) unterbrochen werden, um ein spezielles Programm zu bearbeiten. Anschließend wird, wie bei der ereignisgesteuerten Bearbeitung, das zyklische Programm wieder an der Unterbrechungsstelle fortgesetzt.

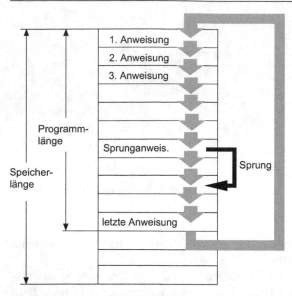

Bild 5.13. Darstellung der zyklischen Programmbearbeitung bei einer SPS

Während bei Prozessrechnern häufig direkt auf die Signale der Ein- und Ausgangsbaugruppen zugegriffen wird, arbeiten SPS üblicherweise mit dem sogenannten Prozessabbild (es gibt jedoch auch SPS, bei denen direkt auf die Ein- und Ausgabebaugruppen zugegriffen werden kann). Beim Betrieb mit Prozessabbild werden zu Beginn eines Zyklus die Signalzustände aller Eingänge abgefragt und in den Eingangs-Abbildungsspeicher übernommen.

Dieses Zustandsabbild bleibt für einen ganzen Zyklus konstant, sodass Zustandsänderungen an den Eingängen, die innerhalb eines Abarbeitungsklus auftreten, von der Steuerung ignoriert werden. Im Abarbeitungszyklus werden die gespeicherten Werte entsprechend dem Anwenderprogramm miteinander verknüpft, im Ausgangsabbildungsspeicher zwischengespeichert und dann gesammelt an die Ausgangsklemmen weitergegeben. Der Betrieb mit dem Prozessabbild bewirkt also ein paralleles Einlesen der Eingangszustände und ein gleichzeitiges Ansteuern der Ausgänge. Da sich ein solcher Zyklus je nach Programmlänge und Gerät im Abstand von einigen Millisekunden wiederholt (sog. „Zykluszeit"), ist sichergestellt, dass eine hinreichend schnelle Reaktion auf alle Prozessänderungen gewährleistet ist. Um für unterschiedliche SPS einen Vergleichswert für die Verarbeitungsgeschwindigkeit zu erhalten, wird sie auf die Bearbeitung von 1K (=1024) Anweisungen bezogen. Übliche Werte hierfür liegen bei 0,1 bis 5 Millisekunden.

Die für die Programmierung des Steuerungsablaufs notwendigen Anweisungen sind vorwiegend logischer Natur, z.B. UND, ODER. Darüber hinaus können beispielsweise auch Zeitbedingungen programmiert werden (vgl. Kapitel 5.3.3.4), die der Funktion von Zeitrelais bei elektromechanischen Steuerungen entsprechen. Weitere spezielle Anweisungen dienen zur Programmierung von Zählern sowie für

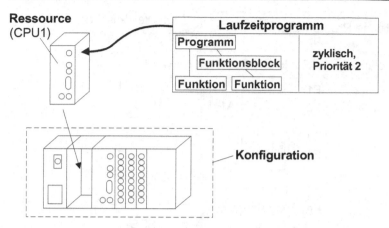

Bild 5.14. SPS-Konfiguration nach IEC 61131-3

unbedingte und bedingte Sprünge innerhalb des Programms. Unbedingte Sprünge werden immer, bedingte nur dann ausgeführt, wenn die vorhergehende logische Bedingung erfüllt ist (Verzweigung). Zur Analogwertverarbeitung stehen zudem zahlreiche arithmetische Anweisungen zur Verfügung. Mit der entsprechenden Hardware (Baugruppen zur Analogein-/-ausgabe, Weg- und Geschwindigkeitsmessung, Schrittmotorsteuerung) lassen sich so auch komplexe Steuerungsaufgaben erfüllen, Verfahrachsen positionieren und Regelkreise aufbauen.

Bei komplexen Steuerungsprogrammen ist das SPS-Programm nicht mehr, wie im Bild 5.14 dargestellt, in einem einzigen Block enthalten, sondern zur besseren Strukturierung in mehrere, in sich abgeschlossene Programmteile – sogenannte Bausteine – unterteilt. Ein Baustein ist dabei ein durch Funktion, Struktur oder Verwendungszweck abgegrenzter Teil des Programms. Vorteile der Bausteintechnik sind z.B. einfachere und übersichtlichere Programmierung auch großer Programme, Möglichkeit zur Standardisierung und Wiederverwendung häufig benötigter Programmmodule (Unterprogrammtechnik) sowie Vereinfachung von Test und Inbetriebnahme der Programme (vgl. Kapitel 5.3.4). Die internationale Norm IEC 61131-3 reduziert die diversen Bausteintypen einzelner SPS-Hersteller (wie z.B. in [21] beschrieben) auf drei vereinheitlichte Grundtypen (Programm, Funktion und Funktionsblock). Wie in Bild 5.14 dargestellt, werden diese mit Aufrufeigenschaften (zyklisch, zeit- oder ereignisgesteuert sowie Aufrufpriorität) zu Laufzeitprogrammen verknüpft und einer Recheneinheit (Ressource) der Hardwarekonfiguration zugeordnet [123].

5.3.3 SPS-Programmierung

Zur Programmierung von SPS haben sich drei Grundprogrammiersprachen etabliert, die sich nach der Art der Darstellung in mnemotechnische und grafische untergliedern lassen (Bild 5.15).

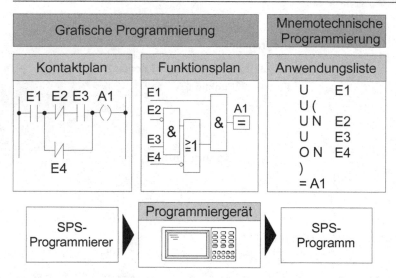

Bild 5.15. Konventionelle Programmierverfahren für SPS

Während sich die Programmierung in *Anweisungsliste (AWL)* in den Bereich der mnemotechnischen Programmierung einordnen lässt, gehören der *Kontaktplan (KOP)* und der *Funktionsplan (FUP)* zu den grafischen Programmierverfahren (vgl. Kapitel 5.3.3.1 bis Kapitel 5.3.3.3).

Für alle Programmierverfahren ist zur Programmerstellung neben der eigentlichen SPS noch ein separates Programmiergerät erforderlich (Bild 5.15, unten). Das Angebot der Programmiergeräte (Bild 5.16) reicht von speziellen, zur SPS gehörenden Programmiergeräten bis hin zu komfortablen Programmiersystemen für normale Personal Computer (z.B. Büro-PC oder tragbarer Laptop). Letztere haben den Vorteil, dass keine herstellerspezifische Programmiergerätehardware erforderlich ist.

Neben der normalen Offline-Programmierung am Programmiergerät besteht die Möglichkeit einer Online-Kopplung mit direktem Datenaustausch mit der SPS. In dieser Betriebsart ist der Systemzustand der SPS unmittelbar am Programmiergerät darstellbar, sodass z.B. das schrittweise Testen von Programmen möglich ist und die Reaktion des Steuerungsprogramms auf externe Prozess-Signale direkt am Bildschirm beobachtet werden kann.

Die rasante Entwicklung im SPS-Bereich hat sowohl bei den Programmiersprachen als auch bei den Programmiergeräten zu immer größeren herstellerspezifischen Unterschieden geführt. Für SPS-Anwender entstand hieraus das Problem, dass bei einer Umstellung auf ein anderes Steuerungsfabrikat eine zeitaufwendige Anpassung der Anwenderprogramme und zusätzlicher finanzieller Aufwand zur Anschaffung neuer Programmiergeräte nötig war.

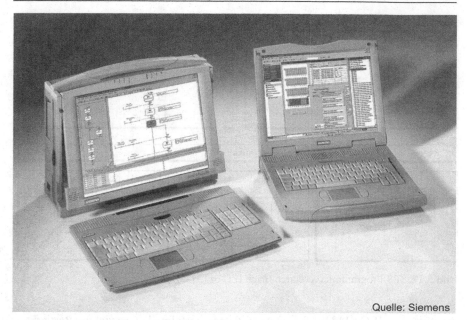

Quelle: Siemens

Bild 5.16. SPS-Programmiergeräte. Quelle: Siemens

Angesichts dieser Situation bemühte man sich um eine verstärkte internationale Standardisierung. Ergebnis dieser Bestrebungen ist die internationale SPS-Programmiernorm IEC 61131, Teil 3^2 [116].

Bild 5.17 gibt einen Überblick über die in dieser Norm definierten Programmiersprachen, die sich prinzipiell in textuelle und grafische Programmierverfahren unterscheiden lassen. Die Norm basiert auf den bewährten Verfahren Anweisungsliste, Kontaktplan und Funktionsplan (siehe Bild 5.15), wobei diese einheitlich und präzise definiert werden und keine prozessorabhängigen Operationen (z.B. „Tausche Akku") enthalten. Die Berücksichtigung dieser verbreiteten Sprachen erleichtert den Umstieg des Anwenders auf die Programmiernorm und vereinfacht die Aufwärtskompatibilität zu bisherigen Programmen. Als weitere Programmiersprachen kommen die PASCAL-ähnliche Hochsprache „Strukturierter Text", die typische Hochsprachenelemente wie z.B. WHILE-Schleifen und IF- und ELSE-IF Anweisungen umfasst (vgl. Kapitel 5.3.3.5) sowie die Ablaufsprache, die zur Programmstrukturierung bei komplexeren Ablaufsteuerungen dient (vgl. Kapitel 5.3.3.6), hinzu.

Auf Basis der IEC 61131-3 haben sich verschiedene Hersteller und Anwender von Steuerungs- und Programmiersystemen zu der internationalen Organisation PLCopen zusammengeschlossen, die die Anwendung und Verbreitung der Program-

---

^{2} Die deutsche Version der IEC 61131-3 (früher IEC 1131-3) ist als Europa-Norm DIN EN 61131-3 erschienen. Sie löste die frühere Norm DIN 19239 ab. Auch andere für die SPS-Programmierung gültige Normen wie die VDI-Richtlinie 2880, DIN 40700 sowie DIN 40719 verloren ihre Gültigkeit.

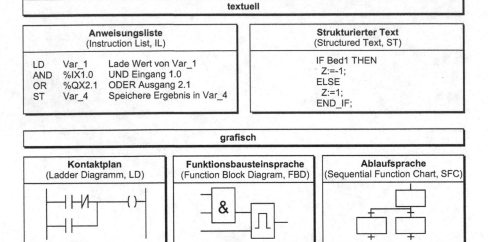

Bild 5.17. SPS-Programmierverfahren (nach IEC 61131-3)

mierung nach IEC 61131-3 forcieren. PLCopen verfolgt als Fernziel die Portierbarkeit von Anwenderprogrammen auf Geräte verschiedener Hersteller. Zur Zertifizierung der Programmiersysteme wurden von PLCopen vier unterschiedliche Normerfüllungsgrade definiert. Heute auf dem Markt verfügbare Programmiersysteme – z.B. Step 7 [2], WinSPS [32], Sucosoft S 40 [156], Melsec Medoc plus [154] oder herstellerübergreifende Systeme wie Accon ProSys 1131 [48] – sind größtenteils nur ersten Grades (Base Level) normkonform zur IEC 61131-3, d.h. die erstellten SPS-Programme sind nach wie vor nicht ohne Anpassungen auf SPS anderer Hersteller portierbar.

Der Grund hierfür liegt darin, dass die Norm zwar die Eigenschaften der Programmiersprachen genau definiert, jedoch nicht ausschließt, dass die Hersteller eigene, spezielle Sprachelemente integrieren. Dies ist jedoch erforderlich, da sich die SPS der verschiedenen Hersteller oftmals gerade durch spezielle Funktionalitäten auszeichnen. Auch wenn mit IEC-konformen Programmiersystemen erstellte Anwendungsprogramme nicht ohne weiteres zwischen SPS-Systemen verschiedener Hersteller ausgetauscht werden können, so entsprechen sich doch die grundlegenden Sprachelemente sowie die Programmstruktur (vgl. Kapitel 5.3.2.2). Dadurch wird der Aufwand für die Portierung von SPS-Programmen auf Fremdsysteme erleichtert [123].

Vor Einführung der Norm IEC 61131-3 hatte sich ein Quasistandard des Marktführers durchgesetzt [204]. Da trotz Einführung der Norm die Programmiersysteme, wie oben beschrieben, noch immer nur weitgehend herstellerspezifische Programmierung zulassen, der alte Quasistandard dagegen noch weit verbreitet ist, werden die nachfolgenden Programmbeispiele in Kontaktplan, Funktionsplan und Anweisungsliste noch gemäß der alten Syntax dargestellt.

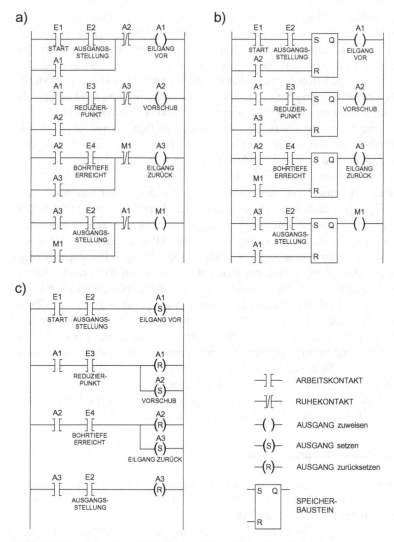

Bild 5.18. Kontaktplan (KOP) für das Bohrwerk nach Bild 5.4

5.3.3.1 Kontaktplan-Programmierung

Die Kontaktplan- (KOP) oder auch Stromlaufplan-Programmierung ist bis heute in den USA die am weitesten verbreitete Programmiermethode und kommt den SPS-Anwendern entgegen, die bisher Steuerungen in Relaistechnik entwickelt haben. Ein bestehender Relaisstromlaufplan kann durch Einsetzen von Symbolen meist direkt in das entsprechende SPS-Programm umgesetzt werden. Bild 5.18a zeigt die Umsetzung der Bohrwerk-Ablaufsteuerung aus Bild 5.4 bzw. Bild 5.7 in den entsprechenden SPS-Kontaktplan.

Eingänge (Starttaste, Nockenschalter) sind mit E, Ausgänge (Eilgang-Vor, -Zu-rück, Vorschub) mit A bezeichnet, gefolgt von einer Unterscheidungsziffer. Der Starttaster S1 und die Nockenschalter S2 bis S4 sind einzeln mit je einem der Eingänge E1 bis E4 der SPS verbunden. Die Reihenschaltung von S1 und S2 aus Bild 5.7 wird in dem SPS-Kontaktplan durch die Symbole E1 und E2 dargestellt. Für Relais, die keinen Ausgang betätigen, sondern nur eine logische Funktion erfül-len (Hilfsrelais), werden im Kontaktplan sogenannte Merker (M) verwendet, da eine SPS nur über eine begrenzte Anzahl von Ausgängen verfügt. Neben „Relais" mit Arbeits- und Ruhekontakten verfügt der Kontaktplan-Programmierer über Zeitglie-der, Taktgeber, Zähler und weitere komplexe Funktionsbausteine, die die Erstellung von SPS-Programmen vereinfachen (vgl. Kapitel 5.3.3.4).

Als Beispiel zeigt Bild 5.18b den oben beschriebenen Kontaktplan unter Ver-wendung von Speicherbausteinen. Diese erfüllen die Funktion einer Selbsthalte-schaltung. Über den Eingang S wird der Ausgang Q gesetzt und über R rückgesetzt. Im Beispiel werden die Bausteinausgänge Q mit den SPS-Ausgängen A1 bis A3 bzw. dem Merker M1 verbunden. Es ist aber auch möglich, einen Bausteinausgang mit dem Eingang des nächsten Bausteins zu verbinden. Wenn dann noch Gatter-funktionen und Inverter als Funktionsbausteine verwendet werden, erhält der Kon-taktplan immer mehr Ähnlichkeit mit einem Funktionsplan (vgl. Kapitel 5.3.3.2).

Bild 5.18c zeigt, wie Setz- (S) und Rücksetzanweisungen (R) diesen Kontakt-plan noch mehr vereinfachen und verkürzen können: Im Gegensatz zur einfachen Zuweisung, die das Ergebnis der logischen Verknüpfung den Ausgängen bzw. Mer-kern zuweist, werden diese bei Verwendung der Setz- bzw. Rücksetzanweisung speichernd gesetzt bzw. zurückgesetzt, sobald das Ergebnis der logischen Verknüp-fung wahr wird. Dadurch bleibt der Wert der Ausgänge bzw. Merker erhalten, auch wenn die Setz- bzw. Rücksetzbedingungen nicht mehr erfüllt sind.

5.3.3.2 Funktionsplan-Programmierung

Ein als Funktionsplan (FUP) geschriebenes SPS-Programm entspricht einem Schalt-plan auf Logikbausteinen (UND, ODER, INVERTER). Bild 5.19a zeigt als Beispiel den Funktionsplan des Bohrwerks aus Bild 5.4.

Durch den Einsatz von Flip-Flops, die im Aussehen den Speicherbausteinen des Kontaktplans gleichen, lässt sich der Funktionsplan noch einfacher und übersicht-licher gestalten (Bild 5.19b). Auch im Funktionsplan stehen dem Anwender weite-re Funktionsbausteine zur Verfügung, wie z.B. Verzögerungselemente, Taktgeber, Zähler, Vergleicher usw. (vgl. Kapitel 5.3.3.4).

5.3.3.3 Programmierung mit Anweisungsliste

Die Anweisungsliste (AWL) lässt sich – wie auch der Funktionsplan– direkt aus den die Steuerungsaufgabe beschreibenden Booleschen Gleichungen erstellen. Mit den mnemotechnischen Anweisungen können die Gleichungen direkt in eine An-weisungsliste umgesetzt werden. Dabei gilt – wie in der Booleschen Algebra – die

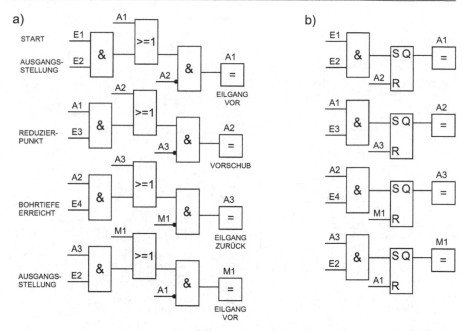

Bild 5.19. Funktionsplan (FUP) für das Bohrwerk nach Bild 5.4

Regel „UND vor ODER", die sich aber durch Klammern umgehen lässt. Bild 5.20 zeigt die Anweisungsliste für das Bohrwerk mit angefügten Kommentaren. Die Nummerierung der Ein- und Ausgänge entspricht den vorhergehenden Beispielen.

Wie auch beim Kontaktplan lässt sich die Anweisungsliste durch Verwendung von Setz- und Rücksetzanweisungen noch vereinfachen und verkürzen (Bild 5.21a). Die Möglichkeit, ein Programm durch Verwendung von Sprunganweisungen zu strukturieren, zeigt Bild 5.21b. Sie veranlassen die SPS, abhängig von logischen Bedingungen Programmabschnitte zu überspringen, und verkürzen so die Zykluszeit. Dies ist hier am Beispiel eines sogenannten Schrittverteilers dargestellt. Die Verwendung eines Schrittverteilers verkürzt die Zykluszeit des Programms, da nicht mehr das gesamte SPS-Programm durchlaufen wird, sondern immer nur die Anweisungen eines Schrittes bearbeitet werden. Zur Kennzeichnung der Sprungziele sind im Bild 5.21b die Programmzeilen zusätzlich nummeriert.

			Anweisungen	
(			U E x	UND-Verknüpfung Eingang x
U E 1	START		U A x	UND-Verknüpfung Ausgang x
U E 2	AUSGANGSSTELLUNG		U M x	UND-Verknüpfung Merker x
O A 1	SELBSTHALTUNG			
)			ODER-Verknüpfungen	
UNA 2	RÜCKS. DURCH VORSCHUB		O E x , O A x , O M x	
= A 1	EILGANG VOR			
			Invertierungen	
(			UNE x , UNA x , UNM x UND-NICHT	
U A 1	EILGANG VOR		ONE x , ONA x , ONM x ODER-NICHT	
U E 3	REDUZIERPUNKT			
O A 2	SELBSTHALTUNG		= A x	Ausgang x zuweisen
)			= M x	Merker x zuweisen
UNA 3	RÜCKS. D. EILGANG RÜCKW.			
= A 2	VORSCHUB		S A x	SETZE Ausgang x
			S M x	SETZE Merker x
(				
U A 2	VORSCHUB		R A x	RÜCKSETZE Ausgang x
U E 4	BOHRTIEFE ERREICHT		R M x	RÜCKSETZE Merker x
O A 3	SELBSTHALTUNG			
)			SP x	SPRINGE nach Zeile x
UNM 1	RÜCKS. D. FERTIG		SPB x	SPRINGE BEDINGT (d.h. abhän-
= A 3	EILGANG RÜCKW.			gig von der vorangegangenen
				Verknüpfung)nach Zeile x
(				
U A 3	EILGANG RÜCKW.		S Z x	SETZE ZÄHLER x
U E 2	AUSGANGSSTELLUNG		R Z x	RÜCKSEZTE ZÄHLER x
O M 1	SELBSTHALTUNG		ZVZ x	ZÄHLE VORWÄRTS ZÄHLER x
)			ZRZ x	ZÄHLE RÜCKWÄRTS ZÄHLER x
UNA 1	RÜCKS. D. START			
= M 1	FERTIG		SET x	SETZE EINSCHALTVERZÖGERUNG
				mit TIMER x

Bild 5.20. Anweisungsliste für das Bohrwerk nach Bild 5.4

5.3.3.4 Beispiele für komplexere Programmanweisungen

Nachdem in den vorangegangenen Abschnitten die grundlegenden Programmierverfahren Kontaktplan, Funktionsplan und Anweisungsliste anhand des einfachen
Beispiels des Bohrwerkes aus Bild 5.4 erläutert worden sind, sollen nachfolgend
einige komplexere Programmanweisungen vorgestellt werden.

5.3.3.4.1 Zeitfunktionen

Eine bei SPS-Programmen sehr häufig benötigte Funktion sind Zeitglieder bzw. Ti-
mer. Damit lassen sich z.B. Einschalt- und Ausschaltverzögerungen beliebiger Dauer, Warte- und Überwachungszeiten sowie Impulsglieder oder Taktgeber realisieren.
    Bild 5.22 zeigt exemplarisch den Einsatz eines Zeitgliedes zur Realisierung ei-
ner Einschaltverzögerung. Neben dem Stromlaufplan und dem Zeitdiagramm zur
Erläuterung der Funktionsweise ist im Bild 5.22 zum Vergleich die Programmierung
in Funktionsplan, Kontaktplan und Anweisungsliste gezeigt. In den grafischen Programmiersprachen FUP und KOP wird die Zeitfunktion durch ein rechteckförmiges
Symbol dargestellt, wobei auf der linken Seite die Eingänge und auf der rechten
Seite die Ausgänge liegen.
    Mit dem Eingang (E 5.3) wird das Zeitglied gestartet und mit dem Eingang (E
5.2) zurückgesetzt. Die Verzögerungszeit wird über den Eingang mit der Kennung
„TW" als Konstante geladen. Die Zeitdauer setzt sich zusammen aus einem Faktor
und der Zeitbasis (Faktor · Zeitbasis). Für die Zeitbasis stehen die Werte .0 $\hat{=}$ 10

a)

```
U E 1   START ?
U E 2   AUSGANGSSTELLUNG ?
S A 1   EILGANG VOR EIN

U A 1   EILGANG VOR ?
U E 3   REDUZIERPUNKT ?
R A 1   EILGANG VOR AUS
S A 2   VORSCHUB EIN

U A 2   VORSCHUB ?
U E 4   BOHRTIEFE ERREICHT ?
R A 2   VORSCHUB AUS
S A 3   EILGANG RUECKW. EIN

U A 3   EILGANG RUECKW. ?
U E 2   AUSGANGSSTELLUNG
R A 3   EILGANG RUECKW. AUS
```

b)

```
                SCHRITTVERTEILER:
 1   U M 1   SCHRITT 1 AKTIV ?
 2   SPB12   SPRUNG NACH SCHRITT 2
 3   U M 2   SCHRITT 2 AKTIV ?
 4   SPB18   SPRUNG NACH SCHRITT 3
 5   U M 3   SCHRITT 3 AKTIV ?
 6   SPB24   SPRUNG NACH SCHRITT 4

                SCHRITT 1:
 7   U E 1   START ?
 8   U E 2   AUSGANGSSTELLUNG ?
 9   S A 1   EILGANG VOR EIN
10   S M 1   SCHRITTMERKER 1 SETZEN
11   SP 28   ZUM PROGRAMMENDE

                SCHRITT 2:
12   U E 3   REDUZIERPUNKT ?
13   R A 1   EILGANG VOR AUS
14   S A 2   VORSCHUB EIN
15   R M 1   SCHRITTMERKER 1 LOESCHEN
16   S M 2   SCHRITTMERKER 2 SETZEN
17   SP 28   ZUM   PROGRAMMENDE

                SCHRITT 3:
18   U E 4   BOHRTIEFE ERREICHT ?
19   R A 2   VORSCHUB AUS
20   S A 3   EILGANG RUECKW. EIN
21   R M 2   SCHRITTMERKER 2 LOESCHEN
22   S M 3   SCHRITTMERKER 3 SETZEN
23   SP 28   ZUM   PROGRAMMENDE

                SCHRITT 4:
24   U E 2   AUSGANGSSTELLUNG ?
25   R A 3   EILGANG RUECKW. AUS
26   R M 3   SCHRITTMERKER 3 LOESCHEN
27   SP 28   ZUM   PROGRAMMENDE

28   PE      PROGRAMMENDE
```

Bild 5.21. Anweisungsliste mit Setz- und Rücksetzbedingungen (a) und Sprunganweisungen (b)

ms, .1 $\cong$ 100 ms, .2 $\cong$ 1 s, .3 $\cong$ 10 s zur Verfügung, sodass die Konstante KT 500.0 (500 · 10 ms) die Zeit 5 s ergibt. Die Ausgänge „DU" und „DE" zeigen die aktuelle Zeitdauer an (DU in dualer Codierung, DE in BCD-Codierung). Der Ausgang „Q" ist der eigentliche „Setzausgang", der gemäß dem programmierten Zeitverlauf gesetzt bzw. rückgesetzt wird.

Als Funktionsweise des Zeitgliedes ergibt sich somit, dass der Ausgang 5.2 mit einer Verzögerung von 5 s nach dem Eingang 5.3 gesetzt wird. Der Eingang bleibt jedoch nur so lange gesetzt, wie der Eingang 5.3 das Signal „1" führt. Das Ausgangssignal verbleibt im Zustand „0", wenn das Startsignal (E3) innerhalb der programmierten Zeitdauer zurückgesetzt wird (siehe Zeitdiagramm Bild 5.22). Unabhängig vom Zustand des Zeitgliedes bewirkt das Rücksetzsignal (E 5.2) ein Rücksetzen des Ausgangssignals.

5.3.3.4.2 Zähler

Zähler werden bei SPS beispielsweise zum Erfassen von Mengen eingesetzt (z.B. Stückzahlen, Flüssigkeitsmengen, Gewichten usw.) oder durch Hintereinanderschaltung mehrerer Zähler auch zur Bildung sehr langer Verzögerungszeiten. Die eigentliche Zählaufgabe wird dabei direkt von der CPU der SPS ausgeführt. SPS enthalten mehrere Zähler, die unabhängig voneinander eingesetzt werden können und sowohl

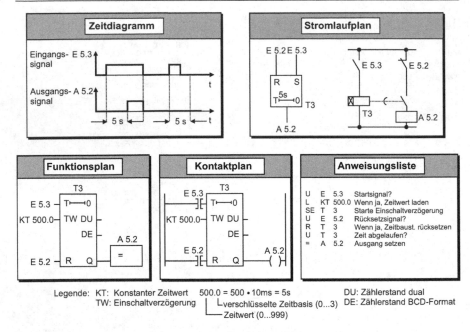

Bild 5.22. Beispiel zur Realisierung einer Einschaltverzögerung

vorwärts als auch rückwärts zählen können. Mit einem Vorwärtszähler kann z.B. an einem Montageband die Anzahl der Werkstücke gezählt und angezeigt werden, während Rückwärtszähler von einem programmierten Ausgangszustand nach Null hin zählen und beim Erreichen des Zählerstandes Null ein Signal abgeben (z.B. „Palette voll bestückt"). Die Funktionsweise und Programmierung eines Rückwärtszählers wird im Bild 5.23 erläutert.

Wie auch beim Zeitglied stehen Zählerbausteine in der Kontaktplan- und Funktionsplandarstellung als eigenes Symbol zur Verfügung (Bild 5.23). Jeder Zählerbaustein besitzt Anschlüsse für das Vorwärts- (ZV) und Rückwärtszählen (ZR), das Setzen (S) und Rücksetzen (R), das Laden eines Zählwertes (ZW) sowie das Abfragen des Zählerstandes (DU – dualer Zählerstand, DE – Zählerstand im BCD-Format). Im Beispiel in Bild 5.23 wird der Zähler 1 ($Z1$) beim Einschalten des Eingangs 4.1 (Setzen) auf den Zählwert 4 gesetzt („KZ" = konstanter Zählwert). Der Ausgang 2.5 führt jetzt das Signal „1". Bei jedem Einschalten des Eingangs 4.0 (Rückwärtszählen) verringert sich der Zählwert um 1. Der Ausgang 2.5 wird auf „0" gesetzt, wenn der Zählerstand „0" ist. Durch erneutes Setzen des Eingangs 4.1 – auch bevor der Zähler den Stand Null erreicht hat – wird wieder der Zählwert 4 geladen (siehe Zeitdiagramm, Bild 5.23).

5.3.3.4.3 Wortverarbeitung

Moderne SPS können nicht nur einfache binäre Operationen, wie z.B. logische Verknüpfungen, durchführen, sondern ermöglichen auch umfangreiche Byte (8 Bit)-,

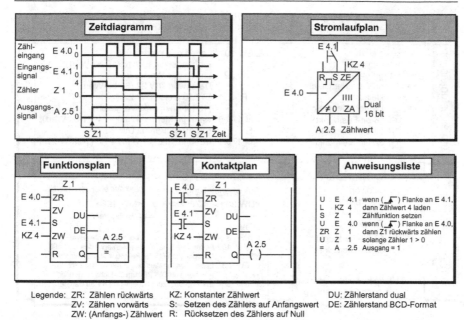

Legende: ZR: Zählen rückwärts   KZ: Konstanter Zählwert   DU: Zählerstand dual
ZV: Zählen vorwärts   S: Setzen des Zählers auf Anfangswert   DE: Zählerstand BCD-Format
ZW: (Anfangs-) Zählwert   R: Rücksetzen des Zählers auf Null

Bild 5.23. Beispiel zur Realisierung eines Rückwärtszählers

Wort (16 Bit)- und Doppelwortoperationen (32 Bit). Damit kann man mit SPS auch rechnen, vergleichen, steuern und regeln. Ebenso wird dadurch die Verarbeitung analoger Signale möglich, wozu allerdings noch eine A/D- bzw. D/A-Wandlung (vgl. Kapitel 4.2.2.10) nötig ist, da die SPS nur Zahlen verarbeiten kann.

Wichtige Funktionen bei der Byte- bzw. Wortverarbeitung sind Lade- und Transferfunktionen, die einen Informationsaustausch auf digitaler Basis zwischen Peripheriebaugruppen und der SPS sowie zwischen unterschiedlichen Datenbereichen innerhalb der SPS ermöglichen. Dieser Informationsaustausch geht nicht „direkt" vor sich, sondern ist immer mit einem „Umweg" über spezielle Zwischenregister des Prozessors– den sogenannten Akkumulatoren– verbunden. Dabei wird der Informationsfluss von einem Speicher in den Akkumulator *Laden L* und vom Akkumulator zum Speicher *Transferieren T* genannt. Mögliche Operanden beim Laden und Transferieren sind z.B. Ein-/Ausgangsbytes (EB/AB), -worte (EW/AW) und -doppelworte (ED/AD), Zeit- (T) und Zählwerte (Z) (vgl. Kapitel 5.3.3.4.1 u. Kapitel 5.3.3.4.2) sowie verschiedene Konstanten, z.B. Byte- (KB), Festpunkt- (KF) und Hexadezimalkonstanten (KH).

Sind die Operanden mit Hilfe der Ladefunktionen in die Akkumulatoren des Prozessors der SPS geladen, können umfangreiche Vergleichs- und Rechenfunktionen ausgeführt werden. Eine Übersicht über die elementaren Vergleichs- und Rechenfunktionen sowie deren Anwendung in einem kleinen Programmbeispiel sind im Bild 5.24 dargestellt.

	Befehlsübersicht			Programmbeispiel	

Vergleichsfunktionen

!=	-	gleich	L EW 10 Laden des Wertes von
><	-	ungleich	Eingangswort EW 10 (16-bit-Wert);
>	-	größer	L DW 22 Laden des Wertes von
>=	-	größer oder gleich	Datenwort DW 22 (32-bit-Wert);
<	-	kleiner	!= F EW 10 gleich DW 22 ?
<=	-	kleiner oder gleich	(16-bit-Festpunkt-Vergleich);
-	F	16-bit-Festpunkt [1]	= M 170.0 wenn ja, Merker 170.0 = "1" (1-bit-Wert);
-	D	32-bit-Festpunkt	> F EW 10 größer als DW 22 ?;
-	G	32-bit-Gleitpunkt	= M 170.1 wenn ja, Merker 170.1 ="1" (1-bit-Wert);

Rechenfunktionen

+	-	Addition
-	-	Subtraktion
x	-	Multiplikation
:	-	Division
-	F	16-bit-Festpunkt
-	G	32-bit-Gleitpunkt

① Möglichkeiten variieren je nach Prozessortyp

Aufgabenstellung: *Inhalt des Merkerwortes 196*

<DW 30> = <DW 28> + 3 x <MW 196>

               └── *konstanter Faktor*

Lösung:

L	KB 3	Laden des Faktors 3 als Konstante (Byte)
L	MW 196	Laden des Inhaltes des Merkerwortes MW 196
XF		Multiplikation (16-bit-Festpunkt-Multiplikation)
L	DW 28	Laden des Inhaltes des Datenwortes DW 28
+F		Addition von DW 28 zum Zwischenergebnis
T	DW 30	Endergebnis zum Datenwort DW 30 transferieren

Bild 5.24. Befehlsübersicht und Programmbeispiel zur Wortverarbeitung (Vergleichs- und Rechenfunktionen)

Bei den Rechenfunktionen im Bild 5.24 ist zu beachten, dass diese bei einigen SPS-Fabrikaten nur in Anweisungsliste programmiert werden können und hierfür keine äquivalente Darstellung in Kontaktplan- oder Funktionsplandarstellung existiert.

Neben den hier dargestellten erweiterten Programmanweisungen bieten größere SPS-Systeme noch vielfältige weitere Möglichkeiten zur Erstellung sehr umfangreicher und komplexer Programme. Da eine umfassendere Darstellung der Programmiermöglichkeiten jedoch den Rahmen dieses Buches sprengen würde, sei an dieser Stelle zur Vertiefung der Thematik auf die einschlägige Literatur verwiesen z.B. [11, 21].

5.3.3.5 Hochsprachen-Programmierung

Als wichtige Ergänzung zu den bereits vorgestellten Programmiersprachen (Bild 5.15) ist in der SPS-Programmiernorm IEC 61131-3 eine PASCAL-ähnliche Hochsprache „Strukturierter Text" (ST) definiert worden (Bild 5.17). Bei der Entwicklung dieser speziellen SPS-Sprache haben neben PASCAL auch ADA, MODULA und „C" Anleihen gegeben [155]. Typische Sprachelemente des Strukturierten Textes sind z.B. WHILE- und REPEAT UNTIL-Schleifen sowie weitere bekannte Kontrollstrukturen, wie z.B. IF- und ELSEIF- sowie CASE-Anweisungen. Die einzelnen Anweisungen dürfen dabei gemäß den Syntax-Regeln beliebig geschachtelt werden.

Deklarationsteil	FUNCTION_BLOCK	- Bausteinbeginn

	CONST
	   WERTE := 10;
	   MAX := WERTE - 1;
	END_CONST ;
	VAR_IN_OUT
	   WERTFELD : **ARRAY** [0 .. MAX] **OF INT**;
	END_VAR;
	VAR
	   HILF : **WORD**;
	   TAUSCH : **BOOL**;
	   I : **INT**;
	END_VAR;
		- Deklaration der Konstanten
		
		- Deklaration von Durchgangs-
		  parametern (eindimensionales
		  Messwertfeld)
		- Deklaration lokaler Programm-
		  variablen

| Anweisungsteil | BEGIN
REPEAT
   TAUSCH := **TRUE**;
   FOR I := MAX **TO** 1 **BY** -1 **DO**
      If WERTFELD [I] < WERTFELD [I-1] **THEN**
         HILF   := WERTFELD [I];
         WERTFELD [I] := WERTFELD [I-1];
         WERTFELD [I-1] := HILF;
         TAUSCH   := **FALSE**;
      END_IF ;
   END_FOR ;
UNTIL TAUSCH;
END_REPEAT ;

END_FUNCTION_BLOCK ; | - Anfang des Anweisungsteils
- Anfang der Repeat-Schleife

- Paarweiser Vergleich der Mess-
  werte und ggf. Vertauschen
  zum Sortieren

- Abbruchbedingung der Schleife
- Ende der Repeat-Schleife

- Bausteinende |

Bild 5.25. Beispielprogramm zur Sortierung von Messwerten in Strukturiertem Text (ST)

Zur Erläuterung der Syntax und der Möglichkeiten dieser SPS-Hochsprache ist im Bild 5.25 ein Programmbeispiel zur Sortierung von Messwerten dargestellt. Ein Programm in Strukturiertem Text (ST) gliedert sich grundsätzlich in einen Deklarationsteil, in dem alle Variablen symbolisch definiert werden, und einen Anweisungsteil, der die eigentlichen Programmanweisungen enthält. Mit den Anweisungen FUNKTION_BLOCK und END_FUNKTION_BLOCK werden der Anfang und das Ende des ST-Programmbausteins definiert, der dann z.B. auch als eigenes Unterprogramm in ein „konventionelles" AWL-Programm integriert werden kann. Im Deklarationsteil des Beispielprogramms werden zur Speicherung der Messwerte ein Feld mit 10 Komponenten vom Datentyp Integer sowie die benötigten Konstanten und lokalen Programmvariablen definiert. Im Anweisungsteil erfolgt dann in den beiden geschachtelten Schleifen (REPEAT UNTIL- und FOR-Schleife) die Sortierung des Messwertfeldes durch permanentes Vergleichen und Tauschen. Die Vertauschung wird erst abgebrochen, wenn die Boolesche Variable TAUSCH logisch „1" ist, d.h. keine Vertauschung mehr durchgeführt wurde und alle Werte sortiert sind.

Wie das Beispiel zeigt, lassen sich mit Hilfe des Strukturierten Texte selbst anspruchsvollere Aufgaben einfach und kompakt programmieren. Ein entsprechendes Programm in Anweisungsliste wäre erheblich länger und somit auch unübersichtlicher.

Ein anderer Ansatz zur SPS-Hochsprachenprogrammierung ist die Nutzung einer allgemein verbreiteten und im Bereich der Informatik genormten Hochsprache, wie z.B. „C". Einige SPS-Hersteller haben hierzu bereits spezielle C-Code-

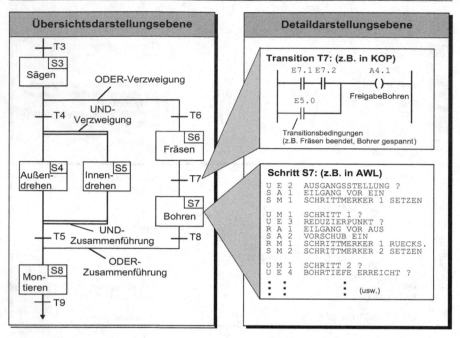

Bild 5.26. Beispiel eines komplexen Ablaufplans mit Übersichts- und Detaildarstellung

Compiler entwickelt, mit denen der Anwender z.B. in ANSI-C programmieren kann und anschließend automatisch ein SPS-spezifischer Zielcode erzeugt wird. Weiterhin ist es auch möglich, die Hochsprachenprogrammierung mit anderen bekannten SPS-Sprachen zu kombinieren. Beispielsweise kann ein Programm in KOP, FUP oder AWL erstellt werden und nur einzelne Programmmodule, wie z.B. komplizierte Regelalgorithmen, in C programmiert und eingebunden werden.

5.3.3.6 Ablaufsprache

Die Ablaufsprache (AS), in der Norm IEC 61131-3 auch als SFC (Sequential Function Chart) definiert (Bild 5.17), stellt im eigentlichen Sinne keine weitere neue Programmiersprache dar, sondern ist vielmehr eine komfortable Möglichkeit zur logischen Strukturierung und grafischen Programmierung von Ablaufsteuerungen (vgl. Kapitel 5.1.2). Insbesondere bei komplizierten Steuerungsabläufen mit mehreren parallelen Abläufen und Verzweigungen zeigt die Ablaufsprache ihre Stärken, da dann die Programmierung mit den bisher beschriebenen Programmiermethoden sehr aufwendig und unübersichtlich wird.

Grundelemente der Ablaufsprache sind Schritte (Steps) und Übergänge (Transitions). Jeder Schritt besteht aus einem Programmabschnitt, der ausgeführt wird, bis eine im Übergang spezifizierte Bedingung erfüllt ist. Ein Beispiel für eine einfache Ablaufsteuerung mit nur einer Ablaufkette – ohne Verzweigungen oder parallele Abläufe – ist das Bohrwerk im Bild 5.4. Der dort dargestellte Funktionsplan nach DIN 40719, Teil 6 entspricht genau der Ablaufkette mit Schritten (z.B. „Eilgang vorwärts ein") und Übergängen („bis Reduzierpunkt erreicht ist"). Denkt man sich nun das Bohrwerk als Teil einer größeren Anlage, in der neben dem Bohrwerk u.a. noch eine Säge, eine Dreh- und eine Fräsmaschine stehen, so könnte ein die Gesamtanlage beschreibender Ablauf wie im Bild 5.26 dargestellt aussehen.

Nach dem Sägen der Rohteile im Schritt 3 wird in Abhängigkeit vom Werkstück (Transition T4 und T6) entweder nur gedreht (S4 u. S5) oder gefräst und gebohrt (S6 u. S7) („ODER-Verzweigung"). Beim Drehen wird gleichzeitig die Aussen- und Innenkontur gedreht („UND-Verzweigung"). Anschließend werden die Teile im Schritt 8 montiert.

Zur Programmierung dieses Beispiels mittels Ablaufsprache wird zunächst in der Übersichtsebene durch grafisch-interaktive Eingabe der Schritte und Übergänge der Übergeordnete Programmablauf festgelegt. Anschließend wird in der Detaildarstellung die Logik für die einzelnen Schritte und Übergänge programmiert. Der Anwender kann dabei frei zwischen den verschiedenen zur Verfügung stehenden Programmierverfahren wählen. Im Bild 5.26 ist beispielsweise die Übergangsbedingung T7 in Kontaktplan-Darstellung (KOP) und der Schritt S7 – das bereits bekannte Beispiel des Bohrwerkes – in Anweisungsliste (AWL) erstellt worden. Das Programm für das Bohrwerk, das hier im Gegensatz zum Programm im Bild 5.21a mit Schrittmerkern realisiert wurde, stellt eine eigene Schrittkette dar und hätte genauso wie in der Übersichtsdarstellung wieder als eigene Ablaufkette programmiert werden können.

Die Programmierung von Ablaufsteuerungen wird durch den Einsatz der Ablaufsprache also deutlich vereinfacht, weil die meist komplizierte Programmierung der übergeordneten Programmlogik vom System übernommen wird und der Programmierer sich ganz auf die Codierung der Module für die Schritte und Übergänge konzentrieren kann. Die Ablaufsprache unterstützt somit die Strukturierung der Steuerungsaufgabe sowie die systematische Top-Down-Vorgehensweise bei der Programmentwicklung.

5.3.4 Vorgehensweise zur systematischen Entwicklung von komplexen SPS-Programmen

Der gestiegene Aufgaben- und Leistungsumfang moderner SPS hat dazu geführt, dass sowohl Komplexität als auch Umfang der SPS-Programme enorm zugenommen haben. Nicht selten sind im Werkzeugmaschinenbau Steuerungen mit über 1.000 Ein- und Ausgängen und umfangreichen Programmen mit hohem Speicherplatzbedarf anzutreffen. Entsprechend hoch ist daher der Anteil der Softwareentwicklung an den gesamten Entwicklungskosten für moderne Werkzeugmaschinen. Betrachtet man ferner, dass angesichts der gesunkenen Hardwarepreise eine kleine SPS genauso viel kostet wie der Tagessatz eines qualifizierten SPS-Programmierers, wird deutlich, dass sich die SPS-Softwareentwicklung zu einem entscheidenden Kostenfaktor entwickelt hat. Die systematische Gestaltung der SPS-Softwareentwicklung – angefangen von der Spezifikation der Steuerungsaufgabe bis hin zum Programmtest– ist daher insbesondere für Werkzeugmaschinenhersteller

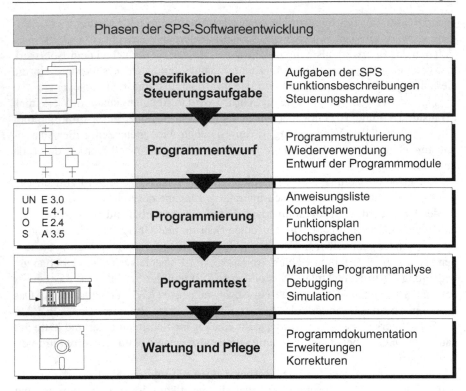

Bild 5.27. Phasen der SPS-Softwareentwicklung

mit hohem kundenspezifischem Programmieraufwand, z.B. im Sondermaschinen-
bau, von großer Bedeutung. Einen Überblick über die grundsätzliche Vorgehensweise und die einzelnen Phasen einer systematischen SPS-Softwareentwicklung gibt
Bild 5.27.

5.3.4.1 Spezifikation der Steuerungsaufgabe

Kennzeichnend für die industrielle Entwicklung von SPS-Software ist der Umstand,
dass die meisten Softwarefehler nicht erst bei der Programmerstellung, sondern bereits in frühen Entwicklungsphasen, also bei der Spezifikation der Steuerungsaufgabe, zu Stande kommen, der überwiegende Teil der Fehlerbehebung jedoch erst in
der Test- und Inbetriebnahmephase stattfindet (Bild 5.28,links). Entsprechend groß
ist der Kostenanteil der Testphase an den gesamten Entwicklungskosten (Bild 5.28
rechts) [173]. Daher ist die wichtigste Voraussetzung für die Entwicklung komplexer SPS-Programme und die Vermeidung teurer Folgefehler die systematische
Spezifikation der Steuerungsaufgabe, also die Sammlung und Dokumentation aller steuerungstechnisch relevanten Informationen der Maschine bzw. Anlage in einem Pflichtenheft. Das Pflichtenheft sollte jedoch nicht nur Grundlage für die SPS-
Softwareentwicklung sein. Vielmehr sollte es während der gesamten Auftragsab-

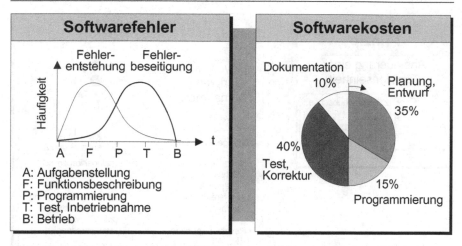

Bild 5.28. Fehler und Kosten bei der SPS-Softwareentwicklung. (nach Oestreicher)

wicklung vom Vertrieb über mechanische Konstruktion und Elektrokonstruktion bis hin zu Test und Inbetriebnahme als zentrale, stets aktualisierte Arbeitsgrundlage für alle mitwirkenden Abteilungen dienen. Innerhalb einer Firma können anstelle der Koordination durch ein oder mehrere Pflichtenhefte Engineering Data Management (EDM) Systeme eingesetzt werden, wie sie in Kapitel 1.3 beschrieben werden.

Obwohl die Vorzüge aussagekräftiger Pflichtenhefte unbestritten sind, werden sie im Werkzeugmaschinenbau in ausreichendem Umfang bislang nur selten erstellt. In der industriellen Praxis sind daher die wesentlichen Informationsquellen für die SPS-Softwareentwicklung die Entwurfsunterlagen aus der mechanischen Konstruktion, wie Prinzipskizzen, Funktionsbeschreibungen, z.B. in Form von Funktionsplänen (Bild 5.4) oder Funktionsdiagrammen, sowie eine tabellarische Aufstellung aller eingesetzten Stellglieder (Motoren, Ventile usw.) und Sensoren (Endschalter, Geber, Lichtschranken usw.). Auf der Basis dieser Informationen projektiert der Steuerungstechniker zunächst die SPS-Hardware (CPU, Peripheriebaugruppen, Energieversorgung, Bedienelemente, Schaltschrank, Sicherheitsschaltungen usw.), kann aber parallel dazu bereits mit der Softwareerstellung beginnen.

Eine enge Zusammenarbeit von mechanischer und elektrischer Konstruktion sowie die frühzeitige Abstimmung von Lösungskonzepten sind somit grundlegende Voraussetzungen zur Erstellung möglichst fehlerfreier SPS-Programme. Die industrielle Praxis zeigt jedoch, dass dies meist nur unzureichend geschieht und eine wesentliche Ursache für Missverständnisse und Softwarefehler darstellt.

5.3.4.2 Programmentwurf und Programmierung

Ist die Steuerungsaufgabe hinreichend bekannt und dokumentiert, kann mit der eigentlichen Softwareerstellung begonnen werden. Ein Hauptziel in der industriellen Praxis muss es dabei sein, Softwarestruktur und Programmiermethoden innerhalb

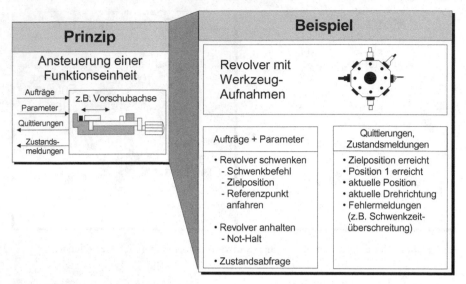

Bild 5.29. Strukturierung von SPS-Softwaremodulen durch Ausrichtung an den mechanischen Funktionseinheiten

eines Unternehmens stärker zu vereinheitlichen, um die Lesbarkeit und Transparenz der Programme zu verbessern sowie die Wiederverwendung bereits entwickelter Softwaremodule zu erhöhen.

Der erste Schritt für die Softwareabteilung besteht darin, die spezifizierte Steuerungsaufgabe zu analysieren und ggf. zu ergänzen. Auf der Basis dieser Informationen wird zunächst die prinzipielle Programmstruktur konzipiert und anschließend überprüft, inwieweit bereits entwickelte und ausgetestete Programmmodule aus früheren Projekten wiederverwendet werden können. Im nächsten Schritt werden dann die neu zu entwickelnden Programmmodule entworfen, wozu neben den Funktionsbeschreibungen von der mechanischen Konstruktion weitere Vorgaben, wie z.B. die Gestaltung des Bedienfeldes, ausgewertet werden müssen.

Ein wichtiges Prinzip beim Programmentwurf ist die eindeutige Zuordnung der Programmmodule zu entsprechenden mechanischen Funktionseinheiten. Auf diese Weise können bei der Benutzung standardisierter Baugruppen die dazugehörigen Softwaremodule häufig ohne Modifikation wiederverwendet werden. Voraussetzung hierfür ist ein einheitlicher, auf definierten Schnittstellen basierender Aufbau der Module, sodass bei Kenntnis der Schnittstellen die interne Funktionsweise der Module unbekannt bleiben kann. Diese Vorgehensweise wird in der Softwaretechnik allgemein als „Information Hiding" bezeichnet.

Bild 5.29 verdeutlicht am Beispiel eines Programmmoduls zur Steuerung eines Werkzeugwechslers, wie eine derartige Ausrichtung der SPS-Softwaremodule an den mechanischen Baugruppen realisiert werden kann. Die Schnittstellen zu einem übergeordneten Programmmodul reduzieren sich lediglich auf definierte Aufträge (z.B. „Revolver schwenken"), die mit entsprechenden Parametern (z.B. „auf Zielpo-

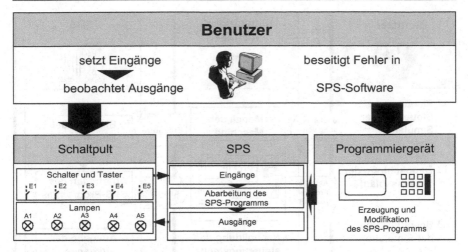

Bild 5.30. Einfaches Testverfahren für SPS-Programme

sition 7") präzisiert werden. Die Rückmeldungen des Programmmoduls sind Quittierungen (z.B. „Zielposition erreicht" oder „Fehler aufgetreten") und Zustandsmeldungen (z.B. genaue Fehlercodenummer oder aktuelle Position bzw. Drehrichtung).

Im Anschluss an den Entwurf der Programmmodule erfolgt die eigentliche Implementierung mit Hilfe eines Programmiergerätes (Bild 5.16), wobei je nach Aufgabenstellung und individueller Neigung des Programmierers jedes der im Kapitel 5.3.3 beschriebenen Programmierverfahren genutzt werden kann. Der nächste wichtige Schritt ist der Test der entwickelten Programme.

5.3.4.3 Programmtest

Die wesentliche Zielsetzung beim Testen von SPS-Programmen besteht darin, zu Beginn der Inbetriebnahme weitgehend ausgetestete Programme zur Verfügung zu stellen, um so den hohen Softwaretestanteil an der gesamten Inbetriebnahme zu reduzieren [12, 216].

Eine einfache, in vielen Unternehmen eingesetzte Testhilfe für SPS-Programme ist ein Schaltpult gemäß Bild 5.30. Es besteht aus einem Eingabefeld mit Schaltern und Tastern, die an die SPS-Eingänge angeschlossen werden, sowie einer Reihe von Leuchten, die die SPS-Ausgänge anzeigen. Für Analogsignale kommen Potentiometer und Analoganzeigen hinzu. Mit Hilfe der Schaltelemente können gezielt bestimmte Eingangszustände der Maschine vorgegeben werden. Die Steuerung liest diese Signale ein, verarbeitet sie gemäß dem SPS-Programm und betätigt die entsprechenden Ausgänge. Entspricht die an den Leuchten ablesbare Reaktion der SPS nicht den Erwartungen und Anforderungen, muss die Software entsprechend modifiziert werden. Einige SPS-Hersteller bieten spezielle Simulationskarten an, um dem Anwender die Realisierung separater Testaufbauten zu ersparen. Moderne SPS-Programmiersysteme sind darüber hinaus in der Lage, die SPS-Hardware inkl. der

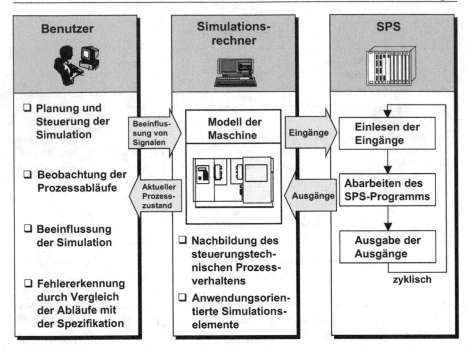

Bild 5.31. Prinzipieller Aufbau einer SPS-Testumgebung für SPS-Programme

Ein- und Ausgänge zu simulieren. Dadurch wird das Testen der Programme durch Setzen der Eingänge und Beobachten der Ausgänge schon am Programmierrechner möglich.

Der entscheidende Nachteil dieser einfachen Testverfahren besteht darin, dass der Benutzer das Prozessverhalten der Maschine von Hand nachbilden muss. Diese Vorgehensweise erfordert ein hohes Abstraktionsvermögen und ersetzt das Zeitverhalten der Maschine nur sehr unvollkommen, sodass dynamische Vorgänge kaum überprüfbar sind. Hinzu kommt die fehlende Anschaulichkeit dieses Verfahrens, sodass komplexe Steuerungsabläufe kaum nachvollziehbar sind. Häufig besteht daher der Wunsch, zusätzlich das zeitliche Verhalten der Maschine nachzubilden, um die von den Sensoren und Endschaltern gelieferten Rückmeldungen in Abhängigkeit von den SPS-Ausgangssignalen zeitrichtig zu generieren. Eine günstigere Lösung besteht in einer rechnerunterstützten Simulation des logischen und zeitlichen Prozessverhaltens der Maschine.

Neben einer am WZL der RWTH Aachen entwickelten Testumgebung [134] sind mittlerweile auch kommerzielle Systeme erhältlich (z.B. Fa. Mewes&Partner). Bild 5.31 verdeutlicht das Grundprinzip einer solchen Testumgebung für SPS-Software. Die betriebsbereite SPS wird an einen Simulationsrechner angeschlossen, der das steuerungstechnische Prozessverhalten der Maschine simuliert. Der Simulationsrechner verhält sich aus der Sicht der SPS wie die Maschine: Er empfängt Befehle in Form der von der SPS kommenden Ausgangssignale und generiert gemäß dem in einem Simulationsmodell spezifizierten Maschinenverhalten geeignete, zeitlich aufeinander abgestimmte Rückmeldungen der Geber und Sensoren. Die zu testende SPS arbeitet in diesem Fall wie an der realen Maschine.

Alle Funktionen und Abläufe können während eines Simulationstestes in geeigneter Weise visualisiert und protokolliert werden, sodass der Benutzer überprüfen kann, ob sie mit dem erwarteten Verhalten der Maschine übereinstimmen. Durch eine Beeinflussung von Prozesssignalen besteht zusätzlich die Möglichkeit, Fehler und externe Einflüsse zu simulieren und die entsprechenden Auswirkungen zu beobachten. Dieser Möglichkeit kommt angesichts der Erfahrung, dass Steuerungsprogramme häufig zu weit über 50 % aus Fehlererkennungs- und Diagnoseroutinen bestehen [202], besondere Bedeutung zu.

5.3.5 Feldbussysteme für SPS

Bei modernen Fertigungs- und Montageanlagen werden häufig mehrere räumlich weit auseinanderliegende Baugruppen, periphere Einrichtungen oder Maschinen durch eine SPS gesteuert. Zwischen dem Schaltschrank (bzw. der SPS) und den Maschinenkomponenten mit ihren Schaltern, Sensoren, Stellgliedern und Bedienelementen sind sehr viele Signalleitungen notwendig (Bild 5.32 oben). Die erforderliche Verkabelung stellt aufgrund des hohen Verdrahtungsaufwands nicht nur einen erheblichen Kostenfaktor dar, sondern ist auch störanfällig und wird leicht unübersichtlich.

Durch den Einsatz von prozessnahen Kommunikationsnetzwerken, sog. Feldbussystemen, lässt sich der Verkabelungsaufwand erheblich reduzieren (Bild 5.32, unten). Statt der separaten Anbindung jedes einzelnen Ein- und Ausgangs einer SPS an die Maschine können alle Prozesssignale über ein gemeinsames Kabel an dezentrale, in der Nähe der Aktorik und Sensorik angeordnete Ein-/Ausgabestationen übertragen werden [42].

Wie aus Bild 5.33 hervorgeht, sind beim Einsatz von Feldbussystemen verschiedene Anwendungsgebiete zu unterscheiden (vgl. Kapitel 7.2.1). Auf der Zellen- und Steuerungsebene dienen Feldbusse zur Kopplung intelligenter Teilsysteme, z.B. von mehreren, dezentral angeordneten SPS oder zur Anbindung von Steuerungen an übergeordnete Rechner. Die Vorteile dezentraler SPS liegen nicht nur in der Reduzierung des Verkabelungsaufwandes, sondern häufig auch in einer Vereinfachung der SPS-Softwareerstellung. So lassen sich die Aufgaben einer großen Anlage (z.B. Transferstraße) auf die einzelnen Teilbereiche der Maschine mit den zugehörigen SPS aufteilen. Auf diese Weise werden die Programme übersichtlicher und lassen sich mit den Teilsystemen der Maschine einfacher austesten.

Auf der Aktor-Sensor-Ebene dienen Feldbusse zur Anbindung dezentraler Feldgeräte, Aktoren und Sensoren an eine Steuerung, wobei an ein dezentrales E/A-Modul in der Regel 16 oder 32 binäre Prozessglieder anschließbar sind. Auch die Vernetzung von Haupt- und Vorschubantrieben kann über Feldbussysteme erfolgen (vgl. Band 3, Kapitel 2.4.3.2). Die direkte Vernetzung binärer Aktoren und Sensoren über einen speziellen Feldbus ist ebenfalls möglich. Dies verursacht jedoch höhe-

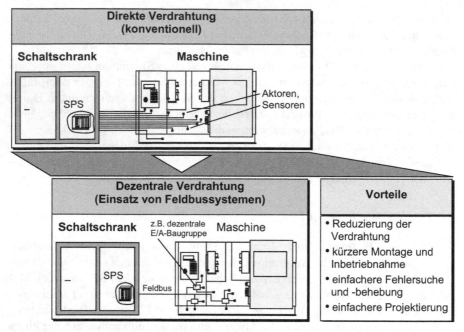

Bild 5.32. Vorteile durch den Einsatz von Feldbussystemen

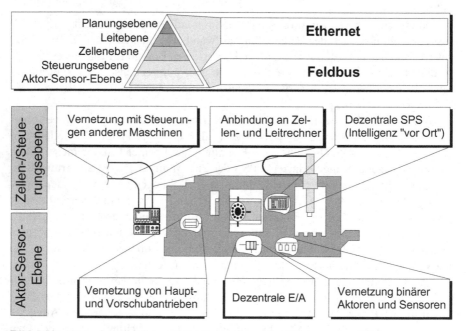

Bild 5.33. Anwendungsgebiete von Feldbussystemen bei Werkzeugmaschinen

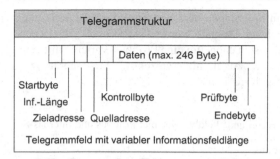

Bild 5.34. Profibus-Telegrammstruktur (Telegrammfeld mit variabler Informationslänge)

re Kosten für die Sensoren bzw. Aktoren, da sie hardwareseitig dafür geeignet sein müssen, direkt an den Feldbus angeschlossen werden zu können.

Neben zahlreichen herstellerspezifischen Feldbussystemen, die in der Regel nur an Steuerungen eines einzigen Herstellers angeschlossen werden können, haben sich weltweit mehrere herstellerunabhängige Feldbussysteme etabliert, von denen an dieser Stelle beispielhaft der Profibus sowie der Interbus-S näher betrachtet werden sollen. Der Profibus ist ein genormter universeller Feldbus, dessen Stärken in der Vernetzung intelligenter Steuerungen und Feldgeräte liegen [182]. Generell wird beim Profibus zwischen aktiven, intelligenten Teilnehmern (z.B. Steuerungen, Rechner) und passiven Teilnehmern (z.B. E/A-Modulen, Frequenzumrichtern) unterschieden, Tabelle 5.2, links.

Das Senderecht zirkuliert in Form eines Tokens zwischen den aktiven Teilnehmern (Token-Passing-Verfahren): Derjenige aktive Teilnehmer, der gerade das Token besitzt, darf während einer definierten Zeitspanne an beliebige andere Busteilnehmer senden bzw. von diesen empfangen, bevor er das Token an den nächsten aktiven Teilnehmer weiterreichen muss. Der eigentliche Informationsaustausch erfolgt mit Hilfe von Datentelegrammen. Zur Erläuterung ist im Bild 5.34 eine typische Profibus-Telegrammstruktur[3] dargestellt.

Jedes Telegramm beginnt mit einem Startbyte zur eindeutigen Kennzeichnung des Telegrammanfangs. Nach der Angabe der Ziel- und Quelladresse folgt das Kontroll- oder Steuerbyte, das bit-codiert den Telegrammtyp enthält sowie die Information, ob es sich um ein Aufruf-, Quittierungs- oder Antwort-Telegramm handelt. Nach dem Kontrollbyte werden die eigentlichen Nutzdaten gesendet, deren Länge (max. 246 Byte) beim Telegrammfeld mit variabler Informationslänge direkt hinter dem Startbyte angegeben ist (Bild 5.34). Am Ende des Datenfeldes befindet sich zur Datensicherung noch ein Prüfbyte, das beim Senden aus den Zeichen des Informationsfeldes als arithmetische Summe ohne Übertrag gebildet wird. Abgeschlossen wird das Telegramm mit dem Endebyte.

Der Profibus war in seiner ursprünglichen Form, dem Protokoll FMS (Field Message Specification), für die Kommunikation von Automatisierungsgeräten untereinander sowie zu intelligenten Feldgeräten entwickelt worden. Da im unteren

---

[3] Insgesamt sind beim Profibus fünf verschiedene Telegrammarten spezifiziert.

Feldbereich oft extreme Echtzeitanforderungen bestehen, sind die Reaktionszeiten des Profibus-FMS oft nicht ausreichend. Deshalb wurde das Protokoll DP (Decentral Periphery) entwickelt. Es handelt sich dabei um eine Profibus-Variante mit einer vereinfachten Protokollarchitektur. Hier kommunizieren zentrale Steuergeräte (z.B. SPS) mit dezentralen Ein- und Ausgabegeräten.

Tabelle 5.2. Beispiele für herstellerübergreifende Feldbussysteme: Profibus und Interbus-S

	Profibus	Interbus-S
Prinzip	-Zugriffsverfahren: Token Passing + Master/Slave -aktive (A, z.B. SPS, Rechner) und passive (P, z.B. E/A-Modul, Frequenzumrichter, Teilnehmer)	-Zugriffsverfahren: Master-Slave zykl. und azykl. Datenübertragung
Technische Daten		
max. Ausdehnung	1,2 km (mit Repeatern: 9,6 km elektrisch/90 km optisch)	13 km (max.400 m zwischen 2 Teiln.)
Übertragungsrate	9,6...12000 kBd	500 kBd
Anzahl Teilnehmer	32 Teilnehmer ohne Repeater 124 mit Repeater, davon max. 32 Master	max. 512 Teilnehmer pro Ring

Auch der Interbus-S hat eine hohe Verbreitung gefunden [25]. Er ist als Aktor-Sensor-Bus mit schnellem deterministischem Übertragungsverhalten bei geringem Datenvolumen und Teilnehmern mit geringerer Komplexität konzipiert. Beim Interbus-S sind Anfang und Ende des Busses über einen Bus-Master mit der SPS verbunden, Tabelle 5.2, rechts. Durch die geschlossene Ringstruktur lassen sich Übertragungsfehler und Busunterbrechungen leicht erkennen. Die Kommunikation mit den Aktoren und Sensoren der Maschine erfolgt über die einzelnen Busteilnehmer. Jeder Busteilnehmer empfängt die für ihn bestimmten Telegrammteile vom Bus, liest die Daten bzw. setzt eigene ein und sendet das Telegramm weiter. Fremde Telegramme werden unverändert weitergeschickt. Die Signallaufzeit auf dem Bus ist abhängig von der Anzahl der angeschlossenen Busteilnehmer und der zu übertragenden Datenmenge.

Aus der Sicht des Anwenders wäre es wünschenswert, die Vielfalt an Feldbussystemen auf ein Mindestmaß zu reduzieren und alle Steuerungen und Feldgeräte problemlos vernetzen zu können. Der dazu prinzipiell am besten geeignete Feldbus kann nicht pauschal genannt werden, da jeder Stärken und Schwächen, z.B. bezüglich des Übertragungsverhaltens oder der zu übertragenden Datenmenge, besitzt. Immerhin konnte man sich international auf die Norm IEC 61158 einigen, die die FeldbussystemeControlnet, Fieldbus Foundation, Interbus-S, Profibus, P-Net, SwiftBus und WorldFIP beschreibt [170].

Da Ethernet in heutigen EDV-Systemen die meist verbreitete Kommunikationstechnologie ist (vgl. Kapitel 9.1.3.1), gibt es darüber hinaus derzeit Bestrebungen, Ethernet durchgängig von der Planungsebene bis in die Steuerungsebene und sogar darüber hinaus einzusetzen [96]. Der Vorteil hierbei liegt neben einer standardisierten Kommunikation in der Möglichkeit, über die Ebenen der Automatisierung hinweg über ein einheitliches, durchgängiges Netzwerk Zugriff auf alle gewünschten Daten zu haben. Die auf dem Markt befindlichen Feldbusse arbeiten mit unterschiedlichen physikalischen Übertragungsarten, somit sind busspezifische Infrasturkturkomponenten notwendig, und die Anbindung an übergeordnete Netzwerke erfordert so genannte „Gateways". Neben einer drastischen Steigerung der Bandbreite im Vergleich zu weiteren Feldbussen, ist Ethernet ein offenes Protokoll. Im Unterschied zum Office-Bereich muss allerdings im Automatisierungsbereich sichergestellt werden, dass die entwickelte Hardware trotz elektromagnetischer Störfelder oder hoher mechanischer Beanspruchung zuverlässig arbeitet. Derzeit arbeiten viele Organisationen an der Festlegung eines Anwendungsprotokolls für Industrial Ethernet. Die verschiedenen Ansätze, wie z.B. Profinet [77], EtherCAT oder Powerlink unterscheiden sich deutlich in der Protokollstruktur und sind inkompatibel zueinander. Dies liegt insbesondere daran, dass die Einsatzbereiche in der Industrie zum Teil sehr speziell sind und von der übergreifenden Automatisierungsaufgabe über die vertikale und horinzontale Kommunikation von mechatronischen Komponenten bis hin zur schnellen Echtzeitkommunikation für den Bereich der Antriebstechnik reichen. Die Unterschiede zwischen den einzelnen Konzepten liegen unter anderem in der zugrunde liegenden Protokollarchitektur, also der Art und Weise der Einbettung echtzeitfähiger Kommunikationszyklen in das TCP/IP-Protokoll, den verwendeten Anwendungsprotokollen in der Schicht 7 des ISO-OSI-Referenzmodells, sowie den eingesetzten Engineeringwerkzeugen. Ein Vergleich der vorgestellten Lösungsansätze zeigt, dass auch in naher Zukunft kein einheitlicher Standard für Ethernet im Automatisierungsbereich verfügbar sein wird.

5.4 Sicherheitssteuerungen

Da Steuerungsfehler in automatisierten Maschinen und Fertigungssystemen zu schwerwiegenden Unfällen mit Personen- und Sachschäden führen können, werden in sicherheitskritischen Anwendungen fehlersichere Steuerungen eingesetzt, die sowohl bei steuerungsinternen Fehlern als auch bei Fehlfunktionen an den Prozess-Schnittstellen ein definiertes Verhalten des Gesamtsystems sicherstellen.

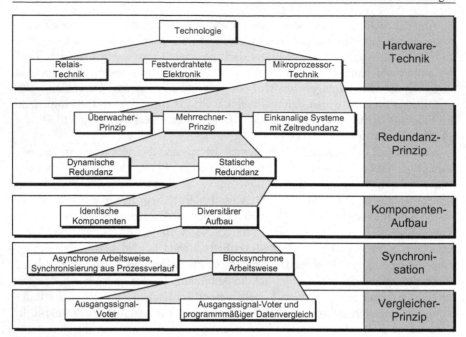

Bild 5.35. Gliederung der Maßnahmen zum Aufbau fehlersicherer Steuerungssysteme

Bild 5.35 gibt einen Überblick über mögliche, im Folgenden erläuterte Maßnahmen zur Erhöhung der Sicherheit und Verfügbarkeit von Steuerungssystemen [89]. Im Bereich der Fertigungstechnik werden beispielsweise Pressen mit Sicherheitssteuerungen ausgerüstet, wobei hier wegen der strengen, ständig aktualisierten Sicherheitsvorschriften bislang fast nur redundant aufgebaute Relaissteuerungen im Einsatz sind. Fest verdrahtete elektronische Steuerungen konnten sich aus wirtschaftlichen Gründen nicht durchsetzen. Dagegen sind mittlerweile speicherprogrammierbare Steuerungen und sogar Feldbussysteme für den Einsatz in sicherheitskritischen Anwendungsbereichen verfügbar [89, 109, 164, 247].

Hauptaufgabe einer fehlersicheren Steuerung muss es sein, nach Erkennung eines Fehlers umgehend einen definierten, sicheren Zustand herbeizuführen. Bei Werkzeugmaschinen und Industrierobotern kann dies z.B. das Sperren der Antriebe bedeuten. Bei Systemen, die einen sicheren Zustand nicht sofort herbeiführen können, kommt dagegen der Tolerierung von Fehlern eine erhöhte Bedeutung zu: Ein in der Luft befindliches Flugzeug kann beispielsweise nach Ausfall einer sicherheitsrelevanten Komponente nicht umgehend einen sicheren Zustand annehmen. In solchen Fällen sind fehlertolerante Steuerungen erforderlich, die auch nach Erkennung eines Fehlers ihre ursprüngliche Aufgabe korrekt weiterführen können. Ob zum Aufbau einer fehlersicheren Steuerung die einfache Fehlererkennung ausreicht oder aber Fehlertoleranz gefordert wird, hängt letztlich von der Aufgabenstellung ab.

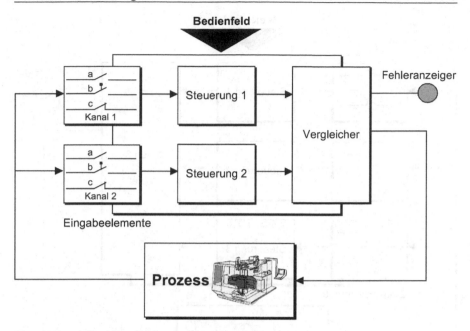

Bild 5.36. Zweikanalige, fehlererkennende Steuerungsstruktur

5.4.1 Zweikanalige, fehlererkennende Steuerungsstruktur

Ein Prozess, der nach Auftreten eines Fehlers innerhalb der Steuerung oder an deren Schnittstellen zur Maschine einen definierten sicheren Zustand annehmen soll, erfordert einen zweikanaligen Steuerungsaufbau nach Bild 5.36.

Die beiden Teilsysteme führen dieselben Operationen durch und vergleichen zu bestimmten Zeitpunkten ihre Ein- und Ausgangssignale sowie bei Bedarf auch Zwischenergebnisse oder Systemzustände. Tritt in einer der beiden Komponenten ein Fehler auf, wird dieser durch den gegenseitigen Vergleich erkannt, und der verbleibende funktionsfähige Kanal überführt den Prozess in den sicheren Zustand.

Bei redundant aufgebauten Steuerungen mit identischer Hard- und Software besteht die Gefahr, dass systembedingte Fehler unerkannt bleiben, da sie in beiden Steuerungsrechnern gleichzeitig auftreten können und somit u.U. einen fehlerfreien Zustand vortäuschen. Abhilfe kann hier eine diversitäre Auslegung des Gesamtsystems schaffen [64, 114]: Die redundanten Komponenten unterscheiden sich in ihrem Aufbau voneinander (z.B. unterschiedliche Mikroprozessoren), obwohl sie dieselbe Aufgabe ausführen sollen. Nur dann gilt die Annahme, dass ein Fehler in einem Teilsystem nicht die gleichen Auswirkungen im anderen Teilsystem haben kann. Während die Wahl verschiedener Mikroprozessoren bei elektronischen Steuerungen zu einem diversitären Aufbau der Hardware führt, kann eine diversitäre Erstellung von Software letztendlich nur durch die Beteiligung mehrerer, unabhängiger Programmierer garantiert werden, da die Gefahr besteht, dass ein einzelner unerkannte Fehler im Entwurf der Programmstrukturen auf alle Einzelrechner überträgt.

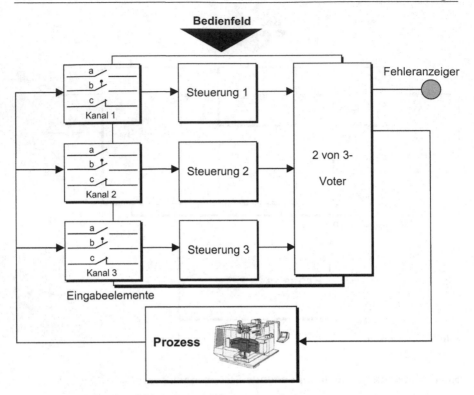

Bild 5.37. Dreikanalige, fehlertolerante Steuerungsstruktur

5.4.2 Dreikanalige, fehlertolerante Steuerungsstruktur

Der prinzipielle Nachteil zweikanaliger Steuerungen besteht darin, dass nach der Erkennung eines Fehlers umgehend der sichere Zustand herbeigeführt und somit ein weiterer Betrieb zunächst unterbunden wird. Darüber hinaus können die beiden Einheiten im Fehlerfall zumeist nicht entscheiden, in welchem Teilsystem der Fehler aufgetreten ist.

Eine deutliche Erhöhung der Systemzuverlässigkeit – verbunden mit einer weiteren Steigerung der Sicherheit – lässt sich mit einer dreikanaligen Ausführung erzielen (Bild 5.37).

Nach Ausfall eines Teilsystems kann der Betrieb aufrechterhalten und der Fehler somit für eine gewisse Zeit toleriert werden. Der 2-von-3-Voter bestimmt nach einem Vergleich der Steuerungsausgänge die korrekten Ausgangsgrößen durch „Mehrheitsentscheid". Das als fehlerhaft identifizierte Teilsystem wird vom weiteren Entscheidungsprozess ausgeschlossen, während die beiden noch funktionsfähigen Einheiten auf einen zweikanaligen fehlersicheren Betrieb umschalten. Erst nach Auftreten eines weiteren Fehlers muss das Gesamtsystem in den sicheren Zustand überführt werden. Bei dreikanaligen Steuerungen mit fehlertolerantem Verhalten besteht oft die Möglichkeit, die fehlerhafte Komponente während des Betriebes aus-

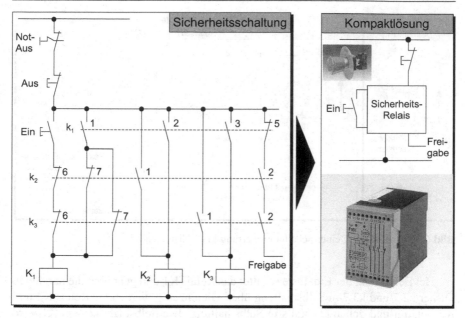

Bild 5.38. Not-Aus-Kreis in sichererer Relaistechnik (nach VDI 2854)

zutauschen und in Stand zu setzen. Auf diese Weise können teure und unproduktive Stillstandszeiten vermieden werden.

5.4.3 Konventionelle Sicherheitsschaltung in Relaistechnik

Sicherheitsrelevante Schaltkreise, wie z.B. der Not-Aus-Kreis bei Werkzeugmaschinen, werden aufgrund des einfachen, leicht überwachbaren Aufbaus in der Regel in redundanter Relaistechnik gemäß IEC 60204-1[4] und VDI-Richtlinie 2854 [62, 229] ausgeführt.

Bild 5.38 zeigt eine solche Relaisschaltung mit zwangsgeführten Relaiskontakten, wie sie in der Praxis zum Einsatz kommt und auch als platz- und verdrahtungssparende Kompaktlösung erhältlich ist [131].

Prinzipiell wird die Freigabe für die Anlage nur bei korrekter Funktion aller drei Relais K1, K2 und K3 erteilt, wobei Fehler an den Relais durch eine regelmäßige automatische Überprüfung ihrer Ein- und Ausschaltfähigkeit erkannt werden können. Gemäß Kapitel 5.4.1 handelt es sich dabei um eine zweikanalige, fehlererkennende Redundanz, wobei die in Reihe liegenden Schließerkontakte k2.2 und k3.2 die Redundanz für das sichere Abschalten der Anlage darstellen. Die korrekte Funktion dieser beiden Kontakte wird vor jedem Einschalten durch kurzfristiges Öffnen des Kontaktes k1.5 überwacht.

---

[4]Die deutsche Version der IEC 60204-1 ist als Europa-Norm DIN EN 60204-1 erschienen und löst die frühere DIN VDE 0113 ab.

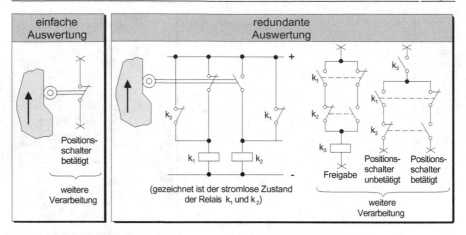

Bild 5.39. Realisierung einer Schalterauswertung in Relaistechnik

Bei Betätigung der Ein-Taste schaltet das Relais K1 und geht über die parallelen Öffner k2.7 und k3.7 in Selbsthaltung über. Gleichzeitig werden die Relais K2 und K3 betätigt und gehen ebenfalls in Selbsthaltung. Die Selbsthaltung von K1 wird durch Öffnen von k2.7 und k3.7 wieder aufgehoben. K1 kann jedoch nur dann abfallen, wenn K2 und K3 angezogen haben. Bei der Betätigung der Aus-Taste oder des Not-Aus-Schalters fallen die Relais K2 und K3 wieder ab. Sollte eines dieser Relais im Fehlerfall nicht abfallen, wird über die in Reihe liegenden Öffner k2.6 und k3.6 ein erneutes Anziehen von K1 und damit das Wiedereinschalten der Anlage verhindert.

5.4.4 Fehlersichere Prozessankopplung

Da bei konventionellen Steuerungen etwa 90 % aller Ausfälle auf Fehler an den Prozessschnittstellen zurückzuführen sind [148], ist Redundanz in diesem Bereich von besonderer Bedeutung. Die Fehlererkennung betrifft hier sowohl die Ein- und Ausgangskanäle der Steuerungsrechner als auch die im Prozess eingesetzten Signalgeber und Stellglieder, wie die folgenden Abschnitte beispielhaft zeigen.

5.4.4.1 Sichere Auswertung von Prozesseingängen

Zum sicheren Einlesen von Prozesseingängen können mechanisch zwangsgeführte Relais und Schalter eingesetzt werden, die durch zwei gegensinnige Schalterkontakte eine gesicherte Auswertung von Schalterinformationen ermöglichen. Bild 5.39 zeigt als Beispiel eine einfache Schaltung in Relais-Technik zur Auswertung eines Positionsschalters.

Während bei der einfachen Schalterauswertung, im Bild links, nur die Schaltkontakte selbst zur weiteren Verarbeitung verwendet werden, erhält die redundante, überwachbare Schaltung im Bild rechts zusätzliche Bauelemente. Im ersten Fall

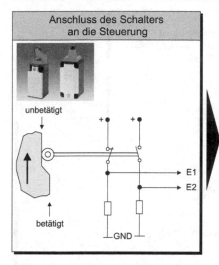

Anschluss des Schalters an die Steuerung	SPS-Schalterabfrage

Im rechten Feld:

```
U     E1    Eingang 1
U     E2    Eingang 2
SPB   10    Springe nach 10, wenn beide Schalter zu
UN    E1    Eingang 1 invertiert
UN    E2    Eingang 2 invertiert
SPB   END
U     E1    Eingang 1
UN    E2    Eingang 2 invertiert
=     M1    Zustand "betätigt"
SPB   END   Springe, falls die Bedingung erfüllt ist
U     E2    Eingang 2
UN    E1    Eingang 1 invertiert
=     M2    Zustand "betätigt" - Endschalter "betätigt"
SPA   END   Schalterabfrage wiederholen
            :

10    S     M10   Beide Schalter geschlossen:
            :           Schwerer Fehler!

Aufruf des sicheren Zustands
```

Bild 5.40. Programmtechnische Umsetzung einer Schalterabfrage

kann ein defekter oder „klebender" Tastschalter nicht entdeckt werden. Anders verhält es sich bei der zweiten Lösung, bei der ein Positionsschalter mit Öffner- und Schließerkontakt verwendet wird. Die mechanische Zwangsführung dieser Kontakte hat zur Folge, dass zwar beim Umschalten beide Kontakte kurzzeitig geöffnet, niemals jedoch gleichzeitig geschlossen sein können. Zur Auswertung der Kontakte dienen zwei Hilfsrelais k1 und k2, von denen im fehlerfreien Fall nur eines stromführend ist. Sind durch Kurzschlüsse oder Unterbrechungen beide Relais stromführend, wird der Freigabekontakt unterbrochen. Die Rückkopplung der Relais k1 und k2 in Verbindung mit der Freigabesignalschaltung erfüllt zwei Forderungen an die Auswerteschaltung. Zum einen soll beim Schaltwechsel kein Fehler für die Freigabe der Maschine durch das kurze gleichzeitige Öffnen der Kontakte entstehen, zum anderen soll die Schaltinformation erst dann weitergeleitet werden, wenn der Schaltkontakt geschlossen, der Wechselvorgang also beendet ist.

Während so neben der Schalterfunktion auch beliebige Kurzschlüsse und Unterbrechungen an den Schalterkontakten oder den Steuerungsanschlüssen erkannt werden können, ist die Erkennung mechanischer Defekte an den Prozesseingängen (z.B. Abbrechen eines Taststiftes) oft nur durch eine redundante Ausführung der Eingabeelemente möglich.

Bei programmierbaren Steuerungen werden die Verknüpfungen, die bei der Relaissteuerung durch die Verdrahtung realisiert sind, als Anweisungen in Form eines textuellen Programms definiert. Bild 5.40 zeigt die Umsetzung der beschriebenen Schalterabfrage in ein SPS-Programm, wobei die Steuerung zwei Eingänge für Öffner- und Schließerkontakt des Schalters benötigt.

Anstelle der Hilfsrelais werden nun Merker verwendet. Der Merker M10 dient als Zustandsmerker für einen schweren Fehler, der genau dann vorliegt, wenn beide Kontakte gleichzeitig geschlossen sind (E1=1 und E2=1). Sind beide Kontakte of-

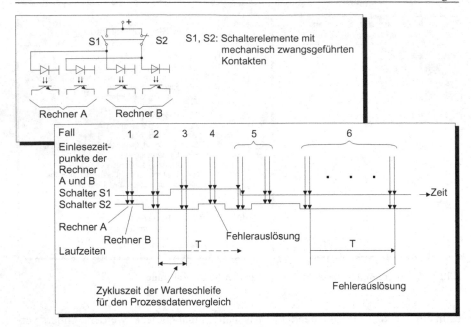

Bild 5.41. Anschluss und Auswertung von Prozesseingängen

fen, wird die Schalterabfrage wiederholt, da gerade ein Zustandswechsel des Schalters stattfindet oder aber ein Kabelbruch vorliegt (Bild 5.41). Nur bei den Kombinationen E1=1 / E2=0 oder E1=0 / E2=1 werden die Merker M1 oder M2 für den Zustand der Öffner-Schließer-Kombination auf logisch EINS („betätigt") oder logisch NULL („unbetätigt") gesetzt.

Bei der Auswertung redundanter Schaltelemente durch mehrere Steuerungseinheiten, z.B. zwei Mikrorechner, sind weitere Randbedingungen zu beachten (Bild 5.41). Während im fehlerfreien Fall 1 gegensinnige Schalterstellungen vorliegen, sind im folgenden Fall 2 während eines Zustandswechsels des Schaltelements beide Kontakte kurzzeitig geöffnet. Um dies von einem längerfristigen Kabelbruch unterscheiden zu können, wird mit der Laufzeit T die Dauer des Fehlerzustands überwacht. Während T nach dem Einlesen des korrekten Zustands wieder abgebrochen wird (Fall 3), führt eine Überschreitung der Laufzeit (Fall 6) ebenso zu einer Fehlerauslösung wie im Fall 4, wenn beide Kontakte gleichzeitig geschlossen sind bzw. durch einen Kurzschluss ein solcher Zustand vorgetäuscht wird. Aufgrund der unterschiedlichen Programmlaufzeiten diversitär aufgebauter Einzelrechner kann außerdem der im Bild 5.41 gezeigte Fall 5 auftreten, bei dem die Teilsysteme unterschiedliche Eingangszustände einlesen. Dann erfolgt eine Wiederholung des Einlesevorgangs.

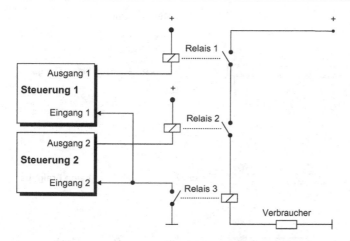

Bild 5.42. Prinzip eines überwachbaren Fail-Safe-Ausgangs

5.4.4.2 Fehlersichere und fehlertolerante Prozessausgänge

Fehler an den Steuerungsausgängen sowie den nachgeschalteten Stellgliedern sind über geeignete Rückführungen in die Steuerungsrechner erkennbar, wie Bild 5.42 beispielhaft zeigt.

Jede Steuerung für sich kann durch Sperren des jeweiligen Ausgangs den Stromfluss im Verbraucher unterbrechen. Der aktuelle Zustand des Verbraucherstromkreises wird mit Hilfe von Relais 3 über einen rückgeführten Eingang an die Steuerungen übermittelt, sodass durch einen mehrstufigen Einschaltvorgang eine Kurzschlusserkennung möglich ist: Nacheinander aktiviert nur jeweils eine Steuerung ihren Ausgang, während der korrespondierende Ausgang der anderen Steuerung gesperrt bleibt. Wird über die rückgeführten Eingänge trotzdem ein Stromfluss im Verbraucher signalisiert, liegt ein Kurzschluss an den Relais vor, und der Prozess muss umgehend in den sicheren Zustand überführt werden.

Bei der Konzeption fehlertolerierender Steuerungen kommt die Forderung nach einer Ausführung der Stellglieder in 2-von-3-Technik hinzu, sodass neben einem steuerungsinternen Mehrheitsentscheid auch ein Fehler im Ausgangsbereich toleriert werden kann. Bild 5.43 zeigt beispielsweise ein fehlertolerantes Ventil, das nur dann einen Durchfluss in Pfeilrichtung zulässt, wenn die Steuerungsrechner mindestens zwei Magnetspulen aktivieren und die Öffnung somit weit genug nach rechts geschoben wird.

Hierbei wird vorausgesetzt, dass jede Spule nur in einer Richtung mit konstantem Strom gespeist wird oder stromlos ist. Eine Rückstellfeder sorgt dafür, dass sich die Öffnung im stromlosen Zustand in ausreichender Entfernung vom Durchflussrohr befindet. Mit Hilfe der Rückkopplung in Form eines Schalters (im Bild rechts) ist diese Anordnung zusätzlich überwachbar: Vor dem Einschalten des Ventils wird zunächst abwechselnd nur je ein Ausgang aktiviert. Wird hierbei über die Rück-

stromloser Zustand   **Rückmeldung**

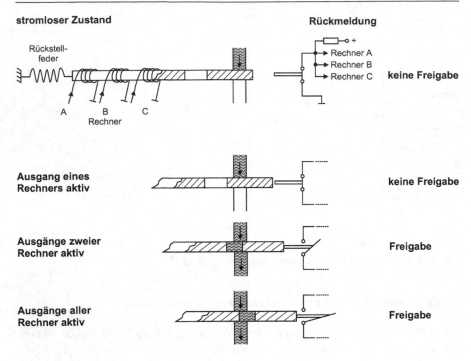

Bild 5.43. Beispiel eines fehlertoleranten Ausgangs mit einem Stellglied in 2-von-3-Technik

kopplung bereits eine Freigabe des Ventils signalisiert, was im fehlerfreien Zustand nur bei mindestens zwei gleichzeitig aktiven Ausgängen der Fall sein darf, so liegt an einem der Ausgänge ein fehlerhafter Kurzschluss vor.

6 Numerische Steuerungen

Eine wesentlich höhere Flexibilität als die im Kapitel 5 behandelten Ablaufsteuerungen mit Hilfe einer SPS bieten sogenannte numerische Steuerungen (engl.: numerical control, kurz: NC), bei denen Art und Reihenfolge der Fertigungsschritte für ein Werkstück in einem NC-Programm festgelegt sind, das die Steuerinformationen in Form von alphanumerischen Zeichen enthält. So zählt die NC-Steuerung – global betrachtet – zur Familie der Ablaufsteuerungen, wobei die einzelnen Steuerschritte durch NC-Sätze als alphanumerische Zeichen vorgegeben werden. Das Kernstück heutiger, moderner NC-Steuerungen ist in Mikroprozessortechnik realisiert. In modernen numerischen Steuerungen müssen nicht nur logische Verknüpfungen, sondern auch komplexe Rechenoperationen durchgeführt werden [108, 125, 127, 168, 193, 212, 218, 220].

6.1 Geschichtliche Entwicklung numerischer Steuerungen

Erste Konzepte für eine numerische Werkzeugmaschinensteuerung lieferte Parsons, der 1949 von der U.S. Air Force den Auftrag erhielt, eine Rechenmaschine zu entwickeln, um eine automatische Bearbeitung der immer komplizierter werdenden Flugzeugintegralteile zu ermöglichen [219].

Mit Hilfe von Parsons' Ideen wurde 1952 am Massachusetts Institute of Technology (M.I.T.) die erste numerische Steuerung für Werkzeugmaschinen auf der Basis von Elektronenröhren und elektromechanischen Relais entwickelt. Mit Hilfe der Dateneingabe über binär codierte Lochstreifen konnte eine Fräsmaschine eine simultane Bewegung in drei Achsen ausführen [127].

Ab 1960 wurden die teuren und empfindlichen Relais- und Röhrensteuerungen, die bis zu diesem Zeitpunkt jedoch keine Verbreitung finden konnten, durch NCs in Transistortechnik ersetzt. Diese Ausführungen numerischer Steuerungen (bis etwa 1975) waren vollständig mit festverdrahteten, diskreten Halbleiterbauelementen der digitalen Informationsverarbeitung (vgl. Kapitel 5.2) aufgebaut und wurden als verbindungsprogrammierte NC-Steuerungen bezeichnet. Für jede Anwendung (Drehen, Fräsen usw.) mussten entsprechende, zugeschnittene Lösungen entwickelt werden. Änderungen und Erweiterungen der Steuerungsfunktionen waren ausschließlich mit aufwändiger Modifikation der Steuerungshardware möglich [168].

Steuerungen für einfache Bearbeitungsaufgaben wurden teilweise auch manuell mit codierten Steckern über ein Programmierfeld programmiert, indem – ähn-

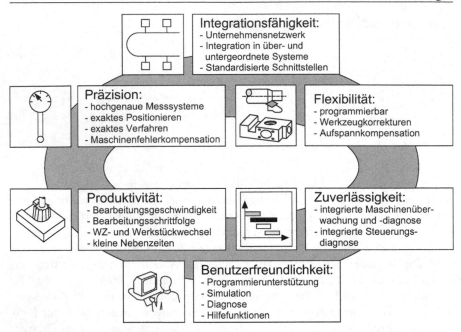

Bild 6.1. Anforderungen an die numerische Steuerung innerhalb der Werkzeugmaschine (nach [63])

lich einem Kreuzschienenverteiler – je Achse numerisch die Position und die Vorschubgeschwindigkeit sowie die Maschinenfunktionen eingegeben wurden. Änderungen von Programmteilen mussten durch Umstecken der Außenverdrahtung erfolgen (vgl. Kapitel 5.3.2). Die Bearbeitungsaufgabe ließ sich archivieren, indem eine Schablone in Form einer gelochten Plastikfolie vor dem Einfügen der Stecker auf das Datenmodulfeld gelegt wurde, die nach der Programmierung mit den Steckern abgezogen und aufbewahrt werden konnte.

Mit zunehmender Etablierung numerischer Steuerungen stiegen die anwenderseitigen Anforderungen an Verfügbarkeit, Flexibilität, Wartungsfreundlichkeit, Funktionsumfang und Bedienbarkeit der Steuerungen sowie an ihre einfache Anpassbarkeit an die jeweilige Maschinenart. Diese Anforderungen konnten von festverdrahteten Steuerungen nur mit großem Aufwand erfüllt werden. Mit der Entwicklung hochintegrierter elektronischer Bauelemente (IC-Technik) bot sich etwa ab 1968 eine einfachere und wirtschaftlichere Lösung zur Realisierung solcher komplexen Steuerungen an. Seit 1972 werden als zentrales Bauelement ein oder mehrere Rechner verwendet (zunächst bis etwa 1977 Minicomputer, danach zunehmend Mikrocomputer). Somit entstand die sogenannte CNC-Steuerung (Computerised Numerical Control).

Die Konzeption der NC-Steuerungen auf Rechnerbasis besteht darin, in großen Stückzahlen gebaute, einheitliche und zuverlässige Computerhardware durch Implementierung unterschiedlicher Systemprogramme an die jeweilige Fertigungs-

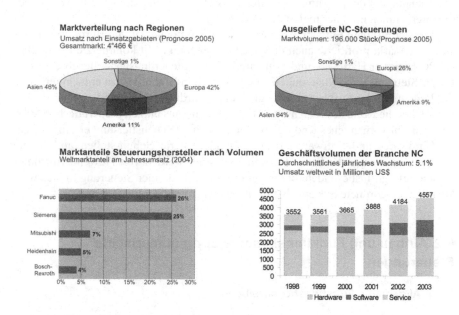

Bild 6.2. Weltmarkt für NC-Steuerungen im Überblick (nach Siemens, ARC)

aufgabe und die spezielle Maschine anzupassen. Damit können nachträglich noch zusätzliche Funktionen, die dem Hersteller oder dem Anwender optional angeboten werden, ohne wesentliche Änderungen der Hardware in die Steuerungssoftware eingefügt werden. Bis heute ist die Bedeutung der numerischen Steuerung für Werkzeugmaschinen aufgrund der zunehmenden Funktionalität stetig angestiegen (Bild 6.1).

Seit Ende der 70er Jahre enthalten alle NC-Steuerungen Mikroprozessoren. Der Begriff „CNC-Steuerung" war zwar in der Übergangszeit sinnvoll, um die festverdrahtete NC-Steuerung von der Rechnersteuerung zu unterscheiden. Heute sollte jedoch die Bezeichnung „NC-Steuerung" anstelle von CNC-Steuerung durchgängig verwendet werden.

Die Wettbewerbsfähigkeit von Werkzeugmaschinenherstellern und -anwendern wird in hohem Maße von Leistungsfähigkeit und Preis der eingesetzten Steuerung bestimmt. Gerade auf dem deshalb so entscheidenden Markt der Steuerungstechnik drohten jedoch Anfang der 90er Jahre die europäischen Hersteller den Anschluss zu verlieren. Japanische Produkte beherrschten insbesondere bei NC-Steuerungen sowohl im Hinblick auf die Technologie als auch im Hinblick auf die Stückzahlen den Weltmarkt. Seitdem hat sich der Markt der zeitweise über 60 europäischen Steuerungshersteller, die überwiegend auf dem europäischen Markt vertreten waren, erheblich konsolidiert. Nach zahlreichen Übernahmen und Zusammenschlüssen sind im Jahre 2000 noch 5 namhafte europäische Hersteller mit numerischen

Steuerungen auf dem Weltmarkt vertreten (Bild 6.2). Hinzu kommen einige kleinere Unternehmen mit eher regionaler Bedeutung.

Von der rasanten Entwicklung der Personal-Computer für den Büro- und Heimanwendermarkt profitierte auch die Steuerungstechnik. Mit kommerziell verfügbarer PC-basierter Hardware und Software konnten Steuerungshersteller ihre Kosten für die Steuerung erheblich senken. Der Prognose in Bild 6.2 ist zu entnehmen, dass die Bedeutung der Software im Vergleich zur Hardware in Zukunft weiter steigen wird. Über die Rolle des reinen Systemanbieters hinaus nutzen Steuerungshersteller vermehrt ihr vorhandenes Know-how, um individuelle Dienstleistungen anzubieten.

Hardware- und Softwarestandards, standardisierte Schnittstellen und offene Steuerungssysteme, die flexibel erweiterbar sind, werden von Anwendern immer stärker gefragt. Insbesondere die Integrationsfähigkeit einer Steuerung in Netzwerke und übergeordnete Systeme hat bis heute enorme Bedeutung erlangt.

6.2 Aufbau und Funktionsbeschreibung numerischer Steuerungen

6.2.1 Allgemeine Funktionsbeschreibung

Die wesentliche Aufgabe der NC ist die Steuerung der Relativbewegung zwischen Werkzeug und Werkstück, wobei die Weg- und Geschwindigkeitsanweisungen in einem NC-Programm (Teileprogramm) festgelegt sind, das die Steuerinformationen in Form alphanumerischer Zeichen enthält [63].

Die Erstellung eines NC-Programms kann je nach Organisationsform auf zwei unterschiedliche Arten stattfinden. Im ersten Fall werden die NC-Programme in der Arbeitsvorbereitung mit Hilfe maschineller NC-Programmiersysteme erstellt und in die Steuerung übertragen (vgl. Kapitel 6.4.2). Bei dieser Lösung gibt man die Daten des NC-Programms über Diskette (früher Lochstreifen), USB-Stick oder Netzwerkanbindung (Distributed Numerical Control, vgl. Kapitel 9.2.1) in die Steuerung ein. Zusätzlich können bereits eingelesene Programme über das Bedienfeld nachträglich verändert bzw. korrigiert werden.

Der zweite, flexiblere Weg zur Eingabe einfacher Bearbeitungsaufgaben ist die Programmerstellung bzw. -überarbeitung durch den Maschinenbenutzer an der Steuerung selbst. Hier bieten moderne, grafisch unterstützte Verfahren wie WOP (Werkstattorientierte Programmierung, vgl. Kapitel 6.4.2.4) nicht nur in der Arbeitsvorbereitung die Möglichkeit zur komfortablen Programmeingabe, sondern auch vor Ort an der Maschine.

Die eingegebenen Informationen des NC-Programms und die zu verarbeitenden Korrekturen werden in der Steuerung decodiert und nach *geometrischen* und *technologischen Daten* sowie *Schaltfunktionen* getrennt weiterverarbeitet (Bild 6.3). Geometrische Daten sind alle Angaben über die zu verfahrenden Werkzeug- und Werkstückwege, aus denen schließlich die gewünschte Geometrie des Werkstücks entsteht. Technologische Informationen sind z.B. Funktionen zur Werkzeugauswahl sowie zur Auswahl der Spindeldrehzahl oder der Schnittgeschwindigkeit.

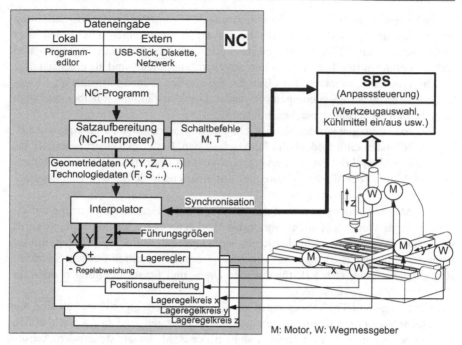

Bild 6.3. Struktur einer numerischen Steuerung

Die Schaltfunktionen gelangen als Schaltbefehle in die sogenannte Anpasssteuerung der Werkzeugmaschine, in der sie mit den von der Werkzeugmaschine kommenden Rückmeldungen verknüpft und in Steuerbefehle für die zu schaltenden Aggregate umgesetzt werden. Der größte Teil der Anpasssteuerung wird heutzutage von einer SPS realisiert (speicherprogrammierbare Steuerung, vgl. Kapitel 5.3). Die Verknüpfungen bestehen zum großen Teil aus Verriegelungs- bzw. Sicherheitsschaltungen, damit widersprüchliche und den Maschinenbenutzer sowie die Maschine gefährdende Aktionen (z.B. „Vorschub ein" bevor „Spindel ein" usw.) nicht ausgelöst werden. Komplexe Funktionen und Aufgaben wie z.B. der automatische Werkzeug- und Werkstückwechsel werden von der Anpasssteuerung erledigt. Mit Hilfe der Anpasssteuerung können maschinenunabhängige Funktionen der NC-Steuerung auf maschinenspezifische Geräte abgebildet (angepasst) werden.

Ein Interpolator berechnet für einen vorgegebenen Wegabschnitt die zu koordinierende Bewegungsfolge in den Achsen nach Richtung und Geschwindigkeit und erzeugt somit die Führungsgrößen für die Antriebe der Achsen [193]. Durch Überlagerung der einzelnen Achsbewegungen entsteht dann eine Werkzeugbewegung entlang der programmierten Werkstückkontur (vgl. Kapitel 7.1).

Die Programmierung der zu erzeugenden Kontur geschieht durch die Angabe von Konturendpunktkoordinaten und der Art der Verbindung zwischen dem jeweiligem Anfangs- und Endpunkt als Wegbedingung (z.B. Gerade, Kreisbogen).

Insbesondere in der Zeit vor der Einführung des Computers in der NC-Steuerung unterschied man je nach Verlauf der Bewegung in Steuerungen unterschiedlicher Komplexität. Man differenzierte diesbezüglich zwischen Punkt-, Strecken- und Bahnsteuerungen [63, 125]. Punkt- und Streckensteuerungen sind als eigenständige Steuerungen heute nicht mehr im Einsatz. Sie werden jedoch teilweise als Module innerhalb von SPS-Steuerungen verwendet. Der Vollständigkeit halber sind auch diese beiden Steuerungstypen beschrieben.

Punktsteuerungen wurden für einfache Positioniervorgänge eingesetzt, wie z.B. bei der Bohrbearbeitung oder beim Punktschweißen. Bei Punktsteuerungen darf das Werkzeug während des Positioniervorgangs nicht im Eingriff sein, da der programmierte Endpunkt der Werkzeugbewegung auf einem nicht definierten Weg angefahren wird.

Bei *Streckensteuerungen* wird der Endpunkt einer Bearbeitungsstrecke auf einem geraden Weg angefahren, wobei das Werkzeug beim Verfahren im Eingriff sein kann. Mit einfachen Streckensteuerungen kann nur auf achsparallelen, mit erweiterten Streckensteuerungen auf beliebigen Geraden verfahren werden. Streckensteuerungen eignen sich z.B. für einfache Dreh- und Fräsbearbeitungen oder zur Steuerung von Transferstraßen.

Werkzeug- und Tischbewegungen zur Erzeugung beliebiger Konturen sind nur mit *Bahnsteuerungen* möglich. Heutige NC-Steuerungen sind fast ausschließlich Bahnsteuerungen. Sie unterscheiden sich in der Zahl der zu steuernden Achsen und der Komplexität der Bahnerzeugung (Kreis, Splines usw.). In der Regel vermögen die meisten Bahnsteuerungen nur Geraden und Kreisbögen auszuführen. Jede moderne NC-Steuerung ist heute mit einem Bahninterpolator ausgerüstet und somit eine Bahnsteuerung. Die Bewegungen in den einzelnen Achsen stehen in einer strengen funktionalen Abhängigkeit zueinander. Bahnsteuerungen werden im Werkzeugmaschinenbau u.a. für Dreh-, Fräs- und Schleifmaschinen, Laserstrahl- und Brennschneidanlagen, Nibbelmaschinen, Senk- und Drahterosionsmaschinen, Wasserstrahlschneidanlagen, Stereolithografiemaschinen eingesetzt.

Bevor die Achssollwerte von der Steuerung an die Antriebe ausgegeben werden, müssen sie an die aktuelle Werkstück- und Werkzeugposition angepasst werden. So erfolgt beispielsweise die NC-Programmierung unabhängig von der aktuellen Spannposition des Rohteils auf dem Tisch einer Fräsmaschine. Die aktuelle Lage des Werkstücknullpunktes zum Maschinennullpunkt muss daher zusätzlich eingegeben und über eine Koordinatentransformation von der Steuerung berücksichtigt werden (vgl. Kapitel 7.2).

Ähnliche Korrekturberechnungen sind zur Berücksichtigung der Werkzeugabmessungen erforderlich. Programmiert wird die gewünschte Werkstückkontur losgelöst von der aktuellen Werkzeuggeometrie, d.h. unabhängig von Radius- und Längen-Offset. Die aktuellen Werkzeuggeometriedaten werden erst vor der Bearbeitung in die Steuerung eingegeben. Die Steuerung berechnet dann die Werkzeugmittelpunktbahn und gibt diese im Interpolationstakt an die Achsregler aus.

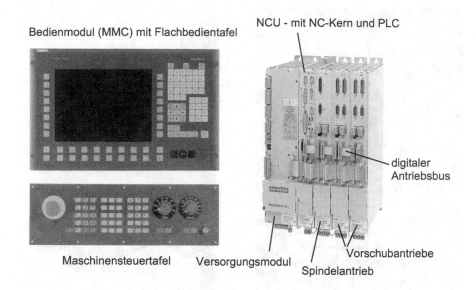

Bild 6.4. Komponenten einer numerischen Steuerung (nach Siemens)

6.2.2 Hardware und Schnittstellen einer NC-Steuerung

Steigende Anforderungen an numerische Steuerungen hinsichtlich Automatisierung und Präzision des Prozesses führten anfangs zu einer Aufteilung der Steuerungsaufgaben auf verschiedene Steuerungen bzw. Baugruppen, da zunächst die Leistungsfähigkeit einzelner Prozessoren nicht ausreichte. Die Entwicklung auf dem Mikroprozessorsektor unterstützte diese Vorgehensweise, indem vermehrt Prozessoren mit Spezialeigenschaften (z.B. numerische Co-Prozessoren oder Mehrprozessorsysteme) auf den Markt kamen [215].

Diese Situation hat sich jedoch, bedingt durch die rasante Entwicklung der Halbleitertechnik, insbesondere im Bereich der Personalcomputer, grundlegend gewandelt. Standardkomponenten aus der PC-Welt sind heute leistungsfähig und wegen der hohen Stückzahlen kostengünstig. Seit Mitte der 90er Jahre werden sie verstärkt auch in numerischen Steuerungen eingesetzt.

Die Hardware wird aufgrund der speziellen Anforderungen in der Steuerungstechnik in der Regel vom Steuerungshersteller selbst entwickelt und produziert. Aber auch hierbei kommen Standardprozessoren und -bauelemente zum Einsatz. Für spezielle Aufgaben, insbesondere Schnittstellen zu externer Hardware (SERCOS, PROFIBUS etc.) werden sogenannte ASICs (Application Specific Integrated Circuit, anwendungsspezifisch entwickelte integrierte Schaltungen) eingesetzt, die bereits bei mittleren Stückzahlen wirtschaftlich sind.

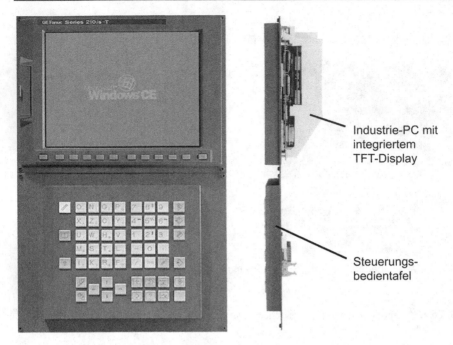

Bild 6.5. Kompakte PC-basierte Steuerung (nach Fanuc)

6.2.2.1 Komponenten

Bild 6.4 zeigt die Komponenten einer NC-Steuerung der höheren Leistungsklasse [208]. Die Steuerung verwaltet maximal 31 Vorschubachsen bzw. Spindeln, die auf bis zu 10 parallele Kanäle verteilt werden können. Zu den Hardwarekomponenten gehören:

- ein Bedieninterface oder MMC-Modul (Man Machine Control) mit integriertem Industrie-PC und einer Bedientafel mit TFT-Farbdisplay und NC-Volltastatur als zentrale Anzeige- und Eingabeeinheit;
- die Maschinensteuertafel zur Bedienung der Maschine von Hand, zur Vorgabe der Bewegungsart und der Override-Werte sowie zur Definition individueller Tastaturbelegungen durch den Maschinenhersteller (z.B. Ausführung eines bestimmten NC-Satzes bei Tastenbetätigung);
- eine NCU-Baugruppe (Numerical Control Unit) mit integrierter NC und SPS (Speicherprogrammierbare Steuerung, vgl. Kapitel 5.3). Die Mehrprozessor-Baugruppe NCU wird direkt in das digitale Umrichtersystem integriert und mit den Antriebsmodulen verbunden. Ein-/Ausgangsbaugruppen zur Maschinensteuerung können über Profibus direkt an die NCU angeschlossen werden.

Alle Komponenten werden über ein serielles Bussystem miteinander vernetzt, an das auch weitere Steuerungskomponenten angeschlossen werden können. Heute wird speziell im oberen Leistungsbereich noch vielfach verteilte Hardware mit

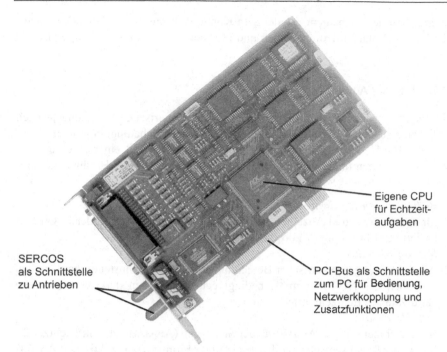

Eigene CPU
für Echtzeit-
aufgaben

SERCOS
als Schnittstelle
zu Antrieben

PCI-Bus als Schnittstelle
zum PC für Bedienung,
Netzwerkkopplung und
Zusatzfunktionen

Bild 6.6. Numerische Steuerung als Einsteckkarte für einen PC (nach Bosch)

je einem Prozessor für Bedienung, NC- und PLC-Funktionalität eingesetzt. Dafür sprechen zum einen die klare Trennung zwischen Echtzeit- und Bedienbereich aus Gründen der Sicherheit und Zuverlässigkeit, zum anderen auch historische Gründe wegen bisher nicht ausreichender Leistungsfähigkeit einzelner Prozessoren. Letzteres ist jedoch bei modernen Prozessoren, die jenseits von 2 GHz getaktet werden, keine Frage mehr. So geht der Trend denn auch bei Neuentwicklungen insbesondere in der unteren Leistungsklasse eindeutig in Richtung der Integration aller Funktionen auf einer Hardware.

Bild 6.5 zeigt eine kompakte Steuerungshardware als Einprozessorlösung [97], die direkt an die Antriebsverstärker, Maschinenperipherie und ein Ethernet-Netzwerk angeschlossen werden kann. Die Trennung der einzelnen Bereiche Bedienung, NC und PLC findet hier nur noch auf Softwareebene statt. Voraussetzung hierfür ist ein leistungsfähiges Echtzeitbetriebssystem mit prioritätengesteuertem Multitasking (vgl. Kapitel 4.3.1.2). In diesem Produkt wird erstmals das Betriebssystem Windows CE für alle Steuerungsaufgaben eingesetzt.

Bild 6.6 zeigt eine weitere Variante, bei der die Steuerungshardware auf eine Einsteckkarte reduziert ist, die in jedem handelsüblichen Personalcomputer verwendet werden kann [191]. Hier wird zwar ein separater Prozessor auf der Karte verwendet, auf dem mit einem Standard-Echtzeitbetriebssystem die Funktionen der NC und SPS realisiert sind. Jedoch entfallen hier für den Steuerungshersteller die zusätzlichen Aufwände für die Entwicklung der umgebenden Hardware und Pe-

ripherie. Stattdessen bedient er oder sein Kunde sich mit den auf dem Markt angebotenen PC-Standardkomponenten und profitiert direkt von den dort geleisteten
Innovationen.

6.2.2.2 Interner Aufbau

Wie bereits erwähnt, besteht die Hardware einer numerischen Steuerung je nach
Ausführung aus unterschiedlichen Baugruppen. Historisch bedingt lieferte die Wahl
spezieller Hardware die Grundlage für die Leistungsfähigkeit einer Steuerung. In
vielen Steuerungen findet man eine klassische Aufteilung in drei Hardwarekomponenten:

- *Bedienbereich-Hardware:*
  für alle Bedien- und Anzeigefunktionen; nicht echtzeitfähig, in der Regel PC-
  basierte Hardware mit Windows-Betriebssystemen;
- *NC-Kern-Hardware:*
  zur Ausführung geometrischer Berechnungen und der Bahnsteuerung nach den
  Vorgaben des NC-Programms; bedingt echtzeitfähig, in der Regel spezielle
  Hardware mit Echtzeitbetriebssystem;
- *SPS-Hardware*:
  zur maschinenseitigen Anpassung der Steuerung (Anpasssteuerung); echtzeitfähig, in der Regel spezielle Hardware mit einer Firmware zur zyklischen Ablaufsteuerung.

Die SPS war im Gegensatz zu den beiden anderen Hardwarebereichen von Anfang
an für Maschinenhersteller frei programmierbar. Aus der Historie heraus haben sich
diese darauf spezialisiert, ihre eigene Software in die SPS zu integrieren. In der
Folge wurden mangels Alternative teilweise komplexe Verwaltungsaufgaben wie
Werkzeugverwaltung, Palettenmanagement oder Auftragsabwicklung in die SPS integriert, eine Steuerung, die ursprünglich für logische Verknüpfungen und Abläufe
entwickelt wurde. Erst mit dem Aufkommen offener Steuerungssysteme besteht eine Alternative, diese Fehlentwicklung bereinigen zu können (vgl. Kapitel 6.2.6).
Komplexe Verwaltungsaufgaben können im Bedienbereich realisiert werden. Dies
entlastet den SPS-Bereich zugunsten seiner ursprünglichen Echtzeitaufgaben im Bereich der Maschinensteuerung und bringt einen erheblichen Performancegewinn.

Mit zunehmender Verbreitung und immer kürzeren Innovationszyklen der Halbleitertechnik stellt die Hardware nicht mehr den entscheidenden Kostenfaktor dar.
Innerhalb kürzester Zeit verdoppeln kommerziell verfügbare Prozessoren ihre Leistungsfähigkeit. Andererseits wird die Leistungsfähigkeit und damit auch der Umfang der Software immer größer. Hiermit steigt der Bedarf, aufwändig entwickelte
Software wiederverwenden und unabhängig von der Hardware einsetzen zu können.

Eine logische und softwareorientierte Gliederung der Steuerungsaufgaben nach
Funktionsbereichen erscheint heute daher sinnvoller als die klassische Aufteilung
in hardwareorientierte Strukturen. Eine solche Gliederung nach Funktionsbereichen
bezeichnet man als Referenzarchitektur [10]. Moderne Steuerungen sind nach diesen Architekturansätzen modular aufgebaut und besitzen definierte Schnittstellen

zwischen einzelnen Modulen. Einzelne Softwaremodule können so in Steuerungen unterschiedlicher Leistungsklassen eingesetzt und wiederverwendet werden. In der Frage, welche Funktionalität (Software) auf welcher Hardware realisiert wird, haben Steuerungshersteller und Anwender mehr Freiheiten. Im Folgenden werden die wesentlichen Funktionsbereiche einer numerischen Steuerung erläutert.

Funktionsbereich HMI

Der Funktionsbereich HMI (engl. Human Machine Interface, Benutzerschnittstelle) umfasst sämtliche Funktionen zur Bedienung und Datenhaltung der Steuerung. Hierzu gehört die Visualisierung der Prozess- und Stammdaten, die Programmierung von NC-Werkstückprogrammen mittels eines Texteditors oder WOP-Systems sowie die Verwaltung der unterschiedlichen Betriebsdaten. Abhängig vom Hersteller der Steuerung, wird dieser Funktionsbereich auch HMC (engl. Human Machine Control), MMC (engl. Man Machine Control) oder MMI (engl. Man Machine Interface) genannt.

Funktionsbereich MC

Der Funktionsbereich MC (engl. Motion Control, Bewegungssteuerung oder NC-Kern) beinhaltet die NC-Datenaufbereitung und Interpolation der Lagesollwerte für jeden sogenannten NC-Kanal. Durch die mehrkanalige Auslegung können unterschiedliche Achsverbände voneinander unabhängige Bewegungen ausführen. Jeder Kanal repräsentiert dabei ein eigenständiges System mit mehreren Achsen und eigenem NC-Programm sowie eigener Satzaufbereitung und Interpolation. Die Programme der einzelnen Kanäle können parallel bearbeitet, aber auch miteinander synchronisiert werden. Die Mehrkanaltechnik wird im Allgemeinen jedoch hauptsächlich bei größeren Bearbeitungszentren mit mehreren Hauptspindeln sowie bei der Parallelbearbeitung mit Haupt- und Gegenspindel verwendet (z.B. bei der Holzbearbeitung). Bild 6.7 zeigt schematisch die Struktur einer Steuerung mit vier Kanälen zur Verwaltung von 6 Achsen. In diesem Beispiel sind je zwei Kanäle zu je einer Bearbeitungsgruppe zusammengefasst. Kanäle innerhalb einer Bearbeitungsgruppe werden in der Regel gleichzeitig gestartet und sind immer in der gleichen Betriebsart.

Funktionsbereiche AC und SC

Die Funktionsbereiche AC (engl. Axes Control, Achsansteuerung) und SC (engl. Spindle Control, Spindelansteuerung) verwalten eine oder mehrere Gruppen von Achsen oder Spindeln. Aus Sicht der Softwarearchitektur beinhalten sie die komplette Regelungstechnik, auch wenn diese auf separater Hardware im Antriebsverstärker untergebracht ist.

Funktionsbereich LC

Der Aufgabenbereich LC (engl. Logic Control, Anpasssteuerung) bildet die Schnittstelle zwischen der Steuerung und der Maschine. Die Anpasssteuerung übernimmt

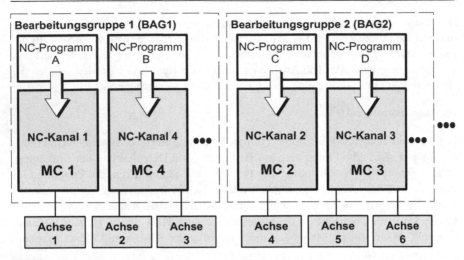

Bild 6.7. Mehrkanalstruktur im NC-Kern (nach Siemens)

die Ausführung der maschinenspezifischen Funktionsabläufe und logischen Verknüpfungen, wie z.B. Schaltung des Werkzeugwechsels, Überwachung von Schutztüren oder die Steuerung der Kühlmittelzufuhr. Zusätzlich findet über diese Schnittstelle eine Synchronisation zwischen MC und LC statt. Im Rahmen der Satzaufbereitung werden Schaltbefehle im NC-Programm über sogenannte T- und M-Befehle der Anpasssteuerung zur Ausführung übertragen. Des Weiteren werden hier auch Eingaben der Maschinensteuertafel verarbeitet.

Weitere Funktionsbereiche

Zusatzfunktionen wie Organisations- und Planungsaufgaben einer numerischen Steuerung können weiteren Funktionsbereichen zugeordnet werden (vgl. Kapitel 6.2.5.2):

– *Werkzeugverwaltung:*
  zur Speicherung und Verwaltung aller Werkzeugdaten (Werkzeugnummer, Geometrien, Verschleißdaten etc.);
– *Auftragsverwaltung*:
  zur Verwaltung von Fertigungsaufträgen und zur Verwaltung des Materialflusses von Werkstück und Werkzeug;
– *Transportgerätesteuerung:*
  zur Ausführung von Werkzeugtransport und Werkzeugwechsel sowie Palettentransport und Palettenwechsel innerhalb einer Werkzeugmaschine.

6.2.2.3 Externe Schnittstellen

Zur Integration einer numerischen Steuerung in das produktionstechnische Umfeld stehen eine Reihe unterschiedlicher, kommunikationstechnischer Schnittstellen zur

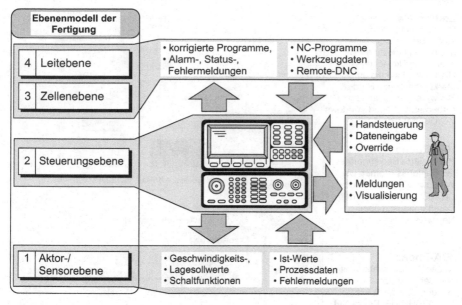

Bild 6.8. Funktionale Schnittstellen einer numerischen Steuerung im Ebenenmodell der Fertigung

Verfügung. Grundsätzlich kann zwischen Schnittstellen zu über- und untergeordneten Systemen sowie zum Maschinenbenutzer unterschieden werden.

Durch die zunehmende Verbreitung von Netzwerktechnologien in der Produktion wird künftig kaum eine NC-Steuerung in einem für sich abgeschlossenen System betrieben werden. Der Bedarf an Schnittstellen zu unterschiedlichen Bereichen wächst durch die Verfügbarkeit entsprechender Standards aus der Büro- und Internetwelt enorm. Die Schnittstellen umfassen sowohl echtzeitfähige Verbindungen zu Feldgeräten wie Sensoren und Aktoren (vgl. Kapitel 5.3.5) oder anderen Steuerungen als auch weniger echtzeitfähige Schnittstellen zum Unternehmensnetzwerk (Diagnose, Auftrags- und Betriebsmittelplanung, vgl. Kapitel 9.2).

Im Bild 6.8 sind die funktionalen Schnittstellen einer numerischen Steuerung in Relation zum Ebenenmodell der Fertigung dargestellt (vgl. Kapitel 9.2).

Übergeordnete Systeme sind Rechner auf der Zellen- bzw. Leitebene, deren Aufgabe zum einen die Versorgung der Steuerung mit NC-Programmen, Werkzeugdaten und zum anderen – falls erforderlich – eine Fernsteuerung (Programm-Start/Stop) ist. Bei dieser Betriebsart spricht man von DNC (Distributed Numerical Control), die bei automatisierten Fertigungssystemen wie Flexiblen Fertigungssystemen (FFS) und Flexiblen Fertigungszellen (FFZ) eingesetzt wird (vgl. Kapitel 9.3).

Auf der Steuerungsebene befindet sich die Schnittstelle zum Maschinenbenutzer in Form von Grafikbildschirm, Tastatur, Handrädern, Drehschaltern usw., die einen manuellen, direkten Betrieb der Steuerung und Maschine ermöglicht. Die untergelagerte Aktor-/Sensorebene wird von der NC in Form von Lage-, Geschwindigkeits-

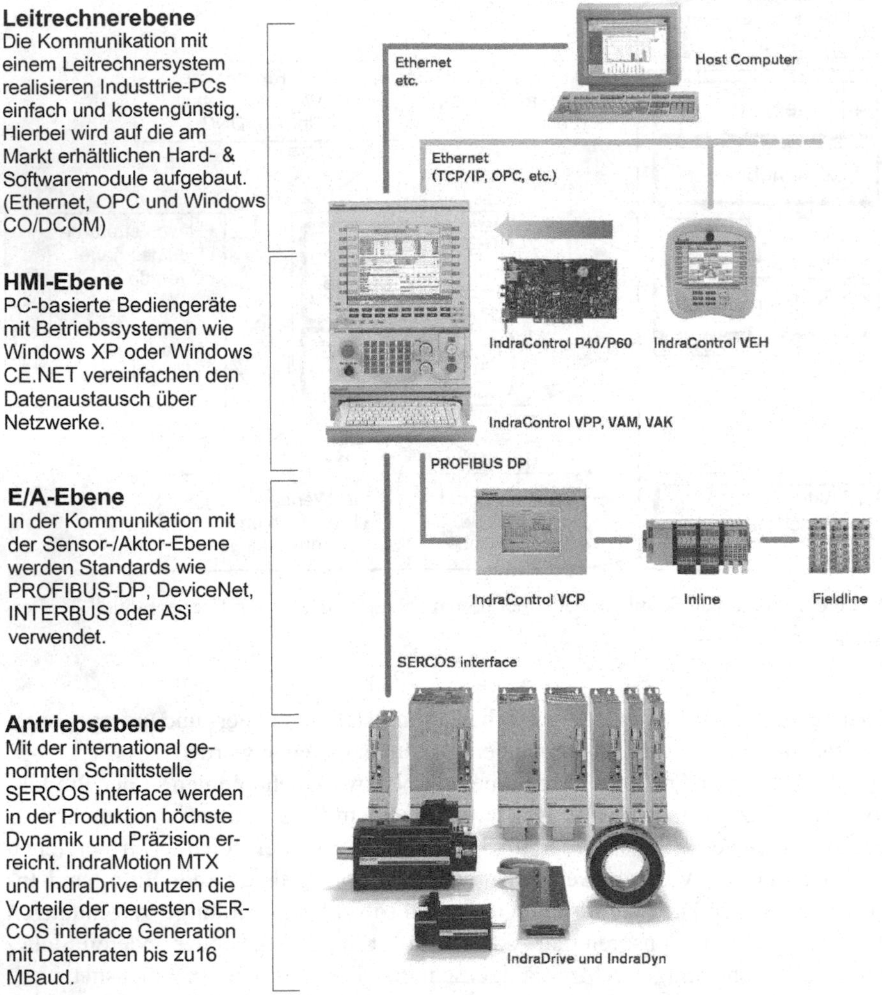

Leitrechnerebene
Die Kommunikation mit
einem Leitrechnersystem
realisieren Industrrie-PCs
einfach und kostengünstig.
Hierbei wird auf die am
Markt erhältlichen Hard- &
Softwaremodule aufgebaut.
(Ethernet, OPC und Windows
CO/DCOM)

HMI-Ebene
PC-basierte Bediengeräte
mit Betriebssystemen wie
Windows XP oder Windows
CE.NET vereinfachen den
Datenaustausch über
Netzwerke.

E/A-Ebene
In der Kommunikation mit
der Sensor-/Aktor-Ebene
werden Standards wie
PROFIBUS-DP, DeviceNet,
INTERBUS oder ASi
verwendet.

Antriebsebene
Mit der international ge-
normten Schnittstelle
SERCOS interface werden
in der Produktion höchste
Dynamik und Präzision er-
reicht. IndraMotion MTX
und IndraDrive nutzen die
Vorteile der neuesten SER-
COS interface Generation
mit Datenraten bis zu16
MBaud.

Ethernet
etc.

Host Computer

Ethernet
(TCP/IP, OPC, etc.)

IndraControl P40/P60   IndraControl VEH

IndraControl VPP, VAM, VAK

PROFIBUS DP

IndraControl VCP   Inline   Fieldline

SERCOS interface

IndraDrive und IndraDyn

Bild 6.9. Peripherieeinheiten und physikalische Schnittstellen einer numerischen Steuerung
(nach Bosch)

oder Stromsollwerten für die Antriebe (Verstärker) sowie Schaltfunktionen gesteuert. Daten von der Maschine wie z.B. Ist-Werte (Messgeber), Prozessdaten (z.B.
Temperaturveränderungen) und etwaige Fehlermeldungen fließen in die NC zurück.
    Nachdem die funktionalen Schnittstellen einer NC beschrieben worden sind,
sollen im Folgenden die physikalischen Schnittstellen erläutert werden. Im Bild 6.9
sind typische Peripheriegeräte und physikalische Schnittstellen einer NC abgebildet [117]. Für die Verbindung zu übergeordneten Zellen- bzw. Leitrechnern haben
sich heute Ethernet und TCP/IP als Standard durchgesetzt. Bei älteren Steuerun-

gen wurden häufig serielle Schnittstellen (RS-232, RS-422) als Punkt-zu-Punkt-Verbindungen verwendet. Auch bei der Vernetzung numerischer Steuerungen untereinander wird heute vorwiegend Ethernet eingesetzt. Liegen spezielle Sicherheits- oder Echtzeitanforderungen vor, kommen Feldbussysteme wie INTERBUS oder PROFIBUS-DP zum Einsatz.

Feldbussysteme werden auch für digitale Ein- und Ausgänge genutzt, um die Verbindung zu Aktoren und Sensoren herzustellen (vgl. Kapitel 5.3.5). Auch Handräder und weitere Bediengeräte werden über diesen Bus angeschlossen.

Die Antriebe zur Bewegung der Achsen und Spindeln der Maschine werden in der Regel über digitale Schnittstellen wie z.B. SERCOS verbunden, bei Low-Cost-Steuerungen wird nach wie vor die früher übliche analoge 10V-Schnittstelle verwendet (vgl. Band 3, Kapitel 2.4.3).

6.2.3 Software einer NC-Steuerung

Die wesentliche Aufgabe einer NC-Steuerung ist die Interpretation der Eingangsinformationen in Form alphanumerischer Zeichen (NC-Programm) und Aufbereitung der entsprechenden Weg- bzw. Schaltinformationen für jede Achse bzw. jedes Stellglied der Werkzeugmaschine. Der Einsatz der frei programmierbaren Mikroprozessortechnik seit Anfang der 70er Jahre ermöglichte die Umsetzung der einzelnen Funktionen einer NC-Steuerung durch herstellerspezifische NC-Funktionsprogramme (z.B. Interpreter, Interpolator), die anfangs sehr aufwändig in Assembler programmiert wurden und heutzutage komfortabel in einer Hochsprache wie beispielsweise C oder C++ entwickelt werden.

Durch die steigende Leistungsfähigkeit der NC-Hardware wurden Möglichkeiten geschaffen, die eine effektivere Entwicklung der NC-Software erlauben. Dies ist nicht zuletzt durch die Integration von Standard-PC-Karten in moderne Steuerungen erreicht worden. Dadurch hat sich automatisch der preiswerte und umfangreiche Softwaremarkt der PC-Welt eröffnet. Neben der Softwareerstellung auf der Steuerung findet jedoch in der Regel die Entwicklung auf sogenannten Hostrechnern statt. Hier bieten Workstations oder leistungsfähige PCs mit hoher Prozessorleistung und Speicherausstattung wesentlich komfortablere Möglichkeiten in der Entwicklungs- und Testphase. Nach Fertigstellung der Funktionsprogramme können diese dann auf die Hardware der NC-Steuerung (Ziel-System) übertragen werden. Diese Methode der Programmierung wird im Allgemeinen als Cross-Entwicklung bezeichnet.

Im Folgenden soll die *Software-Struktur* einer numerischen Steuerung beschrieben werden (Bild 6.10). Den Hauptanteil der Software stellen die NC-Funktionsmodule dar, welche im Wesentlichen die Funktionalität der Steuerung verkörpern. Funktionsmodule sind hier z.B. die NC-Kern-Programme, wie Interpreter oder Interpolator, aber auch Zusatzfunktionen wie Fehlerüberwachungsfunktionen, ein NC-Programmeditor, ein Simulationssystem oder ein Werkzeugverwaltungssystem.

Zentrale Schnittstelle zwischen Hardware und Funktionsmodulen ist das *Betriebssystem* der Steuerung, welches neben der Speicherverwaltung und der Ein- und Ausgabeverwaltung zusätzlich die Synchronisation der einzelnen Prozesse übernimmt [136]. Das Betriebssystem lässt sich in einen hardwareabhängigen und einen

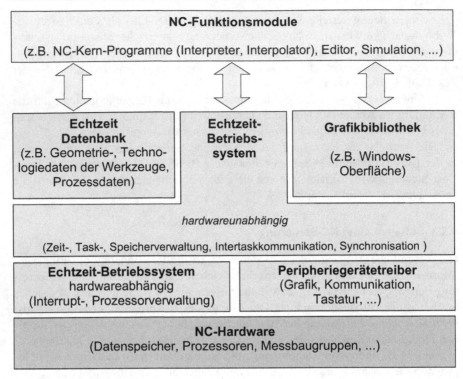

Bild 6.10. Softwarebausteine einer modernen NC-Steuerung

hardwareunabhängigen Teil aufspalten (Bild 6.10). Ein für NC-Steuerungen geeignetes Standard-Betriebssystem muss multitaskingfähig sein, da mehrere Funktionsmodule (Tasks), wie z.B. Interpreter und Interpolator, zur gleichen Zeit aktiv sein müssen. Diese Multitasking-Betriebsart wird jedoch erst in moderneren Steuerungen verwendet. Zusätzlich ist Echtzeitfähigkeit erforderlich, d.h. eine Task mit hoher Priorität wird verzögerungsfrei verarbeitet und verdrängt eventuell andere Tasks mit niedriger Priorität. So ist z.B. eine Task zur Online-Kollisionsüberwachung hinsichtlich ihrer Priorität höher zu bewerten als eine Task zur Darstellung von Informationen auf dem Bildschirm. Durch die Echtzeitfähigkeit wird eine verzögerungsfreie, deterministische Reaktion bestimmter Prozesse auf äußere Ereignisse in einer definierten Zykluszeit sichergestellt. Im Bereich der numerischen Steuerungen werden in der Regel noch herstellerspezifische Lösungen eingesetzt, die erst in jüngster Zeit durch offene, komfortablere Echtzeit-Betriebssysteme von Systemanbietern abgelöst werden. Sogenannte Peripheriegerätetreiber stellen die softwaretechnische Ankopplung zu den Peripherieeinheiten der Steuerung, wie z.B. Antriebe oder Bildschirm, her.

Eine leistungsfähige Hardware ermöglicht weiterhin die Einbindung sogenannter Systemsoftware, die unabhängig von der Funktionalität der NC realisiert werden kann und als Plattform für die NC-Funktionsprogramme zu verstehen ist. Grafik-

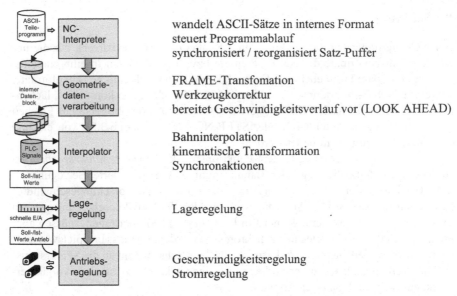

Bild 6.11. Informationsfluss in einer NC-Steuerung (nach Siemens)

Bibliotheken und Echtzeit-Datenbanken werden in der Regel vom Betriebssystem zur Verfügung gestellt. Echtzeit-Datenbanken bieten nicht nur eine offene Schnittstelle (z.B. SQL als ISO-Norm) zur Datenhaltung (z.B. Werkzeugdaten, technologische Daten, usw.), sondern gewährleisten auch den gesicherten Zugriff auf zeitkritische Daten (z.B. Korrekturwerte).

6.2.4 Funktionsweise einer NC-Steuerung

Im Folgenden wird die NC-Kernfunktionalität anhand des Informationsflusses, der sich, beginnend mit der Interpretation des NC-Programms, ergibt, beschrieben.

Die Funktionsweise einer numerischen Steuerung wird zum einen von der NC-Kernfunktionalität und zum anderen von Zusatzfunktionen bestimmt. Die NC-Kernfunktionalität, die in diesem Abschnitt beschrieben wird, ist zur Steuerung einer Werkzeugmaschine unbedingt erforderlich und ist in vergleichbarer Form in jeder Steuerung vorhanden. Zusatzfunktionen, wie z.B. Programmierung oder Werkzeugverwaltung, sind technologie- bzw. anwenderspezifisch und somit nicht in jeder Steuerung zu finden. Die Zusatzfunktionen werden im Kapitel 6.2.5 beschrieben.

Bild 6.11 stellt exemplarisch den Datenfluss innerhalb einer NC-Steuerung dar. Alle Funktionen, wie z.B. Interpolation oder Transformation, werden heutzutage durchweg mittels einer Hochsprache (z.B. C oder C++) als Software in die Steuerung integriert. In der Regel sind Anzahl und Reihenfolge der unterschiedlichen Teilfunktionen steuerungsspezifisch und variieren je nach Strategie des Herstellers [128]. Eingangsdaten der Steuerung sind neben dem NC-Programm Arbeitszyklen, Werkzeugdaten und Bediendaten.

NC-Interpreter

Der NC-Interpreter hat die Funktion eines Syntaxanalysators (Parser), der die unterschiedlichen Formate der NC-Programme bzw. Eingabedaten in eine einheitliche, intern lesbare Form übersetzt. Dadurch können unterschiedliche Datenformate, wie einfache NC-Programme nach DIN 66025 [57] oder auch komplexe Flächeninformationen, z.B. nach VDAFS (Verein Deutscher Automobilhersteller Flächen Schnittstelle, vgl. Kapitel 6.4.2) oder STEP-NC (vgl. Kapitel 6.3.2), von ein und derselben Steuerung verarbeitet werden.

Der NC-Interpreter übergibt dem Funktionsblock *Geometriedatenverarbeitung* zu jedem NC-Satz die Lage der Bahneckpunkte, die geforderte Bewegungsart (z.B. Geraden- oder Kreisbewegung) und die notwendige Vorschubgeschwindigkeit. Schaltfunktionen wie Werkzeugwechsel oder Werkstückbeschickung werden später an die Anpasssteuerung (meist in Form einer SPS) übertragen, müssen aber natürlich mit den Geometriedaten synchronisiert werden. So muss beispielsweise sichergestellt werden, dass ein Werkzeugwechsel als Schaltbefehl an die SPS erst ausgeführt werden darf, wenn der vorherige Geometriedatensatz mit dem Vorgänger-Werkzeug vollständig ausgeführt wurde.

Geometriedatenverarbeitung

Im Bild 6.11 sind die Funktionen Geschwindigkeitsführung, geometrische Transformationen und Korrekturberechnungen zu einem Funktionsblock zusammengefasst. Jede einzelne Funktion besteht wieder aus Teilfunktionen, wobei Reihenfolge und Ausführung von Steuerung zu Steuerung unterschiedlich realisiert sein können.

Um eine NC-Programmierung unabhängig vom Maschinentyp und der tatsächlichen Werkzeuggeometrie zu ermöglichen, finden innerhalb der Steuerung sogenannte *geometrische Transformationen* statt (vgl. Kapitel 7.2). Hier wird zum einen eine Nullpunktverschiebung realisiert, welche die Lage des Werkstücknullpunkts relativ zum Maschinennullpunkt beschreibt und somit die weitere Transformation zwischen Werkstück- und Maschinenkoordinaten ermöglicht. Zum anderen erlaubt die Werkzeugkorrektur, die i.Allg. aus einer Werkzeuglängen- und Werkzeugradiuskorrektur besteht, die Berechnung der notwendigen Äquidistanten zu der programmierten Bahn in Abhängigkeit von den aktuellen Werkzeugdaten. Dadurch wird die Unabhängigkeit der NC-Programmierung von der genauen Länge und dem Durchmesser des später einzusetzenden Werkzeugs sichergestellt.

Im Rahmen der *Geschwindigkeitsführung* werden die Geschwindigkeiten und Beschleunigungen der programmierten Vorschubgeschwindigkeit den jeweiligen Randbedingungen angepasst (vgl. Kapitel 7.1.1). Bei großen Geschwindigkeitsänderungen, z.B. beim Umfahren kleiner Radien, sind die Antriebe aufgrund ihrer begrenzten Dynamik nicht in der Lage der vorgegebenen Bewegung zu folgen. In diesen Fällen nimmt die Steuerung automatisch die Bahngeschwindigkeit zurück, damit die Werkstückmaßtoleranzen eingehalten werden. Zur weiteren Optimierung der Geschwindigkeitsführung verfügen moderne Steuerungen über eine

Look-Ahead-Funktion. Mittels dieser Überwachungsfunktion werden mehrere NC-Sätze (ca. 10 bis 100) im Voraus daraufhin analysiert, ob das Geschwindigkeitsprofil eingehalten bzw. verbessert werden kann (vgl. Kapitel 7.1.2.2). Hierzu zählt in jüngster Zeit auch die Kontrolle und Einhaltung eines begrenzten Rucks (Beschleunigungsänderung), um die Maschinenstruktur nicht zu Schwingungen anzuregen.

Interpolation

Aufgabe der *Interpolation* ist die Berechnung von Zwischenpunkten, die auf einem vom NC-Programm definierten Bahnabschnitt liegen. Somit wird die Bahnbewegung, die aus der gleichzeitigen Bewegung mehrerer Achsen entsteht, stückweise auf die einzelnen Achsen aufgeteilt, sodass die Achsen abhängig voneinander ihre Positionen verändern. Hier finden einfache Verfahren wie Geraden- und Kreisinterpolation, aber auch aufwändigere Arten, wie Splineinterpolation, Verwendung (vgl. Kapitel 7.1.4) [128]. Weitere Aufgaben der Interpolation sind die Berücksichtigung des von der Geschwindigkeitsführung vorgegebenen Geschwindigkeitsprofils sowie bei nicht kartesischen Maschinen die *kinematische Transformation* der Koordinaten auf die einzelnen Maschinenachsen.

Des Weiteren müssen innerhalb der Interpolation sowohl externe Einwirkungen, wie eine Korrektur des Vorschubs oder der Spindeldrehzahl (Override), als auch statische und dynamische Verlagerungen mittels *Kompensationsberechnungen* berücksichtigt bzw. ausgeglichen werden. Unter Verwendung eines Drehschalters zur Vorschubkorrektur ist der Maschinenbenutzer in der Lage, die programmierte Bahngeschwindigkeit zu beeinflussen (in der Regel zwischen 0 und 150%, teilw. bis zu 200%). Aufgabe der Kompensationsberechnung ist es, die Geschwindigkeitsänderung während der Bearbeitung zu verrechnen, ohne geometrische Abweichungen am Werkstück auftreten zu lassen. Zusätzlich sind eventuelle Verlagerungen aufgrund statischer Belastungen oder thermischen Verzugs der Maschinenstruktur, wie der thermischen Verlängerung der Spindel, das Umkehrspiel der Spindelmutter, der Spindelsteigungsfehler oder Werkzeugverschleiß im Prozess ständig zu kompensieren (vgl. Kapitel 7.3).

Achsregelung

Je nach Ausführung der Steuerung werden von der Geometriedatenverarbeitung die einzelnen Vorschubantriebseinheiten mit Lagesollwerten und evtl. Geschwindigkeits- oder Stromsollwerten versorgt. Das z.Zt. überwiegend eingesetzte Regelprinzip ist die kaskadenförmige Lageregelung. Den inneren Regelkreis bildet die Motorstromregelung, mit einem P- oder PI-Regler. Diesem überlagert ist der Drehzahlregelkreis, der seine Führungsgröße vom Lageregler erhält. Die verwendeten Regler sind im Allgemeinen PI- bzw. PID-Regler für den Drehzahl- sowie P-Regler für den Lageregelkreis (vgl. Band 3, Kapitel 3.2).

Bei einigen NC-Steuerungen findet die *Lageregelung* in digitaler Form steuerungsintern statt, d.h. es werden Geschwindigkeitssollwerte an die Antriebe weitergegeben. Geschwindigkeits-, Stromregler und je nach Ausführung auch der Lageregler arbeiten auf der Antriebsseite in den Servomodulen (vgl. Band 3, Kapitel

2.4.2). Der beschriebene Informationsfluss innerhalb der NC, d.h. von der Interpretation eines NC-Programms bis zur Ausgabe der Achssollwerte, findet jeweils in einem NC-Kanal statt. Mit jedem NC-Kanal werden mehrere Achsen oder Spindeln in einem Achsverbund asynchron oder synchron betrieben. Die NC-Kanäle können in Betriebsartengruppen aufgeteilt werden (Bild 6.7). Weitere NC-Achsen können z.B. zur Steuerung von Revolver, Werkzeugmagazin, Werkstück-/Werkzeugpaletten, Reitstock, Pinole, Abstechschlitten oder Werkstück- und Werkzeuglader definiert werden.

6.2.5 Funktionsumfang moderner NC-Steuerungen

Neben den beschriebenen Basisaufgaben der NC-Steuerung, nämlich der Interpretation und Ausführung eines Teileprogramms, sind durch die gestiegenen Anforderungen der Maschinenhersteller und Endanwender zusätzliche Funktionen in die NC integriert worden. Diese Funktionen sind technologie- bzw. anwenderspezifisch und erweitern bzw. erhöhen den Einsatzbereich und den Bedienkomfort der Steuerung. Somit erleichtern diese Funktionen nicht nur die Bedienung und Programmeingabe vor Ort, sondern ermöglichen auch die datentechnische Einbindung der Werkzeugmaschine bzw. Fertigungszelle in ein Fertigungssystem. Standard-Funktionen werden in der Regel vom Steuerungshersteller selbst implementiert, wohingegen Zusatzfunktionen, die in hohem Maße vom Anwender abhängig sind, vom Maschinenhersteller in die Steuerung integriert werden. Im Folgenden werden Funktionen, die sowohl von Steuerungs- als auch von Maschinenherstellern angeboten werden, beschrieben.

6.2.5.1 Standard-Funktionen

Im Bild 6.12 ist der Stand der Technik moderner NC-Steuerungen dargestellt. Je nach Anwendung und Konfiguration der Steuerung ist jedoch nicht der komplette Funktionsumfang zum Betrieb erforderlich.

Programmierung

Zur Teileprogrammierung an der Steuerung werden verschiedene Programmiertools angeboten, die von einem einfachen alphanumerischen Texteditor über halb- und vollautomatische NC-Programm-Generierungssysteme bis zu einem grafisch-orientierten WOP-System ein breites Profil hinsichtlich Preis und Funktionalität aufweisen. Die Syntax für die Programmierung basiert auf der DIN 66025 [57, 58], wobei der verfügbare Sprachumfang häufig durch herstellerspezifische Erweiterungen ergänzt wird. Eine ausführliche Beschreibung der verschiedenen Programmierverfahren erfolgt im Kapitel 6.4.

Grafikunterstützte Bearbeitungssimulation

Eine zusätzliche Funktion ist die grafische Bearbeitungssimulation am Bildschirm zur Kontrolle bzw. Optimierung von NC-Programmen an der Steuerung, ohne dass

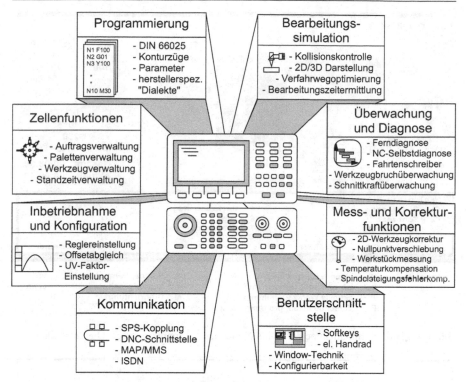

Bild 6.12. Funktionsumfang einer numerischen Steuerung

die Maschine die einzelnen Operationen ausführen muss. Dadurch kann die Rüstzeit der Maschine bzw. die Einfahrzeit des NC-Programms reduziert werden. Insofern kommt der grafischen Simulation eine große Bedeutung zu, die bei werkstattorientierter Programmierung üblicherweise auf der NC oder bei maschineller Offline-Programmierung in der Arbeitsvorbereitung angewendet wird. Je nach Anforderung kommen für die Modellierung und Darstellung 2D- oder 3D-Modelle zum Einsatz.

Die Simulation verfolgt zwei Ziele: Zum einen bewerkstelligt sie eine Überprüfung des NC-Programms hinsichtlich möglicher Kollisionen im Maschinenraum bei Verfahrbewegungen und beim Werkzeugwechsel sowie eingeschränkt eine Kontrolle der Maße und Konturen (z.B. Erkennen von Hinterschneidungen). Zum anderen bietet die Simulation die Möglichkeit zur Verfahrwegoptimierung. Hierbei werden unnötige Verfahrbewegungen (z.B. Luftschnitte) erkannt und eliminiert bzw. mit Eilgangbewegungen überbrückt, um somit die Stückzeiten zu verkürzen [178, 209, 238].

Bild 6.13 zeigt beispielhaft die Simulation eines Schruppvorgangs beim Drehen. Die Darstellung kann mit Hilfe einer Lupenfunktion jederzeit vergrößert bzw. verkleinert werden. Während und nach der Simulation werden alle aktuellen Daten, wie Satznummer (hier N331), im Eingriff befindliches Werkzeug (T), Soll- und Istweginformationen (X, Y), Vorschub (F), Spindeldrehzahl (S), Schnittgeschwindigkeit

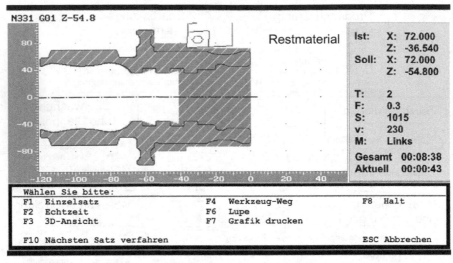

Bild 6.13. Bildschirmaufnahme der Simulation eines Schruppvorganges. Quelle: Keller

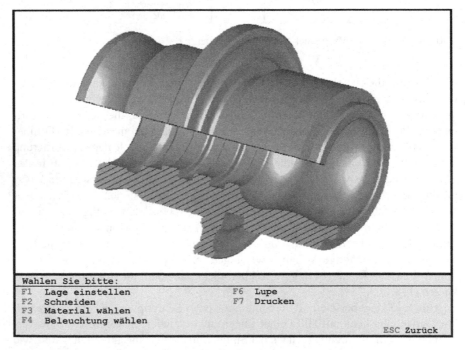

Bild 6.14. Bildschirmaufnahme einer 3D-Darstellung. Quelle: Keller

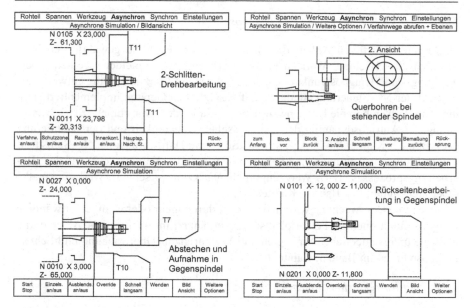

Bild 6.15. Simulierte Bearbeitung auf einer Doppelschlittendrehmaschine mit Nachbearbeitungsstation. Quelle: Traub

(v), Drehrichtung (M) sowie aktuelle und gesamte Programmlaufzeit, visualisiert. Zusätzlich kann die grafische Kontur zu jedem Zeitpunkt zur Kontrolle der Geometrieeingabedaten dargestellt werden (Bild 6.14). In der 3D-Darstellung kann das Werkstück in jeder Phase beliebig im Raum gedreht werden.

Im Handbetrieb wird durch die Simulation parallel zur Arbeit mit den Handrädern eine reale Abbildung des Fertigungsprozesses in Echtzeit ermöglicht, was insbesondere für schwer beobachtbare Innenbearbeitungen und aufgrund der Sichtbehinderung durch Kühlschmiermittel ein Vorteil ist.

Bild 6.15 zeigt beispielhaft vier Bildschirmaufnahmen einer simulierten Bearbeitung auf einer Doppelschlittendrehmaschine mit Rückseitenbearbeitungsstation. Eine realistische Nachahmung des Bearbeitungsprozesses erfordert eine möglichst genaue Nachbildung der Werkzeuge, Werkzeughalter und -träger sowie die zeitlich richtige Bewegung der einzelnen Schlitten während der gesamten Bearbeitung des Werkstücks.

Insbesondere bei der Mehrschlittenbearbeitung stellt die grafische Simulation ein wichtiges Instrument zur Erkennung von Kollisionen dar. Leistungsfähige Simulationssysteme gestatten die Simulation für unterschiedliche Maschinentypen und Bearbeitungen durch Zugriff auf eine Maschinen- und Werkzeugdatei, in der die Geometriedaten für Werkzeugrevolver, Arbeitsraum mit Spindel, Spannmittel, Werkzeuge usw. abgelegt sind.

Häufig sind Bearbeitungssimulationen bereits Bestandteil kommerziell verfügbarer Offline-Programmiersysteme oder WOP-Systeme (vgl. Kapitel 6.4).

Funktionen zur Überwachung und Diagnose

Um einen fehlerfreien Ablauf des Bearbeitungsprozesses zu gewährleisten bzw. Schäden an Maschine, Werkstück und Werkzeug zu vermeiden, werden Überwachungs- und Diagnosefunktionen eingesetzt. Diese Funktionen, die entweder direkt auf der NC-Steuerung oder auch auf zusätzlichen Geräten implementiert sind, untergliedern sich in die Bereiche zur Überwachung der „Maschine" (z.B. Überwachung der Antriebsdynamik, der geometrischen Genauigkeit und der Schmierung (vgl. Band 3, Kapitel 6.6.2) der eigenen „Soft- und Hardware" (z.B. NC-Selbsttest, Überprüfung von Leitungen und Schaltern, vgl. Band 3, Kapitel 6.6.2) und des „Bearbeitungsprozesses" (z.B. Werkzeugbruch, Werkzeugverschleiß, Werkstückmaße, Oberflächengüte, vgl. Band 3, Kapitel 6.4).

Die reine Überwachung wird in der Regel durch mehr oder weniger aufwändige Diagnosefunktionen zur Fehlerlokalisierung ergänzt. Eine ausführliche Abhandlung über die unterschiedlichen Strategien und Verfahren zur Überwachung und Fehlerdiagnose findet im Band 3, Kapitel 6 statt.

Mess- und Korrekturfunktionen

Bei hohen Qualitätsanforderungen sind während des Zerspanungsprozesses ständig Achswegkorrekturen durchzuführen. Ein Grund sind mechanische Unzulänglichkeiten der Maschinen, Verschleiß der Werkzeuge oder temperaturbedingte Verlagerungen der mechanischen Maschinenstruktur. Statische Fehler wie Spindelsteigungsfehler oder Umkehrspiel werden in der Regel an der Maschine während der Inbetriebnahme einmal vermessen und in einem Korrekturspeicher abgelegt.

Für ständig variierende Maße, wie z.B. die Aufspannposition des Werkstücks (Spanntoleranzen), Werkzeugverschleiß oder temperaturbedingte Spindelverlängerung, werden sogenannte Messzyklen angewandt. Mit Hilfe von Messgeräten, Sensoren und Messtastern werden die maßlichen Veränderungen des Werkstücks bzw. Werkzeugs sowie Verlagerungen der Maschine erfasst und entsprechende Korrekturwerte ermittelt, die dann von der Steuerung zur Maßkompensation verarbeitet werden können. Eine ausführliche Darstellung dieser Thematik geschieht im Kapitel 7.3.

Benutzerschnittstelle (HMI, auch HMC, MMI oder MMC)

Unter dem Begriff der Benutzerschnittstelle werden sämtliche Hilfsmittel zusammengefasst, die dem Benutzer der NC-Steuerung zur Verfügung gestellt werden. Sie lässt sich in die zwei Bereiche Bildschirm und Elemente zur manuellen Steuerung (z.B. Schalter, Tastatur, Handrad) unterteilen.

Die leichte Anpassbarkeit der Benutzeroberfläche ist ein Kennzeichen für die Qualität und Offenheit einer Steuerung. Hinter dem Begriff der „offenen Steuerung" verbirgt sich u.a. der Trend, dem Maschinenhersteller möglichst viel Freiheit bei der Konfiguration der Oberfläche zu gewähren. Hierbei ist neben der eigentlichen Gestaltung der Oberfläche die Möglichkeit zur freien Spezifikation der Daten von Bedeutung, die man aus dem Prozess bzw. Informationsfluss innerhalb der NC visualisiert bekommen möchte. Moderne Oberflächen sind fensterorientiert, basieren fast ausschließlich auf dem Betriebssystem MS-Windows, verfügen über Softkeys sowie frei belegbare Funktionstasten und sind auf Flachbildschirmen in Farbe realisiert. Die Thematik der Benutzerschnittstelle wird ausführlicher im Kapitel 6.5 behandelt.

Externe Kommunikation – Netzwerkintegration

Der Funktionsumfang der externen Kommunikation hat entscheidenden Einfluss auf die Integrierbarkeit der NC in das produktionstechnische Umfeld. Von der einfachen analogen Schnittstelle über den digitalen Feldbus sowie Aktor-/Sensorbus bis zum lokalen Netzwerk finden alle genannten Anschlussmöglichkeiten Verwendung. Selbst die Ferndiagnose über Modem und ISDN wird inzwischen genutzt. Die entsprechenden Kommunikationsprotokolle und -mechanismen, die bei einer numerischen Steuerung eingesetzt werden, sind in eigenen Abschnitten beschrieben (vgl. Kapitel 5.3.5, Kapitel 9.1.3, Kapitel 9.2.1 und Band 3 Kapitel 2.4.3).

Maschineninbetriebnahme und Konfiguration

Bei der Maschineninbetriebnahme wird die NC-Steuerung den Merkmalen der Werkzeugmaschine und den Bedürfnissen des Benutzers angepasst. Dazu wird die Steuerung hinsichtlich Achsen, Spindeln, Handrädern, Messsystemen, Regelkreisen, Geschwindigkeiten, Beschleunigungen und Interpolationsarten parametriert.

Für die Inbetriebnahme sowie zur Maschinendiagnose werden von einigen Steuerungsherstellern besondere Hilfsfunktionen mit grafischer Auswertung angeboten. Zur Optimierung der Reglereinstellung kann z.B. das Verhalten eines Achsregelkreises bei unterschiedlichen Regelparametern auf dem Bildschirm der Steuerung dargestellt werden (Bild 6.16) [191].

Offsetabgleich und Kv-Faktor-Einstellung (Maß für die Verstärkung im Regelkreis) zur Achsoptimierung lassen sich damit einfach durchführen. Die zu überprüfende Maschinenachse wird mit einer definierten Weg-Zeitfunktion von der Steuerung angesteuert und die Reaktion des Antriebes in Form der Ist-Bewegung auf dem Steuerungsbildschirm zur Anzeige gebracht. Hierzu werden die Lagemesssysteme der Vorschubachsen ausgelesen. Eine Dokumentation der Regelkreiseinstellung in Abhängigkeit von der Werkstückmaße ermöglicht im späteren Einsatz eine optimale Reglervorgabe. Die grafische Darstellung der Soll- und Istkontur zeigt bei genügender Auflösung der Wegmesssysteme dynamische Abweichungen bis in den μm-Bereich.

Bild 6.17 zeigt den Ist- und Sollverfahrweg für ein Werkstück auf dem Bildschirm. Hierbei können beliebige Vergrößerungen (z.B. Konturbereich des Quadrates) zur Anzeige gebracht werden.

Für einen definierten Punkt der Soll- und Istkontur werden die Soll- und Istposition sowie die Soll- und Istgeschwindigkeit ausgegeben. Darüber hinaus sind Soll- und Istgeschwindigkeit, Soll- und Istbeschleunigung und der Schleppabstand für den gesamten Konturverlauf grafisch darstellbar.

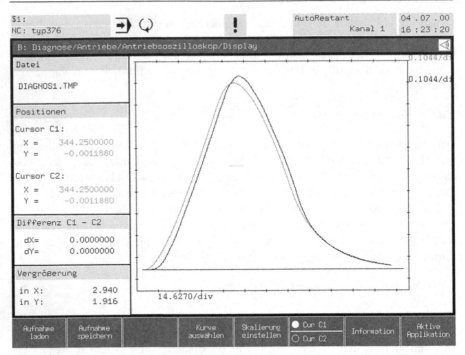

Bild 6.16. Grafische und numerische Beschreibung der Eigenschaften eines Achsregelkreises. Quelle: Bosch

Die Güte der Reglereinstellung, die Konturtreue oder auch die Vorschubge-schwindigkeiten sind den geforderten Genauigkeitsansprüchen entsprechend an-passbar bzw. überprüfbar.

Weitere Funktionen numerischer Steuerungen

Eine Erweiterung des Funktionsumfangs von NC-Steuerungen kann durch die In-tegration von Softwaremodulen zur Betriebs- und Maschinendatenerfassung (BDE/MDE) vorgenommen werden. Erfassungsdaten werden aufgeteilt in *Auftragsdaten* (Auftragsdauer, Einrichtzeit, Stückzahl, Ausschuss usw.), *Personaldaten* (Anwesen-heit, Arbeitsstunden) und *Maschinendaten* (Produktionszeit, Stillstandszeit, Fehler-ursachen, Fehlerzeiten usw.). Durch die statistische Auswertung der Daten kann eine Schwachstellenanalyse der Organisation und der Maschinen durchgeführt wer-den (vgl. Band 3, Kapitel 6.5).

Weitere Funktionalität bietet die *NC-Programmverwaltung*, die neben der Ver-waltung von Informationen über NC-Haupt- und Unterprogramme (z.B. Sach-Nr., Versions-Nr., Status, Laufzeit) auch den notwendigen Fertigungshilfsmittelbedarf (Werkzeuge, Vorrichtungen, Messmittel) für die Bearbeitung eines Werkstücks auf Abruf bereitstellt.

Es werden Funktionen zur Kollisions- und Arbeitsraumüberwachung angebo-ten, die der Programmierer auf bestimmten Vorschubwegen setzen kann, um die

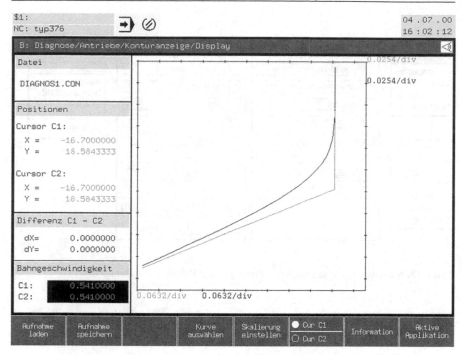

Bild 6.17. Grafische Darstellung der Soll- und Istkontur. Quelle: Bosch

Maschine gegen Kollision zu sichern. Weiterhin sind gesteuerte Getriebeumschaltung, Bausteine zur Einhaltung konstanter Schnittgeschwindigkeiten sowie Spindelgenauhalt in mehreren definierten Positionen zum automatischen Werkstück-, Werkzeug- oder Spannmittelwechsel im Zusammenhang mit den Zusatzfunktionen für NC-Steuerungen zu nennen.

6.2.5.2 Funktionen zur Steuerung automatisierter Produktionszellen

Zur Erhöhung der Produktivität einer Fertigung muss u.a. eine sinnvolle Verkettung der Maschinen untereinander und eine geeignete Automatisierung der Materialhandhabung der einzelnen Maschinen erfolgen. Ziel eines hoch automatisierten Produktionssystems ist es, durch eine hohe Flexibilität eine hohe Auslastung zu erreichen, die einen benutzerarmen 3-Schicht-Betrieb ermöglicht. Um eine autarke Bearbeitung eines Auftragsvorrats unterschiedlicher Teile über einen gewissen Zeitraum ohne notwendige Eingriffe des Benutzers zu ermöglichen, muss der Standard-Funktionsumfang einer numerischen Steuerung, wie er vom Steuerungshersteller angeboten wird, ergänzt werden. Diese maschinenspezifischen Funktionen werden in der Regel vom Maschinenhersteller entwickelt und in die Steuerung integriert.

Eingangsinformationen einer NC zur Steuerung einer Fertigungszelle sind über die NC-Programme hinaus Daten über Werkzeuge, Paletten und Aufträge, die von der Steuerung verwaltet werden müssen. Die unterschiedlichen Aufgaben lassen

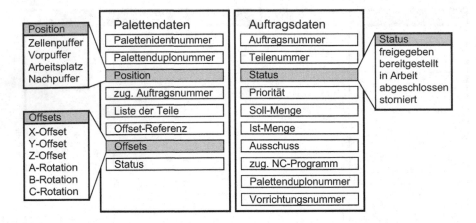

Bild 6.18. Steuerungsinterne Daten zur Auftrags- und Palettenverwaltung

sich in die Bereiche Auftrags-, Werkzeug- und Palettenverwaltung einteilen und werden dieser Aufteilung entsprechend im Folgenden beschrieben.

Auftragsverwaltung

Neben der eigentlichen Verwaltung der auszuführenden Fertigungsaufträge innerhalb der Fertigungszelle übernimmt die Auftragsverwaltung auch die Auftragsausführung. Die Aufträge werden entweder automatisch von der Leitebene an die Steuerung übergeben oder manuell vom Maschinenbediener vor Ort eingegeben. Nach der Auftragsübernahme ist die Auftragsverwaltung verantwortlich für die Bestandsführung des Materials bzw. der Werkstücke innerhalb der Zelle. Im Bild 6.18 sind beispielhaft einige Daten zur Verwaltung dargestellt. Zusätzlich werden anschließend Bedarfsrechnungen für NC-Programme und Fertigungshilfsmittel (Werkzeuge, Vorrichtungen) pro Auftrag durchgeführt. Optional wird von der Auftragsverwaltung die Auftragsreihenfolge verändert oder festgelegt. Ferner übernimmt sie die Abarbeitung der einzelnen Aufträge wie Laden und Starten der NC-Programme, fertige Werkstücke auslagern oder Rohteile einlagern (vgl. Kapitel 9).

Palettenverwaltung Verfügt die Werkzeugmaschine über ein eigenes Palettentransportsystem bzw. hat sie mehrere Bearbeitungsplätze, ist eine Verwaltung der Paletten, Vorrichtungen, Puffer- und Bearbeitungsplätze erforderlich. Darüber hinaus ist der Materialfluss von Paletten, Vorrichtungen, Material und Werkzeugen zu steuern.

Paletten sind Transporteinheiten, die ein oder mehrere Werkstücke oder Werkzeuge auf bestimmten vorgeschriebenen Plätzen aufnehmen und zwischenspeichern können. Dadurch können die Werkstücke/-zeuge von und zu einer Maschine mittels eines fahrerlosen Transportsystems, Rollenförderers oder schienengebundenen

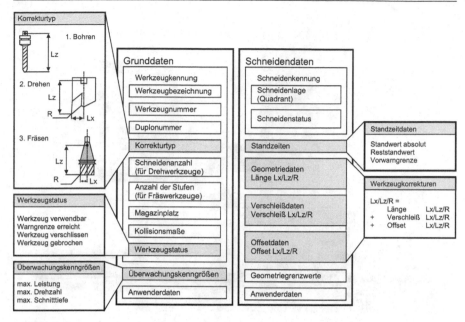

Bild 6.19. Steuerungsinterne Daten zur Werkzeugverwaltung (nach Indramat)

Transportwagens befördert werden. Zusätzlich besteht die Möglichkeit, die Werkstücke durch ein Handhabungssystem von der Palette in die Bearbeitungsposition und umgekehrt zu bewegen.

Aufgabe der Palettenverwaltung ist die Koordinierung des Materialflusses innerhalb der Fertigungszelle, wobei neben dem Ein- und Ausschleusen der Paletten auch Daten über Palettenstellplätze und Paletteninhalte verwaltet werden müssen. Daten einer Palette sind z.B. auf ihr befindliche Werkstücke/-zeuge, Werkstückverschiebungen und Statusinformationen (Bild 6.18).

Werkzeugverwaltung

Zur Bearbeitung eines Werkstücks (Rohteil) in einem Arbeitsvorgang sind häufig eine gewisse Anzahl unterschiedlicher Werkzeuge erforderlich. Um einen schnellen Werkzeugwechsel zwischen zwei Bearbeitungsschritten zu ermöglichen, kommen maschinennahe Werkzeugmagazine mit einer geeigneten Werkzeugwechseleinrichtung zum Einsatz. Die Werkzeuge selbst sind in der Regel über Platzcodierung im Werkzeugmagazin, Barcode oder Speicherchips am Werkzeug eindeutig identifizierbar. Die eigentlichen Informationen wie Geometrie, Korrekturwerte oder Reststandzeiten für die einzelnen Werkzeuge werden in der NC-Steuerung oder in einer übergeordneten Werkzeugverwaltung gehalten. Im Bild 6.19 sind beispielhaft einige Daten zur steuerungsinternen Werkzeugverwaltung dargestellt. Es wird hier unterschieden zwischen den Grunddaten eines Werkzeugs und den spezifischen Informationen einer Werkzeugschneide, da ein Werkzeug aus mehreren Schneiden bzw. Stufen bestehen kann.

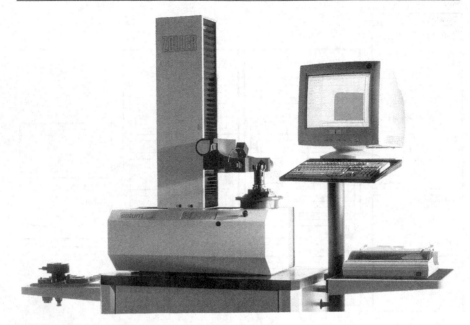

Bild 6.20. Werkzeugvoreinstellgerät (nach Zoller)

Aufgabe der Werkzeugverwaltung ist neben der Datenverwaltung die korrekte Werkzeugauswahl und -bereitstellung für ein NC-Programm, die sich aus dem Einrichtblatt oder dem Arbeitsplan ergibt. Vor der Bearbeitung müssen sich die notwendigen Werkzeuge im Magazin oder Revolver befinden. Während der Bearbeitung wird durch einen einfachen Schaltbefehl (z.B. T 100) im NC-Programm ein Werkzeugwechsel veranlasst, den die Werkzeugverwaltung nach Beendigung des letzten NC-Satzes mit dem Vorgänger-Werkzeug auszuführen hat.

Darüber hinaus überwachen moderne Systeme die Standzeit der Werkzeuge, so dass verschlissene oder defekte Werkzeuge frühzeitig durch Schwesterwerkzeuge ersetzt werden können. Aufgrund der begrenzten Anzahl von Plätzen im Werkzeugmagazin und des unterschiedlichen Platzbedarfs der verschieden großen Werkzeuge bieten einige Systeme eine Werkzeugmagazinbelegungsplanung an, die die Werkzeuge platzoptimierend in das Magazin einlagert.

Da die Werkzeugverwaltung viele Schaltfunktionen für den Werkzeugwechsel veranlassen muss, ist die Software häufig auch in der SPS implementiert (vgl. Kapitel 5.3). Offene Steuerungssysteme ermöglichen sinnvollere Lösungen, wie eine Trennung in verwaltende Funktionen, die wesentlich einfacher auf einem PC mit Datenbankzugriff realisierbar sind, und reine Schaltfunktionen, die in der Anpasssteuerung (SPS) implementiert werden.

Bevor man das NC-Programm in die Steuerung eingibt und die Produktion aufgenommen werden kann, sind an der NC-Maschine einige vorbereitende Arbeiten auszuführen. Diese Tätigkeiten bezeichnet man als „Einrichten" der Werkzeugma-

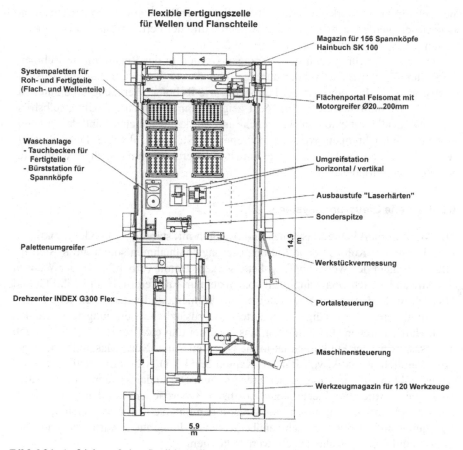

**Flexible Fertigungszelle
für Wellen und Flanschteile**

Magazin für 156 Spannköpfe
Hainbuch SK 100

Systempaletten für
Roh- und Fertigteile
(Flach- und Wellenteile)

Flächenportal Felsomat mit
Motorgreifer Ø20...200mm

Waschanlage
- Tauchbecken für
  Fertigteile
- Bürststation für
  Spannköpfe

Umgreifstation
horizontal / vertikal

Ausbaustufe "Laserhärten"

Sonderspitze

Palettenumgreifer

14.9 m

Werkstückvermessung

Drehzenter INDEX G300 Flex

Portalsteuerung

Maschinensteuerung

Werkzeugmagazin für 120 Werkzeuge

5.9 m

Bild 6.21. Aufsicht auf eine flexible, selbstrüstende Drehzelle. Quelle: Index, Felsomat

schine. Im Einrichtblatt, welches in Papierform oder im Rechner vorliegen kann, sind u.a. die benötigten Werkzeuge aufgelistet. Sie werden, bevor sie in das Magazin oder den Revolver der Maschine eingelagert werden, auf einem optischen Werkzeugvoreinstellgerät vermessen (Bild 6.20). Hierbei werden die Werkzeuge entweder beim *Einstellen* auf eine bestimmte Geometrie (Länge und Radius) eingestellt oder es wird beim *Messen* die Ist-Geometrie aufgenommen.

Im ersten Fall (Einstellen) müssen die Werkzeuge eine entsprechende Einstellmöglichkeit der Länge bzw. des Radius bieten. Bei der zweiten Möglichkeit (Messen) werden die absoluten Werkzeugmaße oder die Abweichungen der Soll-Geometrie der NC-Steuerung in Form von Korrekturwerten bzw. Offsets der Werkzeugverwaltung mitgeteilt. Dies kann im einfachsten Fall durch die Eingabe der Korrekturdaten in die jeweilige NC von Hand geschehen oder über Netzwerkkopplung direkt in einer Werkzeugdatenbank ablegt werden. Sind an den Werkzeugen Speicherchips als Identifikationsdatenträger angebracht, so können die Einstellmaße auch direkt am Werkzeug mitgeführt und vor der Bearbeitung von der Steuerung ausgelesen werden. Eine ergänzende Beschreibung der Fertigungshilfsmittelorganisation in der Werkstatt findet im Kapitel 9.2.4 statt.

Die oben beschriebenen Erweiterungen werden in der Regel vom Maschinenhersteller für den Endanwender durchgeführt, da sie wesentlich von der Ausführungsform der Maschine und der Peripherie, wie Roboter, Werkzeug- und Palettenmagazin, beeinflusst werden. Bild 6.21 zeigt exemplarisch eine flexible, selbstrüstende Drehzelle mit externen Werkstück- und Werkzeugspeichern und den zugehörigen Ladeeinrichtungen. Weitere Funktionen zur Steuerung flexibler Fertigungszellen, die über den Funktionsumfang von NC-Steuerungen hinausgehen, werden im Kapitel 9 beschrieben.

6.2.6 Offene Steuerungssysteme

Der Markt fordert heute Maschinen und Anlagen mit ständig steigender Funktionalität. Innovative Konzepte und Rationalisierungsmaßnahmen sollen die Kosten für alle Beteiligten der Wertschöpfungskette senken. Damit verbunden ist der Wunsch der Anwender nach Unabhängigkeit von einzelnen Zulieferern. Um Flexibilität und Qualität in der Fertigung weiter steigern zu können, sind neue zusätzliche Steuerungsfunktionen notwendig. Veränderte bzw. zusätzliche Fertigungstechnologien (z.B. Hartfeindrehen statt Schleifen, Laserbearbeitung etc.) fordern die Integration prozessspezifischer Funktionalität in die NC-Steuerung. Neue Maschinenkonzepte (z.B. Parallelkinematik, vgl. Band 1, Kapitel 3.1.4.3.3) erfordern ebenfalls zusätzliche Funktionalität in numerischen Steuerungen. Die Endanwender der Maschinen fordern einheitliche und technologiespezifische Oberflächen, mit denen eine einfache Integration von Maschinen und Steuerungen unterschiedlicher Hersteller in ihr Fertigungsumfeld sowie maschinenübergreifende Planungs-, Wartungs- und Diagnosemöglichkeiten sichergestellt werden können.

6.2.6.1 Motivation und Ziele offener Steuerungssysteme

Die Erfüllung der oben beschriebenen Anforderungen kann aufgrund ihrer Vielfalt nicht vom Steuerungshersteller alleine geleistet werden. Mit dem Ziel einer schnellen Reaktion auf Kundenwünsche wandelt sich das herkömmliche Kunden-/Lieferantenverhältnis zu einer für beide wertsteigernden Partnerschaft. Der Anteil des Kunden am Steuerungsprodukt wächst. Aus diesem Grund hat in letzter Zeit vor allem die Entwicklung offener Steuerungssysteme stark an Bedeutung gewonnen und Einzug in den Markt gehalten [239].

Im Vordergrund steht hierbei die Bereitstellung offener Schnittstellen, die eine Integration zusätzlicher Software durch den Kunden in den Steuerungsverbund ermöglicht. Dies bietet dem Kunden flexible Erweiterungsmöglichkeiten der Standardfunktionalität einer NC-Steuerung und somit Gestaltungsfreiheit für innovative Lösungen. Dadurch wird z.B. den Maschinenherstellern die Möglichkeit gegeben, Software wie eine Werkzeugbruchüberwachung einfach in die Steuerung integrieren zu können. Bei entsprechender Standardisierung kann die Software ohne großen

Portierungsaufwand auf unterschiedlichen Steuerungen eingesetzt bzw. von Dritten zugekauft werden. Somit sinkt die Abhängigkeit von einer spezifischen Steuerungsgeneration eines Herstellers. Maschinen- und Steuerungshersteller sparen Kosten und können sich auf ihre Kernkompetenzen konzentrieren [196, 240].

Die *Hersteller* von Steuerungssystemen können durch konsequente Nutzung von Standards ihre Stückzahlen für Basiskomponenten erhöhen. Zusätzliche Wettbewerbsvorteile ergeben sich bei einer durchgängigen Offenheit und Integrationsfähigkeit aller angebotenen Steuerungskomponenten. Vielfältige und kostenintensive technologische Speziallösungen können bei Verfügbarkeit entsprechender Schnittstellen vom Maschinenhersteller oder speziellen Know-How-Trägern (z.B. Herstellern von Prozessüberwachungssystemen, vgl. Band 3, Kapitel 6) übernommen werden.

Für den *Maschinenhersteller* ist insbesondere die leichte Integration von Zusatzfunktionen bzw. Anpassung der Steuerung an die jeweilige Maschinenumgebung von Bedeutung. Er möchte mit einfachen Mitteln und möglichst ohne ausgeprägte Systemkenntnisse zusätzliche Funktionalität in die Steuerung integrieren können.

Seitens der *Endanwender* steht vor allem die Integrationsfähigkeit der Steuerung in ihren Systemverbund (maschinenübergreifende Planung, Disposition, Diagnose und Wartung) und eine einheitliche Bedienung und Programmierung unterschiedlicher Steuerungen im Vordergrund.

6.2.6.2 Ausprägungen offener Steuerungssysteme

Grundsätzlich kann man zwischen der „inneren" und der „äußeren" Offenheit einer Steuerung unterscheiden (Bild 6.22) [239]. Die äußere bezieht sich auf eine Vereinheitlichung bzw. Standardisierung der externen Schnittstellen einer Steuerung, Offenheit wie z.B. eine harmonisierte NC-Programmierung, einheitliche Kommunikationsschnittstellen, eine nach gleichen Grundregeln aufgebaute und erweiterbare Benutzerschnittstelle und eine universelle Antriebsschnittstelle. Die innere Offenheit ermöglicht einen Zugriff auf die Software für die steuerungsinternen Funktionen bzw. die Integration zusätzlicher Module auf der Basis eines festen Regelwerkes. Hieraus ergibt sich, dass die innere Offenheit vorwiegend für Steuerungs- und Maschinenhersteller von Bedeutung ist, während die äußere Offenheit besonders dem Endanwender zugute kommt.

Hinsichtlich der *äußeren Offenheit* existieren bereits zahlreiche Normen und De-facto-Standards. Im Bereich der externen Kommunikation wird neben vielen herstellerspezifischen Lösungen auch der Standard MMS (Manufacturing Message Specification) eingesetzt. Als Schnittstelle zu Sensoren und Aktoren haben sich gleich eine Vielzahl verschiedener Feldbusse etabliert (vgl. Kapitel 5.3.5). Als Antriebsschnittstelle werden zunehmend digitale Lösungen eingesetzt (z.B. SERCOS, in letzter Zeit auch PROFIBUS-MC und Fast Ethernet, vgl. Band 3, Kapitel 2.4.3). Auf dem Gebiet der Programmierung ist der Programmaufbau nach DIN 66025 als Standard-Eingabeformat der NC anzusehen, der jedoch nach einstimmiger Meinung für komplexere Bearbeitungen nicht mehr ausreichend ist und einer dringen-

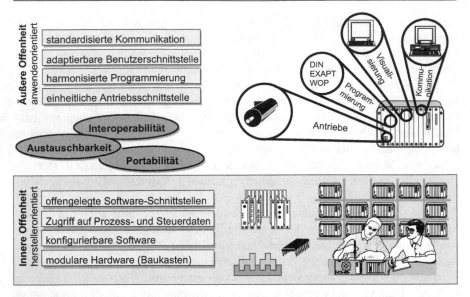

Bild 6.22. Innere und äußere Offenheit einer numerischen Steuerung

den Überarbeitung bedarf. Mit der ISO 14649 ist hier ein neuer Standard in Sicht (vgl. Kapitel 6.3.2).

Hinsichtlich der *inneren Offenheit* bieten einige Hersteller inzwischen eigene Lösungen an, die sich in ihrem Ausmaß jedoch stark unterscheiden (Bild 6.23). Man spricht in diesem Zusammenhang von einer *abgestuften Offenheit*, die dem Kunden je nach Anforderungsprofil Eingriffsmöglichkeiten auf verschiedenen Ebenen mit steigender Funktionalität, aber auch mit steigender Komplexität erlaubt.

Viele Hersteller bieten heute eine offene Schnittstelle im Bedienbereich an. Hiermit kann der Anwender zeitunkritische Software in die Steuerung integrieren und über definierte Schnittstellen auf aktuelle Daten des NC-Kerns zugreifen (Bild 6.23 links).

Einige wenige Hersteller gehen noch einen Schritt weiter und stellen dem Kunden eine Funktionsbibliothek zur Integration eigener Software an gezielten Stellen im Datenfluss des NC-Kerns zur Verfügung. Dies ermöglicht einen direkten Zugriff auf Daten des NC-Kerns oder sogar deren Manipulation. Zur Integration eigener Software in den Echtzeitbereich einer Steuerung ist jedoch in der Regel eine aufwändige Entwicklungsumgebung erforderlich. Auf dieser Basis können beispielsweise leicht Anwendungen für externe Korrekturen (z.B. Temperaturkompensation) integriert werden (Bild 6.23 Mitte) [191, 208].

Die höchste Ausbaustufe der Offenheit ermöglicht die Integration beliebiger Softwaremodule in den NC-Kern. Der Datenfluss ist parametrierbar, Softwaremodule austauschbar. Diese Variante ermöglicht dem Anwender die größten Freiheiten, erfordert jedoch auch umfangreiche Kenntnisse über die Systemstruktur der Steue-

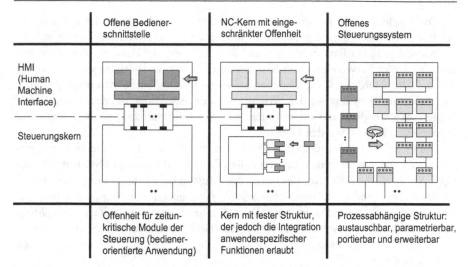

	Offene Bediener-schnittstelle	NC-Kern mit einge-schränkter Offenheit	Offenes Steuerungssystem
HMI (Human Machine Interface) Steuerungskern			
	Offenheit für zeitun-kritische Module der Steuerung (bediener-orientierte Anwendung)	Kern mit fester Struktur, der jedoch die Integration anwenderspezifischer Funktionen erlaubt	Prozessabhängige Struktur: austauschbar, parametrierbar, portierbar und erweiterbar

Bild 6.23. Ausprägungen offener Steuerungssysteme (nach [76])

rung. Sie wird von wenigen Steuerungsherstellern angeboten und bisher noch selten genutzt (Bild 6.23 rechts) [10, 168].

Alle verfügbaren offenen Steuerungssysteme beschränken sich bisher auf herstellerspezifische Lösungen. Um alle Vorteile offener Systeme nutzen zu können, ist jedoch eine herstellerübergreifende Standardisierung zwingend erforderlich. Erst dann können Maschinenhersteller, Softwareanbieter und Endanwender ihre Software wiederverwenden und in anderen Steuerungen einsetzen.

6.2.6.3 Realisierung offener Steuerungen

Nach starken Forderungen der Anwender haben seit Anfang der 90er Jahre parallel zu umfangreichen Forschungsaktivitäten offene Steuerungskonzepte Einzug gehalten und sind in unterschiedlichen Ausprägungen auf den Markt gekommen. Unterschieden nach der Offenheit im Bedienbereich und im NC-Kern werden im Folgenden die realisierten Konzepte kurz vorgestellt.

Offenheit im Bedienbereich

Eine bei modernen Steuerungen verbreitete Ausprägung der Offenheit ist die Verwendung PC-kompatibler Baugruppen im Bedienbereich. Dies ermöglicht die Integration PC-kompatibler Hardware (z.B. Netzwerkkarten, Soundkarten oder externe Geräte wie Barcode-Leser) in die Steuerung. In Kombination mit dem Einsatz von Standard-Betriebssystemen (heute fast ausschließlich MS-Windows) hat der Anwender die Möglichkeit, Programme aus der Büro-Welt (Office-Programme, Editor, Datenbank, Sprachverarbeitung etc.) in die Steuerung zu integrieren.

Die Einflussnahme bei der Gestaltung der Benutzeroberfläche ist mittlerweile bei fast allen Steuerungen gegeben. In modernen Steuerungen wird ein Konfigurationswerkzeug zur Parametrierung und Projektierung der Benutzeroberfläche angeboten. Unter Verwendung von Standards der Windows-Betriebssysteme (Visual Basic, DDE, COM, OPC etc.) können beliebige Bedienoberflächen erzeugt und in die Steuerung integriert werden. Wichtig für den Anwender ist, dass diese Werkzeuge einfach bedienbar sind und nicht nur von Informatikern, sondern auch von Technologen bedient werden können.

Entwickelt der Anwender eigene Software, die er in den Bedienbereich integrieren möchte, so wird er in den meisten Fällen Zugriff auf Daten des NC-Kerns benötigen. Sei es zur Anzeige von Positionen oder Zuständen der Steuerung, zum Auslesen steuerungsinterner Informationen wie Werkzeugdaten oder gar zum schreibenden Zugriff auf interne Daten. Fast alle modernen Steuerungen bieten diese Möglichkeit in Form von Variablenzugriffen an (Bild 6.24). Die Variablen werden in der Regel über einen Namen adressiert und können gelesen sowie teilweise auch geschrieben werden.

Der Zugriff auf die Daten geschieht aus Anwendersicht entweder in Hochsprache (z.B. C oder C++), über eine Funktionsbibliothek (engl. Application Programmers Interface, API) oder auf Basis standardisierter Objekte oder Komponenten, z.B. DDE (Dynamic Data Exchange), COM (Component Object Model) oder OPC (OLE for Process Control). Komponenten basieren in der Regel auf Standards aus dem Bürobereich, die von Microsoft vorgegeben werden. Dies hat den Vorteil, dass sie unabhängig von einer speziellen Programmiersprache (Visual Basic, C++ oder Java) verwendet und zum Teil sogar direkt aus Office-Anwendungen wie Microsoft Excel angesprochen werden können. Weiterhin kann der Anwender die zahlreichen am Markt verfügbaren Entwicklungswerkzeuge nutzen.

Offenheit im NC-Kern

Eine Offenheit im NC-Kern zur Integration echtzeitfähiger Anwendungen bieten derzeit nur die Steuerungen der Firmen Siemens (SINUMERIK 840D) und Bosch (Typ3 osa) sowie einiger kleinerer Firmen, die einen NC-Kern als Softwarebaukasten im Source-Code anbieten. Durch Integration maschinen- oder prozessspezifischer Software lassen sich diese Steuerungen flexibel an spezielle Anforderungen anpassen. Die Anwender haben in der Regel Zugriff auf alle Standardfunktionen der Steuerung und können diese nutzen, anpassen oder teilweise durch neue Funktionalität ersetzen. Anwendungsbeispiele für die Nutzung der Offenheit im NC-Kern sind:

– Transformation für neue Kinematiken (z.B. Parallelkinematiken)
– Online-Kollisionsüberwachung des Arbeitsraumes
– Abstandsregelung eines Laser-Bearbeitungskopfes
– Steuerungsintegrierte Prozessüberwachung (Werkzeugbruch- und -verschleiß-überwachung)
– Rattervermeidung
– Thermokompensation

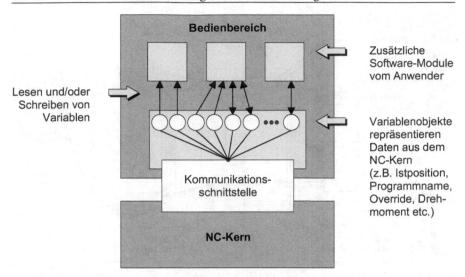

Bild 6.24. Offenheit durch Zugriff auf Daten des NC-Kerns

– Adaptive Vorschubregelung in Abhängigkeit von der Prozesskraft beim Schruppen
– Ankopplung einer Space-Mouse zur 6-Achs-Steuerung.

Die Anforderung, dem Anwender zwar möglichst viele Freiheiten zur Integration seiner Software zu geben, andererseits aber die Zuverlässigkeit und Sicherheit einer Steuerung zu garantieren, erfordert jedoch einige Einschränkungen. So wird die globale Systemstruktur in der Regel vorgegeben und kann vom Anwender nicht geändert werden. Zwei unterschiedliche Systemstrukturen haben sich auf dem Markt durchgesetzt, die im Folgenden kurz beschrieben werden: Compilezyklen und Joblisten.

Compilezyklen

Die von SIEMENS verwendeten sogenannten *Compilezyklen* sind in C++ erstellte Anwendungen, die vom Kunden entwickelt, zum NC-Kern dazugebunden und über kundenspezifische Daten aktiviert werden können. Compilezyklen im NC-Kern bieten die gleiche Echtzeitfähigkeit wie das Basissystem. Sie werden in einer leistungsfähigen Entwicklungsumgebung für die Sprache C++ erstellt. Dabei ist die Infrastruktur des NC-Kerns mit Kommunikation zwischen Tasks, Alarm-Mechanismen, PLC-Signalen, Maschinendaten und internen NC-Sätzen nutzbar.

Ein objektorientierter NC-Kern in C++ bildet das Basissystem der Steuerung. An definierten Stellen im NC-Kern-Softwaresystem gibt es Aussprungstellen (sogenannte *Events*), an denen der Kunde eigene Software in Form von Compilezyklen einhängen kann (Bild 6.25). Events reflektieren die interne Funktionsstruktur des NC-Kerns. Sie bieten über 50 Aussprungstellen aus dem Basissystem der Steuerung. Die notwendigen Daten des Basissystems können über virtuelle Zugriffsme-

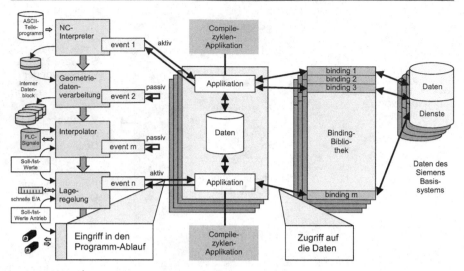

Bild 6.25. Offenheit durch Compilezyklen (nach Siemens)

thoden (sogenannte *Bindings*) erreicht werden, die Bestandteil der offenen Schnittstelle sind und so eine Kompatibilität zu allen künftigen Softwareständen garantieren. Gegenwärtig kann über Bindings auf ca. 700 Daten zugegriffen werden [206].

Joblisten

Eine andere Möglichkeit zur Integration kundenspezifischer Software in den NC-Kern ist das von Bosch entworfene Konzept der *Joblisten*. Die Modularität der Steuerung wird durch die Aufteilung der Funktionalitäten in kleine, in sich geschlossene Einheiten erzielt. Sogenannte *Subsysteme* umfassen jeweils einen abgeschlossenen Bereich der Steuerung, wie beispielsweise Satzverarbeitung oder Bewegungserzeugung. Die Kommunikation zwischen den Subsystemen erfolgt über definierte Schnittstellen. Die Funktionen der Subsysteme werden weiter unterteilt in Einzelfunktionen (sogenannte *Jobs*), die als C-Funktionen vom Anwender frei programmierbar sind (Bild 6.26).

Die Jobs können nun in Konfigurationstabellen einzelnen NC-Funktionen zugeordnet werden. Eine NC-Funktion entspricht einer Anweisung im NC-Programm, deren Funktionalität aus einem oder mehreren Jobs in der sogenannten *Jobliste* zusammengesetzt wird. Jeder Job wird gemäß seiner Priorität an einer bestimmten Stelle während der Satzvorbereitung oder auch während der Satzausführung aufgerufen. Auf Daten der Steuerung kann über eine Funktionsbibliothek (API) zugegriffen werden. Über die Konfiguration der Joblisten hat der Kunde umfangreiche Möglichkeiten, den Ablauf und das Verhalten der Steuerung zu erweitern oder zu modifizieren.

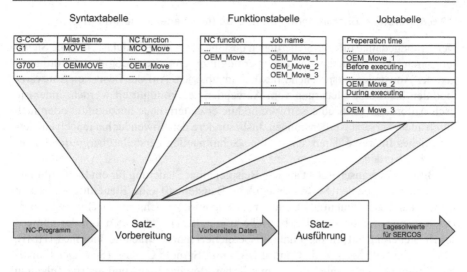

Bild 6.26. Offenheit durch Joblisten (nach Bosch)

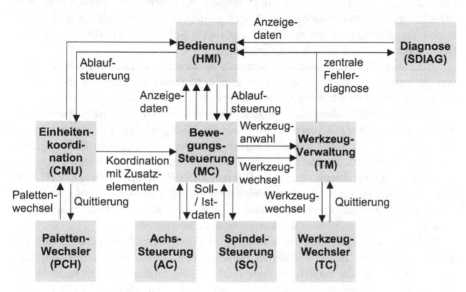

Bild 6.27. Beispiel für eine offene Steuerungsarchitektur (nach [39])

6.2.6.4 Herstellerübergreifende Standards für offene Steuerungen

Der Grundgedanke offener Steuerungen besteht darin, eine modulare, flexible Steuerungsarchitektur zu definieren, die es ermöglicht, eine Steuerung den Anforderungen der Anwender entsprechend flexibel anzupassen. Auf der Basis von Softwaremodulen kann eine Steuerung vom Anwender neu konfiguriert werden, indem je nach Anforderung einzelne Softwaremodule erweitert, neue hinzugefügt oder auch durch andere ersetzt werden können. Insbesondere der Anwender hat jedoch ein verständliches Interesse daran, dass offene Schnittstellen herstellerübergreifend standardisiert werden.

Bild 6.27 veranschaulicht an dem Beispiel einer Steuerung für ein Bearbeitungszentrum, aus welchen Softwaremodulen (Bausteinen) eine Steuerung aufgebaut werden kann. Die Funktionalität der Steuerung wird zunächst in einzelne, funktional zusammengehörende Funktionsbereiche aufgeteilt. Den zentralen Teil der numerischen Steuerung bilden die Funktionsbereiche Human Machine Interface (HMI), Motion Control (MC), Axis Control (AC) und Spindle Control (SC). Der Funktionsbereich MC koordiniert die geometrischen Berechnungen und die Bahnplanung innerhalb der Steuerung, der Funktionsbereich AC koordiniert Gruppen einzelner Maschinenachsen und beinhaltet die Lageregelung, der Funktionsbereich SC übernimmt die gleichen Aufgaben für NC-gesteuerte Spindeln, das HMI umfasst die Bedienoberfläche mit ihren Zusatzfunktionen.

Jeder dieser Funktionsbereiche wird nun als in sich zusammenhängendes, aber von anderen Modulen weitgehend unabhängiges Softwaremodul implementiert. Damit das Gesamtsystem Steuerung funktionieren kann, ist es jedoch unerlässlich, dass zwischen diesen Modulen Informationen ausgetauscht werden. Beispielsweise wird der Programmablauf innerhalb des MC über das HMI gesteuert. Im Gegenzug werden Daten vom MC sowie fast aller übriger Funktionsbereiche vom HMI angefordert und visualisiert. Zusätzlich ist diese Beispielsteuerung mit Modulen zur Ansteuerung eines Werkzeugwechslers (TC) und eines Palettenwechslers (PCH) ausgestattet. Auch zwischen diesen Modulen werden Informationen, wie die Anforderung zum Werkzeugwechsel, ausgetauscht. Man erkennt, dass zwischen all diesen Modulen viele unterschiedliche Daten ausgetauscht werden.

Sowohl die Abgrenzung der einzelnen Funktionsbereiche gegeneinander, als auch die Definition der Schnittstellen zwischen den Funktionsbereichen sind Voraussetzungen, um eine herstellerübergreifende Lösung zu schaffen. Die bedeutendste Aktivität zur Schaffung eines herstellerunabhängigen Standards ist OSACA. Aber auch andere weltweite Aktivitäten sollen im Folgenden kurz betrachtet werden.

OSACA

Die europäische Initiative OSACA (Open System Architecture for Controls within Automation Systems) hatte das Ziel, in Bezug auf herstellerübergreifend offene Steuerungssysteme einen Standard zu schaffen. Diese Initiative wurde federführend vom Institut für Steuerungstechnik der Werkzeugmaschinen und Fertigungseinrichtungen (ISW) der Universität Stuttgart sowie dem Werkzeugmaschinenlabor (WZL) der RWTH Aachen vorangetrieben.

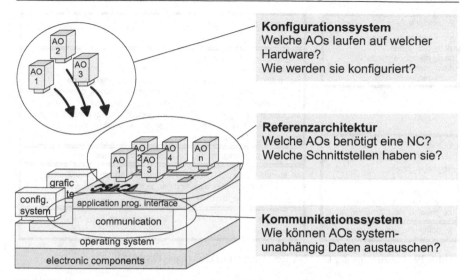

Konfigurationssystem
Welche AOs laufen auf welcher
Hardware?
Wie werden sie konfiguriert?

Referenzarchitektur
Welche AOs benötigt eine NC?
Welche Schnittstellen haben sie?

Kommunikationssystem
Wie können AOs system-
unabhängig Daten austauschen?

Bild 6.28. Struktur einer offenen Steuerungsarchitektur (nach OSACA)

Die Entwicklung und Spezifikation von OSACA begann 1992 durch ein Konsortium aus Industrie und Forschung unter Förderung der Europäischen Union. Bis 1996 wurden die Spezifikationen in Software umgesetzt und erstmals der Öffentlichkeit demonstriert. Parallel hierzu wurde zwischen 1996 und 1997 unter nationaler Förderung (bmb+f) das Projekt HüMNOS (Entwicklung herstellerübergreifender Module für den nutzerorientierten Einsatz Offener Steuerungssysteme) durchgeführt. Hierbei wurden die Ergebnisse von OSACA weiterentwickelt und im produktionsnahen Umfeld bei Daimler Benz und BMW verifiziert. Anfang 1998 unterzeichneten führende Steuerungs- und Maschinenhersteller sowie Endanwender ein Commitment, in dem sie bekräftigten, an der schrittweisen Markteinführung von OSACA aktiv mitzuwirken [103].

Zentrales Element der OSACA-Architektur ist die Systemplattform (Bild 6.28). Ausgehend von der Plattformarchitektur bilden die drei Aufgabengebiete Kommunikation, Referenzarchitektur und Konfiguration die wesentlichen technischen Randbedingungen für die Realisierung einer herstellerübergreifend offenen Steuerung.

Kommunikationssystem

Die OSACA-Plattform bietet die Möglichkeit, einzelne Softwaremodule (AOs) flexibel zu einem System zu kombinieren und auf verschiedene Hardwareplattformen zu verteilen. Wenn zwei Module unterschiedlicher Hersteller innerhalb dieser Plattformumgebung Daten miteinander austauschen wollen, so kann dies nur über standardisierte Schnittstellen (API) erfolgen. Diese Schnittstellen und die damit zusammenhängende Funktionalität wurden von OSACA spezifiziert und als sogenannte Plattformsoftware für verschiedene Betriebssysteme implementiert.

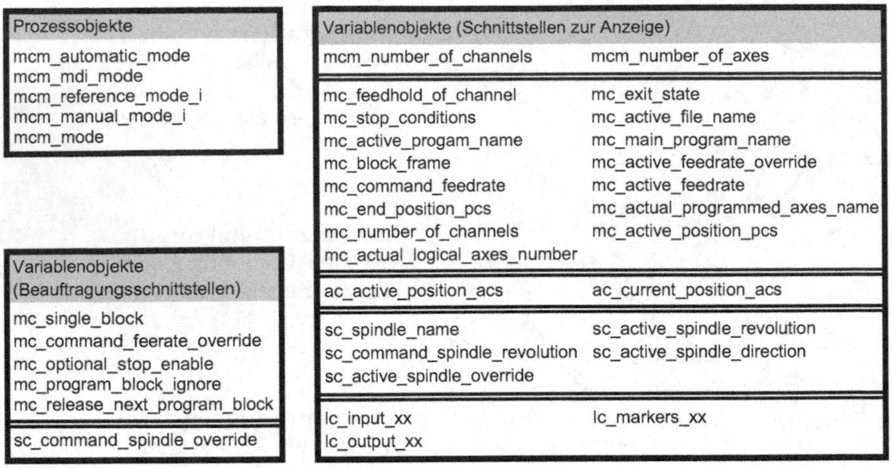

Prozessobjekte		Variablenobjekte (Schnittstellen zur Anzeige)	
mcm_automatic_mode		mcm_number_of_channels	mcm_number_of_axes
mcm_mdi_mode			
mcm_reference_mode_i		mc_feedhold_of_channel	mc_exit_state
mcm_manual_mode_i		mc_stop_conditions	mc_active_file_name
mcm_mode		mc_active_progam_name	mc_main_program_name
		mc_block_frame	mc_active_feedrate_override
		mc_command_feedrate	mc_active_feedrate
		mc_end_position_pcs	mc_actual_programmed_axes_name
		mc_number_of_channels	mc_active_position_pcs
		mc_actual_logical_axes_number	
Variablenobjekte (Beauftragungsschnittstellen)		ac_active_position_acs	ac_current_position_acs
mc_single_block		sc_spindle_name	sc_active_spindle_revolution
mc_command_feerate_override		sc_command_spindle_revolution	sc_active_spindle_direction
mc_optional_stop_enable		sc_active_spindle_override	
mc_program_block_ignore			
mc_release_next_program_block		lc_input_xx	lc_markers_xx
sc_command_spindle_override		lc_output_xx	

Bild 6.29. Auszug aus der OSACA Referenzarchitektur (nach OSACA)

Referenzarchitektur

Um Module unterschiedlicher Hersteller kombinieren zu können, reicht es nicht aus, lediglich die Kommunikation zwischen einzelnen Modulen zu standardisieren. Darüber hinaus ist es entscheidend, Funktionalitäten einzelner Module festzulegen und deren Schnittstellen bis ins Detail in Syntax und Semantik zu spezifizieren. Diesem Anspruch wird die OSACA-Referenzarchitektur gerecht, indem sie einzelne Funktionsbereiche einer numerischen Steuerung definiert und deren Schnittstellen spezifiziert (Bild 6.29). Erst hierdurch wird garantiert, dass zwei Module unterschiedlicher Hersteller miteinander kooperieren können, bzw. dass zwei Module mit der gleichen Funktionalität auch die gleichen Schnittstellen aufweisen und somit austauschbar sind.

Konfigurationssystem

Aus der Forderung, ein Steuerungssystem, einem Baukasten entsprechend, aus mehreren Einzelmodulen zusammenfügen zu können, ergibt sich die Notwendigkeit eines Konfigurationssystems. Hierunter ist zum einen die Basisfunktionalität der OSACA-Systemplattform zu verstehen, die es ermöglicht, eine gewünschte Konfiguration zu beschreiben („Welche Module laufen wo?", „Wie sind sie konfiguriert?") und ein System dynamisch zu konfigurieren (Bild 6.28). Zum anderen bietet die Verfügbarkeit eines komfortablen Konfigurationssystems, das den Anwender bei der Inbetriebnahme entlastet und ihm Routinetätigkeiten abnimmt, eine wertvolle Ergänzung für den praktischen Einsatz. Ein solches Konfigurationswerkzeug wurde im Rahmen von OSACA spezifiziert und entwickelt.

Die komplette Neuentwicklung einer auf OSACA basierenden Steuerung konnte jedoch von keinem Steuerungshersteller erwartet werden. Jeder Steuerungshersteller hatte seine Produkte bereits am Markt platziert und entwickelte diese schrittweise weiter. Um OSACA erfolgreich in Produkte einzuführen, wurde zunächst auf Migrationslösungen mit vertretbarem Aufwand zurückgegriffen. Dieser Schritt wurde von einigen Steuerungsherstellern begangen, indem ihre Produkte durch eine Erweiterung in Form von Gateways an den OSACA-Standard angepasst wurden. Die Firmen Bosch und Siemens haben die OSACA-Plattform in ihre Steuerungsprodukte Typ3 osa und Sinumerik FM-NC, 810D, 840D integriert. Möglich wurde dies durch Nutzung der jeweils verfügbaren herstellerspezifischen Offenheit dieser Produkte. Zum Einsatz kommen dabei sogenannte OSACA-Gateways. Diese haben die Aufgabe, nach außen hin eine OSACA-konforme Steuerung zu präsentieren, nach innen jedoch die jeweils angeforderten Dienste auf steuerungsspezifische Schnittstellen abzubilden [40]. Aus heutiger Sicht lässt sich jedoch sagen, dass sich OSACA industriell nicht durchgesetzt hat. Dennoch kann man es als wegweisendes Forschungsprojekt ansehen, welches als Ausgangsbasis für weitere Forschungsprojekte diente. So wurde z.B. 2002 das von der EU geförderte Projekt OCEAN (Open Controller Enabled by an Advanced Real-Time Network) gestartet, welches das Ziel verfolgte, die erfolgreichen Ansätze von OSACA zu übernehmen und das im Projekt OSACA entwickelte Kommunikationssystem durch den IT-Kommunikationsstandard CORBA zu ersetzen [34].

Weltweite Aktivitäten

Parallel zu OSACA gibt es auch in den USA und Japan nennenswerte Aktivitäten zur Standardisierung offener Steuerungssysteme. Ausgangspunkt in den USA war 1994 ein von General Motors, Ford und Chrysler verfasstes Anforderungspapier unter dem Titel „Requirements of Open Modular Architecture Controllers for Applications in the Automotive Industry" [98]. In den darauf folgenden Jahren wurde eine OMAC User's Group (Open Modular Architecture Controller, [160]) ins Leben gerufen, um die Ergebnisse zahlreicher amerikanischer Projekte über offene Steuerungen zu vereinheitlichen. Unter dieser Vereinigung fungieren derzeit zahlreiche Arbeitsgruppen, die sich im weiteren Sinne mit offenen Systemen befassen. Vergleichbar mit OSACA sind die OMAC-Arbeitsgruppen HMI-API (Schnittstelle zwischen Steuerung und Bedienung) und OMAC-API (offene Architektur eines NC-Kerns). Beide Aktivitäten befinden sich aber derzeit noch in der Spezifikationsphase und sind von Produkten noch weit entfernt. Als Nachteil erweist sich auch, dass OMAC hauptsächlich eine Anwendervereinigung ist, in der Steuerungshersteller kaum vertreten sind.

In Japan gab es unter dem Namen OSEC (Open System Environment for Controllers) ein großes Forschungsprojekt, an dem in den Jahren 1994 bis 1998 Firmen wie Mitsubishi, Toshiba, Toyoda, Mazak, IBM und Sony mitwirkten. Weitere Aktivitäten werden seit 1996 von der JOP (Japan Open Systems Promotion Group) koordiniert. Unter dem Namen PAPI (Principle Application Programming Interface) wurde in Japan eine Schnittstelle für modulare offene Steuerungssysteme in der Programmiersprache C spezifiziert.

6.2.7 Entwicklungstendenzen bei numerischen Steuerungen

Aktuelle und zukünftige Entwicklungen im Bereich der numerischen Steuerung haben vor allem das Ziel der Verbesserung von Preis, Leistungsfähigkeit, Funktionalität, Bedienkomfort, Integrierbarkeit, Zuverlässigkeit und der Reduktion des Bauvolumens. Um Kosten und Entwicklungszeiten zu reduzieren und die Wiederverwendbarkeit von Software zu garantieren, müssen zukünftig noch konsequenter marktgängige Standardkomponenten (z.B. PC-basierte Hardware, Standard-Betriebssysteme, Datenbanken) verwendet und möglichst viele gleiche und gemeinsame Komponenten für NC, RC, SPS, Zellensteuerung und Antriebstechnik genutzt werden. Daraus resultiert zum einen die Forderung, Hard- und Software einer Steuerung nahezu vollständig voneinander zu entkoppeln und zum anderen, Hard- und Software selbst möglichst modular aufzubauen. Vor allem die Weiterentwicklung offener Steuerungssysteme bietet in Zukunft noch viel Potenzial, da die Integration und Wiederverwendbarkeit unterschiedlicher Softwarekomponenten immer wichtiger wird. Auch wenn zukünftige kommerzielle Steuerungen evtl. keine komplette Offenheit, wie sie z. B. im OSACA-Projekt realisiert wurde, bieten werden, so werden doch Mechanismen und Schnittstellen zur Integration von Zusatzfunktionen und alternativen Algorithmen bereitgestellt, um eine gröSStmogliche Flexibilität zur Anpassung an unterschiedliche Maschinen und Bearbeitungsprozesse zu gewährleisten. Beispiele für derartige Mechanismen sind bereits in Kapitel 6.2.6.3 vorgestellt worden. Eine weitere Möglichkeit wäre die Verwendung des Kommunikationsstandards CORBA mit offenen Schnittstellen. Dieser Ansatz wurde im Forschungsprojekt OCEAN untersucht (vgl. Kapitel 6.2.6.4).

NC-Hardware

PC-basierte Hardware hat bereits in großen Teilen Einzug in die Steuerungstechnik gehalten. Bei weiter steigender Leistungsfähigkeit der Prozessoren wird jedoch die Einprozessorsteuerung, die alle Funktionen (NC, SPS und Bedienung) in einem System vereint, auch im hochtechnologischen Bereich größere Verbreitung erfahren. Der Anteil der Hardwareentwicklungen wird bei Steuerungsherstellern zurückgehen. Durch Nutzung kommerziell verfügbarer Hardware können Entwicklungskosten weiter gesenkt werden.

Betriebssysteme

Im Bedienbereich haben sich Windows-Betriebssysteme bereits als Standard etabliert. Im Echtzeitbereich werden jedoch heute noch viele unterschiedliche Betriebssysteme eingesetzt. Im Zuge der Integration der Hardware auf einem Prozessor stellt sich auch die Frage nach geeigneten Betriebssystemen für integrierte Lösungen. Zzt. gibt es Lösungen, die ein Echtzeitbetriebssystem parallel zu Windows auf einem Prozessor einsetzen, sowie Echtzeiterweiterungen der Betriebssysteme Windows NT bzw. Windows XP (Venturecom, Radisys) und Linux (RTLinux). Windows CE in der Version 5.0 ist die echtzeitfähige Betriebssystemvariante von Microsoft, welche auch für eingebettete Systeme mit eingeschränkten Leistungsdaten das bekannte Windows-Look-and-Feel bereitstellen soll.

NC-Kernfunktionen

Das Thema Hochgeschwindigkeitsbearbeitung (engl. High Speed Cutting, HSC) hat in letzter Zeit zunehmend an Bedeutung gewonnen. Im Bereich der NC-Kernfunktionen ermöglichen neuere Interpolationsarten (z.B. Splines, vgl. Kapitel 7.1), neue Verfahren zur Lageregelung (vgl. Band 3, Kapitel 3.2) sowie Lineardirektantriebe (vgl. Band 3, Kapitel 2.1.2.6) hohe Bearbeitungsgenauigkeiten bei gleichzeitig hohen Vorschubgeschwindigkeiten.

Einen Flaschenhals stellt hierbei nach wie vor die konventionelle NC-Programmierung nach DIN 66025 dar. Geeignete Geometrieformate (z.B. NURBS, Bezier-Splines) werden von dem Standard nicht unterstützt, eine bessere und flexiblere CAD/CAM-Kopplung wäre wünschenswert. Hier verspricht die zzt. in der Entwicklung befindliche ISO 14649 wesentliche Fortschritte (vgl. Kapitel 6.3.2).

Durch eine erhöhte Intelligenz der Steuerung können zusätzlich das Werkstück bzw. die Bearbeitungsaufgabe beschreibende Daten mitverarbeitet werden, so dass während der Bearbeitung einfach und schnell auf sich ändernde Randbedingungen reagiert werden kann. Diese Vorgehensweise ermöglicht der Steuerung, z.B. Vorschübe, Drehzahlen, Schnittaufteilungen u.a. m. selbständig zu berechnen und durch Umplanungen flexibel auf Störungen reagieren zu können.

Benutzerschnittstelle

Im Sinne einer benutzergerechten Steuerung werden dem Facharbeiter Möglichkeiten gegeben, den Verlauf des Prozesses leichter überwachen und sein Wissen und seine Fähigkeiten besser einbringen zu können. Hierzu werden z.B. für den Werkstatt- oder Reparaturbereich u.a. elektronische Handräder mit einer intelligenten Prozessrückführung mittels einer Kraftrückkopplung entwickelt. Die manuelle Bearbeitung kann in der Regel aufgezeichnet, abgespeichert und nachträglich optimiert werden (vgl. Kapitel 6.5).

Multimediatechniken wie Sprachverarbeitung und Videotechnik werden verstärkt Einzug in die Bedienung von NC-Steuerungen halten. Im Vordergrund steht auch, dem Maschinenbediener ein attraktives Umfeld zu bieten, das ihn motiviert.

Fertigungsumgebung

Insbesondere die Integration unterschiedlicher Automatisierungskomponenten zu einem Gesamtsystem auf Basis standardisierter Schnittstellen gewinnt rasant an Bedeutung. In absehbarer Zeit wird jede Steuerung über einen Netzwerkanschluss verfügen und in das Fabriknetzwerk integriert sein. Eine durchgehende Verfahrenskette von der Auftragsvergabe über Planung, Produktion und Qualitätssicherung bis zur Auslieferung eines Produktes stellt auch Anforderungen an die Schnittstellen einer NC-Steuerung.

6.3 Werkstückprogrammierung in der NC-Fertigung

Bei der NC-Programmierung werden alle zur automatisierten Fertigung eines Werkstücks notwendigen Informationen so dargestellt und in einem NC-Programm abgelegt, dass sie von der numerischen Steuerung einer Werkzeugmaschine eingelesen und interpretiert werden können. Zu diesen Informationen gehören geometrische Angaben zur Generierung der Werkstück- und Werkzeugbewegungen, technologische Informationen (z.B. Vorschubgeschwindigkeit und Spindeldrehzahl) sowie Instruktionen, die einen Werkzeugwechsel oder das Schalten von Zusatzfunktionen (z.B. Kühlschmiermittelpumpe, Späneförderer) bedingen.

Das NC-Programm wird entsprechend der Datenverwaltung der NC-Steuerung in unterschiedlichen physikalischen Formen abgespeichert. Während in den ersten NC-Steuerungen noch Lochstreifen eingesetzt wurden, stehen heute moderne optische und magnetische Speichermedien zur Verfügung, die auch in der Werkstattumgebung (Staub, Öle, magnetische Felder, Vibrationen etc.) eine sichere Speicherung der Programme ermöglichen. Durch die Anbindung der Maschine an ein Netzwerk lassen sich darüber hinaus NC-Programme innerhalb eines Unternehmens austauschen und zentral auf Servern verwalten.

Die Darstellung der Informationen im NC-Programm ist von der Programmierschnittstelle der jeweiligen NC-Steuerung abhängig. Nicht alle NC-Steuerungen basieren auf dem gleichen Datenmodell und verarbeiten Programme derselben Programmiersprache. Darüber hinaus unterscheiden sie sich in der internen Umsetzung der NC-Programme und in ihrem Funktionsumfang. Neben verschiedenen standardisierten Programmierschnittstellen gibt es daher herstellerspezifische Schnittstellen, mit denen sich die zusätzlichen, nicht standardisierten Funktionen der einzelnen Steuerungshersteller in einem NC-Programm abbilden lassen.

Entsprechend der Komplexität der in einem NC-Programm zu beschreibenden Bearbeitungsaufgabe und der Programmiersprache stehen in der Planung und an der Maschine unterschiedliche, in der Regel rechnergestützte Programmierverfahren zur Verfügung.

Bevor im Kapitel 6.4 auf die verschiedenen Verfahren zur NC-Programmierung eingegangen wird, sollen im Folgenden der Aufbau eines NC-Programms erläutert und die wichtigsten Vereinbarungen hinsichtlich der Maschinenkoordinatensysteme dargestellt werden [127].

6.3.1 Aufbau eines satzbasierten NC-Programms

Die ersten NC-Programme waren entsprechend der zur Verfügung stehenden Algorithmen, Rechnerleistung und Speichermedien rein sequenziell aufgebaut. Anstatt das Werkstück und die zu seiner Fertigung notwendigen technologischen und organisatorischen Informationen zu beschreiben, enthielten sie eine starre Abfolge einzelner NC-Sätze mit Verfahranweisungen und Schaltbefehlen für eine bestimmte Werkzeugmaschine. Es handelte sich daher um die Programmierung einer NC-Maschine und nicht um die eines Werkstücks. Auf dieser Grundlage ist die wohl am weitesten verbreitete NC-Programmiersprache entstanden, die DIN 66025 bzw. ISO 6983.

Ein NC-Programm nach DIN 66025, dem sog. „G-Code", besteht aus einer Reihung von Sätzen, die jeweils einem Bearbeitungsschritt entsprechen. Die Bearbeitungsanweisungen in einem Satz werden durch „Wörter", einer Kombination aus Kennbuchstaben (Adresse) und Ziffernfolge, mit oder ohne Vorzeichen verschlüsselt. Die Bedeutung und die Anordnung dieser Wörter ist im Programmschlüssel der jeweiligen NC-Steuerung festgelegt, dem die DIN 66025 zu Grunde liegt. In Tabelle 6.1 ist die Bedeutung der wichtigsten Wörter nach DIN 66025 zusammengestellt [57].

Die erste Anweisung in einem NC-Programm ist das Programmanfangszeichen ‚%'. Danach folgen zeilenweise die NC-Sätze, die jeweils durch eine Satznummer ‚N' eingeleitet und durch das Satzendezeichen ‚LF' (Line Feed) beendet werden. Jeder Satz kann eine unterschiedliche Anzahl von Wörtern enthalten. Die meisten Funktionen sind selbsthaltende Funktionen, d.h. sie müssen nicht in jedem Satz neu gesetzt werden, sondern gelten so lange, bis man sie in einem neuen Satz überschreibt oder zurücksetzt. Die satzweise geltenden Funktionen sind in Tabelle 6.1 gesondert mit einem Punkt gekennzeichnet.

Mit der Wegbedingung ‚G' (Geometrieangaben) kann der Programmierer u.a. die Interpolationsart (linear oder zirkular), die Art der Maßeingabe (mm oder inch, inkrementell oder absolut), die Werkzeugbahnkorrektur, die Nullpunktverschiebung und Arbeitszyklen (Bohrzyklen, Zyklen zum Ausräumen von Taschen usw.) anwählen. Bewegungen in den einzelnen Maschinenachsen werden durch die Weginformation festgelegt. Sie besteht aus einem Buchstaben zur Auswahl der betreffenden Achse (X, Y, Z bei Linearachsen und A, B, C bei Drehachsen Bild 6.31) und einer Ziffernfolge zur Angabe der Wegstrecke bzw. der Drehwinkel. Beim Verfahren von kreisförmigen Bahnen wird durch die Kreisinterpolationsparameter I, J, K die relative Lage des Kreisbogenmittelpunktes zum Startpunkt des Kreisbogens angegeben.

Zusätzlich zu diesen geometrischen Informationen, die die Werkzeugbewegungen beschreiben, enthält ein NC-Programm technologische Instruktionen zur Werkstückbearbeitung:

Das F-Wort (Feed) gibt die Vorschubgeschwindigkeit in mm/min oder den (Umdrehungs-)Vorschub in mm/U an. Die Auswahl wird durch die Verwendung des Befehls G94 bzw. G95 getroffen (Tabelle 6.1). Die Spindeldrehzahl in min^{-1} wird durch das S-Wort (Spindelrotation) programmiert.

Bei Maschinen mit Werkzeugwechsel kann durch das T-Wort (Tool) ein Werkzeug ausgewählt werden. Zu jedem Werkzeug sind unter der zugehörigen Korrekturnummer ‚D' oder aber in einer steuerungseigenen Datenbank die Werkzeuggeometriedaten für eine spätere Werkzeugkorrektur abgelegt. Mit diesen Informationen lassen sich bei der Programmabarbeitung der Werkzeugradius, die Werkzeuglänge oder der Werkzeugdurchmesser korrigieren.

Tabelle 6.1. Auszug aus dem Programmschlüssel der DIN 66025

Kennung		Funktion und Bedeutung
%		Programmanfang
:	1 bis 9999	Hauptsatz
N		Satznummer
/:		Ausblendbarer Hauptsatz
/N		Ausblendbarer Satz
G	0	Eilgang
	1	Geradeninterpolation
	2	Kreisinterpolation im Uhrzeigersinn
	3	Kreisinterpolation im Gegenuhrzeigersinn
	33	Gewindeschneiden
G	04 *	Verweilzeit zeitlich vorbestimmt unter der Adresse X in ms
G	17	Ebenenwahl X-Y
	18	Ebenenwahl X-Z
	19	Ebenenwahl Y-Z
G	39	Eckenkorrektur bei Fräserradiusbahnkompensation
G	40	Aufheben der Werkzeugkorrektur
	41	Werkzeugbahnkorrektur links, Werkzeug links vom Werkstück
	42	Werkzeugbahnkorrektur rechts, Werkzeug rechts vom Werkstück
G	53 *	Keine Nullpunktverschiebung
G	54	Nullpunktverschiebung 1
	55	Nullpunktverschiebung 2
G	70	Eingabesystem Zoll
	71	Eingabesystem metrisch
G	80	Aufheben des Arbeitszyklus
	81 bis 89	Arbeitszyklen
G	90	Absolutmaßeingabe
	91	Kettenmaßeingabe
G	92 *	Istwertspeicher setzen
G	94	Vorschub unter Adresse F in mm/min
G	95	Vorschub unter Adresse F in mm/U
D	1 bis 99	Werkzeugkorrekturnummer
X	0 bis ± 99999,999	Weginformation in mm
	1 bis 99999,999	Verweilzeit in ms
Y	0 bis ± 99999,999	Weginformation in mm
Z	0 bis ± 99999,999	Weginformation in mm
4.Achse	0 bis ± 99999,999	Weginformation in ° , mögliche Adressen: A,B,C,U,V,W
R	0 bis n	Parameter (z.B. für Unterprogramme)
I	0 bis ± 99999,999	Interpolationsparameter X-Achse (relativer Kreismittelpunkt)
	1 bis 2000,000	Gewindesteigung in mm
J	0 bis ± 99999,999	Interpolationsparameter Y-Achse (relativer Kreismittelpunkt)
	1 bis 2000,000	Gewindesteigung in mm
K	0 bis ± 99999,999	Interpolationsparameter Z-Achse (relativer Kreismittelpunkt)
	1 bis 2000,000	Gewindesteigung in mm
F	0 bis Fmax	Vorschub in mm/min (Fräsen) bzw. mm/U (Drehen)
S	0 bis Smax	Spindeldrehzahl in min-1
T	1 bis 9999	Werkzeugnummer
H	1 bis 999	Hilfsfunktionen
L	01 bis 99	Nummer des aufzurufenden Unterprogramms
M	0	Programmierter Halt, unbedingt
	1	Programmierter Halt, bedingt
	2	Programmende ohne Rücksprung, steht im letzten Satz des Programms
	30	Prg.Ende mit Rücksprung zum Prg.Anfang, steht im letzten Prg.Satz
M	3	Spindeldrehrichtung rechts ein (rechtsgängige Schraube dreht in Werkstück hinein)
	4	Spindeldrehrichtung links ein (gegen den Uhrzeigersinn)
	5	Spindel Halt
M	00 bis 99	Zusatzfunktionen, z.T. frei belegbar
(		Anmerkungsbeginn
)		Anmerkungsende
LF		Satzende(Line Feed)

* Gilt lediglich satzweise, alle übrigen sind selbsthaltend

Für das Fräsen stellt die Fräserradiuskorrektur eine wichtige Hilfe bei der NC-Programmerstellung dar. Anstatt der programmierten Bahn der Werkzeugkontur wird bei aktiver Korrektur die Äquidistante zu der zu fertigenden Werkstückkontur berechnet und von der Maschine ausgeführt. Der Steuerung wird über die G-Worte

G41 und G42 die relative Lage des Werkzeugs zum Werkstück in Bewegungsrichtung mitgeteilt, d.h. ob sich das Werkzeug links oder rechts von der Bahn relativ zum Werkstück befinden soll. Dadurch kann in der Steuerung bei der Generierung der Achsbewegungen der Werkzeugdurchmesser senkrecht zu der Bahnrichtung verrechnet werden. Liegt das zu zerspanende Material rechts von der Werkzeugbahn, wird G41 gesetzt, ansonsten setzt man G42.

Im Fall des Drehens ist eine solche Unterscheidung nicht notwendig. Eine Vielzahl von Steuerungen nutzt G46 zur automatischen Korrektur des Schneidenradius. Die Richtung, in die sich die Korrektur auswirken soll, ergibt sich aus der steuerungsintern zu speichernden Lage des Drehmeißels (Bild 6.34).

Die zahlreichen Zusatzfunktionen, wie z.B. Spindel-Rechtslauf-Linkslauf, Getriebestufenumschaltung, Kühlmittel-Ein-Aus oder Programmende, werden durch M-Worte (Miscellaneous functions) angegeben. Die L-Funktion bewirkt einen Aufruf von Unterprogrammen. Sie erspart die Programmierung häufig wiederkehrender Bearbeitungszyklen, wie sie z.B. bei Schnittaufteilungen oder Bohrbildern vorkommen. Es sind dann lediglich die veränderlichen Größen als Parameter (Siemens: R-Parameter) neu zu setzten und an das Unterprogramm zu übergeben.

Das Programmende ist durch die Zusatzfunktion M02 festgelegt. M30 ist eine Funktion, die bei der Verwendung von Lochstreifen notwendig war, um diese am Programmende wieder zum Anfang zurückzuspulen. Ursprünglich war der Lochstreifen das gängigste Speichermedium für NC-Programme, da entsprechende Speichermedien noch nicht in der Steuerung zur Verfügung standen oder zu anfällig gegenüber Verschmutzen und magnetischen Feldern im Werkstattbereich waren.

Heute jedoch verfügen NC-Maschinen über ausreichend große interne Speicher und sind in der Lage, komplette Programme oder Programmteile einzulesen und erst zu einem späteren Zeitpunkt auszuführen.

Die Übertragung der Programme in die Steuerung kann auf unterschiedliche Weise erfolgen. In vielen Fällen werden die Programme von Disketten oder anderen Speichermedien, wie beispielsweise Flash-Datenträgern eingelesen. Andere Möglichkeiten der Programmübertragung stellen serielle Schnittstellen (beispielsweise zu werkstattnahen PCs) und der DNC-Betrieb (Distributed Numerical Control) über Netzwerk dar. Im DNC-Betrieb, der die Aufgaben der NC-Programmverwaltung und -verteilung beinhaltet, steht ein Rechner mit großer Plattenkapazität direkt über ein LAN (Local Area Network) in Verbindung mit den NC-Werkzeugmaschinen. Die erforderlichen NC-Programme oder Programmteile lassen sich dann über das Netz von den Werkzeugmaschinensteuerungen oder bei alten Steuerungen ohne eigenen Festspeicher über DNC-Terminals anfordern.

6.3.2 STEP-NC, Aufbau eines objektorientierten NC-Programms

Der Programmierstandard nach DIN 66025 („G-Code") besteht quasi seit der ersten Einführungsphase der NC-Maschinen. Das Programm besteht aus einer Folge von Anweisungen, wobei die eigentliche Bearbeitungsaufgabe nicht mehr ersichtlich ist. Programmänderungen, Portierbarkeit auf andere Maschinen sowie Rückführung von geänderten Daten in die Planungsebene sind nur eingeschränkt möglich. Daher besteht seit langem der Wunsch diesen Programmierstandard durch einen neuen, den heutigen Möglichkeiten angepassten, zu ersetzen. Forschungsinstitute, Maschinenanwender und Steuerungshersteller haben sich daher Mitte der 90'er Jahre zusammengeschlossen, um einen neuen internationalen Standard auf der CAD/CAM-Schnittstelle „STEP" basierend zu entwickeln.

Gegenüber der DIN 66025 ist die Idee bei einem objektorientiert aufgebauten NC-Programm, die Informationen, die zur Ausführung einer Bearbeitung notwendig sind, nicht sequenziell in einzelne Sätze aufzuteilen, sondern in größeren logischen Einheiten zusammenzufassen und strukturiert abzulegen. Das hat den Vorteil, dass zu jedem Zeitpunkt der Bearbeitung nicht nur eine Verfahranweisung (z.B. G01 X...) oder ein Schaltbefehl (z.B. M06) im NC-Programm vorliegen, sondern stets der Zusammenhang zum aktuellen Bauteilmerkmal oder zum gesamten Werkstück hergestellt werden kann. Mit der höherwertigen Programminformation lassen sich in der numerischen Maschinensteuerung intelligente Funktionen, wie Rückzugstrategien, eine Kollisionsüberwachung oder die Umplanung der Bearbeitung für ein neues Werkzeug zur Laufzeit in der Steuerung realisieren.

Ein Beispiel für eine objektorientierte Programmierschnittstelle ist die ISO 14649, kurz STEP-NC genannt. Das Datenmodell der ISO 14649 ist an das von STEP (ISO 10303) angelehnt (vgl. Tabelle 6.3). Neben der Sprachdefinition (Part11, Part21) werden auch Teile der geometrischen Beschreibung (IR 42/43) und Featuredefinition (AP214/224) aus STEP übernommen. Diese Datenelemente werden heute schon in modernen CAD/CAM-Systemen verarbeitet und als Austauschformat für Geometrieinformationen eingesetzt. Über ein einheitliches Datenformat von der Planung bis in die Fertigung lassen sich einmal erstellte Produktdaten mehrfach verwenden, ohne sie neu generieren zu müssen. Fehler und Ungenauigkeiten, wie sie beispielsweise bei der Umrechnung von Geometrieinformationen auftreten, werden vermieden. Dieser Gedanke wird vor allem von großen Unternehmen, die an vielen Orten produzieren und damit auch NC-Programme austauschen müssen, vorangetrieben. In Bild 6.30 ist vereinfacht ein kleiner Ausschnitt des Datenmodells der ISO 14649 in EXPRESS-G dargestellt. EXPRESS ist eine Sprache zur Darstellung von Datenstrukturen und EXPRESS-G ist die entsprechende grafische Darstellungsform.

Die ISO 14649 sieht eine Trennung in geometrische und technologisch operative Daten vor. Weiterhin werden die geometrischen Daten entsprechend ihrer Freiheitsgrade unterteilt in $2\frac{1}{2}$D und 3D Elemente. Im Fall einer $2\frac{1}{2}$D-Bearbeitung wird nur in zwei Achsen interpoliert, während die dritte Achse um fest vorgegebene Werte zugestellt wird. Hierzu zählen Elemente wie Taschen, Nuten, Absätze, Umrandungen, etc.: sogenannte Bearbeitungsfeatures (machining_feature). Freiformflächen werden durch spezielle Flächenfeatures beschrieben.

Das Werkzeug, die Schnittdaten, die Strategie, etc. sind dagegen nicht zwangsläufig nur auf ein Bauteilmerkmal anwendbar und werden deswegen global als Operation (machining_operation) in einem eigenständigen Objekt beschrieben. Um spezielle oder optimierte Bahnstrategien zu programmieren, gehört zu der „machining_operation" das Attribut „toolpath". Hierunter können vorab definierte Werk-

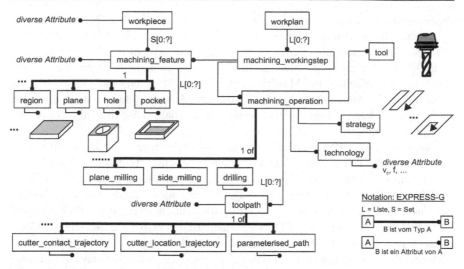

Bild 6.30. Vereinfachtes Datenmodell der ISO 14649-CD

zeugbahnen gespeichert werden. Auf diese Weise ist es beispielsweise möglich, die genauen Bearbeitungsbahnen für ein Feature vorzugeben. Sind keine Werkzeugbahnen vorgegeben, so werden erst in der Steuerung die Verfahrwege entsprechend der gewählten Strategie berechnet.

Erst über den Arbeitsschritt (machining_workingstep) wird der Steuerung mitgeteilt, welche Operation an einem Feature auszuführen ist, d.h. wie eine Geometrie zu bearbeiten ist. In der Steuerung werden dann die entsprechenden Fertigungsfeatures aufgelöst und Verfahrwege generiert, eine Aufgabe, die, abgesehen von der Zyklenprogrammierung, bislang von CAD/CAM-Systemen übernommen wird [119].

Durch den objektorientierten Aufbau liegt in der Steuerung ein strukturiertes Modell der gesamten Bearbeitungsaufgabe vor. Dieses kann zur visuellen Darstellung oder aber für zusätzliche Funktionalitäten seitens der Steuerung genutzt werden.

Die umfassenden geometrischen, technologischen und organisatorischen Informationen liegen als strukturierte Einheiten in einem objektorientierten Format vor. Der Informationsaustausch zwischen CAD-, CAP-, CAM-Systemen und NC-Steuerungen, die eine Schnittstelle für ein solches umfassendes Datenformat besitzen, wird sicherer, da Datenkonvertierungen zwischen den Systemen entfallen. Änderungen lassen sich besser in allen Systemen nachhalten. Wenn sich beispielsweise beim Einfahren eines NC-Programms Änderungen ergeben, können diese direkt an der Maschine vorgenommen und über das NC-Programm an die Planung zurückgegeben werden [38].

Indem das NC-Programm geometrische und technologisch operative Daten trennt, ist die Beschreibung weitestgehend steuerungsneutral. NC-Programme können zwischen einzelnen Werkzeugmaschinen einfacher ausgetauscht werden. Unterschiede in der Steuerungs- und Maschinenfunktionalität werden durch Programmänderungen an wenigen, einfach aufzufindenden Stellen in den Operationsdefinitionen schnell und einfach realisiert. Beispielsweise hat eine geänderte Schnitttiefe keine Neukalkulation aller Verfahrbewegungen, wie im Fall der Programmierung nach DIN 66025, zur Folge. Stattdessen wird das entsprechende Attribut geändert, und erst zur Laufzeit an der Maschine generiert die Steuerung die entsprechenden Bahnen. Da die Steuerung i.d.R. besser an die Maschine angepasst ist als jedes CAM-System, kann sie die Bahnen so generieren, dass diese die Fähigkeiten der Maschine bestmöglich ausnutzen.

Aufgrund des umfangreichen Datenmodells und seiner Vielzahl an Attributen lässt sich das NC-Programm jedoch nur schwer über einen Texteditor editieren. Ein maschinelles Programmierverfahren oder spezielle Browser sind notwendig [37].

Obwohl STEP-NC bereits seit 2003 als internationaler Standard vorliegt, konnte sich das neue Datenformat bisher nicht industriell durchsetzen. Wesentlicher Grund hierfür ist, dass der definierte STEP-NC Standard den bisher verwendeten G-Code ersetzen soll. Da STEP-NC Programme auf aktuell im Einsatz befindlichen, konventionellen Steuerungen nicht lauffähig sind, wird eine STEP-NC basierte Lösung den bisherigen G-Code, wenn überhaupt, nur langfristig ablösen können, da aus Sicht der Anwender zumindest mittelfristig eine Abwärtskompatibilität zu bestehenden NC-Programmen unabdingbar ist. Problematisch ist weiterhin die mangelnde Umsetzung durch Steuerungshersteller und CAM-System Anbieter. Da bisher keine kommerziellen Systeme verfügbar sind, die basierend auf dem neuen Standard erweiterte Funktionalitäten bieten, ist auch das Interesse seitens der Anwender bisher beschränkt. Dennoch verspricht der STEP-NC Gedanke ein großes Potenzial, auch wenn er in seiner angedachten Form bisher nicht umzusetzen war. Daher wird aktuell an Alternativlösungen gearbeitet die den Gedanken von STEP-NC aufgreifen, der Steuerung mehr Informationen über die durchzuführende Bearbeitungsaufgabe verfügbar zu machen, um erweiterte Funktionalitäten wie beispielsweise eine bearbeitungsparallele Kollisionsvermeidung, eine direkte Anbindung an die Werkstattorganisation oder eine Zuordnung von Prozessdaten zu Bearbeitungsfeatures realisieren zu können, dabei jedoch die Abwärtskompatibilität zu bestehenden Systemen wahren. Eine solche Möglichkeit ist beispielsweise die Anreicherung des G-Codes mit standardisierten Kommentaren, die einzelne G-Code Blöcke in Objekte gruppiert. Diese Blöcke beinhalten die gleichen Informationen wie das objektorientierte STEP-NC und gewährleisten somit auch die Informationsdurchgängigkeit mit der Planung, können jedoch auch auf konventionellen Steuerungen abgearbeitet werden.

6.3.3 Koordinatensysteme und Bezugspunkte

Die Festlegung von Koordinatensystemen und Bezugspunkten im Arbeitsraum der Werkzeugmaschine ist eine notwendige Voraussetzung für die Beschreibung der Bearbeitungsbewegungen. Im Bild 6.31 ist die Lage der Koordinatensysteme, wie sie in der DIN 66217 für konventionelle Werkzeugmaschinen und zusätzlich für eine Parallelkinematik definiert ist, dargestellt. Die Anzahl und die Art der Achsen

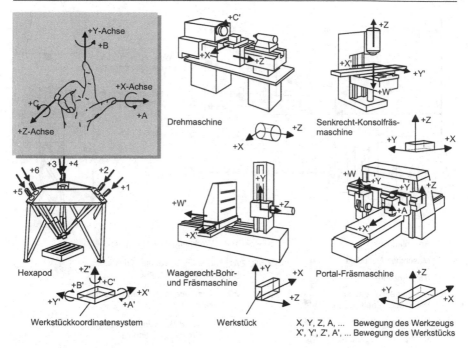

Bild 6.31. Koordinaten von Werkzeugmaschinen (nach DIN 66217)

ist maschinenabhängig. Es wurden folgende, für konventionelle Kinematiken allgemeingültige Festlegungen getroffen: Verwendet wird ein rechtshändiges, rechtwinkliges Koordinatensystem mit den Achsen X, Y und Z, das auf die Hauptführungsbahnen der Maschine ausgerichtet ist und sich auf das in der Maschine eingespannte Werkstück bezieht. Die Z-Achse liegt parallel zur Achse der Arbeitsspindel bzw. ist mit ihr identisch. Die positive Richtung der Z-Achse verläuft vom Werkstück zum Werkzeug bzw. bei Drehmaschinen von der Arbeitsspindel zum Werkstück, d.h. in Richtung der positiven Achse nehmen der Arbeitsraum bzw. die Werkstückabmessungen zu.

Die X-Achse ist die Hauptachse in der Positionierebene. Sie liegt grundsätzlich parallel zur Werkstückaufspannfläche und verläuft, wenn möglich, horizontal. Sind Koordinatenachsen parallel zur X-, Y- oder Z-Achse vorhanden, so werden diese mit U, V und W bezeichnet. Die Buchstaben A, B, C kennzeichnen Drehachsen um X, Y bzw. Z, wie z.B. winkellagegesteuerte Hauptspindeln oder Drehtische, die den X-, Y-, Z-Koordinaten zugeordnet sind. Der positive Drehsinn ist nach der „Rechtsschraubenregel" festgelegt (Bild 6.31).

Zur Erzeugung der Positionierbewegung kann entweder das Werkzeug oder das Werkstück verfahren werden. Wird das Werkzeug bewegt, dann stimmt die positive Bewegungsrichtung mit der positiven Achsrichtung überein, und sie wird mit +X, +Y, +Z usw. bezeichnet. Bei Bewegung des Werkstücks ist die positive Bewegungsrichtung der Achsrichtung entgegengerichtet, sie wird mit +X', +Y', +Z' usw.

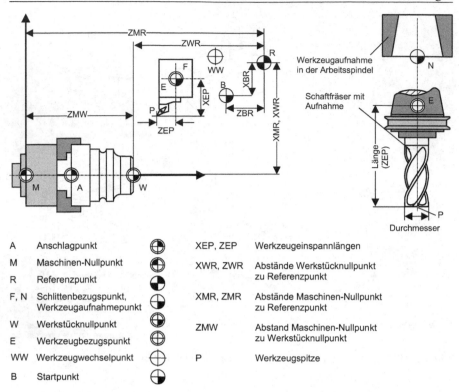

A	Anschlagpunkt	⊕	XEP, ZEP	Werkzeugeinspannlängen
M	Maschinen-Nullpunkt	⊕	XWR, ZWR	Abstände Werkstücknullpunkt zu Referenzpunkt
R	Referenzpunkt	⊕		
F, N	Schlittenbezugspunkt, Werkzeugaufnahmepunkt	⊕	XMR, ZMR	Abstände Maschinen-Nullpunkt zu Referenzpunkt
W	Werkstücknullpunkt	⊕	ZMW	Abstand Maschinen-Nullpunkt zu Werkstücknullpunkt
E	Werkzeugbezugspunkt	⊕		
WW	Werkzeugwechselpunkt	⊕	P	Werkzeugspitze
B	Startpunkt	⊕		

Bild 6.32. Bezugspunkte bei einer NC-Drehmaschine und an einem Fräswerkzeug

bezeichnet. Im ersten Fall spricht man auch von Werkstückkoordinaten, im zweiten von Werkzeug- oder Maschinenkoordinaten. Für die Drehachsen A, B, C gilt Entsprechendes.

Da das Koordinatensystem auf das Werkstück bezogen ist, erfolgt die Programmierung unabhängig davon, ob bei der Bearbeitung das Werkzeug oder das Werkstück bewegt wird. Der Programmierer nimmt immer an, dass sich das Werkzeug relativ zum Koordinatensystem des stillstehend gedachten Werkstücks bewegt.

Zur Programmierung des Vorzeichens für die Spindeldrehrichtung bei einer Dreh-, Fräs- oder Bohrmaschine gilt die Regel einer rechtsgängigen Schraube. Die Drehrichtung ist bei einer Rechtsdrehung mit Blick in Vorschubsrichtung positiv. D.h. die Drehrichtung aus der Sicht des Werkzeugs ist an die Vorschubsrichtung gebunden. Allgemein gilt für eine positive Drehrichtung der Achsen: für A Rechtsdrehung in Richtung +X, für B Rechtsdrehung in Richtung +Y und für C Rechtsdrehung in Richtung +Z geschaut. Zum Bohren mit einem Rechtsbohrer ist z.B. Spindelrechtslauf, d.h. M03, zu programmieren.

Außer den Koordinatensystemen sind an jeder numerisch gesteuerten Werkzeugmaschine verschiedene Bezugspunkte definiert. Die wichtigsten sind im

Bild 6.32 aufgezeigt. Mit ihrer Hilfe wird der Bezug zwischen der Lage des Werkstücks im Arbeitsraum und der Stellung des Werkzeugs hergestellt.

Maschinen-Nullpunkt M

Über den Maschinen-Nullpunkt legt der Hersteller den Ursprung des Maschinenkoordinatensystems fest. Er ist direkter oder indirekter Ausgangspunkt für alle anderen Bezugs-, Referenz- und Nullpunkte. Der Maschinen-Nullpunkt ist eine unveränderliche Maschinengröße.

Referenzpunkt R

Der Referenzpunkt ist ein durch Endschalter (grob) und das Messsystem (fein) auffindbar festgelegter Punkt. Er liegt in der Regel im Randbereich des Arbeitsraumes, damit er auch bei aufgespanntem Werkstück kollisionsfrei angefahren werden kann. Der Referenzpunkt wird bei der Inbetriebnahme der Maschine auf einen festen Abstand XMR, ZMR zum Maschinennullpunkt gesetzt und bleibt dann unverändert.

Durch den Befehl „Referenzpunktfahrt" kann der Referenzpunkt von Hand oder per SPS-Programm mit einer Genauigkeit von einem Weginkrement (i.d.R. im Bereich von 0,1 bis 1 μm) angefahren werden. Bei Maschinen mit zyklisch-absolutem oder inkrementalem Messsystem ist nach jedem Neueinschalten der Maschine eine Referenzpunktfahrt erforderlich. Es werden dann automatisch die Istpositionszähler der Steuerung auf Null oder auf andere bei der Inbetriebnahme vorgegebene Werte, z.B. XMR, ZMR (Bild 6.32), gesetzt.

Werkstücknullpunkt

Der Werkstücknullpunkt ist der Ursprung des Werkstückkoordinatensystems, auf das sich die Teileprogrammierung bezieht. Seine Lage wird vom Programmierer frei definiert und sollte dort angeordnet werden, von wo in der Zeichnung die meisten Maße ausgehen. Bei einem Drehteil ist das beispielsweise der Schnittpunkt der Rotationsachse mit der Bezugskante der Längenvermaßung.

Für die Bearbeitungssituation nach Bild 6.32 würde der Maschinenbenutzer beispielsweise über das Maß ZMW (Bild 6.32) den Werkstücknullpunkt relativ zum Maschinennullpunkt setzen. Dadurch vereinfacht sich für ihn die NC-Programmierung, da er die Maße unmittelbar aus der Zeichnung übernehmen kann.

Werkzeugbezugspunkt E

Die Maße, die beim Vermessen des Werkzeuges bestimmt worden sind und die zur Werkzeugkorrektur im Werkzeugdatenspeicher abgelegt werden müssen, beziehen sich auf den Werkzeugbezugspunkt.

Der Werkzeugbezugspunkt fällt beim Fräsen mit dem Werkzeugaufnahmepunkt ‚N' in der Werkzeugaufnahme und beim Drehen mit dem Schlittenbezugspunkt ‚F' zusammen.

Die Lage des Werkzeugbezugspunktes ist beim Steilkegel bei Fräsmaschinen nicht eindeutig definiert, da die Aufnahme in der maschinenseitigen Werkzeugaufnahme nicht formschlüssig an einem Flansch anliegend, sondern in einem Konus aufgenommen wird. Daher muss dieser für die Werkzeugeinstellung notwendige Punkt in Abhängigkeit von Maschine und Aufnahme bestimmt werden. Je weiter der Kegel in den Konus der Aufnahme der Arbeitsspindel eintaucht, umso weiter liegt der Bezugspunkt ‚E' des Werkzeugs in Richtung Werkzeugspitze. Der Hohlschaftkegel liegt dagegen eindeutig an der Spindelplanfläche an, so dass N und E identisch sind.

Werkzeugaufnahme- N und Schlittenbezugspunkt F

Beim Fräsen spricht man von einem Werkzeugaufnahmepunkt, und beim Drehen vom Schlittenbezugspunkt. Die Punkte sind das maschinenseitige Gegenstück zum Werkzeugbezugspunkt und werden bei der Referenzpunktfahrt in den Referenzpunkt verfahren.

Startpunkt B

Der Startpunkt kennzeichnet die Position des Werkzeugbezugspunktes bei Programmbeginn. Er wird vor Programmbeginn vom Referenzpunkt aus von Hand und am Ende einer Werkstückbearbeitung per Programm angefahren, um von dort die Bearbeitung des nächsten Werkstücks zu starten.

Werkzeugwechselpunkt WW

Zum Werkzeugwechsel fährt der Wechselkopf bei Drehmaschinen bzw. der Fräskopf bei Fräsmaschinen an eine definierte Stelle im Arbeitsraum, an der ein kollisionsfreier Werkzeugwechsel erfolgen kann. Dieser Punkt ist wie der Maschinennullpunkt eine feste Maschinengröße. Mit dem T-Befehl zum Werkzeugwechsel, wird dieser Punkt automatisch angefahren.

Werkzeuggeometrie

Bei der Bearbeitung eines Werkstücks werden fast immer mehrere Werkzeuge, wie z.B. Schruppwerkzeuge, Schlichtwerkzeuge, Bohrwerkzeuge usw., eingesetzt. Die als Einspannlängen bezeichneten Abstände XEP und ZEP (Bild 6.32) zwischen der spanbildenden Schneide und dem Werkzeugeinstellpunkt ‚E' haben in Abhängigkeit vom Werkzeug unterschiedliche Werte. Mit jedem eingewechselten Werkzeug muss das zugehörige Koordinatenpaar XFP, ZFP der Bahnberechnung zugewiesen werden. Kleinere Abweichungen der Werkzeugmasse durch Verschleiß, durch ungenaue Werkzeugvoreinstellung oder durch temperaturbedingte Maschinenverlagerungen können mit der Werkzeugfeinkorrektur vom Maschinenbediener vor Beginn der Bearbeitung noch berichtigt werden (Bild 6.19). Die Korrekturwerte werden im NC-Programm über die D-Anweisung mit der entsprechenden Speichernummer ausgelesen.

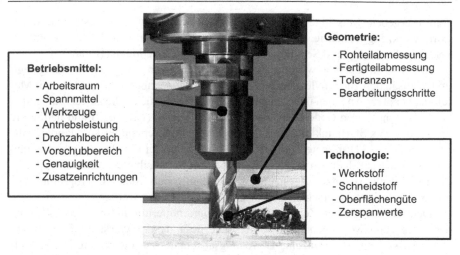

Betriebsmittel:
- Arbeitsraum
- Spannmittel
- Werkzeuge
- Antriebsleistung
- Drehzahlbereich
- Vorschubbereich
- Genauigkeit
- Zusatzeinrichtungen

Geometrie:
- Rohteilabmessung
- Fertigteilabmessung
- Toleranzen
- Bearbeitungsschritte

Technologie:
- Werkstoff
- Schneidstoff
- Oberflächengüte
- Zerspanwerte

Bild 6.33. Daten zur Erstellung der Steuerinformationen für eine NC-Maschine

6.4 NC-Programmierverfahren

Der Programmierer muss bei der Programmerstellung die von ihm geforderte Bearbeitungsaufgabe so in einem NC-Programm darstellen, dass die Steuerung der Werkzeugmaschine sie eindeutig interpretieren kann und sie sich auf einer Maschine mit ihrem begrenzten Arbeitsraum und ihrer spezifischen Funktionalität ausführen lässt. Grundlage hierfür ist die Programmiersprache (DIN 66025). In ihr sind der gemeinsame Befehlsvorrat und ein entsprechendes Darstellungsformat festgelegt.

In Abhängigkeit von der Form des zu fertigenden Bauteils und der Komplexität der Bearbeitung entstehen unterschiedlich umfangreiche Programme. Sind darüber hinaus über ein Programm mehrere Prozesse simultan zu steuern (z.B. Mehrschlittendrehmaschinen), so müssen zusätzlich Synchronisationsmarken ergänzt werden. Dem Programmierer sind dazu neben der geeigneten NC-Programmiersprache die entsprechenden Hilfsmittel zur Verfügung zu stellen, um ein solches Programm sicher, schnell und kostengünstig erstellen und prüfen zu können.

6.4.1 Manuelle NC-Programmierverfahren

6.4.1.1 Grundlagen und Vorgehensweise

Im Fall der manuellen Programmierung unterteilt der Programmierer das zu bearbeitende Werkstück in einzelne Bearbeitungsschritte. Zu bearbeitende Geometrie, Werkstoffe und einzusetzende Werkzeuge bestimmen dann die notwendigen Operationen unter Berücksichtigung der technologischen Randbedingungen.

Bei der konventionellen, sequenziellen NC-Programmierung nach DIN 66025 bildet er mit den im Programmschlüssel der NC-Maschine (Tabelle 6.1) vorgegebenen NC-Funktionen NC-Sätze, die in ihrer Gesamtheit das NC-Werkstückprogramm ergeben. Maschinenleistung, Werkstück- und Rohteilabmessungen, Werkstoff, Werkzeuggeometrie und Werkstückoberflächengüten sind bei der Wahl der Schnittbedingungen und Schnittaufteilungen zu berücksichtigen (Bild 6.33).

In einem Arbeitsplan wird die Reihenfolge der Bearbeitungsschritte festgelegt. In den zusätzlich zu erstellenden Werkzeug- und Aufspannplänen werden dem Maschinenbenutzer Angaben über die Spannlage des Werkstücks, die zu verwendenden Werkzeuge mit ihren Codenummern und Einstelllängen (Bild 6.19) und häufig die Entfernung des Startpunktes B der Schlitten vom Referenzpunkt (Abstände XBR, ZBR im Bild 6.32) mitgeteilt, die der Programmierer bei der Programmerstellung vorausgesetzt hat. Können einzelne Vorgaben nicht eingehalten werden, weil z.B. das Rohteil nur versetzt aufgespannt werden kann, muss das NC-Programm z.B. durch eine Nullpunktverschiebung entsprechend angepasst werden.

Den weitaus größten Zeitanteil bei der Programmierung nimmt die Festlegung der Werkzeugbewegungen in Anspruch. Die gesamte die Werkstückform erzeugende Bewegung ist in einzelne Bewegungsabschnitte zu unterteilen. Bei Rohteillaufmaßen, die nicht in einem Schnitt zerspant werden können, ist eine Zerlegung in mehrere Bearbeitungsvorgänge erforderlich. Diese sogenannte Schnittaufteilung verlangt oft die Berechnung von Wegpunkten, die in der Werkstückzeichnung nicht vermaßt sind. Diese aufwendigen Berechnungen werden von Programmierwerkzeugen (z.B. EXAPT oder CAMplus von CNC Keller) übernommen, die die geometrischen Vorgaben von den CAD-Daten des Werkstücks übernehmen oder vom Programmierer in Form von graphischen Konturdarstellungen eingegeben werden (vgl. Kapitel 6.4.2).

Die Form und Länge der Bewegungsabschnitte ergibt sich aus den Interpolationsfunktionen der in der jeweiligen NC-Programmiersprache vorhandenen Geometrieelemente. Im Fall der DIN 66025 müssen alle Bahnen durch Geraden, Kreisbögen oder Parabeln approximiert werden. Entsprechend der Komplexität der zu bearbeitenden Geometrie und der geforderten Genauigkeit sind dazu bisweilen sehr viele Sätze nötig. Das NC-Programm wird entsprechend lang, und die Anzahl von NC-Sätzen mit nur kurzen Bahnsegmenten steigt. Auf die Zeitprobleme, die sich hieraus während der Abarbeitung ergeben, wird in den Kapiteln zur Interpolation gesondert eingegangen. In modernen Steuerungen und Erweiterungen der DIN 66025 Programmiersprache werden daher auch höherwertige geometrische Beschreibungen, wie beispielsweise Splines, eingesetzt. Dadurch lassen sich komplexe und gleichzeitig längere Bahnsegmente in nur einem Satz abbilden. Die DIN 66025 unterstützt derartige Interpolationsformen jedoch nicht.

Besondere Sorgfalt ist bei der Festlegung des Bahnverlaufs (Achsbewegungen) darauf zu verwenden, dass der Bearbeitungsvorgang kollisionsfrei erfolgt (vgl. Kapitel 7.2.2). Gefahren der Kollision mit dem Werkstück treten besonders dann auf, wenn an engen und verwinkelten Werkstückbereichen gearbeitet werden muss, bzw. wenn sich mehrere Werkzeuge auf verschiedenen Vorschubschlitten gleichzeitig im Eingriff befinden.

Die Angabe von Verfahrwegen ist nach DIN 66025 auf zwei Arten möglich. Bei der absoluten Maßangabe (Bezugsmaßprogrammierung, G90) werden die Koordinatenwerte des Endpunktes im Werkstückkoordinatensystem – bezogen auf den Werkstücknullpunkt W (Bild 6.32) – programmiert. Bei der inkrementalen Maßangabe (Kettenmaß- oder Relativmaßprogrammierung, G91) wird die Differenz vom momentanen Standort des Werkzeugs zum Endpunkt des nächsten Wegstücks vorzeichenrichtig angegeben.

In der Praxis wird überwiegend absolut programmiert (G90). Bei dieser Art der Vermaßung ist die Programmkontrolle bzw. die Programmkorrektur oftmals einfacher, denn in Werkstattzeichnungen wird in der Regel ausgehend von einzelnen Bezugskanten vermaßt. Legt man den Nullpunkt für die Absolutprogrammierung auf diese Bezugskanten, können die Maße für die NC-Programmierung unmittelbar von der Zeichnung übernommen werden. Ferner wird durch die Änderungen einzelner Maße nicht das gesamte nachfolgende Programm beeinflusst, wie dies bei der relativen Vermaßung der Fall ist. Gegenüber der absoluten Vermaßung besteht in der relativen Vermaßung die Gefahr von Kettenmaßfehlern, der Summierung der Toleranzen einzelner Maße. Die Kettenvermaßung bietet dagegen Vorteile, wenn Programmteile mehrfach verwendet werden sollen. Da sich hier die Vermaßung auf den zuvor angefahrenen Punkt bezieht, können einzelne Programmteile (z.B. Unterprogramme) an die entsprechende Stelle kopiert oder als Unterprogramm von dort aus aufgerufen werden. Besonders bei der Fertigung von Bohrbildern, in denen dieselben Bohrungen an verschiedenen Stellen zu fertigen sind, ist diese Art der Vermaßung vorteilhaft. Innerhalb eines Werkstückprogramms kann die Art der Maßangaben beliebig zwischen absoluter und inkrementeller Vermaßung gewechselt werden.

Die Lage des Werkstücks, d.h. die des Werkstücknullpunktes relativ zum Maschinennullpunkt, hängt von dem verwendeten Spannmittel, von der Lage des Spannmittels im Arbeitsraum (z.B. auf dem Frästisch) und von den Rohteilabmessungen ab. In einer der ersten Anweisungen eines NC-Programms ist daher der Steuerung die Lage des Werkstücknullpunktes relativ zum Maschinennullpunkt anzugeben. Dies geschieht durch den Aufruf des Befehls G54 oder durch Übrenahme einer von Hand angefahrenen Istposition.

Beispiel: N12 G54
Das Maß der Verschiebung (im Bild 6.32 das Maß ZMW) wird dem Einrichteblatt entnommen und vor Programmstart an der Steuerungsbedientafel der Maschine eingegeben. Als Speicher stehen sogenannte Korrekturwertspeicher zur Verfügung, die über einen entsprechenden G-Befehl, in diesem Fall G54, im NC-Programm abgerufen werden können. Eine andere Möglichkeit der Nullpunktverschiebung bietet das Setzen des Ist-Wertspeichers durch den Befehl G92. Die Achswerte der aktuellen Position werden im Speicher gesetzt und legen so indirekt den Nullpunkt des Werkstücks fest.

Beispiel: N9 G92 X100 Z200
Häufig wird dieser Befehl auch im Zusammenhang mit dem sogenannten „Werkzeugankratzen" am Drehwerkstück verwendet. Dazu kratzt der Programmierer vor Programmausführung das Drehteil an der Stirnseite an und trägt die Z-Komponente

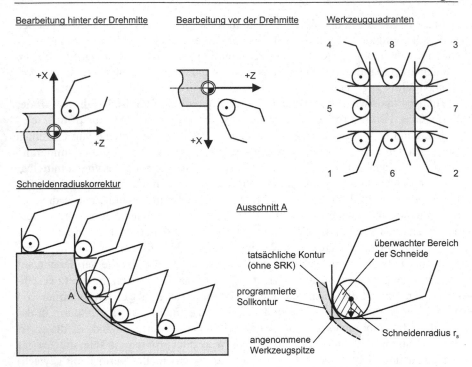

Bild 6.34. Orientierung des Drehmeißels und mögliche Formfehler beim Drehen ohne Schneidenradiuskorrektur

dieser Position zusammen mit einem vom Bauteil entfernten X-Wert in das NC-Programm ein. Die X/Z-Position kann im Programm angefahren und der Ist-Wertspeicher mit G92 an dieser Stelle auf Z=0 gesetzt werden. So ist der Programmierer in der Lage, den Werkstücknullpunkt zu definieren, ohne näher den Maschinennullpunkt, die Einspannung, Einspann- und Bauteillängen betrachten zu müssen.

Bei der Programmierung der Werkstückgeometrie wird immer die Fertigkontur des Werkstücks programmiert, ohne zunächst die Werkzeugradien zu berücksichtigen. Unter dem Werkzeugradius versteht man im Fall von Drehwerkzeugen den im Bild 6.34 beschriebenen Schneidenradius r_s der eingesetzten Wendeschneidplatten, im Fall von Fräswerkzeugen den Fräserradius. Die Steuerung hat dann, unter Kenntnis der Werkzeugradien, für den Schneidenrundungs- bzw. den Fräsermittelpunkt die äquidistante Bahn zur Werkstückkontur zu berechnen. Diese Berechnung wird auch Schneiden- bzw. Fräserradiuskorrektur (SRK bzw. FRK) genannt. Ohne eine Bahnkorrektur (Bild 6.34) können Formfehler bei der Bearbeitung auftreten (vgl. Kapitel 7.2.2).

Der Werkzeugradius wird nicht im NC-Programm festgelegt, sondern von Hand vor Programmstart in die Steuerung eingegeben. Im Fall der Drehbearbeitung werden zusätzlich noch die Lage des Werkzeugs in den Werkzeugquadranten (Bild 6.34) und die Maße für die Werkzeuglängenkorrekturen (XEP und ZEP) eingegeben

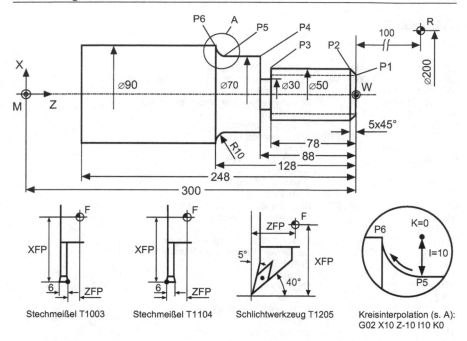

Bild 6.35. Werkstückzeichnung und Werkzeuginformationen zu dem Beispielprogramm zur DIN 66025. Quelle: Traub

(Bild 6.32). Dadurch ist das NC-Programm unabhängig vom Radius und der Länge des gerade verwendeten Werkzeugs, der sich z.B. durch Nachschleifen ständig verändert.

Neben den geometrischen Informationen muss das NC-Programm auch technologische Informationen beinhalten. Das sind hauptsächlich die vom Werkstückmaterial und Schneidstoff abhängigen Schnittwerte, wie Schnitttiefen, Schnittgeschwindigkeiten und Vorschübe. In Richtwerttabellen (z.B. INFOS oder Werkzeugdatenblätter der Werkzeughersteller) [252] sind für die gängigsten Werkstoffkombinationen Angaben über günstige Schnittgeschwindigkeiten, Vorschübe und Schnitttiefen gemacht. Aber auch die individuellen Grenzbelastungsdaten der Werkzeuge und der Maschine (Drehmoment, Leistung) müssen bei der Programmerstellung berücksichtigt werden.

Effektive Programmiersysteme ermitteln den G-Code für eine Maschine nahezu vollautomatisch und nehmen dem Programmierer die Routineaufgaben ab (vgl. Kapitel 6.4.2.4).

6.4.1.2 Programmierbeispiel (DIN 66025)

Im Bild 6.35 ist ein Beispiel zur Drehbearbeitung eines bereits vorgefertigten Bauteils dargestellt. Für die Fertigung dieses Bauteils soll eine Drehmaschine zum Einsatz kommen. Wie bereits erwähnt verfügen viele Steuerungen über eigene, nicht

Hauptprogramm A

Programm:				Kommentar:
%				
N01 G59 X0	Z300	S1300		Nullpktversch. von M nach W, 1300 U/min
N02 G90		T1003	M04	Absolutmaßeing., Werkzeugw. T1003, Spindel "an" (Linksl.)
N03 G00 X54	Z-78			Eilgang über Einstichpos.
N04 G01 X30	F0,1			Einstechen rechte Flanke, Vorschub 0,1 mm/U
N05 X54				Herausfahren
N06 G00 X200	Z100			Eilgang zum Referenzpunkt
N07		T1104		Werkzeugwechsel T1104
N08 G00 X74	Z-88			Eilgang über Einstichpos.
N09 G01 X30				Einstechen linke Flanke
N10 X74				Herausfahren
N11 G00 X200	Z100			Eilgang zur Referenzpos.
N12		T1205		Werkzeugvorwahl T1205
N13		G91	M06	Kettenvermaßung, Werkzeugwechsel
N14 G46				Schneidenradiuskorrektur "ein"
N15 G00 X-80	Z-98			Eilgang vor P1
N16 G96		V250		Konst. Schnittgeschwindigkeit 250 m/min
N17 G01	Z-2	F0,15		Zustellen nach P1, Vorschub 0,15 mm/U
N18 X5	Z-5			P1 nach P2
N19	Z-75			P2 hinter P3
N20 G00 X10	Z-6			Eilgang vor P4
N21 G01	Z-32			Nach P5
N22 G02 X10	Z-10	I10 K0		P5 nach P6 (Kreisinterpol.)
N23 G01 X2				Wegfahren
N24 G40				Schneidenradiuskorrektur "aus"
N25 G90				Absolutmaßeingabe
N26 G00 X200	Z100			Eilgang zum Referenzpunkt
N27			M05	Spindel "halt"
N38			M30	Programmende, Rücksetzen auf Programmanfang

Bild 6.36. NC-Programmbeispiel für die Drehbearbeitung zu Bild 6.35. Quelle: Traub

standardisierte Programmierbefehle, um Zusatzfunktionen zu realisieren. Auch die in der TRAUB Drehmaschine verwendete Steuerung bietet solche, von denen der DIN 66025 (Tabelle 6.1) abweichende Befehle an.

Nach der bereits erfolgten Schruppbearbeitung ist zunächst ein Einstich mit zwei Werkzeugen und daran anschließend eine Schlichtbearbeitung über die markierten Konturpunkte P1 bis P6 durchzuführen.

Als erster Schritt wird im NC-Programm (Bild 6.36) eine Nullpunktverschiebung unter Verwendung des Befehls G59 vorgenommen. Dieser bewirkt eine Nullpunktverschiebung des Maschinennullpunktes relativ zum aktuellen Werkstückbezugspunkt W. Die Werte für die Verschiebung sind hier X=0 und Z=300. Zusätzlich wird die Drehzahl der Spindel definiert. Der nächste Satz N2 legt die Art der Maßeingabe, Drehrichtung der Spindel sowie das einzuwechselnde Werkzeug, T1003, fest. Die ersten beiden Ziffern der T-Anweisung geben die Position des Werkzeuges im Revolver, also im Werkzeugspeicher der Drehmaschine, an (hier: Position „10"). Das zweite Ziffernpaar „03" legt den Speicherplatz in der Datei für die Werkzeugfeinkorrektur fest. In diesem Fall findet also die Anwahl des Korrekturspeichers nicht durch Verwendung des D-Befehls, sondern direkt in Verbindung mit dem Werkzeugwechselaufruf statt.

In den darauffolgenden Sätzen wird zunächst die rechte und anschließend die linke Flanke des Einstichs gefertigt. Jetzt kann das Schlichtwerkzeug T1205 (Satz N12) eingewechselt werden und die Konturpunkte P1 bis P6 abfahren. Diese Bewegungen sind in Kettenvermaßung programmiert. Im Gegensatz zur Absolutvermaßung, bei der zu beachten ist, dass in X-Richtung Durchmesserwerte angegeben werden, wird im Fall der Kettenvermaßung lediglich die relative Verschiebung der Start- zur Zielposition betrachtet. Der Befehl G46 (Satz N14) schaltet die Schneidenradiuskompensation der Drehmaschine ein.

Auf die Definition der Kreisprogrammierung in Satz N22 soll nochmals besonders verwiesen werden. Der Satz beginnt mit dem Aufruf G02 für Kreisinterpolation im Uhrzeigersinn. Dann wird zunächst, ausgehend vom Startpunkt der Kreisbewegung (P5, Ende von Satz N21), der Endpunkt des Kreisabschnittes (P6) in relativen Koordinaten vom Startpunkt (P5) aus betrachtet, definiert (hier: X=10 und Z=-10). Danach wird die Lage des Kreismittelpunktes ebenfalls vom Startpunkt in relativen Koordinaten eingegeben. Somit ergeben sich die folgenden Werte: I=10 (entsprechend in X-Richtung) und K=0 (entsprechend in Z-Richtung).

Am Ende des Programms (ab Satz N25) wird wieder auf Absolutvermaßung umgestellt und der Referenzpunkt angefahren. Der Befehl M30 beendet schließlich das Programm und setzt dieses zum Zeichen ‚%' (Programmanfang) zurück, so dass es durch Drücken von „Start" erneut abgearbeitet werden kann.

6.4.1.3 Zusätzliche Befehle zur Programmeingabe

Dem Programmierer moderner NC-Steuerungen steht heute eine breite Palette verschiedener Bedien- und Programmiererleichterungen zur Verfügung. So enthalten alle NC-Steuerungen NC-Programmspeicher für mehrere NC-Teilprogramme, Korrekturspeicher für die Programmoptimierung und Werkzeugkorrekturspeicher zur Aufnahme der aktuellen Geometrien mehrerer Werkzeuge.

Spezielle Bearbeitungszyklen für Gewindeschneiden, Einstechen und Bohren sowie die Möglichkeit zur Spiegelung, Skalierung und Ausblendung einzelner NC-Sätze gehören ebenso zur Ausstattung komfortabler numerischer Steuerungen wie die Unterprogrammtechnik.

Unterprogrammtechnik

Mit Hilfe der Unterprogrammtechnik werden häufig wiederkehrende Bearbeitungsfolgen (Bohrzyklen, Bohrbilder, Fräsbilder) einmalig als Unterprogramm beschrieben und durch einen symbolischen Namen mit Übergabe der aktuellen Parameter aufgerufen. Die verwendeten Befehle wie Kettenvermaßung usw. sind dabei im Gegensatz zu Hochsprachen wie C, Pascal usw. nicht lokal auf das Unterprogramm beschränkt, sondern gültig für das gesamte NC-Programm. Bild 6.37 zeigt ein Beispiel für das Gewindeschneiden.

Das angedeutete Gewinde soll unter Verwendung eines Unterprogramms als Linksgewinde gefertigt werden. Hierzu ist zum Einen ein ergänzender Programmabschnitt zum Hauptprogramm A (Bild 6.36) und zum Anderen das eigentliche Unterprogramm zu erstellen.

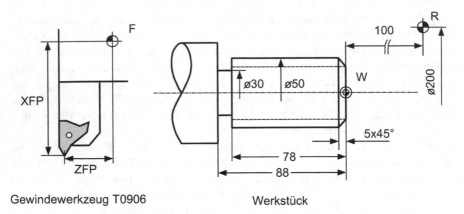

Gewindewerkzeug T0906   Werkstück

Ergänzung zum Hauptprogramm A

N28 G97	S500	M04	Konstante Drehzahl von 500 U/min, Spindel "an" (linksl.)
N29		T0906	Werkzeugwechsel T0906
N30	L1/49		Variablenvorbesetzung (L1=49 mm)
N31 G22	A8100		Unterprogrammaufruf
N32	L1/48		Variablenvorbesetzung (L1=48 mm)
N33 G22	A8100		Unterprogrammaufruf
N34	L1/47,4		Variablenvorbesetzung (L1=47,4 mm)
N35 G22	A8100		Unterprogrammaufruf
N36 G00 X200	Z100		Eilgang zum Referenzpunkt
N37		M05	Spindel "halt"

Unterprogramm O8100

N101 G00	X54	Z2		Eilgang
N102	XL1			Eilgang vor das Werkstück
N103 G33		Z-83	F1,5	Gewindeschneiden (Linksgewinde)
N104 G00	X54			Eilgang in X-Richtung
N105			M99	Unterprogrammende

Bild 6.37. Programmierbeispiel zur Erstellung eines Unterprogramms für das Werkstück im Bild 6.35

Das Gewinde (M50 x 1,5) ist mit dem Werkzeug T 0906 zu fertigen. Dazu soll das Gewindewerkzeug in drei Durchgängen Material abnehmen, um die gewünschte Gewindetiefe von 1,3 mm zu erhalten. Das Unterprogramm, gekennzeichnet durch den Buchstaben ‚O' und die Programmnummer 8100, wird im Hauptprogramm dreimal (N31, N33, N35) mit dem Befehl G22 aufgerufen. Es erhält als Übergabeparameter (L1) die jeweiligen Bearbeitungstiefen, die im Hauptprogramm durch ein ‚/'-Zeichen von L1 getrennt sind. Der Vorschub F des Schlittens ist durch die Gewindesteigung festgelegt.

Der Befehl G33 (Satz N103, Gewindeschneiden) schließlich synchronisiert bei dieser Bearbeitung Vorschub und Drehbewegung der Spindel.

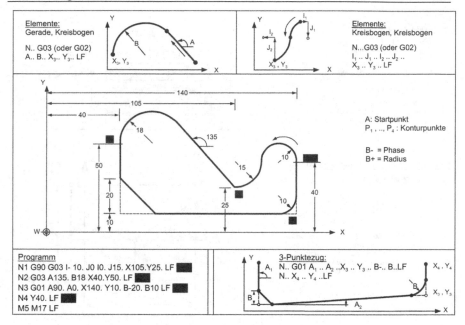

Bild 6.38. Konturzugprogrammierung. Quelle: Siemens

Konturzugprogrammierung

Bei der Konturzugprogrammierung wird die Fertigteilkontur in einzelne, über zwei oder drei Punkte gehende Konturzüge zusammengefasst und diese als NC-Sätze formuliert. Die Steuerung berechnet dabei selbständig aus den gegebenen Größen die Anfangs- und Endpunkte der Verfahrbewegungen und nimmt so dem Programmierer geometrische Berechnungen ab. Die Programmierung der unterschiedlichen Konturzüge erfolgt über Eingabe der Endpunktkoordinaten und Winkel, die die Konturzüge eindeutig definieren und die direkt aus der Werkstückzeichnung hervorgehen. Standardfasen und Radiusübergänge werden nicht gesondert programmiert, sondern über festgelegte NC-Adressen als Randbedingungen der Konturzüge definiert. Bild 6.38 (mitte) zeigt ein Beispiel zur Konturzugprogrammierung unter Verwendung von drei Konturzeugelementen, die oben und unten im Bild definiert sind.

Vom Startpunkt A ausgehend treten die folgenden drei vordefinierten Konturzüge auf:

– Kreisbogen, Kreisbogen (nach P2),
– Gerade, Kreisbogen (nach P3) und
– 3-Punktezug mit Fase, Radius (nach P4) und Gerade (nach Pl).

Im Vergleich zur konventionellen NC-Programmierung werden fünf NC-Sätze und die oft komplizierte Berechnung der Zwischenpunkte eingespart [137].

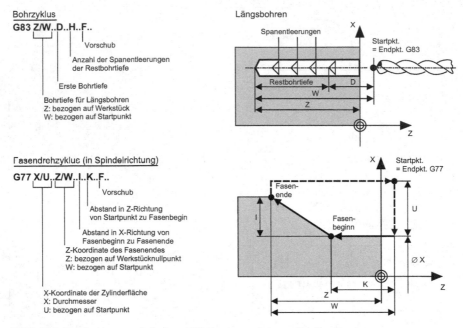

Bild 6.39. Zyklen zur vereinfachten NC-Programmierung. Quelle: Traub

Zyklusprogrammierung

Zur Vereinfachung der manuellen Programmierung sind in die Befehlssätze vieler Steuerungen zusätzliche, herstellerspezifische Befehle aufgenommen worden, die allgemein Zyklen genannt werden. Zyklen können auch als in der Steuerung fest programmierte Unterprogramme betrachtet werden. Die Übergabe der Parameter findet in Abhängigkeit des jeweiligen Zyklus in einer definierten Form statt.

Im Folgenden sollen, wie im Bild 6.39 dargestellt, zwei häufig verwendete Zyklen angesprochen werden: der Bohrzyklus und der Fasendrehzyklus.

Zyklen werden im Allgemeinen über ‚G'-Anweisungen aufgerufen, die in Abhängigkeit von der jeweiligen Steuerung unterschiedlich belegt sein können. In diesem Beispiel wurde eine Steuerung der Firma TRAUB gewählt [228].

Der Aufruf des Bohrzyklus erfolgt mit dem Befehl G83 und erlaubt die Ausführung von nichtzentrischen Längsbohrungen. Voraussetzung hierfür ist jedoch, dass die Maschine über Werkzeugantriebe im Revolver der Drehmaschine verfügt. Die Ausführung des Befehls beginnt am Startpunkt kurz vor der Werkstückoberfläche. Die Angaben des NC-Satzes beinhalten die Bohrungstiefe bezogen auf Werkstückkante und Startpunkt, die Tiefe der ersten Bohroperation, die Zahl der Spanentleerungen gleichmäßig aufgeteilt auf die Restbohrtiefe und den Vorschub. Der Startpunkt ist auch gleichzeitig der Endpunkt der Operation.

Der Fasendrehzyklus wird mit G77 aufgerufen. In diesem Beispiel handelt es sich um eine Bearbeitung, die in Spindelrichtung zunächst ein zylindrisches Stück dreht und im Anschluss daran die Fase auf den gewünschten Durchmesser fertigt.

Auch in diesem Fall ist der Startpunkt gleichzeitig der Endpunkt der Bewegung. Die Bearbeitung wird hier jedoch, im Gegensatz zur vorher beschriebenen Bohrbearbeitung, lediglich einmal ausgeführt. Die Geometrie der Fase wird über die Parameter im Bild 6.39 festgelegt.

6.4.1.4 Grenzen der Programmiersprache nach DIN 66025

Die vorangegangenen Beschreibungen und Beispiele zur NC-Programmierung nach DIN 66025 verdeutlichen, wie aufwändig die Sprache ist und wie wenig der Befehlsumfang auf den Benutzer zugeschnitten ist. Der Grund hierfür liegt zum einen in der historischen Entwicklung der NC-Technik, in der Anfangs nur begrenzte Rechnerleistung zur Verfügung stand, so dass komplexe Interpolationsfunktionen und Verfahranweisungen in mehreren Achsen nicht abgearbeitet werden konnten. Auch entspricht die Programmiertechnik nicht den Möglichkeiten heutiger Programmiersprachen. Die grafische Darstellung wird durch die zusammenhangslosen Einzelsätze eingeschränkt, und die Möglichkeiten moderner Bedienoberflächen lassen sich nicht nutzen. Hinzu tritt die Problematik, dass, obwohl es sich um eine genormte Sprache handelt, die Bedeutung der einzelnen Befehle nicht nur bei unterschiedlichen Bearbeitungsarten (Drehen, Fräsen, Nibbeln usw.) variieren kann, sondern auch jeder Steuerungshersteller jeweils seine speziell auf die Maschine zugeschnittenen Anweisungen zu dem Sprachumfang hinzufügt oder bestehende Bedeutungen von Befehlen durch eigene ersetzt [127].

Die Entwicklung der NC-Technik zeigt, dass der Befehlsumfang nicht mehr ausreichend ist und keine optimale Ausnutzung sämtlicher Funktionen moderner Werkzeugmaschinen zulässt. Der Trend numerisch gesteuerter Maschinen geht verstärkt in Richtung eines höheren Automatisierungsgrades, so dass zukünftige Steuerungen neben den bereits bestehenden Funktionen ebenfalls Aufgaben wie Prozessüberwachung, Messzyklen oder logische bzw. mathematische Operationen (beispielsweise Spline-Interpolation) anbieten werden. Um diese Möglichkeiten ebenfalls in den Bearbeitungsprozess integrieren zu können, existieren Bestrebungen, den Befehlsumfang der DIN 66025 um einen ebenfalls genormten Befehlssatz einer Hochsprache zu ergänzen [120].

Bild 6.40 erläutert die mögliche Einbindung eines solchen neuen Datenformats in ein konventionelles NC-Programm. Die erweiterten Funktionen werden in entsprechenden Zeichen („[", „]") eingebunden und in das NC-Datenformat eingefügt (Flussdiagramm Bild 6.40). Innerhalb dieser Zeichen stehen dem Programmierer Funktionen zur Verfügung, die bereits aus anderen Hochsprachen bekannt sind, einschließlich einiger NC-spezifischer Funktionen. Es ist möglich, beliebige Variablen zwischen den Datenformaten auszutauschen, so dass beispielsweise auf Hochsprachenebene Berechnungen durchgeführt werden können und der konventionelle NC-Code die daraus resultierenden Bewegungen veranlasst. Die im erweiterten Code berechneten Kreisstützpunkte werden im NC-Satz N40 den X-, Y-Koordinaten zugewiesen und von der Steuerung angefahren.

In solchen erweiterten Datenformaten lassen sich ferner Interpolationsfunktionen wie Splines nutzen, um beispielsweise Freiformflächen bearbeiten zu können.

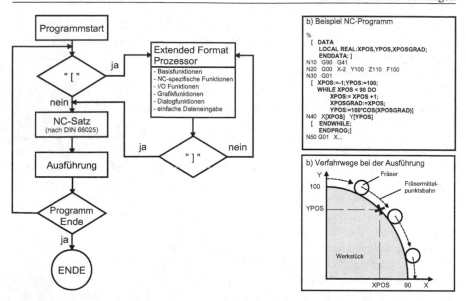

Bild 6.40. Beispiel eines erweiterten Datenformates zur DIN 66025 zur Kreisstützpunktberechnung (nach ISO/DIS 6132)

Jedoch ist auch dieses Format nicht objektorientiert, so dass geschlossene Informationen über einzelne Bearbeitungsmerkmale nicht abgebildet werden können und bei größeren Programmen die Gefahr besteht, dass sie unübersichtlich werden. Ferner werden diese NC-Programme zur Ausführung einzelner Verfahr- und Schaltanweisungen auf einer Maschine mit einer speziellen Steuerung programmiert, und es handelt sich nicht um ein Austauschformat mit maschinenneutralen, die Bearbeitungsaufgabe beschreibenden Daten. Der Vorteil der manuellen Programmierung liegt also im Bereich einfacher Werkstückgeometrien und kurzer Programme, die sich in einem normalen Texteditor erstellen lassen. Komplexere Aufgaben und Programme lassen sich dagegen nur sicher und wirtschaftlich mit rechnergestützten Hilfsmitteln erstellen.

6.4.2 Rechnergestützte NC-Programmierverfahren

Obwohl ein Programmierplatz zur manuellen Programmerstellung bereits eine Erleichterung für den Programmierer bringt, verbleiben doch eine Reihe von oft wiederkehrenden Tätigkeiten, die zeitaufwändig und fehlerverursachend sind. Dazu gehören z.B. das Nachschlagen in Werkstoff- und Werkzeugkarteien, das Berücksichtigen der Maschinendaten, das Berechnen von Spindeldrehzahlen und Vorschüben, das Ermitteln von Koordinaten unter Berücksichtigung der Schruppaufmaße usw. Um den Programmierer zu entlasten und die Fehleranfälligkeit seiner Arbeit zu reduzieren, wurden rechnerunterstützte Programmierverfahren entwickelt, bei denen auch die vorstehend genannten Tätigkeiten weitgehend automatisch von einer Datenverarbeitungsanlage vorgenommen werden.

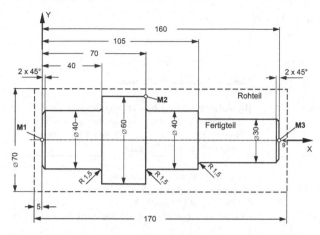

Bild 6.41. Drehteil für EXAPT-Teileprogramm (nach Siemens)

Im Gegensatz zur manuellen Programmierung wird die Werkstückbearbeitung bei der rechnergestützten Programmierung mittels einer problemorientierten Sprache, eines objektorientierten Modells oder grafisch-interaktiv beschrieben. Problemorientierte Sprachen verwenden mnemotechnische Ausdrücke, d.h. Wörter und Symbole, die leicht zu merken sind. In objektorientierten Programmierschnittstellen werden die Informationen mit der Hilfe entsprechender Software auf eine vorgegebene hierarchische Struktur abgebildet. Grafisch-interaktive Systeme ermöglichen dem Benutzer, im Dialog und mit grafischen Erläuterungen ein NC-Programm zu erstellen.

Eine der ersten und leistungsstärksten problemorientierten Sprachen ist die im Jahre 1958 am MIT (Massachusetts Institute of Technology) entstandene Programmiersprache APT (Automatically Programmed Tools). Aus dieser Sprache, die aus etwa 300 symbolischen Wörtern besteht, sind eine Reihe von Untermengen hervorgegangen (ADAPT, EXAPT, MINI-APT u.a.) [203]. Der Grund für die Entwicklung dieser vereinfachten, im Hinblick auf begrenzte Anwendungen und kleinere Rechner ausgelegten Sprachen, waren die für damalige Verhältnisse hohen Anforderungen an die Rechnerkapazität von APT.

Das in einer NC-Programmiersprache wie APT erstellte Quellprogramm wird allgemein als „Teileprogramm" bezeichnet. Es enthält alle Daten und Anweisungen, die für die Bearbeitung eines Werkstücks benötigt werden. Tabelle 6.2 zeigt ein Beispiel für den prinzipiellen Aufbau eines EXAPT-Teileprogramms, das die Bearbeitung des im Bild 6.41 dargestellten Drehteils definiert. Es beginnt zunächst mit allgemeinen Anweisungen. Die Beschreibung der Roh- und Fertigteilkontur erfolgt von einem zu definierenden Anfangspunkt aus durch Umfahren der Kontur im Uhrzeigersinn und Aneinanderreihung einzelner Konturelemente. Bei Drehteilen beschränkt sich die Beschreibung auf eine Hälfte des symmetrischen Körperquerschnitts, die später automatisch gespiegelt wird. Im Anschluss daran folgen technologische Anweisungen zur Bearbeitungsart (z.B. Schruppen) oder Informa-

Tabelle 6.2. Auszug aus einem EXAPT Teileprogramm

EXAPT 2-Prozessor	Überschrift/Meldung des Prozessors
$$–allgemeine Anweisungen– PARTNO/DREHTEIL ... MACHDT/30,150,0.1,10,5,3000,0.8	Kennzeichnung des Werkstücks Kenndaten der Maschine (Spindelleistung 30 kW) Drehmoment 150 mkp, Vorschubbereich von 0,1 bis 10 mm/U, Drehzahlbereich von 5 bis 3000 min^{-1} Korrekturfaktor für Rauhtiefe 0,8
$$–Rohteilbeschreibung– CONTUR/BLANCO BEGIN/-5, 0, YLARGE, PLAN, -5 RGT/DIA, 70 ... TERMCO	Beginn der Rohteilbeschreibung Beginn bei Punkt (X=-5, Y=5) in positiver Y- Richtung mit Planfläche bei X=-5 Nach rechts Zylinder mit Durchmesser 70 Ende der Konturbeschreibung des Rohteils
$$–Fertigteilbeschreibung– SURFIN/FINE CONTUR/PARTCO M1, BEGIN/0, 0, AYLARGE, PLAN, 0, BEV EL, 2 ... M2, RGT/PLAN, 70, ROUND, 1.5 ... M3, RGT/DIA, 0 TERMCO ...	Oberflächengüte (Surface finish) Beginn der Fertigteilkonturbeschreibung Beginn bei Punkt M1 (X=0, Y=0) in positiver Y-Richtung mit Planfläche bei X=0. Am Ende des Konturelements befindet sich eine Fase (BEVEL) von 2mm Breite Nach rechts bei Punkt M2; Planfläche bei X=70 mit Radius von 1,5mm Nach rechts bei Punkt M3; Zylinder mit Durchmesser 0, Schließen des Konturzugs Ende der Konturbeschreibung des Fertigteils
$$–Technologische Anweisungen– PART/MATERL, 250 ... SCHRUP=CONT/SO,LONG,ROUGH,TOO L, 123, SETANG,-90	Werkstoffangabe über Codezahl der Werkzeugdatei Definition der Schruppbearbeitung der Kontur (CONTOUR), Einzelbearbeitung (SINGLE OPERATION), Längsbearbeitung (LONG), Schruppbearbeitung (ROUGH) mit dem Werkzeug (TOOL) 123 laut Werkzeugwechsel- datei, Anstellwinkel (SETTING ANGLE) -90°
§§–Exekutivanweisungen– COOLNT/ON WORK/SCHRUP CUT/M3, RE, M2 ... CLAMP/160, INVERS ... WORK/NOMORE FINI	Kühlmittel ein (COOLANT ON) Bearbeitungsaufruf (WORK) der definierten Arbeitsbedingungen Bearbeitungsaufruf: von M3 entgegen der Beschreibungsrichtung (REVERS) bis M2 Umspannen auf Einspannebene X=160 Ende der Bearbeitung Ende des Teileprogramms

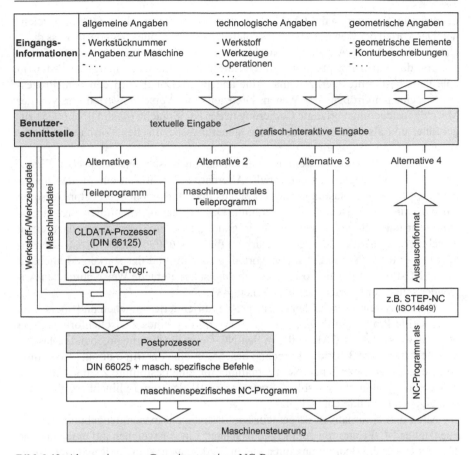

	allgemeine Angaben	technologische Angaben	geometrische Angaben
Eingangs-Informationen	- Werkstücknummer - Angaben zur Maschine - . . .	- Werkstoff - Werkzeuge - Operationen - . . .	- geometrische Elemente - Konturbeschreibungen - . . .

Bild 6.42. Alternativen zur Generierung eines NC-Programms

tionen zur Einspannlage des Werkstücks. Am Ende schließlich werden die Bearbeitungsvorgänge und deren Reihenfolge durch entsprechende Exekutivanweisungen festgelegt.

Die Umwandlung eines solchen Teileprogramms in die Steuerinformationen für die Werkzeugmaschine erfolgt durch zwei Rechnerprogramme mit den Namen „Prozessor" und „Postprozessor" (Bild 6.42 Alternative 1).

Im Prozessor werden die Anweisungen des Teileprogramms zunächst auf formale Fehler überprüft. Es werden alle arithmetischen und geometrischen Anweisungen sowie die Bahn des Werkzeugbezugspunktes berechnet. Mit den Daten aus der Werkstoff- und Werkzeugdatei bestimmt der Prozessor die Schnittwerte, wie Spanungstiefe, Schnittgeschwindigkeit und Vorschubgeschwindigkeit. Eventuell notwendige Schnittaufteilungen und Kollisionsberechnungen werden ebenfalls erledigt. Die vom Prozessor erstellten Daten bedeuten eine allgemeine Lösung des Bearbeitungsproblems und sind von der verwendeten Werkzeugmaschine weitgehend unabhängig. Sie werden mit CLDATA (Cutter Location Data, DIN 66215) bezeichnet. Der Vorteil der Generierung eines solchen Zwischencodes liegt darin, dass diese Daten für eine große Anzahl von NC-Maschinen verwendet werden können [59].

Erst durch den Postprozessor werden diese maschinenunabhängigen Daten an eine ganz bestimmte Werkzeugmaschine angepasst. Dabei wird den vom Prozessor berechneten Größen, wie Wegen, Drehzahl- und Vorschubwerten, die von der Maschinensteuerung verlangte Codierung in der NC-Sprache (nach DIN 66025) zugeordnet und als Steuerinformation im steuerungsspezifischen Format der Werkzeugmaschine ausgegeben.

In Bild 6.42 sind zwei weitere Alternativen zur maschinenspezifischen Erzeugung eines NC-Programms dargestellt. Alternative 2 geht von einem maschinenneutralen Programm aus und generiert daraus über entsprechende Postprozessoren ein maschinenspezifisches NC-Programm. Das Format des neutralen Programms kann sehr unterschiedlich sein. Viele Programmiersysteme verwenden dazu einen maschinenneutralen NC-Code, der stark an die DIN 66025 angelehnt ist. Die Anlehnung an die DIN 66025 hat den Vorteil, dass aufgrund der starken Ähnlichkeit beider NC-Programme die Postprozessoren meist auf einfache Weise durch den Anwender selbst konfiguriert werden können [43].

Andere Systeme verwenden eigene problemorientierte Sprachen und übersetzen das erstellte Programm direkt, ohne die Generierung eines Zwischenformats, wie beispielsweise das CLDATA-File, in den NC-Code für die entsprechende Maschine. Die Alternative 3 (Bild 6.42 rechts) beschreibt eine derartige direkte Erstellung eines maschinenspezifischen NC-Programms für eine bestimmte Zielmaschine. In den meisten Fällen werden solche Systeme von Werkzeugmaschinenherstellern für ihre eigenen Produkte entwickelt.

Allen drei Alternativen ist gemeinsam, dass sie ein maschinengebundenes, sequenzielles NC-Programm zum Ergebnis haben. Ein Ausweichen auf eine ähnliche Maschine oder die Bearbeitung mit anderen Werkzeugen ist in der Regel nicht möglich. Auch lassen sich Änderungen durch den Facharbeiter an der Maschine nicht über das NC-Programm in die Planung zurückgeben. Geometrieänderungen und die optimalen Parameter sind so nur dem Facharbeiter und im NC-Programm bekannt.

Ein NC-Programm, dessen Format und Datenmodell ohne aufwändige Transformationen und Modifikationen aus dem moderner CAD- und CAM-Systeme hervorgeht, bietet gegenüber den vorgestellten Programmieralternativen den Vorteil, dass Fehler vermieden werden, sich Informationen über Änderungen zwischen allen Bereichen austauschen lassen und damit die Daten über das Werkstück immer vollständig und aktuell verfügbar sind. Die Alternative 4 des Bildes 6.42 zeigt den Einsatz eines solchen Datenformates. Ein Postprozessor ist hier überflüssig. Das in Kapitel 6.3.2 und Kapitel 6.4.2.1 vorgestellte STEP-NC (ISO 14649) gehört zu dieser Programmieralternative.

Die Programmierung (Bild 6.420 oben) erfolgt bei den ersten drei Alternativen entweder textuell über einen Editor des entsprechenden Programmiersystems oder, bei moderneren Programmiersystemen, grafisch-interaktiv. Im Fall der Alternative 4 ist dagegen das Datenmodell sehr umfangreich und ein NC-Programm wird zu komplex, um es unmittelbar editieren zu können. Der Facharbeiter oder die Planung kann ein solches NC-Programm nur über entsprechende Software generieren und manipulieren.

Die zur Programmierung notwendigen Eingangsinformationen sind für alle vier vorgestellten Alternativen gleich. Die vom Programmierer einzugebenden Informationen können prinzipiell in drei Arten unterteilt werden (Bild 6.33):

- allgemeine Angaben,
- geometrische Angaben und
- technologische Angaben.

Unter allgemeinen Angaben versteht man Informationen, die vor der eigentlichen Bearbeitungsbeschreibung festgelegt werden müssen, wie beispielsweise die Nummer des Werkstücks oder die Art der bearbeitenden Maschine.

Geometrische Informationen hingegen beziehen sich auf die geometrischen Elemente des Bauteils. Hierunter fallen Konturbeschreibungen oder spezielle Features wie z.B. Nuten und Taschen. Technologieangaben beinhalten im Allgemeinen u.a. die einzusetzenden Werkzeuge und Bearbeitungsanweisungen (Schruppen, Schlichten).

Zur automatischen Generierung der programmierten Bearbeitungsabläufe, wie Schnittaufteilung oder Ermittlung von Vorschüben und Drehzahlen durch den CLDATA-Prozessor, werden technologische Daten wie Werkstoff- oder Werkzeugkennwerte benötigt. Werkstoffkennwerte sind Werte für Vorschubgeschwindigkeit und Schnittgeschwindigkeit für eine spezielle Operation. Dieser Zusammenhang ist beispielsweise durch die Werkstoff-Schneidstoff-Kombination und durch die Bearbeitungsart (Drehen, Fräsen usw.) gegeben. Des Weiteren stehen die Geometriekorrekturwerte der einzusetzenden Werkzeuge, zur Verfügung.

Die Maschinendatei schließlich enthält sämtliche maschinenspezifischen Daten wie Spindelleistungen, Drehzahlbereiche u.a., die dem Postprozessor erlauben, ein auf die Werkzeugmaschine angepasstes NC-Programm zu erzeugen.

In den bisherigen Ausführungen wurde aufgrund der historischen Entwicklung verstärkt auf die maschinelle Programmierung anhand problemorientierter Sprachen (APT, EXAPT) eingegangen. Im Folgenden sollen nun rechnergestützte Systeme und Verfahren erläutert werden, die durch die Kopplungsmöglichkeit zu CAD-Daten eine effektivere Programmerstellung erlauben.

6.4.2.1 CAD/CAP/CAM-Kopplung

Die heutigen Programmiersysteme sind in der Regel direkt an CAD-Systeme angebunden, da hier die geometrische Beschreibung des zu fertigenden Werkstücks vollständig vorliegt. Am Markt sind zwei unterschiedliche Varianten zur Einbindung der CAD-Systeme anzutreffen (Bild 6.43):

- Nutzung eines einzigen Systems, welches CAD-System und NC-Programmiersystem in sich vereint. In diesem Fall haben sämtliche Funktionen beider Systeme direkten Zugriff auf einen internen Datenspeicher. Beide Programmpakete liegen meist in einer Herstellerhand.

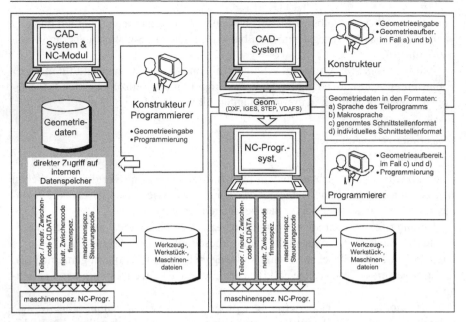

Bild 6.43. Verfahren zur Kopplung von CAD- und NC-Programmiersystemen

– Kopplung des CAD- und des NC-Systems durch geeignete Datenschnittstellen. Hier wird die Anbindung des NC-Programmiersystems an unterschiedliche CAD-Systeme ermöglicht. Die unterschiedlichen Möglichkeiten dieser Kopplung und die damit einhergehenden Schwierigkeiten werden in einem späteren Abschnitt noch eingehender behandelt.

Vielfach werden NC-Programme heute zentral in der Arbeitsvorbereitung erstellt. Die notwendigen Werkstückinformationen erhält der Programmierer aus der Konstruktionsabteilung in Form von CAD-Daten oder Werkstattzeichnungen. Das erstellte NC-Programm wird in der Fertigung zur Steuerung der Werkzeugmaschine übertragen und dort durch den Benutzer an der Maschine evtl. optimiert und zur Ausführung gebracht.

In diesem Fall herrscht eine klare Aufgabenteilung zwischen Konstruktion, Planung und Fertigung. Im Gegensatz dazu ist jedoch ein Trend zu beobachten, dass sich die Erstellung eines NC-Programms in die Fertigungsbereiche verlagert. Das bedeutet, dass Programme vermehrt auch dezentral und weitgehend unabhängig vom Ort programmierbar sind. In diesem Zusammenhang sei die Werkstattorientierte Programmierung (WOP) direkt an der Maschine erwähnt, auf die im Kapitel 6.4.2.4 noch näher eingegangen wird.

Das einzusetzende Programmiersystem und der Ort seines Einsatzes werden im Wesentlichen durch das zu fertigende Teilespektrum und die Fertigungsstruktur bestimmt [153].

Betrachtet man die Kriterien für den Ort seines Einsatzes, würde beispielsweise die Programmierung bei Einzel- oder Kleinserienfertigung sinnvollerweise in der Werkstatt durchgeführt werden. Kurze Wege zwischen Maschinen und Programmierplatz erleichtern den Programmiervorgang und die Programmoptimierung. Bei Großserien jedoch, wo eine zeitoptimierte Bearbeitung im Vordergrund steht, ist separate Arbeitsvorbereitung sinnvoll. Im Gegensatz zum ersten Fall müssten hier die Arbeiter in der Fertigung nicht über umfangreiche Programmierkenntnisse verfügen.

Durch die heute nahezu überall vorhandene rechnerunterstützte Konstruktion (CAD) nutzt man die bereits datentechnisch erfassten Geometrie- und Bearbeitungsinformationen sowie Rauhigkeit, Toleranzen usw. für die NC-Programmerstellung. Die CAD-Daten liegen meist jedoch in einer Form vor, die sich stark von dem Format der NC-Programmiersysteme unterscheidet, sodass in jedem Fall eine entsprechende Aufbereitung der Geometrieinformationen erfolgen muss. Nach den unterschiedlichen Arten dieser Aufbereitung und der Aufgabenverteilung zwischen CAD-System oder NC-Programmiersystem, lassen sich die Kopplungsmöglichkeiten von CAD/CAP/CAM-Systemen klassifizieren. Bild 6.43 geht auf die unterschiedlichen Alternativen dieser Kopplung ein.

Auf der linken Seite wird ein integriertes System, also ein CAD-System mit integriertem NC-Modul, beschrieben. Diese Alternative hat den Vorteil, dass das NC-Modul direkten Zugriff auf einen gemeinsamen Datenspeicher hat [8]. Sämtliche benötigten Informationen können abgerufen werden und liegen direkt in dem gewünschten Format vor. Weiterhin wirken sich Änderungen am Bauteil durch das NC-Modul direkt auf das CAD-Modell aus. Es sind also keine zusätzlichen Eingaben für eine eventuelle Aktualisierung der CAD-Daten mehr notwendig. Das Zurückgreifen aller Module auf nur ein gemeinsames Modell des Bauteils wird auch als bidirektionale Assoziativität bezeichnet.

Die in einem solchen integrierten System programmierten Bewegungsbahnen und die sich daraus ergebenden Werkstückkonturen lassen sich durch die Nutzung der CAD-Fähigkeiten des Arbeitsplatzes sehr gut grafisch darstellen.

Das NC-Programm liegt nach der Programmierung, wie im Bild 6.43 näher erläutert, in Form eines Teileprogramms (oft auch direkt im CLDATA-Format), eines neutralen Zwischencodes oder direkt in einem maschinenspezifischen Code vor. Die weitere Bearbeitung der NC-Daten erfolgt bei den ersten beiden Alternativen durch einen anschließenden Postprozessorlauf. Das Ergebnis ist ein lauffähiges NC-Programm (DIN 66025) für eine spezielle Werkzeugmaschine.

Die Programmierung in einem integrierten System erfolgt im Wesentlichen durch den Konstrukteur oder aber in enger Zusammenarbeit mit dem Programmierer aus der Arbeitsvorbereitung. Das setzt jedoch voraus, dass sowohl der Konstrukteur als auch der Programmierer mit dem Gesamtsystem vertraut sein müssen. Zum Einsatz kommen diese integrierten Systeme hauptsächlich bei der Drei- bzw. Fünf-Achsbearbeitung von Bauteilen mit Freiformflächen, also beliebig gekrümmten Oberflächen, da in diesem Fall die aufwändige Aufbereitung der komplexen Geometrien entfällt.

Die rechte Seite von Bild 6.43 beschreibt die Kopplungsstellen von verteilten Systemen. Man unterscheidet hier vier unterschiedliche Formate zum Austausch von Geometriedaten zwischen CAD- und Programmiersystem:

– Sprache des Teileprogramms (a),
– Makrosprache (b),
– genormtes Schnittstellenformat (c),
– individuelles Schnittstellenformat (d).

Die ersten beiden Datenformate sind sehr stark auf die Anforderungen des NC-Programmiersystems ausgelegt. Dementsprechend findet die Geometrieaufbereitung bereits im CAD-System selbst statt.

Sprache des Teileprogramms

Im ersten Fall geschieht die Übertragung der Geometriedaten über eine Sprach-schnittstelle, die sich an der Syntax und Semantik der jeweiligen Sprache des Teileprogramms (APT o.ä.) orientiert. Die Geometrieinformationen liegen also direkt in der Sprache des NC-Programmiersystems vor. In den sich daran anschließenden Arbeitsschritten werden im NC-Programmiersystem die notwendigen Technologieinformationen eingegeben und durch einen Prozessor- bzw. Postprozessorlauf das NC-Programm erzeugt. Nachteilig ist bei dieser Art der Kopplung, dass das CAD-System lediglich mit dem Programmiersystem verbunden werden kann, das auch die entsprechende Sprache verarbeitet. Ein Vorteil ist die Einsatzmöglichkeit eines einfacheren Programmiersystems, da lediglich Technologiedaten in das im CAD-System erzeugte Teileprogramm hinzugefügt werden müssen.

Makrosprache

Im zweiten Fall, der Übertragung der Geometrieinformationen in Form von Makros, erfolgt der Datenaustausch über definierte Bearbeitungsgeometrien. Die einzelnen Geometrieelemente wie Bohrungen, Taschen, Freistiche, Gewinde usw. werden im CAD-System als Makros beschrieben und parametrisiert. Das NC-Programmiersystem ist in der Lage, diese Makros zu interpretieren und fügt entsprechende Bearbeitungsinformationen an. Voraussetzung für diese Methode ist jedoch, dass das Bauteilspektrum gering ist und in seiner Geometrie wenig variiert.

Genormte Schnittstellenformate

Die letzten beiden Kopplungsmöglichkeiten sind zugleich die häufigsten. In beiden Fällen werden Geometriedaten übertragen, die nicht speziell auf die Weiterverarbeitung in einem NC-Programmiersystem ausgelegt sind, so dass eine Aufbereitung der Daten notwendig ist. Die Verwendung solcher genormter Geometrieschnittstellen hat den Vorteil, dass in der Regel diese Informationen für eine Vielzahl verschiedener Programmiersysteme genutzt werden können. Schnittstellenformate wie VDAFS (**V**erband **d**er **A**utomobilindustrie **F**lächen-**S**chnittstelle) (Bild 6.50), IGES

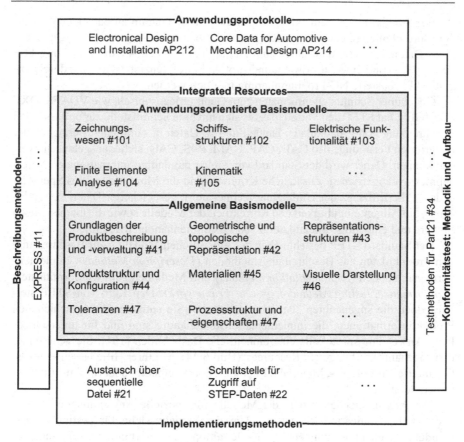

Bild 6.44. Aufbau des STEP-Standards (nach NIST: ‚STEP on a page')

(Initial **G**raphics **E**xchange **S**pecification) oder DXF (**D**ata **E**xchange **F**ormat) werden heutzutage von den meisten Systemen unterstützt. Ein großer Nachteil dieser Datenformate ist jedoch, dass lediglich gestaltbeschreibende Daten übertragen werden; bearbeitungsrelevante Informationen werden nicht unterstützt. Sie müssen manuell aus der CAD-Werkstattzeichnung in das NC-Programmiersystem übertragen werden, was im Sinne einer durchgängigen CAD/CAP/CAM-Verfahrenskette keine zufriedenstellende Lösung bedeutet.

Ein Lösungsansatz zur Verbesserung des Datenaustausches ist der Einsatz der Produktdatentechnologie und entsprechend leistungsfähiger Schnittstellenformate auf der Basis von Normen zur Produktdatenbeschreibung und zum Produktdatenaustausch anstelle von reinen Geometrieschnittstellen. Die ISO-Norm STEP (**S**tandard for the **E**xchange of **P**roduct Model Data) ist als Serie von ISO 10303 – Standards erschienen und bildet die Basis für eine solche Schnittstelle.

Der Standard in seinem aktuellen Umfang mit den darauf aufbauenden Anwendungsprotokollen reicht bislang nicht aus, um alle zur NC-Programmierung notwendigen Datenelemente zu beschreiben. Erst durch die ISO 14649, die Teile von STEP (ISO 10303) und einzelne Anwendungsprotokolle referenziert, wird eine durchgängige STEP-basierte NC-Programmierung möglich werden.

Gegenüber Schnittstellenformaten zum Geometrieaustausch, wie VDAFS, DXF oder IGES, hat STEP den Vorteil, dass es sich um eine Schnittstelle zur umfassenden Beschreibung von Produktdaten handelt und so Daten in sämtlichen Bereichen der integrierten Fertigung, also CAD, CAP, CAM, PPS, CAQ, sicher ausgetauscht werden können. Daher wird der Standard von vielen namhaften internationalen Unternehmen vorangetrieben. Zusätzliche Kriterien sind die Minimierung des Speicherbedarfs, die Effizienz der Umsetzung rechnerintern gespeicherter Daten (Serverlösung), die Allgemeingültigkeit und Korrektheit der Modelle sowie die mathematisch saubere und eindeutige Spezifikation von Zusammenhängen [81, 230].

Der Standard STEP besteht neben den eigentlichen Modellen zur Beschreibung von Produktdaten aus Beschreibungsmethoden (*Description Methods*), Implementierungsmethoden (*Implementation Methods*) und Methoden zum Konformitätstest (*Conformance Testing Methodology and Framework*). Den Kern von STEP stellen jedoch die sogenannten „Partialmodelle" dar. Sie enthalten die verschiedenen Produktinformationen, die implementationsunabhängig sind und für unterschiedliche Anwendungsprotokolle eine einheitliche Basis bilden [161]. Sie gehören zu den sogenannten „Integrated Resources"(Bild 6.44). Mit ihrer Hilfe lassen sich z.B. Geometrie-, Topologie-, Material-, Toleranz-, Formelemente- oder Strukturinformationen definieren.

Daneben unterscheidet man die Modelle für spezielle Anwendungen, die sogenannten „Application Recourses". Um die Partialmodelle für bestimmte Anwendungen nutzen zu können, ist die Definition von derartigen Anwendungsprotokollen (AP's) notwendig. Erst durch diese Erweiterung wird z.B. im Fall der CAD/CAP/CAM-Kopplung eine Schnittstelle zur Unterstützung aller fertigungsrelevanten Daten definiert. Beispielsweise wird im AP festgelegt, dass in einem bestimmten Kontext eine Gerade, die nach den Integrated Resourcen beschrieben ist, eine Maßlinie ist. Das Anwendungsprotokoll legt so die Bedeutung und den Zusammenhang einzelner Grunddatenelemente fest.

Die Anwendungsprotokolle werden in internationalen Normungsausschüssen erarbeitet.

Individuelle Schnittstellenformate

Im Gegensatz zu den bisher beschriebenen genormten Schnittstellen ist die individuelle Schnittstelle optimal an das entsprechende NC-Programmiersystem angepasst. Meist jedoch sind die Prozessoren, die die CAD-Daten in das Datenformat des Programmiersystems umwandeln, vom Anwender selbst geschrieben und werden nicht vom CAD-Systemhersteller unterstützt und gepflegt. Bei auftretenden Übersetzungsfehlern oder neuen Versionen der CAD-Software kann dies von Nachteil

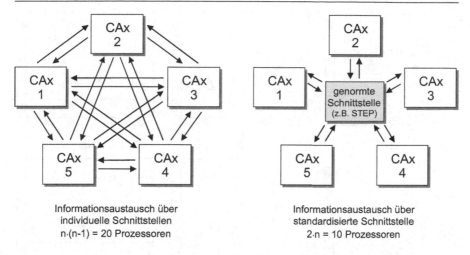

Bild 6.45. Vorteile einheitlicher, standardisierter Schnittstellen

sein. Weiterhin ist durch die spezifische Kopplung beider Systeme die Anbindung des Programmiersystems an andere CAD-Systeme stark eingeschränkt (Bild 6.45).

Probleme der CAD/CAP/CAM-Kopplung

Die Probleme bei der Kopplung von CAD/CAP/CAM-Systemen entstehen, wie bereits erwähnt, hauptsächlich bei der Übernahme von geometrie- und fertigungsrelevanten Informationen aus den vorgelagerten CAD-Systemen. Fertigungsrelevante Informationen wie Form- und Lagetoleranzen, Aufmaße, Freistiche, Verrundungen, Fasen, Oberflächengüte oder textuelle Ergänzungen liegen in CAD-Systemen in unterschiedlichster Weise vor (Bild 6.46) und müssen für die NC-Programmierung entsprechend aufbereitet werden. Andere Informationen wie Schraffuren oder Bemaßungen sind aus Zeichnungen zu löschen, da sie irrelevant für die weitere Bearbeitung sind.

Bei der Geometrieübernahme kann zwischen vier prinzipiellen Problemen unterschieden werden:

– Geometrieanpassung,
– unterschiedliche Genauigkeit beider Systeme,
– unvollständige Geometrie,
– Verwendung asymmetrischer Toleranzen.

Im Fall der Geometrieanpassung sind der Werkstücknullpunkt, die Bearbeitungslage sowie der Maschinennullpunkt festzulegen, da in der Konstruktion meist andere Bezugspunkte gewählt wurden. Weiterhin müssen teilweise Konturen verändert oder bei Einsatz unterschiedlicher Bearbeitungstechnologien oder Aufspannungen möglicherweise aufgeteilt werden. Das bedeutet, dass, ausgehend von einem Bauteilmodell, zunächst einzelne Geometriemodelle erzeugt werden, die dann die Basis für die weitere Programmierung sind.

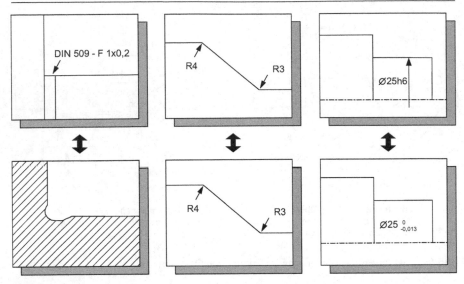

Bild 6.46. Unterschiedliche Bemaßungen in CAD-Systemen (nach Pfeiffer)

Probleme anderer Art bereiten die unterschiedlichen Genauigkeiten der gekoppelten Systeme. Arbeitet beispielsweise das Programmiersystem mit einer höheren Genauigkeit als das CAD-System, kann das zur Folge haben, dass Konturen oder allgemein Flächen und Körper des Bauteils nicht länger miteinander verbunden sind. Bild 6.47 oben beschreibt die Auswirkung an einem einfachen Beispiel.

Ein anderer Grund für nicht zusammenhängende Geometrieelemente sind die unterschiedlichen Anforderungen, die der Konstrukteur und der Programmierer an die Geometrie stellen. Dem ersteren genügt meist die rein grafische Abbildung des Bauteils, so dass er selten mit der höchsten Auflösung am Bildschirm des CAD-Systems arbeiten muss. Diese Auflösung ist aber oft notwendig, um Lücken oder Überlappungen zwischen den Elementen erkennen zu können.

Doch nicht zuletzt ergeben sich durch die unterschiedliche Art der Toleranzbemaßung in beiden Systemen die größten Schwierigkeiten bei der Geometrieübernahme [88]. In CAD-Systemen wird stets das Nennmaß der Kontur, in NC-Programmiersystemen stets das an der Toleranzmitte orientierte Maß der Kontur angegeben. Letzteres ist deshalb notwendig, da Bearbeitungsabweichungen an der Werkzeugmaschine sowohl positiv als auch negativ in gleichem Maße auftreten.

Die asymmetrischen Toleranzen der CAD-Geometriedaten und deren Änderungen im NC-Programmiersystem haben teilweise größere Auswirkungen, die sich ebenfalls auf benachbarte Konturelemente auswirken. Bild 6.47 unten beschreibt diese Problematik anhand eines Drehteils. Die Kontur, hier ein Freistich, setzt sich aus einem zylinderförmigen und einem kegelförmigen Abschnitt zusammen. Der Zylinder bzw. dessen Durchmesser ist anfangs im CAD-System asymmetrisch mit 20 +0,5/+0,1 mm bemaßt worden. Das Verschieben des Durchmessers auf die Toleranzmitte hat nun zur Folge, dass sich der Winkel des Kegels ebenfalls ändert bzw.

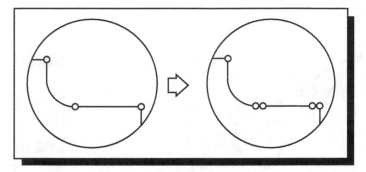

Konturübertragungsfehler aufgrund unterschiedlicher Genauigkeiten

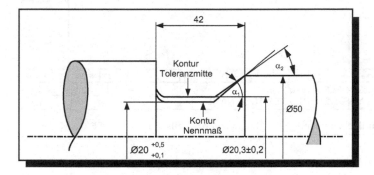

Auswirkung unterschiedlicher Toleranzvermaßungen

Bild 6.47. Probleme bei der Übertragung von CAD-Daten in ein NC-Programmiersystem (nach Franz)

vom Programmierer verändert werden muss. Bei komplexeren Bauteilen mit einer großen Zahl von asymmetrischen Toleranzen ist demnach stets eine manuelle und damit zeitintensive und fehleranfällige Geometrieaufbereitung erforderlich.

Freiformflächenbearbeitung

Im Folgenden wird nochmals gesondert auf die Programmerstellung für die Freiformflächenbearbeitung eingegangen, da diese Art der Bearbeitung besondere Anforderungen an CAD/CAP/CAM-Systeme stellt. Bild 6.48 gibt ein Beispiel für ein aus Freiformflächen bestehendes Bauteil (Modell eines Raumgleiters) im CAD/-CAP/CAM-System CATIA der Firma IBM.

Prinzipiell kann die Schlichtbearbeitung von Freiformflächen, wie im Bild 6.49 dargestellt, auf drei unterschiedliche Arten durchgeführt werden: mittels der 3-, $3\frac{1}{2}$-oder 5-Achs-Fräsbearbeitung. Im Gegensatz zur $2\frac{1}{2}$-Achs-Bearbeitung, also der Interpolation von zwei Achsen und der Zustellung der dritten Achse um einen festen Wert, werden bei den erstgenannten Verfahren mindestens drei Achsen synchron

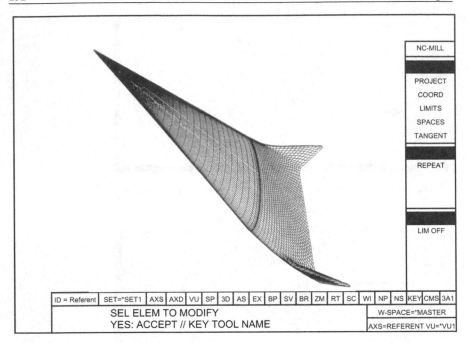

Bild 6.48. Freiformflächenmodell eines Raumgleitermodells im CAD/CAP/CAM-System
CATIA

bewegt. Im Fall der 3-Achs-Bearbeitung werden die Bewegungen von genau drei
Achsen interpoliert. Die Orientierung des Fräsers bleibt dabei konstant in Richtung
der Z-Achse des Maschinenkoordinatensystems. Bei der $3\frac{1}{2}$-Achs-Bearbeitungen
wird diese Orientierung um konstante Winkel verändert, so dass die Rotationsachse
des Fräsers nicht länger mit der Z-Achse des Maschinenkoordinatensystems zusam-
menfällt. Im Bild 6.49 ist zur vereinfachten grafischen Darstellung das Werkzeug lediglich um einen Winkel, den Winkel α angestellt worden. Die 5-Achs-Bearbeitung
schließlich erlaubt eine kontinuierliche Anpassung der Orientierung des Fräsers. So
kann eine jederzeit optimale Stellung des Werkzeugs zur Werkstückoberfläche gewährleistet werden.

Die 3- und $3\frac{1}{2}$-Achs-Fräsbearbeitungen haben den Vorteil, dass aufgrund der geringeren Achszahl die Berechnungen der Werkzeugbahnen weniger aufwändig und
damit weniger zeitintensiv sind. Kollisionen können leichter berechnet werden, und
Singularitäten, also die nicht eindeutige Zuordnung kartesischer Positionen zu den
entsprechenden Achsstellungen, treten nicht auf. Weiterhin können, da für die Positionierung des Werkstücks nur Linearachsen verfahren werden, höhere Vorschübe,
also höhere Bearbeitungsgeschwindigkeiten, erreicht werden. Im Gegensatz dazu
sind bei der 5-Achs-Bearbeitung die Maschinenlaufzeiten kürzer. Die jeweils optimale Ausrichtung des Werkzeugs zur Werkstückkontur erlaubt größere Vorschübe und Zustellungen (hoher Materialabtrag), und der Nachbearbeitungsaufwand ist
durch die optimale Werkzeugorientierung wesentlich geringer. Komplexe Bauteil-

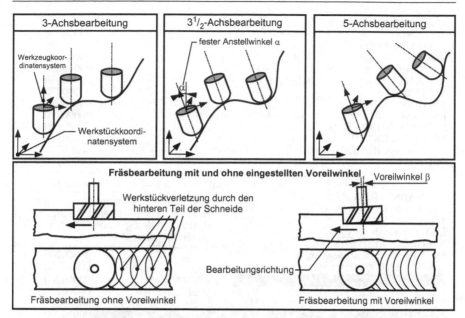

Bild 6.49. Möglichkeiten der Freiformflächenbearbeitung bei unterschiedlicher Achsanzahl (oben) sowie Auswirkungen der Fräsbearbeitung ohne und mit eingestellten Voreilwinkel (unten)

geometrien können in einem Arbeitsgang, in einer Aufspannung und meist ohne Nachbearbeitung genauer gefertigt werden. So ist ein Umspannen und nochmaliges, zeitintensives Ausrichten des Werkstücks nicht notwendig.

Die kinematisch komplexeren Vorgänge erfordern jedoch auch darauf ausgelegte Strategien. Beispielsweise ist ein leichtes Kippen (Sturz) des Messerkopffräsers um den sogenannten Voreilwinkel β in Bearbeitungsrichtung notwendig, damit nur ein definierter Bereich des Fräserumfangs am Werkstück angreift und eine Bauteilverletzung im hinteren Bereich der Schneide vermieden werden kann.

Um den erhöhten Anforderungen gerecht zu werden, sind speziell darauf ausgelegte CAD/CAP/CAM-Systeme entwickelt worden. Denn im Gegensatz zu einfacheren Drehteilgeometrien wird im Fall der Freiformflächenbearbeitung die komplexe Geometrie meist mit Hilfe eines CAD-Systems erzeugt. Das CAD-System ist in diesem Fall häufig in einem Gesamtsystem integriert oder aber steht mit dem Programmiersystem über eine neutrale Schnittstelle in Verbindung (Bild 6.43).

In der Automobilindustrie beispielsweise werden oftmals Geometrieinformationen über die VDAFS (VDA Flächenschnittstelle) ausgetauscht. Bild 6.50 zeigt den Ausschnitt eines VDAFS-Files. Bei der Definition der Schnittstelle beschränkte sich der VDA im Wesentlichen auf die Beschreibung geometrischer Elemente. Auf Bemaßungen, Definition von Bauteilattributen (z.B. Oberflächengüte), Texte usw. wurde verzichtet, um ein weniger kompliziertes Schnittstellenformat definieren zu können.

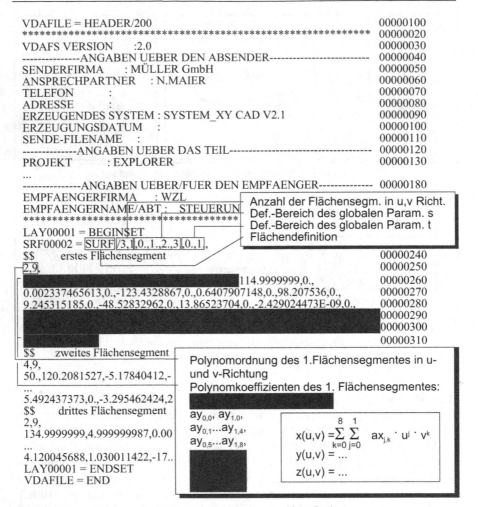

Bild 6.50. Ausschnitt aus der VDAFS-Datei zu einer Freiformfläche

Der Befehlsumfang der VDAFS, Version 2.0, beschränkt sich auf 17 verschiedene Befehlstypen. Davon dienen neun Befehle der Geometriedefinition, acht der Strukturierung der Datei. Geometrieelemente sind beispielsweise Einzelpunkte, Punktfolgen, Kurven in Polynomdarstellung oder Flächen in Polynomdarstellung. Strukturierende Befehle sind Anfangs- und Enddefinition von Geometriegruppen oder Kommentarzeilen. Aufgerufen werden die Befehle in einem APT-ähnlichen Format:

- name = BEGINSET,
- name = POINT/Parameter,
- name = CURVE/Parameter,
- name = SURF/Parameter,

– name = ENDSET.

„name" steht hier für einen Variablennamen, das Wort hinter dem Gleichheitszeichen ist der entsprechende Befehl. Im Fall von Geometriebefehlen werden hinter dem Schrägstrich die die Geometrie beschreibenden Parameter angegeben.

In dem im Bild 6.50 dargestellten Beispiel ist eine Freiformfläche, bestehend aus drei Flächensegmenten (Patches), beschrieben. Diese Patches, die jeweils durch genau ein Polynom definiert sind, gehören zu einer Fläche, SRF00002, die wiederum das einzige Element der Geometriegruppe (SET) LAY00001 ist. Ein Flächensegment wird über folgende Gleichungen festgelegt:

$$x(u,v) = \sum_{k=1}^{iordv-1} \sum_{j=0}^{iordu-1} ax_{j,k} \cdot u^j \cdot v^k$$

$$y(u,v) = \sum_{k=1}^{iordv-1} \sum_{j=0}^{iordu-1} ay_{j,k} \cdot u^j \cdot v^k$$

$$z(u,v) = \sum_{k=1}^{iordv-1} \sum_{j=0}^{iordu-1} az_{j,k} \cdot u^j \cdot v^k$$

Parameter:

$ax_{j,k}, ay_{j,k}, az_{j,k}$: Koeffizienten des Flächensegmentes,
u, v: lokale Parameter des Flächensegmentes,
$iodru, iodrv$:   Polynomordnung des Flächensegmentes in
                  u- bzw. v-Richtung

Die lokalen, auf jeweils ein Flächensegment festgelegten Parameter u, v laufen auf diesen Flächen in den Grenzen von 0 bis 1. Um flächenübergreifend auf Positionen zugreifen zu können, wurden globale Parameter ‚s' und ‚t' definiert, die den lokalen Parametern u und v entsprechen. Deren Definitionsbereich wird in der Zeile

$$SRF00002 = SURF/3, 1, 0., 1., 2., 3., 0., 1.,$$

hinter dem ‚/' -Zeichen und den ersten beiden Ziffern (Anzahl der Flächensegmente in $u = 3$ und v-Richtung $= 1$) angegeben. Der Parameter s läuft also in dem ersten Flächensegment von dem Wert 0 nach 1, im zweiten von 1 nach 2 usw. Entsprechend läuft der Parameter t von 0 nach 1 in jedem der drei Patches.

Die darauf folgende Zeile gibt die Ordnung des Polynoms (iordu, iordv) in u- und v-Richtung an. Daran anschließend werden die Koeffizienten ax, ay, az festgelegt. Zur Verdeutlichung ihrer Reihenfolge sind die Koeffizienten (ax, az) der Gleichungen in x- und z-Richtung schwarz hinterlegt. Der Befehl ENDSET schließlich beendet die Flächenbeschreibung.

Vor einer Folge von auf diese Weise definierten Geometriegruppen steht der File-Header. Dieser gibt die Kennung und den Namen des Files sowie die Anzahl der sich anschließenden Textzeilen (Kommentare) an. Des Weiteren gibt er Aufschluss über Erstellungsdaten wie Firma, Datum, Empfänger usw. Abgeschlossen wird eine Datei über den Aufruf des Befehls END (Fileende).

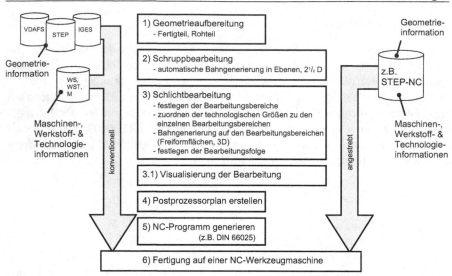

Bild 6.51. Arbeitsschritte zur NC-Programmierung von Freiformflächen

Auf diese Weise lassen sich Freiformflächen auf einfache Art beschreiben und zwischen einer großen Anzahl von Systemen austauschen. Das einfache Format der VDAFS konnte jedoch nur durch Beschränkung auf einen minimalen Satz von Geometrieelementen gewährleistet werden. Oft wünschenswerte Informationen wie Bearbeitungsdaten, die logisch mit den Geometrieelementen verbunden sind oder Topologieinformationen, also der Verknüpfung der einzelnen Geometrieelemente untereinander, werden nicht unterstützt. Dieses Defizit wird meist dadurch ausgeglichen, dass mit der VDAFS-Datei Werkstückzeichnungen übergeben werden. So müssen relevante Informationen (Oberflächengüte, Toleranzen, Flächennachbarn usw.) anschließend separat auf dem Zielsystem eingegeben werden.

Zu Beginn der NC-Programmierung einer Freiformflächenbearbeitung werden auf der Grundlage der geometrischen Eingangsinformationen die Roh- und Fertigteilgeometrie berechnet (Bild 6.51). Die fehlenden Topologiedaten werden von den meisten Systemen automatisch generiert. Damit liegen die benötigten Flächeninformationen vor, und es kann mit der Planung der NC-Bearbeitung begonnen werden.

Ausgehend von der Roh- und Fertigteilgeometrie wird zunächst die Schrupp- und Schlichtbearbeitung festgelegt. Bei der Schruppbearbeitung kommt es im Wesentlichen darauf an, in kurzer Zeit viel Material abzutragen. Aus diesem Grund wird überwiegend eine achsparallele oder $2\frac{1}{2}$-D Verfahrweise des Schlittens gewählt, welches zu einem „treppenförmigen" Aussehen der bearbeiteten Kontur führt. Im Bild 6.52 ist das Ergebnis der Schruppbearbeitung am Modell des Raumgleiters aus Bild 6.48 dargestellt. Die Fräsbahngenerierung für das Schruppen erfolgt in den meisten Systemen automatisch.

Im Anschluss daran werden die Bearbeitungsstrategien für das Schlichten gewählt. Einzelflächen werden zu Flächenverbänden zusammengefasst und definie-

Bild 6.52. Darstellung der Gussform für den Raumgleiter aus Bild 6.48 nach der Schruppbearbeitung

ren die sogenannten Teilarbeitsvorgänge [221]. Teilarbeitsvorgänge legen diejenigen Oberflächenabschnitte fest, die innerhalb eines Arbeitsgangs gefertigt werden sollen. Technologische Größen wie Frässtrategien werden den Teilarbeitsvorgängen zugeordnet und werden allgemein durch Steuerparameter wie Werkzeug, Bearbeitungsart, Genauigkeitsvorgaben oder Fräsrichtung beschrieben. Anhand dieser Werte werden dann die Fräserbahnen generiert und auf Kollisionen überprüft.

Die beschriebenen Eingaben werden meist interaktiv an einer grafischen Oberfläche vorgenommen. Parallel dazu wird ein Programm erstellt, mit Hilfe dessen die gesamte Bearbeitung visualisiert werden kann.

Im letzten Schritt schließlich wird das maschinenspezifische NC-Programm erzeugt. In den Postprozessor fliessen Informationen wie Maschinen- bzw. Steuerungstyp, Werkstückmaterial oder Lage des Werkstücknullpunktes mit ein.

Aufgrund der eingeschränkten Interpolationsarten nach DIN 66025 werden im Postprozessor die bis dahin im CAM-System als Splines vorliegenden Geometrien in diskrete Geradensegmente (G01) aufgeteilt. Das hat zur Folge, dass Programme generiert werden, die bei großen Bauteilen einen Umfang von bis zu 500 Megabyte besitzen können. Bearbeitungszeiten von über 100 Stunden sind nicht außergewöhnlich. Weiterhin können Werkzeugkorrekturen nicht länger durch die Maschine selbst vorgenommen werden, da mit dem NC-Programm nach DIN 66025 nur Informationen über einzelne Achsbewegungen vorliegen. So ist der Bediener gezwungen, bei verschlissenen Werkzeugen und einem Werkzeugwechsel mit Werkzeugen abweichender Geometrie entweder einen neuen Postprozessorlauf zu veranlassen oder

Schruppbearbeitung   **Fertiges Werkstück**

Bild 6.53. Werkstück mit Freiformfläche. Quelle: Fides

mehrere gleich eingestellte Werkzeuge bereitzuhalten. Beide Alternativen sind jedoch sehr kostenintensiv.

Aus diesem Grund zielen heutige Entwicklungen im Bereich der Freiformflächenbearbeitung darauf ab, zum Einen eine standardisierte Schnittstelle zu definieren, die eine effiziente Übertragung von Freiformflächenbeschreibungen, z.B. in Form von Splines, erlaubt. Zum Anderen werden NC-Steuerungen entwickelt, die in der Lage sind, diese Formate zu lesen und entsprechende Berechnungen, die bisher steuerungsextern (wie z.B. 3D-Werkzeugkorrektur, 3D-Aufspannkompensation) vorgenommen wurden, direkt in der Steuerung durchzuführen.

Das Ergebnis einer Programmierung von Freiformflächen ist im Bild 6.53 zu sehen. Es zeigt sowohl die Schruppbearbeitung (links) als auch das fertige Werkstück (rechts).

6.4.2.2 Programmierbeispiel anhand des EXAPT-Systems

Der genaue Ablauf der Programmierung bei den unterschiedlichen, auf dem Markt erhältlichen Systemen variiert zum Teil sehr stark und ist abhängig von den enthaltenen Funktionalitäten, Anwendungen usw. der jeweiligen Produkte. Doch existieren auch eine Reihe von Gemeinsamkeiten der verschiedenen Systeme, die sich aufgrund definierter Anforderungen (vgl. Kapitel 6.4.2.4, Werkstattorientierte Programmierung) der Anwender eingestellt haben und in den Entwicklungen von NC-Programmiersystemen berücksichtigt wurden. So implementieren beispielsweise immer mehr NC-Programmiersystemanbieter grafische Benutzeroberflächen in ihren Systemen. Zum Teil werden eigene Oberflächen verwandt, aber der Trend geht in die Richtung der Verwendung von Quasi-Standards wie der „Windows"-Oberfläche auf PCs oder der „Motif"-Oberfläche auf Workstations. Der Vorteil dieser Oberflächen liegt im Wesentlichen in ihrer Einheitlichkeit und der daraus resultierenden schnelleren Akzeptanz durch eine breite Anwenderschicht.

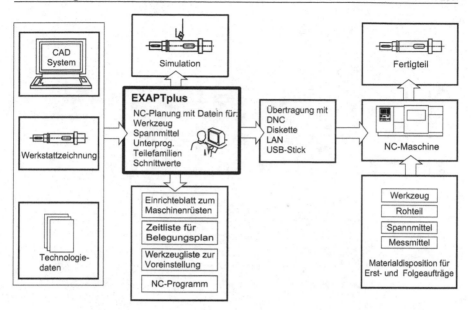

Bild 6.54. Ablauf der rechnergestützten NC-Programmierung unter Einsatz des EXAPTplus Systems (nach EXAPT)

Ein System, das sich einer solchen Oberfläche bedient, ist das EXAPT-System, anhand dessen im Folgenden beispielhaft die Vorgehensweise bei der rechnerge-stützten Programmierung skizziert werden soll. Das Beispiel beschränkt sich dabei auf die Bearbeitungsart Drehen.

EXAPT ist ein grafisch-interaktives, technologieorientiertes NC-Programmier-system, das sowohl als einzelner Programmierplatz als auch, unter Verwendung zusätzlicher Module, integriert innerhalb einer CAD/CAP/CAM-Prozesskette ein-setzbar ist (Bild 6.54). Für die NC-Planung und Programmierung wird ein fenster-orientiertes Basismodul (unter Windows NT) angeboten, das für die verschiedenen Fertigungsarten ausbaufähig ist. Zusätzlich können Technologiedatenbanken sowie Postprozessoren, angepasst an die jeweiligen Anforderungen, dazugebunden wer-den. Einige die Programmierumgebung bestimmende Merkmale sind:

- gleiche Programmierung mit einheitlichen Dialogen für alle Bearbeitungsarten,
- grafisch-interaktive Arbeitsweise,
- grafisch/dynamische Simulation des Bearbeitungsprozesses,
- Neuerstellung und Optimierung von Programmen in gleicher Weise,
- Einbindung von Werkzeug- und Technologiedaten,
- Integration zu CAD, PPS, WSS (Werkstatt-Steuerungs-System),
- DNC.

In diese Programmierumgebung werden Module integriert, die auf die unter-schiedlichen Fertigungsverfahren (Drehen, Fräsen, Bohren, Drahterodieren, Brenn-

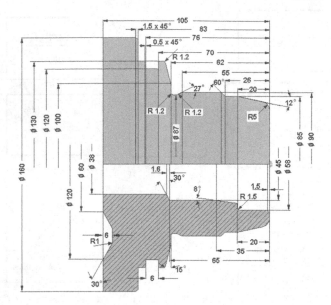

Bild 6.55. Drehteil für das nachfolgende Beispiel zur grafisch-interaktiven Programmierung. Quelle: EXAPT

schneiden, Rundschleifen usw.) ausgerichtet sind. „EXAPTplus Drehen" ist eines dieser Module.

Der erste Schritt zur Programmierung der Drehbearbeitung des im Bild 6.55 dargestellten Bauteils ist die Erzeugung der Roh- bzw. Fertigteilkontur. Beide Geometrien können entweder im EXAPTplus-System neu erstellt werden oder über Schnittstellen von einem CAD-System übernommen werden. Bild 6.56 zeigt sowohl die Bauteilgeometrie im CAD-Modul (Fenster unten links) als auch die importierte Kontur (Fenster rechts).

Im nächsten Schritt werden die Revolver der Werkzeugmaschine mit den an der realen Maschine vorhandenen Werkzeugen bestückt. Der Benutzer erhält dabei über das Öffnen des BMV-(Betriebs-Mittel-Verwaltung)-Moduls Zugang zu einer Datenbank und wählt interaktiv die gewünschten Werkzeuge für jeden Arbeitsgang aus. Bild 6.57 zeigt links die Werkzeugübersicht. Rechts im Bild ist die Revolver-Belegung für die Zwei-Schlitten-Bearbeitung dargestellt.

Die eigentliche Programmierung der Werkzeugwege bzw. der Bearbeitung kann prinzipiell auf zwei unterschiedliche Arten erfolgen. Eine Möglichkeit ist die automatische Generierung der Bewegungsabfolgen durch das System selbst, eine andere die Programmierung der Fahranweisungen in Einzelschritten.

Bei der automatischen Generierung der Bewegungsabfolgen wählt der Benutzer das zu bearbeitende Segment interaktiv aus und gibt die Bearbeitungsrichtung vor. Durch die Festlegung der Bearbeitungsrichtung ist die Bearbeitungsaufgabe fest definiert. Vom System werden dann Zustellung, An- und Abfahrbewegungen sowie

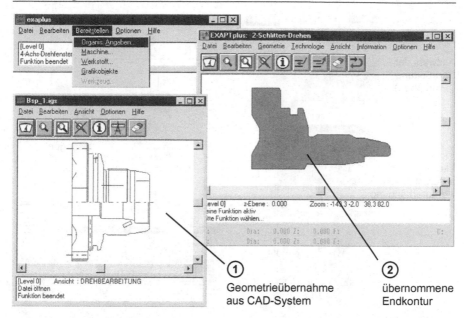

Bild 6.56. Geometrieübernahme: Die zuvor in einem CAD-System erstellten Geometriedaten werden über das EXAPTplus-CAD-Kopplungsmodul übernommen

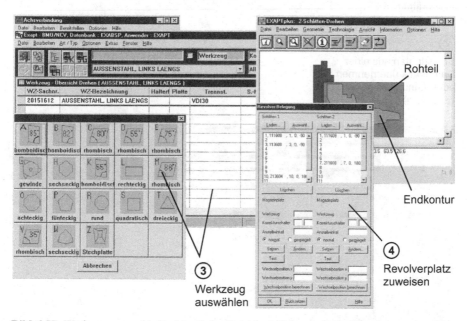

Bild 6.57. Werkzeugauswahl: Im Menü der Betriebsmittelverwaltung können aus einer Datenbank Werkzeuge ausgewählt (3) und den einzelnen Revolverplätzen zugewiesen werden (4)

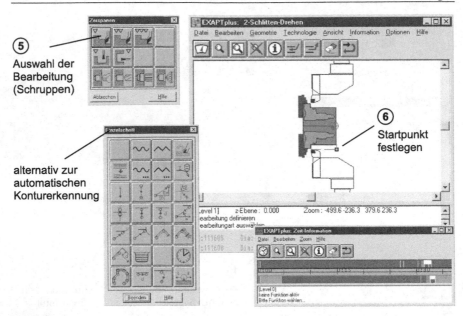

Bild 6.58. Programmierung: Nach Auswahl der Bearbeitungsart (hier Schruppen) und dem entsprechenden Werkzeug (5) wird der Start- und Endpunkt der Bearbeitung durch Anklicken ausgewählt (6)

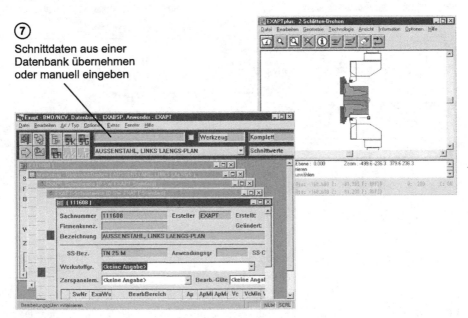

Bild 6.59. Technologieauswahl: Statt der Default-Parameter einer Bearbeitung können Werte aus der Technologie-Daten-Organisation (TDO) übernommen werden

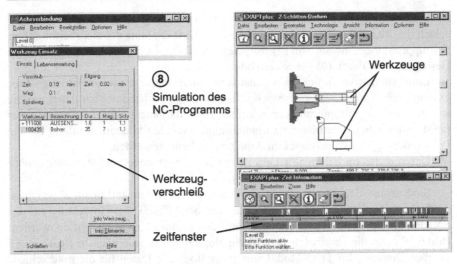

Bild 6.60. Simulation: Nach der Synchronisation der Werkzeugbewegungen kann der Programmablauf simuliert werden. Das Zeitfenster gibt Aufschluss über Dauer und Abfolge der Werkzeugbewegungen

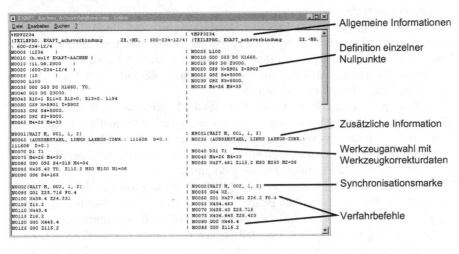

Bild 6.61. Aus der EXAPTplus-Sitzung generierte Liste des NC-Programms

Schnittaufteilungen automatisch berechnet. Bild 6.58 zeigt als ersten Bearbeitungs-
schritt das Plandrehen des Rohteils. Zunächst wurde die Güte der Bearbeitung (hier
Schruppen) über Anwahl von (5) festgelegt. Start- und Endpunkt dieser einfachen
Bewegung sind durch (6) gekennzeichnet.

Eine Alternative zu der oben genannten, durch das System unterstützten Programmierung ist die Verwendung einzelner Befehle. Es handelt sich dabei um die
schrittweise Programmierung der gesamten Bauteilkontur. Im Bild 6.58 sind unter
(5) die möglichen Bearbeitungsvarianten angezeigt. Sie können ebenfalls für die
Positionierung des Werkzeuges im Arbeitsraum benutzt werden.

Unten rechts im Bild 6.58 ist ein Zeitbalken eingeblendet, der Aufschluss über
die aktuelle Bearbeitungszeit in Sekunden gibt.

Sind anstatt der überwiegend verwendeten Standardeinstellungen abweichende Technologiedaten erforderlich, so kann aus der EXAPTplus-Umgebung auf das
EXAPT-Modul TDO (Technologie Daten Organisation) zurückgegriffen werden.
Bild 6.59 zeigt die Übernahme von Technologiedaten für die nächste Bearbeitung
„Außen Drehen". Im TDO-Modul sind technologische Daten für die unterschiedlichen Fertigungsverfahren, Werkstoffpaarungen, Bearbeitungsparameter usw. aufgelistet. Der Benutzer ist in der Lage, die erforderlichen Daten der Datenbank zu
entnehmen oder sein eigenes Wissen in diese Datenbank mit einzubringen und im
Bedarfsfall zu ergänzen.

Bei der Programmierung kann der Bearbeitungsprozess durch die Simulation
kontrolliert werden. Bild 6.60 zeigt die synchrone Drehbearbeitung mit zwei Schlitten. Die beiden Werkzeuge sind räumlich versetzt positioniert. Der untere Meißel
(Schlitten 1) dreht die Außenkontur des Bauteils ab, während der andere Schlitten
(Schlitten 2) das Bauteil innen ausdreht.

EXAPTplus erstellt ein CLDATA-File, das die Ergebnisse der Programmierung
für die NC-Fertigung enthält. Die NC-steuerungsgerechte Formatierung der Daten
sowie die organisations- und ablaufgerechte Gestaltung der Begleitinformationen,
wie Klartext der Steuerdaten, Zeitenliste, Rüstinformationen, Werkzeugtabelle u.
ä., werden über einen Postprozessor vorgenommen.

Die Bilder 6.61 und 6.62 zeigen das NC-Programm sowie das Zeitblatt für die
Bearbeitung. Im Zeitblatt ist die Bearbeitung in ihre einzelnen Haupt- und Nebenzeiten aufgeteilt. Es enthält Informationen über eventuelle Optimierungsmöglich-
keiten des Programmablaufes. Ebenfalls generiert wurden ein Werkzeugblatt mit
der Auflistung der entsprechenden Korrekturwerte sowie das im Bild 6.63 dargestellte Einstellblatt. Das Einstellblatt gibt Aufschluss über den Maschinentyp, das
eingesetzte Spannmittel, die Spannlage und die durchgeführte Nullpunktverschiebung.

Neben dem CLDATA-File liegt ebenfalls ein EXAPT-Teileprogramm vor, in
dem das Ergebnisprotokoll der NC-Programmiersitzung geführt wird. Dieses Teileprogramm kann als Klartext gelesen werden und ist editierfähig. Es können also
Änderungen auch direkt im Teileprogramm vorgenommen werden. Weiterhin ist es
Ausgangsbasis für die grafisch interaktive Ähnlichkeitsprogrammierung. Auf die-

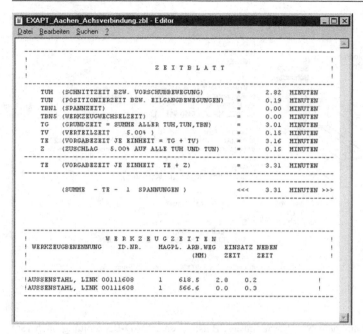

Bild 6.62. Auflistung der unterschiedlichen Zeiten für die Bearbeitung des programmierten Bauteils in der ersten Einspannung

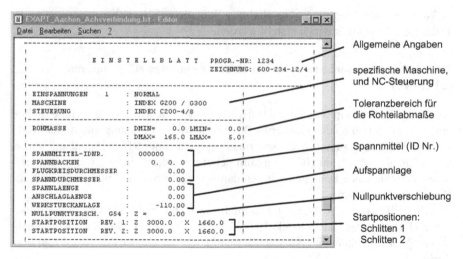

Bild 6.63. Einstellblatt für die programmierte Bearbeitungsaufgabe

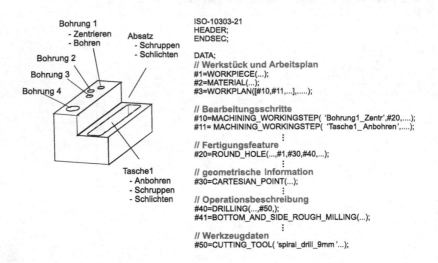

Bohrung 1
- Zentrieren   Absatz
- Bohren   - Schruppen
Bohrung 2   - Schlichten
Bohrung 3
Bohrung 4

Tasche1
- Anbohren
- Schruppen
- Schlichten

```
ISO-10303-21
HEADER;
ENDSEC;

DATA;
// Werkstück und Arbeitsplan
#1=WORKPIECE(...);
#2=MATERIAL(...);
#3=WORKPLAN([#10,#11,...],.....);

// Bearbeitungsschritte
#10=MACHINING_WORKINGSTEP( 'Bohrung1_Zentr',#20,....);
#11= MACHINING_WORKINGSTEP( 'Tasche1_ Anbohren',....);
            ⋮
// Fertigungsfeature
#20=ROUND_HOLE(...,#1,#30,#40,...);
            ⋮
// geometrische Information
#30=CARTESIAN_POINT(...);
            ⋮
// Operationsbeschreibung
#40=DRILLING(...,#50,);
#41=BOTTOM_AND_SIDE_ROUGH_MILLING(...);
            ⋮
// Werkzeugdaten
#50=CUTTING_TOOL( 'spiral_drill_9mm'...);
```

Bild 6.64. Auszug aus dem NC-Programm am Beispiel einer $2\frac{1}{2}$D-Bearbeitung nach ISO 14649

se Weise können Programme für ähnliche Bauteile auf Basis bereits existierender Teileprogramme effektiv neu erstellt werden.

6.4.2.3 Programmierbeispiel für ein objektorientiertes NC-Programm (STEP-NC)

Die ISO 14649 ist ein Standard, der derzeit entwickelt wird, um ein einheitliches, durchgängiges und objektorientiertes Datenformat in der Planung und in der Werkstatt zur Verfügung zu haben. Geometriedaten, die in einer STEP-Datenbank vorliegen, können so direkt im NC-Programm genutzt werden. Eine Konvertierung zwischen verschiedenen Formaten mit den damit verbundenen Problemen entfällt, die Datensicherheit steigt.

Mit Hilfe eines CAM-Systems werden die technologischen und organisatorischen Daten auf das Datenmodell der ISO 14649 abgebildet. Durch die Kombination von geometrischen mit operativen Daten in Workingsteps ist das NC-Programm fertig.

Die ISO 14649 ist keine NC-Programmiersprache, die sich unmittelbar vom Programmierer editieren lässt. Hierzu ist das Datenmodell zu komplex. In Bild 6.64 ist auszugsweise ein solches objektorientiertes NC-Programm dargestellt. In Anbetracht der nicht abgeschlossenen Standardisierungsaktivitäten wird für weitere Informationen auf die ISO 14649 verwiesen [186].

6.4.2.4 Werkstattorientierte NC-Programmierung

Die Entwicklung rechnergestützter Systeme in den einzelnen Unternehmensbereichen wurde durch die bereichsspezifischen Aufgaben bestimmt. So entstanden Insellösungen, die heute als CAD-, CAQ-, CAP-, DNC- und als NC-Programmiersysteme bekannt sind [99].

Im Sinne einer wirtschaftlichen Fertigung steht jedoch die Vernetzung und damit die Integration der Einzelsysteme im Vordergrund. Starre Aufgabenverteilungen bedingen eine Inflexibilität, die gerade im Hinblick auf immer kleinere Losgrößen nicht mehr zu rechtfertigen ist. Aus diesem Grund sind in Bezug auf eine effizientere NC-Programmerstellung Bemühungen angestellt worden, die klassischen Aufgabenverteilungen zwischen Konstruktion, Arbeitsvorbereitung und der Fertigung aufzulösen. Das bedeutet, dass die Programmierung, die früher zentral in der Arbeitsvorbereitung stattfand, sich heute immer mehr sowohl in den Konstruktions- als auch in den Werkstattbereich verlagert.

Die Rückorientierung auf die Werkstatt und die einhergehende Aufwertung des Arbeitsplatzes kommt in besonderem Maße dem Facharbeiter entgegen. Dieser erweitert die Art seiner Aufgaben von rein durchführenden Aufgaben hin zu Planungs-, Steuerungs- oder Verwaltungsaufgaben [107]. Die erhöhte Motivation des Facharbeiters wiederum bewirkt, dass er auftretende Probleme, Fehler oder Störungen frühzeitig erkennt und diese möglicherweise schneller behoben werden können.

Prinzipiell ist die Programmierung im Werkstattbereich bzw. an der NC-Maschine nichts Neues. Bereits seit längerer Zeit werden sogenannte Handeingabesteuerungen eingesetzt. Darunter wird eine NC-Steuerung mit integriertem grafisch-interaktiv arbeitendem Programmiersystem verstanden. Bekannte Funktionen, wie einfache Fertig- und Rohteilgeometrieeingaben, Schnittaufteilungen, Kollisionskontrolle oder Simulation, werden unterstützt. Nachteilig bei dem Einsatz von Handeingabesteuerungen ist jedoch deren Abgeschlossenheit gegenüber anderen Systemen aufgrund ihrer Auslegung auf einen speziellen Maschinentyp. Bei Einsatz unterschiedlicher Werkzeugmaschinen können beispielsweise die steuerungsspezifischen NC-Programme nicht mehr an andere Maschinen angepasst werden. Weiterhin bedeutet jede neue Handeingabesteuerung eine neue Einarbeitung des Facharbeiters in das System.

So war man bemüht, ein in den Produktionsablauf integriertes Programmierkonzept zu erarbeiten, das die Nachteile bestehender Programmiersysteme vermied und sich an den Anforderungen einer facharbeitergerechten Programmierung orientierte.

Zur praktischen Umsetzung dieser Ideen wurde 1984 das Verbundprojekt „Werkstattorientiertes Programmierverfahren (WOP)" ins Leben gerufen, an dem deutsche Maschinen- und Steuerungshersteller, verschiedene Software- und Systemhäuser, Hochschulinstitute und Anwender beteiligt waren [107]. Ziel dieses Vorhabens war zunächst einmal die Realisierung eines Programmierkonzeptes, basierend auf folgenden Punkten:

– an den spanenden Fertigungsverfahren orientierte Programmiermethode mit einheitlichem Dialog,

- grafisch-interaktive Eingabe ohne Programmiersprache,
- grafische Simulation des Bearbeitungsprozesses,
- Optimierung/Änderungen von Programmen in gleicher Methode wie Neupro-
  grammierung,
- wirkungsvoller Einsatz des Facharbeiters bei numerisch gesteuerten Fertigungseinrichtungen,
- Modul zur Verwaltung und Übertragung von Daten für Werkzeuge, Spannmittel
  und Programme,
- einheitliches System für Werkstatt und Arbeitsvorbereitung.

Vergleicht man diese Kriterien mit den Funktionalitäten heutiger Programmiersysteme, so zeigt sich, dass eine große Zahl von Anbietern zumindest eine Untermenge
der Punkte bereits in ihren Systemen integriert hat. Problematisch in diesem Zusammenhang ist, dass der Begriff „WOP" in keiner Weise geschützt ist und somit
beliebig verwendet werden kann. Die verschiedenen „WOP-Systeme" können sich
also zum Teil stark voneinander unterscheiden.

Ein WOP-System, auf das im Folgenden näher eingegangen werden soll, ist das
IPS (Interaktives Programmier-System) der Firma TRAUB. Die Firma TRAUB,
die seit 1984 im WOP-Arbeitskreis vertreten ist, brachte als einer der ersten Anbieter ein werkstattorientiertes Programmiersystem für die Drehbearbeitung auf
den Markt. Eine Reihe von Funktionalitäten, wie die grafisch-interaktive Programmierung, die Simulation des Bearbeitungsprozesses oder die Einheitlichkeit der
Programmerstellung in Arbeitsvorbereitung und Werkstatt, werden heute von vielen Systemen unterstützt. Doch vergleicht man beispielsweise das TRAUB-IPS
mit dem im vorigen Abschnitt beschriebenen EXAPTplus-System, so ist ein wesentlicher Unterschied die konsequente Trennung der Programmierung von Geometrie und Bearbeitung im WOP-System. Diese Trennung erlaubt es, das NC-
Programm außerhalb der Werkstatt so weit zu erstellen, dass der Facharbeiter lediglich die den Werkstattbereich betreffenden Informationen (Maschine, Werkzeuge,
Einzel-/Doppelschlittenbearbeitung usw.) hinzufügen muss. Die Programmierung
geschieht folglich in zwei Schritten:

1. Maschinenunabhängig wird die Fertig- bzw. Rohteilkontur eingegeben oder
   aus einem übergeordneten System (z.B. CAD) eingeladen. Anschließend wählt
   der Programmierer die Bearbeitungsschritte (Spannung, Schruppen, Einstechen
   usw.) und lässt sich den günstigsten Werkzeugtyp mit dem entsprechenden Ab-
   spanbereich anzeigen.
2. Maschinenabhängig erfolgen die Zuordnung der realen Werkzeuge (Rüsten),
   die Ermittlung der Spanungsdaten, der Bearbeitungsreihenfolge und zuletzt die
   Übersetzung in das maschinenspezifische NC-Programm.

Meist wird der zweite Schritt, um eine höhere Flexibilität zu bewahren, in der Werkstatt durchgeführt. Beispielsweise kann dort ein ursprünglich für die Einschlittenbe-
arbeitung vorgesehenes Programm in ein Doppelschlittenprogramm überführt werden, oder es ist bei Werkzeugbruch die schnelle Zuordnung eines alternativen Werkzeuges möglich. Der Facharbeiter ist also in der Lage, in Abhängigkeit von der

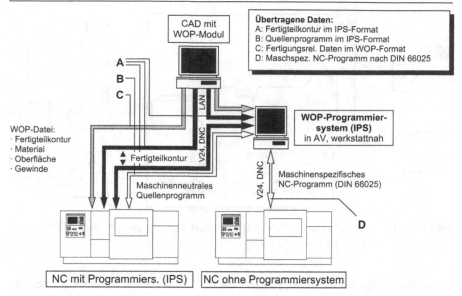

Bild 6.65. Werkstattorientierte CAD/CAP/CAM-Ankopplung(nach TRAUB)

aktuellen Situation in der Werkstatt zu entscheiden, wie das Bauteil am wirtschaftlichsten gefertigt werden kann.

Die Eingaben, die er tätigt, können direkt wieder in der Arbeitsvorbereitung grafisch angezeigt werden. Voraussetzung für diese Rückübertragung von Informationen ist das parallel zur grafisch-interaktiven Programmierung erstellte „Quellenprogramm". Dieses Quellenprogramm hat, ähnlich wie das im vorigen Abschnitt während einer EXAPTplus-Sitzung erzeugte Teileprogramm, die Aufgabe der Protokollierung der Eingaben.

Das Quellenprogramm kann in den IPS-Systemen der Arbeitsvorbereitung, der werkstattnahen Bereiche oder direkt an der Werkzeugmaschine verarbeitet werden. Im Bild 6.65 ist diese Möglichkeit der Kopplung dargestellt (B).

Betrachtet man neben der Arbeitsvorbereitung und dem Werkstattbereich ebenfalls die Konstruktionsabteilung, so ergeben sich zwei Möglichkeiten, diese in den werkstattorientierten CAD/CAP/CAM-Verbund mit einzubeziehen. Entweder werden Geometrieinformationen, wie in einem vorhergehenden Abschnitt bereits erwähnt, über eine neutrale Schnittstelle (IGES usw.) in das IPS-Programmiersystem geladen und dort für die weitere Verarbeitung modifiziert, oder es wird ein CAD-System mit integriertem WOP-Modul verwendet. Dieses im Bild 6.65 dargestellte „WOPCAD"-Modul ist in der Lage, entweder die Fertigteilkontur im Format des IPS-Programmiersystems zu erzeugen (A) oder WOP-Daten zu generieren, die neben der Konturbeschreibung ebenfalls Informationen über bearbeitungsrelevante Daten wie Material, Oberfläche usw. beinhalten (C). Das Modul ist im CAD-System integriert und greift auf dessen interne Geometriedaten zu. Es erlaubt eine Geometrieaufbereitung, wie sie beispielsweise im Bild 6.66 gezeigt wird (Erzeu-

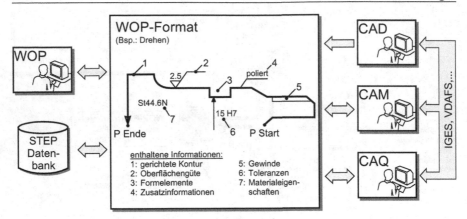

Bild 6.66. Kopplung von CAD/CAP/CAM-Systemen über ein einheitliches WOP-Format. Quelle: WOP-Zentrum Berlin

gung des Konturverlaufs von „P Start" nach „P End"). Des Weiteren können der Fertigteilkontur Fertigungsinformationen wie Oberflächengüte, Material usw. zugeordnet werden. Allgemein unterstützt das WOPCAD-Modul die Bearbeitungsarten Drehen, Fräsen und Schleifen und beschränkt sich auf $2\frac{1}{2}$ D-Geometrien.

Die Definition eines einheitlichen WOP-Datenformates zielt darauf ab, in dem Bereich der WOP-CAD/CAP/CAM-Kopplung eine standardisierte Schnittstelle zu schaffen, die die bereits beschriebenen Nachteile existierender Schnittstellenformate (Nachbearbeitung, Übertragung rein grafischer Informationen usw.) vermeidet. Durch dieses einheitliche WOP-Format soll der Austausch von Fertigungsinformationen zwischen beliebigen WOP-Systemen möglich sein und diese für eine effiziente Weiterverarbeitung zur Verfügung stellen.

Voraussetzung für die bisher beschriebenen Kopplungsmöglichkeiten ist, dass alle beteiligten Systeme WOP-Funktionalitäten unterstützen. Als letzte Variante (D) bleibt noch die Kopplung zu einer Werkzeugmaschine ohne integriertes WOP-System. In diesem Fall wird das NC-Programm nach DIN 66025 in dem IPS-System auf Basis der WOP-Daten in den Code der entsprechenden Werkzeugmaschine übersetzt.

Bisher wurden zwei wesentliche Merkmale effizienter WOP-Systeme erarbeitet. Das waren zum einen die strikte Trennung von Geometrie- und Bearbeitungsinformationen und zum anderen das Auflösen konventioneller Tätigkeitsbereiche von Konstruktion, Arbeitsvorbereitung und Werkstatt. Diese Umstrukturierungen werden unter der Prämisse vollzogen, den Facharbeiter wieder in einem höheren Maße in den Fertigungsprozess mit einzubeziehen und ihm Hilfsmittel zur Verfügung zu stellen, die ihm die Umsetzung seiner Fähigkeiten erleichtern.

Aus diesem Grund ist ein wesentliches Kriterium, das ein WOP-System erfüllen sollte, die facharbeitergerechte Programmiersystemoberfläche und die damit verknüpften Funktionalitäten. Eine Software, die diesen Forderungen gerecht wird, ist das von der Firma CNC Keller entwickelte CAMplus. CAMplus besitzt aufgrund

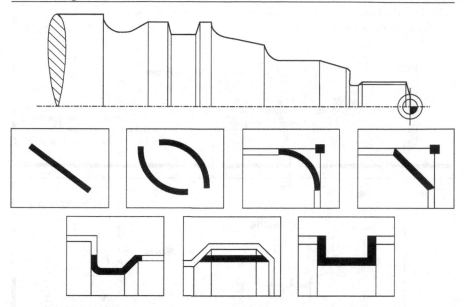

Bild 6.67. Beispiele für Symbole zur werkstattorientierten NC-Programmierung. Quelle: Keller

seines Ursprungs für die Werkstattorientierte Programmierung besondere Bedeutung, da es im Gegensatz zu anderen Systemen zunächst für die Aus- und Weiterbildung entwickelt wurde. Ein Beispiel, wie die Geometrieeingabe anhand weniger Funktionen ermöglicht werden kann, zeigt Bild 6.67.

Für die Programmierung der dargestellten Kontur sind zunächst lediglich die beiden ersten Funktionstasten „Strecke" und „Bogen" zu verwenden, danach wird mit „Rundung" und „Fase" die Kontur komplettiert. In einem zweiten Schritt können Freistiche, Gewinde oder Einstiche über die Anwahl des entsprechenden Symbols und Anklicken ihrer Position am Bauteil erzeugt werden. Dieses Vorgehen kommt der Arbeitsweise des Facharbeiters entgegen, da er zunächst in der Lage ist, sehr schnell die angenäherte Kontur des Werkstückes zu erzeugen und anschließend spezielle Geometrieelemente hinzufügen kann.

Die Geometrieinformationen werden dann an das CAM-Modul übergeben und durch Rohteil-, Werkzeug-, Schnittdaten usw. ergänzt. Eine weitere, die Effektivität steigernde Funktion ist das automatische Erkennen von Restmaterial [198] (Bild 6.68). Bei der Schruppbearbeitung werden häufig stabile Werkzeuge eingesetzt, die wegen ihrer gröberen Außenkontur nicht alle geometrischen Formvorgaben des Werkstücks (z.B. abfallende Konturen, „Täler") erzeugen können. Das Programmiersystem erkennt diese Kollisionsbereiche und verfährt das Werkzeug in ausreichendem Abstand außerhalb dieser Stellen. Die verbleibenden, nicht abgearbeiteten Restmaterialstellen werden automatisch von den schlankeren Schlichtwerkzeugen abgearbeitet. Dadurch wird die Hauptzeit in Abhängigkeit von der Bauteilform teilweise erheblich reduziert.

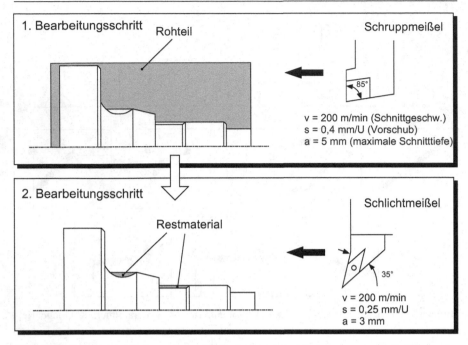

Bild 6.68. Optimierte Werkzeugauswahl durch Restmaterialerkennung (nach Schlingensiepen)

Die beschriebenen Funktionalitäten sollten exemplarisch verdeutlichen, auf welche Weise ein facharbeitergerechtes WOP-System realisiert werden kann. Untersucht man die Vielzahl der heute bereits existierenden WOP-Systeme auf die ursprünglichen Kriterien, so zeigt sich, dass ein großer Teil der Anforderungen tatsächlich erfüllt worden ist. Wie effektiv diese Umsetzung erfolgt ist, zeigt sich jedoch erst dadurch, wie flexibel solche Systeme in der Praxis auf unvorhergesehene Änderungen oder Störungen reagieren können. Ein schnelles Eingreifen ist nämlich nur dann möglich, wenn eine hohe Integration aller am Fertigungsprozess beteiligten Systeme existiert und wenn vor allem der Facharbeiter an der Maschine mit den entsprechenden Möglichkeiten zur schnellen Behebung der Störung beitragen kann.

6.4.2.5 Kostenvergleich der Programmierverfahren

Programmierverfahren müssen sich an den gleichen Wirtschaftlichkeitskriterien messen lassen wie beispielsweise die Werkzeugmaschine selbst. Komplexe Systeme mit hohen Anschaffungskosten, die eine aufwändige Schulung des Bedienpersonals bedingen, lohnen sich nur, wenn sie bei der NC-Programmerstellung entsprechend große finanzielle Einsparungen oder qualitative Verbesserungen bringen.

Die Kosten für die Programmierung von numerisch gesteuerten Werkzeugmaschinen spielen besonders bei der Fertigung von kleinen Stückzahlen eine erhebliche Rolle. Vielfach ist der wirtschaftliche Einsatz von NC-Maschinen davon ab-

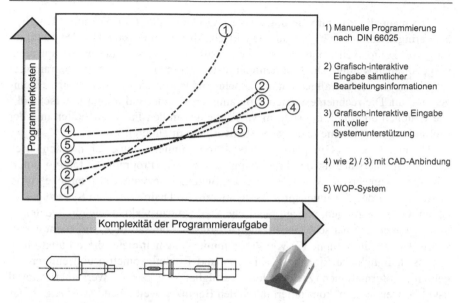

Bild 6.69. Qualitativ-grafischer Kostenvergleich der verschiedenen Programmierverfahren

hängig, in welcher Höhe Programmierkosten (bezogen auf das einzelne Werkstück) entstehen. Somit ist bei der Kostenaufstellung das verwendete Programmierverfahren maßgebend. Betrachtet man die große Anzahl von Einflussgrößen bei der Auswahl eines geeigneten Programmiersystems, kann allerdings nicht ausgesagt werden, welches Programmierverfahren grundsätzlich das günstigere ist.

Allgemein gehen in die Ermittlung der Programmierkosten neben den Lohn- und Lohnnebenkosten auch die Arbeitsplatzkosten (Maschinenstundensatz des Systems inklusive Betriebsmittel) des Programmierarbeitsplatzes ein. Diese sind jedoch bei der manuellen Programmierung im Vergleich zu den Arbeitsplatzkosten der rechnergestützten Verfahren, die im Wesentlichen Hard- und Softwarekosten beinhalten, vernachlässigbar klein. Diese Mehrkosten sind durch einen höheren Nutzen, d.h. Gewinn an Programmierzeit, der eingesetzten Programmiersysteme auszugleichen.

Die Kosten für ein maschinelles Programmiersystem können sehr unterschiedlich sein. Sie werden hauptsächlich durch die zu programmierenden Bearbeitungsaufgaben bestimmt. Fünfachsige Fräsbearbeitungen von Freiformflächen beispielsweise stellen höhere Ansprüche an das Programmiersystem als die Programmierung von Drehteilen.

So ist die Auswahl eines geeigneten Programmiersystems und damit die wirtschaftliche Fertigung in entscheidendem Maße vom Bearbeitungsprozess und der Komplexität der zu bearbeitenden Bauteile abhängig. Bei einer prinzipiellen Betrachtung heutiger Programmierverfahren in Bezug auf die entstehenden Kosten bei unterschiedlicher Komplexität der Werkstücke ergeben sich die im Bild 6.69 aufgezeigten qualitativen Verläufe.

Die manuelle Programmierung mit dem G-Code (DIN 66025) kommt lediglich bei geringer Komplexität der Bauteile wirtschaftlich zum Einsatz. Die Programmierung von komplexen Konturen ist sehr zeitaufwändig bzw. kann überhaupt nicht vorgenommen werden. Die Programmierkosten der rechnergestützten Programmierung hingegen steigen allgemein mit zunehmender Komplexität der Bauteile weniger steil an. Die rechnergestützten Programmiersysteme sind in vier unterschiedliche Gruppen unterteilt, die sich im Wesentlichen an den Funktionalitäten und der Einbindung der Systeme in einem Systemverbund orientieren.

Die ersten beiden Gruppen stellen NC-Programmiersysteme dar, die sich durch die Systemunterstützung des Programmierers bei der Programmerstellung unterscheiden. Beim ersten System (2) ist der Benutzer gezwungen, sämtliche Informationen, die den Fertigungsprozess definieren, im Dialog mit dem System einzugeben. Unterstützungen, wie automatische Werkzeugauswahl, Technologiedatenermittlung oder automatische Generierung der Bearbeitungsabfolge, sind nicht vorgesehen. Die zweite Gruppe (3) von Programmiersystemen bietet diese Funktionen. Hier ist lediglich die Eingabe von Fertig- und Rohteilgeometrie und einiger allgemeiner Informationen (Zielmaschine, verfügbare Werkzeuge, Werkstückmaterial usw.) notwendig, um, kontrolliert durch den Benutzer, weitgehend automatisch das Programm zu generieren. Diese vollautomatische Unterstützung ist in diesem Umfang bisher jedoch nur für einfache Bearbeitungsverfahren realisiert worden.

Gruppe (4) repräsentiert die Systeme, die im Hinblick auf ein durchgängiges Rechnerkonzept innerhalb eines Systemverbundes integriert sind. Komplexe Geometriedaten können aus CAD-Systemen abgerufen und weiterverarbeitet werden. So ist durch die Nutzung bereits datentechnisch erfasster Geometrieinformationen eine kostengünstigere Programmierung möglich. Auch Freiformflächen (Splines) können programmiert werden.

Die letzte Gruppe (5) beinhaltet schließlich die Werkstattorientierten Programmiersysteme. Die genannten Vorteile eines einheitlichen, facharbeitergerechten Programmiersystems für die Bereiche Konstruktion, AV und Werkstatt sowie die Auflösung zentraler Fertigungsstrukturen ermöglichen ein schnelles und flexibles Reagieren auf unvorhergesehene Ereignisse. Eine Bearbeitung von komplexen 3D-Flächen ist jedoch hiermit z.Z. nur eingeschränkt möglich.

6.4.3 Digitalisierung von Werkstückgeometrien zur NC-Datengenerierung

Vor der Einführung der NC-Steuerung wurden komplexe Oberflächen (z.B. Freiformflächen) mit Hilfe von Nachformsystemen (Kopiersteuerungen) gefertigt. Hierzu wurde ein gefertigtes Modell bzw. Musterteil oder bei Drehmaschinen eine zweidimensionale Schablone mit einem Fühler zeilenweise abgetastet. Die Entwicklung derartiger Systeme begann bereits im 18. Jahrhundert mit den ersten, damals noch handbetätigten, Nachformmaschinen. Nach der Jahrhundertwende wurden automatisch arbeitende Servonachformsysteme entwickelt, die bis heute in modifizierter Bauweise im Formenbau eingesetzt werden. Die Bedeutung dieser Einrichtungen hat jedoch durch den Einsatz von NC-Werkzeugmaschinen in Verbindung mit CAD/CAP-Systemen stark abgenommen.

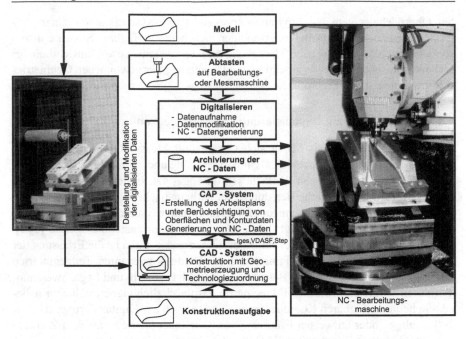

Bild 6.70. Aufbau eines NC-Nachformsystems mit CAD/CAP/CAM-Kopplung

Kennzeichen klassischer, direkt arbeitender Nachformsysteme ist, dass Abtast- und Bearbeitungsvorgang zeitlich und räumlich miteinander verknüpft sind. Das Werkstück wird somit simultan zum Abtastvorgang bearbeitet, wobei Abtast- und Bearbeitungssystem in der Regel eine zusammenhängende Einheit darstellen. Ein solches Nachformsystem weist mehrere Nachteile auf. Aufgrund der direkten Kopplung zwischen Abtast- und Bearbeitungssystem bestehen kaum Möglichkeiten einer Manipulation der Fühlerdaten mit dem Ziel, Maßveränderungen oder Glättungen von Oberflächen vorzunehmen. Das Verfahren erfordert immer ein Modell bzw. eine Schablone, was man im Zeitalter von CAD/CAM-Systemen umgehen möchte. Darüber hinaus dürfen auch die Lagerhaltungskosten für die Modelle nicht unterschätzt werden. Die Modelle müssen so lange aufbewahrt werden, wie die Notwendigkeit einer Neu- oder Nachbearbeitung des Teils besteht, wobei Zeiträume von zehn Jahren und mehr keine Seltenheit sind. Dennoch besteht häufig die Notwendigkeit, vorhandene Teile mit unbekannten Oberflächengeometrien zu fertigen. Um diese Forderung auf NC-Maschinen zu ermöglichen, bietet sich die Digitalisierung der Oberflächen an. Aus diesen Daten werden dann NC-Programme zur Fertigung des Bauteils abgeleitet.

Es handelt sich folglich um ein Nachformsystem, bei dem Abtast- und Bearbeitungsvorgang sowohl zeitlich als auch räumlich vollkommen voneinander getrennt sind [256]. Den grundsätzlichen Aufbau eines solchen Systems zeigt Bild 6.70. Es besteht im Wesentlichen aus einer Abtasteinheit, einer Digitalisier- und Datenkomprimiereinrichtung, einem CAD-System zur Überarbeitung der digitalisierten Oberfläche, einem NC-Programmiersystem (CAP-System) sowie einer NC-Bearbeitungsmaschine. Dabei unterscheiden sich heute verfügbare Systeme insbesondere durch die eingesetzten Messgeräte und Tastsysteme sowie hinsichtlich der rechentechnischen Weiterverarbeitung und Umsetzung der gewonnenen Geometrieinformationen in NC-Datensätze.

6.4.3.1 Messgeräte zur Digitalisierung von Werkstücken

In der industriellen Praxis haben sich Geräte und Messverfahren aus dem Bereich der Koordinatenmesstechnik als äußerst flexible und effiziente Werkzeuge zur geometrischen Erfassung von Werkstücken durchgesetzt. In der Koordinatenmesstechnik werden Objektgeometrien durch die mathematische Verknüpfung einzelner Oberflächenpunkte in einem gemeinsamen Koordinatensystem definiert. Die Erfassung dieser Raumpunkte erfolgt durch sogenannte Koordinatenmessgeräte [177]. Wesentliches Haupteinsatzgebiet von Koordinatenmessgeräten ist die Erfassung der Ist-Geometrie an den für die Funktion eines Bauteils relevanten Teilgeometrien (Bohrungen, Flansche o. ä.) zur Bestimmung von Maß-, Form- und Lageabweichungen durch Vergleich mit der Soll-Geometrie. Grundsätzlich eignen sich aber nahezu alle heute verfügbaren Koordinatenmessgeräte auch zur Digitalisierung, d.h. zur vollständigen oder teilweisen Erfassung von Objektgeometrien, mit dem Ziel, ein digitales Abbild, z.B. auf einem CAD/CAM-System, zu generieren.

Bild 6.71 zeigt ein Koordinatenmessgerät in doppelter Einständerausführung zur Vermessung großer Objekte. Wesentliche Bestandteile sind ein präzises, kartesisches Führungsvorschubsystem und ein taktiles Tastsystem. Je nach Aufgabenstellung können auch andere Tastsysteme automatisch eingewechselt werden. Geräte dieser Art werden für Abasträume von bis zu 25 m^3 und mehr gebaut. Somit lassen sich Modelle in der Größenordnung von Pkw vollständig digitalisieren.

Zur kostengünstigen Digitalisierung kleinerer Objekte wurden eine Reihe speziell ausgelegter Abtastgeräte entwickelt. Bild 6.72 zeigt beispielhaft ein dreiachsiges Koordinatenmessgerät mit taktilem Tastsystem für Werkstücke bis $0,1\,m^3$. Durch die reduzierten Massen sind hohe Scan-Geschwindigkeiten bis 140 Messpunkte/s bei gleichzeitig hoher Genauigkeit ($< 50\,\mu m$) möglich. Die erzielbaren, sehr geringen Antastkräfte erlauben den Einsatz sehr filigraner Tastsysteme, so dass auch feine Details aufgelöst werden können.

Eine andere Variante zur schnellen, berührungslosen Digitalisierung sehr kleiner, freigeformter Modelle bis ca. $0,002\,m^3$ zeigt Bild 6.73. Es handelt sich hierbei um ein modular aufgebautes, vierachsiges Koordinatenmessgerät mit einer PC-basierten Steuerung. Durch den Einsatz eines hochgenauen optoelektronischen Sensors wurden mit diesem Gerät Genauigkeiten von unter 15 μm und Messgeschwindigkeiten bis 1500 Messpunkte/s realisiert. Dieses Gerät wird z.B. zur Digitalisierung von Zahnabdrücken eingesetzt. Der Zahnersatz wird anschließend auf NC-Fräsmaschinen gefertigt.

Neben Koordinatenmessgeräten eignen sich auch Werkzeugmaschinen zur Digitalisierung von Werkstücken. Durch den Einsatz bereits vorhandener Werkzeugmaschinen und die dadurch reduzierten Investitionskosten werden Digitalisiersys-

Bild 6.71. Koordinatenmessgerät in doppelter Einständerausführung für große Werkstücke. Quelle: Zeiss

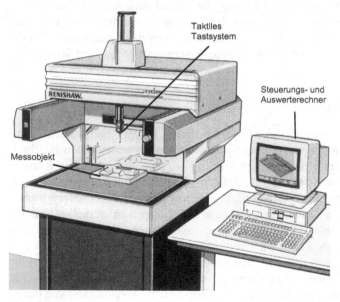

Bild 6.72. Koordinatenmessgerät zur Vermessung kleinerer Objekte. Quelle: Renishaw

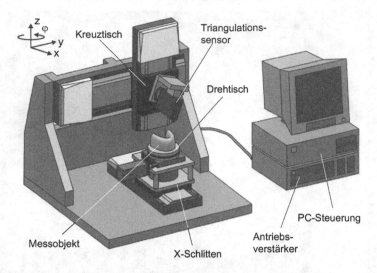

Bild 6.73. Optisches Koordinatenmessgerät zur Digitalisierung sehr kleiner Objekte

teme auch für klein- und mittelständische Unternehmen finanzierbar [18]. Ein Beispiel für ein solches System zeigt Bild 6.74. Es besteht im Wesentlichen aus einem taktilen Tastsystem, das über einen entsprechenden Adapter mit der Standard-Werkzeugaufnahme der Werkzeugmaschine verbunden wird sowie einem Rechner und einer speziellen Software zur Steuerung der Messabläufe und zur Verarbeitung der Messdaten. Die Kommunikation mit der Maschinensteuerung erfolgt über eine RS-232 Schnittstelle. In weiteren Ausbaustufen kann das System stärker in die Maschinensteuerung integriert und damit eine Performance-Steigerung der Messabläufe erzielt werden.

6.4.3.2 Abtaststrategien

Die vollständige Beschreibung einer Objektgeometrie ist bei Regelgeometrien zumeist durch wenige Raumpunkte und die zugehörigen mathematischen Beschreibungen möglich. Unter Umständen ist hier insbesondere bei einfachen Körpern eine Digitalisierung durch manuelles Antasten von Einzelpunkten vorteilhaft. Bei komplexeren Geometrien und insbesondere zur Beschreibung von Freiformflächen sind wesentlich größere Datenmengen erforderlich. Daher werden die Messpunkte hier, je nach verwendetem Tastsystem, meist im sogenannten Scanning-Betrieb, also durch die kontinuierliche Erfassung von Raumpunkten entlang der Werkstückgeometrie erfasst. Entscheidend für die Qualität der Digitalisierungsergebnisse ist die Verwendung einer geeigneten Abtaststrategie, die, je nach verwendetem Messgerät, Tastsystem und vorliegender Werkstückgeometrie bzw. in Abhängigkeit von der zu erzielenden Genauigkeit, Detaillierung, Abtastdauer etc., gewählt werden muss. Übliche Strategien sind hier z.B. zeilenförmiges Abtasten, abschnittsweises Abtasten in unterschiedlichen Richtungen oder Umrissabtasten (Bild 6.75).

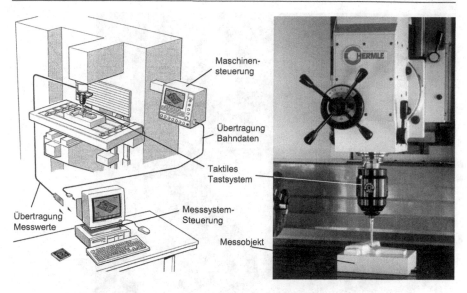

Bild 6.74. Integration von Abtastsystemen an Werkzeugmaschinen. Quelle: Renishaw

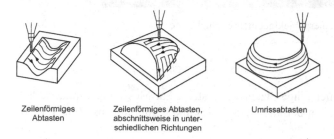

Zeilenförmiges
Abtasten

Zeilenförmiges Abtasten,
abschnittsweise in unter-
schiedlichen Richtungen

Umrissabtasten

Bild 6.75. Beispiele für Strategien zur Abtastung unterschiedlicher Modellformen

Eine Alternative zum Scanning-Betrieb besteht in der Digitalisierung durch iterative Annäherung der Objektoberfläche durch Einzelpunktantastung. Dabei wird in einem ersten Schritt, meist durch manuelles Antasten einzelner Randpunkte, eine Ausgangsgeometrie definiert. Anschließend werden in einem iterativen Prozess nach einer vorgegebenen Strategie automatisch weitere Einzelpunkte angetastet und diese bei Überschreiten einer geometrischen Mindestabweichung als neue Stützpunkte in die vorliegende Geometriebeschreibung eingefügt. Dieser Prozess wird beendet, sobald eine vorgegebene Mindestabweichung durch Hinzunahme weiterer Punkte nicht mehr überschritten wird.

Für eine vollständige Erfassung komplexer Oberflächen ist häufig eine Segmentierung der Objektgeometrie in einzelne Teilflächen erforderlich. Diese Teilflächen werden auf dem Objekt markiert und der Abtaststeuerung durch manuelles Abtasten der Randkurven bekannt gemacht (Bild 6.76). Nach dieser Unterteilung können die oben genannten Abtaststrategien auf die einzelnen Segmente angewendet werden.

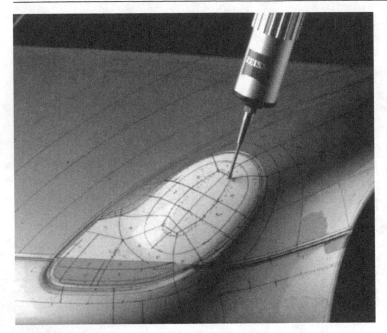

Bild 6.76. Segmentierung einer Objektgeometrie. Quelle: Zeiss

6.4.3.3 Tastsysteme

Die in Digitalisiersystemen eingesetzten Tastsysteme zur Messpunktaufnahme lassen sich im Wesentlichen in berührende (taktile) und berührungslose (meist optoelektronische) Tastsysteme einteilen.

Taktile Tastsysteme

Taktile Tastsysteme bestehen in der Regel aus einem Tastkopf, einem oder mehreren Taststiften und einer Rubinkugel je Taststift, mit der der Kontakt zur Oberfläche des Werkstücks hergestellt wird. Es lassen sich schaltende und messende Ausführungen unterscheiden, deren prinzipieller Aufbau in Bild 6.77 dargestellt ist.

Schaltende Tastsysteme besitzen eine Knickstelle, über die bei Berührung des Werkstücks der Taststift ausgelenkt wird (Bild 6.77 unten). Durch die Auslenkung des Taststiftes wird ein Schaltsignal und damit die Messwertaufnahme durch Auslesen der Wegmesssysteme des Messgerätes ausgelöst. Bei Auslenkung des Taststiftes werden die Verfahrachsen des Messgerätes durch die Steuerung gestoppt und anschließend entgegengesetzt zur Antastrichtung zurückgefahren. Daher ist mit schaltenden Systemen lediglich eine Einzelpunktantastung möglich, wobei allerdings sehr hohe Genauigkeiten erzielt werden. Durch die langsame Arbeitsweise des Verfahrens und die daraus resultierende geringe Zahl der mit vertretbarem Zeitaufwand erfassbaren Messpunkte eignet es sich im Wesentlichen zur Digitalisierung

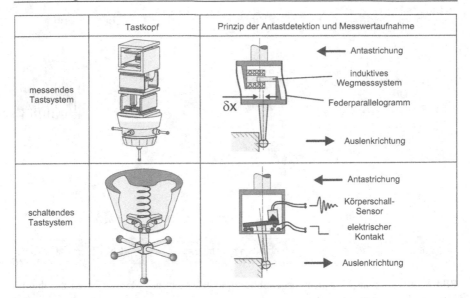

	Tastkopf	Prinzip der Antastdetektion und Messwertaufnahme
messendes Tastsystem		Antastrichtung induktives Wegmesssystem δx Federparallelogramm Auslenkrichtung
schaltendes Tastsystem		Antastrichtung Körperschall-Sensor elektrischer Kontakt Auslenkrichtung

Bild 6.77. Taktile Tastsysteme. Quelle: [177]

von Regelgeometrien, die sich mit Hilfe weniger Punkte mathematisch beschreiben lassen.

Den Aufbau eines messenden taktilen Tastsystems zeigt Bild 6.77 oben. Die Taststiftaufnahme ist hier an drei rechtwinklig zueinander angeordneten Federparallelogrammen befestigt, deren Auslenkung infolge einer Auslenkung des Taststiftes über einen integrierten eindimensionalen Wegaufnehmer gemessen wird. Messende Tastsysteme erlauben es in Verbindung mit einer entsprechenden Nachformsteuerung, den Taststift während der Digitalisierung in Kontakt mit der Oberfläche zu halten. Der Messpunkt berechnet sich dann aus der gemessenen Auslenkung des Taststiftes und der Stellung der Maschinenachsen aus den Positionswerten der Wegmesssysteme. Durch die kontinuierliche Arbeitsweise des Verfahrens ergeben sich deutlich kürzere Messzeiten als bei schaltenden Systemen bei gleichzeitig hohen Genauigkeiten.

Optoelektronische Tastsysteme

Für die Digitalisierung von Werkstückgeometrien werden heute zunehmend auch optoelektronische Tastsysteme eingesetzt. Durch ihr berührungsloses Funktionsprinzip eignen sie sich besonders für die schnelle Digitalisierung auch komplexer Geometrien und weicher bzw. empfindlicher Materialien. Das Funktionsprinzip in diesem Zusammenhang eingesetzter Verfahren zeigt Bild 6.78.

Für das optische Abtasten von Körpern zur Digitalisierung sind punktweise messende Triangulationssensoren aufgrund des im Prinzip einfachen physikalischen Aufbaus und des variabel einstellbaren Messbereiches gut geeignet. Daher kommen

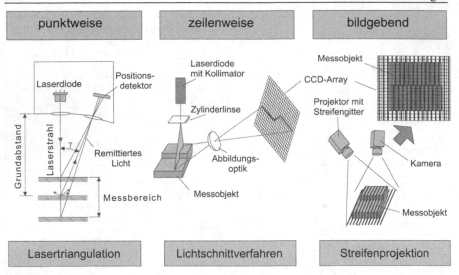

Bild 6.78. Funktionsprinzipien ausgewählter optoelektronischer Messverfahren zur dreidimensionalen Formerfassung

sie in der Industrie verstärkt zum Einsatz. Zur Messung des Abstands zwischen Sensor und Werkstück sendet eine Laserdiode einen Lichtimpuls aus (Bild 6.78 links). Dieser trifft auf das Werkstück und wird in Abhängigkeit von der Oberfläche diffus, total oder gerichtet reflektiert. Die vom Objekt zurückgestrahlte Lichtenergie wird über eine Linse, die in einem definierten Winkel γ, dem Triangulationswinkel, zum Sendestrahl angeordnet ist, auf ein Empfangselement, meist eine CCD-Zeile (Charge Coupled Device) oder eine positionsempfindliche Diode (PSD) abgebildet. Anhand der Position des Lichtpunktes auf dem Empfangselement kann die Entfernung des Objektes bestimmt werden. Die Abtastrate bei in der Industrie üblichen Sensoren liegt bei 10 bis 20 kHz und kann bis auf 100 kHz gesteigert werden.

Der Nachteil aller optischen Taster nach dem Triangulationsprinzip besteht darin, dass die absolute Messgenauigkeit des Sensors von den Reflexionseigenschaften des Messobjektes abhängt. Sie kann deshalb nur gegenüber einem diffus reflektierenden Referenzwerkstoff angegeben werden. Im Allgemeinen wird hier von weißem Papier ausgegangen. Dabei lassen sich mit punktweise messenden Triangulationssensoren Genauigkeiten von unter 1/1000 des Messbereiches erreichen. An glänzenden Körpern, und damit auch bei Metallen, wird das Licht nicht diffus, sondern teilweise auch total reflektiert. Dadurch kann es zu Messfehlern kommen, die insbesondere bei Höhenunterschieden am Messobjekt auftreten (Bild 6.80). Die Oberfläche muss in diesen Fällen mit einem matten Sprühlack bedeckt werden. Die zunehmend eingesetzten CCD-Empfangselemente erlauben gegenüber den analogen positionsempfindlichen Dioden eine weitgehende rechnerische Kompensation von Oberflächeneinflüssen und Neigungsfehlern, so dass moderne Sensoren heute deutlich robuster gegenüber Messfehlern sind.

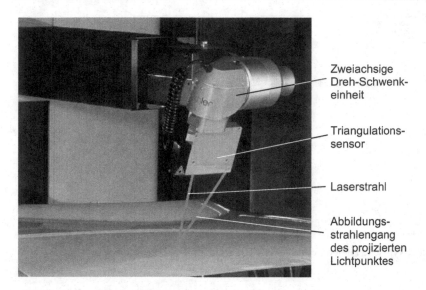

Zweiachsige
Dreh-Schwenk-
einheit

Triangulations-
sensor

Laserstrahl

Abbildungs-
strahlengang
des projizierten
Lichtpunktes

Bild 6.79. Digitalisierung eines Karosseriebauteils mit Hilfe eines Triangulationssensors am Dreh-Schwenkarm. Quelle: Zeiss

Obwohl im Prinzip ein Empfangselement zur Bestimmung der Entfernung ausreicht, geht zur Reduzierung der oben genannten Probleme der Trend zu Sensoren mit zwei Empfangselementen. Durch Auswertung der von beiden Empfangselementen ausgegebenen Messwerte lassen sich Oberflächen- und Neigungseinflüsse sowie Abschattungsfehler reduzieren. Speziell zur Digitalisierung von komplexen Freiformflächen existieren mittlerweile auch rotationssymmetrische Triangulationssensoren. Durch koaxiale Anordnung von Sender und kreisförmig um den Sender angeordnetem Empfangselement besitzen diese Sensoren eine höhere Unempfindlichkeit gegenüber Messfehlern, insbesondere bei Abschattungen.

Optische Tastsysteme nach dem Lichtschnittverfahren arbeiten ebenfalls mit dem Triangulationsprinzip (Bild 6.78 Mitte). Dabei wird eine Lichtzeile durch Aufweitung des Laserstrahls über eine Zylinderlinse oder durch einen oszillierenden Spiegel erzeugt. Als Empfangselement dient ein CCD-Array, das gegenüber dem Laser um einen vorgegebenen Triangulationswinkel versetzt ist. Durch die quasiparallele Auswertung einer kompletten Lichtzeile bei üblichen Messfrequenzen von 5-50 Hz können mit diesen Sensorsystemen gegenüber punktweise messenden Sensoren die erforderlichen Messzeiten zur Digitalisierung von Werkstückgeometrien bei etwas niedrigeren erzielbaren Genauigkeiten und Auflösungen deutlich verkürzt werden.

Flächenhaft messende Verfahren zur dreidimensionalen Vermessung haben in den letzten Jahren durch intensive Forschungs- und Entwicklungsarbeiten sowohl an Universitäten als auch in der Industrie beachtliche Fortschritte erzielt. Durch die Möglichkeit, komplette Ansichten eines Objektes durch eine einzige Messung zu

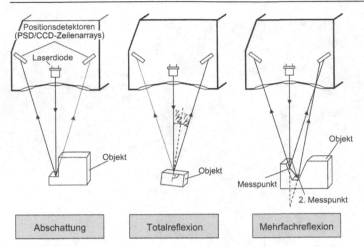

Bild 6.80. Typische Fehlerquellen bei der Triangulation

erfassen, sind dabei extrem schnelle Digitalisierungen auch komplexer Körper möglich. Daher werden diese Verfahren heute zunehmend im Bereich der Digitalisierung
eingesetzt. Grundsätzlich können flächenhaft messende Verfahren in aktive und passive Verfahren unterschieden werden. Aktive Verfahren, wie z.B. das Streifenprojektionsverfahren, besitzen ein oder mehrere Beleuchtungsvorrichtungen, über die
geeignete Beleuchtungsmuster auf die Messobjekte projiziert und von einer oder
mehreren Kameras erfasst werden. Passive Verfahren, wie z.B. die Stereobildver-
arbeitung, verzichten auf diese Beleuchtungsmuster. Das Objekt wird hier durch
mindestens zwei Kameras mit unterschiedlichen Beobachtungsrichtungen erfasst.
Aus der bekannten Position und Orientierung der Kameras zueinander lassen sich
die 3D-Koordinaten eines Objektpunktes aus den zweidimensionalen Abbildungen
der Kamerabilder über das Triangulationsprinzip berechnen. Die hierzu notwendige
Identifikation und Zuordnung der Objektpunkte in den jeweiligen Kamerabildern ist
aber häufig nicht eindeutig möglich, weswegen passive Verfahren in der Industrie
heute nur bedingt zur Anwendung kommen [172].

Als Beispiel für ein aktives, flächenhaft messendes Verfahren zur dreidimensionalen Geometrieerfassung soll hier das Streifenprojektionsverfahren dienen. Beim
Streifenprojektionsverfahren werden von einem Projektor über ein Gitter mit konstantem Gitterabstand Streifen auf ein Objekt projiziert (Bild 6.78 rechts). Diese
Streifen werden von einer oder mehreren Kameras erfasst und die Gitt(erverzerrungen
von einem Bildverarbeitungssystem zu einer Beschreibung der Oberfläche ausgewertet. Sind der Grundabstand, der Neigungswinkel von Kamera und Projektor sowie die Position des Gitters bekannt, lässt sich die Form des Objektes über den
Strahlensatz berechnen. Bild 6.81 zeigt als Beispiel die Digitalisierung einer PC-
Maus. Die im Bild unterhalb des Messobjektes sichtbaren Markierungen dienen zur
Kalibrierung des Systems.

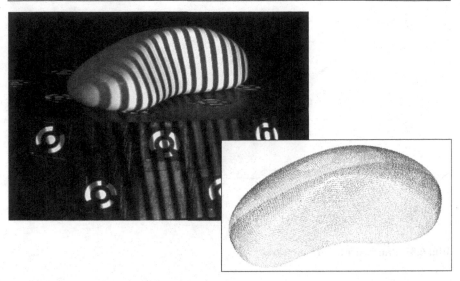

Bild 6.81. Streifenprojektionsverfahren zur Geometrievermessung. Quelle: FhG-IPT

Damit keine schleifenden Schnitte zwischen Projektionsstrahlen und Abbildungsstrahlen auftreten und eine gute Tiefenauflösung erreicht wird, ist ein relativ großer Grundabstand zwischen Kamera und Projektor erforderlich, wodurch sich Abschattungen ergeben können. Die Einsatzgrenzen dieser Messsysteme liegen, wie im Bild 6.82 gezeigt wird, in der Vermessung von unstetigen und steilen Objektoberflächen. Steile Objektoberflächen werden entweder von einer geringen Anzahl projizierter Linien getroffen oder durch eine geringe Anzahl von Abbildungsstrahlen auf das CCD-Array abgebildet. Mit zunehmender Steigung nimmt daher die Auflösung und damit auch die Messgenauigkeit des Sensorsystems ab. Bei noch größeren Höhenunterschieden entstehen abgeschattete Bereiche, die nicht mehr vermessen werden können und zu Fehlstellen in der digitalisierten Objektoberfläche führen. Für eine vollständige und genaue Digitalisierung der geometrischen Form eines Objektes ist daher häufig die Erfassung des Objektes aus unterschiedlichen Beobachtungsrichtungen erforderlich.

Eine weitere Schwierigkeit ergibt sich bei der Vermessung von Objekten mit unstetigen Übergängen, wie z.B. scharfen Kanten. An den Stufen reißen die projizierten Linien ab und müssen hinter den Stufen einander zugeordnet werden, was bei komplexen Körpern ohne weiteres nicht eindeutig möglich ist. Dieses Problem kann durch eine sequenzielle Beleuchtung des Objektes mit unterschiedlichen, speziell kodierten Lichtmustern gelöst werden (Graycode-Verfahren). Durch die Kodierung ist bei Auswertung der jeweiligen Kamerabilder eine eindeutige Zuordnung der Bildpunkte zu den projizierten Linien möglich.

Die Auswertung der Kamerabilder erfolgt bei der Streifenprojektion durch Berechnung der Phasenlage der projizierten Linien, wobei Genauigkeiten von ca. 1/20 der Linienbreite erreichbar sind. Eine Erhöhung von Messgenauigkeit und Auflö-

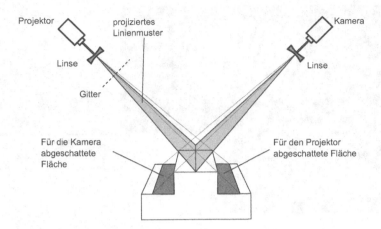

Bild 6.82. Prinzip der Streifenprojektion

sung lässt sich einerseits durch eine Verringerung der Linienbreite erzielen, die allerdings von der Auflösung der Kamera begrenzt wird. Andererseits kann das Streifenprojektionsverfahren zur Genauigkeitssteigerung durch verschiedene Verfahren erweitert werden, wobei hier insbesondere das Phasenshift-Verfahren und das Moiré-Verfahren zu nennen sind. Beim Phasenshift-Verfahren wird das Streifenmuster zur Erhöhung der Auflösung innerhalb einer Streifenperiode sequenziell verschoben. Dadurch wird eine Phasengenauigkeit bis zu 1/100 der Streifenbreite erreicht. Beim Moiré-Verfahren wird zusätzlich zu dem Gitter im Strahlengang des Projektors auch ein Gitter in den Strahlengang der Kamera gebracht. Bei der Abbildung der auf das Objekt projizierten Streifen ergibt sich aufgrund des Gitters vor der Kamera eine Schwebung von dunklen und hellen Linien auf dem CCD-Array, die zur Berechnung der Objektgeometrie ausgewertet werden. Mit diesem Verfahren lassen sich Höhenauflösungen im Bereich von Nanometern erreichen. Daher wird dieses Verfahren auch zur Maschinenuntersuchung eingesetzt. Es wird in [237] näher beschrieben. Allerdings sind die beiden letztgenannten Verfahren relativ fehleranfällig und bei derzeitigem Stand der Technik noch nicht so weit ausgereift, dass sie beim Nachformfräsen oder Digitalisieren zur universellen Vermessung beliebiger Modelle eingesetzt werden können.

6.4.3.4 Aufbereitung und Weiterverarbeitung der Messdaten

Die Weiterverarbeitung der durch die Messwertaufnahme gewonnenen Daten verlangt, je nach Qualität und Ordnungsgrad der gemessenen Punktewolke, eine Vielzahl weiterer, teilweise sehr komplexer rechentechnischer Verarbeitungsschritte, auf die im Folgenden nur kurz eingegangen werden kann.

Erfolgt die Messwertaufnahme über ein taktiles Tastsystem, so beschreiben die gewonnenen Messdaten die Stellung des Mittelpunktes der Tastkugel zur jeweiligen Messzeit. Da die Tastkugel eine endliche Ausdehnung besitzt, weicht der eigentlich

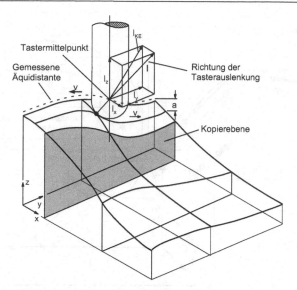

Bild 6.83. Abtasten einer räumlichen Modelloberfläche

gesuchte Punkt, der Berührpunkt der Tastkugel mit der Objektoberfläche, von der gemessenen Position (Tastkugelmittelpunkt) ab. Gemäß Bild 6.83 wird daher eine Äquidistante zur wirklichen Kontur des Werkstücks gemessen, die sich aus dem Tastkugelradius und der Auslenkung des Taststiftes l ergibt. Die wahre Werkstückkontur muss daher durch Verrechnung dieser Äquidistanten über eine sogenannte Tastkugelradius-Korrektur ermittelt werden.

Ein generelles Problem bei der Digitalisierung von Objektgeometrien ist die anfallende Datenmenge. Für größere Modelle entsteht durch das Abtasten leicht ein Speicherbedarf von einigen Megabytes. Auch wenn die Kosten für Speichermedien heute keine Rolle mehr spielen, erscheint es nicht sinnvoll, mit solch großen Datenmengen zu rechnen.

Herkömmliche CAD-Systeme sind für die Verarbeitung derart großer Datenmengen, wie sie bei der Digitalisierung entstehen, nicht ausgelegt. Die Beschreibung der Geometrie in CAD-Systemen erfolgt üblicherweise anhand von Volumeninformationen oder Körperkanten bzw. Splines, was wesentlich platzsparender ist. Daraus folgt die Forderung nach wirksamen Verfahren zur Datenreduktion, um die anfallenden Datenmengen zu minimieren, ohne einen Informationsverlust für die Abbildung des abgetasteten Modells hinnehmen zu müssen.

Übliche Verfahren der Datenreduktion bei sequenziell tastenden Sensorsystemen überprüfen während der Abtastung, ob die durch die Datenreduktion entstandenen Bahnfehler noch innerhalb eines zulässigen Toleranzbereichs liegen. Hierfür werden Toleranzschläuche definiert, wobei deren Form von der Art des gewählten Interpolationsverfahrens abhängt [187]. Bild 6.84 zeigt die Vorgehensweise anhand eines Beispiels für die Linearinterpolation. Dabei wird eine Folge von Abtastpunkten P_k bis P_l durch ein Geradenstück ersetzt, das von P_k bis zu dem zuletzt ermittel-

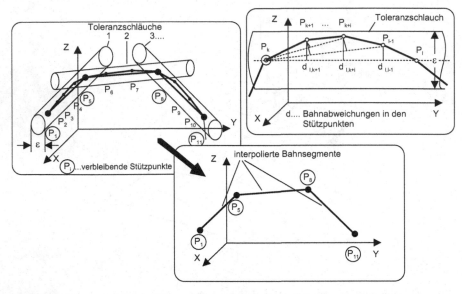

Bild 6.84. Datenreduktion bei linearer Interpolation (nach Pritschow)

ten Abtastpunkt P_l geht (Bild 6.84 rechts oben). Liegen die Zwischenpunkte P_{k+1} bis P_{l-1} noch innerhalb eines um das Geradenstück gelegten Toleranzschlauches, ist die Linearinterpolation zwischen den Punkten P_k und P_l zulässig, und es kann der nächste Abtastwert P_{l+1} mit in die Untersuchungen einbezogen werden. Dies erfolgt in der Art, dass jetzt ein Geradenstück von P_k nach P_{l+1} gelegt wird und dann überprüft wird, ob die Punkte P_{k+1} bis P_l sich noch innerhalb des um das neue Geradenstück liegenden Toleranzschlauches befinden.

Diese Vorgehensweise der schrittweisen Verlängerung des Geradenstücks setzt sich so lange fort, bis für das betrachtete Geradenstück irgendein Zwischenpunkt nicht mehr innerhalb des entsprechenden Toleranzschlauchs liegt. In diesem Fall steht dann fest, dass die letzte Verlängerung, beispielsweise der Übergang von P_l auf P_{l+1} als neuer Endpunkt nicht mehr zulässig war und der vorherige Endpunkt P_l als neuer relevanter Stützpunkt zu registrieren ist. Gleichzeitig können alle Zwischenpunkte P_{k+1} bis P_{l-1} gelöscht werden, da sie nicht mehr benötigt werden. Anschließend läuft der Reduktionsalgorithmus neu an, d.h. der Punkt P_l wird zum Anfangspunkt eines neuen Geradenstücks, dessen Endpunkt sich durch die weiteren Abtastwerte ergibt.

Im Bild 6.84 links oben ist ein Konturstück gezeigt, bei dem über das beschriebene Reduktionsverfahren aus elf aufgenommenen Bahnpunkten sieben Zwischenpunkte gelöscht werden konnten. In dem beschriebenen Beispiel wurde von einer linearen Interpolation ausgegangen. Denkbar sind aber auch Zirkular- oder Spline-Interpolationsverfahren, über die unter Umständen die Zahl der erforderlichen Abtastwerte noch weiter reduziert werden kann. Hier ist dann die Form des Toleranzschlauches entsprechend anzupassen, was beispielsweise bei der Zirkularinterpolation zu einem kreisförmigen Schlauch führt.

Insbesondere bei der Digitalisierung dreidimensionaler Objekte mit Hilfe flächenhaft messender optischer Antastsysteme sind vor einer Weiterverarbeitung der Messdaten zumeist eine Vielzahl teilweise interaktiver Bearbeitungsschritte erforderlich, auf die hier allerdings nicht im Detail eingegangen werden soll. So müssen verschiedene Ansichten eines Objektes in ein gemeinsames Koordinatensystem transformiert werden, wobei redundante Informationen aus sich überlappenden Bereichen zu eliminieren sind. Sind Lage- und Richtungsbeziehung der Ansichten zueinander nicht bekannt, können die Parameter für die Transformation auch durch approximative Verfahren aus den überlappenden Bereichen der Einzelansichten berechnet werden (Matching-Verfahren). Des Weiteren ergibt sich das Problem der Objekterkennung aus den Kamerabildern, d.h. die eindeutige Unterscheidung zwischen relevanten, das Messobjekt beschreibenden Bildpunkten und dem Hintergrund. Aufgrund des teilweise extrem großen Datenaufkommens, das bei modernen Kamerasystemen im Bereich von mehreren Megabyte pro Bild liegen kann, ist außerdem der Einsatz leistungsfähiger Algorithmen zur Datenreduktion erforderlich. Diese Datenreduktion wird meist in Abhängigkeit von der Flächenkrümmung durchgeführt, so dass starke Neigungsänderungen in der Oberfläche, wie sie z.B. an Kanten auftreten, durch eine höhere Punktdichte repräsentiert werden als ebene Flächen.

Die Erstellung von NC-Daten auf Basis von Messpunkten wird in der Regel über eine parametrische Beschreibung (z.B. Nurbs-Flächen) oder über eine polygonisierte Darstellung (z.B. triangulierte Dreiecksflächen) der Objektoberfläche durchgeführt. Die Polygonisierung kann dabei auch als Vorstufe für die anschließende Berechnung der parametrischen Darstellung dienen (Bild 6.85). Dieses als Flächenrückführung bekannte Problem ist bis heute nur für relativ einfache Objektgeometrien und in Abhängigkeit von der Struktur der Messdaten automatisierbar. Komplexe Bauteile müssen entweder bei der Messung oder nachträglich anhand der gemessenen Punktewolke interaktiv in Einzelsegmente zerlegt, in Teilflächen umgewandelt und anschließend wieder zusammengefügt werden. Dabei wird der Anwender von den jeweiligen Systemen durch eine Vielzahl von Funktionen unterstützt. Die hierzu notwendige Software ist entweder Bestandteil des Digitalisiersystems oder als Modul einiger CAD/CAM-Systeme erhältlich. Daneben existieren speziell ausgelegte Programme, die eine umfangreiche Funktionalität zur Flächenrückführung besitzen.

Eine Visualisierung der NC-Datengenerierung mit Hilfe eines CAD-Systems zeigt Bild 6.86. Im linken Bildteil sind die abgetasteten Punkte sichtbar. Der rechte Bildteil zeigt die berechneten Fräserbahnen zum zeilenförmigen NC-Fräsen.

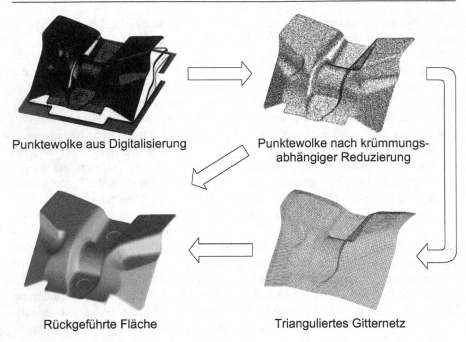

Punktewolke aus Digitalisierung   Punktewolke nach krümmungs-
                                         abhängiger Reduzierung

Rückgeführte Fläche   Trianguliertes Gitternetz

Bild 6.85. Flächenrückführung von Punktewolken. Quelle: Zeiss

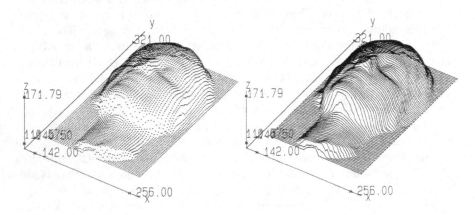

Bild 6.86. Digitalisiertes Oberflächenrelief in Punktdarstellung und berechnete Fräserbahn. Quelle: Cronjäger

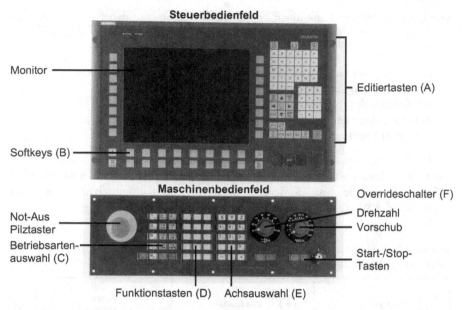

Bild 6.87. Maschinenbedien- und -steuertafel einer Werkzeugmaschine. Quelle: Siemens

6.5 Benutzerschnittstellen an Werkzeugmaschinen

6.5.1 Bedienfelder an Werkzeugmaschinen

Als Schnittstelle zwischen Benutzer und NC-Maschine wird ein Bedienfeld eingesetzt, über das eine manuelle Aktivierung der verfügbaren Funktionen erfolgt. In
der Regel besteht dieses Bedienfeld aus verschiedenen Komponenten, die sowohl
für die Bedienung maschinenspezifischer als auch steuerungsspezifischer Funktionen erforderlich sind. Bild 6.87 gibt einen Überblick über den Aufbau sowie den
Funktionsumfang eines Steuer- und Maschinenbedienfeldes [207].

Das Steuerbedienfeld, das im oberen Bildteil dargestellt ist, umfasst eine alphanumerische Tastatur (A), diverse Softkeys (B) sowie einen Monitor (üblicherweise ein TFT-Flachdisplay). Integriert in das Steuerbedienfeld ist heute meist ein
Industrie-PC in Flachbauweise mit Windows-Betriebssystem. Über diese Einga-
beschnittstelle lassen sich beispielsweise NC-Programme editieren, Korrekturwerte manuell setzen oder NC-Informationen abrufen. Die Softkeys werden dazu genutzt, Funktionen der NC-Steuerung aus einem strukturierten Menübaum aufzuru-
fen. Diesbezüglich sind beispielsweise die Eingabe von Werkzeugkorrekturdaten,
die Beeinflussung von Programmparametern sowie der Aufruf für eine Bearbeitungssimulation zu nennen. In Abhängigkeit von der gewählten Betriebsart können
darüber hinaus über diese Funktionstasten weiterführende Informationen zum Ma-
schinenstatus vom Benutzer abgerufen werden.

Das Maschinenbedienfeld enthält demgegenüber Funktionselemente, die für die
manuelle Steuerung der Maschine erforderlich sind. Für eine Beschreibung der zur

Verfügung stehenden Funktionen lassen sich die Elemente dabei in verschiedene Gruppen einteilen. Über die Tasten der Gruppe C können die folgenden Aktionen erfolgen:

- die Anwahl der Betriebsart (Einrichten, Handeingabe, Automatik, Einzelsatz),
- das Rücksetzen der Steuerung (Reset-Funktion),
- die Anwahl des Referenzierbetriebs sowie
- die Einstellung der Empfindlichkeit für den inkrementellen Betrieb (z.B. 0,01 mm/Impuls).

Die Tastengruppe D kann vom Werkzeugmaschinenhersteller frei belegt werden. Über diese Tasten werden zumeist maschinenspezifische Einrichtungen aktiviert (z.B. Einschalten des Späneförderers, Aktivierung der Kühlmittelzufuhr, Spannen und Lösen des Werkzeuges usw.).

Tabelle 6.3. Funktionssymbole zur Verwendung an Werkzeugmaschinen. Auszug aus den DIN-Normen 24900, 30600 und 55003

Rücksetzen	Zuschalten	Vorschub zuschalten
Löschen	Abschalten	Vorschub abschalten
Handeingabe	Vorschub	Spindel zuschalten
Automatikbetrieb (Vorwärts kontinuierlich alle Daten lesen)	Schneller Vorschub Eilgang	Spindel abschalten
Referenzpunkt	Daten-Eingabe	Programm-Start
Programmierter Halt Entspricht der Funktion M 00	Spindel	Programm-Stop

Für eine manuelle Steuerung der Maschinenachsen werden die Tasten der Gruppe E benötigt. Hierzu ist eine entsprechende Anwahl der Achsen (X, Y, Z, ...) sowie die gewünschte Fahrrichtung in positiver oder negativer Achsrichtung über das Tastenfeld einzugeben.

Mit Hilfe der Drehschalter (Gruppe F) kann eine Beeinflussung der programmierten Spindeldrehzahl sowie der Vorschubgeschwindigkeit erfolgen. In Bezug auf die Einstellung des Spindeldrehzahloverrides steht in der Regel ein Variationsbereich von 50 bis 120 % des programmierten Wertes zur Verfügung. Demgegenüber kann der Vorschub zumeist im Bereich zwischen 0 bis 150 % variiert werden. Den Drehschaltern sind zumeist weitere Tastenelemente zugeordnet, über die der Vorschub bzw. die Drehzahl übergreifend ein- bzw. ausgeschaltet werden kann.

Der Tastenblock des Steuerbedienfeldes enthält alle Funktionen einer normalen PC-Tastatur einschließlich verschiedener Sonderzeichen für die Cursor- und Bildschirmsteuerung. Grundsätzliche Unterscheidungsmerkmale finden sich lediglich hinsichtlich der Anordnung und Symbolik der Tastenelemente.

Die Symbolik auf den Funktionstasten des Steuer- und Maschinen-Bedienfeldes ist in den jeweiligen DIN-Normen beschrieben [52, 53, 55]. Tabelle 6.3 zeigt einen Ausschnitt der wichtigsten Funktionssymbole. In diesem Zusammenhang wurde im Projekt Hümnos [78] ein herstellerübergreifender Styleguide zur Gestaltung bzw. Vereinheitlichung der Benutzungsoberflächen von Maschinen-Steuerungen erarbeitet. Die Richtlinie enthält ein Begriffslexikon mit der Übersetzung wichtiger Fachbegriffe sowie Regeln zur Gestaltung von Steuerungsoberflächen und Bediendialogen [165].

6.5.2 Manuelle Prozessführung

6.5.2.1 Allgemeine Übersicht

Im Hinblick auf den werkstattorientierten Einsatz der Bearbeitungsmaschinen – insbesondere in der Einzel- und Kleinserienfertigung – kommt der manuellen Prozessführung eine zentrale Bedeutung zu. Im Gegensatz zur Serienfertigung, bei der eine automatisierte Überwachung der ablaufenden Prozesse im Vordergrund steht, wird hier aufgrund des umfassenden Aufgabenspektrums der Einsatz eines qualifizierten und erfahrenen Fachpersonals gefordert. Das bedeutet, dass vom Einrichten der Maschine über die manuelle Bearbeitung sowie hinsichtlich der Programmierung und Überwachung des Fertigungsprozesses Kenntnisse über die ablaufenden Prozesse vorausgesetzt werden müssen. Ergänzend zu den im Kapitel 6.4.2.4 beschriebenen, werkstattorientierten Programmierverfahren sollen hier die Bereiche des Einrichtens, der manuellen Bearbeitung und Prozessführung im Automatikbetrieb sowie das Gebiet der benutzerorientierten Prozessanalyse beschrieben werden.

6.5.2.2 Bedienelemente zur Prozessführung

Für die Durchführung der Bedienoperationen im Rahmen der betrachteten Aufgabenbereiche stehen dem Benutzer verschiedene Bedienelemente zur Verfügung, über die eine manuelle Steuerung der Achswege sowie der Achsgeschwindigkeiten im Einricht- oder Automatikbetrieb erfolgen kann. Nachdem die vorbereitenden Arbeiten, wie beispielsweise die Durchführung der Referenzpunktfahrt, das Spannen, Abstützen und Ausrichten des Werkstückes, abgeschlossen sind, besteht grundsätzlich die Forderung, die exakte Lage des Werkstückes im Maschinenkoordinatensystem zu beschreiben. Diesbezüglich ist eine manuelle Positionierung der NC-Achsen erforderlich. Für die Durchführung dieser Operation sind standardmäßig Tipptasten am Bedienfeld der Steuerung vorgesehen, die eine Grob- und Feinpositionierung

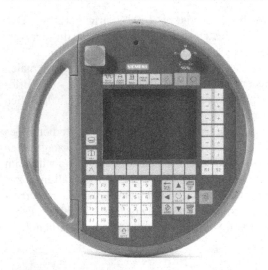

Bild 6.88. Handbediengerät einer Werkzeugmaschine. Quelle: Siemens

der NC-Achsen in Verbindung mit den Achswahl- und Richtungstasten sowie mit dem Vorschuboverride-Schalter ermöglichen.

Im Falle der Grobpositionierung erfolgt eine Bewegung der NC-Achse, solange die entsprechende Tipptaste betätigt wird (kontinuierliche Bewegung). Die Geschwindigkeit der Achse wird hierbei über den Vorschuboverrideschalter eingestellt. Im Gegensatz dazu kann bei der Feinpositionierung der NC-Achse ein definierter Achsweg bei jeder Tippoperation manuell eingeleitet werden (inkrementelle Bewegung). Der Einstellbereich für die Vorgabe des Achsweges umfasst in der Regel einen steuerungsspezifisch einstellbaren Wertebereich. Hierdurch lassen sich über die Bedientafel die erforderlichen Achspositionen im Bereich der Maschinengenauigkeit manuell anfahren.

Als Bestandteil einer erweiterten und komfortablen Benutzerschnittstelle ist für den Einrichtbetrieb das Handbediengerät zu erwähnen (Bild 6.88). Der Benutzer kann diese Steuertafel in die Hand nehmen und sich in die Nähe des Prozessgeschehens begeben. Hierdurch ist eine verbesserte Beobachtung kritischer Arbeitssituationen (z.B. das Feinpositionieren der NC-Achsen) möglich.

Ein Vorteil gegenüber den beschriebenen Tipptasten für die Steuerung der NC-Achsen besteht beim Einsatz eines Handrades. Prinzipiell ist dieses Bedienelement im Hinblick auf die Funktion identisch mit den Handrädern an rein mechanischen Bearbeitungsmaschinen. Der wesentliche Unterschied zwischen diesen Bedienelementen besteht jedoch darin, dass beim elektronischen Handrad lediglich eine Kopplung auf signaltechnischer Ebene zur Maschinensteuerung besteht. Das bedeutet, dass bearbeitungsabhängige Prozessinformationen (z.B. die während der Bearbeitung auftretenden Kräfte) durch den Benutzer nicht erfasst werden können. Jedoch kann hier eine manuelle Vorgabe der Weggrößen über den Drehwinkel sowie in Abhängigkeit von der Drehgeschwindigkeit eine Geschwindigkeitssteuerung

über ein einziges Bedienelement erfolgen. Hierdurch lassen sich sowohl die Grob-
und Feinpositionierung der NC-Achsen im Einrichtbetrieb, als auch die Durchführung einfacher manueller Bearbeitungsoperationen ohne Bedienung weiterer Elemente erzielen. Dabei können in die Bedientafel entsprechend der Anzahl der Vorschubachsen mehrere elektronische Handräder integriert werden. Die Eingabeelemente besitzen dann zumeist eine feste Zuordnung zur jeweils betrachteten Achse.
Die erforderliche Anwahl der aktiven Achse über die Achswahltasten entfällt dann.
Eine derartige Gestaltung der Bedientafel gestattet darüber hinaus die simultane
manuelle Bewegungsführung von mehr als einer Achse.

Für eine direkte Beeinflussung des programmgesteuerten Ablaufs erhalten die
bereits erwähnten Override-Schalter eine besondere Bedeutung. Für den Benutzer
stellt die Variation der Geschwindigkeitsparameter eine Möglichkeit dar, einerseits
den Fertigungsprozess hinsichtlich technologischer Randwerte zu optimieren. Andererseits können im Falle des ersten Durchlaufs eines NC-Programms die Verfahrgeschwindigkeiten der Achsen mit Hilfe des Vorschoboverrides zu Testzwecken
herabgesetzt werden. In diesem Zusammenhang erweist sich ebenfalls der Einzel-
satzbetrieb als nützlich. Bei Anwahl dieser Betriebsart wird nach jedem NC-Satz die
Bearbeitung unterbrochen und kann durch ein erneutes Betätigen der Taste „NC-
Start" satzweise fortgesetzt werden. Über eine Kontrolle der satzbezogenen Rest-
weganzeige bzw. der nachfolgenden NC-Sätze wird so ein Testbetrieb ermöglicht.

6.5.2.3 Möglichkeiten für die Realisierung einer benutzerorientierten Prozessführung

Gegenstand aktueller Forschungsvorhaben ist die Gestaltung anwendungs- und
anwendergerechter Mensch-Maschine-Interaktionsformen an Werkzeugmaschinen
[46, 241]. Es werden hier geeignete technische Komponenten entwickelt, die es
gestatten, das benutzerspezifische Erfahrungswissen in den Fertigungsprozess ein-
fließen zu lassen. Weiterhin besteht die Möglichkeit, durch die Anwendung dieser Komponenten neues Erfahrungswissen zu sammeln. In Zusammenhang mit den
hier betrachteten Elementen zur manuellen Prozessführung konnten aus zahlreichen
Untersuchungen in der betrieblichen Praxis Anforderungen an die Gestaltung dieser
Komponenten unter interdisziplinären Gesichtspunkten zusammengetragen werden.
Die Umsetzung der beschriebenen Forderungen in ein geeignetes technisches Konzept lässt sich anhand der Darstellung nach Bild 6.89 erläutern.

In einem ersten Schritt wurde für die manuelle Steuerung von NC-Fräsmaschinen
ein mehrachsiges Bedienelement in Form eines Joysticks konzipiert. Aus Gründen
des begrenzten Aussteuerbereiches des Bedienelementes von ca. $\pm 20^\circ$ wurde eine
geschwindigkeitsproportionale Eingabemöglichkeit vorgesehen. D.h., dass in Abhängigkeit vom Auslenkwinkel der betreffenden Joystick-Achse eine entsprechende
Geschwindigkeit der zugeordneten NC-Achse eingestellt wird.

Für die Berücksichtigung benutzerspezifischer Belange sowie prozessbezogener
Anforderungen (z.B. Grob- und Feinpositionierung) muss die Festlegung des Ge-
schwindigkeitssollwertes in Abhängigkeit von der Auslenkbewegung flexibel kon-
figurierbar gestaltet sein. Diese Forderung kann dadurch realisiert werden, dass

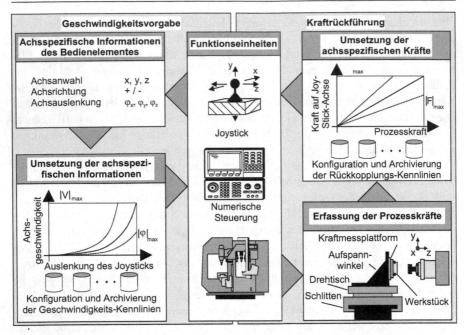

Bild 6.89. Technisches Konzept für die Bedienelemente zur manuellen Prozessführung

die Beziehung zwischen Auslenkwinkel des Bedienelementes und der zugeordneten Sollgeschwindigkeit der NC-Achse über Kennlinien erfolgt. Entsprechend der Darstellung nach Bild 6.89 können diese Kennlinien für die Umsetzung der Joystickauslenkung in Verfahrgeschwindigkeit für die jeweiligen Anwendungen modifiziert werden.

Um dem Benutzer auch ein Gefühl für den Prozessverlauf zu geben, werden die auftretenden Bearbeitungskräfte im Falle der spanenden, manuellen Bearbeitung auf die Stellachsen des Bedienelementes zurückgekoppelt. Hierdurch erhält der Benutzer die Möglichkeit, Informationen aus dem Bearbeitungsprozess (Prozess- oder Vorschubkräfte) als Gegenkraft im Bedienelement spürbar wahrzunehmen. Für eine mögliche technische Realisierung können die Bearbeitungskräfte über eine maschinenintegrierte Sensorik erfasst werden. In Abhängigkeit von der jeweiligen Bearbeitungssituation lassen sich in die Auswertung der Bearbeitungskräfte ebenfalls werkzeugspezifische Rückkopplungskennlinien aufnehmen, die eine Zuordnung zwischen auftretender Werkzeug- bzw. Maschinenbelastung und der resultierenden Rückkopplungskraft beschreiben (Bild 6.89).

Unter Berücksichtigung der beschriebenen Forderungen nach Rückkopplung der Bearbeitungskräfte wurde der Joystick als alternatives Eingabeelement in Verbindung mit der erforderlichen steuerungstechnischen Einheit prototypisch entwickelt. Der in Bild 6.91 dargestellte Joystick ist als Parallelkinematik ausgeführt, die auch bei der Konstruktion von Werkzeugmaschinen Anwendung findet. Dieser Ansatz bietet die Vorteile einer kompakten Bauform bei geringer Masse und hoher

Bild 6.90. Aufbau des kraftrückgekoppelten Joysticks

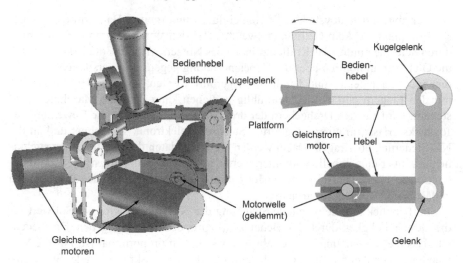

Bild 6.91. Prinzipskizze Joystick

Steifigkeit. Aufgrund der Achsanordnung müssen die Antriebe nicht mehr sequentiell in den einzelnen Achsen untergebracht oder durch komplizierte Getriebe die Achsen verfahren werden. Stattdessen können die Antriebe fest auf der Grundplatte montiert und die Bewegung über einfache Hebel, Schlitten oder Teleskope realisiert werden.

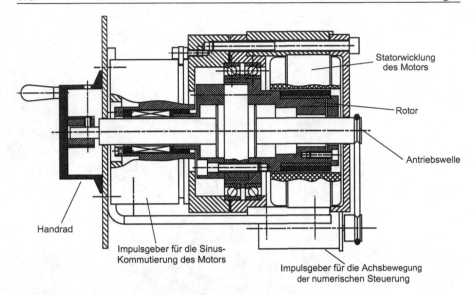

Bild 6.92. Elektronisches Handrad mit integrierter Rückkopplungseinheit

Der abgebildete Joystick stellt eine einfache und robuste Bauform dar. In dieser Anordnung ist kein Getriebe notwendig, das den Wirkungsgrad reduziert oder durch Selbsthemmung das Kraftempfinden des Nutzers irritiert. Zudem können sich die Gleichstrommotoren über die Hebelanordnung gegenseitig verstärken. Der Bedienhebel kann leicht und handlich ausgeführt werden, so dass der Werker ihn mit den Fingern einfach und feinfühlig bedienen kann. Um die Maschine anzusteuern, wird aus den Drehgebern der drei Gleichstrommotoren die Bewegung des Joysticks erfasst, in einer integrierten Steuerungselektronik verrechnet und an die NC-Steuerung übertragen. Dabei werden die Geberdaten der parallelen Joystickkinematik über eine Tabelle und unterlagerter Interpolation in kartesische Koordinaten transformiert. Die Tabellentransformation wurde gewählt, um den Prozessor zu entlasten und Rechenzeit zu sparen.

Im Hinblick auf die manuelle Steuerung der NC-Achsen wird der Sollwert für die Geschwindigkeit durch den Benutzer wegproportional vorgegeben. Das bedeutet, dass die Auslenkung der Verfahrgeschwindigkeit proportional ist. Für die Verwendung beim Ankratzen werden die auftretenden Prozesskräfte von der Steuereinheit in eine entsprechende Gegenkraft umgerechnet. Diese Gegenkraft wird auf den Joystick proportional übertragen und muss bei der Auslenkung überwunden werden.

Die Realisierung der Prozesstransparenz durch die Rückkopplung der bearbeitungsabhängigen Prozesskräfte ist nicht auf das hier vorgestellte Bedienelement beschränkt. Wie im Bild 6.92 gezeigt, kann ein konventionelles elektronisches Handrad ebenfalls mit einem geeigneten Rückkopplungsmechanismus ausgestattet werden.

Hinsichtlich der hier realisierten Komponente wird für die Rückkopplung der Prozesskräfte ein direkt angetriebener Elektromotor verwendet. Hierbei wird die lineare Beziehung zwischen dem eingespeisten Strom und dem Drehmoment des Motors ausgenutzt. Als Funktion der gemessenen Prozesskraft kann hierüber ein kraftproportionales Gegenmoment auf einfache Weise erzeugt werden.

Erste praktische Untersuchungen haben gezeigt, dass durch den Einsatz der hier vorgestellten Bedienelemente Möglichkeiten für eine verbesserte Prozessführung an Werkzeugmaschinen bereitgestellt werden können. Diese Aussage gilt für beide technische Komponenten zur Durchführung manueller Bearbeitungsoperationen bei einfachen Werkstückgeometrien. Besonders erwähnenswert ist jedoch der Joystick, der sowohl für den einfachen Positionierbetrieb der NC-Achsen als auch für die spanende Bearbeitung als ideales, benutzerorientiertes Eingabeelement bezeichnet werden kann.

6.5.2.4 Entwicklungstendenzen

Betrachtet man die Entwicklungen im Bereich moderner Produktionsstätten, so ist festzustellen, dass die Kleinserien- und Einzelfertigung im Verhältnis zur Großserienproduktion an Bedeutung zugenommen hat. Voraussetzung für eine effiziente Fertigung ist jedoch, dass für das qualifizierte Bedienpersonal geeignete Interaktionsformen an den Fertigungseinrichtungen zur Verfügung stehen. Diese Forderung umfasst dabei alle Tätigkeitsbereiche des Facharbeiters an der Werkzeugmaschine, ausgehend von der NC-Programmierung bis hin zur manuellen Prozessführung.

Dieser Trend wird derzeit in der Werkzeugmaschinenbranche unmittelbar berücksichtigt. Beispielsweise werden von zahlreichen Herstellern – zumeist für den Fertigungsbereich „Drehen" – Werkzeugmaschinen angeboten, die über eine optimierte Mensch-Maschine-Schnittstelle neue Formen der benutzerspezifischen Eingabe ermöglichen (vgl. Kapitel 6.5.2.3). Hier spielen insbesondere die beschriebenen technischen Komponenten – Joystick und elektronisches Handrad – hinsichtlich der manuellen Prozessführung eine entscheidende Rolle. Die Bedienelemente werden jedoch derzeit lediglich als manuelle Einrichtungen für die Vorgabe der Steuergrößen benutzt.

Neue Möglichkeiten für eine direkte Mensch-Maschine-Interaktion ergeben sich durch die Verwendung von Sprachein- und ausgabe [243]. Für einen definierten Funktionsumfang lassen sich z.T. handlungsorientierte Eingabeoperationen anstatt über das Tastenfeld der NC durch einen direkten verbalen Wortschatz abbilden. Hiervon ausgenommen sind selbstverständlich sicherheitstechnische Funktionen (z.B. Not-Aus), deren Wirkung unabhängig von der jeweiligen Erkennungsrate immer gewährleistet sein muss. Versuchsreihen unter Einsatz dieser Technik haben gezeigt, dass die Spracheingabe insbesondere dann von Bedeutung ist, wenn sich Tätigkeiten des Facharbeiters am Bedienfeld der Steuerung durch eine verbale Eingabe effizienter, d.h. einfacher und schneller, gestalten lassen. In diesem Zusammenhang ist der Zugriff auf verschiedene Steuerungs- bzw. Maschinenfunktionen, wie beispielsweise

– das Betätigen von Schaltern und Tastern für maschinenspezifische Zusatzeinrichtungen (Werkzeugwechsel, Palettenzuführung usw.) oder
– die direkte Anwahl von Informationsdarstellungen aus dem Menübaum der NC
oder
– die Eingabe von Zahlen zur Programmierung

möglich.

Kennzeichnend für den Einsatz dieser Systeme ist, dass hierüber eine multimo-
dale Eingabestruktur für den Nutzer bereitgestellt und entsprechend der persönli-
chen Qualifikation genutzt werden kann. Dieser Aspekt erlangt ebenfalls hinsichtlich der nachfolgend betrachteten technischen Unterstützung facharbeiterorientier-
ter und gruppenarbeitsgerechter Technikgestaltung an Werkzeugmaschinen eine besondere Bedeutung.

Im Rahmen verschiedener Forschungsprogramme im Bereich der Mensch-Maschine-Interaktion wird derzeit untersucht, wie neben der Umsetzung von maschi-
nenbezogenen Funktionsaufrufen mit festem Wortschatz auch innovative Formen
der Spracheingabe an Werkzeugmaschinen realisiert werden können [45]. Die Ziele
der Forschungsaktivitäten sind einerseits die Eingabe von komplexen Befehlen (wie
z.B. die Änderung eines Parameters mit einem Satz), andererseits soll die Spracheingabe flexibel gestaltet werden, um einen möglichst natürlichen Dialog mit der Maschine zu führen und die Attraktivität der Fertigungsbereiche für den Facharbeiter
und damit die Produktivität der Anwenderbetriebe zu erhöhen.

6.5.3 Benutzerorientierte Darstellung prozess- und systembezogener Kenngrößen

6.5.3.1 Ausgangssituation

Als Grundlage der im Kapitel 6.5.2 beschriebenen manuellen Prozessführung sind
vielfältige Informationen für den Benutzer erforderlich, die zum einen aus dem
Bearbeitungsprozess heraus vermittelt werden müssen. Zum anderen können sys-
temspezifische Informationen dazu beitragen, ein bearbeitungsabhängiges Optimum
durch den manuellen Eingriff des Facharbeiters zu ermöglichen.

Aufgrund der geschlossenen Bauform moderner Produktionsmaschinen erweist
sich die Prozessanalyse für den Benutzer jedoch als problematisch. Im Vergleich
zur rein manuellen Steuerung und Bedienung der Maschinen werden die heutigen
Werkzeugmaschinen aus sicherheitstechnischen Gründen in der Regel gekapselt betrieben, so dass die Wahrnehmung von Prozessänderungen erheblich eingeschränkt
ist [250]. Beim Einsatz von Großwerkzeugmaschinen ergibt sich für den Benutzer
eine ähnliche Problematik aufgrund der räumlichen Distanz zur Bearbeitungsstelle.
Diese Abkopplung des Bedienpersonals vom Fertigungsprozess wird an Werkzeugmaschinen noch dahingehend verstärkt, dass die Bearbeitungsprozesse komplexer
sind und mit einer weitaus höheren Geschwindigkeit ablaufen.

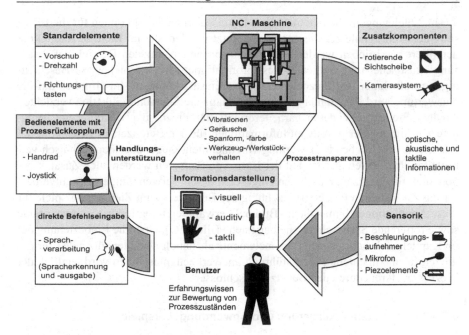

Bild 6.93. Prozessüberwachung und -regelung mit Hilfe des Benutzers

Für den Bereich der benutzerorientierten Prozessüberwachung und -analyse sind zum einen zusätzliche technische Komponenten in Form von Sensoren an NC-Maschinen zu applizieren, die eine Unterstützung der menschlichen Informationsverarbeitung gewährleisten. Zum anderen kann durch eine Bereitstellung systemspezifischer Kenngrößen eine verbesserte Darstellung des Prozessverlaufs erreicht werden.

6.5.3.2 Benutzergerechte Vermittlung der Kenngrößen

Für eine Darstellung der prozessabhängigen Kenngrößen wird zumeist eine rein visuelle Abbildung der Informationen, beispielsweise auf dem Bildschirm des Steuerbedienfeldes, verwendet. Eine benutzergerechte Vermittlungsform bedeutet jedoch, dass die Prozessinformationen in einer dem Menschen angepassten Form für möglichst viele Wahrnehmungskanäle zur Verfügung gestellt werden. In diesem Zusammenhang spielt der Begriff der ganzheitlich sinnlichen Wahrnehmung eine entscheidende Rolle. Das Bild 6.93 gibt zum einen einen Überblick darüber, welche charakteristischen Prozessäußerungen dem Benutzer für eine Zustandsbewertung zur Verfügung stehen bzw. wie diese Signale messtechnisch erfasst werden können. Zum anderen ist gezeigt, welche Darstellungsformen für die unterschiedlichen Informationen gewählt werden können, um eine verbesserte Prozessanalyse zu gewährleisten.

In Anlehnung an die automatisierte Prozessüberwachung können für die Erfassung der Nutzsignale z.T. Sensoren eingesetzt werden, die im Band 3, Kapitel 6.2 detailliert beschrieben werden. Dies gilt insbesondere für den Bereich der Erfassung akustischer und taktiler Prozessinformationen, wo beispielsweise Beschleunigungsaufnehmer und Piezoelemente zum Einsatz kommen. Im Hinblick auf die Auswertung wird jedoch hier auf eine automatische Signalklassifikation verzichtet. An diese Stelle tritt bei der facharbeiterorientierten Prozessüberwachung eine geeignete Vermittlung der jeweiligen Informationen für den Benutzer. Er ist dann in der Lage, eine anschließende Bewertung vorzunehmen. Gegenüber den technisch vermittelten Prozesskenngrößen auf der Basis von Sensoren werden auch Zusatzkomponenten für Werkzeugmaschinen eingesetzt, deren Verwendung eine Sichtverbesserung zur visuellen Prozessbeobachtung des Benutzers zum Ziel hat. Beispiele für diese Applikationen bilden die im Bild 6.93 erwähnten integrierten Kamerasysteme sowie rotierende Spritzschutzscheiben (siehe Bild 6.95). Über die Einbeziehung der im Kapitel 6.2 beschriebenen Bedienelemente als handlungsunterstützende Einrichtungen für die manuelle Prozessführung an Werkzeugmaschinen wird letztlich der Prozessregelkreis durch den Benutzer geschlossen.

6.5.3.3 Technische Realisierung und Anwendungsbeispiele

Im Kapitel 6.5.2 wurde bereits gezeigt, wie durch den Einsatz eines kraftrückgekoppelten Bedienelementes zur Prozessführung im manuellen Betrieb die Prozesstransparenz hinsichtlich einer taktilen Rückmeldung gesteigert werden kann. Ergänzend hierzu sollen sowohl für den optischen als auch für den akustischen Bereich anhand ausgewählter technischer Realisierungen weiterführende Möglichkeiten für die Prozessbeobachtung erläutert werden.

Das erste Anwendungsbeispiel befasst sich mit der Nutzung von Augmented Reality für die Prozessbeobachtung. Augmented Reality (AR) bedeutet, dass einem Betrachter virtuelle Objekte angezeigt werden, die in seine reale Umgebung eingebettet oder dieser überlagert sind [14]. Hierzu werden die virtuellen Objekte meist auf einem Head-Worn Display (HWD), einem am Kopf getragenen Bildschirm mit Durchsichteigenschaft, dargestellt. So ist die gleichzeitige Betrachtung von realer Welt und virtuellen Objekten möglich. Aktuelle Forschungstätigkeiten beschäftigen sich dabei mit der Frage, wie in das Umfeld einer Werkzeugmaschine sinnvoll virtuelle Informationen eingebettet werden können. Hierbei ist insbesondere die effiziente Nutzung der im Unternehmen vorliegenden Informationen von Bedeutung, um den Aufwand für den Einsatz von AR bzw. für die Aufbereitung der anzuzeigenden Informationen zu minimieren. Ein erfolgreicher Einsatz von AR im Umfeld von Werkzeugmaschinen kann daher nur mit einer parallelen Betrachtung und Optimierung der Informationsstrukturen bzw. der eingesetzten Informationsmodelle erfolgen [33, 94, 244].

Da die anzuzeigenden Maschineninformationen stets situationsabhängig sind, wird dabei der Bearbeitungsprozess in Szenarien eingeteilt. Das höchste Unterstützungspotenzial für den Benutzer wird dabei in den im Folgenden beschriebenen

Szenarien Einrichten, Einfahren (inkl. Beobachtung des laufenden Prozesses) und Störungsmanagement gesehen.

Beim Einrichten komplexer Werkstücke ergeben sich häufig auch Aufspannvorrichtungen hoher Komplexität. Mit Hilfe von AR-Techniken sollen deshalb die im Produktionsauftrag vorgegebenen Spannvorrichtungen als virtuelle Darstellung über das real zu spannende Werkstück überlagert werden. Auf diese Weise wird dem Facharbeiter ein gutes Hilfsmittel an die Hand gegeben, die tatsächliche Spannvorrichtung schneller und einfacher anzubringen, als dies mit einem textuell beschriebenen Aufbau möglich wäre.

Beim Einfahren eines Programms ist die visuelle Prozessüberwachung und -beobachtung besonders wichtig, da hier sicherheitskritische Parameter auf ihre Korrektheit überprüft werden. Die Sichtverhältnisse während der Bearbeitung sind jedoch durch Späneflug und Kühlmittelverwirbelungen so stark eingeschränkt, dass eine Beurteilung des Prozesszustandes generell schwierig ist. Bei der Simulation des Bearbeitungsprozesses im HWD können diese Probleme mit Hilfe von Augmented Reality überwunden werden. Dazu werden dem Werker die aktuelle Werkzeugbewegung, die zu bearbeitenden Feature, wie z.B. Nuten oder Bohrungen, und einige wesentliche Bezugskanten des Werkstücks in den ablaufenden Produktionsprozess eingeblendet. Bild 6.94 verdeutlicht dieses Szenario.

Das Störungsmanagement an Werkzeugmaschinen wird besonders effektiv durch mobile Maschinenbediensysteme unterstützt. Zum Beispiel kann Augmented Reality genutzt werden, um Fehlermeldungen in die Sicht des Werkers einzublenden. Eine Optimierung dieser Darstellungsmethode ist jedoch aus verschiedenen Gründen wünschenswert: Die bisherige Fehler- und Diagnoseunterstützung findet ihre Grenzen in der oftmals unzulänglichen textuellen Beschreibung von Situationen und Informationen. Hier vereinfacht eine AR-Darstellung von Bildern, Symbolen oder Markierungen (z.B. als virtueller Kreis um einen realen Schalter) die Arbeitsabläufe wesentlich. Durch die Integration von Bauteilbezeichnungen und Montagehinweisen kann die Störungsdiagnose wesentlich effizienter gestaltet werden. Zum Beispiel können (virtuell) animierte Reparaturanleitungen, die einem defekten Maschinenteil optisch überlagert werden, dazu beitragen, Reparaturzeiten zu verkürzen und dadurch Kosten zu senken [181].

Technisch ist für eine Überlagerung der virtuellen Informationen mit den realen Komponenten der Werkzeugmaschine eine exakte Erfassung der Kopfposition und -richtung des Werkers notwendig. Hierzu werden sog. „Head-Tracker" eingesetzt. Diese erfassen die Kopfposition oder Blickrichtung des Benutzers. Diese Tracking-Methoden können auf den unterschiedlichsten physikalischen Wirkprinzipien basieren. Sehr verbreitet sind magnetische, optische, Inertial- und Ultraschall-Tracker. Die größten Genauigkeiten ergeben allerdings hybride Tracking-Verfahren, die die Vorteile der genannten Verfahren kombinieren. Wenig geeignet für den Einsatz an Werkzeugmaschinen sind die verbreiteten magnetischen Verfahren, da die große Präsenz von Metall in der Maschinenumgebung die erreichbaren Genauigkeiten wesentlich verringert.

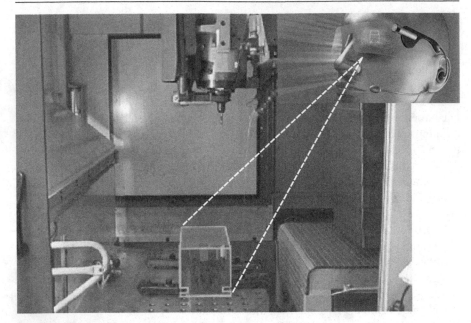

Bild 6.94. Augmented Reality zur visuellen Prozessüberwachung

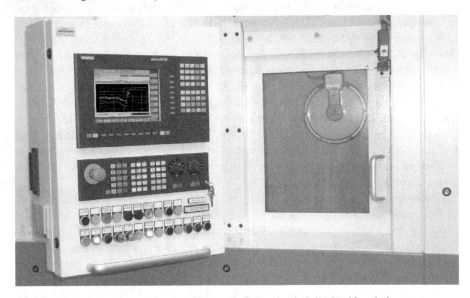

Bild 6.95. Visuelle Darstellung von Körperschallsignalen bei der Drehbearbeitung

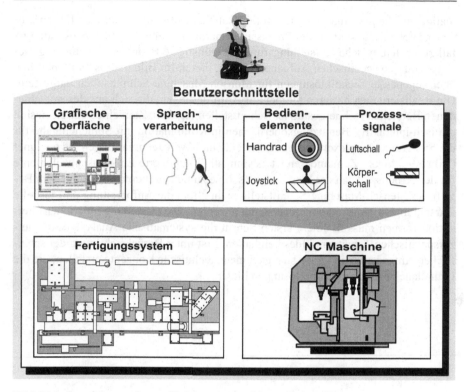

Bild 6.96. Gestaltungsvarianten für Mensch-Maschine-Schnittstellen

Ein weiteres Anwendungsbeispiel soll nachfolgend erläutert werden. Hierbei wird der bei der Drehbearbeitung auftretende Körperschall sensortechnisch erfasst, aufbereitet und auf dem Monitor des Steuerbedienfeldes online zum Prozessverlauf dargestellt (Bild 6.95). Ursprünglich für den Einsatz in der automatisierten Werkzeugüberwachung konzipiert (vgl. Band 3, Kapitel 6), kann diese visuelle Darstellung dazu beitragen, den Prozessverlauf für den Benutzer transparenter zu gestalten.

In Zusammenhang mit der visuellen Darstellungsform ist eine Bereitstellung von systeminternen, bearbeitungsabhängigen Größen, die Aufschluss über den aktuellen Belastungszustand der Maschine geben, ebenfalls möglich. Beispielsweise könnte es für den Maschinenbenutzer hilfreich sein, eine grafische Darstellung der Motorströme in den jeweiligen Vorschubachsen parallel zur Bearbeitung anzuzeigen, oder die Kraft- und Momentenbelastung des Werkzeuges, bezogen auf die maximal zulässigen Werkzeug- bzw. Maschinengrenzwerte, zu visualisieren. Bei Annäherung an die Belastungsgrenzwerte können für den Benutzer entsprechende akustische oder optische Warnmeldungen erfolgen bzw. detaillierte Situationsbeschreibungen auf dem Monitor dargestellt werden.

Grundsätzlich ist zu beachten, dass für die Darstellung der Prozessinformationen aus technischer Sicht sehr viele Möglichkeiten existieren, eine Informationstransformation auf die jeweiligen Wahrnehmungskanäle des Benutzers durchzuführen. Für eine gezielte Bereitstellung der Prozessinformation ist daher für jeden Anwendungsfall zu prüfen, welche Darstellungsform die günstigste Benutzerunterstützung, bezogen auf den spezifischen Aufgabenbereich, bietet. Im Bild 6.96 ist ein Überblick über angepasste Techniklösungen für Mensch-Maschine-Schnittstellen dargestellt. Die Realisierungen basieren hierbei auf Anforderungen, die sich aus den verschiedenen Bereichen rechnergestützter Schnittstellen ergeben. Zum einen erweisen sich grafisch-interaktive Benutzungsoberflächen in Kombination mit Spracheingabe für die Steuerung komplexer Fertigungssysteme und Werkzeugmaschinen als geeignet (Bild 6.96, links). Zum anderen ist es sinnvoll, kombinierte Ein-/Ausgabeelemente für den Arbeitsplatz an der Werkzeugmaschine zu nutzen. Ferner soll unter dem Begriff der Mensch-Maschine-Schnittstelle nicht allein die Aufbereitung und visuelle Darstellung von Informationen verstanden werden. Die Gestaltung möglicher Interaktionsformen muss in einem ersten Schritt die systematische Analyse des benutzerspezifischen Arbeitsumfeldes beinhalten. Erst unter Berücksichtigung der spezifischen Anforderungen lassen sich geeignete, technische Konzepte erstellen, die die Grundlage adäquater Techniklösungen bilden.

7 Führungsgrößenerzeugung und Interpolation

Der Verarbeitung geometrischer Daten kommt in einer NC-Steuerung eine Schlüsselrolle zu, da durch sie die in Form von NC-Programmen vorgegebenen Verfahrinformationen in Bearbeitungsbewegungen umgesetzt werden. Diese Aufgabe schließt sowohl die Erzeugung einer den programmierten Daten entsprechenden Bahn als auch die Berücksichtigung von Korrekturen sowie Überwachungsfunktionen ein. Korrekturen und Überwachungsfunktionen müssen online durchgeführt werden; eine Offline-Vorberechnung ist ausgeschlossen.

Heutige NC-Steuerungen sind prinzipiell als digitale Rechner realisiert. Das bedeutet auch, dass der gesamte Funktionsumfang in Form von Software erstellt und implementiert wird. Hardware-Lösungen für Interpreter oder Interpolatoren gehören der Vergangenheit an. Die Steuerungssoftware wird vom Hersteller mit Hilfe so genannter Hochsprachen erstellt, welche die früher übliche maschinennahe Programmierung in Assembler abgelöst haben. Die Gründe hierfür liegen u.a. darin, dass frühere, limitierte Reaktionszeiten durch die begrenzte Leistungsfähigkeit der Prozessoren entfallen sind. Auch machen sich die Hersteller die Vorteile höherer Programmiersprachen, wie erheblich kürzere Entwicklungszeiten, Unabhängigkeit von der verwendeten Rechnerbasis sowie leichtere Wart-, Erweiter- und Wiederverwendbarkeit der Funktionalitäten, zunutze.

Die Darstellung der zu verarbeitenden Größen kann alternativ in Ganzzahlarithmetik oder in Fließkommadarstellung erfolgen. In der Vergangenheit kam ausschließlich die Ganzzahlarithmetik zum Einsatz, da numerische Coprozessoren, die eine schnelle Berechnung auf der Basis von Fließkommazahlen ermöglichen, nicht verfügbar oder zu teuer waren. Dies hat sich in jüngster Vergangenheit geändert, sodass in neueren NC-Steuerungen der gehobenen Leistungsklasse eine schnelle Geometriedatenverarbeitung auf der Basis der Fließkommadarstellung erfolgt.

Die Stellung des Funktionsblockes Geometriedatenverarbeitung innerhalb der gesamten Steuerung wird im Bild 7.1 verdeutlicht. Als Eingabe dienen NC-Programmdaten, die in der Regel gemäß DIN 66025 vorliegen [56] (vgl. Kapitel 6), sowie Werkzeugdaten und Korrekturwerte. Die Programmdaten werden durch den Interpreter im Allgemeinen satzweise in ein steuerungsinternes Datenformat umgewandelt und an die Geometriedatenverarbeitung weitergegeben. Diese hat im Wesentlichen die im Bild 7.1 dargestellten Funktionen: Korrektur der Bahn entsprechend der aktuellen Werkzeuggeometrie, Interpolation, Lage- und Geschwindigkeitsbeeinflussung sowie Koordinatentransformation. Hierfür müssen sowohl

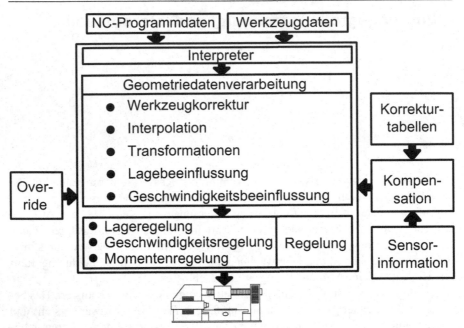

Bild 7.1. Stellung der Geometriedatenverarbeitung innerhalb der NC-Steuerung

Benutzereingaben, als auch Korrekturwerte infolge der Werkzeuggeometrieabwei-
chungen oder Lagesensorsignale online eingerechnet werden. Die Eingaben des Benutzers erfolgen über Stellelemente, wie z.B. Drehschalter, oder direkt über die Tastatur der Steuerungstafel. Dabei handelt es sich in erster Linie um vom Benutzer
veränderbare Override-Werte für Vorschub und Spindeldrehzahl sowie Nullpunktverschiebungen. Neben diesen vom Benutzer vorgegebenen Korrekturwerten gilt es,
im Funktionsblock der Geometriedatenverarbeitung die durch einen Funktionsblock
Kompensationsberechnung ermittelten Stellgrößen additiv zu verrechnen. Mit Hilfe
von Sensorsignalen kann sowohl die Kompensation mechanischer oder thermischer
Verlagerungen (Bahnbeeinflussung), als auch die adaptive Regelung von Werkzeug-
belastung und Maschinenleistung über die Vorschubgeschwindigkeit durchgeführt
werden.

Nach Abschluss der Korrekturberechnungen werden die ermittelten Sollwerte
der Position an die Lageregelung weitergegeben. Diese hat gemeinsam mit der unterlagerten Geschwindigkeits- und Momentenregelung die Aufgabe, die Maschinenachsen so zu regeln, dass die Abweichungen von der Sollbahn trotz hoher
Beschleunigungs- und Reibkräfte der Antriebsmechanik und sonstiger Störgrößen
(Prozesskräfte, thermische Verlagerungen der Maschinenstruktur usw.) möglichst
klein sind.

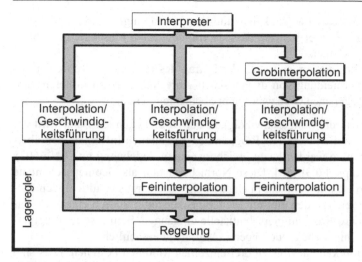

Bild 7.2. Alternative Strukturen der Interpolation

7.1 Interpolation

Die Interpolation im mathematischen Sinne ist als die Berechnung von Zwischenwerten einer durch Stützpunkte vorgegebenen Funktion nach festgelegten Rechen-
regeln definiert [152]. Im Zusammenhang mit NC-Steuerungen wird jedoch üblicherweise unter dem Begriff der Interpolation diese Funktion gemeinsam mit der
Erzeugung eines gewünschten Geschwindigkeits- und Beschleunigungsprofils über
der Bahn verstanden. Die Aufgabe der Interpolation ist es also, zur Erzeugung des
geforderten Bahn- und Geschwindigkeitsverlaufes die Soll-Lagewerte für die einzelnen Maschinenachsen so zu berechnen und diese zeitgerecht an die Achsen auszugeben, dass unter Berücksichtigung der örtlichen Bahngeschwindigkeit und möglichen Beschleunigung die vorgegebene Bahn entsteht. Durch das auf dieser Bahn
geführte Werkzeug wird die gewünschte Werkstückkontur hergestellt. Die wesentlichen Forderungen, die darum an eine Interpolation gestellt werden, sind im Folgenden genannt.

– Die von der Interpolation erzeugten Formelemente (Geraden, Kreise, Splines
  usw.) sollen die gewünschte Werkstückkontur möglichst gut annähern.
– Die Bahngeschwindigkeit muss häufig aus technologischen Gründen in weiten
  Grenzen vorgebbar sein und unter Berücksichtigung der Beschleunigungsgren-
  zen der Vorschubantriebe unabhängig von der Konturform nahezu konstant eingehalten werden.
– Die numerisch vorgegebenen Endpunkte müssen vom Interpolator exakt erreicht
  werden, da sich sonst interpolationsbedingte Bahnfehler (z.B. Rundungsfehler)
  aufsummieren.
– Externe Korrekturen (z.B. Stellung des Overrides) müssen online verrechnet
  werden.

– Die Sollwerte der Geschwindigkeiten und Beschleunigungen sind möglichst so
  zu berechnen bzw. zu begrenzen, dass sie von der realen Maschine tatsächlich
  erreicht werden können.
– Hierbei spielt in jüngerer Zeit auch der Betrag des Rucks eine Rolle, der aus
  Gründen der Vermeidung von dynamischen Anregungen einen maschinenab-
  hängigen, vorgegebenen Grenzwert nicht überschreiten soll.

Die Geometrie sowie die Sollgeschwindigkeit der zu erzeugenden Bahn wird der
NC-Steuerung durch die in den NC-Programmen enthaltenen Informationen übergeben. Die Programme werden heute üblicherweise in Anlehnung an DIN 66025
ausgeführt (vgl. Kapitel 6.3) [56]. Diese Norm beinhaltet als Geometrieelemente
Geraden sowie Kreise und Parabeln in einer Ebene. Die daraus resultierenden Einschränkungen werden von den meisten Steuerungsherstellern durch eigene Erweiterungen der Standard-Programmierschnittstelle umgangen. Somit ist die Programmierung für unterschiedliche Steuerungen i. Allg. nicht einheitlich.

Die Interpolation kann aus bis zu drei einzelnen Modulen bestehen. Dies sind
ein eventuell vorgelagerter Grobinterpolator, der eigentliche Interpolator sowie ein
nachgeschalteter Feininterpolator. Letzterer ist bei den meisten Steuerungen Bestandteil der Lageregelung (Bild 7.2).

Der Grobinterpolator hat die Aufgabe, komplexe programmierte Geometrieelemente durch einfache Geometrien, wie z.B. Geraden oder Kreise, mit vorgegebener Genauigkeit anzunähern. Der Interpolator berechnet auf den ihm übergebenen Bahnen Zwischenpunkte so, dass durch das zeitrichtige Anfahren dieser Werte
durch die einzelnen Achsen die gewünschte Bahn und Geschwindigkeit eingehalten wird. Er ist also neben der Interpolation im mathematischen Sinne zuständig
für die Geschwindigkeits- und Beschleunigungsführung. Der nachgelagerte Feininterpolator berechnet in der Regel zwischen den durch den Interpolator erzeugten
Achswerten eine festgelegte Anzahl von äquidistanten Zwischenwerten. Die meisten Steuerungen weisen zumindest den Interpolator und den Feininterpolator auf.

Die durch die Interpolation erzeugten Ausgabedaten sind Sollstellungen der Maschinenachsen und Sollzeitpunkt dieser Stellungen. Sie werden in der Regel als Ab-
solutwerte an den Lageregler weitergegeben.

Im Weiteren wird zunächst die Geschwindigkeits- und Beschleunigungsführung
unabhängig von der zu Grunde liegenden Bahn beschrieben. Anschließend wird die
Interpolation einfacher Bahnen erläutert. Dabei wird dargestellt, wie die Erzeugung
dieser Bahnen mit der allgemeinen Geschwindigkeits- und Beschleunigungsführung
zusammenhängt.

7.1.1 Funktionen zur satzorientierten Geschwindigkeits- und Beschleunigungsführung einfacher Bahnen

Für die Geschwindigkeitsführung sind die physikalischen Größen Position bzw.
Weg s(t), Geschwindigkeit v(t), Beschleunigung a(t) sowie Ruck r(t) von zentra-
ler Bedeutung. Dabei ergibt sich jede Größe in der genannten Reihenfolge durch
Differenzieren nach der Zeit aus der jeweils vorherigen:

$$r(t) = \frac{da(t)}{dt} = \frac{d^2v(t)}{dt^2} = \frac{d^3s(t)}{dt^3} \tag{7.1}$$

Aus technologischer sowie wirtschaftlicher Sicht wäre in den meisten Fällen eine Bearbeitung mit der programmierten, konstanten Vorschubgeschwindigkeit ideal, da so die Oberfläche gleichmäßige Rauheitswerte erhielte und die Bearbeitungszeit minimal würde. Dies ist jedoch bei stark gekrümmten oder eckigen Bahnen wegen des begrenzten Beschleunigungsvermögens der Vorschubantriebe nicht immer möglich. Sprunghafte Richtungsänderungen, z.B. an Werkstückecken, würden bei endlicher konstanter Geschwindigkeit unendliche Beschleunigungen und Verzögerungen erfordern. Bei den heutigen Maschinen ist auch die Begrenzung des Rucks von der Steuerung zu kontrollieren. Der Ruck, d.h. die Beschleunigungsänderung, regt die Maschinenstruktur zu Schwingungen an, die sich in Relativbewegungen zwischen Werkzeug und Werkstück äußern. Eine unzureichende Oberfläche ist die Folge. Der maximale Ruck ist also auf die Dämpfung der Maschineneigenschwingungen abzustimmen. Darum ist es die Aufgabe der Geschwindigkeitsführung, die Vorschubgeschwindigkeit für die betroffenen Bewegungsachsen so vorzugeben, dass die programmierte Kontur unter Berücksichtigung der endlichen Dynamik der Antriebe bestmöglich eingehalten wird. Auch dürfen die Antriebsmechanik der Maschine und die Motoren nicht überlastet werden. Man muss also für die Betrachtung der Dynamik die Geschwindigkeiten und Beschleunigungen aller Achsen berücksichtigen. Diese erzeugen schließlich durch vektorielle Überlagerung die Bahngeschwindigkeit.

Unter Vernachlässigung der Stromanstiegszeit, die bei modernen Motoren in der Größenordnung von 1 bis 10 ms liegt, kann man in erster Näherung von einer sprunghaften Beschleunigungsänderung der Antriebe ausgehen, soweit diese unter der möglichen Grenzbeschleunigung liegen. Diese Modellvorstellung führt zu einer Bewegungsführung mit stetigem Verlauf der Geschwindigkeit und hat den Vorteil, dass sie auf relativ einfache Rechenalgorithmen führt, die auch mit den zur Verfügung stehenden Prozessoren älterer Steuerungen verarbeitet werden können (Bild 7.3). Die entscheidenden Parameter, die hierzu in der Steuerung festgelegt werden müssen, sind die maximale Achsbeschleunigung, die auch gleichzeitig den größtmöglichen Achsbeschleunigungssprung repräsentiert, sowie die maximalen Achsgeschwindigkeiten.

Diese mit einem theoretisch unendlich großen Ruck arbeitende Geschwindigkeitsführung der Antriebe besitzt aber entscheidende Nachteile. Um die Belastung der mechanischen Antriebskomponenten durch sprunghafte Beschleunigungsänderungen in erlaubten Grenzen zu halten, kann der maximal mögliche Beschleunigungssprung der Antriebe nicht genutzt werden.

Moderne Prozessoren erlauben die Verarbeitung auch komplexerer Berechnungen. In neuen Steuerungen liegt darum zumeist das Modell einer linearen Beschleunigungsänderung zu Grunde. Dieses Verhalten vermeidet sowohl Geschwindigkeits- als auch Beschleunigungssprünge und weist einen endlichen Ruck auf (Bild 7.4). Die bestimmenden Parameter für eine solche Steuerung sind die maximale Achsgeschwindigkeit, die maximale Achsbeschleunigung sowie die maximale zeitliche

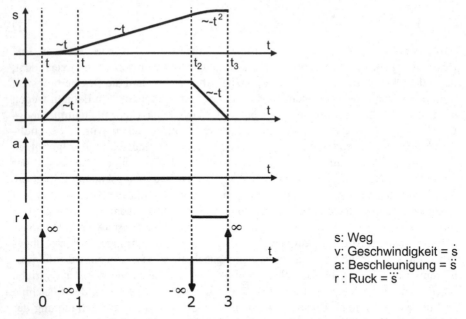

Bild 7.3. Geschwindigkeitsführung mit sprunghafter Beschleunigungsänderung (unendlicher Ruck)

Änderung der Achsbeschleunigung, also der maximale Ruck. Diese Werte werden in der Steuerung fest vorgegeben und als so genannte Maschinenparameter abgelegt. Die Bewegung einer Maschine mit einer solchen Geschwindigkeitsführung erscheint ruhiger und sanfter. Der Zeitverlust durch die geringere Beschleunigungsänderung wird meistens durch das Fahren höherer Maximalbeschleunigungen mehr als nur aufgeholt.

Eine dritte, seltener eingesetzte Art der Geschwindigkeitsführung besteht in einer Geschwindigkeitsführung mit Beschleunigungssprüngen und anschließender Tiefpassfilterung. Das sich dabei ergebende Geschwindigkeitsprofil wird meistens als glockenförmig oder $\sin^2$-förmig bezeichnet.

Die Geschwindigkeitsführung kann in numerischen Steuerungen prinzipiell auf zwei Arten realisiert werden. In jedem Falle muss eine Diskretisierung der Stellgröße als Funktion des Weges oder der Zeit erfolgen. Die beiden Arten unterscheiden sich dadurch, dass die Ausgabe von Verfahrbewegungen entweder mit einem konstanten Wegraster oder mit konstantem Zeitraster durchgeführt wird. Konstantes Wegraster bedeutet in diesem Zusammenhang, dass der je Ausgabe zu verfahrende Relativweg konstant ist, während bei konstantem Zeitraster der zwischen zwei Ausgaben liegende Zeitraum konstant sein muss (Bild 7.5).

In beiden Fällen dient der jeweils andere Parameter, also beim Zeitrasterverfahren der Weg und beim Wegrasterverfahren die Zeit, zur Modellierung des Geschwindigkeitsprofils. Die Verwendung des Wegrasterverfahrens ist zum Beispiel im Bereich der Schrittmotorentechnik üblich. Die in der Praxis allerdings bei Wei-

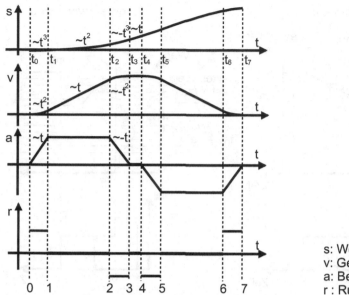

Bild 7.4. Geschwindigkeitsführung mit stetiger Beschleunigung (endlicher Ruck)

tem häufiger eingesetzte Variante ist die des Zeitrasterverfahrens. Darum soll im Weiteren auch ausschließlich diese Methode betrachtet werden. Geht man von einer zeitgetakteten Interpolation aus, so ist es die Aufgabe der Geschwindigkeitsführung, die Ausgabe von Sollpositionen für die einzelnen Achsen so zu steuern, dass die je Zeittakt zu verfahrende Solldifferenz der Achsen das vorgegebene Bahn- und Geschwindigkeitsprofil modelliert.

Den für die Interpolation gültigen Zeittakt nennt man Interpolationstakt. Die gesamten Berechnungen für die Geschwindigkeitsführung sowie die mathematische Interpolation müssen innerhalb dieses Taktes beendet werden. Anderenfalls würde es zu Stillstand oder Rucken der Maschine kommen. Deshalb muss die Geschwindigkeitsführung die folgenden Teilaufgaben erfüllen:

– Erhöhung der Geschwindigkeit während der Beschleunigungsphase,
– Durchführung der Konstantgeschwindigkeitsphase,
– Verringerung der Geschwindigkeit während der Verzögerungsphase,
– Bremseinsatzpunkterkennung,
– Berücksichtigung des Vorschub-Overrides,
– vorausschauende Geschwindigkeitsführung.

Zunächst wird davon ausgegangen, dass die Bahngeschwindigkeit zu Beginn und am Ende eines jeden Satzes Null sein soll. Die Interpolation einfacher Bahnen ist Gegenstand des Kapitel 7.1.3. Der Vorschub-Override und seine Verarbeitung in der Steuerung werden im Kapitel 7.3.2 behandelt.

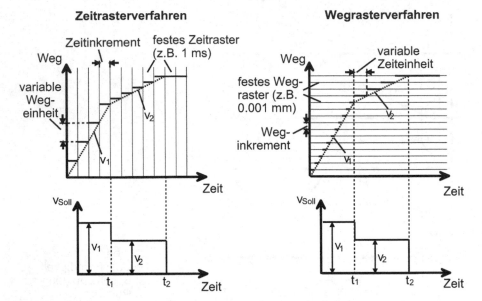

Bild 7.5. Schematische Darstellung des Weg- und Zeitrasterverfahrens

7.1.1.1 Beschleunigungs- und Verzögerungsphase

Die Beschleunigung wird je nach verwendetem Beschleunigungsgesetz in einer oder in drei Phasen durchgeführt. Bei Verwendung von Beschleunigungssprüngen wird in einer einzigen Phase so lange konstant beschleunigt, bis im darauffolgenden Zeitintervall die programmierte oder die als maschinenspezifischer Wert abgelegte maximale Bahngeschwindigkeit erreicht oder überschritten würde. Hier wird angenommen, dass für die maximale Bahngeschwindigkeit die kleinste maximale Achsgeschwindigkeit aller Achsen gewählt wird. Durch diese Annahme werden die weiteren Berechnungen stark vereinfacht.

Mit der Erhöhung der Achsgeschwindigkeit um die Restdifferenz, die kleiner als das maximale Beschleunigungsvermögen ist, wird die Beschleunigungsphase abgeschlossen (Bild 7.6). Diese Restdifferenz ergibt sich daraus, dass zur Erzeugung der programmierten Geschwindigkeitsdifferenz in der Regel kein ganzzahliges Vielfaches der Interpolationstakte erforderlich ist. Beispielsweise beträgt die Geschwindigkeitsänderung innerhalb eines Interpolatortaktes bei einer maximalen Beschleunigung von $1\,\mathrm{m/s^2}$ und einer Taktdauer von 1 ms 1 mm/s oder 60 mm/min. Bei einer programmierten Geschwindigkeitsänderung von 126 mm/min oder 2,1 mm/s beträgt die dann nach zwei Takten mit Ausgabe der vollen Beschleunigung im dritten Takt auszugebende Restgeschwindigkeitsdifferenz 0,1 mm/s. Hierzu wird die Beschleunigung für den 3. Interpolationstakt auf $a = (0,1\mathrm{mm/s})/0,001\mathrm{s} = 0,1\mathrm{m/s^2}$ zurückgenommen. Wichtig ist hier, dass während der Beschleunigungsphase in jedem Interpolationstakt die erreichte Geschwindigkeit überwacht werden muss. Dasselbe gilt für die im Folgenden beschriebene Bremseinsatzpunkterkennung. Hierbei

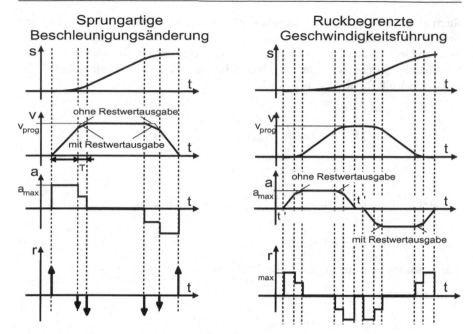

Bild 7.6. Restwertausgabe in der Geschwindigkeitsführung

sind die entsprechenden Werte am Ende des aktuellen Interpolationsintervalls zu überwachen.

Bei Verwendung von Beschleunigungssprüngen gilt für die gesamte Phase der Beschleunigung $0 \Longrightarrow 1$ $(t_0 \leq t < t_1)$ gemäß Bild 7.3:

$$a(t) = a_{max}$$

$$v(t) = \int_{t_0}^{t} a(t)dt + v(t_0) = a_{max} \cdot (t - t_0) + v(t_0), \qquad (7.2)$$

mit $v(t_0) = 0$ wird

$$s(t) = \int_{t_0}^{t} v(t)dt + s(t_0) = \int_{t_0}^{t} (a_{max} \cdot (t - t_0)) dt + s(t_0)$$

$$= \frac{1}{2} \cdot a_{max} \cdot (t - t_0)^2 + s(t_0) \qquad (7.3)$$

Hierbei wird, wie auch für die weiteren Ausführungen, angenommen, dass zu Beginn und zu Ende der Bewegung sowohl die Geschwindigkeit als auch die Beschleunigung Null sind. Wird ein rampenförmiges Beschleunigungsprofil verwendet, so zerfällt die Beschleunigungsphase in die im Bild 7.4 dargestellten drei Schritte. Der Vergleich mit Bild 7.3 macht deutlich, dass hier das Beschleunigungsprofil den gleichen qualitativen Verlauf aufweist wie der Geschwindigkeitsverlauf bei Einsatz von Beschleunigungssprüngen. Die Aufgabe der Beschleunigungsphase gliedert sich nun gemäß Bild 7.4 in die drei Phasen: lineare Erhöhung der Beschleunigung auf ihren Maximalwert mit konstantem positivem Ruck, konstante Beschleunigung und lineare Verringerung der Beschleunigung auf Null mit konstantem negativem Ruck. Während jeder dieser Phasen kommt es zu einer Ausgabe von Restwerten zur exakten Erreichung der gewünschten Endwerte. Im Bereich des Beschleunigungsanstieges $0 \Longrightarrow 1$ gilt für $t_0 \leq t < t_1$ (Bild 7.4):

$$a(t) = r_{max} \cdot (t - t_0)$$

$$v(t) = \int_{t_0}^{t} a(t)dt + v(t_0) = \int_{t_0}^{t} (r_{max} \cdot (t - t_0))\, dt + v(t_0)$$

$$= \frac{1}{2} r_{max} \cdot (t - t_0)^2 + v(t_0), \qquad \text{mit } v(t_0) = 0 \text{ wird}$$

$$s(t) = \int_{t_0}^{t} v(t)dt + s(t_0) = \int_{t_0}^{t} \left(\frac{1}{2} r_{max} \cdot (t - t_0)^2 \right) dt + s(t_0)$$

$$= \frac{1}{6} r_{max} \cdot (t - t_0)^3 + s(t_0) \tag{7.4}$$

Für konstante Beschleunigung $1 \Longrightarrow 2$ folgt mit $t_1 \leq t < t_2$ (Bild 7.4):

$$a(t) = a_{max}$$

$$v(t) = \int_{t_1}^{t} a_{max}\, dt + v(t_1) = a_{max} \cdot (t - t_1) + v(t_1)$$

$$s(t) = \int_{t_1}^{t} v(t)dt + s(t_1) = \int_{t_1}^{t} (a_{max} \cdot (t - t_1) + v(t_1))\, dt + s(t_1)$$

$$= \frac{1}{2} a_{max} \cdot (t - t_1)^2 + v(t_1) \cdot (t - t_1) + s(t_1) \tag{7.5}$$

mit

$$v(t_1) = \frac{1}{2} r_{max} \cdot (t_1 - t_0)^2$$

$$s(t_1) = \frac{1}{6} r_{max} \cdot (t_1 - t_0)^3 + s(t_0) \tag{7.6}$$

Für die Verzögerung $2 \Longrightarrow 3$ ergibt sich unter der Annahme, dass der negative Ruck den gleichen Betrag wie der positive Ruck hat, für $t_2 \leq t < t_3$ (Bild 7.4):

$$a(t) = a_{max} - r_{max} \cdot (t - t_2)$$

$$v(t) = \int_{t_2}^{t} a(t)dt + v(t_2)$$

$$= \int_{t_2}^{t} (a_{max} - r_{max} \cdot (t - t_2))dt + v(t_2)$$

$$= a_{max} (t - t_2) - \frac{1}{2} r_{max} (t - t_2)^2 + v(t_2)$$

$$s(t) = \int_{t_2}^{t} v(t)dt + s(t_2)$$

$$= \frac{1}{2} a_{max} (t - t_2)^2 - \frac{1}{6} r_{max} (t - t_2)^3 + v(t_2) \cdot (t - t_2) + s(t_2) \tag{7.7}$$

mit

$$v(t_2) = a_{max}(t_2 - t_1) + \frac{1}{2}r_{max}(t_1 - t_0)^2$$

$$s(t_2) = \frac{1}{2}a_{max}(t_2 - t_1)^2$$
$$+ \frac{1}{2}r_{max}(t_1 - t_0)^2 \cdot \left(\frac{1}{3}(t_1 - t_0) + (t_2 - t_1)\right) + s(t_0) \tag{7.8}$$

Die Verzögerungsphase erfolgt im Allgemeinen sowohl bei Verzögerungssprüngen als auch bei Verzögerungsrampen weitgehend analog zur Beschleunigungsphase. Ein Unterschied ergibt sich daraus, dass die Restweg- bzw. -geschwindigkeitsausgabe (Bild 7.6) nicht wie während der Beschleunigung am Ende, sondern zu Beginn jedes Abschnitts ausgegeben wird. Das ist erforderlich, um den Zielpunkt möglichst schnell zu erreichen.

7.1.1.2 Konstantgeschwindigkeitsphase

An diese Beschleunigungsphase schließt sich die Konstantgeschwindigkeitsphase an. Ihre Aufgabe besteht darin, wie die Bezeichnung schon erkennen lässt, eine konstante Bahngeschwindigkeit zu gewährleisten.

Hierbei ist von Bedeutung, dass eine konstante Bahngeschwindigkeit wie auch eine konstante Bahnbeschleunigung nur im Sonderfall gleichbedeutend mit einer konstanten Achsgeschwindigkeit bzw. -beschleunigung ist (Bild 7.7, Bild 7.4). Dieser Sonderfall liegt nur dann vor, wenn die programmierte Bewegung parallel zu einer Achse verläuft.

Die sich für diese Phase ($t_3 \leq t \leq t_4$) ergebenden Zeit-/Wegverhältnisse lauten:

$$a(t) = 0$$
$$v(t) = v(t_3) = const.$$
$$s(t) = v(t_3) \cdot (t - t_3) + s(t_3) \tag{7.9}$$

7.1.1.3 Bremseinsatzpunkterkennung

Aufgabe der Bremseinsatzpunkterkennung ist es, die Verzögerungsphase rechtzeitig auszulösen, sodass der Endpunkt des aktuellen Verfahrsatzes in jedem Falle exakt und überschwingfrei erreicht werden kann. Darüber hinaus sollte die Verzögerung nicht früher als nötig beginnen, um kürzestmögliche Bearbeitungszeiten sicherzustellen. Dazu wird der am Ende des aktuellen Interpolationstaktes verbleibende Restweg überprüft. Diese Funktion muss nicht nur während der Konstantgeschwindigkeits- sondern auch während der Beschleunigungsphase aktiv sein. Innerhalb eines Interpolationstaktes wird diese Funktion stets vor allen anderen Berechnungen ausgeführt. In Abhängigkeit von ihrem Ergebnis wird anschließend in die Funktionen für die genannten Phasen, z.B. für konstante Bahngeschwindigkeit oder Verzögerung, verzweigt. Die Zeitpunkte, zu denen ein Übergang zwischen den drei Phasen der Beschleunigung und Verzögerung bei linearer Änderung der

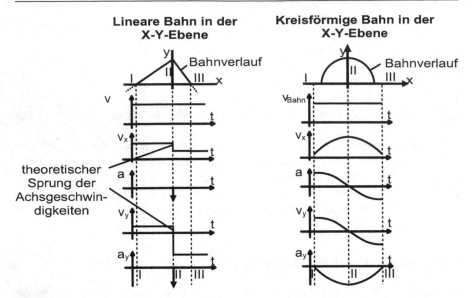

Bild 7.7. Bahn- und Achsgeschwindigkeit für eine lineare und eine kreisförmige Bewegung mit konstanter Bahngeschwindigkeit in der x-y-Ebene

Beschleunigung zu erfolgen hat, müssen auf ähnliche Art und Weise überwacht werden.

Arbeitet die Geschwindigkeitsführung bereits in der Konstantphase, so errechnet sich der minimale Restweg, der ab dem Ende des aktuellen Wegintervalls noch zur Verfügung stehen muss, bei Vorgabe von Beschleunigungssprüngen (Bild 7.3) zu:

$$s_{Rest} = \int v(t)dt = \int (v_{prog} - a_{max}t)\, dt$$

$$s_{Rest} = \frac{1}{2} \cdot \frac{v_{prog}^2}{a_{max}} \tag{7.10}$$

wobei v_{prog} die programmierte Sollgeschwindigkeit darstellt. Bei linearer Beschleunigungsänderung ergibt sich, unter der Annahme, dass a_{max} in der Verzögerungsphase erreicht wird, eine etwas aufwändigere Berechnung. Mit v_{prog} als der programmierten Sollgeschwindigkeit ergibt sich laut Bild 7.4:

$$s_{Rest,4\Rightarrow5} = \frac{a_{max}}{r_{max}} \left(v_{prog} - \frac{1}{6} \frac{a_{max}^2}{r_{max}} \right)$$

$$s_{Rest,5\Rightarrow6} = \frac{1}{2} \frac{v_{prog} \left(r_{max} v_{prog} - a_{max}^2 \right)}{r_{max} a_{max}}$$

$$s_{Rest,6\Rightarrow7} = \frac{1}{6} \frac{a_{max}^3}{r_{max}^2}$$

$$s_{Rest} = s_{Rest,4\Rightarrow5} + s_{Rest,5\Rightarrow6} + s_{Rest,6\Rightarrow7}$$

$$s_{Rest} = \frac{1}{2} \left(\frac{v_{prog}^2}{a_{max}} + \frac{a_{max} v_{prog}}{r_{max}} \right) \tag{7.11}$$

Wie man erkennen kann, ist der benötigte theoretische Bremsweg vom maximalen endlichen Ruck abhängig. Er ist in jedem Falle länger als der sich bei einer Geschwindigkeitsführung mit Beschleunigungssprüngen, d.h. bei unendlichem Ruck, und gleichen Grenzwerten ergebende. Für die zur Verzögerung benötigte Zeit t_{verz} ergibt sich mit Beschleunigungssprung:

$$t_{verz} = \frac{v_{prog}}{a_{max}} \tag{7.12}$$

und mit Beschleunigungsrampe, d.h. bei endlichem Ruck:

$$t_{verz} = \frac{a_{max}^2 + v_{prog} \cdot r_{max}}{a_{max} \cdot r_{max}} \tag{7.13}$$

Es wird ersichtlich, dass sowohl für die Berechnung des Bremsweges, als auch der Bremszeit der Fall der Beschleunigungssprünge durch $r_{max} \rightarrow \infty$ aus dem allgemeineren Fall mit Beschleunigungsrampen hervorgeht.

7.1.2 Funktionen zur satzübergreifenden Geschwindigkeits- und Beschleunigungsführung einfacher Bahnen

Während der vorhergehende Abschnitt die Geschwindigkeitsführung auf der Basis einzelner NC-Sätze zum Inhalt hatte, werden im Weiteren Funktionen behandelt, die den Informationsgehalt mehrerer NC-Sätze zur Geschwindigkeitsführung nutzen.

7.1.2.1 Satzübergänge

Bisher wurde davon ausgegangen, dass die Geschwindigkeit zu Beginn und am Ende eines jeden Satzes Null ist. Darum konnte die Betrachtung des Geschwindigkeits- und Beschleunigungsverhaltens auf einzelne Sätze beschränkt werden. Steuerungen bieten jedoch die Möglichkeit, durch einen Befehl des NC-Programms zwischen so genanntem Genauhalt und einer überschleifenden Geschwindigkeitsführung zu wählen. Dies bedeutet, dass im ersten Fall die Bahngeschwindigkeit gegen Ende des Satzes auf Null reduziert wird und im zweiten ohne weichen Übergang sprungartig auf die des nächsten Satzes übergeht. Darüber hinaus besteht bei einigen Herstellern die Möglichkeit, eine Geschwindigkeit vorzugeben, auf die bei Satzübergängen

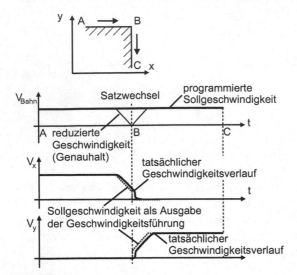

Bild 7.8. Satzwechsel mit programmierter Reduziergeschwindigkeit. (nach Siemens)

verzögert wird (Bild 7.8). Dies stellt einen Kompromiss zwischen den beiden vorherigen Lösungen dar.

Eine möglichst konstante Bahngeschwindigkeit auch bei Satzübergängen ist für eine optimale Fertigung von Bedeutung. An Ecken tritt jedoch die enge Verknüpfung von Geschwindigkeitsführung, Regler und dem dynamischen Maschinenverhalten besonders deutlich hervor. Eine Maschine als massebehaftetes und elastisches physikalisches System ist nicht in der Lage, Geschwindigkeits- oder Beschleunigungssprünge auszuführen. Daraus resultieren Abweichungen der Istwerte gegenüber den Sollwerten im Weg-, Geschwindigkeits- und Beschleunigungsverhalten.

Die Konsequenz sind Formfehler, die umso größer werden je höher der Geschwindigkeits- und Beschleunigungssprung bzw. ihre Änderungen sind. Selbst im Fall einer im Eckpunkt während eines unendlich kurzen Zeitraums auf Null reduzierten Sollgeschwindigkeit weicht die resultierende Bahn von der sich aus der Sollgeschwindigkeit ergebenden ab, da eine gewisse Zeit benötigt wird, um den Schleppfehler abzubauen.

Die Höhe der Abweichung an der Ecke ist als Maschinenparameter für die Funktion Genauhalt vorgebbar. Im Extremfall einer zugelassenen Abweichung von Null ist ein Verweilen des Lagesollwertes in diesem Punkt erforderlich (Genauhalt), bis der Schleppabstand abgebaut ist. Einige Beispiele für die bei einem Verfahren ohne und mit Genauhalt entstehende Bahn zeigt Bild 7.9.

7.1.2.2 Vorausschauende Geschwindigkeitsführung (Look Ahead)

Die genannten Probleme, die sich aus dem Geschwindigkeitsverlauf an Satzübergängen ergeben können, haben dazu geführt, eine vorausschauende Analyse mehrerer Sätze vorzunehmen und Geschwindigkeiten sowie Beschleunigungen an den

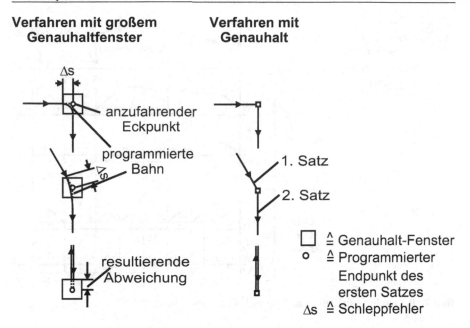

Verfahren mit großem Genauhaltfenster

Verfahren mit Genauhalt

Δs

anzufahrender Eckpunkt

programmierte Bahn

1. Satz

2. Satz

resultierende Abweichung

☐ ≙ Genauhalt-Fenster
○ ≙ Programmierter Endpunkt des ersten Satzes
Δs ≙ Schleppfehler

Bild 7.9. Verfahrbewegung mit großem Genauhaltfenster und mit Genauhalt

Satzübergängen den Genauigkeitsanforderungen anzupassen. Diese Funktion wird im Allgemeinen als Look-Ahead bezeichnet.

Die Look-Ahead-Funktion analysiert mehrere, i. d. R. zwischen ca. 10 und 100, Sätze im Voraus auf die sich ergebenden Geschwindigkeits- und Richtungsänderungen der Vorschubbahn. Mit Hilfe einer Modellierung des dynamischen Verhaltens der Maschine bzw. ihrer Vorschubachsen werden für eine vorgegebene zulässige Bahnabweichung die erlaubten Vorschubgeschwindigkeiten bzw. -beschleunigungen und der Ruck ermittelt. Auf diese Weise werden die modifizierten Sollgeschwindigkeitsprofile für die betrachteten Sätze berechnet. Das mit Hilfe der Look-Ahead-Funktion ermittelte Geschwindigkeitsprofil wird im Bild 7.10 einem ohne diese Funktion gegenübergestellt. Für beide Profile wurde die gleiche maximale Sprunghöhe für die Geschwindigkeit am Satzübergang vorgegeben.

Wie man im Bild 7.10 erkennen kann, hält die Look-Ahead-Funktion die garantierte Genauigkeit ein und ermöglicht dabei die maximal erlaubte Vorschubgeschwindigkeit. Diese maximale Geschwindigkeit wird auch bei einer Reihe von Sätzen mit jeweils sehr kleiner Satzlänge erreicht, wenn die Richtungsänderungen der Einzelsätze nicht zu groß sind. Dies ist typischerweise bei der Freiformflächenbearbeitung der Fall. Eine konventionelle Geschwindigkeitsführung würde mit Hilfe ihrer Bremseinsatzpunktkontrolle sicherstellen, dass die Maschine innerhalb des überschaubaren Bereiches anhalten kann. Da dieser Bereich sich nur bis zum Ende des aktuellen bzw. in Sonderfällen des nächsten Satzes erstreckt, kann diese Weglänge von z.B. 0,05 bzw. 0,1 mm nicht für die Beschleunigung auf die Verzögerung bzw.

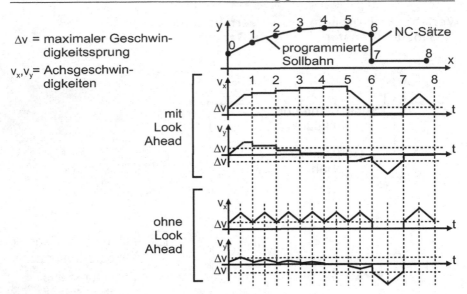

Δv = maximaler Geschwindigkeitssprung

v_x, v_y = Achsgeschwindigkeiten

mit Look Ahead

ohne Look Ahead

Bild 7.10. Geschwindigkeitsverlauf mit und ohne Look-Ahead

auf den Stillstand von der programmierten Bahngeschwindigkeit ausreichen. Durch die Look-Ahead-Funktion wird hingegen eine erheblich größere Strecke im Voraus analysiert. Falls erkannt wird, dass kein Anhalten einer Achse erforderlich ist und die auftretenden Geschwindigkeitssprünge bzw. -abweichungen an den Satzübergängen den vorgegebenen Grenzwert nicht überschreiten, kann mit deutlich höherer Vorschubgeschwindigkeit verfahren werden.

Als Beispiel sei angenommen, dass eine moderne Werkzeugmaschine über ein Beschleunigungsvermögen der Achsen von $2\ \mathrm{m/s^2}$ verfügt. Vereinfachend sei weiterhin für die Berechnung angenommen, dass die Bahnbeschleunigung gleich der kleinsten Achsbeschleunigung sei. Dann kann eine Maschine innerhalb eines Satzes der Länge 0,1 mm bzw. zweier Sätze von zusammen 0,2 mm auf maximal 1200 mm/min bzw. 1697 mm/min beschleunigen. Dies deshalb, da zu jedem Zeitpunkt sichergestellt sein muss, dass die Maschine innerhalb des betrachteten Bereiches zum Stillstand kommen können muss. Für die moderne Hochgeschwindigkeitsbearbeitung, die mit Vorschubgeschwindigkeiten von bis zu 15 m/min und mehr arbeitet, sind solche Einschränkungen nicht akzeptabel.

Insbesondere im Bereich der Hochgeschwindigkeitsbearbeitung von Freiformflächen erlaubt die Look-Ahead-Funktion gegenüber herkömmlichen Steuerungen erheblich gesteigerte Vorschubwerte bei gleichbleibend hoher Formtreue. Sie stellt eine Möglichkeit dar, besonders bei aufeinanderfolgenden Sätzen mit kurzer Länge und geringer Richtungsänderung, trotz Einhaltung einer definierten Genauigkeit mit höchstmöglicher Vorschubgeschwindigkeit zu arbeiten.

7.1.3 Interpolation einfacher Bahnen

Aufgabe der Interpolation ist es, die Positionssollwerte für die einzelnen Maschinenachsen so zu berechnen, dass durch ihre Überlagerung die gewünschte Bahn entsteht. Daraus ergibt sich die Aufgabe, eine programmierte Bahn, z.B. Kreisbahn, in Zwischenpunkte für die einzelnen Achsen zu zerlegen. Zur Bestimmung der einzelnen, achsabhängigen Lageführungsgrößen hat man eine Vielzahl von Interpolationsverfahren entwickelt. Grundsätzlich geht man bei der Herleitung von der exakten mathematischen Gleichung aus, die sich für ein kartesisches Koordinatensystem in den folgenden Grundformen darstellen lässt [36]:

$$\text{implizite Darstellung:} \quad F(x,y,z) = 0 \tag{7.14}$$

$$\text{explizite Darstellung:} \quad \begin{aligned} x &= F(y,z) \\ y &= F(x,z) \\ z &= F(x,y) \end{aligned} \tag{7.15}$$

$$\text{Parameterdarstellung:} \quad \begin{aligned} x &= F(u) \\ y &= F(u) \\ z &= F(u) \end{aligned} \tag{7.16}$$

mit dem gemeinsamen Parameter u (z.B. Zeit). Zur Herleitung von Interpolationsverfahren ist eine Darstellung in Parameterform, Gleichung 7.16, besonders geeignet. Sie ermöglicht erstens die eindeutige Darstellung von Wegen, bei denen dem Wert einer Achse mehrere Werte der übrigen Achsen zugeordnet werden müssen, wie z.B. Hinterschneidungen oder Schleifen. Zweitens werden durch ihre Verwendung die Berechnungen zur Interpolation und Geschwindigkeitsführung erleichtert.

Bei der Interpolation einfacher Bahnen, also insbesondere von Gerade und Kreis, macht man in der Regel einige vereinfachende Annahmen über die Maschinengrenzwerte. Für die maximale Bahngeschwindigkeit, -beschleunigung und gegebenenfalls -beschleunigungsänderung, die die Maschine erreichen kann, wählt man die Maximalwerte der schwächsten Achse:

$$r_{max} = \min\lfloor r_{max,x}, r_{max,y}, r_{max,z} \rfloor \tag{7.17}$$

$$a_{max} = \min\lfloor a_{max,x}, a_{max,y}, a_{max,z} \rfloor \tag{7.18}$$

$$v_{max} = \min\lfloor v_{max,x}, v_{max,y}, v_{max,z} \rfloor \tag{7.19}$$

Somit bestimmt die dynamisch schwächste Achse maßgeblich die Leistungsfähigkeit einer Maschine. Diese Annahme hat den Vorteil, dass die sich ergebenden Berechnungen wesentlich vereinfacht werden können, und die Maschine keinesfalls überlastet wird.

7.1.3.1 Geradeninterpolation

Die Geradeninterpolation, also die Zerlegung der Bahn in kleine Teilabschnitte für die einzelnen Achsen, wird heute in der Regel durch direkte Berechnung der Achswerte durchgeführt. Für die Funktion s(t), die in den Ausführungen über die Geschwindigkeitsführung (vgl. Kapitel 7.1.1) verwendet wurde, ergibt sich im Fall einer Geraden im dreidimensionalen Raum der Koordinatenvektor:

$$s(t) = (x(t), y(t), z(t))^T \qquad , T = \text{transponiert} \tag{7.20}$$

Neben der Berechnung der Achswerte fällt bei der Geradeninterpolation zusätzlich der Aufwand für die Zerlegung der programmierten Bahngeschwindigkeit v_B auf die einzelnen Achsen an. Hierzu müssen einmal zu Satzbeginn die Verhältnisse A aus Koordinatenstrecke zur Gesamtstrecke

$$|s_{Satz,gesamt}| = \sqrt{\Delta x^2 + \Delta y^2 + \Delta z^2} \tag{7.21}$$

für diesen Satz berechnet werden:

$$s_{Satz} = (\Delta x, \Delta y, \Delta z)^T \tag{7.22}$$

Hieraus ergeben sich die einzelnen Achsgeschwindigkeiten zu:

$$v_x = v_B A_x \qquad \text{mit} \qquad A_x = \frac{\Delta x}{\sqrt{\Delta x^2 + \Delta y^2 + \Delta z^2}}$$

$$v_y = v_B A_y \qquad \text{mit} \qquad A_y = \frac{\Delta y}{\sqrt{\Delta x^2 + \Delta y^2 + \Delta z^2}}$$

$$v_z = v_B A_z \qquad \text{mit} \qquad A_z = \frac{\Delta z}{\sqrt{\Delta x^2 + \Delta y^2 + \Delta z^2}} \tag{7.23}$$

Hierdurch werden rechenintensive trigonometrische Berechnungen vermieden.

Für eine Geschwindigkeitsführung mit Beschleunigungssprüngen ergibt sich für die Beschleunigungsphase mit der Interpolationstaktzeit T die folgende Abfolge der Berechnungen. In einem ersten Schritt wird die Ermittlung der Achsenverhältnisse gemäß Gleichung 7.23 durchgeführt. Anschließend werden die sich in den einzelnen Achsen ergebenden Beschleunigungs- und Geschwindigkeitswerte berechnet:

$$\begin{aligned} a_x &= A_x \cdot a_{max}, & a_y &= A_y \cdot a_{max}, & a_z &= A_z \cdot a_{max}, \\ v_{x,Soll} &= A_x \cdot v_B, & v_{y,Soll} &= A_y \cdot v_B, & v_{z,Soll} &= A_z \cdot v_B. \end{aligned} \tag{7.24}$$

Während der Beschleunigungsphase ergeben sich die Sollwerte der Achsen am Ende des n+1-ten Interpolationstaktes aus den Werten des n-ten Taktes und des Interpolationsintervalls T wie folgt:

$$v_{x,n+1} = v_{x,n} + a_x \cdot T$$

$$v_{y,n+1} = v_{y,n} + a_y \cdot T$$

$$v_{z,n+1} = v_{z,n} + a_z \cdot T \tag{7.25}$$

$$x_{n+1} = x_n + v_{x,n} \cdot T + \frac{1}{2} \cdot a_x \cdot T^2$$

$$y_{n+1} = y_n + v_{y,n} \cdot T + \frac{1}{2} \cdot a_y \cdot T^2$$

$$z_{n+1} = z_n + v_{z,n} \cdot T + \frac{1}{2} \cdot a_z \cdot T^2 \tag{7.26}$$

Die Berechnung der Geschwindigkeitsänderung muss nur einmal je Beschleunigungsphase durchgeführt werden und kann im weiteren Verlauf der Beschleunigung als Konstante addiert werden.

Für die Phase konstanter Geschwindigkeit ergibt sich mit der programmierten Bahngeschwindigkeit v_B:

$$v_x = A_x \cdot v_B \qquad v_y = A_y \cdot v_B \qquad v_z = A_z \cdot v_B \tag{7.27}$$

Für die Berechnung jeder neuen Stellung der Achsen ist jeweils nur die Addition einer Konstanten der Größe $v_k \cdot T (k = x, y, z)$ erforderlich. Für die Verzögerungsphase ergeben sich entsprechende Berechnungen mit umgekehrtem Vorzeichen.

Bei diesem, wie bei allen anderen im Weiteren beschriebenen Interpolationsverfahren, ist die Bremseinsatzpunktkontrolle während jedes Taktes durchzuführen. Ebenso muss die Geschwindigkeit stets auf ihren Maximalwert (Maschinenparameter) überprüft werden. Bei der Vorgabe der Sollgeschwindigkeit ist die Stellung des Override-Schalters (vgl. Kapitel 7.3.2) zu berücksichtigen.

7.1.3.2 Kreisinterpolation

Ein Kreis kann gemäß DIN 66025 stets nur in einer der Koordinatenebenen x/y, y/z oder z/x programmiert werden. Als Beispiel wird hier die Kreisinterpolation in der x/y-Ebene beschrieben. Für die Kreisinterpolation werden die Programmdaten nach DIN 66025 zunächst in die für eine parametrische Darstellung erforderlichen Angaben umgerechnet (Bild 7.11). Die für die Interpolation verwendeten geometrischen Daten sind die Mittelpunktskoordinaten (x_M, y_M), der Kreisradius R, der Anfangswinkel β_A, der Endwinkel der Bewegung β_E sowie der Drehsinn. Es ergibt sich für die Funktion $s(t)$ des Kreises:

$$s(t) = \begin{pmatrix} x(t) \\ y(t) \end{pmatrix} = \begin{pmatrix} x_M + R \cdot \cos(\beta(t)) \\ y_M + R \cdot \sin(\beta(t)) \end{pmatrix} \tag{7.28}$$

Neben den rein geometrischen Daten muss für die Kreisinterpolation die Bahngeschwindigkeit bzw. -beschleunigung in eine Drehgeschwindigkeit bzw. -beschleunigung umgerechnet werden. Es gilt für die im Bogenmaß angegebene Drehgeschwindigkeit und Drehbeschleunigung:

$$\dot{\beta} = \omega = \frac{v_B}{R} \quad \text{und} \quad \ddot{\beta} = \dot{\omega} = \frac{a_{max}}{R} \tag{7.29}$$

Somit ergibt sich in numerischer Schreibweise für die konstante Beschleunigungsphase:

$$\dot{\beta}_{n+1} = \dot{\beta}_n + \ddot{\beta} \cdot T \text{ mit T=Interpolationstaktrate} \tag{7.30}$$

$$\beta_{n+1} = \beta_n + \dot{\beta}_n \cdot T + \frac{1}{2} \cdot \ddot{\beta} \cdot T^2 \tag{7.31}$$

Für die konstante Beschleunigungsphase ergibt sich das Gesetz zur Ermittlung der Achswerte wie folgt:

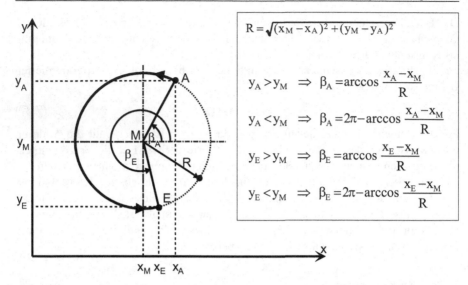

Bild 7.11. Umrechnung der programmierten Kreisdaten in die interne parametrische Darstellung

$$\begin{pmatrix} x_{n+1} \\ y_{n+1} \end{pmatrix} = \begin{pmatrix} x_M + R \cdot \cos\left(\beta_n + \dot{\beta}_n \cdot T + \frac{1}{2}\ddot{\beta} \cdot T^2\right) \\ y_M + R \cdot \sin\left(\beta_n + \dot{\beta}_n \cdot T + \frac{1}{2}\ddot{\beta} \cdot T^2\right) \end{pmatrix} \tag{7.32}$$

Die Gleichungen für die Verzögerungsphase sind identisch. Allerdings weist dann die Beschleunigung einen negativen Wert auf. Für die Bremseinsatzpunktkontrolle wird die Bogenlänge entlang des idealen Kreises verwendet. Die tatsächliche Weglänge, die sich als Summe der Sekanten ergibt, ist nicht bekannt, da z.B. durch Overrideänderungen die Bahngeschwindigkeit beeinflusst würde. Aus Geschwindigkeitsänderungen ergeben sich wiederum unterschiedliche Sekantenlängen.

An die Beschleunigung schließt sich die Phase konstanter Bahngeschwindigkeit an. Im Fall eines Kreises entspricht eine konstante Bahngeschwindigkeit veränderlichen Geschwindigkeiten und Beschleunigungen der einzelnen Achsbewegungen. Jedoch ist der Winkelschritt:

$$\alpha = \omega \cdot T = \frac{v_B}{R} \cdot T \tag{7.33}$$

bei konstanter Bahngeschwindigkeit ebenfalls konstant. Zur Berechnung der Achswerte wird heute zumeist die Gleichung 7.28 mit konstantem Winkelschritt zur direkten Ermittlung der Achswerte verwendet. Somit gilt für die Phase v_B = konstant:

$$s_{n+1}(t) = \begin{pmatrix} x_{n+1} \\ y_{n+1} \end{pmatrix} = \begin{pmatrix} x_M + \cos(\beta_n + \alpha) \\ y_M + \sin(\beta_n + \alpha) \end{pmatrix} \tag{7.34}$$

7.1.4 Spline-Interpolation

Die Bearbeitung von Freiformflächen machen in der Regel Bahnverläufe notwendig, die mit den in der DIN 66025 vorgesehenen Konturelementen Gerade und Kreis (vgl. Kapitel 6.3) nicht mathematisch exakt beschrieben werden können. Mit Geradensegmenten können die komplexen Verläufe unter Vorgabe einer Toleranz lediglich approximiert werden. Die dabei entstehenden Polygonzüge weisen jedoch im Vergleich zur Originalkontur einige Nachteile auf. Zum Einen sind die Übergänge zwischen den Geradensegmenten nicht ableitungsstetig. Dadurch entstehen bei der Abarbeitung des Programms Sprünge im Geschwindigkeitsverlauf, welche die Antriebe unnötig belasten und sich zudem in einer schlechten Oberflächenqualität niederschlagen. Zum Anderen wird die Länge der Geradensegmente umso kleiner, je geringer die Approximationstoleranz gewählt wird. Kleine Segmentlängen verursachen jedoch ein hohes Programmvolumen und können zu Begrenzungen und Einbrüchen des Bearbeitungsvorschubs aufgrund steuerungsseitig begrenzter Satzwechselzeiten führen.

Ein Ansatz zur Vermeidung dieser Nachteile besteht in der Verwendung von mathematischen Funktionen höherer Ordnung zur Konturbeschreibung. In der Konstruktion werden zu diesem Zweck schon seit längerer Zeit Splines eingesetzt. In dem Bemühen um Durchgängigkeit in der NC-Verfahrenskette verfügen daher heute viele NC-Steuerungen neben den Standard-Interpolationsarten Gerade und Kreis über die Möglichkeit der Spline-Interpolation [84, 163, 166, 169, 205]. Die Spline-Interpolation bietet insbesondere bei der Bearbeitung von Freiformflächen gegenüber der herkömmlichen Programmierung mit linearen Bahnsegmenten einige Vorteile. So ist die Weglänge je Satz größer und damit das Datenvolumen geringer. Damit steht für die Satzaufbereitung mehr Zeit zur Verfügung. Darüber hinaus sind die Übergänge zwischen den einzelnen Sätzen zumeist stetig.

Der Begriff Splines entstammt dem Englischen, wo er ursprünglich eine im Schiffbau verwendete biegsame Latte bezeichnete. Sie wurde für das Zeichnen von Linienrissen, aus denen die Verdrängung und der Widerstand des Schiffskörpers ermittelt werden konnten, verwendet. Die durch Biegung dieser Latte unter Vorgabe einiger weniger Haltepunkte entstehende Form hat die Eigenschaft, die Biegeenergie der Latte zu minimieren. Dieser Form entspricht näherungsweise ein kubischer, krümmungsstetiger Polynomspline.

Sollen, wie im obigen Beispiel, Querschnitte von Profilen oder Leitkurven dargestellt werden, so sind klassische Interpolations- oder Approximationspolynome im Allgemeinen ungeeignet. Sie neigen bei höherem Polynomgrad zu starkem Oszillieren [115, 195]. Alternativ kann das gesamte Intervall in kleinere Teilintervalle und entsprechend die Gesamtkurve in Teilkurven zerlegt werden. Verlangt man nun im Weiteren, dass die die Teilkurven repräsentierenden Funktionen stetig miteinander verbunden werden, so spricht man von Splinefunktionen bzw. Sub-Splinefunktionen [115].

Eine segmentierte Funktion S mit Polynomsegmenten vom Grade n heißt

a) *eine Splinefunktion, falls S (n-1)-mal stetig differenzierbar ist,*
b) *eine Sub-Splinefunktion, falls S mindestens einfach stetig differenzierbar ist und nicht a) gilt* [115].

Im Zusammenhang mit der Darstellung von geometrischen Kurven spricht man von Spline-Kurven, im Folgenden kurz als Splines bezeichnet. Unter Spline-Interpolation wird hier die Auswertung der Spline-Kurve in diskrete Werte verstanden. Dieses muss abgegrenzt werden zu der Funktionalität, Punkte durch Splines zu interpolieren, die im Folgenden mit dem Begriff „Spline-Generierung" bezeichnet wird.

Die Spline-Generierung wird heute hauptsächlich in der Programmvorbereitung mit CAM-Systemen durchgeführt. Um die dort berechneten Splines an die NC-Steuerung zu übergeben, stellen NC-Steuerungen entsprechende Schnittstellen bereit. Als Schnittstellenformate kommen dabei entweder Splines in B-Form [84,163,166,205] oder Splines in polynomialer Form zum Einsatz [169,205]. Diese beiden Formate unterscheiden sich mathematisch in ihren zu Grunde liegenden Basisfunktionen. Eine Konvertierung zwischen den beiden Formaten ist möglich [233]. Da die Schnittstellen für Spline-Formate bis heute jedoch nicht standardisiert wurden, sind diese NC-Programme steuerungsspezifisch und damit nicht portabel. Eine zukünftige Standardisierung in diesem Bereich verspricht ein neuer Normentwurf (s. Kapitel 6).

Einige NC-Steuerungen bieten zusätzlich auch die Funktionalität der steuerungsinternen Spline-Generierung auf Basis polynomialer Splines [169,205]. Dazu werden die zu interpolierenden Punkte sowie die für die Festlegung der Bahn erforderlichen Randbedingungen (Stetigkeit, Steigung oder Krümmung im Anfangs- und Endpunkt) programmiert.

7.1.4.1 Polynomsplines

Polynomsplines kommen sowohl als Schnittstellenformat bei der NC-Programmierung, als auch bei der internen Spline-Generierung zum Einsatz. In beiden Fällen ist der maximale Polynomgrad i. Allg. auf drei begrenzt (kubische Polynome). Sie werden eingesetzt, um Kurven, von denen lediglich Stützstellen bekannt sind, in eine stetige Funktion zu überführen. Im Folgenden wird daher nach der allgemeinen Definition speziell auf Verfahren zur Generierung von Polynomsplines auf Basis gegebener Stützstellen eingegangen.

7.1.4.1.1 Definition

Die Verwendung von Splines in der NC-Technik setzt eine parametrische Darstellung der Splines voraus, um beliebige Konturverläufe darstellen zu können (vgl. Gleichung 7.16). Den Polynomsplines liegt ein Vektor U mit geordneten Parameterwerten zu Grunde, die den Stützstellen P des Splines eindeutig zugeordnet sind:

$$U = \{u_0, u_1, \ldots, u_m\}, \qquad u_o < u_1 < \ldots < u_m. \tag{7.35}$$

Von den Parametern $u_0, \ldots, u_m$ wird strenge Monotonie gefordert. Unter Einhaltung dieser Bedingung sind die Parameterwerte prinzipiell frei wählbar, allerdings ist in der NC-Technik eine Beziehung zu der geometrischen Länge der Spline-Segmente vorteilhaft (s. Kapitel 7.1.4.1.2 und 7.1.4.4). Die Definition für den kubischen Polynomspline $S_i(u)$ lautet:

$$S_i(u) = A_i + B_i\,(u - u_i) + C_i\,(u - u_i)^2 + D_i\,(u - u_i)^3, \tag{7.36}$$

$$u \in [u_o, u_m], \quad i = 0(1)m - 1$$

mit A_i, B_i, C_i und D_i als Polynomkoeffizienten. Die Koeffizienten sind Vektoren. Der Index i beschreibt die einzelnen Segmente des Splines. Die Stützstellen der Kurve sind in der Definition nicht explizit enthalten, sie ergeben sich aus der Auswertung des Polynomsplines $S_i(u)$ an den Knoten $u_0, \ldots, u_m$.

7.1.4.1.2 Polynomermittlung

Die Ermittlung der Polynomkoeffizienten erfolgt über die Vorgabe der Stützstellen $P_0, \ldots, P_m$ und zweier Randbedingungen. Randbedingungen können erstens Stetigkeitsbedingungen und zweitens Vorgaben für das Verhalten des Splines an den Randpunkten sein. Aus diesen Vorgaben wird zunächst ein geeigneter Parametervektor ermittelt. Danach werden die Koeffizienten für alle Spline-Segmente berechnet.

Bei der Ermittlung der Koeffizienten gilt es, zwischen Verfahren mit globalem und mit lokalem Charakter zu unterscheiden. Dabei bedeutet global, dass alle vorgegebenen Punkte gleichzeitig in die Berechnung eingehen und die Änderung bzw. Verschiebung eines einzelnen Punktes somit den Verlauf der gesamten Kurve ändert. Lokale Verfahren hingegen berücksichtigen für die Berechnung der Koeffizienten des aktuellen Polynoms nur eine kleine Anzahl benachbarter Punkte. Dadurch wirken sich Änderungen einzelner Punkte auch nur auf einige wenige benachbarte Polynome aus.

7.1.4.1.3 Bestimmung des Parametervektors

Im ersten Schritt muss jeder Stützstelle ein Parameterwert zugeordnet werden. Für eine gute Annäherung des ursprünglichen Kurvenverlaufs und zur Vereinfachung der weiteren Verarbeitung der Splines in der NC-Steuerung ist es sinnvoll, die Parameter in Abhängigkeit von der geometrischen Länge zwischen den Stützstellen zu wählen (Bild 7.12). Dazu werden zunächst die Sehnenlängen h_i zwischen den Stützstellen berechnet:

$$h_0 = 0$$

$$h_i = \sqrt{(x_i - x_{i-1})^2 + (y_i - y_{i-1})^2 + (z_j - z_{j-1})^2}, \quad i = 1(1)m \tag{7.37}$$

Durch das Aufaddieren erhält man die globalen Parameter u_i für die so genannte chordale Parametrierung:

$$u_i = \sum_{j=0}^{i} h_j, \quad i = 1(1)m \tag{7.38}$$

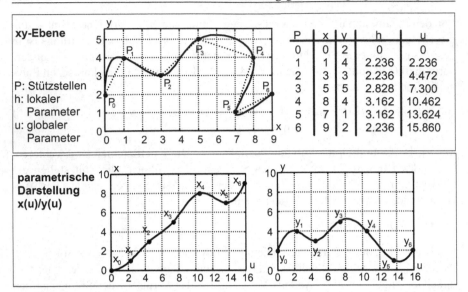

Bild 7.12. Parametrische Darstellung eines Polynomsplines

7.1.4.1.4 Globales Verfahren

Aus der Anforderung, dass die Kurve durch die vorgegebenen Punkte laufen soll, ergibt sich für die Spline-Segmente die Randbedingung:

$$S_i(u_i) = P_i$$
$$S_i(u_{i+1}) = P_{i+1} \qquad \text{für } i = 0(1)m - 1 \tag{7.39}$$

Da sowohl das Segment S_i als auch das Segment S_{i+1} durch den Punkt P_{i+1} laufen, ist durch diese Randbedingung auch die Berührstetigkeit sichergestellt. Weitere Randbedingungen entstehen aus höheren Stetigkeitsanforderungen. Übliche Vorgaben für kubische Splines sind tangentiale Stetigkeit oder Krümmungsstetigkeit. Tangentiale Stetigkeit wird durch gleiche Werte der ersten Ableitung der im aktuellen Punkt aneinander grenzenden Polynome sichergestellt. Daraus ergeben sich im Punkt i:

$$S_i'(u_i) = S_{i-1}'(u_i) \qquad \text{für } i = 1(1)m - 1 \tag{7.40}$$

Diese Auflage erzeugt Bahnen, die bei konstanter Bahngeschwindigkeit einen unendlichen Ruck erzeugen können. Bei kubischen Funktionen kann man maximal vier Randbedingungen vorgeben. Daher müssen bei zusätzlicher Vorgabe von Krümmungsstetigkeit alle Punkte bzw. Intervalle gleichzeitig berücksichtigt werden, wodurch sich die höhere Stetigkeit global generierter Splines begründet:

$$S_i''(u_i) = S_{i-1}''(u_i) \qquad \text{für } i = 1(1)m - 1 \tag{7.41}$$

Aufgrund der Gleichung 7.39, 7.40 und 7.41 ergeben sich $4(n - 1) - 2$ Randbedingungen für die gesuchten $4 \cdot (n - 1)$ Koeffizienten. Es verbleiben also zwei freie

Randbedingungen in den Randpunkten. Eine häufig verwendete Festlegung ist es hier, die Krümmung zu Null zu setzen. Ein so definierter Spline wird auch als natürlicher kubischer Spline bezeichnet. Solche Kurvenverläufe weisen an ihren Übergängen ein endliches Ruckverhalten auf.

Mit

$$h_i = u_{i+1} - u_i, \qquad i = 0(1)m - 1 \tag{7.42}$$

ergibt sich für die Koeffizienten des Polynoms:

$$x_i(u) = a_{x,i} + b_{x,i} \cdot (u - u_i) + c_{x,i} \cdot (u - u_i)^2 + d_{x,i} \cdot (u - u_i)^3$$

$$y_i(u) = a_{y,i} + b_{y,i} \cdot (u - u_i) + c_{y,i} \cdot (u - u_i)^2 + d_{y,i} \cdot (u - u_i)^3$$

$$z_i(u) = a_{z,i} + b_{z,i} \cdot (u - u_i) + c_{z,i} \cdot (u - u_i)^2 + d_{z,i} \cdot (u - u_i)^3 \tag{7.43}$$

und beispielhaft für die x-Achse:

$$a_{x,i} = x(u_i), \qquad i = 0(1)m$$

$$c_{x,0} = c_{x,m} = 0 \qquad \text{(wegen Krümmung = 0 an den Endpunkten)}$$

$$h_{i-1}c_{x,i-1} + 2c_{x,i}(h_{i-1} + h_i) + h_i c_{x,i+1}$$

$$= \frac{3}{h_i}(a_{x,i+1} - a_{x,i}) - \frac{3}{h_{i-1}}(a_{x,i} - a_{x,i-1}) \qquad \text{für } i = 0(1)m - 1$$

$$b_{x,i} = \frac{1}{h_i}(a_{x,i+1} - a_{x,i}) - \frac{h_i}{3}(c_{x,i+1} + 2c_{x,i}) \quad \text{für } i = 0(1)m - 1$$

$$d_{x,i} = \frac{1}{3h_i} \cdot (c_{x,i+1} - c_{x,i}) \qquad \text{für } i = 0(1)m - 1 \tag{7.44}$$

wobei die Koeffizienten a_n und c_n lediglich formal gesetzt werden. Gleichung 7.44 läßt sich als tridiagonales Gleichungssystem von m-1 Gleichungen (Gleichung 7.45) darstellen, das mit den genannten Randbedingungen, z.B. unter Verwendung der Gauß-Elimination, eindeutig gelöst werden kann [75]. Dieses Verfahren hat den Vorteil, dass die ermittelten Spline-Segmente tangenten- und krümmungsstetig verbunden sind. Dies ist besonders vorteilhaft für die Maschinenkinematik, da z.B. bei konstanter Bahngeschwindigkeit der Verlauf der Bahnbeschleunigung stetig ist. Nachteilig ist jedoch der relativ hohe Rechenaufwand zur Lösung des tridiagonalen Gleichungssystems und die Tatsache, dass die Änderung einzelner Punkte die gesamte Bahn in ihrem Verlauf beeinflusst. Auch steigt der Rechenaufwand mit wachsender Zahl der Segmente bzw. Punkte an. Dies ist insbesondere für die echtzeitkritischen Berechnungen im Interpolator numerischer Steuerungen problematisch.

$$Ac = g \quad \text{mit} \tag{7.45}$$

$$A = \begin{pmatrix} 2(h_0 + h_1) & h_1 & & & & \\ h_1 & 2(h_1 + h_2) & h_2 & & & \\ & \ddots & \ddots & \ddots & & \\ & & h_{m-3} & 2(h_{m-3} + h_{m-2}) & h_{m-2} & \\ & & & h_{m-2} & 2(h_{m-2} + h_{m-1}) \end{pmatrix}$$

$$c = \begin{pmatrix} c_1 \\ c_2 \\ \vdots \\ c_{m-2} \\ c_{m-1} \end{pmatrix},$$

$$g = \begin{pmatrix} \frac{3}{h_1}(a_{x,2} - a_{x,1}) - \frac{3}{h_0}(a_{x,1} - a_{x,0}) \\ \frac{3}{h_2}(a_{x,3} - a_{x,2}) - \frac{3}{h_1}(a_{x,2} - a_{x,1}) \\ \vdots \\ \frac{3}{h_{m-2}}(a_{x,m-1} - a_{x,m-2}) - \frac{3}{h_{m-3}}(a_{x,m-2} - a_{x,m-3}) \\ \frac{3}{h_{m-1}}(a_{x,m} - a_{x,m-1}) - \frac{3}{h_{m-2}}(a_{x,m-1} - a_{x,m-2}) \end{pmatrix}$$

7.1.4.1.5 Lokales Verfahren nach Akima

Die genannten Nachteile weisen lokale Verfahren nicht auf. Sie ermöglichen in der Regel jedoch nur Tangentenstetigkeit. Die zur Berechnung eines kubischen Polynoms fehlenden Randbedingungen werden entweder aus wenigen benachbarten Punkten oder aus geometrieunabhängigen Kriterien ermittelt. Beispielhaft wird hier das häufig verwendete Verfahren von Akima vorgestellt [3].

Durch dieses 1970 entwickelte Verfahren wird ein tangentenstetiger Verlauf des Splines sichergestellt. Der Spline ist darüber hinaus sehr formtreu, d.h. er verläuft relativ glatt, und ein Überschwingen wird vermieden [115,217]. Das Verfahren wird rein geometrisch begründet (Bild 7.13). Hier wird beispielhaft die Interpolation in der x-Koordinate betrachtet. Die Nummern $i = k-2, k-1, k, k+1, k+2$ von inneren Punkten (u_i, x_i) werden hier mit 1, 2, 3, 4, 5 bezeichnet. A sei nun der Schnittpunkt der Geraden durch die Punkte 1 und 2 mit der durch 3 und 4, B der Schnittpunkt der Geraden durch die Punkte 2 und 3 sowie 4 und 5. C sei der Schnittpunkt einer gesuchten Geraden durch den Punkt 3 mit der Geraden durch 1 und 2, D derjenige derselben gesuchten Geraden mit der Geraden durch die Punkte 4 und 5. Die gesuchte Steigung $p_{3,x}$ im Punkt 3 wird dann durch die Vorgabe der Streckenverhältnisse:

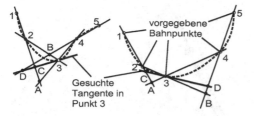

Seitenverhältnis nach Akima:

$$\left|\frac{\overline{4D}}{\overline{DB}}\right| = \left|\frac{\overline{2C}}{\overline{CA}}\right|$$

$$p_{i,x} = \frac{|m_{i+1,x} - m_{i,x}| \cdot m_{i-1,x} + |m_{i-1,x} - m_{i-2,x}| \cdot m_{i,x}}{|m_{i+1,x} - m_{i,x}| + |m_{i-1,x} - m_{i-2,x}|}$$

Steigungsformeln
(beispielhaft für die x-Achse):

$$m_{i,x} = \frac{x_{i+1} - x_i}{u_{i+1} - u_i}$$

Bild 7.13. Geometrische Verhältnisse für die Herleitung der Steigung nach Akima. (nach Späth)

$$\left|\frac{\overline{2C}}{\overline{CA}}\right| = \left|\frac{\overline{4D}}{\overline{DB}}\right| \tag{7.46}$$

ermittelt. Bezeichnet man nun die Koordinaten der Punkte 1, 2, 3, 4, 5, A, B, C und D im Bild 7.13 mit den Indizes 1, 2, 3, 4, 5, a, b, c und d, so lässt sich $p_{3,x}$ durch:

$$p_{3,x} = \frac{x_d - x_c}{u_d - u_c} \tag{7.47}$$

definieren. Unter Berücksichtigung der geometrischen Verhältnisse der Punkte A bis D kann dann die Steigung $p_{i,x}$ im Punkt (u_i, x_i) allgemein unter Verwendung der Sehnensteigungen m_i:

$$m_{i,x} = \frac{x_{i+1} - x_i}{u_{i+1} - u_1} \tag{7.48}$$

durch:

$$p_{i,x} = \frac{|m_{i+1,x} - m_{i,x}| \cdot m_{i-1,x} + |m_{i-1,x} - m_{i-2,x}| \cdot m_{i,x}}{|m_{i+1,x} - m_{i,x}| + |m_{i-1,x} - m_{i-2,x}|} \tag{7.49}$$

berechnet werden. Die Berechnung der Steigungen an den Randpunkten muss gesondert erfolgen. Dabei werden zumeist spezielle Annahmen über das Verhalten des Splines an seinen Rändern gemacht.

7.1.4.1.6 *Eigenschaften*

Bild 7.14 zeigt beispielhaft den Verlauf eines kubischen Polynomsplines. Der Spline durchläuft die Stützstellen P_i. Die Stützstellen markieren dabei den Übergang zwischen zwei Spline-Segmenten. Die Stetigkeit des Splines hängt von dem Verfahren ab, mit dem der Spline generiert wurde (vgl. Kapitel 7.1.4.1.2): Das globale Verfahren erzeugt krümmungsstetige Splines, lokale Verfahren wie das Akima-Verfahren lediglich tangentenstetige (Sub-) Splines.

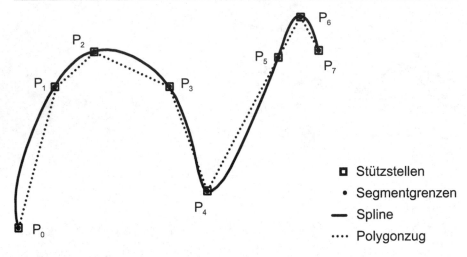

Bild 7.14. Kubischer Polynomspline

Für die Programmierung eines kubischen Polynomsplines werden pro Segment das Parameterintervall und für jede geometrische Dimension die vier Polynomkoeffizienten benötigt. Eine potenzielle Fehlerquelle entsteht dabei durch die begrenzte Anzahl von signifikanten Stellen und damit verbundene Rundungsfehler, die bei der Auswertung des Splines zu Unstetigkeiten im Segmentübergang führen können. Man kann jedoch die Berührstetigkeit sicherstellen, indem man nur drei Polynomkoeffizienten direkt angibt und den vierten mit der stetigen Anschlussbedingung aus dem vorhergehenden NC-Satz berechnet.

Die Auswertung von Polynomsplines vom Grad n kann effizient mit dem Horner-Schema durchgeführt werden, bei dem für eine Splinefunktion in einer Koordinate lediglich

$$Z = 2n \tag{7.50}$$

Operationen (Addition/Multiplikation) erforderlich sind. Ein kubischer Polynomspline im Raum lässt sich also für einen vorgegebenen Parameterwert mit 18 Operationen auswerten.

7.1.4.2 B-Splines

B(asis)-Splines werden z.Zt. nur als Schnittstellenformat bei der NC-Bearbeitung eingesetzt, d.h. eine steuerungsinterne Interpolation von Stützstellen durch B-Splines wird nicht angeboten. Im Folgenden wird zunächst auf die integralen B-Splines eingegangen, im Kapitel 7.1.4.3 wird dann die komplexere rationale Form kurz vorgestellt. Beide Varianten kommen in der NC-Technik zum Einsatz.

7.1.4.2.1 Definition

B-Spline-Kurven, kurz B-Splines, beruhen auf den B-Spline-Funktionen als Basis-Funktionen. Zur Definition von B-Spline-Funktionen vom Grad n sind ein Parametervektor U (Träger- oder Knotenvektor genannt) und m+1 Raumpunkte, die so genannten de-Boor-Punkte, notwendig. Der Knotenvektor U besteht aus k+1 geordneten Knotenwerten:

$$U = \{u_0, u_1, \ldots, u_k\}, \quad u_o \leq u_1 \leq \ldots \leq u_k \tag{7.51}$$

Die Knotenwerte müssen lediglich Monotonie, jedoch keine strenge Monotonie aufweisen, d.h. Knotenwerte können mehrfach vorkommen. Eine eindeutige Bindung der Parameterwerte an die Stützstellen, wie sie bei den Polynomsplines vorliegt, ist hier nicht gegeben. Die B-Spline-Funktionen sind rekursiv auf Basis des Knotenvektors U für die Funktionen nullten Grades definiert durch:

$$N_i^0(u) = \begin{cases} 1 & \text{für } u \in [u_i, u_{i+1}) \\ 0 & \text{sonst} \end{cases}, \quad j = 0(1)k - 1 \tag{7.52}$$

und für die Funktionen höheren Grades durch:

$$N_i^n(u) = \frac{u - u_i}{u_{i+n} - u_1} N_i^{n-1}(u) + \frac{u_{i+n+1} - u}{u_{i+n+1} - u_{i+1}} N_{i+1}^{n-1}(u), \tag{7.53}$$

$$i = 0(1)k - n - 1, \quad \frac{0}{0} := 0$$

Eine B-Spline-Kurve (B-Spline) definiert sich über die B-Spline-Funktionen N_i^n und die de-Boor-Punkte P_i:

$$S_i(u) = \sum_{i=0}^{m} P_i N_i^n(u) \tag{7.54}$$

Ein Beispiel soll diese Definition veranschaulichen: Gegeben sei der Knotenvektor $U = \{0, 0, 0, 1, 2, 3, 3, 3\}$. Dieser Knotenvektor definiert drei von Null verschiedene Intervalle [0,1], [1,2] und [2,3], da die ersten, bzw. letzten drei Knoten zusammenfallen. Nach Gleichung 7.52 haben die Basisfunktionen in den von Null verschiedenen Intervallen den konstanten Wert 1, die restlichen Basisfunktionen liefern den Wert 0:

$$N_0^0(u) = 0$$
$$N_1^0(u) = 0$$
$$N_2^0(u) = \begin{cases} 1, & u \in [0,1) \\ 0, & \text{sonst} \end{cases}$$
$$N_3^0(u) = \begin{cases} 1, & u \in [1,2) \\ 0, & \text{sonst} \end{cases}$$
$$N_4^0(u) = \begin{cases} 1, & u \in [2,3) \\ 0, & \text{sonst} \end{cases}$$
$$N_5^0(u) = 0$$
$$N_6^0(u) = 0 \tag{7.55}$$

Aus der rekursiven Definition der Basis-Funktionen höheren Grades in Gleichung 7.53 folgt, dass sich die Anzahl der Basisfunktionen mit jedem weiteren Grad um jeweils eine Funktion reduziert. Für die Basis-Funktionen ersten Grades ergibt sich:

$$N_0^1(u) = 0$$

$$N_1^1(u) = \begin{cases} 1-u, & u \in [0,1) \\ 0, & \text{sonst} \end{cases}$$

$$N_2^1(u) = \begin{cases} u, & u \in [0,1) \\ 2-u, & u \in [1,2) \\ 0, & \text{sonst} \end{cases}$$

$$N_3^1(u) = \begin{cases} u-1, & u \in [1,2) \\ 3-u, & u \in [2,3) \\ 0, & \text{sonst} \end{cases}$$

$$N_4^1(u) = \begin{cases} u-2, & u \in [2,3) \\ 0, & \text{sonst} \end{cases}$$

$$N_5^1(u) = 0 \tag{7.56}$$

für die Funktionen zweiten Grades:

$$N_0^2(u) = \begin{cases} (1-u)^2, & u \in [0,1) \\ 0, & \text{sonst} \end{cases}$$

$$N_1^2(u) = \begin{cases} u(1-u) + u(2-u)/2, & u \in [0,1) \\ (2-u)^2/2, & u \in [1,2) \\ 0, & \text{sonst} \end{cases}$$

$$N_2^2(u) = \begin{cases} u^2/2, & u \in [0,1) \\ (u(2-u) + (3-u)(u-1))/2, & u \in [1,2) \\ (3-u)^2/2, & u \in [2,3) \\ 0, & \text{sonst} \end{cases}$$

$$N_3^2(u) = \begin{cases} (u-1)^2/2, & u \in [1,2) \\ ((u-1)(3-u) + (3-u)(u-2))/2, & u \in [2,3) \\ 0, & \text{sonst} \end{cases}$$

$$N_4^2(u) = \begin{cases} (u-2)^2, & u \in [2,3) \\ 0, & \text{sonst} \end{cases} \tag{7.57}$$

Der Verlauf dieser Basis-Funktionen zweiten Grades ist in Bild 7.15 wiedergegeben. Es lassen sich folgende Aussagen ableiten:

- Basis-Funktionen vom Grad n sind (n-1)-mal stetig differenzierbar, sofern alle Knoten nur einfach auftreten, d.h. die Knoten streng monoton geordnet sind. Um bei der NC-Bearbeitung ein stetiges Geschwindigkeits- und Beschleunigungsprofil zu erreichen, müssen daher krümmungsstetige Basis-Funktionen dritten Grades vorliegen, wobei innere Knoten nur einfach auftreten.
- Zwischen dem Grad der Funktion n, der Anzahl der de-Boor-Punkte m+1 und der Anzahl der Parameterwerte k+1 besteht der Zusammenhang:

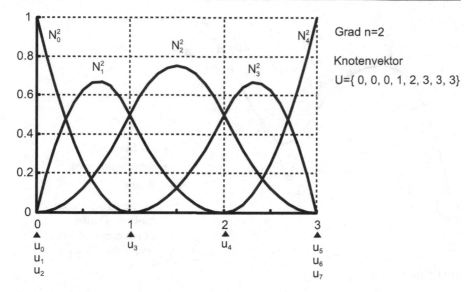

Bild 7.15. B-Spline-Funktionen

$$k + 1 = m + 1 + n + 1 \tag{7.58}$$

Da bei der NC-Bearbeitung sowohl die Anzahl der Punkte als auch der Grad der Funktion aufgrund der Stetigkeitsanforderungen festgelegt sind, lässt sich die notwendige Anzahl der Knoten durch Gleichung 7.58 bestimmen.

- Basis-Funktionen n-ten Grades sind nur auf einem begrenzten Trägerintervall $[x_i, x_{i+1+n}]$ definiert. Aus der Definition der B-Splines Gleichung 7.54 ergibt sich damit ein lokaler Einfluss der de-Boor-Punkte auf den Kurvenverlauf.

7.1.4.2.2 Eigenschaften

In Bild 7.16 ist der Verlauf eines B-Splines dritten Grades beispielhaft dargestellt. Der B-Spline durchläuft (interpoliert) die de-Boor-Punkte nicht, sondern approximiert sie lediglich. Es entstehen damit Konturverletzungen, wenn die gegebenen Stützstellen auf der Kontur als de-Boor-Punkte gewählt werden. An den Rändern des Parameterbereichs verläuft der B-Spline nur dann durch den ersten, bzw. letzten de-Boor-Punkt, falls die Knoten am Rand (n+1)-fach auftreten. Die Bedingung muss bei der NC-Bearbeitung i. Allg. erfüllt sein, damit der geometrische Anschluss des Splines an den vorherigen und nächsten Verfahrsatz gewährleistet ist. Innerhalb des Parameterbereichs werden mehrfach auftretende Knoten vermieden, um die Stetigkeit nicht herabzusetzen.

B-Splines weisen weiterhin die für die NC-Bearbeitung positive Eigenschaft auf, dass der Spline vollständig innerhalb des Kontrollpolygons verläuft, welches durch die geradlinige Verbindung der de-Boor-Punkte gebildet wird. Die Kurve weist somit keine unerwünschten Schwingungen auf.

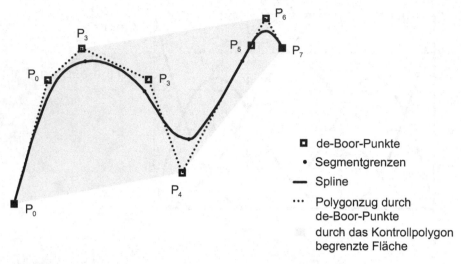

de-Boor-Punkte
Segmentgrenzen
Spline
Polygonzug durch
de-Boor-Punkte
durch das Kontrollpolygon
begrenzte Fläche

Bild 7.16. Kubischer B-Spline

Die NC-Programmierung einer B-Spline-Kurve erfordert die Angabe der m+1 de-Boor-Punkte und des Knotenvektors mit k+1 Knoten. Insgesamt müssen damit im räumlichen Fall nur $3 \cdot (m+1) + (k+1)$ Werte angegeben werden. Dies sind deutlich weniger Werte als im Falle eines Polynomsplines, da dort pro Segment mehrere Polynomkoeffizienten angegeben werden müssen. Durch die interne Berechnung der Basis-Funktionen auf Grundlage des Knotenvektors stellt die begrenzte numerische Übergabegenauigkeit kein Problem dar.

Die Auswertung von B-Splines vom Grad n kann mit dem de-Boor-Verfahren durchgeführt werden [115], ohne dass die B-Spline-Basisfunktionen explizit berechnet werden müssen. Dies erfordert

$$ Z = a \frac{7}{2} n (n+1) \tag{7.59} $$

Operationen, wobei a die geometrische Dimension bezeichnet. Im räumlichen Fall (a=3) sind also 126 Operationen erforderlich. Dies sind deutlich mehr Operationen, als die Auswertung von Polynomsplines erfordert (vgl. Kapitel 7.1.4.1.6).

7.1.4.3 NURBS

Häufig werden bei der NC-Bearbeitung nicht integrale B-Splines sondern rationale B-Splines eingesetzt [84, 166, 205]:

$$ S_i(u) = \frac{\sum_{i=0}^{m} w_i P_i N_i^n(u)}{\sum_{i=0}^{m} w_i N_i^n(u)} \tag{7.60} $$

Hier treten mit w_i zusätzlich Gewichtsfaktoren auf, mit denen der Verlauf der Kurve beeinflusst werden kann. In Verbindung mit einem Knotenvektor, bei dem die Parameterintervalle nicht einheitlich sind, wird diese Form als NURBS (Non Uniform Rational Basis Spline) bezeichnet.

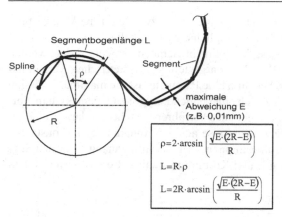

Bild 7.17. Spline-Kurve mit Grobinterpolation in Geradenelemente

NURBS sind im CAD-Bereich das dominierende Datenformat, weil sie zum einen über die de-Boor-Punkte und die Gewichte leicht interaktiv modellierbar sind und (im Gegensatz zu integralen B-Splines) auch beliebige Kegelschnitte mathematisch exakt beschreiben können. Im Rahmen der NC-Bearbeitung weisen sie jedoch trotz optimierter Verfahren [128] den Nachteil eines erhöhten Auswerteaufwands auf. Dass sie als Schnittstellenformat dennoch Verbreitung gefunden haben, ist auf das Bemühen zurückzuführen, ein durchgängig einheitliches Datenformat innerhalb der NC-Verfahrenskette vom CAD- über das CAM-System bis hin zur NC-Steuerung zu schaffen.

7.1.4.4 Auswertung von Splines

Nachdem die Splines abschnittsweise vorliegen, kann die Spline-Interpolation in Anlehnung an das zu Beginn des Kapitel 7.1 allgemein Beschriebene als Grobinterpolation mit anschließendem Interpolator ausgeführt werden. Diese Vorgehensweise weist vor allem bei der Verarbeitung sehr komplexer Splines einige Vorteile auf. Durch die Annäherung der Originalgeometrie durch die Grobinterpolation mit Hilfe einfacherer Elemente, wie z.B. Geraden, wird die Aufgabe der Geschwindigkeitsführung erheblich erleichtert und beschleunigt. Alternativ kann der Interpolator direkt, ohne vorgeschalteten Grobinterpolator, die programmierte Geometrie verarbeiten. In beiden Fällen wird dem Interpolator zumeist ein Feininterpolator in der oben beschriebenen Weise nachgeschaltet.

Die Grobinterpolation hat die Aufgabe, die Originalgeometrie derart in einfachere Geometrieelemente zu zerlegen, dass die entstehende Abweichung eine vorgegebene Toleranz bzw. Abweichung nicht überschreitet. Die Schwierigkeit besteht nun darin, mit möglichst geringem Rechenaufwand die sich ergebende Abweichung bei Vorgabe einer bestimmten Parameterschrittweite bzw. umgekehrt bei Vorgabe einer maximal erlaubten Abweichung die maximal mögliche Parameterschrittweite zu ermitteln. Man strebt eine möglichst große Schrittweite an, um die Zahl der entstehenden Elemente und damit die Datenmenge klein bzw. die für die Verarbeitung je Element zur Verfügung stehende Zeit möglichst groß zu halten.

Hier sei davon ausgegangen, dass der Spline in Geradenelemente zerlegt werden soll. Dann ergeben sich die im Bild 7.17 dargestellten geometrischen Verhältnisse. Der die Parameterschrittlänge bestimmende Parameter ist die maximal zulässige Abweichung der Sollkurve von dem sich ergebenden Polygonzug, gemessen in Normalenrichtung zur Spline-Kurve. Ein übliches Verfahren besteht hier darin, zunächst die geometrische Schrittlänge näherungsweise aus der Annahme einer konstanten Krümmung, also eines Kreises, zu bestimmen. Der Zusammenhang zwischen Segmentbogenlängen L, Abweichung E und Krümmungsradius R ergibt sich mit dem Satz des Pythagoras zu:

$$L = 2R \cdot \arcsin(\frac{\sqrt{E \cdot (2R - E)}}{R}) \tag{7.61}$$

Dazu muss entweder die größte Krümmung des Polynoms bestimmt werden oder die im jeweils aktuellen Punkt vorliegende Krümmung der Spline-Kurve berechnet und als in der Umgebung des Punktes konstant angenommen werden. Im ersteren Falle liegt die Schrittlänge auf der sicheren Seite, d.h. die entstehende Abweichung ist auf keinen Fall größer als die vorgegebene Toleranz. Die Schrittweite kann allerdings bei Kurven mit starker Krümmungsänderung im Mittel erheblich kürzer als erforderlich sein. Bei Berechnung auf der Basis der aktuellen Krümmung wird dieser Nachteil umgangen. Problematisch ist dann allerdings, dass erstens die ermittelte Schrittlänge zu groß berechnet werden kann. Dies ist immer dann der Fall, wenn die lokale Krümmungsänderung positiv ist. Zweitens ist die Berechnung aufwändiger, da die Ermittlung der lokalen Krümmung während der echtzeitkritischen Bearbeitung in jedem grobinterpolierten Punkt durchgeführt werden muss.

Die auf diese Weise ermittelte geometrische Schrittweite L muss nun in eine äquivalente parametrische Schrittweite Δu umgerechnet werden. Dies ist deshalb erforderlich, da die Spline-Funktionen in parametrischer Form vorliegen, das Ergebnis des vorhergehenden Rechenschrittes aber eine geometrische Länge ist. Auch hier bedient man sich zumeist Näherungsverfahren, da eine analytische Umrechnung nicht möglich ist. Alternativ einsetzbare numerische Verfahren zur Ermittlung der exakten Lösung scheiden aus, da sie sehr rechen- und damit zeitintensiv sind.

Es wird ein etwa linearer Zusammenhang zwischen der Bogenlänge und der parametrischen Schrittweite angenommen. Dann erhält man mit der geometrischen Schrittweite L, der gesuchten parametrischen Schrittweite Δu und der Bogenlängenfunktion s:

$$\frac{L}{\Delta u} = \frac{ds}{du}, \tag{7.62}$$

$$s = \int \sqrt{\left(\frac{dx}{du}\right)^2 + \left(\frac{dy}{du}\right)^2 + \left(\frac{dz}{du}\right)^2} \cdot du, \tag{7.63}$$

$$\Delta u = f(L) = \frac{L}{\left(\frac{ds}{du}\right)} = \frac{L}{\sqrt{\left(\frac{dx}{du}\right)^2 + \left(\frac{dy}{du}\right)^2 + \left(\frac{dz}{du}\right)^2}}, \tag{7.64}$$

bzw. zusammenfassend mit der Ermittlung der geometrischen Schrittweite auf der Basis einer lokal konstanten Krümmung nach Gleichung 7.64:

$$\Delta u = \frac{2 \cdot R \cdot \arcsin \left(\frac{\sqrt{E \cdot (2R - E)}}{R} \right)}{\sqrt{(\frac{dx}{du})^2 + (\frac{dy}{du})^2 + (\frac{dz}{du})^2}} \tag{7.65}$$

Andere Aufgaben und Funktionen folgen aus einer Interpolation und Geschwindigkeitsführung von Splines ohne vorgelagerte Grobinterpolation. Eine zeitgetaktete Geschwindigkeitsführung hat die Aufgabe, die Parameterschrittlänge je Interpolationstakt so zu berechnen, dass der gewünschte Bahngeschwindigkeitsverlauf entsteht. Dazu muss die Geschwindigkeitsführung unter Vorgabe des gewünschten Bogenschrittes eine entsprechende Parameterschrittweite ermitteln. Hierbei besteht jedoch die Schwierigkeit darin, dass die Bogenlänge als Funktion des Parameters schon für den einfachen Fall eines kubischen Polynoms nicht analytisch bestimmt werden kann. Die Bogenlänge einer parametrischen Funktion in x, y und z kann allgemein berechnet werden durch:

$$s(u) = \int_{u_0}^{u} \sqrt{(\dot{x}(u))^2 + (\dot{y}(u))^2 + (\dot{z}(u))^2} dt \tag{7.66}$$

Aus dieser Definition der Bogenlänge und der eines parametrisch kubischen Polynoms ergibt sich zur Berechnung des Parameters t aus der Bogenlänge ein elliptisches Integral, das im Allgemeinen nicht geschlossen lösbar ist [36]. Unter der Annahme einer direkt proportionalen Abhängigkeit zwischen Parameterschrittweite und Bogenlängen ganzer Spline-Segmente ergeben sich erhebliche Geschwindigkeitsschwankungen.

Ein erster Lösungsansatz geht von einem lokal konstanten Verhältnis zwischen Parameter- und Bogenlängenschrittweite aus. In diesem Fall wird in einem ersten Schritt die der im aktuellen Takt gewünschten Bahngeschwindigkeit entsprechende Bogenlänge berechnet. In einem zweiten Schritt wird diese Bogenlänge mit Gleichung 7.64 näherungsweise in die entsprechende parametrische Schrittweite umgewandelt.

Eine weitere Methode besteht darin, die funktionale Abhängigkeit zwischen Bogenlänge und Parameterschrittweite abschnittsweise zu invertieren [147]. Dazu wird die funktionale Abhängigkeit:

$$X(u) = (x, y, z)^T = f(u) \tag{7.67}$$

mit u $\approx$ g(s) erweitert zu:

$$X(u) = X(g(s)) \tag{7.68}$$

Die Aufgabe der Funktion g(s) ist es, die Beziehung u(s) anzunähern. Bei Vorgabe eines geeigneten g(s) wird es möglich, für die Berechnung der Geschwindigkeitsführung näherungsweise die im Kapitel 7.1.2 beschriebenen Algorithmen einzusetzen.

Bei heutigen Steuerungen ist häufig der erste Lösungsansatz realisiert. Dies bedeutet, dass für die Geschwindigkeitsführung einfache Algorithmen eingesetzt werden können, aber die Bahngeschwindigkeit nicht exakt konstant gehalten werden kann.

Ein neuer Ansatz besteht darin, steuerungsintern Polynomsplines zu berechnen, die näherungsweise mit der Bogenlänge parametriert sind [82]. Bei diesen Splines entspricht die parametrische Schrittweite der geometrischen Schrittweite. Damit entfällt die aufwändige Berechnung der inversen Bogenlängenfunktion nach Gleichung 7.68.

7.1.5 Sonstige Verfahren

Neben den genannten, gängigen Interpolationsverfahren gibt es einige weitere, die aus den Anforderungen bei der Herstellung bestimmter Werkstücke insbesondere im Bereich der dreiachsigen Fräsbearbeitung resultieren. So müssen für die Fertigung von Gewinden und Verzahnungen von der Steuerung Helix- und Evolventenbahnen erzeugt werden. Weitere Interpolationsverfahren sind die Parabelinterpolation sowie die Exponentialinterpolation.

Bis auf die Helixinterpolation, die die Überlagerung einer Kreis- und einer Linearinterpolation darstellt, werden diese Interpolationsverfahren jedoch in der Praxis nur selten eingesetzt und sollen darum an dieser Stelle nicht eingehend behandelt werden.

7.2 Geometrische Transformationen

Unter diesem Begriff werden die translatorische und rotatorische Nullpunktverschiebung, die Werkzeugkorrektur sowie die für die fünfachsige Fräsbearbeitung erforderlichen Transformationen zusammengefasst. Dabei stellt die Werkzeugkorrektur einen Sonderfall dar. Ihre Aufgabe ist es nicht nur, eine Transformation z.B. für die Ermittlung des Werkzeugbezugspunktes aus dem Werkzeugberührpunkt durchzuführen. Sie führt gleichzeitig eine Überprüfung der programmierten Bahn auf mögliche Kollisionen mit der Werkstücksollkontur durch.

7.2.1 Nullpunktverschiebungen

Die Nullpunktverschiebung dient dazu, den Werkstücknullpunkt mit dem Maschinennullpunkt zur Deckung zu bringen [56]. Dazu wird die Differenz der beiden Positionen, wie bereits im Kapitel 6 erläutert wurde, entweder als NC-Programmbefehl oder direkt an der Maschine eingegeben. Die Nullpunktverschiebung kann translatorisch und, falls erforderlich, rotatorisch erfolgen (Bild 7.18). In älteren und weniger leistungsfähigen Steuerungen ist zumeist nur die translatorische Nullpunktverschiebung möglich. Lineare Nullpunktverschiebungen werden in der Steuerung einfach durch Addition bzw. Subtraktion der axialen Verschiebungswerte verrechnet. Dabei

Lineare Nullpunktverschiebung

Rotatorische Nullpunktverschiebung

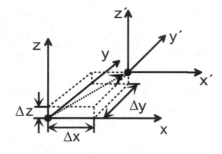

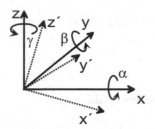

Bild 7.18. Lineare und rotatorische Nullpunktverschiebungen

wird der Wert der Nullpunktverschiebung zur Berechnung der neuen Position zu dem programmierten Weg vorzeichengerecht addiert.

Heute bieten die meisten NC-Steuerungen ebenfalls die Möglichkeit rotatorischer Koordinatenverschiebungen. Hierdurch können auch schief aufgespannte Werkstücke mit dem Original-NC-Programm bearbeitet werden. Da die rotatorische Koordinatenverschiebung nicht Bestandteil der standardisierten Programmierschnittstelle ist [56], werden von unterschiedlichen Herstellern verschiedene Codes und Definitionen für die Eingabe dieser Werte verwendet. Die prinzipielle Vorgehensweise ist jedoch einheitlich. Zur Bestimmung einer linearen mit einer rotatorischen Verschiebung muss erstens der Drehpunkt und zweitens der Betrag der Drehungen eingegeben werden. Dazu werden in dem rechtshändigen Koordinatensystem der Maschine die Drehwinkel α, β und γ des Werkstücks um die ursprünglichen x-, y- und z-Achsen definiert. Die Maschinenkoordinaten werden hier als X, die transformierten oder Werkstückkoordinaten als X' bezeichnet. Damit ergeben sich für die Umrechnung einer Position aus dem transformierten also rotierten Koordinatensystem in das Maschinengrundsystem die Transformationsmatrizen der Einzeldrehungen:

$$
R_x = \begin{bmatrix} 1 & 0 & 0 \\ 0 & \cos\alpha & -\sin\alpha \\ 0 & \sin\alpha & \cos\alpha \end{bmatrix}
$$

$$
R_y = \begin{bmatrix} \cos\beta & 0 & \sin\beta \\ 0 & 1 & 0 \\ -\sin\beta & 0 & \cos\beta \end{bmatrix}
$$

$$
R_z = \begin{bmatrix} \cos\gamma & -\sin\gamma & 0 \\ \sin\gamma & \cos\gamma & 0 \\ 0 & 0 & 1 \end{bmatrix} \tag{7.69}
$$

Zusammenfassend ergibt sich der folgende Bezug, der den für die rotatorische Nullpunktverschiebung erforderlichen Berechnungen zu Grunde liegt:

$$X = \begin{pmatrix} x \\ y \\ z \end{pmatrix} = R \cdot X' = R \cdot \begin{pmatrix} x' \\ y' \\ z' \end{pmatrix} \tag{7.70}$$

X: Maschinenkoordinaten; X': Werkstückkoordinaten

$$R = \begin{bmatrix} c_\beta c_\gamma & -c_\beta s_\gamma & s_\beta \\ s_\alpha s_\beta c_\gamma + c_\alpha s_\gamma & -s_\alpha s_\beta s_\gamma + c_\alpha c_\gamma & -s_\alpha c_\beta \\ -c_\alpha s_\beta c_\gamma + s_\alpha s_\gamma & c_\alpha s_\beta s_\gamma + s_\alpha c_\gamma & c_\alpha c_\beta \end{bmatrix} \tag{7.71}$$

mit den Abkürzungen:

$$\begin{aligned} s_\alpha &:= \sin\alpha, & s_\beta &:= \sin\beta, & s_\gamma &:= \sin\gamma \\ c_\alpha &:= \cos\alpha, & c_\beta &:= \cos\beta, & c_\gamma &:= \cos\gamma \end{aligned} \tag{7.72}$$

7.2.2 Werkzeugkorrekturen

Die Aufgabe der Werkzeugkorrektur ist es, die programmierte Sollbahn unter Berücksichtigung der aktuellen Werkzeuggeometrie so zu modifizieren, dass die gewünschte Geometrie ohne Kollision erzeugt wird (vgl. Kapitel 6). Dazu kann man im Wesentlichen drei Arten der Werkzeugkorrektur unterscheiden:

– Werkzeuglängenkorrektur,
– Werkzeugradiuskorrektur in einer Ebene und
– vollständige 3D-Werkzeugkorrektur.

Die Aufgabe der Werkzeuglängenkorrektur ist es, bei der Bearbeitung die aktuelle Länge des Werkzeuges zu berücksichtigen. Dies geschieht durch die Addition eines im Werkzeugkorrekturspeicher abgelegten Wertes zu der programmierten Sollposition der betroffenen Maschinenachse. Die Werkzeuglängenkorrektur kann im Allgemeinen in gleicher Weise wie die translatorische Nullpunktverschiebung behandelt werden, da es sich auch bei ihr um die konstante Verschiebung einer Achse handelt. Ein Werkzeug, das länger ist als das, welches der Programmierung zu Grunde lag, führt zu einer positiven Werkzeuglängenkorrektur.

Wesentlich aufwändiger ist die Werkzeugradiuskorrektur, die zumeist in einer der drei Hauptebenen x/y, y/z oder z/x berechnet wird. Für ihre Definition sind die folgenden Parameter erforderlich:

– die Ebene, in der die Korrektur durchzuführen ist,
– der Werkzeugkorrekturspeicher, dem der Werkzeugradius für das entsprechende Werkzeug zu entnehmen ist,
– die Seite der programmierten Bahn, auf der sich, in Bewegungsrichtung des Werkzeuges gesehen, das Material befindet,
– der Beginn der Werkzeugradiuskorrektur sowie
– das Ende der Korrektur.

Tabelle 7.1. Werkzeugradiuskorrektur an einer Außenecke

Aus den genannten Daten muss nun im Rahmen der Werkzeugradiuskorrektur eine Bahn berechnet werden, die die programmierte Bahn mit Hilfe des verfügbaren Werkzeuges so gut wie möglich annähert, ohne die programmierte Kontur zu verletzen. Wesentliche Teilaufgaben dazu sind:

- die Berechnung von äquidistant verschobenen Bahnen (Gerade parallelverschoben, Kreis mit größerem oder kleinerem Radius),
- das Einfügen von zusätzlichen Sätzen z.B. für Außenecken, Tabelle 7.1, sowie
- die Kollisionserkennung und -vermeidung (Bild 7.19).

Das Einfügen von Sätzen zur Vermeidung von Konturverletzungen insbesondere bei Außenecken erfolgt üblicherweise entweder durch Ergänzung von Geradenelementen oder von Kreiselementen. Dabei hat das Einfügen von Geradenelementen gem. Tabelle 7.1 den Vorteil, dass das Werkzeug während des Umfahrens der Ecke nicht in Kontakt mit der Endkontur ist. Der Vorteil des Einfügens von Kreisen liegt im minimalen Platzbedarf dieser Bewegung. Es kann jedoch zu örtlichen Überhitzungen des Materials an der Ecke führen, da das Werkzeug hier länger mit derselben Stelle des Materials in Kontakt bleibt.

Eine sehr wichtige Aufgabe, die im Allgemeinen ebenfalls innerhalb der ebenen Werkzeugradiuskorrektur gelöst wird, ist die Kollisionsvermeidung (Bild 7.19). Dazu wird in heutigen Steuerungen eine begrenzte Anzahl von Sätzen, z.B. drei, vorausschauend analysiert. Eine Kollision zwischen zwei Sätzen, die weiter als drei Bahnelemente auseinanderliegen, kann auf diese Weise allerdings nicht erkannt werden (Bild 7.20).

Scharfe Innenecken können natürlich mit einem Umfangsfräsprozess, bedingt durch den endlichen Radius des Werkzeuges, nicht erzeugt werden. Es bleibt eine

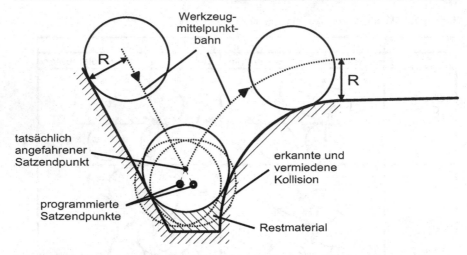

Bild 7.19. Kollisionsvermeidung als Teilaufgabe der Werkzeugradiuskorrektur

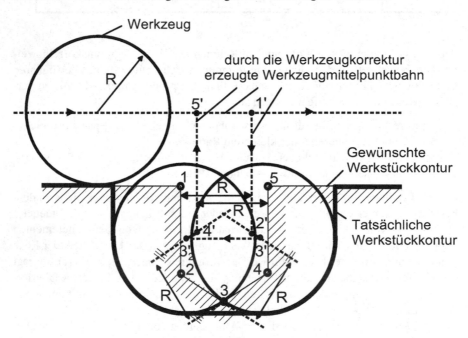

Bild 7.20. Nicht erkannte Kollision bei der Werkzeugradiuskorrektur

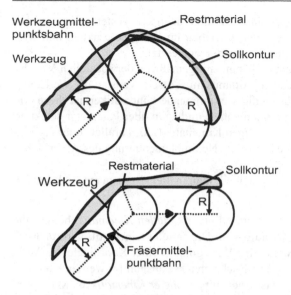

Bild 7.21. Innenecke einer ebenen Werkzeugradiuskorrektur mit Restmaterial

Materialrestmenge stehen (Bild 7.21). Sie kann durch Verwendung eines Werkzeuges mit kleinem Radius verringert, aber nicht vollständig vermieden werden.

7.2.3 Kinematische Transformation für die 5-Achs-Fräsbearbeitung

Die NC-Programmierung führt man in der Regel im vorgegebenen Werkstückkoordinatensystem durch (vgl. Kapitel 6), um aufwändige manuelle Umrechnungen zu vermeiden. Damit das Werkzeug bei der Bearbeitung auf der programmierten Bahn geführt wird, muss die NC-Steuerung neben den schon angesprochenen Korrekturberechnungen eine Transformation der Verfahrbahn vom Werkstückkoordinatensystem (WKS) in das Maschinenkoordinatensystem (MKS) durchführen. Da das Maschinenkoordinatensystem durch die Maschinenkinematik festgelegt ist, spricht man dabei von der kinematischen Transformation. Unter Maschinenkinematik versteht man die Anordnung der Bewegungsachsen einer Maschine.

Bei der 5-Achs-Fräsbearbeitung soll das Werkzeug auch bei gekrümmten Formen oder Freiformflächen stets in einer technologisch günstigen Orientierung zur Werkstückoberfläche geführt werden. Die Transformation muss deshalb neben der Position des Werkzeugs auch dessen Orientierung berücksichtigen.

Die Transformation vom WKS in das MKS wird als inverse Transformation oder Rückwärtstransformation bezeichnet. Sie muss für jeden Punkt durchgeführt werden, der vom Interpolator ausgewertet wird. Die inverse Transformation muss daher zwingend im Interpolationstakt durchgeführt werden können und deshalb entsprechend effizient implementiert sein. Im Gegensatz dazu werden bei der umgekehrten Transformation vom MKS in das WKS, der so genannten Vorwärtstransformation, in der Regel keine Anforderungen an die Echtzeitfähigkeit gestellt. Sie wird benötigt, um aktuelle Lagewerte von den Antrieben im WKS zu erhalten und wird hauptsächlich zur Anzeige von Positionswerten eingesetzt.

Die kinematische Transformation hängt naturgemäß von der speziellen Maschinenkinematik ab. Der verwendete Algorithmus muss also jeweils an die Werkzeugmaschine angepasst werden. Für häufig vorkommende Kinematiken ist diese Anpassung schon in der Steuerung implementiert und kann über Parameter selektiert werden. Bei einer seltenen oder neuartigen Kinematik (z.B. Parallel- oder Hybridkinematiken) kann aber auch eine komplette Neuimplementierung des Algorithmus erforderlich sein.

Die Kinematiken von Fräsmaschinen teilt man in drei Gruppen ein (vgl. Kapitel 3.1.4.3 in Band 2):

1. Die klassische Fräsmaschine basiert auf einer *seriellen Kinematik*, bei der die Maschinenachsen aufeinander aufbauen. Die serielle Kinematik wird dadurch charakterisiert, dass eine geradlinige Bewegung in einer Koordinate des MKS durch die Bewegung in nur einer Maschinenachse ausgeführt werden kann.

2. Seit einigen Jahren sind Fräsmaschinen mit *paralleler Kinematik* am Markt vertreten. Die Parallelkinematik ist dadurch gekennzeichnet, dass mehrere Maschinenachsen sich am Maschinengrundgestell abstützen und durch eine gleichzeitige Bewegung eine Spindelplattform führen. Das kartesische MKS kann bei parallelen Kinematiken nicht durch die Anordnung der Maschinenachsen festgelegt werden, sondern wird relativ zum Maschinenbett definiert. Eine Bewegung in einer Koordinate des MKS kann nur durch die koordinierte Bewegung aller Achsen ausgeführt werden.

3. Bei *hybriden* Kinematiken werden beide Ansätze kombiniert, d.h. einige Achsen sind parallel, andere seriell angeordnet.

Im Vergleich zu seriellen Kinematiken erfordert die Berechnung der kinematischen Transformation für parallele Kinematiken im Allgemeinen einen erheblich höheren Rechenaufwand. Erst die Verfügbarkeit leistungsfähiger Steuerungshardware in den letzten Jahren hat die Berechnung unter Echtzeitbedingungen ermöglicht, wodurch die Grundlage für den Einsatz paralleler Kinematiken im Bereich der Werkzeugmaschinen geschaffen wurde.

7.2.3.1 Serielle Kinematiken

Unter einer seriellen fünfachsigen Fräsmaschine versteht man eine Maschine, die über drei translatorische und zwei rotatorische Achsen verfügt. Die kinematische Transformation muss in diesem Fall Werkzeuglage und Orientierung in die Achskoordinaten der fünf Maschinenachsen umrechnen.

Diese Aufgabe wird bei heutigen Lösungen zumeist offline von einer Softwarekomponente des NC-Programmiersystems, dem so genannten Postprozessor, durchgeführt (vgl. Kapitel 6). Die Implementierung dieser Funktion in moderne Steuerungen ermöglicht eine Online-Berechnung der transformierten Bahn [82]. Für den

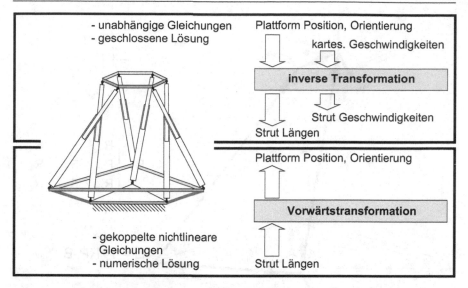

- unabhängige Gleichungen
- geschlossene Lösung

Plattform Position, Orientierung

kartes. Geschwindigkeiten

inverse Transformation

Strut Geschwindigkeiten

Strut Längen

Plattform Position, Orientierung

Vorwärtstransformation

- gekoppelte nichtlineare
  Gleichungen
- numerische Lösung

Strut Längen

Bild 7.22. Kinematische Transformationen beim Hexapod

Anwender bringt dies den Vorteil der Werkzeugkorrektur und Bahnaufteilung an der Maschine mit sich.

Bei der Berechnung und Herleitung der Transformationsgleichungen bedient man sich üblicherweise der aus dem Bereich der Robotertechnik bekannten Vorgehensweisen und Algorithmen. Besonders zu nennen sind hier die Denavit-Hartenberg-Notation und -Vorgehensweise für die Transformation der Position und Orientierung [9]. Da deren Darstellung Bestandteil des Kapitel 8 ist, soll sie hier nicht vertiefend behandelt werden.

7.2.3.2 Parallele Kinematiken

Im Gegensatz zu Maschinen mit serieller Kinematik sind solche mit paralleler Kinematik nicht mehr intuitiv manuell vom Benutzer zu verfahren. Da im herkömmlichen Handbetrieb nur einzelne Aktoren bewegt werden können, kann der Benutzer auf diese Weise keine geradlinige Bewegung in einem kartesischen Koordinatensystem ausführen. Aus diesem Grund ist es notwendig, für Maschinen mit paralleler Kinematik ein virtuelles kartesisches Maschinenkoordinatensystem analog zu den karthesischen Werkstückkoordinaten zu definieren und in diesem ein manuelles Verfahren zu ermöglichen. Diese Anforderung macht zwingend eine kartesische Transformation erforderlich, die online in der Steuerung gerechnet werden muss. Im Folgenden werden am Beispiel eines Hexapoden (vgl. Band 1, Kapitel 3.1.4.3.3), einer der ersten Werkzeugmaschinen mit paralleler Kinematik, die mathematischen Ansätze beschrieben.

Grundvoraussetzung für den Betrieb von parallelen Maschinenkinematiken als Werkzeugmaschine ist die steuerungsseitige Umrechnung der gewünschten Position

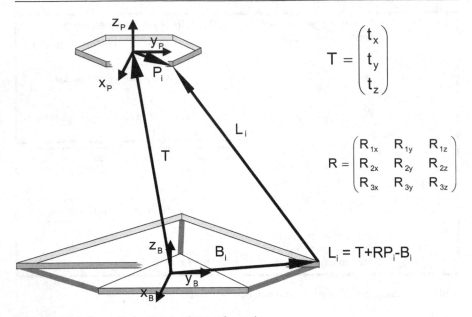

$$T = \begin{pmatrix} t_x \\ t_y \\ t_z \end{pmatrix}$$

$$R = \begin{pmatrix} R_{1x} & R_{1y} & R_{1z} \\ R_{2x} & R_{2y} & R_{2z} \\ R_{3x} & R_{3y} & R_{3z} \end{pmatrix}$$

$$L_i = T + RP_i - B_i$$

Bild 7.23. Mathematik der Hexapod-Transformation

und Orientierung der Werkzeugplattform in die Stellgrößen der Aktoren (Bild 7.22). Beim Hexapod sind dies die sechs Längen der teleskopischen Beine (Struts). Diese inverse Transformation lässt sich für jeden Strut separat und geschlossen berechnen. Bei der Vorwärtstransformation, bei der umgekehrt aus den Beinlängen die Plattformposition errechnet wird, ist die Berechnung erheblich aufwändiger. Das sich hier ergebende nichtlineare Gleichungssystem lässt sich nur durch aufwändige numerische Verfahren lösen. Diese Transformationseigenschaften bei Parallelkinematikmaschinen verhalten sich genau umgekehrt zu Maschinen mit seriellen Achsen, z.B. auch zu Gelenkrobotern.

Bild 7.23 zeigt die bei der Hexapodtransformation auftretenden Bezeichnungen. Die durch die konstruktive Ausführung des Hexapoden vorgegebenen Größen sind hierbei die Koordinaten der Drehpunkte der Kugel- bzw. Kardangelenke B_i und P_i. Die Gelenkpunkte B_i der Beine in der ortsfesten Basis werden im unbewegten Basiskoordinatensystem (x_B, y_B, z_B) angegeben, die entsprechenden Gelenkpunkte P_i der bewegten Werkzeugplattform im bewegten Koordinatensystem (x_P, y_P, z_P). Das verwendete Koordinatensystem wird durch das vorangestellte Superscript verdeutlicht, z.B. bedeutet $^B T$ die Angabe der translatorischen Verschiebung im Basiskoordinatensystem. Die translatorische Verschiebung der Plattform gegenüber der Basis wird durch den Vektor T angegeben, ihre Neigung durch die Rotationsmatrix R.

Die als Maschinenstellgröße bei der Bahninterpolation benötigte Länge der Beine l_i ergibt sich als Betrag des Beinvektors L_i, der sich in Basiskoordinaten durch die Vektorkette P_i, T und B_i darstellen lässt:

$$l_i(t) = \|L_i(t)\| = \left\| R(t) \cdot {}^P P_i + {}^B T(t) - {}^B B_i \right\|$$
$$= \sqrt{\left(R(t) \cdot {}^P P_i + {}^B T(t) - {}^B B_i \right) \cdot \left(R(t) \cdot {}^P P_i + {}^B T(t) - {}^B B_i \right)} \qquad (7.73)$$

Eine geschlossen lösbare Gleichung für die Geschwindigkeitstransformation ergibt aus Gleichung 7.73 unter Verwendung der üblichen Ableitungsregel:

$$\frac{\partial}{\partial t} \left\| \vec{\lambda} \right\| = \frac{\partial}{\partial t} \sqrt{\vec{\lambda} \cdot \vec{\lambda}} = \frac{\vec{\lambda}}{\|\lambda\|} \cdot \frac{\partial \vec{\lambda}}{\partial t} \qquad (7.74)$$

zu

$$\frac{d}{dt} l_i(t) = \frac{\partial}{\partial t} \|L_i(t)\| = \frac{L_i(t)}{l_i(t)} \left(\frac{d}{dt} \left(R(t)^P \right) \cdot P_i + \frac{d}{dt} {}^B T(t) \right) \qquad (7.75)$$

Sie wird vor allem für die vorausschauende Geschwindigkeitsführung (s. Kapitel 7.1.2.2) benötigt. Dadurch können die Grenzwerte für die maximal zulässigen Achsgeschwindigkeiten bei der Festlegung des tatsächlichen Bahnvorschubs berücksichtigt werden. Hierbei ist die Rechenzeit nicht so bedeutsam. Wird dagegen bei der Regelung der Struts eine Geschwindigkeitsvorsteuerung eingesetzt, so werden die axialen Beingeschwindigkeiten ebenfalls im Interpolationszyklustakt benötigt.

Bei der Vorwärtstransformation werden bei gegebenen Beinlängen l_i die Lage und die Orientierung der Plattform gesucht. Die unbekannte Lage wird durch die drei Komponenten von T beschrieben, die gesuchte Orientierung durch drei Winkel, die über die Winkelfunktionen verknüpft die Komponenten der Rotationsmatrix R (vgl. Kapitel 6) ergeben:

$$l_1(t) = \left\| R(t) \cdot {}^P P_1 + {}^B T(t) - {}^B B_1 \right\|$$
$$l_2(t) = \left\| R(t) \cdot {}^P P_2 + {}^B T(t) - {}^B B_2 \right\|$$
$$\dots$$
$$l_6(t) = \left\| R(t) \cdot {}^P P_6 + {}^B T(t) - {}^B B_6 \right\| \qquad (7.76)$$

Aus diesen sechs Gleichungen lassen sich prinzipiell die sechs Unbekannten bestimmen. Da es sich um ein vollständig in den variablen Größen gekoppeltes, nichtlineares Gleichungssystem handelt, kann die Lösung nur über aufwändige numerische Verfahren erfolgen. Eine weitere Schwierigkeit stellt die Mehrdeutigkeit der Lösung dar. Aus einem Satz von sechs Beinlängen können sich bei einem Hexapoden durchaus verschiedene Stellungen der Plattform ergeben. Daher muss bei der Auswahl der richtigen Lösung zusätzliches Wissen über den speziellen Hexapoden eingebracht werden, wie z.B. die Erreichbarkeit der Position aus der Grundstellung oder die letzte Position, für die eine Transformationsberechnung erfolgte. In der Regel ist die Berechnung der Vorwärtstransformation nicht zeitkritisch, da sie meist nur einmalig für die Synchronisation von Soll- und Istwerten und für Anzeigezwecke benötigt wird. Für spezielle Anwendungen, wie z.B. das Nachführen oder eine achsübergreifende Mehrgrößenregelung, ist jedoch eine Berechnung unter Echtzeitanforderungen notwendig.

In obigen Transformationsgleichungen lässt sich ohne großen Zusatzaufwand auch eine Werkzeuglängenkorrektur berücksichtigen. Werkzeugradiuskorrekturen und beliebige Verschiebungen und Drehungen der Werkstückkoordinaten sowie Kompensationen lassen sich unabhängig von der Hexapodtransformation behandeln, sodass diese Funktionalitäten unabhängig von der Kinematik sind und sich von Steuerungen für konventionelle Kinematiken übernehmen lassen. Durch die beschriebene Art der Online-Berechnung der Transformation in der Steuerung lässt sich prinzipiell jede Werkzeugmaschine mit Parallelkinematik für den Benutzer transparent sowohl im Handbetrieb wie auch NC-gesteuert in gleicher Weise wie eine kartesische Maschine verfahren.

7.3 Externe Lage- und Geschwindigkeitsbeeinflussung

7.3.1 Kompensation geometrischer Fehler

Während die Prozessregelung durch Verstellung technologischer Daten, die im Band 3, Kapitel 6 beschrieben wird, eine bessere Nutzung der Maschinenleistung durch prozessabhängige Anpassung von Schnittwerten verfolgt, geht es bei der Regelung geometrischer Größen in erster Linie darum, die Fertigungsgenauigkeit zu verbessern bzw. zu garantieren. Es werden neben hoher Oberflächengüte der Werkstücke die Kompensation von Werkzeugverschleiß sowie von mechanisch und thermisch bedingten Verlagerungen als Ziele verfolgt.

7.3.1.1 Kompensation geometrischer Fehler von Vorschubantrieben

Ungenauigkeiten der Glieder der im Band 3 beschriebenen kinematischen Kette zur Erzeugung der Vorschubbewegung führen letztendlich zu Abweichungen zwischen der programmierten Sollposition und der tatsächlich angefahrenen Ist-Position des Schlittens. Spindelsteigungsfehler der Kugelrollspindel, Lose der Lager, Führungen und Spindelmuttern, Stick-Slip-Effekte, elastische Verformungen der Antriebselemente sowie unzureichende Achsdynamik (z.B. Schleppfehler) und Fehler der Messsysteme können Ursachen dieser Abweichungen sein.

7.3.1.1.1 Messung der Positionierunsicherheit nach VDI/DGQ 3441

Bei der Messung der Positionierunsicherheit wird der tatsächliche Verfahrweg des Maschinenschlittens meist mit einem Laserinterferometer oder Stufenendmaß bestimmt und mit dem programmierten Sollweg verglichen. Dieses Vorgehen ist nach VDI/DGQ genormt und inzwischen auch in das internationale Normenwerk als DIN/ISO 230 aufgenommen worden (vgl. auch Band 5 „Messtechnische Untersuchung und Beurteilung") [232].

Als Ergebnis einer solchen Messung erhält man einen Messschrieb nach Bild 7.24. Für jeden Punkt einer Verfahrachse können die systematische Abweichung Δx_i vom Sollwert, die Positionsstreubreite P_{si} sowie die Umkehrspanne U_i

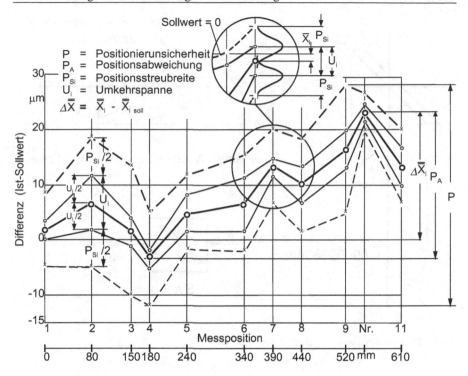

Bild 7.24. Grafische Darstellung der statistischen Kenngrößen mehrerer Messpositionen entlang einer gewählten Prüfachse

abgelesen werden. Die systematischen Fehler, hervorgerufen durch den Spindelsteigungsfehler der Kugelrollspindel, Lose im Antriebsstrang sowie Fehler der Wegmesssysteme, führen zu den systematischen Fehlern Δx_i und U_i. Diese können steuerungstechnisch kompensiert werden. Die Positionsstreubreite P_{si} erfasst den zufälligen, statistischen Fehler, der beispielsweise durch den Stick-Slip-Effekt der Führung oder andere Reibungseffekte verursacht wird. Dieser zufällige Fehler lässt sich naturgemäß nicht kompensieren. Die gemessenen systematischen Abweichungen werden in der Steuerung abgespeichert und positionsabhängig vorzeichengerecht mit dem Positionssollwert verrechnet.

7.3.1.1.2 Umkehrspanne

Zur Losekompensation muss bei einem Vorzeichenwechsel der Verfahrrichtung in einer Achse lediglich ein konstanter Betrag, die Umkehrspanne, auf den zu verfahrenden Weg addiert bzw. subtrahiert werden (Bild 7.25). Dies geschieht einmalig bei jeder Achsrichtungsumkehr.

Am einfachsten bestimmt man die Umkehrspanne, indem ein Messtaster in die Werkzeugaufnahme eingewechselt wird und eine Achsposition mehrmalig von verschiedenen Richtungen angefahren wird. Die Differenz aus Hin- und Rückweg er-

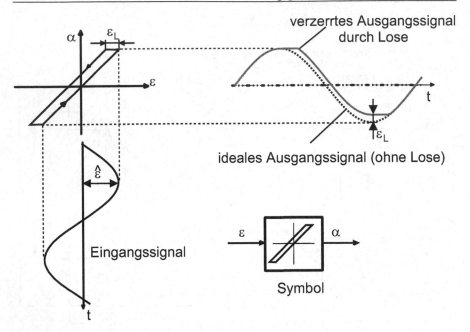

Bild 7.25. Kennlinie eines losebehafteten Schlittens

gibt die Umkehrspanne und wird als Maschinenparameter abgelegt. Wie Bild 7.24 zeigt, ändert sich die Umkehrspanne jedoch in den meisten Fällen von Achsposition zu Achsposition. Eine bessere Kompensation wird gleichzeitig mit der Spindelsteigungsfehlerkorrektur erreicht.

7.3.1.2 Kompensation thermischer Verlagerungen

Die zunehmenden Anforderungen an die Arbeitsgenauigkeit von Werkzeugmaschinen machen es erforderlich, auch Maschinenverlagerungen, die auf Grund von thermischen Einflüssen auftreten, möglichst gering zu halten. Im Band 5 dieser Buchreihe wird ausführlich auf diese Einflussgrößen und die eingesetzte Messtechnik eingegangen. Wann immer möglich, sollte die konstruktive Auslegung der Maschine derart erfolgen, dass die resultierenden thermoelastischen Verformungen der Maschine möglichst gering ausfallen. Um dieses Ziel zu erreichen, muss oft ein wirtschaftlich nicht mehr vertretbarer Aufwand z. B. durch Hallenklimatisierung, Temperierung von Spindeln, Getrieben und Kühlschmiermittel, usw. betrieben werden. Eine wirksame Abhilfe stellt hier die steuerungstechnische Verlagerungskompensation dar.

Grundsätzlich unterscheidet man zwischen zwei Kompensationsarten; der direkten und der indirekten Kompensation. Bei der direkten Kompensation wird, entweder prozessintermittierend oder kontinuierlich, die resultierende Verlagerung direkt zwischen Werkstück und Werkzeug gemessen und als Regelgröße benutzt [195]. Bei der indirekten Kompensation wird über eine entsprechende Hilfsgröße wie z. B.

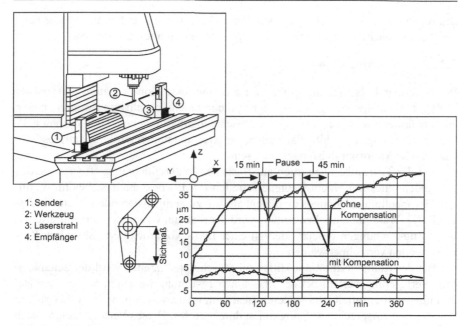

Bild 7.26. Direkte Kompensation thermoelastischer Verlagerungen am Beispiel eines Bearbeitungszentrums (Quelle: Chiron, WZL)

Temperatur oder Drehzahl, auf die Verlagerung geschlossen. Dazu werden aus der gemessenen Hilfsgröße mit einem mathematischen Verformungsmodell die Verlagerungen an der Zerspanstelle berechnet. Die errechneten Verlagerungen werden dann als Korrekturwerte von der Steuerung verarbeitet.

7.3.1.2.1 Direkte Kompensation

Bild 7.26 zeigt die direkte Kompensation der thermoelastischen Verlagerungen eines Bearbeitungszentrums. Auf dem Maschinentisch wird eine Laserlichtschranke parallel zur X-Achse montiert. Die Maschine verfährt nun mit ihrem Werkzeug so lange in Y- und Z-Richtung, bis der Laserstrahl durch die Werkzeugspitze unterbrochen wird. Bei der Temperaturkompensation wird dadurch das thermisch bedingte Wachstum der Y- und Z-Achse gemessen. Die CNC-Steuerung korrigiert die Achspositionen durch eine entsprechende Nullpunktverschiebung. In der X-Achse ist die Maschine weitestgehend thermosymmetrisch konstruiert, so dass eine Temperaturkompensation in dieser Richtung nicht erforderlich ist.

Am Beispiel eines Stahlhebels sind die Ergebnisse dieses Kompensationsverfahrens dargestellt. Während es ohne Kompensation zu Verlagerungen von insgesamt 45 μm kommt und insbesondere die Abkühlung in Bearbeitungspausen zu großen Maßabweichungen führt, reduzieren sich die resultierenden Verlagerungen nach der Kompensation auf ± 5 μm. Darüber hinaus können mit dem gezeigten Lasermesssystem Werkzeuge vollautomatisch eingemessen werden, so dass auf eine Werkzeugvoreinstellung verzichtet werden kann. Nach jedem Bearbeitungsschritt kann darüber hinaus auch eine Werkzeugbruchkontrolle durchgeführt werden.

7.3.1.2.2 Indirekte Kompensation

Prinzipiell sind als Eingangsgrößen für eine indirekte Kompensation thermischer Verlagerungen alle Messgrößen geeignet, die in einem mittelbaren Zusammenhang zur Erwärmung bzw. Verformung der Maschinenstruktur stehen. Dies können z. B. Materialdehnung, Maschinenlaufzeiten, Strukturpunkttemperaturen, Antriebsdrehzahlen oder Motorwirkleistungen, etc. sein.

Bei der Thermokompensation auf Basis des Materialdehnungseffektes werden die Enden eines mit einem Dehnmessstreifen (DMS) beklebten Stabes mit geringem Temperaturausdehnungskoeffizient an dem zu kompensierenden Bauteil befestigt [257]. Während einer Erwärmung wird der Stab auf Grund des Bimetalleffektes unter Zugspannungen gesetzt, die von einer DMS-Vollbrücke erfasst und zu Korrekturwerten verrechnet werden.

Bei der Kompensation mit Hilfe von Maschinenlaufzeiten wird der zeitabhängige Verlagerungsverlauf bei der Maschinenerwärmung für einen bestimmten Bearbeitungsfall ermittelt. Bei späteren Bearbeitungen werden dann in Abhängigkeit von der Zeit entsprechende Korrekturen durchgeführt. Dieses Verfahren eignet sich aber nur in den Fällen, in denen stets das gleiche Bauteil unter reproduzierbaren Randbedingungen gefertigt wird.

Die indirekte Kompensation auf Basis gemessener Strukturpunkttemperaturen ist hingegen auch für variierende Bearbeitungsprozesse geeignet. Hierbei werden einzelne Temperaturen an signifikanten Stellen der Maschinenstruktur erfasst. Mit Hilfe eines zuvor eingemessenen Berechnungsmodells werden aus den Temperaturwerten für jede Verlagerungsrichtung getrennt die resultierenden Verlagerungen berechnet und als Kompensationswerte an die Maschinensteuerung übergeben. Das Berechnungsmodell wird durch geeignete Temperatur-Verlagerungs-Messungen an der Maschine ermittelt. Hierzu wird die Maschine durch wechselnde Belastungen wie z. B. Spindelrotation oder reversierende Achsverfahrbewegungen thermisch belastet (vgl. a. Bd. 5 „Messtechnische Untersuchung"). Die Temperaturen an den signifikanten Messstellen (Spindelkasten, Spindellager, etc.) sowie die relativen Verlagerungen zwischen Werkzeug und Werkstück werden dabei zeitgleich erfasst. Aus den so gewonnenen Messdaten wird ein Gleichungssystem

$$
\begin{pmatrix} x \\ y \\ z \end{pmatrix} = \begin{pmatrix} c_{x1} & c_{x2} & \cdots & c_{xn} \\ c_{y1} & c_{y2} & \cdots & c_{yn} \\ c_{z1} & c_{z2} & \cdots & c_{zn} \end{pmatrix} \cdot \begin{pmatrix} \vartheta_1 \\ \vartheta_2 \\ \vdots \\ \vartheta_n \end{pmatrix}
\tag{7.77}
$$

aufgestellt, wobei für jede Verlagerungsrichtung Temperaturkoeffizienten c_i der Maschine durch eine Minimierung des quadratischen Summenfehlers zwischen den gemessenen und berechneten Verlagerungen nach

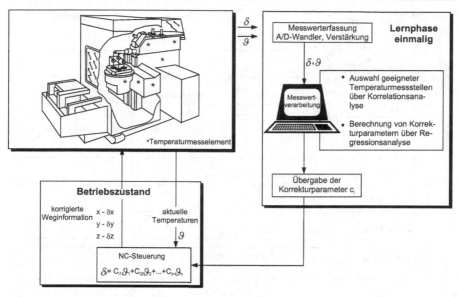

Bild 7.27. Indirekte Kompensation thermisch bedingter Verlagerungen an Werkzeugmaschinen

$$F_{min} = \sum_{j=1}^{n} (x_{ber,j} - x_{gem,j})^2 = \sum_{j=1}^{n} (\sum_{i=1}^{k} (c_i \cdot \vartheta_{gem,i,j}) - x_{gem,j})^2 = min \qquad (7.78)$$

bestimmt werden. Während der späteren Kompensation im laufenden Maschinenbetrieb ist die Koeffizientenmatrix in der Steuerung hinterlegt und die Kompensations- bzw. Korrekturwerte der Verlagerungen werden entsprechend der Beziehung in Gleichung 7.77 vorzeichengerecht zu den vorgegebenen Koordinatenwerten addiert.

In Bild 7.27 und Bild 7.28 ist abschließend noch einmal der schematische Ablauf einer temperaturbasierten Kompensation thermisch bedingter Verlagerungen sowie ein Kompensationsbeispiel für ein Bearbeitungszentrum in Fahrständerbauweise dargestellt. In dem Beispiel wird die Maschine über einen Zeitraum von ca. 11 Stunden durch Hauptspindelrotation und reversierende Verfahrbewegung aller drei Linearachsen erwärmt. Mit Hilfe des indirekten Kompensationsverfahrens können sowohl in Y- Richtung als auch in Z-Richtung die resultierenden Verlagerungen an der Bearbeitungsstelle um rund 80 % reduziert werden.

Den guten Kompensationsergebnissen der temperaturbasierten Kompensation stehen die Kosten für die Temperatursensoren sowie der erhebliche Aufwand bei der Auswahl geeigneter und mit dem Verlagerungsverhalten korrelierender Temperaturmessstellen an einer Maschinenstruktur entgegen. Darüber hinaus lässt sich das thermoelastische Verhalten der Maschinenstruktur mit Hilfe nur weniger Temperatursensoren nur unzureichend erfassen.

Genau hier setzt ein neuartiges, innovatives (Bild 7.29) Kompensationsverfahren an. Das indirekte Verfahren basiert im Wesentlichen auf den von der Steuerung bereitgestellten, lastäquivalenten Antriebsdaten der Hauptspindel und Vorschu-

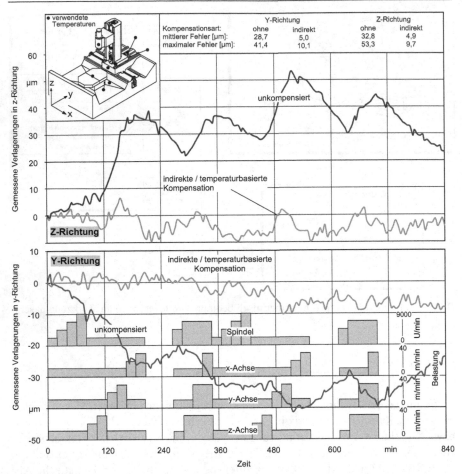

Bild 7.28. Indirekte temperaturbasierte Kompensation bei Bewegen von Spindel und Achse

bachsen. Hierdurch kann mit Ausnahme eines Umgebungstemperatursensors vollständig auf kostenintensive externe Sensorik verzichtet werden, so dass auch das thermoelastische Verlagerungsverhalten von Werkzeugmaschinen nachträglich und kostengünstig verbessert werden kann. Ein weiterer Vorteil besteht bei diesem Modell darin, dass die Ursache und nicht, wie bei dem Verfahren auf Basis von Strukturpunkttemperaturen, die Auswirkung als Eingangsgröße in Betracht gezogen wird und so das thermoelastische Zeitverhalten wesentlich realistischer abgebildet wird.

Als Eingangsgrößen für die Kompensationswertberechnung dienen neben der Umgebungstemperatur die Drehzahlen der jeweiligen Antriebe. Sie stellen im Gegensatz zu den Strukturpunkttemperaturen einen direkten Indikator für den thermischen Belastungszustand der Maschine und den inneren Wärmeeintrag in die Maschinenstruktur dar.

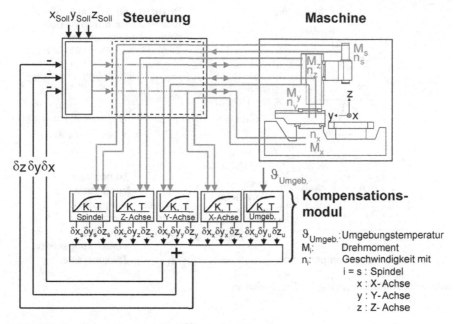

Bild 7.29. Kompensationsmodell auf Basis steuerungsinterner Daten

Das Kompensationsmodell besteht gemäß Gleichung 7.79 für jede Belastungs-art und Verlagerungsrichtung aus der Kombination je eines Verzögerungsgliedes erster und zweiter Ordnung.

$$\delta j_i(i\omega) = \underbrace{\frac{E_i(i\omega) \cdot K_{1i,j}}{1 + T_{1i,j} \cdot i\omega}}_{\delta j_i(i\omega)_{PT1}} + \underbrace{\frac{E_i(i\omega) \cdot K_{2i,j}}{(1 + T_{2i,j} \cdot i\omega) \cdot (1 + T_{3i,j} \cdot i\omega)}}_{\delta j_i(i\omega)_{PT2}} \qquad (7.79)$$

mit $\delta j_i(i\omega)$: Verlagerung in X-, Y- und Z-Richtung

j: Verlagerungsrichtung in X-,Y- und Z

i: Belastung (Spindel, X-, Y-, Z-Achse)

$E_i(i\omega)$: Belastungs-Eingangsgröße

(Geschwindigkeit, Umgebungstemperatur)

$K_{i,j}$: Verstärkungsfaktor

$T_{i,j}$: Zeitkonstante

Aus den von der Steuerung und dem Umgebungstemperatursensor bereitgestellten Eingangsgrößen (n_i, $\vartheta_{Umgeb.}$) werden für jede Belastungsart (Bewegung in X, Y, Z, Hauptspindelrotation, Umgebungstemperatur) und Verlagerungsrichtung die Kompensationswerte getrennt mit Hilfe eines jeweils eigenen, empirisch ermittelten Modells berechnet. Diese werden anschließend zu den Gesamtwerten δx, δy und δz aufaddiert und der Steuerung als Offset auf die Positionswerte übergeben (Bild 7.29).

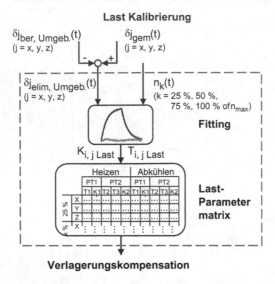

Bild 7.30. Kalibriervorgang des Lasteinflusses

Die Bestimmung der entsprechenden Verstärkungsfaktoren und Zeitkonstanten erfolgt mit Hilfe unabhängiger Kalibriermessungen. In einem ersten Schritt werden die Koeffizienten für den Umgebungstemperatureinfluss bestimmt. Daran anschließend werden die Koeffizienten für die einzelnen Belastungsarten bestimmt. Da jedoch der Wärmeeintrag und damit verbunden die resultierenden thermoelastischen Verlagerungen abhängig von der Höhe der Antriebs- und Spindeldrehzahl sind, reicht es nicht aus, das Verlagerungsverhalten nur für eine Drehzahl zu modellieren. Aus diesem Grund werden die Modellparameter separat für mehrere Belastungsstufen z. B. mit 25, 50, 75 und 100 % von n_{max}, für die Aufheizphase bestimmt (Bild 7.30). Für die Abkühlphase reicht hingegen ein Belastungszustand. Bevor jedoch der Kalibriervorgang für den Lasteinfluss durchgeführt werden kann, müssen die zuvor gemessenen Verlagerungen um den Temperatureinfluss der Umgebung korrigiert werden.

In Kombination mit den ermittelten Koeffizienten können nun die Kompensationswerte für beliebige Drehzahlen der Antriebsachsen und der Hauptspindel berechnet werden. Für alle Drehzahlen größer Null werden entsprechend der Belastungsstufe interpolierte Koeffizienten und Zeitkonstanten für die Aufheizphase eingesetzt. Ist die Drehzahl Null, so werden die Abkühlkoeffizienten verwendet. Bild 7.31 zeigt ein Beispiel einer erfolgreichen Verlagerungskompensation in Z-Richtung für die Bewegung aller drei Linearachsen, bei der durch die Kompensation das Gesamtverlagerungsniveau um mehr als 80 % reduziert werden konnte.

Bei den thermischen Verlagerungsursachen spielen neben den Antriebsdrehzahlen auch die Belastungen in Form von Drehmomenten eine Rolle, die bei digitalen Antrieben ebenfalls in der Steuerung direkt vorliegen. Künftige Arbeiten sind darauf ausgerichtet auch diesen Einfluss in das Modell mit einzubeziehen.

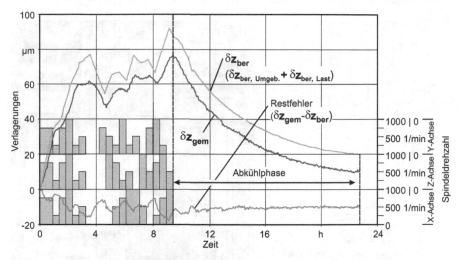

Bild 7.31. Kompensations der Z-Verlagerung für die Bewegung aller Linearachsen

Obwohl bei einer fünfachsigen Maschine prinzipiell auch eine Neigungskompensation durch die Schwenkachsen denkbar und mit modernen, offenen Steuerungen auch realisierbar wäre, werden wegen des nicht unerheblichen versuchstechnischen Aufwands zur mathematischen Modellgenerierung in der Regel nur die translatorischen Verlagerungen kompensiert.

7.3.1.3 Kompensation statischer Prozesslasten

Im rechten Teil von Bild 7.32 ist eine Portalfräsmaschine bei der Bearbeitung vertikaler Flächen dargestellt. Aufgrund seiner großen Auskraglänge ist der Frässtößel mit dem schweren Winkelfräskopf an dieser Maschine das schwächste Bauteil im Kraftfluss. Werkstückmaßabweichungen werden deshalb im Wesentlichen durch die Schnittkraftkomponenten verursacht, die eine relative Verlagerung zwischen Werkzeug und Werkstück durch höhenabhängiges Wegbiegen des Stößels bewirken. Zur Korrektur dieser Fehler wurde eine Regeleinrichtung entwickelt, mit der die Verlagerung des Fräskopfes während des Fräsprozesses ermittelt und kompensiert werden kann. Die Messeinrichtung zum Ermitteln der Verlagerung ist im linken Teil von Bild 7.32 skizziert.

Von einem He-Ne-Laser, der im Frässupport integriert ist, wird ein stark gebündelter Laserstrahl parallel zur unverlagerten Frässtößelachse in eine Messeinrichtung geworfen, die am Hals des Winkelfräskopfes befestigt ist. Die Messeinrichtung besteht aus einem zylindrischen Spiegel, an dem der eintreffende Laserstrahl reflektiert wird, und aus einer Photodiodenzeile, die die Verlagerung des reflektierten Laserstrahls erfasst. Mit der Justiereinrichtung wird der zylindrische Spiegel so eingestellt, dass der reflektierte Strahl in der Mitte der Photozeile auftrifft ($\varphi = 45°$).

Bei einer Verlagerung des Fräskopfes um den Betrag ε_{st} bewegt sich durch die Strahlabweichung ε der am zylindrischen Spiegel reflektierte Laserstrahl auf der

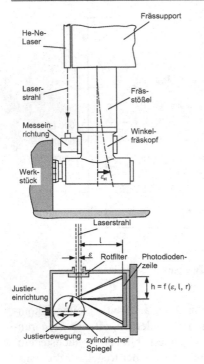

Bild 7.32. Verbiegungsmessung an einer Portalfräsmaschine bei Bearbeitung vertikaler Flächen mit einem Winkelfräskopf

Photodiodenzeile um den Betrag h. Aufgrund der Reflexion am zylindrischen Spiegel ist die Abweichung h größer und damit besser messbar als die Auslenkung ε. Sie ergibt sich zu:

$$h = \frac{r}{\sqrt{2}} - \sqrt{r^2 - \left(\frac{r}{\sqrt{2}} + \varepsilon\right)^2} + (l - \varepsilon) \cdot \tan\left(\frac{\pi}{2} - 2 \cdot \varphi\right) \tag{7.80}$$

mit:

$$\varphi = \arccos\left(\frac{1}{\sqrt{2}} + \frac{\varepsilon}{r}\right) \tag{7.81}$$

In einer elektronischen Auswerteeinheit wird diese Auslenkung h digital erfasst und anschließend dem Regler zugeführt.

Zur Kompensation der Fräserabdrängung dient als Stellgröße direkt die hydrostatische Führung des Frässtößels. Der Aufbau der hydrostatischen Stößelführung ist in Bild 7.33 gezeigt. Sie besteht aus einem oberen und einem unteren Führungsteil. Im oberen Stößellager befinden sich acht Taschen, zwei auf jeder Seite, im unteren Stößellager sechzehn Taschen, jeweils vier auf jeder Seite. Im unteren Lager sind deshalb mehr Taschen angebracht, weil hier größere Kräfte auftreten und für dieses Lager eine höhere Steifigkeit erforderlich ist.

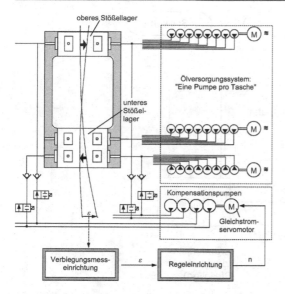

Bild 7.33. Hydrostatische Kompensationseinrichtung zur Verminderung der Frässtößelab-drängung (nach Waldrich-Coburg)

Als Ölversorgungssystem wird das System „eine Pumpe je Tasche" eingesetzt. Für jeweils acht Taschen ist also ein Satz von acht Pumpen erforderlich. Außer diesen für den Normalbetrieb nötigen Pumpen hat das Ölversorgungssystem vier weitere Pumpen, die von einem drehzahlgeregelten Servomotor angetrieben werden. Diese Pumpen fördern zusätzliche Ölmengen durch zwei diagonal gegenüberliegende Taschenpaare. Der höhere Öldruck in diesen Taschen bewirkt eine Kippbewegung des Frässtößels, die der Verlagerung ε entgegenwirkt.

In Abhängigkeit von dieser Verlagerung, die durch die Messeinrichtung erfasst wird, verstellt die Regeleinrichtung die Drehzahl des Servomotors. Die gewünschte Kompensationsrichtung ist durch Öffnen der entsprechenden Sperrventile vorwählbar. Alternativ zu der hier vorgestellten Kompensation kann die Verlagerung der Fräserabdrängung in Kombination mit einem 5-Achs-Fräskopf direkt mittels NC-Steuerung kompensiert werden.

Ein anderes System zur Verbesserung der Arbeitsgenauigkeit einer Werkzeugmaschine zeigt die in Bild 7.34 schematisch dargestellte Lageregelung eines Werkzeugmaschinenschlittens [149]. Die Bewegungsgenauigkeit eines Maschinenschlittens kann durch Fertigungsfehler und Verformungen seiner Führungsbahnen erheblich beeinträchtigt werden. Bei Verwendung hydrostatischer Führungen ist es jedoch möglich, durch Regelung der zugeführten Ölmenge die Bewegungsgenauigkeit trotz ungenauer und nachgiebiger Führungsbahnen zu erhöhen.

Der Schlitten trägt die Belastung F und gleitet auf der Führungsbahn. Die Lage x des Lageroberteils wird ständig relativ zu einer Bezugsebene gemessen und als Istwert dem Regler zugeführt. Der Regler vergleicht Ist- und Sollwert und verän-

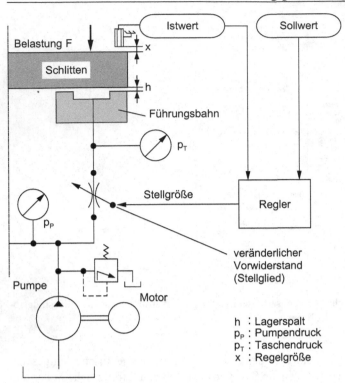

Bild 7.34. Schematische Darstellung einer hydrostatischen Lagerung mit geregelter Ölzufuhr

dert mit Hilfe eines Stellgliedes den Ölstrom bzw. den Lagerspalt im Sinne einer Regelabweichungsverkleinerung.

Durch das Prinzip der Lageregelung werden die beiden von einer Führungs-bahn zu übernehmenden Funktionen, Kraftaufnahme und Führung, von einander getrennt:

– Die Belastung wird wie üblich von der Führungsbahn (d.h. vom Maschinenbett) aufgenommen.
– Die genaue Führung des Schlittens wird durch eine von Belastungen und Temperaturänderungen möglichst isolierte Referenzebene gewährleistet.

Neben der vorgestellten Möglichkeit, die Lagerung aktiv durch Variation der Öl-zufuhr zu beeinflussen, besteht auch die Möglichkeit, durch eine Modifikation der Positions-Sollwertvorgabe der NC-Steuerung die Werkzeugabdrängung zu kompen-sieren. Bild 7.35 zeigt dazu ein Beispiel.

Zur Kompensation der statischen Fräserabdrängung wird die relative Verlage-rung zwischen Werkzeug und Werkstück während der Bearbeitung auf Grundla-ge der gemessenen Bearbeitungskräfte berechnet. Die Kräfte können dabei sowohl über eine in die Spindel integrierte Kraftsensorik oder über eine Kraftmessplattform ermittelt werden. Ein digitaler Signalprozessor wertet die gemessenen Kraftsignale aus. Die Glättung des durch den Zahneingriff sehr stark schwankenden Kraftsignals erfolgt durch die Berechnung des gleitenden Mittelwerts. In Kombination mit der vorab bestimmten Steifigkeit des Systems Maschine-Werkzeug kann somit die erwartete Werkzeugabdrängung berechnet werden. Der berechnete Verlagerungswert wird den Antrieben als Offset-Signal aufgeschaltet, so dass die vorgegebene Soll-Achsposition genau um den Wert der Werkzeugabdrängung korrigiert wird. Bild 7.35 zeigt die gemessenen Werkstückabweichungen mit und ohne Kompensation für einen Fräser mit 25 mm Durchmesser und einem l/d-Verhältnis von fünf.

Für diese Versuche wurde ein in Fräsrichtung gestuftes Werkstück gewählt, wie es in Bild 7.35 oben links dargestellt ist. Jede dieser Stufen vergrößert die Eingriffsbreite um 2,5 mm. Das Werkstück wurde in einem Durchgang übergefräst. Anschließend wurde die entstandene Kontur an der oberen und unteren Werkstückkante vermessen. Ohne Kompensation der Fräserabdrängung zeigt sich auf dem Werkstück eine mit steigender Eingriffsbreite zunehmende Abweichung zwischen Ist- und Soll-Kontur. In der dritten Stufe beträgt dieser Konturfehler bei einer Eingriffsbreite von 7,5 mm ca. 280 μm. Durch den Einsatz der Kompensation lässt sich dieser Konturfehler deutlich auf unter 100 μm reduzieren.

Eine vollständige Kompensation der Fräserabdrängung ist mit einer 3-Achs-Fräsmaschine jedoch nicht möglich, da auf Grund der Durchbiegung des Fräsers eine exakte Kompensation nur für einen Punkt der Kontur erreicht werden kann. Für eine ganzheitliche Kompensation muss darüber hinaus noch der Winkelfehler durch die Schrägstellung des Fräsers kompensiert werden. Dies ist jedoch nur an einer 5-Achs-Maschine möglich. Andernfalls ist ein zusätzliches Stellelement erforderlich, wie es im Folgenden beschrieben wird.

Neben der oben beschriebenen Werkzeugabdrängung können auch Spannfehler für Maß- oder Konturabweichungen verantwortlich sein. Von besonderem Interesse sind hierbei die Fehler, die zu einer Winkelabweichung zwischen den Werkstückachsen und Maschinenachsen führen und nicht von einer dreiachsigen Werkzeugmaschine ausgeglichen werden können. Für solche Fehler bietet sich die Kompensation mittels eines NC-gesteuerten Ausrichtetisches an. Ein solcher Tisch kann auf den Werkstücktisch aufgeschraubt werden, so dass das Werkstück um die der 3-Achs-Maschine fehlenden Freiheitsgrade geschwenkt werden kann. Bild 7.36 zeigt das Konzept für einen solchen Tisch. Über vier in den Ecken des Tisches angebrachte Hydraulikzylinder lässt sich der Tisch um seine X- und Y-Achse mit einem Winkel von $\pm 1°$ kippen. Hierdurch lassen sich Neigungsfehler, die aus der Werkstückaufspannung bzw. Werkstückbiegung resultieren, kompensieren. Radiale Kräfte werden über eine Gelenkmembran, die als Lagerung des Tisches dient, aufgenommen. Die translatorische Verschiebung des TCP relativ zum Werkstück, die durch die Neigungsverstellung auftritt, wird durch die Hauptachsen der Maschine ausgeglichen. Zusätzlich zu Spannfehlern kann mit einer solchen Ausrichteinheit auch der Winkelfehler, wie er z.B. durch thermoelastische Verformungen oder durch die oben beschriebene Werkzeugabdrängung bzw. statischen Verformungen der Maschine auftritt, kompensiert werden.

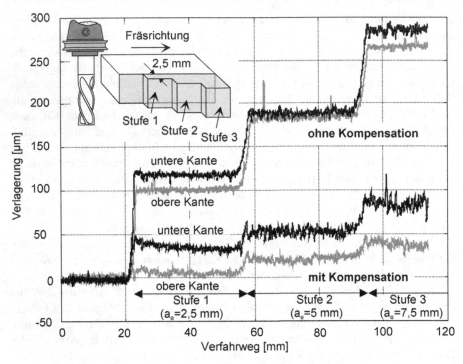

Bild 7.35. Kompensation der Fräserabdrängung während der Bearbeitung

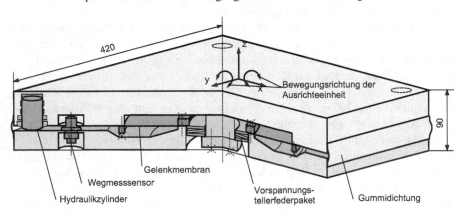

Bild 7.36. Konzept einer Ausrichteinheit zur Neigungskompensation

7.3.1.4 Messregelung für Schleifprozesse

Neben den beschriebenen Verfahren zur direkten Kompensation der Verformung der Maschine bzw. deren Komponenten, werden häufig Messregelungen eingesetzt, die Maßabweichungen direkt am Werkstück erfassen und über die Stellorgane der Maschinen ausgleichen. Eine solche Messregelung soll am Beispiel eines Außenrundschleifens eines Lagersitzes einer Getriebewelle erläutert werden. Hierbei wird das Werkstückmaß während der Bearbeitung bei laufender Maschine erfasst, das heißt bei sich drehendem Werkstück. Die Regelung steuert den Produktionsablauf selbsttätig entsprechend den von ihr ermittelten Messwerten. Mit dem im Bild 7.37 gezeigten System können die Außendurchmesser von Werkstücken mit glatter oder auch unterbrochener Oberfläche maßgeregelt bearbeitet werden. Prinzipiell unterscheidet man zwischen absolut und relativ messenden Messtastern. Bei relativ messenden Tastern wird in die Maschine ein Meisterwerkstück eingelegt, und die Tastfinger werden so justiert, dass bei laufender Maschine unter Einsatz von Kühlschmiermittel die Anzeige genullt ist. Absolut messende Taster, wie der im Bild 7.37 gezeigte, verfügen über einen Maßstab innerhalb des Tastkopfes. Daher benötigen sie kein Meisterwerkstück.

Die Tastfinger drücken mit Federkraft gegen die Messfläche. Wenn die zu messende Oberfläche beispielsweise durch eine Nut unterbrochen wird, muss die Dämpfung der Tastfinger so eingestellt werden, dass die Tastelemente während der Werkstückdrehung nicht zu tief in die Nut eintauchen. Bei entsprechender Abrundung der Tastspitzen ist dann auch eine Messung bei unterbrochenen Oberflächen möglich. Die zwei bis vier im Messregelgerät enthaltenen elektronischen Grenzschalter bzw. numerischen Grenzwerte teilen der Maschine mit, wann mit dem Ausfunken begonnen werden muss und wann schließlich das Endmaß erreicht ist. Eine solche Messregelung verhindert, dass thermisch bedingte Verformungen der Maschine sowie Verformungen des Werkstücks und der Maschine aufgrund statischer Kräfte sowie des Durchmesserverschleißes der Schleifscheibe zu Maßfehlern am Werkstück führen. Die Regelung der technologischen Größen mit Hilfe einer Messsteuerung wird im Band 3, Kapitel 6.4 erläutert.

7.3.2 Vorschub-Override und externe Geschwindigkeitsbeeinflussung

Der Vorschub muss während der Bearbeitung zum einen durch den Benutzer und zum anderen durch externe Faktoren an geänderte Randbedingungen angepasst werden können.

7.3.2.1 Override

Der programmierte Vorschub kann während der Programmausführung durch den Maschinenbenutzer mit Hilfe des so genannten Vorschub-Overrides beeinflusst werden. Der Vorschub-Override stellt einen Faktor dar, der den programmierten Vorschub entsprechend modifiziert. Der Maschinenbenutzer kann somit in Abhängigkeit vom Prozessverlauf eine Veränderung der Schnittbedingungen herbeiführen.

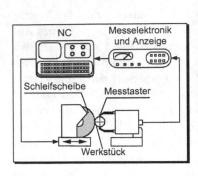

Bild 7.37. Messregelung an einer Schleifmaschine

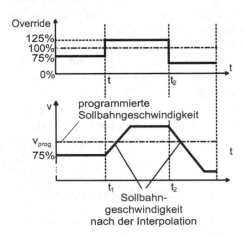

Bild 7.38. Verlauf der Bahngeschwindigkeit bei sprunghafter Änderung des Overrides

Darüber hinaus nutzt man den Override beim Programmtest. Bei kritischen Situationen wird die Geschwindigkeit reduziert, um so die ordnungsgemäße Bearbeitung besser überwachen zu können.

Der Overrideschalter wird in der Form eines mehrstufigen Drehschalters oder eines Drehpotentiometers verwendet (s. Kapitel 6.3). Übliche Bereiche, innerhalb derer der Vorschub geändert werden kann, liegen zwischen 0 und 150 %. Mit der Stellung 0 % wird der Maschinenvorschub angehalten.

Die Verstellung des Vorschub-Overrides ist durch den Benutzer während der Bearbeitung möglich, so dass eine unmittelbare Anpassung der Geschwindigkeit durch die Steuerung durchgeführt werden muss. Den Verlauf der Achsgeschwindigkeit bei einer sprunghaften Änderung des Overridewertes stellt Bild 7.38 dar. Hier wurde aus Gründen der Anschaulichkeit eine Geschwindigkeitsführung mit konstanter Beschleunigungsphase zu Grunde gelegt.

7.3.2.2 Externe Geschwindigkeitsbeeinflussung

Die externe Geschwindigkeitsbeeinflussung stellt an die Steuerungssoftware die gleichen Anforderungen wie der Vorschub-Override. Eine typische Anwendung liegt z.B. bei der sogenannten v-konstant-Funktion bei Drehmaschinen vor. Sie dient beim Plandrehen dazu, die Schnittgeschwindigkeit konstant zu halten. Hierzu wird die Drehzahl je Minute umgekehrt proportional mit dem Bearbeitungsradius am Werkstück stetig geändert. Bei gleichbleibendem Vorschub je Umdrehung muss die Vorschubgeschwindigkeit in gleicher Weise mit verstellt werden. Die Anpassung der Achsgeschwindigkeit wird durch ein Funktionsmodul der Steuerung vorgenommen, das direkt die Geschwindigkeitsführung beeinflusst.

7.3.2.3 Look-Ahead-Funktion

Besondere Maßnahmen sind bei der Verstellung des Overrides im Betrieb der Look-Ahead-Funktion erforderlich. Mit dieser Funktion wird eine Anzahl von Sätzen im Voraus analysiert und daraus das optimale Geschwindigkeitsprofil festgelegt. Für die Ermittlung der veränderten Sollgeschwindigkeit muss also für eine Vielzahl von Sätzen die Geschwindigkeitsführung angepasst werden. Durch die mit dem Override-Schalter modifizierte Sollgeschwindigkeit sind die bereits erzeugten Geschwindigkeitsprofile nicht mehr optimal. Bei einer Erhöhung können unzulässige Abweichungen auftreten, bei einer Erniedrigung verlängert sich die Bearbeitungszeit.

Auf eine Änderung des Overrides im Look-Ahead Modus kann während der Achsbewegung mit unterschiedlichen Strategien reagiert werden:

– eine völlige Neuberechnung der Geschwindigkeitsvorgaben der bereits vorausberechneten Bahn,
– eine verzögerte Reaktion auf die Änderung des Overrides oder
– eine Reduzierung des Beschleunigungsvermögens der Maschine.

Die erste Strategie erfordert einen unzulässig hohen Rechenaufwand, da die Berechnungen innerhalb eines Taktes durchgeführt werden müssen. Im zweiten Fall wird vor Berücksichtigung der Overrideänderung der bereits berechnete Bahnabschnitt vollständig abgearbeitet. Eine dritte Variante besteht darin, die Beschleunigung mit dem gleichen Faktor zu modifizieren wie die Geschwindigkeit. In diesem Fall wird die Dynamik eingeschränkt. Dies fällt allerdings nicht zu all sehr ins Gewicht, da man in der Regel in kritischen Bearbeitungsphasen nur eine kleine Geschwindigkeitsveränderung durch den Override wählt.

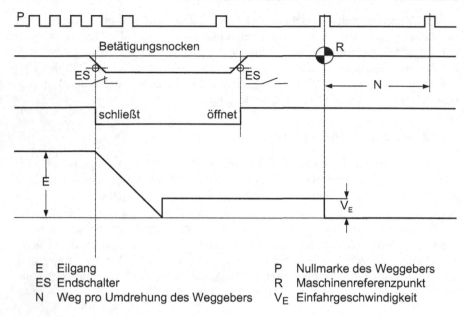

E   Eilgang   P   Nullmarke des Weggebers
ES Endschalter   R   Maschinenreferenzpunkt
N   Weg pro Umdrehung des Weggebers V_E Einfahrgeschwindigkeit

Bild 7.39. Referenzpunktfahrt

7.3.3 Referenzpunktfahrt

Die meisten Werkzeugmaschinen verfügen im Allgemeinen über inkrementale Wegmesssysteme (s. Band 3, Kapitel 2.2). Diese Wegmesssysteme weisen neben einer
Reihe von Vorteilen jedoch den Nachteil gegenüber absolut messenden Systemen
auf, dass nach dem Einschalten der Maschine die aktuelle Position nicht bekannt
ist. Zu diesem Zweck wird eine Referenzpunktfahrt durchgeführt. Sie ermittelt mit
Hilfe mechanischer und in den Messsystemen abgelegter Referenzpunkte die Referenzposition und versetzt die Steuerung anschließend in die Lage, Positionen relativ zum Maschinennullpunkt anzufahren. Dieser Maschinennullpunkt wiederum
ist gegenüber dem Referenzpunkt, der in der Regel in der Nähe des Randes des
Verfahrbereiches der Achsen liegt, definiert.

Bei den meisten Steuerungen kann die Referenzpunktfahrt entweder von Hand
oder durch einen Befehl des NC-Programms ausgelöst werden. Die Erfassung des
Referenzpunktes erfordert dabei eine Genauigkeit von ± 1 Inkrement. Bei Resolvern
und Inductosyn-Maßstäben wird dazu einer der elektrischen Nulldurchgänge der
Messsysteme, bei Schrittmotorsteuerungen eine definierte Wicklungskombination
der Schrittmotoren und bei optisch arbeitenden inkrementalen Wegmesssystemen
eine Referenzmarkierung genutzt.

Da viele Wegmesssysteme inkremental oder zyklisch absolut arbeiten, muss die
Geschwindigkeit der Referenzpunktfahrt vermindert und der Ansprechbereich des
Referenzpunktsignals über mechanische Vorabschalter reduziert werden. Bild 7.39
zeigt den Verlauf der Referenzpunktfahrt für eine Vorschubachse mit Winkelschritt-

gebern. Nachdem bei Erreichen des Endschalters (ES) der Vorschub von Eilgang auf Einfahrgeschwindigkeit reduziert wurde, wählt man den ersten Nullimpuls der zyklisch wiederkehrenden Nullmarken des Winkelschrittgebers nach dem erneuten Öffnen des Endschalters als Referenzpunkt aus.

8 Robotersteuerungen

Industrieroboter werden seit vielen Jahren für flexibel automatisierte Fertigungsaufgaben eingesetzt. Ihr Aufgabenspektrum reicht von der einfachen Werkstückhandhabungsfunktion bis hin zur komplexen sensorgeführten Werkzeughandhabung, wie z.B. beim Lichtbogenschweißen, Entgraten, Beschichten, Lackieren oder Polieren. Die Mehrzahl der zur Zeit installierten Roboter in Deutschland wird in den Bereichen Handhabung, Montage, Bahn- und Punktschweißen eingesetzt. Hohe Zuwachsraten erzielen die Applikationen Messen und Prüfen, Kommissionieren und Palettieren sowie Kleben und Dichten [138].

Entsprechend diesen weitgefächerten Aufgabenfeldern werden spezielle Robotersteuerungen benötigt, die den hohen Anforderungen zur genauen und schnellen Koordinierung von komplexen Bewegungsabläufen im Raum genügen sowie die Verarbeitung umfangreicher Sensor- und Peripheriedaten durchführen können.

8.1 Allgemeine Funktionsbeschreibung

Die Kinematik eines Roboters bestimmt im hohen Maße die Beweglichkeit des Roboterarms und legt durch ihre Struktur den Arbeitsbereich eines Industrieroboters fest. Für die unterschiedlichen Automatisierungsaufgaben wurden deshalb Roboter (Bild 8.1) mit unterschiedlichen kinematischen Strukturen entwickelt (vgl. Band 1, Kapitel 6.5) [234, 235].

Große Bedeutung haben Geräte mit fünf bis sechs rotatorischen Bewegungsachsen, wie in Bild 8.1a, erlangt, da diese Geräte durch ihre kinematische Struktur universell eingesetzt werden können. Die Bewegungsmöglichkeiten der Grundachsen ergeben sich aus:

- Achse 1: Drehung um die Vertikale,
- Achse 2: Drehung senkrecht zur ersten Achse,
- Achse 3: Drehung parallel zur zweiten Achse.

Anschließend folgt die Anordnung der drei Handachsen. Für die Handhabung von Traglasten bis zu 200 kg haben sich Industrieroboter mit Parallelogramm-Achsstruktur bewährt. Sie ermöglichen wegen ihres stabilen mechanischen Aufbaus und ihres großen Arbeitsraumes einen präziseren Bewegungsablauf (Bild 8.1b).

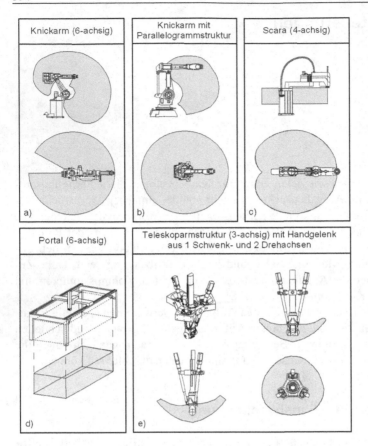

Bild 8.1. Robotertypen und ihre Arbeitsbereiche (nach ABB, Reis, Bosch, Neos)

Im Kleinmontagebereich werden überwiegend vierachsige Schwenkarmgerä-
te nach dem SCARA-Prinzip (Selective Compliance Assembly Robot Arm) eingesetzt. Vorteile dieser Gerätekonstruktion sind die relativ hohe Steifigkeit in z-
Richtung, hohe mögliche Verfahrgeschwindigkeiten und Beschleunigungen, hohe
Positioniergenauigkeiten sowie die kompakte Bauweise (Bild 8.1c).

Demgegenüber sind Geräte mit kartesischem Aufbau in Portalbauweise konstruiert und eignen sich vor allem für Palettier- und Montageaufgaben. Bild 8.1d zeigt
einen sechsachsigen Portalroboter.

Speziell für Bearbeitungsaufgaben mit hohen Genauigkeitsanforderungen und
gleichzeitig hohen Prozesskräften werden heute zunehmend Parallelkinematiken,
wie z.B. Teleskoparmroboter, eingesetzt. Bild 8.1e zeigt die *tricept*® Kinematik,
die aus einer Kombination von Tripodenkonstruktion und Standard-Roboterhand-
achsen besteht [159].

Die wichtigste Voraussetzung für den wirtschaftlichen Einsatz von Industrierobotern ist ihre Anpassungsfähigkeit an wechselnde Aufgaben. Diese Eigenschaft

wird im wesentlichen durch die angeschlossene Steuerung und deren Programmiermöglichkeiten bestimmt. Numerische Steuerungen, wie sie für den Einsatz an spanenden Werkzeugmaschinen standardmäßig geliefert werden, eignen sich jedoch
nur bedingt zum Steuern von Industrierobotern. Wie bei NC-Steuerungen werden
allerdings folgende Merkmale gefordert:

- hohe Speicherkapazität für Programme,
- Unterprogrammtechnik,
- Korrekturmöglichkeit der Programme,
- Aus- und Eingänge für Zusatzfunktionen,
- geringe Satzwechselzeiten.

Zusätzlich sind folgende Eigenschaften notwendig:

- die Programmeingabe im Teach-In-Verfahren,
- Koordinatentransformation,
- Bahnsteuerung in sechs Achsen,
- Sensorschnittstellen.

Die Steuerung enthält alle Komponenten und Funktionen, die zum Betrieb des
Roboters erforderlich sind. Die Hauptkomponenten sind Bedien-, Programmier- und
Archivierungseinheiten, zusammenfassend Peripherie genannt, sowie Rechner- und
Leistungsteil (Bild 8.2).

Zur Bedienung und Programmierung des Roboters stehen PC-Bediengeräte,
spezielle Programmierhandgeräte (PHG), die Roboterbedientafel oder Offline-Programmiersysteme zur Verfügung. Im Normalfall werden Roboter allerdings mit Hilfe des PHGs bedient. Über das PHG können Befehle eingegeben und Funktionen
der Robotersteuerung aktiviert werden (vgl. Abschnitt 8.4). Für die Bedienung im
Automatikbetrieb wird die Bedientafel an der Vorderseite der Steuerung eingesetzt.
Die Tafel verfügt lediglich über Funktionen, wie z.B. Programmanwahl, Override-
Einstellung, Start und Stopp - sie ermöglicht jedoch keine Programmierung. Über
Archivierungseinheiten lassen sich Programme oder Robotereinstellungen auf ex-
ternen Datenträgern sichern bzw. von ihnen laden. Darüber hinaus ist es möglich,
Softwarepakete auf der Steuerung installieren.

Aufgaben, wie die Satzvorbereitung, die Interpolation oder die Transformation,
werden im Rechnerteil der Steuerung durchgeführt. Da die Steuerungen der größeren Roboterhersteller PC-basiert sind, erfolgt die Bahnplanung im Echtzeitteil des
Rechners. Das Leistungsteil der Steuerung speist die Antriebe bzw. die Servoreg-
ler mit Energie und Daten. Es steuert in Abhängigkeit von den Verfahrbefehlen die
Einzelachsen des Roboters so, dass der programmierte Bewegungsablauf exakt eingehalten wird. Über externe Schnittstellen besteht zudem die Möglichkeit externe
Geräte, wie z.B. externe Aktoren und Sensoren, anzuschließen oder eine direkte
Kopplung mit anderen Rechnersystemen herzustellen.

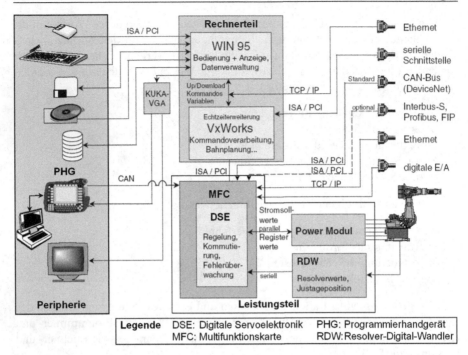

Bild 8.2. Komponenten einer Robotersteuerung (nach KUKA)

8.2 Koordinatensysteme und Bezugspunkte

Zur Beschreibung der Bewegungsoperationen eines Industrieroboters ist die Festlegung von Koordinatensystemen im Arbeitsraum und von Bezugspunkten am Industrieroboter erforderlich. Sie bilden die Basis für die eindeutige Definition von
Bewegungsanweisungen im Programm des Industrieroboters. Prinzipiell lassen sich
folgende Koordinatensysteme unterscheiden:

Achsspezifische Roboterkoordinaten, auch Gelenk- oder Maschinenkoordinaten
genannt, beschreiben die räumliche Anordnung der Industrierobotergelenke im Bezug auf einen lokalen, unbeweglich in der Achse liegenden Koordinatenursprung
(Bild 8.3a). Die aktuelle Stellung eines Roboters kann auf diese Weise einfach mit
den Verdrehwinkeln um diese Koordinatenachse bzw. als Positionsverschiebung aus
dem Koordinatennullpunkt bei Schubgelenken beschrieben werden.

Weltkoordinaten (*Kartesische Roboterkoordinaten*) des Arbeitsraums definieren
die Position und Orientierung des Tool-Center-Points (TCP) in Beziehung zu einem
Roboter-Basiskoordinatensystem. Im Allgemeinen befindet sich dieses Basiskoordinatensystem zentriert in der Aufstellungsfläche des Industrieroboters (Bild 8.3b).

Werkzeugkoordinaten ermöglichen die Programmierung einer Handhabungsaufgabe in einem Koordinatensystem, das im Tool-Center-Point seinen Ursprung hat
(Bild 8.3c).

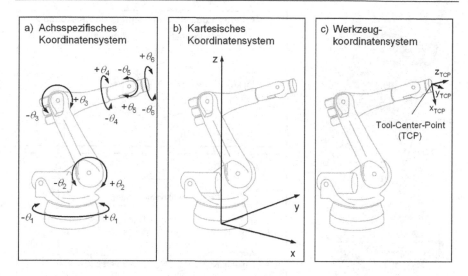

Bild 8.3. Koordinatensysteme eines Industrieroboters

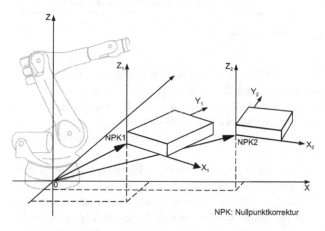

Bild 8.4. Hilfskoordinatensysteme durch Nullpunktkorrektur

Die Anwendung dieser unterschiedlichen Koordinatensysteme ermöglicht die flexible Gestaltung eines Industrieroboterprogramms.

Die Verwendung von Werkzeugen am Roboterflansch des Industrieroboters (IR) wird durch Definition einer Werkzeugkorrektur berücksichtigt. Diese berechnet unter Berücksichtigung des Tool-Offsets die kinematischen Achsvorgaben. Sie bildet die Basis zur Steuerung von Bewegungsbahnen mit unterschiedlichen Roboterwerkzeugen.

Zusätzlich zu den bisher beschriebenen roboter- bzw. werkzeugspezifischen Bezugssystemen ermöglichen IR-Steuerungen dem Anwender durch Festlegung applikationsabhängiger Nullpunktkorrekturen die Definition von aufgabenspezifischen

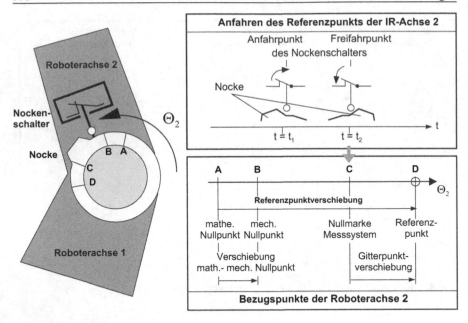

Bild 8.5. Bezugspunkte einer Roboterachse (nach Siemens)

Koordinatensystemen (Bild 8.4). Mit Hilfe einer solchen Nullpunktkorrektur können z.B. Palettierungsaufgaben wesentlich flexibler programmiert werden. Nur noch ein Bezugspunkt der Palette und ihre Orientierung muss im Programm absolut im Raum definiert werden, alle weiteren Werkstückpositionen auf der Palette können unabhängig vom Standort der Palette relativ zu diesem Bezugspunkt definiert werden.

Darüber hinaus existieren an Industrierobotern weitere robotertypabhängige Bezugspunkte, die jeweils den mechanischen, den mathematischen bzw. den Referenzpunkt jeder einzelnen Achse festlegen (Bild 8.5). Die Unterscheidung von mechanischem und mathematischem Nullpunkt wird erforderlich, da im Allgemeinen die präzise Montage des Industrieroboters selbst nur in besonders günstigen Positionen erfolgreich durchgeführt werden kann.

Da die Steuerungsalgorithmen zur Bewegungsführung des Roboters von geometrisch günstiger liegenden mathematischen Nullpunkten der Roboterachsen ausgehen, existiert im Regelfall eine Verschiebung zwischen mechanischen und mathematischen Nullpunkten, die durch spezielle Maschinendaten der Steuerungssoftware berücksichtigt werden.

Zur aktuellen Positionsbestimmung der einzelnen Roboterachsen werden absolute oder inkrementelle Weggeber verwendet. Im Gegensatz zu absoluten Gebern können inkrementelle Geber nur eine relative Position zu einem zuvor definierten Bezugspunkt angeben. Werden inkrementelle Wegmesssysteme eingesetzt, so ist der Roboter nach jedem Einschalten zunächst zu referieren. Hierzu sind für alle Achsen Referenzpunktschalter angebracht, die während der Referenzpunktfahrt von den

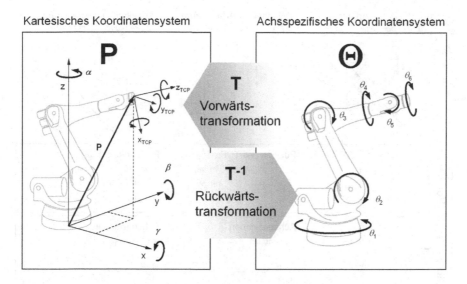

Bild 8.6. Transformation kartesischer Positionsdaten in Achsinformationen

Roboterachsen mit speziellen Schaltnocken angefahren werden (Bild 8.5). Im Anfahrpunkt des Nockenschalters ($t = t_1$) wird der Schaltkontakt geöffnet. Die Steuerung fährt von da an mit definierter Referiergeschwindigkeit. Der Freifahrpunkt des Referenzpunktschalters ($t = t_2$) wird durch den Schließzeitpunkt des Schaltkontaktes markiert. Von hier ab erkennt die Steuerung die nächste folgende Nullmarke des Positionsmesssystems als Bezugspunkt zur Bestimmung des eigentlichen Referenzpunktes der Achse. Die Differenz zwischen dieser Nullmarke des Messsystems und dem Referenzpunkt wird als Gitterpunktverschiebung in den Maschinendaten der Robotersteuerung beschrieben. Sie dient zum Abgleich des Referenzpunktes der Roboterachse auf ein und denselben Punkt und ermöglicht einen Spielraum bei der mechanischen Justierung des Referenzpunktschalters.

8.3 Koordinatentransformation und Bahngenerierung

Programmierte Bewegungsabläufe des Industrieroboters werden in der Robotersteuerung von einem speziellen Baustein verarbeitet, der entsprechend dem definierten Bewegungsverhalten und der gewünschten Interpolationsart die Gelenke aus der aktuellen Istposition in die gewünschte Zielstellung bewegt.

Liegen die benötigten Daten einer Zielstellung in Maschinenkoordinaten (achsspezifischen Koordinaten) des Roboters vor, also als Drehwinkel bei rotatorischen Achsen, so kann die erforderliche Wegdifferenz jeder Achse direkt als Differenz zwischen Ziel- und Iststellung berechnet werden. Die jeweils aktuelle Position des TCPs kann während der Bewegungsausführung durch Anwendung der Vorwärtsrechnung über alle IR-Achspositionen berechnet werden. Die Vorwärtsrechnung

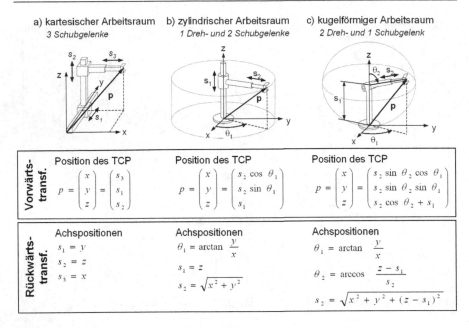

Bild 8.7. Bestimmung der Achspositionen für dreiachsige Industrieroboter

entspricht dabei einer Addition der Achsabstandsvektoren, ausgehend vom Sockel des Roboters bis hin zum TCP.

Wird jedoch der Zielpunkt einer Roboterbewegung, wie sonst üblich, durch kartesische Positions- und Orientierungsvorgaben definiert (Bild 8.6), so müssen die Achsstellungen des Roboters mit den Algorithmen der Rückwärtsrechnung entsprechend seiner Kinematik berechnet werden [26].

Beschreibung der Kinematik eines Handhabungsgerätes

Industrieroboter lassen sich als kinematische Kette von Bewegungsachsen beschreiben, die zwischen den Armgliedern liegen und jeweils nur einen Freiheitsgrad besitzen [176,214]. Legt man in jedes Glied dieser Kette ein eigenes Koordinatensystem, so ist die Transformation zwischen den benachbarten Gelenkkoordinatensystemen nur eine Funktion des Drehwinkels bzw. des linearen Vorschubs.

Zur Bestimmung der einzelnen Gelenkpositionen des Roboters ist eine Umrechnung von kartesischen Weltkoordinaten in roboterspezifische Gelenkkoordinaten erforderlich.

Berechnung der Achsstellungen für dreiachsige Roboterarmkinematiken

Sehr einfach lassen sich die mathematischen Zusammenhänge der Achskoordinaten beschreiben, wenn das Handhabungsgerät nur eine dreiachsige kinematische Struktur besitzt und die Bewegungsrichtungen der einzelnen Achsen sich jeweils einer einzelnen Basiskoordinate zuordnen lassen.

Für dreiachsige Roboterachsstrukturen mit kartesischem Arbeitsraum ergeben sich die Achspositionen direkt aus den Komponenten der TCP-Vektorkomponenten in kartesischen Koordinaten (Bild 8.7a).

Ähnliches gilt für dreiachsige Roboter mit zylindrischem bzw. kugelförmigem Arbeitsraum bei der Anwendung von Zylinder- bzw. Kugelkoordinaten zur Beschreibung der Tool-Center-Point-Position (Bild 8.7b/c).

Durchführung der Rückwärtsrechnung für vierachsigen Schwenkarmroboter (SCARA)

Ausgangspunkt zur Bestimmung der Achsstellungen des vierachsigen SCARA-Industrieroboters ist die kartesische Positions- und Orientierungsvorgabe im Raum:

$$P = f(x, y, z, \alpha, \beta, \gamma)$$

Da dieser im Bild 8.8 dargestellte und häufig für Montageoperationen verwendete Industrierobotertyp eine einfache kinematische Struktur besitzt, kann die Berechnung der Achsstellungen zunächst für die positionsbestimmenden Achsen 1 bis 3 und anschließend für die Orientierungsachse durchgeführt werden. Die Achsposition der Achse 3 (z-Achse) lässt sich sofort aus der z-Koordinate des kartesisch vorgegebenen Zielpunktes bestimmen, da sie als einzige direkt in z-Richtung wirksame Achse nicht transformiert werden muss.

Somit lässt sich die Positionsbestimmung (Vorwärtstransformation) für Achse 1 und 2 auf ein ebenes Problem reduzieren (Bild 8.8):

$$\vec{p} = \vec{v}_1 + \vec{v}_2 \tag{8.1}$$

$$\vec{v}_1 = s_1 \begin{pmatrix} \cos\theta_1 \\ \sin\theta_1 \end{pmatrix} \tag{8.2}$$

$$\vec{v}_2 = s_2 \begin{pmatrix} \cos(\theta_1 + \theta_2) \\ \sin(\theta_1 + \theta_2) \end{pmatrix} \tag{8.3}$$

$$\vec{p} = \begin{pmatrix} x \\ y \end{pmatrix} = \begin{pmatrix} s_1 \cos\theta_1 + s_2 \cos(\theta_1 + \theta_2) \\ s_1 \sin\theta_1 + s_2 \sin(\theta_1 + \theta_2) \end{pmatrix} \tag{8.4}$$

Dabei bezeichnen die Vektoren $\vec{v}_1$ und $\vec{v}_2$ die jeweiligen Roboterarme der Länge s_1 bzw. s_2.

Für die Rückwärtstransformation dient der Kosinussatz. Mit ihm lassen sich die Positionswinkel von Achse 1 und 2 wie folgt bestimmen:

$$c^2 = x^2 + y^2 = s_1{}^2 + s_2{}^2 - 2s_1 s_2 \cos\gamma \tag{8.5}$$

mit

$$\cos\gamma = \cos(180 - \theta_2) = -\cos\theta_2 \tag{8.6}$$

$$\theta_2 = \arccos\left(\frac{x^2 + y^2 - s_1{}^2 - s_2{}^2}{2s_1 s_2}\right) \tag{8.7}$$

und

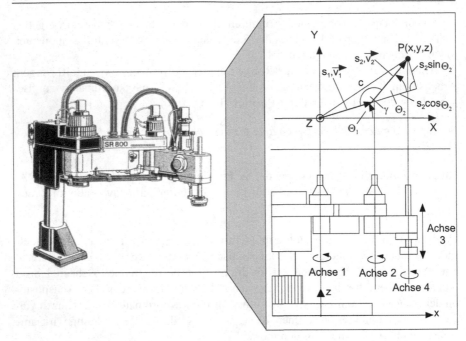

Bild 8.8. Kinematik eines Schwenkarmroboters (nach Bosch)

$$\theta_1 = \arctan\frac{y}{x} - \arctan\left(\frac{s_2 \sin\theta_2}{s_1 + s_2 \cos\theta_2}\right) \tag{8.8}$$

Berechnung der Achspositionsdaten für sechsachsige Industrieroboter

Industrieroboter mit sechs voneinander unabhängigen Gelenkachsen ermöglichen im Rahmen der mechanischen Achsgrenzen ein beliebiges Positionieren und Orientieren des Werkzeugs im Arbeitsraum.

Am Beispiel des sechsachsigen Gelenkarmroboters soll die Vorgehensweise der Rückwärtstransformation, d.h. der Berechnung der Achspositionsdaten aus den kartesischen Zielpunktdaten, gezeigt werden (Bild 8.9).

Teilt man die sechs Achsen dieses Robotertyps in Grund- und Handachsen ein, so dienen die drei Grundachsen überwiegend zur Positionierung und die drei Handachsen überwiegend zur Orientierungseinstellung. Eine klare Trennung zwischen Positionier- und Orientierungsachsen ist jedoch nicht möglich, da mit jeder Positionierung der Grundachsen auch eine Orientierungsänderung erfolgt bzw. jede Orientierungseinstellung an den Handachsen zwangsläufig zu einer Positionsänderung des TCPs führt.

Da für diesen Robotertyp weder eine klare Trennung zwischen Positionier- und Orientierungsachsen noch eine einfache analytische Beschreibung der räumlichen Achsanordnung (wie für den vierachsigen SCARA-Roboter) möglich ist, wird die Rückwärtsrechnung mit Hilfe von Transformationsmatrizen gelöst.

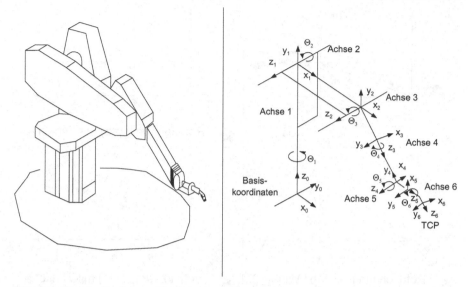

Bild 8.9. Kinematik eines sechsachsigen Knickarmroboters

Beschreibung des Zielpunktes eines Handhabungsgerätes

Die kartesische Zielpunktbeschreibung erfolgt durch die Angabe eines 3D-Positionsvektors $\vec{P}$ im Bezugskoordinatensystem und durch Angabe der Orientierung (Bild 8.10).

Die Orientierung wird durch ein Orientierungskoordinatensystem, das durch die drei Einheitsvektoren $\vec{i}$, $\vec{j}$ und $\vec{k}$ aufgespannt wird, veranschaulicht. Für die Beschreibung der Orientierung dieses Koordinatensystems – und damit des Zielpunktes – gibt es eine Vielzahl unterschiedlicher Möglichkeiten. Unter anderem kann sie durch Angabe von drei Winkeln um die Koordinatenachsen eindeutig beschrieben werden. So ist z.B. die Beschreibung der Orientierung mit den drei Rotationswinkeln α, β, γ um die z-, y'- und x''-Koordinate möglich (Nautische Winkel) [175]. Bild 8.10 zeigt diese Form der Zielpunktbeschreibung in vier Schritten:

1. Verschiebung um den Positionsvektor $\vec{P}$,
2. Drehung mit Winkel α um die k-Achse (z-Achse) des noch nicht gedrehten Orientierungskoordinatensystems,
3. Drehung mit Winkel β um die j-Achse (y'-Achse) des (um α) gedrehten Orientierungskoordinatensystems,
4. Drehung mit Winkel γ um die i-Achse (x''-Achse) des zweimal gedrehten Orientierungskoordinatensystems.

Mathematisch kann dieser Zusammenhang mit Hilfe der Transformationsmatrix T beschrieben werden. Sie setzt sich aus dem Matrixprodukt einer Positionsmatrix P mit dem Positionsvektor $\vec{P}$ und einer Orientierungsmatrix R mit den Einheitsvektoren der Orientierung $\vec{i}$ (in x), $\vec{j}$ (in y) und $\vec{k}$ (in z) zusammen.

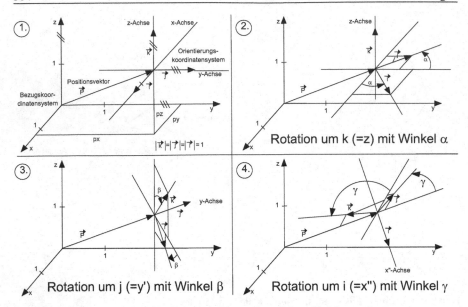

Bild 8.10. Beschreibung des Zielpunktes eines sechsachsigen Knickarmroboters

Für die Orientierungsbeschreibung in Nautischen Winkeln lässt sich die Matrix T aus vier Einzelmatrizen entwickeln, die jeweils die Verdrehung um eine Achskoordinate bzw. die translatorische Verschiebung beschreiben. Dabei steht die Teilmatrix 8.9 für die zuerst durchzuführende Drehung rechts:

$$
T = \underbrace{\begin{pmatrix} 1 & 0 & 0 & p_x \\ 0 & 1 & 0 & p_y \\ 0 & 0 & 1 & p_z \\ 0 & 0 & 0 & 1 \end{pmatrix}}_{\text{Verschiebung um } P} \bullet \underbrace{\begin{pmatrix} \cos\alpha & -\sin\alpha & 0 & 0 \\ \sin\alpha & \cos\alpha & 0 & 0 \\ 0 & 0 & 1 & 0 \\ 0 & 0 & 0 & 1 \end{pmatrix}}_{\text{Drehung um } k} \bullet \dots
$$

$$
\bullet \underbrace{\begin{pmatrix} \cos\beta & 0 & \sin\beta & 0 \\ 0 & 1 & 0 & 0 \\ -\sin\beta & 0 & \cos\beta & 0 \\ 0 & 0 & 0 & 1 \end{pmatrix}}_{\text{Drehung um } j} \bullet \underbrace{\begin{pmatrix} 1 & 0 & 0 & 0 \\ 0 & \cos\gamma & -\sin\gamma & 0 \\ 0 & \sin\gamma & \cos\gamma & 0 \\ 0 & 0 & 0 & 1 \end{pmatrix}}_{\text{Drehung um } i} \tag{8.9}
$$

Die vereinfachte Schreibweise für diese Matrizenmultiplikation lautet:

$$
T = \text{Trans}(p_x p_y p_z) \cdot \text{Rot}(z, \alpha) \cdot \text{Rot}(y, \beta) \cdot \text{Rot}(x, \gamma) \tag{8.10}
$$

$\text{Rot}(x,\gamma)$ bedeutet Drehung um die ehemalige (hier zweimal gedrehte) x-Achse mit dem Winkel γ. Da Matrizenmultiplikationen nicht kommutativ sind, ist die Reihenfolge der Verdrehwinkel zur Beschreibung der Orientierung unbedingt einzuhalten. Das Ausmultiplizieren der obigen Gleichung ergibt die Matrix 8.11:

$$T = \begin{pmatrix} \cos\alpha\cos\beta & -\sin\alpha\cos\gamma + \cos\alpha\sin\beta\sin\gamma & \sin\alpha\sin\gamma + \cos\alpha\sin\beta\cos\gamma & p_x \\ \sin\alpha\cos\beta & \cos\alpha\cos\gamma + \sin\alpha\sin\beta\sin\gamma & -\cos\alpha\sin\gamma + \sin\alpha\sin\beta\cos\gamma & p_y \\ \sin\beta & \cos\beta\sin\gamma & \cos\beta\cos\gamma & p_z \\ 0 & 0 & 0 & 1 \end{pmatrix}$$

$$(8.11)$$

Die allgemeine Beschreibung einer homogenen Transformation, in der $\vec{i}$, $\vec{j}$ und $\vec{k}$ die Vektoren der Koordinatenachsen und $\vec{P}$ den Positionsvektor des Zielkoordinatensystems darstellen, lautet:

$$T = \begin{pmatrix} i_x & j_x & k_x & p_x \\ i_y & j_y & k_y & p_y \\ i_z & j_z & k_z & p_z \\ 0 & 0 & 0 & 1 \end{pmatrix}$$

$$(8.12)$$

mit den Vektoren

$$\vec{P} = \begin{pmatrix} p_x \\ p_y \\ p_z \end{pmatrix} \quad \vec{i} = \begin{pmatrix} i_x \\ i_y \\ i_z \end{pmatrix} \quad \vec{j} = \begin{pmatrix} j_x \\ j_y \\ j_z \end{pmatrix} \quad \vec{k} = \begin{pmatrix} k_x \\ k_y \\ k_z \end{pmatrix}$$

$$(8.13)$$

Durch Koeffizientenvergleich erhält man die Komponenten der kartesischen Einheitsvektoren $\vec{i}$, $\vec{j}$ und $\vec{k}$ in Abhängigkeit von den Winkeln α, β und γ. Für einen sechsachsigen Knickarmroboter entspricht die Matrix T bei kartesischer Zielpunktbeschreibung des TCPs der Matrix T_6 für die Berechnung der Rückwärtstransformation mit Matrizen (siehe weiter unten).

Beschreibung der Kinematik eines Knickarmroboters mit Matrizen

In der kinematischen Kette des Industrieroboters wird jede Achsbewegung als eine Bewegung zwischen zwei Armgliedern beschrieben. Legt man in jedes Glied dieser Kette ein eigenes Koordinatensystem, das bezugsfest zum jeweiligen Glied ist, so ist die Transformationsmatrix A_n zwischen den benachbarten Gelenkkoordinatensystemen K_n und K_{n-1} abhängig von der Gelenkstellung und der Achsbewegung. Da das Gelenk zwischen den Armgliedern nur einen Freiheitsgrad besitzen soll, ist die Transformation nur eine Funktion entweder eines Drehwinkels oder eines linearen Weges. Anschaulich lässt sich diese Transformation für einen sechsachsigen Roboter an einem Transformationsgrafen (Bild 8.11a) verdeutlichen.

Für einen sechsachsigen Roboter lassen sich somit sechs Transformationsmatrizen A_n für die Beschreibung der Vorwärtsrechnung und sechs Transformationsmatrizen A_n^{-1} zur Beschreibung der Rückwärtsrechnung festlegen. Daraus ergibt sich für die kinematische Kette des Industrieroboters vom Fußpunkt bis zum TCP die Transformationsgleichung T_6 als Multiplikation der Einzeltransformationsgleichungen jeder Achse:

$$T_6 = A_1 \cdot A_2 \cdot A_3 \cdot A_4 \cdot A_5 \cdot A_6. \qquad (8.14)$$

Diese Transformationsgleichung muss im Ergebnis mit der Matrix der kartesischen Positions- und Orientierungsbeschreibung des TCP übereinstimmen, Gleichung 8.15:

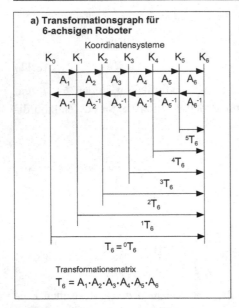

a) Transformationsgraph für 6-achsigen Roboter

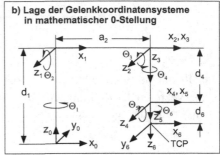

b) Lage der Gelenkkoordinatensysteme in mathematischer 0-Stellung

c) Gelenkparameter nach Denavit-Hartenberg

Gelenk	Variable	Θ	d	a	α
1	Θ_1	Θ_1	d_1	0	$\pi/2$
2	Θ_2	Θ_2	0	a_2	0
3	Θ_3	Θ_3	0	0	$\pi/2$
4	Θ_4	Θ_4	d_4	0	$-\pi/2$
5	Θ_5	Θ_5	0	0	$\pi/2$
6	Θ_6	Θ_6	d_6	0	0

Bild 8.11. Rückwärtstransformation für sechsachsige Knickarmroboter

$$
T_6 = \begin{pmatrix} i_x & j_x & k_x & p_x \\ i_y & j_y & k_y & p_y \\ i_z & j_z & k_z & p_z \\ 0 & 0 & 0 & 1 \end{pmatrix} = \underbrace{\begin{pmatrix} 1 & 0 & 0 & p_x \\ 0 & 1 & 0 & p_y \\ 0 & 0 & 1 & p_z \\ 0 & 0 & 0 & 1 \end{pmatrix}}_{\substack{\text{Positionsmatrix} \\ \text{mit Positionsvektor}}} \bullet \underbrace{\begin{pmatrix} i_x & j_x & k_x & 0 \\ i_y & j_y & k_y & 0 \\ i_z & j_z & k_z & 0 \\ 0 & 0 & 0 & 1 \end{pmatrix}}_{\substack{\text{Orientierungsmatrix} \\ \text{R des TCPs}}}
\tag{8.15}
$$

Weil die letzte Zeile der Matrizen keine auswertbaren Informationen liefert, erhält man zwölf Einzelgleichungen. Diese sind abhängig von den bekannten Elementen der Matrix T_6 und den unbekannten Gelenkvariablen. Sie lassen sich durch Auflösen der Gleichungen nach den Gelenkvariablen berechnen.

Denavit-Hartenberg-Verfahren zur Definition der Transformation

Bei dem Denavit-Hartenberg-Verfahren werden die Elemente der Transformationsmatrizen aus der Bestimmung der Lage einzelner Glieder einer kinematischen Kette zueinander ermittelt [176].

Allgemein müssten zur Aufstellung der Transformationsmatrix sechs unbekannte Größen (drei Winkel und drei Koordinaten eines Verschiebevektors) ermittelt werden. Mit Hilfe des Denavit-Hartenberg-Verfahrens erreicht man, dass zur Aufstellung der Transformationsmatrix nur vier unbekannte Größen pro Achse berechnet werden müssen. Aufgrund dieser Vorschrift können Koordinatensysteme durch zwei Drehungen (Winkel θ_n und α_n) und zwei Verschiebungen (d_n und a_n) ineinander überführt werden [49, 105].

Für die benötigten Transformationsgleichungen A_n sind folgende Festlegungen bezüglich der Parameter θ_n, d_n, a_n und α_n zu beachten:

$\theta_n \mathrel{\hat=}$ Winkel zwischen der positiven x_{n-1}-Achse und der um die z_{n-1}-Achse im mathematisch positiven Sinn gedrehten positiven x_n-Achse (vgl. Bild 8.11b: Bei rotatorischen Achsen entspricht dieser Winkel immer dem variablen Drehwinkel, wenn in der mathematischen Nullstellung alle $\vec{x}_n$ in die gleiche Richtung zeigen und alle $\vec{z}_n$ die Drehachsen darstellen),

$d_n \mathrel{\hat=}$ Abstand des Ursprungs O_n des Koordinatensystems K_n vom Ursprung O_{n-1} des Koordinatensystems K_{n-1} in Richtung der z_{n-1}-Achse (vgl. Bild 8.11b: d_1 als z-Abstand zwischen O_1 und O_0),

$a_n \mathrel{\hat=}$ Normalenabstand zwischen z_{n-1} und z_n-Achse (vgl. Bild 8.11b: a_2 als Normalenabstand zwischen $\vec{z}_1$ und $\vec{z}_2$),

$\alpha_n \mathrel{\hat=}$ Winkel zwischen der positiven z_{n-1}-Achse und der um die x_n-Achse im mathematisch positiven Sinn gedrehten positiven z_n-Achse (vgl. Bild 8.11b: $\alpha_1 = \pi/2$ als Winkel zwischen $\vec{z}_0$ und $\vec{z}_1$).

Bei dieser allgemeinen Beschreibung sind noch keine Einschränkungen für Dreh- oder Schubgelenke gemacht worden. Für Drehgelenke stellt der Parameter θ_n die veränderliche Größe dar, für Schubgelenke – z.B. bei Portalrobotern – ist der Parameter d_n die Variable.

Mit diesen Parametern werden die Transformationsgleichungen A_i zur Beschreibung der Gelenkstellung der Achsen des Industrieroboters aus folgenden Einzelmatrizen mit Hilfe der Matrizenmultiplikation

$$A_n = \mathrm{Rot}(z_n, \theta_n) \cdot \mathrm{Trans}(0, 0, d_n) \cdot \mathrm{Trans}(a_n, 0, 0) \cdot \mathrm{Rot}(x_n, \alpha_n) \tag{8.16}$$

$$A_n = \begin{pmatrix} \cos\theta_n & -\sin\theta_n & 0 & 0 \\ \sin\theta_n & \cos\theta_n & 0 & 0 \\ 0 & 0 & 1 & 0 \\ 0 & 0 & 0 & 1 \end{pmatrix} \cdot \begin{pmatrix} 1 & 0 & 0 & a_n \\ 0 & 1 & 0 & 0 \\ 0 & 0 & 1 & d_n \\ 0 & 0 & 0 & 1 \end{pmatrix} \cdot \begin{pmatrix} 1 & 0 & 0 & 0 \\ 0 & \cos\alpha_n & -\sin\alpha_n & 0 \\ 0 & \sin\alpha_n & \cos\alpha_n & 0 \\ 0 & 0 & 0 & 1 \end{pmatrix} \tag{8.17}$$

$$A_n = \begin{pmatrix} \cos\theta_n & -\sin\theta_n\cos\alpha_n & \sin\theta_n\sin\alpha_n & a_n\cos\theta_n \\ \sin\theta_n & \cos\theta_n\cos\alpha_n & -\cos\theta_n\sin\alpha_n & a\sin_n\theta_n \\ 0 & \sin\alpha_n & \cos\alpha_n & d_n \\ 0 & 0 & 0 & 1 \end{pmatrix} \tag{8.18}$$

gebildet und als Denavit-Hartenberg-Matrizen (DH-Matrizen) bezeichnet.

In der mathematisch günstigen Nullstellung (Bild 8.11b) sind die DH-Gelenkparameter θ_n, d_n, a_n und α_n (Bild 8.11c) für alle Achsen des Roboters bestimmt worden. Nach dem Einsetzen der Gelenkparameter in die allgemeine Transformationsmatrix A_n erhält man die Matrix A_i, die das Koordinatensystem K_{i-1} in das System

K_i transformiert. Zur vereinfachten Schreibweise werden in den Transformations-matrizen folgende Abkürzungen benutzt:

$$\sin\theta_i = S_i$$
$$\cos\theta_i = C_i \tag{8.19}$$

Für das gezeigte Beispiel ergeben sich folgende Transformationsmatrizen A_i und ihre Inversen A_i^{-1}:

$$A_1 = \begin{pmatrix} C_1 & 0 & S_1 & 0 \\ S_1 & 0 & -C_1 & 0 \\ 0 & 1 & 0 & d_1 \\ 0 & 0 & 0 & 1 \end{pmatrix} \qquad A_1^{-1} = \begin{pmatrix} C_1 & S_1 & 0 & 0 \\ 0 & 0 & 1 & -d_1 \\ S_1 & -C_1 & 0 & 0 \\ 0 & 0 & 0 & 1 \end{pmatrix}$$

$$A_2 = \begin{pmatrix} C_2 & -S_2 & 0 & a_2C_2 \\ S_2 & C_2 & 0 & a_2S_2 \\ 0 & 0 & 1 & 0 \\ 0 & 0 & 0 & 1 \end{pmatrix} \qquad A_2^{-1} = \begin{pmatrix} C_2 & S_2 & 0 & -a_2 \\ -S_2 & C_2 & 0 & 0 \\ 0 & 0 & 1 & 0 \\ 0 & 0 & 0 & 1 \end{pmatrix}$$

$$A_3 = \begin{pmatrix} C_3 & 0 & S_3 & 0 \\ S_3 & 0 & -C_3 & 0 \\ 0 & 1 & 0 & 0 \\ 0 & 0 & 0 & 1 \end{pmatrix} \qquad A_3^{-1} = \begin{pmatrix} C_3 & S_3 & 0 & 0 \\ 0 & 0 & 1 & 0 \\ S_3 & -C_3 & 0 & 0 \\ 0 & 0 & 0 & 1 \end{pmatrix}$$

$$A_4 = \begin{pmatrix} C_4 & 0 & -S_4 & 0 \\ S_4 & 0 & C_4 & 0 \\ 0 & -1 & 0 & d_4 \\ 0 & 0 & 0 & 1 \end{pmatrix} \qquad A_4^{-1} = \begin{pmatrix} C_4 & S_4 & 0 & 0 \\ 0 & 0 & -1 & d_4 \\ -S_4 & C_4 & 0 & 0 \\ 0 & 0 & 0 & 1 \end{pmatrix}$$

$$A_5 = \begin{pmatrix} C_5 & 0 & S_5 & 0 \\ S_5 & 0 & -C_5 & 0 \\ 0 & 1 & 0 & 0 \\ 0 & 0 & 0 & 1 \end{pmatrix} \qquad A_5^{-1} = \begin{pmatrix} C_5 & S_5 & 0 & 0 \\ 0 & 0 & 1 & 0 \\ S_5 & -C_5 & 0 & 0 \\ 0 & 0 & 0 & 1 \end{pmatrix}$$

$$A_6 = \begin{pmatrix} C_6 & -S_6 & 0 & 0 \\ S_6 & C_6 & 0 & 0 \\ 0 & 0 & 1 & d_6 \\ 0 & 0 & 0 & 1 \end{pmatrix} \qquad A_6^{-1} = \begin{pmatrix} C_6 & S_6 & 0 & 0 \\ -S_6 & C_6 & 0 & 0 \\ 0 & 0 & 1 & -d_6 \\ 0 & 0 & 0 & 1 \end{pmatrix}$$

$$\tag{8.20}$$

Bei der Bestimmung der inversen Transformationsmatrix wird berücksichtigt, dass die Drehmatrix R ein orthonormales System darstellt.

$$R = \begin{pmatrix} i_x & j_x & k_x \\ i_y & j_y & k_y \\ i_z & j_z & k_z \end{pmatrix} \qquad \vec{P} = \begin{pmatrix} p_x \\ p_y \\ p_z \end{pmatrix} \tag{8.21}$$

Für orthonormale Matrizen R gilt $R^{-1} = R^T$. Unter Verwendung dieser Beziehungen bestimmt sich die inverse Matrix A_i^{-1} zu [36, 176]:

$$A_i^{-1} = \begin{pmatrix} i_x & i_y & i_z & -\left(\vec{i} \cdot \vec{p}\right) \\ j_x & j_y & j_z & -\left(\vec{j} \cdot \vec{p}\right) \\ k_x & k_y & k_z & -\left(\vec{k} \cdot \vec{p}\right) \\ 0 & 0 & 0 & 1 \end{pmatrix} \tag{8.22}$$

Bestimmung der Achswinkel

Zur Ermittlung der Gelenkvariablen θ_i (i=1,...6) werden die Matrizengleichungen aufgestellt, die das Roboterhand-Koordinatensystem in die Gelenkkoordinatensysteme transformieren.

$$^{i-1}T_6 = A^{-1}_{i-1} \cdot A^{-1}_{i-2} \cdot \ldots \cdot A_1^{-1} \cdot T_6 = A_i \cdot A_{i+1} \cdot \ldots \cdot A_6 \tag{8.23}$$

Mit der Matrizengleichung $T_6 = A_1 \cdot A_2 \cdot A_3 \cdot A_4 \cdot A_5 \cdot A_6$ beginnend, werden zunächst diejenigen Elemente der Matrizengleichung betrachtet, die entweder null oder Funktion nur einer Gelenkvariablen sind. Falls durch den Koeffizientenvergleich keine der Gelenkvariablen bestimmt werden kann, wird die nächste Matrizengleichung (zunächst $^1T_6$, dann $^2T_6$, $^3T_6$,...) berechnet. Auch hier wird versucht, eine oder mehrere Variablen durch Koeffizientenvergleich zu ermitteln. Die fortlaufende Multiplikation mit den inversen Matrizen und anschließendem Koeffizientenvergleich wird so lange durchgeführt, bis alle Gelenkvariablen bestimmt sind.

Dieses Verfahren führt in der beschriebenen einfachen Form nicht für alle Roboterkinematiken zu einer analytisch geschlossenen Lösung. Unter Umständen ist es erforderlich, Teile der Lösung mit iterativen Verfahren zu ermitteln oder Zwischenpunkte zu berechnen bzw. Koordinatensysteme zu verschieben [150, 188].

Auch die in den Bildern 8.9 und 8.11 gezeigte Kinematik lässt sich nicht ohne weiteres lösen. Man kommt jedoch zu einem Ergebnis, wenn man die Länge $d_6 = 0$ annimmt. Dies setzt jedoch voraus, dass das Zielkoordinatensystem des Roboters vor der Rückwärtstransformation in den Schnittpunkt der Achsen 4, 5 und 6 verschoben wird. Dies kann sehr leicht mit Hilfe des k-Vektors des Zielkoordinatensystems geschehen. Da der Vektor $\vec{k}$ parallel zur sechsten Achse des Roboters und damit auch zur Hand mit der Länge d_6 ist, kann der Ursprung

$$\vec{P} = \begin{pmatrix} p_x \\ p_y \\ p_z \end{pmatrix} \tag{8.24}$$

des originalen Koordinatensystems wie folgt in den Ursprung $\vec{P}'$ des neuen Koordinatensystems umgerechnet werden:

$$\vec{P}' = \begin{pmatrix} p_x' \\ p_y' \\ p_z' \end{pmatrix} = \begin{pmatrix} p_x \\ p_y \\ p_z \end{pmatrix} - d_6 \cdot \begin{pmatrix} k_x \\ k_y \\ k_z \end{pmatrix} = \begin{pmatrix} p_x - d_6 \cdot k_x \\ p_y - d_6 \cdot k_y \\ p_z - d_6 \cdot k_z \end{pmatrix} \tag{8.25}$$

Im Folgenden kann nach dieser Vereinfachung, also mit dem Vektor $\vec{P}'$ und mit $d_6 = 0$, gerechnet werden. Zunächst wird die Gleichung

$$T_6 = A_1 \cdot A_2 \cdot A_3 \cdot A_4 \cdot A_5 \cdot A_6 \tag{8.26}$$

aufgestellt. Da die Matrix keine einfachen Ausdrücke enthält, bestimmt man die nächste Matrizengleichung $^1T_6$ (Bild 8.11a). Diese Matrix geht aus der vorherigen durch Multiplikation mit der Inversen A_1^{-1} hervor:

$$^1T_6 = A_1^{-1} \cdot T_6 \tag{8.27}$$

Die Matrix $^1T_6$ wird analog auf einfache Ausdrücke zur Bestimmung der noch unbekannten Variablen untersucht. Das Verfahren der nacheinander ausgeführten Multiplikation mit der Inversen A_n^{-1} wird so lange wiederholt, bis alle sechs Gelenkvariablen bekannt sind.

$$^nT_6 = A_n^{-1} \cdot A_{n-1}^{-1} \cdot \ldots \cdot A_1^{-1} \cdot T_6 \tag{8.28}$$

Element (3,4) aus $^1T_6 = A_1^{-1} \cdot T_6$ liefert:

$$0 = S_1 p_x' - C_1 p_y' \tag{8.29}$$

Weil die Auflösung nach dem Quotienten S_1/C_1 nicht eindeutig ist, erhält man zwei Gleichungen:

$$\frac{S_1}{C_1} = \frac{p_y'}{p_x'} = \frac{-p_y'}{-p_x'} \tag{8.30}$$

Wird der Winkel θ_i mit Hilfe der atan2-Funktion bestimmt, muss zwischen zwei Lösungen unterschieden werden:

$$\Rightarrow \quad \theta_1 = \text{atan2}\left(\frac{p_y'}{p_x'}\right) \tag{8.31}$$

$$\Rightarrow \quad \theta_1' = \text{atan2}\left(\frac{-p_y'}{-p_x'}\right) = \theta_1 + \pi \tag{8.32}$$

Anmerkung:
In der Literatur wird eine Arcustangensfunktion, welche den Winkel aus dem Quotienten von Sinus- und Kosinusfunktion bei gleichzeitiger Vorzeichenbetrachtung bestimmt, als atan2-Funktion bezeichnet.

Derselben Matrizengleichung sind auch die nötigen Bestimmungsgleichungen für die Winkel θ_2 und θ_3 zu entnehmen:

Element (1,4):
$$C_1 p_x' + S_1 p_y' = (S_2 C_3 + C_2 S_3) d_4 + C_2 a_2 = S_{23} d_4 + C_2 a_2,$$

Element (2,4):
$$p_z' - d_1 = -(C_2 C_3 - S_2 S_3) d_4 + S_2 a_2 = -C_{23} d_4 + S_2 a_2.$$

Werden die beiden Gleichungen quadriert und anschließend addiert, so erhält man mit den trigonometrischen Beziehungen

$$S_{23} = S_2 C_3 + C_2 S_3, \qquad C_{23} = C_2 C_3 - S_2 S_3 \tag{8.33}$$

eine Gleichung für S_3:

$$S_3 = \frac{a_2{}^2 + d_4{}^2 - \left(C_1 p_x' + S_1 p_y'\right)^2 - \left(p_z' - d_1\right)^2}{2 a_2 d_4} \tag{8.34}$$

C_3 wird mit Hilfe des trigonometrischen Satzes von Pythagoras bestimmt:

$$C_3 = \pm \left(1 - S_3{}^2\right)^{1/2} \tag{8.35}$$

Hierbei ist zwischen zwei möglichen Lösungen zu unterscheiden:

$$\Rightarrow \quad C_3 > 0: \quad \theta_3 = \text{atan2} \left(\frac{S_3}{\left(1 - S_3{}^2\right)^{1/2}} \right) \tag{8.36}$$

$$\Rightarrow \quad C_3 < 0: \quad \theta_3' = \text{atan2} \left(\frac{S_3}{-\left(1 - S_3{}^2\right)^{1/2}} \right) = -\theta_3 + \pi \tag{8.37}$$

Bei Kenntnis von θ_3 können nun aus Element (1, 4) und (2, 4) S_2 und C_2 ermittelt werden:

Element (1,4):
$$C_1 p_x' + S_1 p_y' = \left(S_2 C_3 + C_2 S_3\right) d_4 + C_2 a_2 = S_{23} d_4 + C_2 a_2,$$

Element (2,4):
$$p_z' - d_1 = -\left(C_2 C_3 - S_2 S_3\right) d_4 + S_2 a_2 = -C_{23} d_4 + S_2 a_2.$$

Löst man die zweite Gleichung nach C_2 auf und setzt sie in die erste Gleichung ein, erhält man eine Bestimmungsgleichung für S_2. Wird umgekehrt die zweite Gleichung nach S_2 aufgelöst, erhält man nach Einsetzen in die erste C_2. Daraus folgt Gleichung 8.38:

$$\theta_2 = \text{atan2} \left(\frac{S_2}{C_2} \right) = \text{atan2} \left(\frac{\left(C_1 p_x' + S_1 p_y'\right) d_4 C_3 + \left(p_z' - d_1\right) \left(d_4 S_3 + a_2\right)}{\left(C_1 p_x' + S_1 p_y'\right) d_4 S_3 + a_2 - \left(p_z' - d_1\right) d_4 C_3} \right) \tag{8.38}$$

Zur Bestimmung von θ_4 wird die Matrizengleichung $^3T_6$ aufgestellt:

$$^3T_6 = A_3^{-1} \cdot A_2^{-1} \cdot A_1^{-1} \cdot T_6 \tag{8.39}$$

Hier muss ebenfalls eine Fallunterscheidung in Abhängigkeit von S_5 durchgeführt werden. Dabei werden die kartesischen Orientierungs-Einheitsvektoren $\vec{i}$, $\vec{j}$ und $\vec{k}$ verwendet:

Element (1,3):

$$C_4 S_5 = C_1 C_{23} k_x + S_1 C_{23} k_y + S_{23} k_z,$$

Element (2,3):

$$S_4 S_5 = S_1 k_x - C_1 k_y,$$

$$\Rightarrow \quad S_5 > 0: \quad \theta_4 = \text{atan2}\left(\frac{S_4}{C_4}\right) \tag{8.40}$$

$$\Rightarrow \quad S_5 < 0: \quad \theta_4' = \theta_4 + \pi \tag{8.41}$$

$S_5 = 0$: Das Argument in der atan2-Funktion wird zu einem unbestimmten Ausdruck und ist somit nicht lösbar. Am kinematischen Er-
satzschaltbild erkennt man, dass für $S_5 = 0$ ($\theta_5 = 0$) die vierte
und sechste Achse zusammenfallen. Das Gleichungssystem ist
in diesem Fall überbestimmt. Um auch hier eine sinnvolle Lösung zu erhalten, soll z.B. die vierte Achse ihre alte Achsstel-
lung beibehalten, die sie unmittelbar vor Erreichen dieses Bahn-
punktes hatte.

Die Matrizengleichung

$$^4T_6 = A_4^{-1} \cdot A_3^{-1} \cdot A_2^{-1} \cdot A_1^{-1} \cdot T_6 \tag{8.42}$$

liefert die nötigen Gleichungen zur Bestimmung von θ_5:

Element (1,3):

$$S_5 = (C_1 C_{23} C_4 + S_1 S_4) k_x + (S_1 C_{23} C_4 - C_1 S_4) k_y + S_{23} C_4 k_z, \tag{8.43}$$

Element (2,3):

$$-C_5 = -C_1 S_{23} k_x - S_1 S_{23} k_y + C_{23} k_z.$$

$$\Rightarrow \quad \theta_5 = \text{atan2}\left(\frac{S_5}{C_5}\right) \tag{8.44}$$

Aus Gleichung

$$^5T_6 = A_5^{-1} \cdot A_4^{-1} \cdot A_3^{-1} \cdot A_2^{-1} \cdot A_1^{-1} \cdot T_6 \tag{8.45}$$

erhält man schließlich θ_6.

Element (2,1):

$$S_6 = (-C_1 C_{23} S_4 + S_1 C_4) i_x - (S_1 C_{23} S_4 - C_1 C_4) i_y - S_{23} S_4 i_z, \tag{8.46}$$

Element (2,2):

$$C_6 = (-C_1 C_{23} S_4 + S_1 C_4) j_x - (S_1 C_{23} S_4 - C_1 C_4) j_y - S_{23} S_4 j_z.$$

$$\Rightarrow \quad \theta_6 = \text{atan2}\left(\frac{S_6}{C_6}\right) \tag{8.47}$$

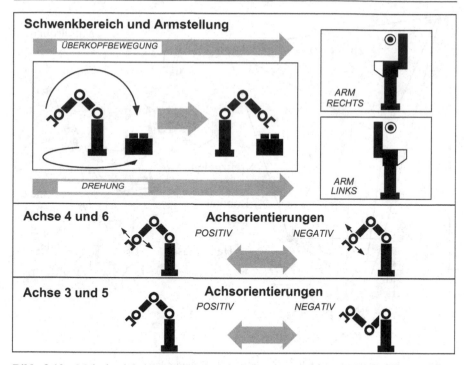

Bild 8.12. Mehrdeutigkeiten (Singularitäten) der Transformation bei sechsachsigen Knickarmrobotern

Mehrdeutigkeit der Rückwärtstransformationsalgorithmen

Wie in den vorigen Abschnitten gezeigt wurde, liefern die Algorithmen der Rückwärtstransformation je nach Robotertyp und Anzahl der Roboterachsen mehrere Lösungen für Achsstellungen einer bestimmten Zielposition und -orientierung. Für einen sechsachsigen Knickarmroboter ergeben sich folgende Mehrdeutigkeiten für die Achspositionen im Zielpunkt (Bild 8.12):

– Mehrdeutigkeit des Schwenkbereichs, bei der zu entscheiden ist, ob der Zielpunkt durch eine Überkopfbewegung oder eine Drehung der l. Achse erreicht wird,
– Mehrdeutigkeit der Achsen 4 und 6 sowie
– Mehrdeutigkeit der Achsen 3 und 5.

Diese Mehrdeutigkeiten müssen von der Steuerungssoftware durch spezielle Auswahlkriterien geklärt werden. Mögliche Entscheidungskriterien sind:

– der mechanisch begrenzte Achsverfahrbereich,
– die Kontinuität der Bewegungsbahn,
– der kürzeste Weg zum Zielpunkt.

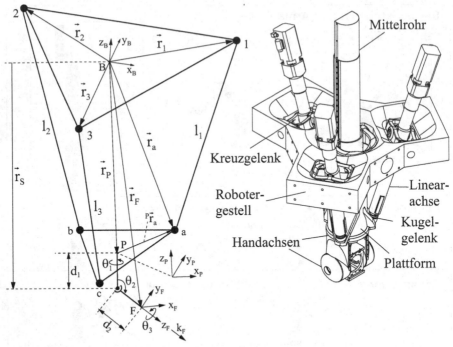

Bild 8.13. Geometrische Darstellung der *tricept*® -Kinematik

Darüber hinaus lassen sich Mehrdeutigkeiten durch Vorgaben im Anwenderprogramm ausschließen. Hierzu wird in den Bewegungsanweisungen die Definition von Zielpunktposition und Orientierung durch die Festlegung eines Winkelstatus ergänzt. Er beschreibt, in welcher Achsposition der Zielpunkt erreicht werden soll, falls Mehrdeutigkeiten in den Berechnungsalgorithmen auftreten.

Berechnung der Achspositionsdaten für Teleskoparmroboter

Der *tricept*®-Roboter verfügt über 3 parallel wirkende lineare Achsen, die auf der einen Seite über Kreuzgelenke mit dem ortsfesten Robotergestell und auf der anderen Seite über Kugelgelenke mit einer gusseisernen Plattform verbunden sind (Bild 8.13 rechts). Sie bilden die 3 Hauptachsen des Roboters.

Die Plattform ist starr an einem Mittelrohr befestigt, das durch eine Längsführung im Robotergestell die Verdrehung der Plattform verhindert. Die drei Handachsen bauen seriell auf der Plattform auf. Sie entsprechen konstruktiv der vierten, fünften und sechsten Achse eines Knickarmroboters.

Bei der Ermittlung der Achspositionsdaten aus den kartesischen Koordinaten des Tool-Center-Points (TCP) werden zunächst geeignete Koordinatensysteme definiert:

Das Basiskoordinatensystem B wird in den Schnittpunkt der Achse des Mittelrohrs mit der vom Dreieck 1-2-3 aufgespannten Ebene gelegt. Die Lage und Orientierung der Zielposition des TCP wird durch das Flanschkoordinatensystem F beschrieben. Außerdem wird das Plattformkoordinatensystem P definiert, das sich im Schnittpunkt der Achse des Mittelrohrs mit der vom Dreieck a-b-c aufgespannten Ebene befindet. Die z-Achse von P, z_P, verläuft entlang der Achse des Mittelrohrs in Richtung des Ursprungs von B.

Folgende Maschinendaten sind bei der Berechnung als bekannt vorauszusetzen (Bild 8.13 links):

- Die Lage der am Robotergestell befestigten Kardangelenke im Basiskoordinatensystem ($\vec{r}_1$, $\vec{r}_2$, $\vec{r}_3$),
- die Lage der Kugelgelenke im Plattformkoordinatensystem ($^P\vec{r}_a$, $^P\vec{r}_b$, $^P\vec{r}_c$, für die Übersichtlichkeit ist in Bild 8.13 links nur $^P\vec{r}_a$ eingezeichnet),
- die Länge des ersten Arms des Handachsenkopfes (d_1) und
- die Länge des zweiten Arms des Handachsenkopfes (d_2).

Es soll gezeigt werden, wie aus der Lage des Roboterflansches (Position und Orientierung des Koordinatensystems F) die 6 Roboterachswerte l_1, l_2, l_3 und $\theta_1, \theta_2, \theta_3$ bestimmt werden können:

Wie bei der Rücktransformation für sechsachsige Knickarmroboter bereits gezeigt wurde, kann der Zielpunkt durch eine Verschiebung und Verdrehung des Basiskoordinatensystems B in das Flanschkoordinatensystem F beschrieben werden. Im vorliegenden Fall ist $\vec{r}_F$ der Positionsvektor und $\vec{i}_F, \vec{j}_F, \vec{k}_F$ sind die Achsen des Orientierungskoordinatensystems (Bild 8.10).

Zunächst soll aus der Lage des Flanschkoordinatensystems F die Lage des Plattformkoordinatensystems P ermittelt werden. Hieraus können die Längen l_1, l_2, l_3 einfach bestimmt werden.

Die Lage von P ergibt sich aus der Verkürzung des Lagevektors $\vec{r}_S$ der Schwenkachse

$$\vec{r}_S = \vec{r}_F - d_2\,\vec{k}_F \tag{8.48}$$

um die Länge d_1:

$$\vec{r}_P = \vec{r}_S\left(1 - \frac{d_1}{|\vec{r}_S|}\right) = \left(\vec{r}_F - d_2\vec{k}_F\right)\left(1 - \frac{d_1}{|\vec{r}_F - d_2\vec{k}_F|}\right) \tag{8.49}$$

Da die Vektoren $\vec{r}_F$, $\vec{k}_F$ aus dem Zielpunkt und die Längen d_1 und d_2 aus der Geometrie des Handachsenkopfes bekannt sind, kann damit auch $\vec{r}_P$ eindeutig bestimmt werden. Die Längen der Teleskoparme ergeben sich am Beispiel von l_1 durch Vektoraddition aus:

$$l_1 = |\vec{r}_1 - \vec{r}_a| \tag{8.50}$$

wobei $\vec{r}_1$ aus der Geometrie des Robotergestells bekannt ist. Der Vektor $\vec{r}_a$ lässt sich aus der Transformation des bekannten Vektors $^P\vec{r}_a$ vom Plattformkoordinatensystem P in das Basiskoordinatensystem B bestimmen. Diese Transformation wird durch eine Translation um den Positionsvektor $\vec{r}_P$ und durch eine Rotation entsprechend dem Orientierungskoordinatensystem $\vec{i}_P, \vec{j}_P, \vec{k}_P$ beschrieben. Hieraus kann nach Gleichung 8.12 die Transformationsmatrix ^BT_P bestimmt werden:

$$
{}^B T_P = \begin{pmatrix} i_{px} & j_{px} & k_{px} & r_{px} \\ i_{py} & j_{py} & k_{py} & r_{py} \\ i_{pz} & j_{pz} & k_{pz} & r_{pz} \\ 0 & 0 & 0 & 1 \end{pmatrix} \tag{8.51}
$$

Die Orientierungsvektoren $\vec{i}_P$, $\vec{j}_P$, $\vec{k}_P$ können leicht aus dem Vektor $\vec{r}_P$ bestimmt werden, da zu jeder beschriebenen Position der Plattform ($\vec{r}_P$) nur genau eine Orientierung ($\vec{i}_P$, $\vec{j}_P$, $\vec{k}_P$) möglich ist. Der Grund hierfür liegt in der starren Verbindung zwischen der Plattform und dem Mittelrohr und in der Längsführung des Mittelrohrs, die eine Verdrehung der Plattform verhindert. Durch Anwendung der Transformationsgleichung ergibt sich:

$$
\vec{r}_a = {}^B T_P \cdot {}^P \vec{r}_a \tag{8.52}
$$

Damit ist nach Gleichung 8.50 auch die Länge der Linearachse l_1 und analogerweise auch l_2 und l_3 bekannt.

Der Winkel θ_1 entspricht der Winkeldifferenz zwischen der Projektion des Vektors $^P\vec{r}_F$ auf die von $\vec{i}_P$, $\vec{j}_P$ aufgespannte Ebene und $\vec{i}_P$. Dabei beschreibt der Vektor $^P\vec{r}_F$ die Lage des Flanschpunkts im Plattformkoordinatensystem P und kann über die Transformationsgleichung

$$
{}^P\vec{r}_F = {}^B T_P^{-1} \cdot \vec{r}_F \tag{8.53}
$$

berechnet werden. θ_1 ergibt sich damit aus:

$$
\theta_1 = \arctan\left(\frac{{}^P r_{Fy}}{{}^P r_{Fx}}\right) \tag{8.54}
$$

Der Winkel θ_2 lässt sich über die Definition des Skalarproduktes bestimmen:

$$
\theta_2 = \arccos\left(\frac{\vec{k}_F \cdot \vec{r}_P}{|\vec{r}_P|}\right) \tag{8.55}
$$

Zur Bestimmung des Winkels θ_3 wird zunächst der Vektor $\vec{r}_s$ in die von $\vec{i}_F$ und $\vec{j}_F$ aufgespannte Ebene projiziert. Dies erfolgt durch die Addition eines Vektors in negativer z-Richtung des Flanschkoordinatensystems zum Vektor $\vec{r}_S$:

$$
\vec{r}_S' = \vec{r}_S - |\vec{r}_S| \cdot \sin(\theta_2 - 90) \cdot \vec{k}_F \tag{8.56}
$$

Der Winkel θ_3 entspricht der Winkeldifferenz zwischen $\vec{r}_S'$ und $\vec{i}_F$ und lässt sich daher aus dem Skalarprodukt beider Vektoren bestimmen:

$$
\theta_3 = \arccos\left(\frac{\vec{r}_S'}{|\vec{r}_S'|} \cdot \vec{i}_F\right) \tag{8.57}
$$

Bewegungsarten

Bewegungsbefehle gehören zu den wesentlichen Basisanweisungen für eine Industrierobotersteuerung. Man unterscheidet dabei folgende Bewegungsoperationen:

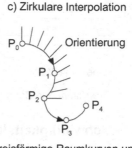

a) Punkt zu Punkt (PTP)	b) Lineare Interpolation	c) Zirkulare Interpolation
kinematikabhängige Raumkurven und Orientierungsführung	lineare Raumkurven und kontinuierliche Orientierungsänderungen	kreisförmige Raumkurven und kontinuierliche Orientierungsänderung

Bild 8.14. Bewegungsarten von Industrierobotern

– PTP (Point to Point)

Bewegung des Industrieroboters von der Istposition zur Sollposition des Tool-Center-Points auf beliebiger Bahn im Raum (Bild 8.14a). Nur Ausgangs- und Zielpunkt sind in einer PTP-Bewegung detailliert festgelegt. Die Roboterachsen erreichen ihre Zielstellungen mit ihren achsspezifischen Beschleunigungen und Geschwindigkeiten völlig unabhängig voneinander. Für Synchron-PTP-Bewegungen wird dagegen zusätzlich festgelegt, dass alle Roboterachsen ihre Zielpositionen gemeinsam erreichen. Um eine Synchron-PTP-Bewegung zu realisieren, muss die Steuerung des Industrieroboters zunächst die Führungsachse mit dem größten Weg bzw. der höchsten Bewegungszeit bestimmen. Alle anderen Achsen werden mit einer reduzierten Achsgeschwindigkeit bzw. Beschleunigung verfahren.

– Linear

Lineare Bewegung des Tool-Center-Points auf der Verbindungsstrecke zwischen Ist- und Sollposition mit vorgegebener Orientierung des Tool-Center-Points (TCP), wie im Bild 8.14b dargestellt. Die Bewegung wird mit der definierten Bahngeschwindigkeit bzw. -beschleunigung ausgeführt, solange die hierzu erforderlichen Geschwindigkeiten und Beschleunigungen der einzelnen Roboterachsen nicht überschritten werden.

– Kreisinterpolation

Durch Definition von drei Punkten im Arbeitsraum des Industrieroboters können Kreisbewegungsbahnen des TCP eindeutig festgelegt werden (Bild 8.14c).

– Überschleifen

Bei normalen Bewegungsbefehlen hält der Roboter nach jeder ausgeführten Bewegung an, unabhängig davon, ob ein weiterer Bewegungssatz folgt oder nicht. Sollen mehrere Bewegungen ohne Zwischenstopp durchgeführt werden, so muss das Überschleifverhalten festgelegt werden. Beim Überschleifen wird der programmierte Endpunkt einer Bewegung nicht genau angefahren, sondern es wird vorzeitig die nächste Bewegung eingeleitet. Der Anwender muss festlegen, nach welchen Kriterien die Steuerung das Überschleifen handhabt. Ein

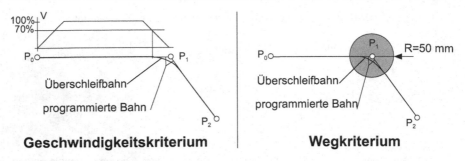

Geschwindigkeitskriterium   **Wegkriterium**

Bild 8.15. Überschleifen von Bewegungssätzen

Kriterium kann bei Bahnbewegungen (linear oder zirkular) der Abstand vom Zielpunkt sein. Damit wird bereits beim Unterschreiten der angegebenen Entfernung zum Zielpunkt der nächste Bewegungssatz eingeleitet. Als weiteres Kriterium kann häufig auch eine Geschwindigkeit vorgegeben werden, bei deren Unterschreiten das Überschleifen beginnt. Da bei PTP-Bewegungen keine Bahn vorgegeben und keine TCP-Geschwindigkeit berechnet wird, kann hier nur angegeben werden, wie viel Prozent vor dem Ende der Bewegung (bezogen auf die für die Bewegung erforderlichen Verfahrbereiche der einzelnen Achsen) das Überschleifen beginnen soll. Bild 8.15 zeigt das Überschleifen für eine zweidimensionale Bewegung.

Die entsprechenden Bewegungsarten gehören heute zum Standardbefehlsumfang von Industrierobotersteuerungen. Einige wenige Steuerungen verfügen zusätzlich über weitere Bewegungsarten, wie Parabel- oder Splineinterpolation. Diese zusätzlichen Bahnkurven haben zur Zeit jedoch praktisch keine Bedeutung und bleiben auf wenige Spezialanwendungen beschränkt.

8.4 Bedienung und Programmierung von Robotern

Bei der Roboterprogrammierung wird eine Sequenz von Steuerinformationen festgelegt, die zur Ausführung der gestellten Automatisierungsaufgabe erforderlich sind. Das Aufgabenspektrum reicht von einfachen Werkstückhandhabungsfunktionen bis hin zu komplexen, sensorgeführten Bearbeitungs- oder Montageaufgaben.

Dazu werden unterschiedliche, teilweise rechnerunterstützte Programmierverfahren angewendet, die auch kombinierbar sind. Die wichtigsten Verfahren sind im Bild 8.16 dargestellt. Sie lassen sich nach dem Ort der Programmeingabe unterscheiden:

Online-Verfahren,

die mit direkter Hilfe des Roboters und seiner Steuerung durchgeführt werden (vgl. Kapitel 8.4.1), z.B. Anfahren und Abspeichern (Teach-In) oder Abfahren einer Bahn

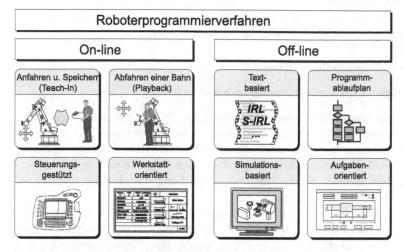

Bild 8.16. Programmierverfahren für Industrieroboter

(Playback). Ebenfalls zu den Online-Verfahren zählen werkstattorientierte Programmiersysteme, die neben der reinen Bewegungsführung und manuellen Programmeingabe den Benutzer durch umfangreiche Programmierwerkzeuge bis hin zur automatischen Programmgenerierung unterstützen (vgl. Kapitel 8.4.1.4).

Offline-Verfahren,

die unabhängig von der eigentlichen Produktionseinrichtung anwendbar sind (vgl. Kapitel 8.4.2). Die Programmierung einer Aufgabe erfolgt indirekt mit Hilfe einer problemorientierten Sprache. Ein Konzept, das sich derzeit zunehmend im industriellen Einsatz bewährt, ist die Programmierung mit grafischen Ablaufdiagrammen. Jeder Befehl der Robotersprache wird dabei durch ein Icon repräsentiert, das entsprechend des logischen Zusammenhanges in ein Flussdiagramm eingefügt werden kann. Schließlich sind simulationsgestützte Systeme verfügbar, durch die sich die Bewegungsabläufe am Bildschirm generieren bzw. simulieren lassen. Noch in der Entwicklung befinden sich aufgabenorientierte Verfahren, die keine exakte Definition der Programm- und Bewegungsabläufe mehr erfordern, sondern – aufbauend auf CAD-Daten – das Programm und die Bewegungen automatisch aus einfachen Anweisungen (z.B. „Nimm Bauteil 1") generieren.

Hybride Verfahren,

die aus einer Kombination von Online- und Offline-Verfahren hervorgegangen sind. Diese Verfahren sind dadurch gekennzeichnet, dass die Handhabungsaufgabe in der Arbeitsvorbereitung programmiert und dann vor Ort durch zusätzliche Festlegungen von Bewegungsabläufen ergänzt wird. Die Programmerstellung in der Arbeitsvorbereitung wird dabei in der Regel textuell durchgeführt, wobei vom Programmiersystem teilweise Unterstützungen in Form von Eingabemasken für einzelne Befehle geboten werden. Der Benutzer editiert jedoch im Programmtext selbst.

In den folgenden Abschnitten werden die wichtigsten Methoden und Möglichkeiten der Online- und Offline-Programmierung vorgestellt.

8.4.1 Online-Programmierverfahren

8.4.1.1 Lernprogrammierverfahren (Playback, Teach-In)

Zur Zeit werden die meisten Roboter prozessnah mit Hilfe sogenannter Lernverfahren programmiert. Dabei führt der Programmierer den Roboter oder eine vergleichbare Konstruktion zur Koordinatenerfassung, während die Robotersteuerung die für die spätere Wiederholung der Bewegung erforderlichen geometrischen Daten speichert. Durch den direkten Bezug zum Prozess ist dieses Verfahren wesentlich anschaulicher als die Offline-Programmierung.

Ein Programmierer am Bildschirmarbeitsplatz ist selten in der Lage, die Roboterbewegungen numerisch zu beschreiben, da die Komplexität der Bewegungsabläufe das räumliche Vorstellungsvermögen überfordert. Simulationssysteme, die den Roboter und seinen Arbeitsraum grafisch darstellen, sind bei entsprechender Leistungsfähigkeit in der Regel mit enormen Kosten verbunden. Auch bei verstärktem Einsatz von Offline-Programmierverfahren wird die Lernprogrammierung deshalb ihre Bedeutung zur Generierung der Bewegungssätze behalten. Man unterscheidet zwei Varianten der Lernprogrammierung:

– Playback-Programmierung (Abfahren einer Bahn),
– Teach-In-Programmierung (Anfahren und Speichern).

Bei der Playback-Programmierung wird der Roboter vom Bediener unmittelbar über Handgriffe, die in Werkzeugnähe installiert sind, entlang der zu programmierenden Bahn geführt (Bild 8.17 links). Während dieser Phase speichert die Steuerung selbsttätig in einem festen Zeittakt (0,05 bis 0,5 s) alle für die Wiedergabe (Playback) der Bahn notwendigen Daten. Die Bewegung des Roboters von Hand ist allerdings nur bei leichten Konstruktionen (z.B. bei Lackierrobotern) nach Abschalten der Antriebe möglich. Deshalb wird oft auch ein in Leichtbauweise gefertigtes, kinematisches Modell des Roboters eingesetzt, das nur die Wegmesssysteme enthält und wesentlich leichter zu bedienen ist (Bild 8.17 rechts). Nachteile eines kinematischen Modells sind jedoch zum einen die zusätzlichen Kosten und zum anderen Probleme mit Toleranzen zwischen Modell und Roboter, die einen aufwändigen Abgleich beider Systeme erfordern.

Bei der Teach-In-Programmierung führt der Programmierer den Roboter in markante, den Bewegungsablauf charakterisierende Stellungen. Dabei wird der Roboter nur selten unmittelbar von Hand, sondern meist mit Hilfe der Antriebe über ein Bediengerät (Bild 8.18) bewegt. Durch Betätigung einer Übernahmetaste werden die von den Wegmesssystemen des Roboters erfassten Stellungen gespeichert. Anschließend werden Parameter (Geschwindigkeit, Beschleunigung und Genauigkeit der Bewegung) sowie Funktionen (Greifer auf/zu, Werkzeugwechsel) programmiert. Während der Programmabarbeitung fährt der Roboter die abgespeicherten Stellungen unter Berücksichtigung der zugehörigen Parameter an und aktiviert die programmierten Funktionen.

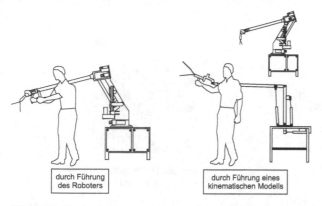

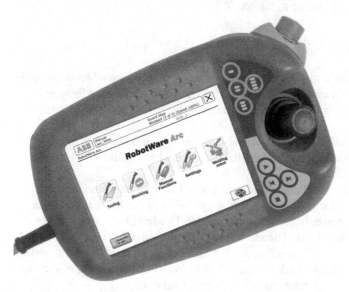

Bild 8.17. Playback-Programmierung durch Abfahren einer Bahn (nach AKR).

Bild 8.18. PHG mit Joystick zur Bewegungsführung. Quelle: ABB

8.4.1.2 Bedienelemente zur Bewegungsführung von Robotern

Wenn ein Roboter bei der Lernprogrammierung nicht unmittelbar von Hand geführt werden kann und der Einsatz eines kinematischen Modells zur Koordinatenerfassung aus räumlichen Gründen ausscheidet, müssen die Bewegungen über die Roboterantriebe ausgeführt werden. Zur Auslösung der Bewegung werden bisher meist die Fahrtasten der Steuerung bzw. des Handbediengerätes eingesetzt. Bei einem Sechs-Achsen-Roboter sind dazu im Allgemeinen zwölf Tasten erforderlich.

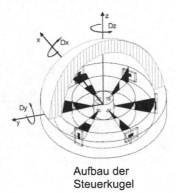

Aufbau der   Anwendung zur Bewegungs-
Steuerkugel   führung von Robotern

Bild 8.19. Sensorkugel. Quelle: DLR, Stäubli

Steuerknüppel (Joystick), Kraft-Momenten-Sensoren

Wesentlich ergonomischer ist die Bewegungsführung mittels eines Steuerknüppels (Bild 8.18) weil hierbei ein direkter Bezug zwischen der Aktion des Programmierers, d.h. der Auslenkung des Steuerknüppels, und der Bewegung des Roboters besteht.

Während herkömmliche Steuerknüppel eine simultane Bewegungsführung mit bis zu vier Achsen zulassen, ermöglicht die Sensorkugel nach Bild 8.19 eine sechsachsige Bewegungsführung.

In der beweglichen Hohlkugel sind sechs optische, eindimensional arbeitende Positionsdetektoren radial angeordnet (Bild 8.19) links. In der Mitte der Hohlkugel befindet sich eine unbewegliche, lichtemittierende Diode (LED), deren Licht die Positionsdetektoren durch eine Blende mit 6 Schlitzen erreicht. Die Schlitze und die Positionsdetektoren sind jeweils um 90 Grad gegeneinander verdreht, sodass der Ort des Auftreffens des Lichtstrahls auf dem Positionsdetektor eine Aussage über die Drehung oder Verschiebung der Hohlkugel zulässt.

Mit diesem System ist es möglich, die Verschiebungen und Verdrehungen der Kugel sowie die Kräfte und Momente auf die Kugel zu messen und die gewünschte Roboterbewegung zu berechnen. Dabei verfährt der Roboter in Richtung der auf die Sensorkugel ausgeübten Kräfte mit kraftproportionaler Geschwindigkeit. Die Handachse des Roboters dreht in Richtung des Momentes mit momentenproportionaler Winkelgeschwindigkeit [112]. Abhängig davon, ob die Sensorkugel raumfest montiert oder am Roboterwerkzeug befestigt wird, erfolgt die Bewegungsführung in Roboterbasiskoordinaten, d.h. in kartesischen Arbeitsraumkoordinaten, oder in Werkzeugkoordinaten.

Mobile Steuerknüppel

Bei der Bewegungsführung großer Roboter, z.B. bei dem im Bild 8.20 dargestellten Portalroboter, ist es erforderlich, dass der Bediener sich in der Nähe der Roboter-

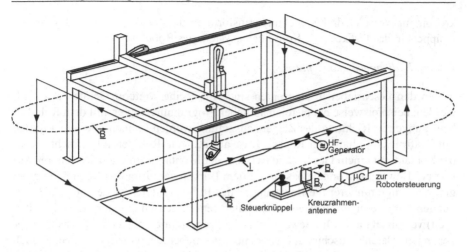

Bild 8.20. Bedienfeld-Koordinaten-Korrektur

hand aufhält, um Details besser zu erkennen. Ein raumfest montierter Steuerknüppel ist in diesem Fall nicht zu verwenden. Bei Befestigung auf einer mobilen Plattform, die der Bediener mit sich trägt, besteht aber kein konstanter Bezug mehr zwischen den Koordinatensystemen von Steuerknüppel und Roboter. Dies kann zur Irritation und sogar zur Gefährdung des Bedieners führen, da sich der Roboter – abhängig von der Ausrichtung des Steuerknüppels – unerwartet auf den Bediener zu bewegen kann. Für einen Steuerknüppel, der an der Roboterhand befestigt ist und der die Bewegung immer in Werkzeugkoordinaten führt, besteht dieses Problem nicht. Verschiedene Hersteller bieten bereits standardmäßig eine entsprechende Option an, u.a. auch basierend auf dem Space-Mouse-Konzept.

Für einen Portalroboter, bei dem sich das Werkzeug außerhalb der Reichweite des Bedieners bewegt, ist ein solches System allerdings kaum geeignet. Um hier bei einem mobilen Bediengerät den von der Position des Bedieners abhängigen Zusammenhang zwischen der Betätigungsrichtung des Steuerknüppels und der Bewegungsrichtung des Roboters zu gewährleisten, müssen die vom Steuerknüppel ausgehenden Signale einer Koordinatentransformation bezüglich der Drehung um die Vertikalachse unterzogen werden. Dazu muss zunächst die Drehlage des Bedienfeldes erfasst werden. Neben dem Einsatz eines Kreisels als Lagereferenz besteht die Möglichkeit der Orientierung an einem Magnetfeld. Bild 8.20 veranschaulicht die Korrektur der Bedienfeldkoordinaten nach diesem Verfahren [144].

Durch zwei stromdurchflossene Leiterschleifen wird im Arbeitsraum des Roboters ein hochfrequentes, magnetisches Wechselfeld B erzeugt. Dieses Feld induziert in den zwei orthogonalen Spulen einer kleinen Kreuzrahmenantenne Spannungen, die dem Sinus bzw. Kosinus des Verdrehwinkels zwischen Bedienfeld und Magnetfeld proportional sind. (Das Funktionsprinzip ähnelt dem des Resolvers aus Band 3, Kapitel 2.2.2.3.). Aus dem Verhältnis der beiden Spannungen errechnet ein Mi-

krocomputer den Verdrehwinkel und transformiert die Ausgangssignale des Steuerknüppels in das feststehende Koordinatensystem des Roboters.

Weitere Bediengerätekonzepte

Neben den beschriebenen Konzepten sind eine Reihe weiterer Geräte entwickelt
worden, beispielsweise ein pistolenähnlicher Programmierzeiger, mit dem Roboterbewegungen in Richtung des Zeigers ausgeführt werden können oder ein Joystick
mit Kraftrückkopplung, der Rückschlüsse auf die vom Roboter aufgebrachte Kraft
bei Kontakt mit einem Gegenstand (z.B. bei der Montage) zulässt. Ein weiterer Ansatz zur Bewegungsvorgabe basiert auf dem Prinzip der virtuellen Realität. Hierbei
gibt der Programmierer die Bewegungen des Roboters durch seine eigenen Bewegungen vor, die er in einer vom Computer generierten Umgebung (der virtuellen
Welt) verfolgen kann. Die Bewegungen des Programmierers werden über einen sogenannten Datenhandschuh aufgenommen, der neben der Position der Hand auch
Bewegungen wie das Zugreifen erkennen kann [85].

Die neuesten Entwicklungen gehen weit über das einfache Aufnehmen von Be-
wegungen hinaus und ermöglichen die Eingabe von Anweisungen durch Gesten.
Der Anwender, der dabei einen Datenhandschuh trägt, kann damit durch eine feste
Zuordnung bestimmter Gesten zu Roboteranweisungen auf intuitive Weise mit der
Steuerung kommunizieren. Weiterhin werden heute Datenhandschuhe mit integrier-
ter „Kraftrückkopplung" angeboten, die dem Anwender durch taktile Aktoren das
Gefühl eines mechanischen Widerstandes geben (Bild 8.21).

Insgesamt hat heute neben den konventionellen Bedienelementen wie Einzel-
tasten oder drei- bis vierachsige Joysticks besonders die Sensorkugel an Bedeutung
gewonnen. Sie wird von einer Reihe von Roboterherstellern bereits standardmäßig
angeboten. Kraftrückgekoppelte Systeme haben sich in den letzten Jahren zwar rasant entwickelt, befinden sich allerdings noch im Erprobungsstadium. Auch die VR-
basierten Ansätze sind noch dem Laborstadium zuzuordnen. Allerdings ist gerade
in diesem Bereich mit einem enormen zukünftigen Wachstum zu rechnen.

8.4.1.3 Erstellung eines Roboterprogramms an der Steuerung

Zur Online-Programmierung stehen dem Anwender heute Programmierhandgeräte
(PHG) zur Verfügung, die unter besonderer Berücksichtigung auf maximale Benutzerfreundlichkeit ausgelegt wurden. Dazu gehören ein ergonomisches Design und
eine übersichtliche Benutzungsoberfläche mit intuitivem Benutzungskonzept. Entsprechend finden hier zunehmend grafische, MS-Windows-basierte Benutzungsoberflächen Einsatz. Bild 8.22 zeigt ein modernes PHG mit einem VGA-Farbgrafik-
LCD-Display und mit Bedienelementen, die zum größten Teil aus Softkeys bestehen [140, 141]. Softkeys sind Tasten, deren Bedeutung sich in Abhängigkeit vom
aktuellen Systemzustand ändert. Welche Bedeutung die einzelnen Tasten jeweils haben, wird im Display neben der Taste grafisch durch ein Icon oder textuell durch ein
Menü oder ein Befehlswort dargestellt. Neben diesen Softkeys sind eine Nummern-
und Buchstabentastatur sowie einige wenige Funktionstasten verfügbar.

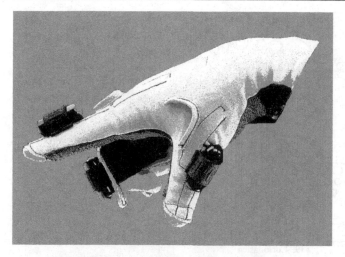

Bild 8.21. Datenhandschuh. Quelle: Virtex

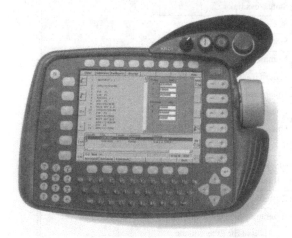

Bild 8.22. PHG einer Robotersteuerung. Quelle: KUKA

Bei einem Benutzungskonzept, bei dem die grafische Oberfläche einen großen Teil des gesamten PHGs einnimmt, kommt der Struktur der Benutzungsoberfläche eine besondere Bedeutung zu. Bei der vorliegenden Steuerung (Bild 8.24) ist der gesamte Randbereich einer Reihe von Softkeyleisten zugeordnet. Der Display-Bereich ist in das Programm-, Melde- und Zustandsfenster unterteilt. Eine Statusleiste zeigt den aktuellen Betriebszustand des Roboters an. Zur Bewegungsvorgabe steht dem Anwender eine Space-Maus zur Verfügung, die je nach Betriebsmodus eine Bewegung der einzelnen Roboterachsen oder des TCPs relativ zu beliebigen Koordinatensystemen gestattet. Die Space-Maus arbeitet nach dem Prinzip der Steuerkugel (Bild 8.19). Die Programmierung soll im Folgenden anhand eines einfachen Bei-

1.	Display	18.	Eingabe-Taste
2.	Menüleiste	19.	Cursortasten
3.	Statuskeyleisten	20.	Menükeys
4.	Programmfenster	21.	Statuskeys links
5.	Zustandsfenster	22.	Softkeys
6.	Meldungsfenster	23.	Statuskeys rechts
7.	Statuszeile	24.	Nummernfeld, 1. Ebene:
8.	Softkeyleiste		Ziffern 0 - 9.
9.	NOT-AUS-Taste		Nummernfeld, 2. Ebene:
10.	Antriebe AUS		Editierfunktionen (Home,
11.	Antriebe EIN		Undo, Del, etc.).
12.	Betriebsartenwahl (Test 1,	25.	Tastatur
	Test 2, Automatik, Extern)	26.	Space-Mouse
13.	Escape-Taste (ESC)	**PHG-Rückseite**	
14.	Fensterwahl-Taste	-	Zustimmtasten
15.	Programm-STOPP	-	Programm-START-Vorwärts
16.	Programm-START-Vorwärts	-	Anschlüsse für Ethernet und
17.	Programm-START-Rückwärts		DIN-Stecker (MFII-Tastatur)

Bild 8.23. Funktionalität der Bedienelemente (nach KUKA)

spiels – Anwählen eines Programms und Einfügen eines Bewegungssatzes – erläutert werden.

Nach dem Einschalten der Steuerung am Steuerschrank und dem Anwählen des Testmodus durch den Betriebsartenwahlschalter (12) befindet sich die Steuerung im Handbetrieb.

Die aktuellen Positionen der Roboterachsen sind – sofern keine absoluten Positionsgeber verwendet werden und eine Speicherung der Achsstellungen beim Ausschalten nicht automatisch erfolgt – der Robotersteuerung nicht bekannt. Deshalb wird in diesem Fall zunächst ein Referenzfahrt durchgeführt, bei der einzelne Achsen, oder auch mehrere Achsen gleichzeitig, zur Referenzposition gefahren werden. Werden von der RC-Steuerung auch Zusatzachsen verwaltet, so müssen auch diese in Referenzfahrten einbezogen werden (vgl. Kapitel 8.2).

Um ein Programm anlegen oder bearbeiten zu können, muss zunächst das Programmfenster durch die Fensterwahl-Taste (14) angewählt werden. Im Programmfenster werden alle in der Steuerung verfügbaren Roboterprogramme angezeigt und können durch die in der Softkeyzeile angezeigten Befehle bearbeitet werden. Durch Anwahl mit den Cursortasten (19) und durch Betätigung des Softkeys „Edit" (22) wird das gewünschte Programm im Programmfenster angezeigt und kann bearbeitet werden. Dafür stehen dem Anwender alle Windows-üblichen Editierfunktionalitäten wie Ausschneiden, Kopieren, Einfügen und Löschen über das Menü zur Verfügung. Um einen Bewegungsbefehl in das Programm einzufügen, wird zunächst der Cursor durch die Cursortasten auf die entsprechende Zeile des Programmtextes bewegt. Über die Menükeys (20) kann dann der entsprechende Befehl ausgewählt werden. Im Falle des Bewegungsbefehls wird automatisch ein „InLine-Formular" geöffnet, das es dem Anwender gestattet, alle Parameter eines Befehls dialogbasiert über die Tastatur (25) einzugeben. Dazu werden ihm je nach Befehl die entsprechenden Möglichkeiten über die Softkeys angeboten. In diesem Fall bestehen die Parameter aus dem Zielpunkt, den Bewegungsparametern wie Überschleifen und Geschwindigkeit und dem Koordinatensystem. Zur Programmierung der Zielposition besteht entweder die Möglichkeit des Teachens oder der Eingabe der Koordinaten über die Tastatur.

Zum Teachen eines Punktes wird der Roboter bei gedrückter Zustimmtaste manuell positioniert und durch Betätigung des Softkeys „Touch Up" in das Programm übernommen. Zur manuellen Bewegungsführung stehen dem Anwender verschiedene Modi zur Verfügung: Über die Statuskeys (21) kann zwischen dem Verfahren mit der Space-Maus (26) oder mit Verfahrtasten (23) ausgewählt werden. Außerdem besteht die Möglichkeit, über die Statustasten zwischen den folgenden Koordinatensystemen auszuwählen:

1. Maschinenachsspezifisches Koordinatensystem. Die sechs Verfahrtasten bewirken in diesem Modus die Vorwärts- und Rückwärtsbewegung von maximal sechs Achsen.
2. WORLD-Koordinatensystem. Drei Fahrtasten ermöglichen die Bewegung des TCPs parallel zu einem kartesischen Koordinatensystem, das im Fuß des Roboters liegt. Die übrigen drei Tasten dienen zur Änderung der Orientierung (A, B, C) ohne den eingestellten Arbeitspunkt zu verändern.
3. BASE-Koordinatensystem. Die Fahrtasten haben die gleiche Bedeutung wie unter 2., jedoch befindet sich der Ursprung des Koordinatensystems in einem benutzerdefinierten Punkt, in der Regel am Werkstück.
4. TOOL-Koordinatensystem. Die Fahrtasten haben die gleiche Bedeutung wie unter 2., jedoch befindet sich der Ursprung des Koordinatensystems an der Spitze des Werkzeugs und wird entsprechend der Roboterbewegung mit verschoben.

Zur textuellen Eingabe von Koordinaten über die alphanumerische Tastatur erlaubt die in der Steuerung implementierte Programmiersprache KRL (KUKA Robot Language) nahezu beliebige Formate, vorausgesetzt, der Datentyp des Gesamtkonstrukts ist POS, FRAME, AXIS etc. Damit besteht die Möglichkeit, sowohl Zahlenwerte als auch Variablen oder Konstanten für die einzelnen Koordinaten vorzugeben. Selbst Berechnungen sind zulässig. Ferner kann die Position als Ganzes in Form einer Variablen oder allgemein als geometrischer Ausdruck (Verknüpfung mehrerer Positionen und Koordinatensysteme) angegeben werden. Weiterhin bietet die Steuerung die Möglichkeit zur Ablage von Raumpunkten, Variablen usw. in Datenlisten.

Eine parametrierte Beschreibung von Bewegungsanweisungen bietet den Vorteil, dass eine einfache Anpassung an variable Prozessabläufe möglich ist. Werden z.B. Positioniervorgänge zur Aufnahme und zur Ablage von Werkstücken mit unterschiedlicher Höhe durchgeführt, so lässt sich die z-Koordinate des Arbeitspunktes in Abhängigkeit von der extern vorgegebenen Werkstückhöhe (Parameterübergabe durch Leitrechner) bestimmen. Dazu werden arithmetische Operationen ausgeführt, deren Ergebnis (z-Position) in einer Variablen abgelegt und dann innerhalb der Bewegungsanweisung ausgewertet wird.

Programmtest

Bei der Programmgenerierung wird eine automatische Überprüfung der Befehlssyntax durchgeführt, indem einerseits nur die zulässigen Sprachelemente in den Menüs angeboten und andererseits alle numerischen Eingaben auf Bereichsüberschreitungen untersucht werden. Trotzdem ergeben sich vielfältige Fehlerquellen dadurch, dass der Gesamtaufbau eines Programms unvollständig oder inkorrekt sein kann. So können z.B. arithmetische Operationen erst bei der Programmausführung zu nicht definierten Zuständen führen und Bewegungsanweisungen müssen zunächst im Handbetrieb mit verringerter Antriebsleistung getestet werden, damit Kollisionen zwischen dem Roboter und seiner Umwelt erkannt und eliminiert werden können.

Zu den wichtigsten Testhilfen gehören:

1. Externe Beeinflussung der Geschwindigkeit (Override-Vorgabe). Zusätzlich zu den programmierten Geschwindigkeiten (Achs- und Bahngeschwindigkeiten) lässt sich sowohl beim Programmtest als auch beim Automatikbetrieb die tatsächliche Ausführungsgeschwindigkeit über die Statuskeys (21) einstellen.
2. Einzelsatz. Nach der Betätigung der Programm-START-Vorwärts-Taste (16) wird *eine* Programmanweisung ausgeführt. Danach geht die Steuerung in den Stopp-Zustand, bis ein erneutes Startsignal gegeben wird.
3. Einzelschritt. Die Programmbearbeitung wird so lange fortgesetzt, bis eine Bewegungsanweisung erreicht ist. Die Ausführung der Bewegung erfolgt nach erneuter Betätigung der Programm-START-Vorwärts-Taste.
4. Satzfolge. Das Programm wird kontinuierlich bearbeitet, solange die Programm-START-Vorwärts-Taste betätigt wird.

5. Unterbrechungsmarken im Programm. Nach der Betätigung der Programm-START-Vorwärts-Taste wird das Programm bis zur nächsten Unterbrechungsmarkierung ausgeführt. Danach geht die Steuerung in den Stopp-Zustand über.
6. Test einzelner Programmabschnitte im Handbetrieb. Zum Test umfangreicher und gegliederter Roboterprogramme sind Testhilfen erforderlich, die eine abschnittsweise Überprüfung ermöglichen. Dafür ist mit den Cursortasten zum entsprechenden Programmabschnitte zu springen und der Softkey (22) Line Select zu betätigen. Dann ist wie unter 3. zu verfahren.
7. Testen mit Arbeitsgeschwindigkeit. Auch in diesem, als Test 2 bezeichneten Modus sind die drei Bearbeitungsarten nach Pkt. 2 (Einzelsatz, Einzelschritt, Satzfolge) einstellbar. Alle Bewegungsvorgänge werden jedoch mit voller Antriebsleistung ausgeführt. Dieser Modus wird durch den Schalter 12 aktiviert.

Erst nach Abschluss aller Test- und Korrekturarbeiten ist ein Ablauf der Programme im Automatikbetrieb sinnvoll.

Voreinstellungen und Zustandsanzeigen

Über die Menüauswahl „Monitor" (20) können die Voreinstellungen der Robotersteuerung sowie der aktuelle Betriebsstatus eingesehen und ggf. modifiziert werden. Zu den Voreinstellungen gehören:

– Korrekturdaten (z.B. Werkzeug- und Nullpunktkorrekturen),
– Geschwindigkeiten und Beschleunigungen,
– Orientierungsführung beim Bahnfahren,
– Technologiedaten (Schweißparameter etc.),
– Anwenderdaten (z.B. Arbeits- bzw. Schutzräume).

Zustandsinformationen geben Aufschluss über:

– die aktuelle Position des Arbeitspunktes (X, Y, Z) und die Orientierung der Handachsen (A, B, C) oder alle Achsstellungen,
– den Zustand der Ein- und Ausgänge,
– Fehlerzustände und Meldungen der Steuerung (z.B. Hard- oder Software-Endschalter),
– eingestellte Geschwindigkeits- und Beschleunigungswerte,
– die aktuelle Position innerhalb des Programms (z.B. Programmname, aktueller Satz),
– den aktuellen Wert von Variablen.

Programmverwaltung und -archivierung

Die in der RC-Steuerung gespeicherten Programme sind in einem Inhaltsverzeichnis aufgelistet. Im Anzeigefeld der Steuerung lassen sich alle Hauptprogramme mit den zugehörigen Programmmodulen darstellen.

Innerhalb der Robotersteuerung lässt sich ein Hauptprogramm vollständig oder teilweise über eine Kopierfunktion duplizieren. Dadurch ergeben sich Zeiteinsparungen bei der Erstellung ähnlicher Programme, die durch Löschen, Ändern oder Einfügen einzelner Programmanweisungen aus bestehenden Programmen hervorgehen.

Die Programmarchivierung kann auf der steuerungseigenen Festplatte, auf Disketten oder über Ethernet auf beliebigen Datenträgern im Netzwerk erfolgen. Daneben lassen sich Protokollausgaben von Programmen, Datenlisten, Korrekturdaten (Werkzeug- und Nullpunktkorrekturen) u.a. auf einem Drucker ausgeben.

Zunehmende Bedeutung erlangt die Kopplung zwischen Robotersteuerungen und einem Leitrechner, der die externe Koordinierung übernimmt. Zu den elementaren Funktionen des DNC-Betriebs gehören:

- Programm- und Datentransfer,
- Programmsteuerung (Programmanwahl, -start und -stopp, Programme löschen, externe Override-Vorgabe),
- Betriebszustand abfragen,
- Alarmbearbeitung durchführen und
- Übermittlung von Systeminformationen (Steuerungstyp, Programmverzeichnis).

8.4.1.4 Werkstattorientierte Programmiersysteme

Obwohl der Begriff der Werkstattorientierten Programmierung (WOP) bisher nur aus dem Bereich der NC-Steuerungen geläufig ist, besteht auch im RC-Bereich ein großes Entwicklungspotenzial für ähnliche Systeme. Mit werkstattorientierten Programmiersystemen für Roboter sind solche Systeme gemeint, die den Programmierer bei der Programmerstellung durch deutlich über den gängigen Funktionsumfang von Robotersteuerungen hinausgehende Hilfsmittel unterstützen [66]. Dies kann z.B. durch die grafische Darstellung von programmierten Bahnen, die Unterstützung durch Automatismen, die Nutzung von CAD-Daten oder neuartige Ein-/Ausgabeverfahren (Touchscreen, Spracherkennung und -ausgabe usw.) geschehen. Ziel solcher Systeme ist es, die Programmierung vor Ort gegenüber bekannten Systemen deutlich komfortabler, schneller, ergonomischer und letztendlich kostengünstiger zu gestalten.

Als Beispiel für die Entwicklungsmöglichkeiten in diesem Bereich soll im Folgenden ein System für das Bahnschweißen mit Robotern vorgestellt werden, das am WZL entwickelt wurde und inzwischen im industriellen Einsatz ist [19, 258]. Das wesentliche Ziel dieses Projektes zum bedienergerechten Einsatz eines NC-Robotersystems für das Schweißen war, für die auftragsgebundene Einzelfertigung eine Anlage zu entwickeln, die dem Benutzer eine ergonomisch ideale Umgebung zum Erstellen selbst komplexer Schweißprogramme bietet. Zusätzlich sollte die Programmierzeit pro Werkstück drastisch reduziert werden. Das entwickelte System besteht aus folgenden Hauptkomponenten:

- Ein Programmierroboter, d.h. ein antriebsloses kinematisches Modell des Schweißroboters, der leicht von Hand positioniert werden kann,

- ein am Programmierroboter befestigtes grafikfähiges Handprogrammierterminal mit sensitiver Bildschirmoberfläche,
- drahtlose Spracheingabe und -ausgabe zur effektiven Benutzerunterstützung,
- ein grafisches Programmiersystem zur Bearbeitung und Prüfung des erstellten Zwischencodes sowie zur Generierung der RC-Steuerungsprogramme,
- Makro- und Sensortechnik zur Programmierunterstützung.

Bei der Programmierung einer Schweißaufgabe geht der Benutzer so vor, dass er der Reihe nach mit dem Programmierroboter die einzelnen Schweißnähte eingibt, indem er über den Touchscreen den Nahttyp auswählt (z.B. Kehlnaht, Ecke schweißen, dreilagig) und anschließend den Programmierroboter an den markanten Punkten positioniert. Entscheidend dabei ist, dass durch im System abgelegte Makros und Berechnungsfunktionen die Anzahl der zu teachenden Punkte drastisch reduziert wurde. Zwischenpunkte in Schweißnähten zur Änderung der Brenneranstellung werden automatisch generiert. Zum Durchschweißen einer Innenecke ist lediglich die Vorgabe von drei Punkten (Anfang, Ecke, Ende) erforderlich. Weiterhin muss die Orientierung in diesen Punkten nur ungefähr vorgegeben werden, da sie automatisch vom System an die Nahtgeometrie angepasst wird.

Ferner kann der Benutzer Suchstrategien zum sensorischen Suchen von Nahtanfängen anwählen, ohne die entsprechenden Bewegungen teachen zu müssen. Die gesamte Programmierung findet vor Ort mit Hilfe des Handbediengerätes (mit Touchscreen) und des PC-gestützten Offline-Programmiergerätes statt. Bild 8.24 zeigt Beispiele für Programmieroberfläche auf dem Handprogrammiergerät.

Das Offline-Programmiergerät dient zur Überarbeitung und Prüfung der erstellten Programme und zur abschließenden Generierung des Programmcodes für die Steuerung. Der Programmierer muss in keiner Phase der Programmerstellung direkte Änderungen im Programmtext vornehmen. Zur weiteren Unterstützung des Programmierers bietet das System die Möglichkeit der Bedienung über Spracheingabe, so dass er sich beim Teachen mit dem Programmierroboter voll auf das Werkstück konzentrieren kann. Mit diesem System ist eine Reduzierung des Verhältnisses zwischen Programmierzeit und Lichtbogenbrennzeit auf 4:1 erreicht worden, wohingegen bei konventioneller Teach-In-Programmierung Verhältnisse von 40:1 bis 100:1 angesetzt werden.

Einer weiten Verbreitung dieser Technologie stand in den letzten Jahren noch die mangelnde Flexibilität der Steuerungen sowie der meist sehr einfachen Displays auf den Programmierhandgeräten entgegen. Heute sind leistungsfähige, frei programmierbare Steuerungen mit grafikfähigen Displays verfügbar, die im Bereich der werkstattorientierten Programmierung eine dynamische Entwicklung vermuten lassen.

8.4.2 Offline-Programmiersysteme

8.4.2.1 Textuelle Programmerstellung

Neben den prozessnahen Programmierverfahren, wie Teach-In oder Playback, bei denen der Industrieroboter während der Programmierphase vom Bediener unmittel-

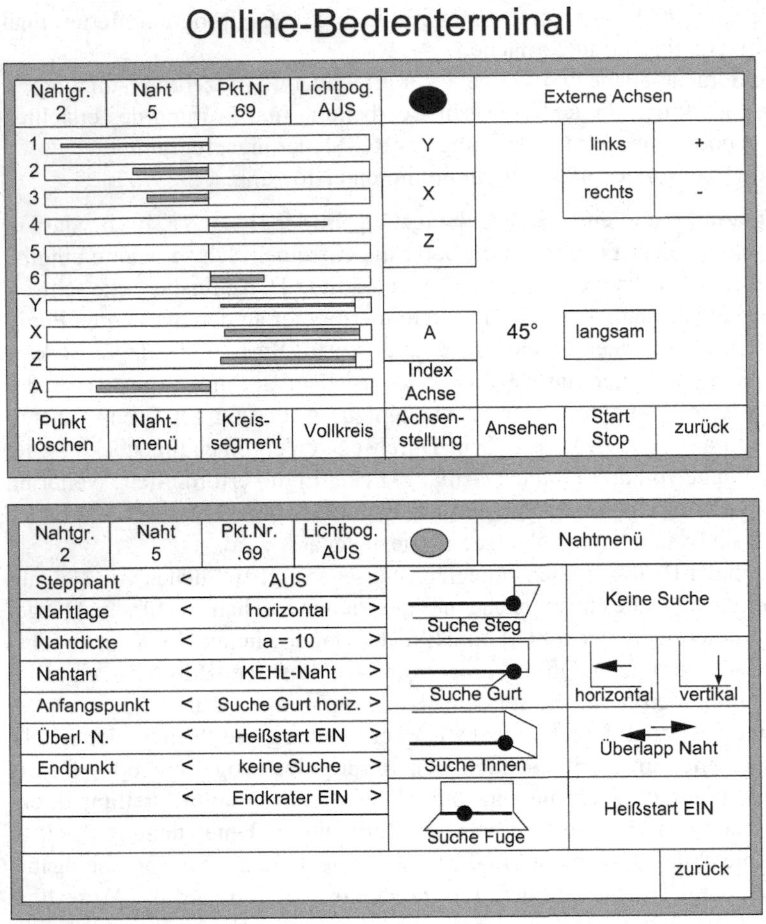

Online-Bedienterminal

Nahtgr. 2	Naht 5	Pkt.Nr .69	Lichtbog. AUS	●	Externe Achsen		
1				Y		links	+
2							
3				X		rechts	−
4				Z			
5							
6							
Y							
X				A	45°	langsam	
Z				Index Achse			
A							
Punkt löschen	Naht- menü	Kreis- segment	Vollkreis	Achsen- stellung	Ansehen	Start Stop	zurück

Nahtgr. 2	Naht 5	Pkt.Nr. .69	Lichtbog. AUS	⬭	Nahtmenü		
Steppnaht	<	AUS	>		Keine Suche		
Nahtlage	<	horizontal	>	Suche Steg			
Nahtdicke	<	a = 10	>				
Nahtart	<	KEHL-Naht	>	Suche Gurt	horizontal	vertikal	
Anfangspunkt	<	Suche Gurt horiz.	>				
Überl. N.	<	Heißstart EIN	>	Suche Innen	Überlapp Naht		
Endpunkt	<	keine Suche	>				
	<	Endkrater EIN	>	Suche Fuge	Heißstart EIN		
					zurück		

Bild 8.24. Bedienoberfläche eines werkstattorientierten Programmiersystems

bar vor Ort geführt und programmiert wird, werden oft auch sogenannte Offline-Programmierverfahren eingesetzt. Besonders in flexibel verketteten Produktionsanlagen ermöglichen sie, durch weitgehende textuelle Programmerstellung in der Arbeitsvorbereitung, eine bessere Maschinenauslastung. Bei textueller oder allgemein bei nicht auf CAD-Daten basierender Programmierung wird die Programmerstellung dabei meistens in zwei Schritten durchgeführt. In einem ersten Schritt wird das eigentliche Programmgerüst offline, also z.B. in der Arbeitsvorbereitung, erstellt, wobei die Bewegungsbefehle zwar vorgesehen, aber nicht mit Positionswerten ausgefüllt werden. Das Einlernen der Positionen sowie der Programmtest und die Optimierung finden dann in einem zweiten Schritt direkt am Roboter, also online, statt. In diesem Fall spricht man auch von hybrider Programmierung.

Für die Offline-Programmierung werden von den verschiedenen Roboterherstellern rechnergestützte Programmiersysteme angeboten, mit denen die Programmie-

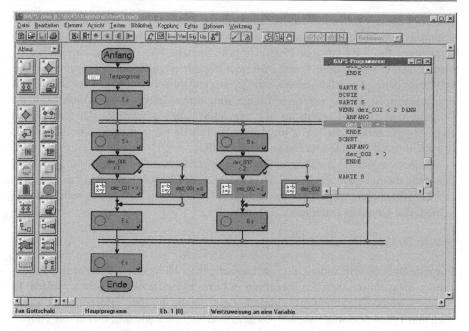

Bild 8.25. Grafisches Programmiersystem BAPS plus

rung in der steuerungsspezifischen Sprache (KRL bei KUKA; BAS bzw. BAPS plus bei BOSCH; ROLF und CAROLA bei CLOOS, RAPID bei ABB, V+ bei Adept und Stäubli) durchgeführt werden kann. Da diese Sprachen inzwischen größtenteils als Hochsprachen bezeichnet werden können und da zusätzlich die Roboterprogrammiersprache IRL (Industrial Robot Language, DIN 66312, Teil 1) genormt wurde, haben andere Sprachen, die speziell für die Offline-Programmierung entwickelt wurden, weitgehend an Bedeutung verloren, sofern sie nicht entweder in eine Steuerung oder in ein Simulationssystem integriert sind (wie z.B. die Sprache TDL (Task Description Language) des Simulationssystems eM-Workplace).

Daher wird die Programmiersprache IRL stellvertretend für eine Reihe ähnlicher marktüblicher Programmiersprachen ausführlich im nächsten Abschnitt beschrieben.

8.4.2.2 Industrial Robot Language (IRL)

Dem Aufbau und der Codierung von RC-Programmen war im Vergleich zur NC-Technik (DIN 66025) in der Vergangenheit keine Norm zu Grunde gelegt. Deshalb sind Programmstruktur, Syntax und Programmanweisungen der Steuerungen von den einzelnen Herstellern unterschiedlich spezifiziert worden. Um dieser Entwicklung entgegenzuwirken, wurde Anfang der neunziger Jahre eine Norm für Roboterprogrammiersprachen mit der Bezeichnung IRL (Industrial Robot Language) entwickelt, die zu einer Vereinheitlichung der Programmiersprachen und damit zu reduziertem Schulungsaufwand der Bediener führen soll [61, 184]. Während ältere Programmiersprachen sehr einfach gehalten waren und stark an Assembler-Sprachen erinnerten, ähnelt die im Juni 1993 genormte Sprache IRL Hochsprachen, wie z.B. Pascal. Damit wurde dem Trend zu immer komplexeren Roboterprogrammen und den gestiegenen Anforderungen an die Leistungsfähigkeit der Robotersysteme und -steuerungen Rechnung getragen. Einige Steuerungshersteller haben sich bei ihren Programmiersprachen bereits an IRL angelehnt oder stellen sogar den kompletten IRL- Sprachumfang zur Verfügung [29]. Die Tabelle 8.1 gibt einen Überblick über die wichtigsten Befehle und Funktionen von IRL.

Allgemein werden die Programmanweisungen in einzelne Module entsprechend den Aufgabenschritten gegliedert. Dies reduziert den Programmumfang und verbessert die Übersichtlichkeit. Die Elemente eines IRL-Programms lassen sich in unterschiedliche Gruppen einteilen (vgl. Tabelle 8.1).

System-Deklarations-Datei

Für jede Roboterzelle muss eine Beschreibung ihrer Fähigkeiten und der implementierten Zusatzfunktionen der Steuerung in Form einer Datei angegeben werden. In dieser Systemdeklaration muss zumindest eine Reihe minimal erforderlicher Variablen und Typen deklariert werden. Dazu zählen Angaben wie die Anzahl und Namen der Roboter einer Zelle, Anzahl und Typen der Haupt- und Zusatzachsen, Angabe von Endlosachsen, die Art der Orientierungsvorgabe, mögliche Geschwindigkeiten und Beschleunigungen, usw. Von diesen Angaben hängt die Funktion vieler IRL-Befehle ab. Als Beispiel sei hier nur die Angabe der Anzahl der Grundachsen des Systems und der Zusatzachsen genannt. Je nach Anzahl der Achsen müssen bei einem Befehl zur Roboterbewegung (MOVE) unterschiedlich viele Achswerte vorgegeben werden, d.h. der Datentyp für die Roboterstellung ist ein anderer. Ähnliches gilt für Rechenoperationen.

Deklarationen

IRL erlaubt die Vergabe nahezu beliebiger Bezeichnungen für Variablen. Wie bei höheren Programmiersprachen allgemein üblich, müssen alle im Programm benutzten Variablen, Konstanten, Typen oder Funktionen. vor ihrer Benutzung deklariert werden. Neben der Reduzierung von Fehlern (der Compiler kann Schreibfehler in Namen erkennen) bietet dieses Konzept auch die Möglichkeit, eigene, komplexe Datentypen zu erzeugen. Hierzu zählen unter anderem Felder und Records sowie beliebige Kombinationen und Verschachtelungen bereits deklarierter Typen.

Tabelle 8.1. IRL-Befehlsumfang

Anweisung	Parameter/Unteranw.	Beispiel	Erläuterung
Datenlisten, Import- und Export-Deklarationen			
IMPORT DATALIST	Datenlistenname	IMPORT DATALIST Palette.pkt;	Einbinden einer Datenliste in das Programm (z.B. Palette.pkt mit Raumpunkten)
FROM ... IMPORT ...	Programmname, Funktionsliste	FROM Hauptprogramm IMPORT ALL;	Einbinden von Funktionen und Prozeduren aus anderen Programmen
EXPORT ... TO ...	Funktionsliste Programmname	EXPORT funktion1,funktion2 TO Palettenprogramm;	Freigeben von Funktionen für den Export in andere Programme
Deklarationen /Datentypen			
TYPE	RECORD, ARRAY, FILE	TYPE RECORD INT x; INT y; ENDRECORD = Platz;	Definition beliebiger benutzerdefinierter Datentypen aus Feld-, Record-, Datei- und benutzerdefinierten Typen
VAR	BOOL, INT, CHAR, REAL, STRING, TEXT, POSITION, ORIENTATION, POSE, ROBTARGET, JOINT, INPUT, OUTPUT	VAR BOOL Fehler; STRING Meldung1:=„TeilOK"; INPUT BOOL Greifer AT 2; POSE Punkt l; Platz Anfangsplatz;	Definition beliebiger Variablen unterschiedlicher Datentypen (sowohl vordefinierte als auch alle benutzerdefinierten Typen sind möglich)
CONST	analog VAR	analog VAR	analog VAR, nur werden Konstanten erzeugt
Systemvariablen			
Zuweisung oder Abfrage / Verknüpfung	R_BASE, R_ACC, R_C_CP, R_TOOL, R_ROBTARGETACT, R_SPEED, R_SPEED_ORI	R_SPEED := 80; R_TOOL := Werkzeugkorr_3; R_BASE:=Basis1; IF (R_ACC > 20) THEN ...;	Bestimmung von aktuellen Geschwindigkeiten. Basiskoordinatensystemen, Werkzeugkorrekturen, Beschleunigungen, Positionen, Überschleifparametern, aktuellem Roboter,...
Hauptprogramme, Prozeduren und Funktionen			
PROGRAM	Programmname	PROGRAM Palette_fuellen; ... BEGIN ... ENDPROGRAM	Definition eines Hauptprogramms mit einem beliebigen Programmnamen
PROCEDURE	Prozedur-Name	PROCEDURE Greifer_auf (INT a); BEGIN ... ENDPROC;	Definition einer Prozedur mit beliebigem Namen und Übergabeparametern (innerhalb eines Hauptprogramms)
FUNCTION	Funktions-Name	FUNCTION Greifen (INT a): INT; BEGIN ... ENDFCT;	Definition einer Funktion mit beliebigem Namen, Übergabeparametern und Rückgabetyp (in Hauptprogr.)
Programmablaufanweisungen			
FOR	Laufvariable, von, bis, Schrittweite	FOR i:=1 TO 10 STEP 2 {Anweisungsblock}; ENDFOR;	Schleife zur mehrmaligen Wiederholung eines Anweisungsblocks
WHILE	Ausführungs-Bedingung	WHILE i < 10 {Anweisungsblock}; ENDWHILE;	Wiederholung eines Anweisungsblocks solange eine Bedingung wahr ist
REPEAT	Abbruch-Bedingung	REPEAT {Anweisungsblock}; UNTIL i >= 10;	Wiederholung eines Anweisungsblocks bis eine Abbruchbedingung eintritt
LABEL	Sprungmarken-Name	LABEL Anfang;	Definition einer Sprungmarke
GOTO	Sprungmarken-Name	GOTO Anfang;	Unbedingter Sprung zur angegebenen Sprungmarke
IF	Bedingung	IF (Palette = OK) THEN ... ELSE ... ENDIF;	Bedingte Verzweigung
CASE	Bezeichner, Alternativen	CASE Greifer OF WHEN Greifer_1: i:=1; WHEN Greifer_2: i:=2; ... ENDCASE;	Bedingte Verzweigung mit mehrfacher Auswahl (beliebig viele Alternativen und Zweige)
WAIT	FOR, SEC	WAIT FOR Greifer=OK TIMEOUT 10 SEC ERROR ... ENDERROR;	Warten auf eine Bedingung oder für eine bestimmte Zeit. Beim Überschreiten eines Timeout-Intervalls wird ein gesonderter Anweisungsblock abgearbeitet

Anweisung	Parameter/Unteranw.	Beispiel	Erläuterung
PAUSE	Meldung	PAUSE „Bitte Palette wechseln";	Warten, bis die Start-Taste gedrückt wird. Die Ausgabe einer Meldung auf der Steuerung ist möglich
RETURN	Rückgabewert	RETURN 5;	Rücksprung aus einer Funktion (mit Rückgabewert) oder Prozedur
HALT		HALT;	Beendet den Programmablauf
Bewegungsanweisungen			
MOVE PTP	Zielpunkt ACT_ROB, C_PTP, SPEED_PTP, ACC_PTP, TIME, UNTIL	MOVE PTP Wechselpos C_PTP SPEED_PTP:=80;	Punkt-zu-Punkt Bewegung mit der Möglichkeit, den aktuellen Roboter vorzugeben, das Überschleifen einzuschalten, die Beschleunigung zu bestimmen, eine Bewegungszeit vorzugeben oder eine Bedingung für die Bewegung anzugeben
MOVE LIN	Zielpunkt ACT_ROB, C_CP, C_SPEED, SPEED_ORI, SPEED, ACC, TIME, UNTIL, WOBBLE	MOVE LIN Wechselpos C_CP TIME:=4 WOBBLE;	Lineare Bewegung mit der Möglichkeit, den aktuellen Roboter und das Überschleifverhalten vorzugeben, die Beschleunigung zu bestimmen, eine Bewegungszeit vorzugeben oder eine Bedingung für die Bewegung anzugeben. Zusätzlich kann die lineare Bewegung mit einer Pendelbewegung überlagert werden (WOBBLE)
MOVE CIRC	Stützpunkt, Zielpunkt, sonst analog LIN	MOVE CIRC Zwischenpkt Wechselpos SPEED:= 100;	analog LIN, jedoch mit einem Stützpunkt auf dem Kreis und dem Endpunkt
MOVE_INC PTP/LIN/ CIRC	analog MOVE	analog MOVE	analog MOVE, nur dass die angegebenen Positionen relativ sind, d.h. sich auf die aktuelle Position beziehen
Ein-/Ausgabeanweisungen			
Zuweisung/ Abfrage	Ausgangsname, Wert / Eingangsname	OUT_5 := FALSE; IF ANALOG_IN1 > 12.5 THEN ...	Ein-/Ausgänge werden wie Variablen/ Konstanten behandelt und können entsprechend gesetzt bzw. abgefragt werden. Je nach Typ des Ein-/Ausgangs (binär, digital, analog) hat die Variable einen anderen Datentyp
OPEN	Dateizeiger, Dateiname, Modus, Fehlercode	OPEN (Datei,„test.dat",R, Fehler);	Öffnet eine Datei oder einen Datenkanal
CLOSE	Dateizeiger	CLOSE (Datei);	Schließt die angegebene Datei oder den Datenkanal
READ/ READLN	Datenvariable	READ (Datei,Daten);	Liest aus der Datei in die Variable Daten
WRITE/ WRITELN	Datenvariable	WRITE (Datei,Daten);	Schreibt den Inhalt von Daten in die Datei
Logische und arithmetische Verknüpfungsanweisungen, Rechenfunktionen, vordefinierte Funktionen			
NOT,+,-,*,/, MOD, DIV, <, >, =, <>, AND, & OR,EXOR...	ein oder zwei Operanden (je nach Verknüpfung)	Zustand := NOT Fehler; IF (Param <> 10) THEN ...; ok:=(E1 AND E2) OR E3;	Praktisch alle gängigen logischen und binären Verknüpfungsanweisungen
SIN, COS, ASIN, ACOS, ATAN2, ROUND, SQRT, COMPARE,...	je nach Funktion unterschiedlich	x: =SIN(y); Gleich:=COMPARE(Text1,Text2); xr:=ROUND(x); Wurzel:=SQRT(134.44);	Funktionen für trigonometrische und geometrische Berechnungen. Funktionen für Stringbearbeitung und Vergleich etc.
Geometrische Verknüpfungsanweisungen			
+,-,/, *,@	Operand1, Operand2	NeuPos:=Zielpos1@Pose1;	Verknüpfungen von Positionsvariablen. Im Beispiel: Transformation von Zielpos1 durch Pose1

Datenlisten, Import- und Export-Deklarationen

In IRL können Daten, die von Zelle zu Zelle unterschiedlich sind, oder Roboterstellungen, die geteacht werden müssen, in sogenannten Datenlisten abgelegt werden. Als Datenliste wird eine Datei bezeichnet, die Variablen, Konstanten, Typen und sonstige Deklarationen (z.B. E/A-Namen) enthält. Der Vorteil von Datenlisten ist die Trennung zwischen zellenabhängigen und zellenunabhängigen Daten. Soll zum Beispiel ein Programm auf zwei Robotern ablaufen, so sind aufgrund von Toleranzen die zu programmierenden Roboterstellungen für beide Programme geringfügig verschieden. Werden diese Stellungen in Datenlisten abgelegt, so muss lediglich eine neue Datenliste erstellt und in das Programm eingebunden werden (INCLUDE). Änderungen am Programm selbst sind nicht erforderlich. Gleiches gilt auch für die Belegung von Ein- und Ausgängen, denen in IRL Namen zugeordnet werden können. Ändert sich die physikalische Zuordnung der Ein- und Ausgänge von einer Zelle zur nächsten und ist die Namenszuordnung in einer Datenliste abgelegt, so reicht eine Aktualisierung der Datenliste aus, um das Programm auf der zweiten Zelle lauffähig zu machen.

Ferner können mit Hilfe der IMPORT- und EXPORT-Anweisungen Funktionen aus anderen Programmen genutzt bzw. eigene Funktionen anderen Programmen zur Verfügung gestellt werden.

Systemvariablen

Viele Vorgaben, für die bisher oft spezielle Befehle existierten, werden in IRL durch das Ändern unterschiedlicher Systemvariablen realisiert. Dies gilt beispielsweise für das Einstellen der Achs- und Bahngeschwindigkeit sowie der Beschleunigung bei Bewegungssätzen. Ebenso werden der aktuelle Roboter ausgewählt und Werkzeugkorrekturen oder Koordinatensysteme geändert.

Hauptprogramme

Ein Hauptprogramm bildet die Basis für die Definition und den Aufruf weiterer Programmkomponenten.

Prozeduren und Funktionen

Wiederkehrende Programmanweisungen werden in Prozeduren oder Funktionen abgelegt und können aus allen, zum selben Hauptprogramm gehörenden Programmteilen aufgerufen werden. Der Unterschied zwischen Funktionen und Prozeduren besteht darin, dass Funktionen zusätzlich zu den Übergabeparametern, die beliebig vom Anwender vorgeben werden können, einen frei definierbaren Rückgabewert besitzen.

Schleifen

Schleifen bieten die Möglichkeit der wiederholten Ausführung bestimmter Programmabschnitte. Wahlweise kann die Anzahl der Wiederholungen oder eine Ausführungsbedingung für die Schleife angegeben werden. Je nach Schleifentyp erfolgt die automatische Prüfung der Ausführungsbedingung zu Beginn oder am Ende jeden Durchlaufs.

Programmablaufanweisungen

Zu den Programmablaufanweisungen gehören Sprungbefehle sowie Befehle zur logischen Programmverzweigung, Unterbrechungsmarken, Rücksprunganweisungen und Warteanweisungen.

Bewegungsanweisungen

Zur Festlegung der verschiedenen Bewegungsarten eines Roboters, PTP (Point-To-Point), Linear- und Zirkularbewegung, vgl. Kapitel 8.3, werden entsprechende Befehle eingesetzt. Die Programmierung der maximalen Geschwindigkeits- und Beschleunigungswerte legt das achs- bzw. bahnbezogene Fahrverhalten fest. Ausgewählte Nullpunkt- und Werkzeugkorrekturen verschieben die im Anwenderprogramm festgelegten TCP-Positionen und beeinflussen die zugehörigen Handorientierungen. Durch Überschleifparameter werden Zielpunkte nicht mehr genau angefahren, sondern der nächste Bewegungssatz vorzeitig in Abhängigkeit von gewählten Grenzwerten (Geschwindigkeit oder Weg) eingeleitet. Für spezielle Anwendungen, z.B. im Bereich der Schweißtechnik, werden Pendelfunktionen eingesetzt, die der programmierten Bahn eine oszillierende Bewegung überlagern.

Ein- / Ausgabeanweisungen

Zu dieser Befehlsgruppe gehören zum einen einfache Grundfunktionen speicherprogrammierbarer Steuerungen, wie z.B. das Setzen und Rücksetzen binärer Ausgänge, zum anderen die Handhabung digitaler und analoger Ein-/Ausgänge. Durch die Möglichkeiten der Definition von Ein- und Ausgängen durch den Benutzer, die automatische Umsetzung binärer, digitaler und analoger Zustände in boolsche, ganzzahlige und reale Zahlen und die damit praktisch beliebige Verknüpfbarkeit (z.B. Durchführung arithmetischer und logischer Funktionen) dieser Signale können mit wenigen ein-/ausgabespezifischen Anweisungen nahezu alle erforderlichen Funktionalitäten abgedeckt werden. Auch Wortoperationen zur Besetzung von Parametern und Ausgängen, die Verarbeitung von prozessabhängigen Analogsignalen und Anweisungen zur Betätigung von Greifern (Öffnen, Schließen) lassen sich hiermit realisieren.

Weiterhin fallen alle Funktionen zum Lesen und Schreiben von Daten auf beliebige Geräte in diesen Bereich. Hierzu zählt das Ausgeben von Texten auf dem Bildschirm oder dem PHG (Programmier-Hand-Gerät) wie das Schreiben und Lesen von Dateien auf externen Datenspeichern. Durch das in IRL eingeführte Kanal-Konzept in Verbindung mit den Read- und Write-Anweisungen ist das Ansteuern unterschiedlichster Geräte möglich.

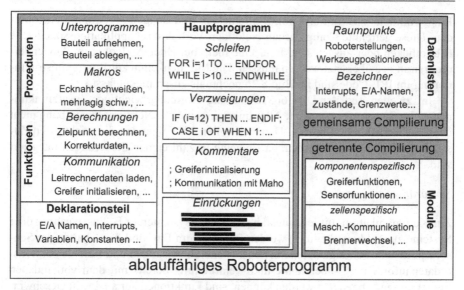

Bild 8.26. Möglichkeiten der strukturierten Programmierung in IRL

Logische Verknüpfungsanweisungen

Boolsche Operationen (z.B. UND, ODER) dienen zur bitweisen Verknüpfung von Variablen oder Konstanten. In IRL stehen umfangreiche Möglichkeiten zur Verknüpfung und Manipulation auf Bit-Ebene zur Verfügung. Ebenfalls sind Funktionen zum Vergleich von Variablen vorhanden.

Arithmetische und geometrische Operationen

Arithmetische Operationen ermöglichen die Verarbeitung beliebiger Variablen und Konstanten. Neben den bekannten Grundrechenfunktionen stehen trigonometrische Funktionen und sogar Operanden zur Koordinatentransformation zur Verfügung. Dadurch sind in IRL praktisch beliebig komplexe Rechenoperationen realisierbar.

Wie die Aufzählung zeigt, bietet IRL eine Vielzahl unterschiedlicher Möglichkeiten zur Strukturierung des Programms, zur Durchführung von Berechnungen, zur Ein-/Ausgabebearbeitung, zur Deklaration von Typen, Variablen und Funktionen, usw. Die Anzahl der roboterspezifischen Anweisungen ist dabei verhältnismäßig gering. Dies liegt in der Zielsetzung bei der Erstellung der DIN 66312, Teil 1 begründet, die darauf ausgerichtet war, mit einem möglichst geringen Funktionsumfang einen möglichst großen Teil der Standard-Befehle einer Robotersteuerung abzudecken. In der Tat lassen sich mit dem so geschaffenen Hilfsmittel nicht nur Grundfunktionen, sondern auch einige Sonderfunktionen durch geeignete Programmierung abdecken. Dies wird durch die Möglichkeit, Module, z.B. von Sensor- oder Greiferherstellern, zur Ansteuerung ihrer Komponenten in IRL-Programme einzubinden, weiter unterstützt. Dabei besteht auch die Möglichkeit, bereits compilierte

Programmteile, z.B. in Form von Bibliotheken, in das eigene Programm einzubinden. Diese getrennte Compilierung bietet den Vorteil, dass applikationsspezifische Bibliotheken oder ausgetestete Bausteine nicht bei jeder Änderung im Anwenderprogramm neu übersetzt werden müssen. Die Möglichkeiten zur Programmstrukturierung im IRL-Code sind im Bild 8.26 nochmals zusammengefasst.

Im zweiten Teil der DIN 66312 war die Normung wichtiger Zusatzfunktionen vieler Steuerungen geplant. Allerdings gingen diese Normungsbestrebung nicht über ein Draft-Version hinaus. Dennoch sollen im Folgenden die wichtigsten Zusatzfunktionen genannt werden, da sie heute in zahlreichen Steuerungen integriert sind.

Sensoranweisungen

Zur Kommunikation mit leistungsfähigen Sensorsystemen (z.B. Laserscanner oder Systeme zur Bildverarbeitung) werden Befehle zum Ein- und Ausschalten der Sensorschnittstelle benötigt. Während Sensorsteueranweisungen und Befehle zur Sensordatenanforderung, -übernahme und -verarbeitung bereits mit dem vorhandenen Sprachumfang abgedeckt werden können, sind Funktionen zur analogen Geschwindigkeitsführung und Bahnkorrektur noch nicht genormt.

Interruptbearbeitung

Bei Robotersteuerungen besteht, insbesondere in Verbindung mit Sensoren, häufig die Notwendigkeit, direkt auf plötzlich eintretende Ereignisse programmtechnisch zu reagieren. Bei abstandsmessenden Sensoren soll die Roboterbewegung z.B. bei Erreichen eines bestimmten Abstands gestoppt werden. Darüber hinaus muss der Sensor auf das Eintreten bestimmter Systemzustände unverzüglich reagieren (Fehlerhandling). Dazu kann ein Interrupt definiert werden, der bewirkt, dass im Falle des Eintretens eines Ereignisses oder einer Bedingung der Programmablauf sofort – auch während einer Bewegung – unterbrochen und eine entsprechende Interrupt-Prozedur gestartet wird. In dieser Prozedur kann der Benutzer auf das Ereignis reagieren, indem er z.B. die Bewegung des Roboters beendet, Fehlermeldungen ausgibt oder Maßnahmen zur Fehlerbeseitigung initiiert.

Bahnschaltfunktion / Analogausgabe

Mit einer Bahnschaltfunktion kann ein beliebiger Schaltbefehl, z.B. Einschalten der Luftzufuhr zu einem Greifer, während einer Bewegung ausgeführt werden, wenn eine vorgegebene Bedingung bezüglich der Bewegung erfüllt ist (bestimmte Geschwindigkeit erreicht oder Abstand zum Zielpunkt unter-/überschritten usw.). Diese Funktion dient vor allem zur Optimierung eines Programms in zeitlicher Hinsicht, da keine Unterbrechung der Bewegung zum Auslösen bestimmter Ereignisse mehr erforderlich ist.

Des Weiteren wird in einigen Anwendungen von externen Systemen die Information über die aktuelle Bahngeschwindigkeit des Tool-Center-Points benötigt. Dies gilt z.B. für das Auftragen von Klebstoffen auf PKW-Scheiben, bei dem die

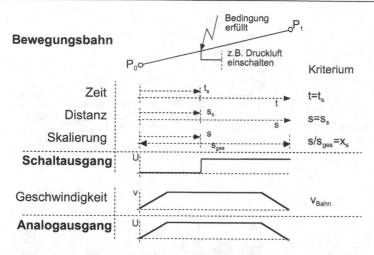

Bild 8.27. Bahnschaltfunktionen und geschwindigkeitsproportionale Analogausgabe

Fördermenge des Klebstoffs entsprechend der Bahngeschwindigkeit geregelt werden muss.

Ein Konstanthalten der Bahngeschwindigkeit des Roboters ist nicht immer möglich. Dies gilt insbesondere bei engen Radien, die eine deutlich reduzierte Geschwindigkeit erfordern. Bild 8.27 veranschaulicht die Wirkungsweise von Bahnschaltfunktionen und geschwindigkeitsproportionaler Analogausgabe.

Bahnschweißbefehle

Viele Steuerungen bieten inzwischen Möglichkeiten zur Ansteuerung von Schweißquellen für Bahnschweißanwendungen, da dies eine gängige Applikation für Industrieroboter darstellt. Die Schweißquelle benötigt in der Regel eine relativ große Anzahl von Schweißparametern (Spannung, Strom, div. Wartezeiten, Drahtvorschub, Parameter für Start und Ende der Naht, usw.).

Parallele Prozesse

Vereinzelt bieten schon heute Robotersteuerungen die Möglichkeit, mehrere Programme oder Programmteile parallel, d.h. gleichzeitig, ablaufen zu lassen. Neben der Möglichkeit, zwei oder mehr völlig getrennte Roboter mit einer Steuerung zu steuern, bietet dieses Konzept zusätzliche weitreichende Möglichkeiten zur Programmoptimierung im Sinne kürzerer Programmlaufzeiten. Da eine Steuerung durch eine Roboterbewegung nur selten voll ausgelastet ist, können parallel Berechnungen durchgeführt und Sensoren oder Peripheriegeräte initialisiert oder gesteuert werden, ohne die Programmlaufzeit merklich zu erhöhen. Voraussetzung dafür ist natürlich eine ausreichende Rechenleistung der Steuerung, die jedoch mittlerweile meistens vorhanden ist (teilweise werden bereits mehrere Prozessoren parallel eingesetzt).

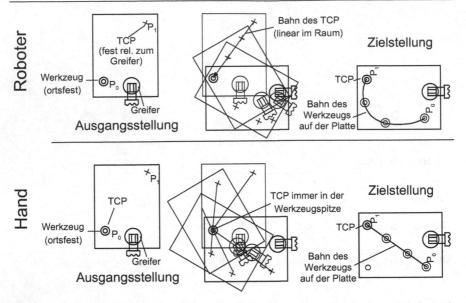

Bild 8.28. Interpolation im Roboter- und im Handkoordinatensystem am Beispiel einer Linearbewegung

Interpolation im Handkoordinatensystem

Eine Funktionalität, die teilweise in neuesten Steuerungsgenerationen implementiert ist, stellt die Bewegungsinterpolation im Handkoordinatensystem dar. Diese Funktion wird immer dann benötigt, wenn der Roboter das Werkstück bewegt, während das Werkzeug ortsfest im Raum bleibt. Sobald neben rein translatorischen, linearen Bewegungen eine Orientierungsänderung des Werkstücks in der Bewegung enthalten ist, oder wenn Kreisbahnen abgefahren werden müssen, ist die vom Werkzeug relativ zum Werkstück ausgeübte Bewegung nicht mehr ohne weiteres nachvollziehbar und entspricht insbesondere nicht der durch die Standard-Interpolationsart vorgegebenen Bahn. Bild 8.28 veranschaulicht dieses Problem für die zweidimensionale Linearbewegung einer Platte mit einer Orientierungsänderung der Platte um 90°.

Um trotzdem eine einfache Programmierung solcher Anwendungen durchführen zu können – Anwendungsgebiete sind z.B. das Auftragen von Klebstoffen auf PKW-Scheiben – bieten inzwischen einige Steuerungen die Möglichkeit, den Interpolationsmodus so zu wählen, dass die gewünschte Relativbewegung zwischen Werkzeug und Werkstück erzielt wird. Im Bild 8.28 unten beschreibt somit das ortsfeste Werkzeug (z.B. die Klebedüse) eine lineare Bewegung mit kontinuierlicher Orientierungsänderung bezogen auf das Werkstück (z.B. eine PKW-Scheibe).

8.4.2.3 Grafische Programmierung mit Ablaufdiagrammen

Die geringe Übersichtlichkeit textueller Roboterprogramme und die hohe Fehlerrate bei der Programmerstellung sorgte in der Vergangenheit besonders bei roboterunerfahrenen Anwendern für Berührungsängste. Aus diesem Grund entstand am WZL eine neue Programmiermethodik, die auf der Darstellung grafischer Ablaufdiagramme basiert [242]. In Kooperation mit der Firma Bosch wurde am WZL das Programmiersystem BAPS plus (Bild 8.25) entwickelt. Das PC-basierte, grafisch strukturorientierte System ermöglicht die Programmerstellung unabhängig von der Syntax einer Programmiersprache mit grafischen Ablaufplänen.

Nach diesem Konzept lassen sich auch komplexe Programmstrukturen einfach und übersichtlich erstellen und handhaben. Die Programmerstellung erfolgt einfach durch die Auswahl von Programmbefehlen, die in Form von Icons dargestellt werden, aus einer Bibliothek. Die Parametrierung der einzelnen Programmbefehle erfolgt über nutzerorientierte Eingabemasken. Dabei wird der eigentliche Programmcode während der Programmerstellung automatisch generiert.

Ferner stehen umfangreiche Funktionalitäten zur Verwaltung benutzerdefinierter Variablen, Datentypen, Signale und Funktionen zur Verfügung. Über einfach zu erzeugende Bibliotheken lässt sich das System beliebig – auch um neue Steuerungsbefehle – erweitern.

Auch roboterunerfahrene Anwender, die vorhandene Programme anpassen wollen, werden unterstützt. Hierzu ermöglicht BAPS plus die automatische Erzeugung anwendungsspezifischer Programmieroberflächen.

Die Anbindung an die Robotersteuerung eröffnet dem Programmierer eine komfortable Möglichkeit zum Online-Debugging und zur Optimierung der erstellten Programme. Die Funktionalitäten reichen vom Up- und Download über das Auslesen und Setzen von Variablen und Signalen bis hin zur grafischen Anzeige des aktuellen Steuerungszustandes [192].

8.4.2.4 Standardisierung grafischer Programmieroberflächen

Um zu vermeiden, dass bei jeder Steuerung ein anderes Benutzungskonzept zur Anwendung kommt, sind heute auf Hersteller- und Anwenderseite Normungsbestrebungen und Abstimmungsprojekte im Gange, die eine Vereinheitlichung grafischer Benutzungsoberflächen zum Ziel haben.

Normungsinitiative ISO/DIS 15187 „GUI-R"

In enger Abstimmung mit Herstellern, Anwendern und Hochschulinstituten wurde im DIN-NAM (Normenausschuss Maschinenbau) an der Standardisierung grafischer Benutzungsoberflächen für Roboter (graphical user interfaces for robot programming and operation – GUI-R) gearbeitet [121]. Das Ergebnis dieser Bemühungen steht bereits als FDIS (Final Draft International Standard) zur Verfügung.

Die in der Norm enthaltenen Vorschläge sollen den Entwicklern grafischer Programmier und Benutzungsoberflächen als Leitfaden in folgenden Bereichen dienen:

– Design grundlegender Eingabeelemente wie Buttons, Menüs oder Werkzeugleisten
– Auslegung und Strukturierung von Dialogboxen
– Strukturierung der Programmieroberfläche
– Designvorschrift für die Erstellung von Icons
– Konkrete Designvorschläge für Icons bezogen auf Standardfunktionen

Mit dieser Norm steht eine Basis bei der Konzeption und Entwicklung von grafischen Benutzungsoberflächen zur Verfügung, die auf der einen Seite genügend Freiräume für ein herstellerspezifisches Look and Feel erlaubt, auf der anderen Seite die intuitive Erfassung der Funktionalität durch den Anwender fördert.

Weitere Standardisierungsaktivitäten

In dem von der EU geförderten Projekt AMIRA (Advanced man machine interfaces for robot system application) schlossen sich u.a. eine Reihe namhafter Roboterhersteller zusammen, um eine detaillierte Richtlinie für den Entwurf und die Umsetzung grafischer Benutzungsoberflächen für Roboter zu erarbeiten [30]. Der Ansatz bestand darin, die Erfahrungen sowie die erfolgreichen Konzepte aus der Windows-basierten Bürowelt so weit wie möglich zu übernehmen und auf die Anwendung „Roboter" anzupassen. Ziel dabei war es, unter enger Einbeziehung des zukünftigen Anwenders, zu einem Maximum an Ergonomie und Anwenderfreundlichkeit zu gelangen. Es wurden Untersuchungen in folgenden Funktionsbereichen eines Robotersystems durchgeführt:

– Installation und Konfiguration
– Programmierung
– Systembetrieb und Prozessüberwachung
– Training und Hilfesysteme

Für diese Funktionsbereiche wurden detaillierte Benutzungskonzepte, Methoden zur Entwicklung von Benutzungsoberflächen und ein Style Guide für das Design von Benutzungsoberflächen erstellt. Die Ergebnisse sind als Erweiterung der letztgenannten Normungsbestrebung zu verstehen und sollen die Grundlage einer EU-weiten Normungsaktivität bilden.

8.4.2.5 Roboterprogrammsimulation

Ein wesentlicher Nachteil der rein textuellen Programmierung oder der Programmierung mit Ablaufdiagrammen ist, dass die offline erstellten Programme oft lange Test- und Optimierungszeiten vor Ort erfordern. Weiterhin ist insbesondere bei der Programmierung von komplexen räumlichen Bearbeitungsvorgängen mit sechsachsigen Gelenkrobotern eine vollständige Offline-Programmierung ohne entsprechende Hilfsmittel praktisch nicht möglich, da das räumliche Vorstellungsvermögen des Programmierers dabei überfordert ist. Hier schafft die Simulation der Industrieroboterprogramme durch die grafische Darstellung der Bewegungen Abhilfe.

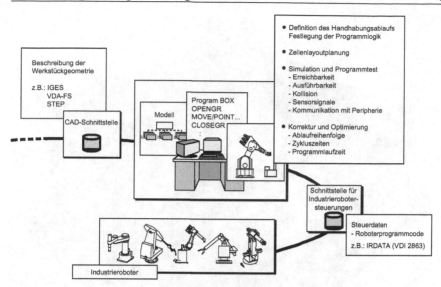

Bild 8.29. Struktur eines Programmier- und Simulationssystems für IR-Programme

Auf dem Markt existieren mehrere verschiedene Simulationssysteme für Industrieroboter. In Deutschland sind insbesondere die Produkte eM-Workplace (früher ROBCAD, Fa. TECNOMATIX), IGRIP (Fa. Debnia) und Soft Machines (Fa. SILMA) verbreitet [50, 211, 225].

Während noch vor einigen Jahren PC-basierte Simulationssysteme kaum denkbar waren, so ist mit heutiger PC-Hardware und mit Betriebssystemen wie z.B. Windows XP ein klarer Trend zu PC-Lösungen zu verzeichnen. Alle genannten Simulationssysteme, die zunächst ausschließlich auf Workstations lauffähig waren, sind heute auch in PC-Versionen verfügbar. Die Grundstruktur eines Programmier- und Simulationssystems zeigt Bild 8.29.

Die Aufgaben von Simulationssystemen sind in der Vergangenheit immer vielfältiger geworden. Nachdem zunächst die reine Simulation und der Test erstellter Programme sowie das interaktive Vorgeben der Bewegungsbefehle im Vordergrund standen, sind inzwischen aufgabenspezifische Module in die einzelnen Systeme integriert worden, die z.B. die Verwaltung von Schweißparameter-Datenbanken, Schichtdickensimulation bei Lackiervorgängen usw. ermöglichen. Ein weiterer Schwerpunkt moderner Simulationssysteme liegt in der Programmoptimierung (Laufzeit) und der Ermittlung eines optimalen Zellenlayouts in der Planungsphase. Bild 8.30 zeigt die Oberfläche des Simulationssystems RobotStudio.

Voraussetzung für die Erstellung und Simulation eines Roboterprogramms ist immer die Modellierung der Arbeitszelle und des Roboters selbst. Prinzipiell bieten alle Simulationssysteme die Möglichkeit zur Modellierung beliebiger Systemkomponenten durch den Anwender. Insbesondere für Roboter, aber auch für gängige Werkstückpositionierer und Transporteinrichtungen werden in der Regel umfangreiche Bibliotheken angeboten, die dem Anwender das aufwändige Modellieren er-

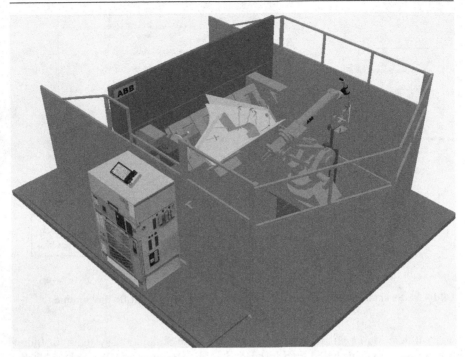

Bild 8.30. Robotersimulations- und Programmiersystem RobotStudio. Quelle: ABB

sparen. Zusätzlich sind Schnittstellen zur Übernahme von CAD-Daten, sowohl für zu bearbeitende Bauteile, als auch für Systemkomponenten, vorhanden. Gängige von den Systemanbietern angebotene Schnittstellen basieren auf den Datenformaten IGES (International Graphics Exchange Standard), STEP (ISO 10303, Standard for the Exchange of Product Model Data), VDAFS (Verein Deutscher Automobilhersteller FlächenSchnittstelle), SET (Standard d'Echange et de Transfert), STL (Stereolithographie File Format), EAI (External Authoring Interface) sowie auf den Datenformaten der Systeme UG, PRO/E, Acad, Catia, Cadds und Ideas.

Zur Modellierung eines Roboters gehören neben den Angaben zur Geometrie auch zusätzliche Informationen über die Kinematik und Dynamik. So müssen Achsen definiert, Zusammengehörigkeiten einzelner Teile vorgegeben und Achsgrenzen angegeben werden. Weiterhin ist für eine realistische Simulation die Angabe der erreichbaren Geschwindigkeiten und Beschleunigungen für die einzelnen Achsen erforderlich. Prinzipiell ist mit einem solchen Modell bereits eine Simulation der Roboterbewegungen und eine Umrechnung von kartesischen in achsspezifische Roboterkoordinaten (und umgekehrt) möglich. Problematisch ist in diesem Zusammenhang jedoch die Behandlung von Mehrdeutigkeiten und Singularitäten, die Reaktion der realen Robotersteuerung in Grenzbereichen, das Überschleifverhalten usw. Dies resultiert aus der Tatsache, dass jeder Steuerungshersteller spezielle, vereinfachte Transformationsalgorithmen und eigene Sonderfallbehandlungen in seine Steuerung implementiert hat. Weiterhin unterscheiden sich Robotersteuerungen teilweise erheblich im Überschleifverhalten und in weiteren, nicht durch die reine Kinematik vorgegebenen Umsetzungsdetails. Dies führt dazu, dass derselbe Roboter, von unterschiedlichen Steuerungen bewegt, teilweise abweichende Bewegungen ausführt. Deshalb ist es erforderlich, neben dem Roboter auch das Steuerungsverhalten im System zu simulieren. Die Genauigkeit und damit die Nutzbarkeit eines Robotersimulationssystems ist entscheidend davon abhängig, wie realitätsnah die implementierte virtuelle Robotersteuerung das reale Steuerungsverhalten nachbilden kann. Die Nachbildung der unterschiedlichen Robotersteuerungen stellt einen erheblichen Aufwand bei der Entwicklung eines Simulationssystems dar und muss vom Systemhersteller in enger Zusammenarbeit mit dem Steuerungshersteller durchgeführt werden. Berücksichtigt man, dass in der Regel kein Steuerungshersteller bereit ist, seine exakten Transformationsalgorithmen und weitere Steuerungsinterna preiszugeben (sie bedeuten einen hohen Entwicklungsaufwand und sind eng mit den Leistungsmerkmalen der Steuerung verbunden), wird das Problem der Simulationssystemanbieter und -kunden deutlich. Um dem entgegenzuwirken, ist eine einheitliche RRS (Realistische Roboter Simulations)-Schnittstelle entwickelt worden, über die auf definierte Art und Weise das Bewegungsverhalten der realen Steuerung durch ein vom Steuerungshersteller zu lieferndes Softwaremodul mit den Originalalgorithmen abgefragt werden kann [122].

Nach der Modellierung der Arbeitszelle und des Roboters kann der Anwender Roboterprogramme über die Definition von Tasks schreiben. In einem Task werden alle für den Progammablauf und die Roboterbewegungen erforderlichen Befehle abgelegt. Das Erstellen des Task geschieht dabei in der Regel nicht textuell, sondern wird menügestützt und durch direktes interaktives Positionieren des Roboters oder Vorgeben von Zielpunkten in der Arbeitszelle durchgeführt. Parallel dazu erzeugt das System den entsprechenden Programmtext, wobei häufig eine spezielle, für das Simulationssystem entwickelte Programmiersprache genutzt wird. Das Umsetzen dieser Programme in die unterschiedlichen Steuerungssprachen wird nach Beendigung der Programmerstellung und -tests von einem Postprozessor geleistet.

Nach der Definition einer Task kann diese simuliert werden. Als Standard hat sich hier mittlerweile eine Darstellung mit schattierten Oberflächen (Bild 8.30) durchgesetzt. Dabei können mehrere Lichtquellen vorgegeben und der Betrachtungsstandpunkt frei gewählt werden. Selbst die Schatten von Bauteilen werden korrekt wiedergegeben. Die rasante Leistungsentwicklung in der Rechnertechnik hat dazu geführt, dass inzwischen zu relativ geringen Kosten hohe Rechenleistungen zur Verfügung stehen, die selbst bei den hohen Anforderungen, die durch die beschriebene Darstellungsform entstehen, die Berechnung mehrerer Bilder pro Sekunde ermöglichen.

Neben der reinen Simulation des Programmablaufs und der Roboterbewegungen stehen in den meisten Systemen umfangreiche weitere Funktionen zur Verfügung. So ist z.B. die Taktzeitermittlung ein wichtiges Kriterium für die Programmoptimierung. Weiterhin werden Funktionen zur Layoutoptimierung, automatischen Bahnplanung, Roboterkalibrierung usw. angeboten.

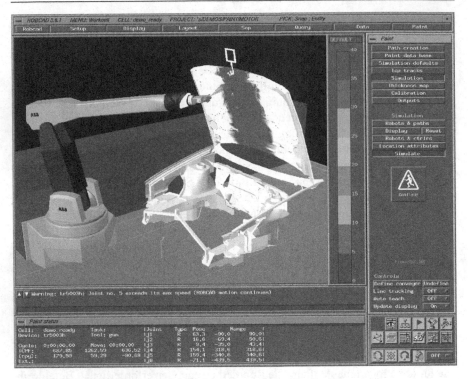

Bild 8.31. Schichtdickensimulation für Lackiervorgänge. Quelle: Tecnomatix

Die immer stärker werdende Forderung zur Automatisierung umfangreicher und komplexer Fertigungsprozesse und die damit verbundenen stark variierenden Anforderungen an die Funktionalität geeigneter Simulationssysteme hat zur Entwicklung applikationsspezifischer Softwarepakete innerhalb der Simulationssysteme geführt. Die einzelnen Module enthalten applikationsspezifische Funktionalitäten, wie z.B. das Anlegen von Schweißparameter-Datenbanken, die automatische Erzeugung von Schweißpunkten, die automatische Bahnplanung, die Schichtdickensimulation beim Lackieren (Bild 8.31), prozessspezifische Eingabemasken usw. Die folgende Aufzählung gibt einen Überblick über die für das System eM-Workplace verfügbaren Softwaremodule:

- Punktschweißen (Spot),
- Lichtbogenschweißen (Arc),
- Bahnschweißen (Arc),
- Lackieren (Paint),
- Schweißlinienplanung (LINE),
- Be- und Entladung von Produktionsmaschinen,
- Allgemeine Werkstückhandhabung,
- Montage.

Für Spezialanwendungen, die sich nicht in die Standardmodule abbilden lassen, steht außerdem eine Softwareschnittstelle zur Verfügung, mit der die eMWorkplace-Simulationsumgebung modifiziert und um benutzerdefinierte Funktionalitäten erweitert werden kann.

8.4.2.6 Aufgabenorientierte Roboterprogrammierung

Nachdem CAD-basierte Programmier- und Simulationssysteme immer ausgereifter zur Verfügung stehen, sind auch hier die Grenzen hinsichtlich der möglichen Programmierzeitersparnis erkennbar. Solange solche Systeme sich weitgehend an den Online-Programmierverfahren anlehnen und diese nur auf eine andere Ebene (das Simulationssystem) übertragen, sind zwar Einsparpotenziale vorhanden (insbesondere durch mögliche Programmoptimierungen), jedoch kann damit kein Durchbruch im Bereich der Programmierzeit erzielt werden. Dies ist nur durch verstärkten Einsatz von Automatismen möglich, die dem Anwender zeitaufwändige Arbeiten, wie das Vorgeben einer kollisionsfreien Bahn, das genaue Definieren von Greifpunkten oder die Auswahl von Schweißparametern usw., abnehmen.

Systeme, die, ausgehend von einer Beschreibung des Ist- und des Sollzustands einer Zelle oder eines Bauteils, die erforderlichen Bewegungen und Anweisungen CAD-basiert selbstständig erstellen, werden als aufgabenorientierte Programmiersysteme bezeichnet. Wichtigster Schwerpunkt ist dabei, eine vollautomatische Generierung der entsprechenden Roboterprogramme zu ermöglichen.

Während bei den beschriebenen Online- und Offline-Programmierverfahren die Roboterprogrammanweisungen explizit vom Anwender angegeben werden müssen, werden bei der aufgabenorientierten Roboterprogrammierung die Roboteraktionen nur indirekt durch ihre Auswirkung auf Objekte spezifiziert. Es wird also beschrieben, was mit Teilen oder Werkstücken zu geschehen hat und wie der Roboter die Teile oder Werkstücke handhaben muss. Teilaufgaben, wie die Effektorauswahl, die Greifplanung und die Bahnplanung, müssen vom System automatisch gelöst und in Roboteraktionen umgesetzt werden. Die Struktur eines aufgabenorientierten Roboterprogrammiersystems für den Montagebereich ist im Bild 8.32 gezeigt [251]. Ausgangsbasis für die aufgabenorientierte Programmierung ist die detaillierte Produkt- und Umweltbeschreibung im CAD-System. Anschließend übernehmen mehrere Planungsmodule die Zerlegung der Aufgabe in ausführbare Steuerungsanweisungen:

Aktionsplaner

Aufgabe des Aktionsplaners ist die Zerlegung der Gesamtmontageaufgabe in logische Teiloperationen, die anschließend in den weiteren Planungsmodulen Greif-, Bahn- oder Fügeplaner in ausführbare Roboterprogrammanweisungen aufgelöst werden können.

Greifplanung

Aufgabe der Greifplanung ist es, eine günstige Greiferposition für die Handhabung eines Objektes zu finden, sodass der sichere Transport, die richtige Lage und kei-

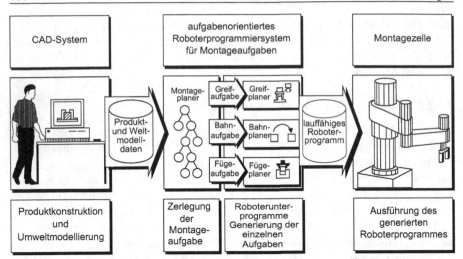

Bild 8.32. Struktur eines aufgabenorientierten Programmiersystems für Montageaufgaben

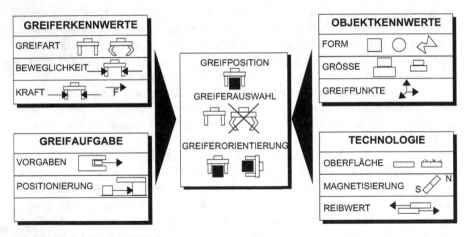

Bild 8.33. Aspekte zur Greifplanung

ne Beschädigung der Werkstücke während des Greifens möglich wird. Um dies zu verwirklichen, müssen mehrere Kriterien berücksichtigt werden.

Die vom Greifer auf das Objekt wirkenden Kräfte müssen ausreichend sein, um sämtliche äußeren Kräfte, die auf dieses Objekt wirken (Gewichts-, Trägheitskraft), zu überwinden. Die Greifstelle muss für den Greifer erreichbar sein, sowohl in der Anfangs- als auch in der Zielstellung, d.h. sie muss so ausgesucht werden, dass keine Kollision zwischen Greifer und umliegenden Objekten beim Zusammenfügen vorkommt. Ist dies nicht möglich, muss eine Sequenz von Greifoperationen erzeugt werden, d.h. das Objekt muss umgegriffen werden (Bild 8.33).

Bahnplanung

Die Aufgabe der Bahnplanung kann folgendermaßen beschrieben werden: Bei gegebener Roboterumwelt, Anfangskonfiguration und Zielkonfiguration findet eine Sequenz von Roboterbewegungen so statt, dass es zu keiner Kollision mit irgendeinem Objekt dieser Roboterumwelt kommt. Hier wird von „Sequenz von Roboterbewegungen", oder auch von „Roboterkonfigurationen" gesprochen, da es für mehrachsige Roboter mehrere Möglichkeiten gibt, die Position und Orientierung eines Endeffektors zu erreichen. Mit Konfigurationsraum ist die Menge aller zulässigen (d.h. kollisionsfreien) Roboterkonfigurationen gemeint. Einen solchen zu finden, ist eine Teilaufgabe des Bahnplaners. Die zweite Teilaufgabe besteht darin, eine kontinuierliche Folge von Roboterkonfigurationen aus dem Konfigurationsraum zu finden, damit der Roboter von einer Anfangskonfiguration zu einer Zielkonfiguration gesteuert werden kann. Mit steigender Achsenanzahl steigt auch die Komplexität eines Konfigurationsraumes, was die Aufgabe der Bahnplanung sehr rechen- und speicherplatzintensiv macht. Das Gebiet der Bahnplanung ist seit längerem Thema zahlreicher Entwicklungen [6, 7, 83, 143].

Fügeplaner

Seine Hauptaufgabe ist die detaillierte Planung der Fügeoperationen. Hierzu müssen vom System die geeigneten Fügepositionen und -orientierungen sowie die zulässigen Fügekräfte am Werkstück ermittelt und die Auswertung von Sensorsignalen im Roboterprogramm vorgesehen werden.

Die Aufgabe, ein möglichst universell einsetzbares Programmiersystem zur Vereinfachung der Programmerstellung zu realisieren, ist bisher u.a. aufgrund der Komplexität des Problems noch nicht zufriedenstellend gelöst, aber sie stellt einen immer wichtiger werdenden Forschungsbereich für viele Universitäten, Forschungsinstitute und Firmen dar.

8.4.3 IRL-Programmierbeispiel

Bild 8.34 zeigt ein Programmierbeispiel aus der Schweißtechnik. Es werden die drei Bewegungsarten PTP, Linear- und Kreisinterpolation ohne Überschleifen benutzt. Die eingetragenen Koordinatenachsen beschreiben das raumfeste Roboterkoordinatensystem. Auf die Einbindung von Schweißbefehlen wurde im Beispiel verzichtet.

Das in Tabelle 8.2 gezeigte Roboterprogramm stellt einen Auszug aus einem Steuerungsprogramm für Industrieroboter dar. Entwickelt wurde das Anwenderprogramm in der bereits vorgestellten Programmiersprache IRL. Zum direkten Vergleich ist in der Tabelle das gleiche Programm entsprechend Kapitel 8.4.2.3 strukturbasiert dargestellt.

8.5 Kommunikationsschnittstellen für Robotersteuerungen

Alle derzeit auf dem Markt befindlichen Robotersteuerungen verfügen über Kommunikationsschnittstellen, die eine Datenverbindung mit Leit- oder Zellenrechnern,

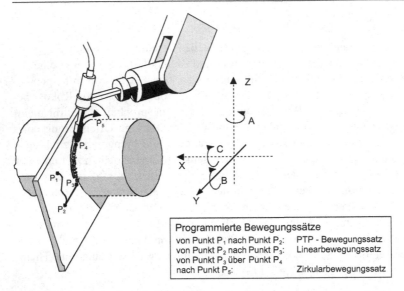

Bild 8.34. Programmierbeispiel für Roboterbewegungsanweisungen (nach Siemens)

Sensoren oder peripheren Komponenten wie Maschinen oder Zuführeinrichtungen ermöglichen. Der Funktionsumfang dieser Schnittstellen reicht vom Senden und Lesen digitaler Einzelsignale bis hin zum Austausch komplexer Datenstrukturen.

Die einfachste Schnittstelle eines Roboters zur Außenwelt ist der digitale Ein- bzw. Ausgang. Anwendungsbeispiele hierfür zeigen sich in der Abfrage der Anwesenheit eines zu handhabenden Werkstücks oder im Handshake mit einer zu beschickenden Maschine.

Über die serielle Schnittstelle der Steuerung ist es in der Regel möglich, Programme und Parameter zu laden und zu speichern, Variablen und Fehlerzustände auszulesen und zu überwachen, sowie Programme anzuwählen und zu starten.

Für Robotersysteme, deren Kommunikation über den einfachen Austausch von Bitsignalen hinausgehen, sind heute leistungsfähige, international genormte Bussysteme verfügbar. Allgemein gebräuchliche Beispiele hierfür sind der Interbus (IEC 61158), der Profibus (EN 50170) und der CAN-Bus (Controller Area Network, OSI/ISO 11898), der heute weltweit die meiste Verbreitung findet. Mit den genannten Bussystemen ist es möglich, mit minimalem Verdrahtungsaufwand eine beliebige Anzahl von Komponenten mit hoher Datenrate an die Robotersteuerung anzukoppeln. Es existieren bereits verteilte Ein- und Ausgänge sowie Sensoren, die durch Plug&Play ohne Konfigurationsaufwand an das Bussystem angekoppelt werden können. Im Vergleich zur aufwändigen Verkabelung und Installation früherer Systeme bieten die genannten Feldbussysteme damit entscheidende Vorteile.

Für den Programmup- und -download, Prozessüberwachung und -steuerung sowie für den Teleservice verfügen die meisten modernen Robotersteuerungen über Ethernet-basierte Kommunikationsdienste. Dazu gehören TCP/IP-basierte Dienste sowie die Kommunikation über OPC (OLE for Process Control). Insgesamt ist da-

Tabelle 8.2. IRL-Programmierbeispiel

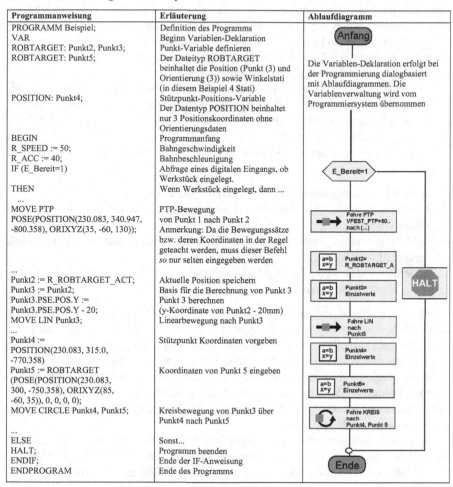

Programmanweisung	Erläuterung	Ablaufdiagramm

PROGRAMM Beispiel;
VAR
ROBTARGET: Punkt2, Punkt3;
ROBTARGET: Punkt5;
 	
POSITION: Punkt4;
 	
BEGIN
R_SPEED := 50;
R_ACC := 40;
IF (E_Bereit=1)
 	
THEN
...
MOVE PTP
POSE(POSITION(230.083, 340.947,
-800.358), ORIXYZ(35, -60, 130));
 	
...
Punkt2 := R_ROBTARGET_ACT;
Punkt3 := Punkt2;
Punkt3.PSE.POS.Y :=
Punkt3.PSE.POS.Y - 20;
MOVE LIN Punkt3;
...
Punkt4 :=
POSITION(230.083, 315.0,
-770.358)
Punkt5 := ROBTARGET
(POSE(POSITION(230.083,
300, -750.358), ORIXYZ(85,
-60, 35)), 0, 0, 0, 0);
MOVE CIRCLE Punkt4, Punkt5;
 	
...
ELSE
HALT;
ENDIF;
ENDPROGRAM
	Definition des Programms
	Beginn Variablen-Deklaration
	Punkt-Variable definieren
	Der Dateityp ROBTARGET
	beinhaltet die Position (Punkt (3) und
	Orientierung (3)) sowie Winkelstati
	(in diesem Beispiel 4 Stati)
	Stützpunkt-Positions-Variable
	Der Datentyp POSITION beinhaltet
	nur 3 Positionskoordinaten ohne
	Orientierungsdaten
	Programmanfang
	Bahngeschwindigkeit
	Bahnbeschleunigung
	Abfrage eines digitalen Eingangs, ob
	Werkstück eingelegt.
	Wenn Werkstück eingelegt, dann ...
	
	PTP-Bewegung
	von Punkt 1 nach Punkt 2
	Anmerkung: Da die Bewegungssätze
	bzw. deren Koordinaten in der Regel
	geteacht werden, muss dieser Befehl
	so nur selten eingegeben werden
	
	Aktuelle Position speichern
	Basis für die Berechnung von Punkt 3
	Punkt 3 berechnen
	(y-Koordinate von Punkt2 - 20mm)
	Linearbewegung nach Punkt3
	
	Stützpunkt Koordinaten vorgeben
	
	Koordinaten von Punkt 5 eingeben
	
	Kreisbewegung von Punkt3 über
	Punkt4 nach Punkt5
	
	Sonst...
	Programm beenden
	Ende der IF-Anweisung
	Ende des Programms
		Die Variablen-Deklaration erfolgt bei
		der Programmierung dialogbasiert
		mit Ablaufdiagrammen. Die
		Variablenverwaltung wird vom
		Programmiersystem übernommen

mit eine Tendenz zur zunehmenden Abstraktion der Kommunikation zu verzeichnen. Wurden früher noch einzelne Bits zur Ansteuerung der Peripherie gesetzt und gelesen, so verfügt der Anwender heute über Objekte und Methoden, um die Komponenten einer Anlage realitätsnah abzubilden.

8.6 Sensordatengewinnung und -verarbeitung

Im Bereich der Handhabungs- und Automatisierungstechnik werden zunehmend Systeme verlangt, die sich flexibel an neue Anforderungen und Umgebungsbedingungen anpassen lassen. Hierfür werden Handhabungsautomaten eingesetzt, die in

Verbindung mit Sensorsystemen betrieben werden. Mit Hilfe dieser Systeme können über geeignete Messumformer aktuelle Informationen der jeweiligen Umwelt
aufgenommen werden, um so eine adaptive Anpassung an veränderte Umweltbedin-
gungen zu ermöglichen [201,261]. Neben der Steigerung der Flexibilität kann damit
auch eine Senkung der Kosten für Vorrichtungen erreicht werden, da die Zielpunkte
automatisch erfasst und korrigiert werden können.

Ein wichtiges Einsatzfeld von Sensoren ist die Qualitätssicherung. Nach der Bearbeitung kann schon während des Handhabungsprozesses auf der Basis von Sensorsignalen überprüft werden, ob beispielsweise Bohrungen vorhanden oder Toleranzen eingehalten worden sind.

In der Praxis eingesetzte Sensoren basieren auf unterschiedlichen Prinzipien.
Häufig eingesetzt werden z.B.:

- einfache Abstandssensoren (taktil, induktiv, kapazitiv, ...),
- Lasermesssysteme (Triangulation, Laufzeitmessung, Schattenbildung, Lichtschnittverfahren, ...),
- Bildverarbeitungssysteme (Grauwert, Binärbild, Schweißbadbeobachtung, strukturiertes Licht, Moiré, ...),
- allgemeine Messwerterfassung (Schweißstrom in Verbindung mit Pendelbewe-
  gung, Kraft-/Momentensensoren, ...).

Die im jeweiligen industriellen Umfeld gestellten Anforderungen sind dabei für
den Einsatz des Sensortyps entscheidend. In Tabelle 8.3 sind einige wichtige praktische Aufgaben und die erforderlichen Sensoren zusammengestellt.

Werden diese Sensoren in Verbindung mit Robotersystemen betrieben, so besteht die Möglichkeit, Einfluss auf programmierte Koordinaten bzw. hierdurch bestimmte Bahnen zu nehmen. Die zur Verfügung gestellten Informationen werden in
der jeweils eingesetzten Robotersteuerung für die Generierung der aktuellen Positionswerte verarbeitet.

Je nach Anforderung kann der Eingriff durch Sensorsysteme in den Programmablauf bzw. die Steuerung auf unterschiedlichen Ebenen erfolgen. Zur Werkstückvermessung oder Positionserkennung reicht in der Regel ein Eingriff in das Programm selber aus, da keine Korrektur während der Roboterbewegung notwendig
ist. Demgegenüber erfordern Systeme zur Online-Bahnkorrektur oder -verfolgung
(z.B. beim Schweißen) eine sehr schnelle Reaktion der Steuerung auf die kontinu-
ierlichen Sensorsignale, so dass hier teilweise sogar der Eingriff in die Lageregelung
der Steuerung notwendig wird.

Die Kommunikation des Sensorsystems mit der Steuerung des Roboters erfolgt je nach Aufbau der Geräte über digitale oder analoge Schnittstellen. Die Information bzw. die aktuellen Korrekturdaten, die das Sensorsystem zur Verfügung
stellt, werden demnach durch definierte Telegramme, digitale Ein-/Ausgänge oder
Strom-/Spannungswerte spezifiziert. Die Verarbeitung der Sensordaten erfolgt entweder durch ein externes System (in der Regel einen PC) oder aber innerhalb der
Steuerung.

Moderne Robotersteuerungen bieten die Möglichkeit der Auswertung von beliebigen Sensorsignalen direkt in der Steuerung durch entsprechende Software-

Tabelle 8.3. Beispiele für Einsatzmöglichkeiten von Sensoren

Prozess / Aufgabenbereich	Aufgabe	Sensortyp
Bahnschweißen, Punktschweißen	Nahtanfang und Nahtende suchen, Fugenverlauf verfolgen, Fugengeometrie ermitteln, Schweißergebnis dokumentieren	induktiver / optischer Abstandssensor, taktiler Sensor, Schweißstromsensor, Lichtschnitt, Triangulation, Schweißbadbeobachtung
Gussputzen, Schleifen	Entgraten, Konturverlauf finden, Gratstärke ermitteln, Anpresskraft regeln	taktiler Sensor, Kraft- / Momentensensor, Motorstromsensor
Qualitätssicherung	Werkstückvermessung, Ermittlung von Toleranz- abweichungen, Vollständigkeitskontrolle	visuelle Sensoren mit Zeilen- und Matrixkameras, taktile Sensoren, Abstandssensoren
Montage, Handhabung, Maschinenbestückung	Greifen von Werkstücken, Drehlageerkennung, Montage toleranzbe- hafteter Teile, Aufnahme von Förderbändern, Greifkraftüberwachung	Kamerasysteme, Abstandssensoren, Kraft- / Momenten- sensoren (für Prozesskräfte), Laserscanner, Lichtschranken

Sensorschnittstellen. Das jeweilige Anwenderprogramm legt dabei fest, an welcher Stelle im Programmablauf die Daten benötigt werden. In Bezug auf die vorhin getroffene Klassifikation der Schnittstellen kann dies die Abfrage eines Eingangs bzw. das Setzen eines Ausgangsdatums, die Verarbeitung eines Telegramms durch Setzen von Variablenspeichern oder die Verarbeitung der Strom-/Spannungswerte als Stellgrößen für Servoverstärker u. ä. bedeuten.

Durch ihren geringen Preis und die universelle Einsetzbarkeit werden Bildverarbeitungssysteme inzwischen auch in der Handhabungstechnik immer häufiger eingesetzt. Für 2D-Anwendungen, insbesondere für Aufgaben wie die Bauteil- und Lageerkennung auf Förderbändern, Drehlageerkennung für KFZ-Felgen (Position der Radschrauben, usw.) stehen mittlerweile ausgereifte Systemezur Verfügung.

Bild 8.35 zeigt den Einsatzfall der sensorgestützten Montage von Leiterplatten durch einen SCARA-Roboter, der mit einer CCD Kamera ausgerüstet ist. Basierend auf den Kamerasignalen wird die Leiterplatte während des Montageprozesses auf mögliche Lötfehler oder fehlende Bauteile untersucht, die Lage der zu montierenden Teile bestimmt und der Montagevorgang gesteuert. Diese Anwendung ist ein typisches Beispiel dafür, dass das aufwändige, geordnete Zuführen der zu handhabenden Teile durch den Einsatz eines Sensorsystem wegfallen kann. Die Steuerung des Roboters verfügt über eine integrierte Hardware zur Verarbeitung der Kame-

Bild 8.35. Anwendungsbeispiel: Kameragestützte Montage von Leiterplatten

rasignale, die eine zeitgleiche Bildauswertung zum laufenden Roboterprogramm ermöglicht. Da nicht erst auf den Dateneingang eines externen Systems gewartet werden muss, geht die Bildauswertung kaum in die Zykluszeit des Roboters ein. Zur Programmierung der Handhabungsaufgabe steht ein auf die Sensorunterstützung ausgerichtetes, grafisches Programmiersystem zur Verfügung.

Im 3D-Bereich, d.h. wenn zusätzlich eine Tiefeninformation gefordert ist, werden Bildverarbeitungssysteme heute nur bei zeitunkritischen Aufgaben eingesetzt. Die Auswertung der Bildinformationen (von mindestens zwei Kameras oder einer Kamera mit Streifenprojektion) und die Berechnung geeigneter Korrekturwerte (bzgl. Lage, Orientierung) oder Zustandsaussagen (Kollisionsgefahr, Montage i. O., Bauteiltyp usw.) ist mit großem Rechen- und Zeitaufwand verbunden. Es ist bisher nur in begrenztem Rahmen gelungen, ein Bildverarbeitungssystem zu entwickeln, das die Erstellung eines CAD-Modells aus Kameraaufnahmen ermöglicht.

Deshalb wird in dem im Bild 8.36 gezeigten System zur Kontrolle von Montagevorgängen nicht eine komplette Vermessung des Bauteils mit anschließender CAD-Modellerzeugung vorgenommen, sondern lediglich ein Vergleich zwischen dem Ist-Zustand und dem über ein CAD-Modell des montierten Teils bekannten Soll-Zustand durchgeführt. Markante Kanten und Geometrieelemente der zu montierenden Bauteile werden in der Datenbasis des CAD-Systems abgelegt. Die Soll-Lage dieser Merkmale im Kamerabild kann daher aus dem CAD-Modell des zu montierenden Teils berechnet werden. Das Vorhandensein dieser Merkmale und damit die Korrektheit der Montage wird dann durch Bildverarbeitungsalgorithmen überprüft.

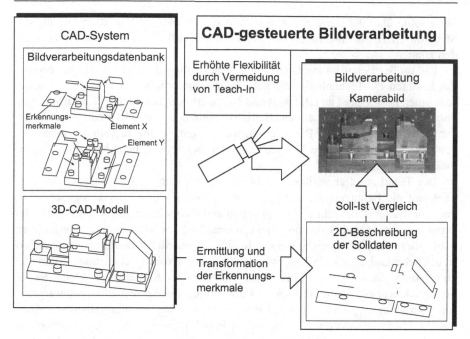

Bild 8.36. CAD-Ankopplung eines Bildverarbeitungssystems

Der Zusammenhang zwischen dem CAD-Modell und den realen Sensorsignalen kann außerdem dazu genutzt werden, die Einbindung von Sensoren in den Handhabungsprozess schon während der Offline-Programmierung zu simulieren und bei der Codegenerierung zu berücksichtigen. Die aufwändige Einbindung von Sensoren im Online-Betrieb wird damit entfallen. Entsprechende Programmiersysteme befinden sich heute in der Entwicklung.

8.7 Entwicklungstendenzen

Die Leistungsfähigkeit moderner Robotersteuerungen im Hinblick auf die Anzahl der zu steuernden Achsen, die Schnelligkeit und den Interpolationstakt (< 10ms) sowie den Funktionsumfang der Programmiersprachen hat heute einen Stand angenommen, der für die meisten industriellen Anwendungen bei Weitem ausreicht.

Neue Herausforderungen zeigen sich für den Bereich der Integration eines Robotersystems in übergeordnete sowie untergeordnete Steuerungsstrukturen. Mehr denn je bestehen die Anforderungen an eine Robotersteuerung darin, mit einem Leitsystem zu kommunizieren oder periphere Komponenten wie Sensoren oder Maschinen zu koordinieren.

Hieraus ergibt sich die generelle Anforderung der Offenheit einer Robotersteuerung. Damit ist auf der einen Seite die Erweiterbarkeit der Hardware durch standardisierte Einsteckkarten, z.B. für Bus- oder Sensorsysteme, gemeint. Auf der anderen

Seite sollte über definierte Software-Schnittstellen auch der Funktionsumfang der Steuerung, z.B. zur Integration von Sensordaten, vom Anwender modifiziert werden können.

Ein großes Potenzial zur Umsetzung dieser Konzepte liegt in der Anwendung der heutigen PC-Technologie, die neben der erforderlichen Rechnerkapazität bereits einen hohen Grad an Offenheit und Netzwerkfähigkeit bietet. Die Anwendung von Standardsoftware, z.B. für das Betriebssystem oder zur Entwicklung der Benutzungsoberfläche, stellt die Basis für softwareseitige, benutzerdefinierte Anpassungen dar. Ansätze in diesem Bereich existieren bereits und befinden sich heute im industriellen Einsatz [199].

Der Trend zu offenen, flexiblen Steuerungsstrukturen eröffnet gerade im Hinblick auf die Benutzungsschnittstelle von Robotern neue Entwicklungsperspektiven. Diese sind bisher sehr einfach gehalten und unterstützen den Anwender bei der Programmierung und Bedienung nicht in dem Maße, wie es mittlerweile möglich wäre. Hier sind umfangreiche Entwicklungen erforderlich, um effiziente, benutzerfreundliche und applikationsspezifische Programmieroberflächen und -hilfsmittel zu schaffen, die auch einen Einsatz von Robotern bei Aufgaben für kleine Serien ermöglichen [199]. Damit ist auch die Entwicklung von der textuellen Programmierung hin zu einer grafischen, aufgabenorientierten Programmiermethodik verbunden. Der Schwerpunkt muss hierbei in der Flexibilisierung der bislang starren, auf eine Anwendung zugeschnittenen aufgabenorientierten Systeme bestehen. Generell stellt die Entwicklung von Systemen für kleinere Losgrößen nicht zuletzt aufgrund einer sich ankündigenden Sättigung des Industrierobotereinsatzes in den klassischen Großserienanwendungen (z.B. Automobilindustrie) eine der Hauptaufgaben der Zukunft dar [183].

Ein weiterer Entwicklungsschwerpunkt besteht in leistungsfähigen modularen Sensorsystemen. Aus wirtschaftlicher Sicht wird die Automatisierung vieler zukünftiger Anwendungen erst durch den Einsatz von Sensoren möglich. Die Zielstellung wird neben der Steigerung der Leistungsfähigkeit besonders in der Minimierung des Installations- und Konfigurationsaufwands von Sensoren durch den Einsatz von Plug&Play-fähigen Systemen bestehen.

Die allgemeine Entwicklungstendenz besteht damit in der Minimierung des Aufwands zur Integration eines Roboters in seine Arbeitsumgebung. Die Ansätze der Offenheit der Steuerung und der Modularität von Systemkomponenten tragen mit der fortschreitenden Entwicklung der Mikroprozessor- und der Kommunikationstechnologie maßgeblich dazu bei, diese Zielstellung zu erreichen.

9 Fertigungsleittechnik

Die internationale Wettbewerbssituation hat in weiten Bereichen der Produktionstechnik einen grundsätzlichen Wandel nach sich gezogen: Immer kürzere Innovationsphasen, kleinere Losgrößen und stetig kürzer werdende Lebenszeiträume neuer Produkte sind der Hintergrund der Diskussion über die „Fabrik der Zukunft". Neue Formen der Ablauforganisation, neue Fertigungskonzepte und der unternehmensweite Einsatz leistungsfähiger EDV-Systeme steigern die Flexibilität der Unternehmen hinsichtlich dieser sich schnell ändernden Marktanforderungen.

Geschichtlich ist die industrielle Produktion gekennzeichnet durch Innovationen. Diese Innovationen beziehen sich aber nicht nur auf die Produkte, sondern in besonderem Maße auf die Produktionsfaktoren. Die jüngste „mikroelektronische Revolution" wirkt sich für die Produktionsbetriebe insbesondere dadurch aus, dass neben den drei „klassischen" Produktionsfaktoren Arbeit, Betriebsmittel und Werkstoffe als vierter Faktor die „Information" tritt.

Nach den Rationalisierungserfolgen in den technischen Bereichen durch Mechanisierung und Automation zielen heutige Bestrebungen auf eine klare Strukturierung der planerischen und organisatorischen Bereiche und deren Unterstützung durch effiziente EDV-Lösungen. Dabei steht die durchgängige Gewinnung, Verarbeitung und Nutzung von Informationen im Vordergrund. Diese Bestrebungen werden unter dem Begriff CIM – Computer Integrated Manufacturing – zusammengefasst. Man versteht darunter das informationstechnische Zusammenwirken aller am Produktionsprozess direkt oder indirekt beteiligten EDV-Systeme in einem Unternehmen [44]. Die durch diesen Integrationsprozess verfolgten Ziele sind die Erhöhung der Produktivität, die Verkürzung von Entwicklungs- und Fertigungszeiten sowie die Verbesserung der Flexibilität eines Unternehmens bezüglich neuer Marktanforderungen.

Mit dem Beginn der CIM-Idee Mitte der achtziger Jahre wurden die Entwicklungsschwerpunkte zunächst auf die Bereitstellung der benötigten Informationstechnologien sowie auf die Kopplung bereits vorhandener EDV-Systeme gelegt. Bei der Umsetzung des CIM-Gedankens traten jedoch sehr schnell erhebliche Schwierigkeiten auf. Grund dafür waren die zu diesem Zeitpunkt bereits vorhandenen Systeme, die praktisch alle Bereiche der Fertigungsplanung und -steuerung (Produktionsplanung, Konstruktion, Arbeitsvorbereitung, Fertigung) abdeckten, jedoch größtenteils eines gemeinsam hatten– sie stellten in sich geschlossene Insellösungen dar. Der Austausch von Daten zwischen diesen Systemen war und ist zwar prinzipiell möglich, aufgrund von fehlenden Schnittstellenstandards jedoch mit sehr großem Aufwand verbunden. Die Arbeiten internationaler Normungsgremien sind auf einigen Gebieten jedoch so weit fortgeschritten, dass standardisierte Schnittstellen zur Verfügung stehen. Weiterhin haben sich in vielen Bereichen De-facto-Standards herausgebildet, die heute von fast allen Softwareanbietern unterstützt werden.

Obwohl die Umsetzung von CIM aus technischer Sicht heute in vielen Unternehmen bereits weit fortgeschritten ist, sind die anfangs verfolgten Ziele oft nicht erreicht worden. Grund dafür ist die i. Allg. stark technikzentrierte Umsetzung des CIM-Gedankens. Darüber hinaus sind jedoch organisatorische Maßnahmen im Sinne einer bereichsübergreifenden, funktionalen Integration erforderlich, mit der die heute noch stark arbeitsteiligen Strukturen aufgebrochen werden können. Im Mittelpunkt dieses humanzentrierten CIM-Ansatzes steht der Mensch, dessen Motivation und Arbeitsbereitschaft durch organisatorische Maßnahmen und Rechnerunterstützung gesteigert werden kann. Eine erfolgreiche CIM-Realisierung erfordert daher die gleichzeitige Berücksichtigung von Mensch, Technik und Organisation [162].

Hieraus wird deutlich, dass „CIM" kein käufliches Produkt ist, sondern als mittel- bis langfristige firmenspezifische Strategie zu verstehen ist. Zur Realisierung dieser Strategie ist ein „CIM-Konzept" auf Basis eines Unternehmensmodells notwendig, das sich an den betrieblichen – in erster Linie organisatorischen – Gegebenheiten und an den technischen Möglichkeiten orientiert. Die Effizienz einer Realisierung ist dabei erst im zweiten Schritt vom technisch Machbaren abhängig. Ausgehend vom Ist-Zustand des innerbetrieblichen Zusammenwirkens muss eine klare und straffe Struktur der Aufgaben und Zuständigkeiten der einzelnen Abteilungen in Form eines Organisations- und Informationsmodells erarbeitet werden. Vor dem Hintergrund der technischen Möglichkeiten kann daraus ein unternehmensspezifisches CIM-Konzept entwickelt werden, das langfristig unter Einbeziehung der Mitarbeiter realisiert werden kann [236].

9.1 Die Unternehmensstruktur im CIM-Verbund

Klammert man die administrativen Bereiche eines Unternehmens aus und betrachtet die Funktionen der Fertigung und deren vorgelagerte Bereiche, so lässt sich die im Bild 9.1 dargestellte verallgemeinerte CIM-Struktur ableiten. Die Aufgaben und Funktionen der einzelnen CIM-Bausteine sollen in den folgenden Abschnitten kurz erläutert werden [100].

9.1.1 CIM-Komponenten

Der Austausch von Informationen zwischen den einzelnen Bereichen eines Unternehmens bzw. die rechtzeitige und konsistente Bereitstellung von Daten in den verschiedenen EDV-Systemen ist das Ziel sämtlicher CIM-Bestrebungen. Dazu müssen geeignete Kommunikationsmechanismen bereitgestellt und Vereinbarungen über die auszutauschenden Daten getroffen werden.

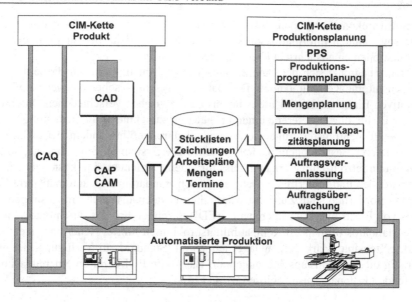

Bild 9.1. CIM-Modell

In den seltensten Fällen wird ein Unternehmen eine CIM-Lösung „aus einer Hand" realisieren, da entweder bestehende EDV-Systeme vorhanden sind oder für unterschiedliche Aufgaben Programme unterschiedlicher Hersteller zum Einsatz kommen sollen. Die Koppelbarkeit unterschiedlicher EDV-Systeme spielt daher immer eine zentrale Rolle bei einer CIM-Realisierung.

Die einfachste Möglichkeit, zwei Anwendungssysteme datentechnisch miteinander zu verbinden, ist die Kopplung über eine Datei, die ein spezifiziertes Format aufweist. Die meisten Programmsysteme können heute unterschiedlichste Dateiformate erzeugen oder lesen, sodass verschiedenste Applikationen miteinander verbunden werden können. Ein Nachteil dieser Methode ist, dass die Daten bei Änderung in der einen Applikation nicht automatisch auch in der Datenbasis der anderen Applikation geändert werden. Dadurch entstehen kurzfristig Dateninkonsistenzen. Eine andere Lösung sind spezielle Konvertierungsprogramme, die eine bidirektionale Konvertierung der Datenstrukturen ohne den Umweg über eine Datei vornehmen.

Eine Integration von Anwendungssystemen über ein gemeinsames Datenbanksystem ist in der Regel nur dann möglich, wenn ein unternehmensweites Datenmodell existiert und die Applikationen ihren gesamten Datenbestand oder zumindest die für andere Applikationen wichtigen Daten in der Datenbank ablegen. Die Vorteile einer derartigen Lösung sind die durch das Datenbank-Managementsystem (DBMS) gewährleistete Datenkonsistenz, die Aktualität und die gleichzeitige Verfügbarkeit der Daten für alle angeschlossenen Systeme.

In neueren Entwicklungen wird ein Informationsmanagement zur Synchronisation von dezentral manipulierten Daten und Ereignissen eingesetzt. Dieses klinkt sich mit Hilfe des Datenbank-Triggermechanismus in die Informationsverarbeitung der Softwarekomponenten ein. Die Komponenten melden ihren Informationsbedarf beim sogenannten Informationsbroker an und erhalten dann bei für sie relevanten Informationen eine Nachricht über das Ereignis [245].

Heute begrenzt sich der Datenaustausch jedoch nicht mehr auf die rein unternehmensinterne Kommunikation. Der Datenaustausch zwischen den verschiedenen operativen Einheiten eines Unternehmens oder zwischen verschiedenen Unternehmen, z.B. für die Zuliefereranbindung, gewinnt zunehmend an Bedeutung. Wurde dieser Datentransfer früher noch manuell durchgeführt, indem beispielsweise der Zulieferer Bestellungen manuell in sein EDV-System eingeben musste, so hat man in den letzten Jahren erkannt, dass für einen effizienten, d.h. kostengünstigen, zeitsparenden und fehlerfreien, Datenaustausch standardisierte, automatisierte Verfahren erforderlich sind. Zunächst wurde dieser Datenaustausch mit Lösungen auf Basis von Electronic Data Interchange (EDI) durchgeführt, das durch unterschiedliche Standards oftmals zu Kompatibilitätsproblemen führte. Neuerdings steht mit XML(eXtensible Markup Language) jedoch ein Standard zur Verfügung, der mittelfristig die Datenaustauschlösungen auf Basis von EDI beim unternehmensübergreifenden Datenaustausch ablösen wird [124].

9.1.1.1 PPS

Die Produktionsplanung und -steuerung (PPS), im Englischen Enterprise Resource Planning (ERP) genannt, ist verantwortlich für die mengen-, termin- und kapazitätsgerechte Planung, Veranlassung und Überwachung von Produktionsabläufen [80]. Grundlage eines jeden PPS-Systems ist eine Stammdatenverwaltung zur Ablage und Pflege der für die Planung benötigten Daten. Dazu gehören beispielsweise Teilestämme, Stücklisten, Arbeitspläne sowie Informationen über vorhandene Kapazitätsgruppen und Arbeitsplätze.

Die Planungsfunktionen eines PPS-Systems gliedern sich im Wesentlichen in die Produktionsprogrammplanung, die Mengenplanung sowie die Termin- und Kapazitätsplanung. Hinzu kommen operative Funktionen zur Auftragsveranlassung und zur Auftragsüberwachung:

– Auf der Basis von Kundenaufträgen und Absatzprognosen ermittelt die Produktionsprogrammplanung das langfristige Produktionsprogramm und mögliche Liefertermine. Gleichzeitig müssen die Abteilungen Konstruktion und Arbeitsplanung mit den notwendigen auftragsabhängigen Vorlaufarbeiten beauftragt und terminlich überwacht werden.

– In der Mengenplanung werden Stücklisten aufgelöst und Bedarfe ermittelt mit dem Ziel, das Produktionsprogramm termingerecht fertigen zu können. Ergebnis dieser Planungsstufe sind Bestellaufträge für fremdbezogenes Material und das in Eigenfertigung herzustellende Fertigungsprogramm.

– In der Termin- und Kapazitätsplanung werden unter Einbeziehung der Arbeitspläne die Durchlaufzeiten der einzelnen Fertigungsaufträge ermittelt. Anschließend erfolgt die Verteilung der Fertigungsaufträge auf die einzelnen Kapazitäten (Maschinen, Personal, usw.). Bei Über- oder Unterbelastung von Kapazitäten wird ein Belastungsabgleich vorgenommen, der auch zu einer Auswärtsvergabe von Aufträgen führen kann.

- Durch die Auftragsveranlassung wird nach der Freigabe der Bestellaufträge die Bestellschreibung ausgelöst und die Ware beim Lieferanten bestellt. Die Fertigungsaufträge werden nach einer Verfügbarkeitsprüfung von Material und Kapazitäten freigegeben, d.h. Auftragsbelege werden erstellt und verteilt. Gleichzeitig wird die Bereitstellung von Material und Fertigungshilfsmitteln angestoßen.
- Die Auftragsüberwachung erfasst die von der Fertigung zurückgemeldeten Informationen über Menge, Termin und Qualität der gefertigten Teile.

Da PPS-Systeme i.Allg. mittelfristig planen, weichen die Planungsvorgaben häufig vom aktuellen Geschehen in der Fertigung ab. Daher werden die Steuerungsfunktionen von PPS-Systemen zunehmend in werkstattnahe, dezentrale Systeme – sogenannte Leitstände– verlagert. Diese besitzen neben den Funktionen zur Auftragssteuerung auch Strategien zur Optimierung von Arbeitsgangreihenfolgen, mit denen die kurzfristige Feinplanung von Arbeitsfolgen sowie die Umplanung nach Störungen vorgenommen werden können. Dadurch werden die Planungsvorgaben der Fertigungssteuerung wesentlich genauer und die Reaktionsfähigkeit auf Unregelmäßigkeiten in der Fertigung verbessert.

Die wesentlichen Informationen, die das PPS-System den übrigen Bereichen zur Verfügung stellt, werden im Folgenden erläutert.

- PPS $\longrightarrow$ CAD
  Auf Basis des vorliegenden Produktionsprogramms beauftragt das PPS-System den CAD-Bereich mit der Konstruktion. Das kann kommunikativ erfolgen oder über eine gemeinsame Datenbasis, d.h. der Auftrag wird in das „Auftragsbuch" des CAD-Bereiches eingetragen.
- PPS $\longrightarrow$ CAP und CAM
  Der CAP-Bereich wird vom PPS-System mit der Arbeitsplanung, d.h. mit der Aufschlüsselung in einzelne Arbeitsgänge und deren Ablauffolge, beauftragt. Dazu werden die im CAD-Bereich erzeugten Geometrie- und Technologiedaten sowie die Stücklisten benötigt. Die zunächst auftragsneutralen Arbeitspläne werden um die vom PPS-System vorgegebenen auftragsspezifischen Daten erweitert. Danach werden die für die Produktion benötigten NC-Programme im CAM-Bereich generiert und auf einem Fileserver abgelegt.
- PPS $\longrightarrow$ Automatisierte Produktion
  Vor Auftragsübergabe überprüft das PPS-System die Fertigungs- und Montageunterlagen auf Vollständigkeit. Ist diese Bedingung erfüllt, wird der Auftrag in das „Auftragsbuch" des automatisierten Produktionssystems eingetragen. Das Produktionssystem hat über die Auftragsnummer Zugriff auf alle in den „Datenbasen" abgelegten und zur Produktion erforderlichen Informationen, wie z.B. Art, Menge und Termine der zu produzierenden Teile, Arbeitspläne, Fertigungshilfsmitteldaten und NC-Programme.

9.1.1.2 CAD

Wenn es sich bei den zu fertigenden Produkten nicht um Standardprodukte handelt, wird zunächst die Konstruktionsabteilung mit den notwenigen Entwicklungsarbeiten beauftragt. Dort werden heute zunehmend CAD-Systeme zur Unterstützung des Konstrukteurs eingesetzt [13].

Unter dem Begriff CAD (Computer Aided Design) versteht man die rechnerunterstützte Konstruktion und Entwicklung. Die Ergebnisse der Konstruktion – das sind neben den Geometriedaten die Technologiedaten (Material, Oberflächen, usw.), Normteile, Zusammenstellungen und Stücklisten – werden in der gemeinsamen Datenbasis abgelegt. Das Ergebnis ist eine digitale Objektdarstellung, die in einer Datenbank abgelegt wird, auf die auch andere innerbetriebliche Abteilungen Zugriff haben. Das enorme Rationalisierungspotenzial von CAD-Systemen folgt aus den Möglichkeiten, die sich dem Konstrukteur bei der Varianten- und Änderungskonstruktion bieten. Durch den Zugriff auf Norm- und Wiederholteilbibliotheken und die Verwendung vordefinierter Makros können zeitraubende Routinetätigkeiten vermieden werden.

Nach Fertigmeldung der CAD-Arbeiten werden vom PPS-System auf Basis der Stücklisten, Normteile- und Zukaufteilebeschreibungen Nachfragen an das Magazin bzw. den Einkauf initiiert.

9.1.1.3 CAP und CAM

CAP (Computer Aided Planning) umfasst die EDV-unterstützte Arbeitsplanung, die auf den mit CAD erstellten Konstruktionsdaten aufbaut und Fertigungsunterlagen erzeugt, aus denen hervorgeht, woraus, wie, in welcher Reihenfolge, womit und in welcher Zeit ein Werkstück, eine Baugruppe usw. gefertigt und montiert werden soll [79]. Die computergestützte Generierung von NC-Programmen aus den CAD-Daten wird als CAM (Computer Aided Manufacturing) bezeichnet [167].

Neben der Ermittlung der erforderlichen Arbeitsvorgänge und der einzusetzenden Verfahren und Maschinen müssen auch ggf. benötigte Sonderwerkzeuge und Vorrichtungen in die Planung einbezogen werden. Handelt es sich bei den eingesetzten Maschinen um NC-Maschinen, müssen auch noch die erforderlichen NC-Programme aus den CAD-Daten abgeleitet werden.

Bei den eingesetzten CAP-Systemen muss zwischen Arbeitsplanverwaltungssystemen, die lediglich Editier- und Verwaltungsfunktionen zur Verfügung stellen, und Arbeitsplanungssystemen, die den gesamten Prozess der Arbeitsplanung unterstützen und daher wesentlich komplexer sind, unterschieden werden.

Zur Festlegung von Prüfmerkmalen und Prüfprogrammen und damit zur Komplettierung des Arbeitsplanes wird der planerische Bereich des CAQ beauftragt. Für diesen Vorgang werden wiederum die Geometrie-, Technologie- und Prozessdaten benötigt.

Die vom CAP-Bereich erzeugten Arbeitspläne enthalten alle Angaben über das für die Produktion benötigte Personal, die zu verwendenden Maschinen und Fertigungshilfsmittel (Werkzeuge, Vorrichtungen, usw.) sowie Informationen über die

einzelnen Prozessschritte zur Durchführung der Arbeitsgänge in Form von Arbeits-
anweisungen oder NC-Programmen. Diese Daten werden dem PPS-System zur
Auftragszusammenstellung und zur Produktionsplanung auf Basis von Mengen-,
Termin-und Kapazitätsaspekten zur Verfügung gestellt.

9.1.1.4 CAQ

Aufgabe des Bereichs CAQ (Computer Aided Quality Assurance) ist die Planung
und Durchführung der Qualitätssicherung [158]. Anhand der Konstruktionsunter-
lagen aus dem CAD-Bereich und den Arbeitsplänen aus dem CAP-Bereich werden
Prüfmerkmale festgelegt, Mess- und Prüfpläne erstellt und im Falle rechnergesteuer-
ter Prüfeinrichtungen Prüfprogramme generiert und als Ergänzung dem Arbeitsplan
zugeordnet. Die so erzeugten Prüfvorgaben werden im automatisierten Produktionssystem durchgeführt und überwacht.

Die bereichsübergreifenden Aufgaben von CAQ machen deutlich, dass es sich
nicht um eine isolierte Funktion innerhalb der Unternehmensstruktur handelt, sondern dass alle Bereiche über den gesamten Produktentstehungszyklus hinweg durch-
drungen werden.

9.1.1.5 Automatisierte Produktion

Die rechnerunterstützte Steuerung und Überwachung der Betriebsmittel im Produktionsprozess wird als automatisierte Produktion bezeichnet. Darunter fallen sowohl
die Funktionen Betriebs- und Maschinendatenerfassung (BDE/MDE), als auch die
direkte Steuerung von NC-Maschinen, Lager- und Transportsystemen.

Die Ausprägung der eingesetzten EDV-Systeme hängt im Wesentlichen vom
Grad der Automatisierung ab. Während vollautomatische flexible Fertigungssysteme hochkomplexe Fertigungsleitsysteme benötigen, besitzen Leitstände zur Steuerung konventioneller Werkstätten einen wesentlich geringeren Funktionsumfang.

Die zur Steuerung der Fertigung benötigten Daten bezieht das automatisierte
Produktionssystem aus den vorgelagerten Bereichen PPS, CAD, CAP, CAM und
CAQ. Gleichzeitig werden die während des Produktionsprozesses anfallenden Daten an diese Bereiche zurückgemeldet, um die Aktualität der Planungsprozesse sicherzustellen.

Die in der Fertigung bzw. Montage anfallenden Daten werden gesammelt, kom-
primiert und dann an das PPS-System gemeldet. Wichtige Daten sind z.B. die Start-
und Endtermine der Fertigungsaufträge, Informationen über die Anzahl der gefertigten Werkstücke und Ausschussmengen sowie die im Rahmen der Betriebsdatenerfassung gesammelten Daten (vgl. Kapitel 9.2.2).

9.1.2 Ebenenmodell eines Unternehmens der Fertigungsindustrie

Wegen erheblich voneinander abweichender Anforderungen bzw. unterschiedlicher
Randbedingungen wird es aus technischen Gründen niemals ein serielles Bussystem geben können, das allen unterschiedlichen Anforderungen in den verschiedenen Einsatzbereichen gleichermaßen genügt. d.h., für spezifische Einsatzbereiche

bzw. Anwendungsfälle werden immer bestimmte Bussysteme besser geeignet sein als andere. Die Auswahl eines Bussystems für einen bestimmten Anwendungsfall wird daher zwingend immer mit der Ermittlung des an das Bussystem zu richtenden Anforderungsprofils beginnen müssen. Um solche Anforderungsprofile definieren zu können, ist es erforderlich, den prozess- bzw. unternehmensinternen Informationshaushalt zu untersuchen, d.h. speziell die Art und Weise

- der Informationserzeugung,
- des Informationstransports und
- der Informationsverarbeitung.

zu analysieren. Im Anforderungsprofil müssen sich Aspekte wie beispielsweise der Umfang der jeweils zu transportierenden Datenmengen, die zulässigen Lauf- oder Reaktionszeiten, die erforderliche Datendurchsatzleistung der Kommunikationseinrichtung und die maximale Anzahl der zu vernetzenden Kommunikationsteilnehmer widerspiegeln. Zur Untersuchung des unternehmens- und prozessinternen Informationshaushalts in Unternehmen der Stückgutfertigung hat sich die Orientierung an dem von der ISO im Technischen Bericht TR 10314 beschriebenen „Referenzmodell für die Stückgutfertigung" als zweckmäßig erwiesen. Dieses im Bild 9.2 dargestellte Modell gliedert Unternehmen in die fünf Ebenen:

- Ebene 5: Planungsebene
- Ebene 4: Leitebene
- Ebene 3: Führungsebene
- Ebene 2: Steuerungsebene
- Ebene 1: Aktor-/Sensorebene

Planungsebene:
In der Planungsebene eines Unternehmens werden übergeordnete Aufgaben des Gesamtunternehmens abgedeckt. Die wesentliche Aufgabe in dieser Ebene ist das Führen des Unternehmens im Sinne der Erfüllung der gesteckten Unternehmensziele (langfristige Planung). Ein technisches System auf der Planungsebene eines Unternehmens bzw. einer Fabrik kann beispielsweise ein Unternehmens- oder Betriebsrechner sein. In der Planungsebene sind Unternehmensfunktionen wie die Konstruktion (z.B. mit CAD-Systemen) oder die Produktionsplanung (z.B. PPS-Systeme) angesiedelt.

Leitebene:
Aufgabe der Leitebene ist die Koordinierung der Produktion und Fertigung sowie die Überwachung und Steuerung der Auftragsbearbeitung einschließlich der Beschaffung und Reservierung der für die einzelnen Aufträge beschafften Ressourcen. Typische Aufgabengebiete, die bei einer Unternehmensstrukturierung der Leitebene zufallen, sind beispielsweise Planung der Produktion, Kapazitätsplanung, Betriebsmittel- und Ressourcenplanung, Planung der Betriebsmittelwartung und das Ressourcen-Management. Ein technisches System der Leitebene ist beispielsweise

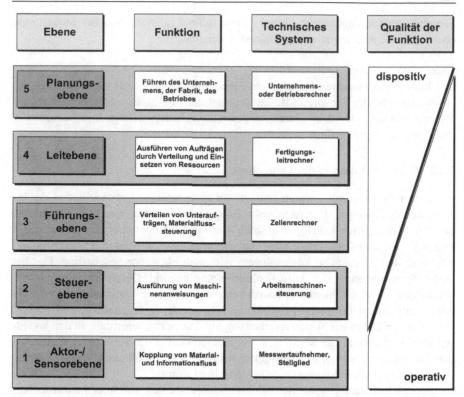

Bild 9.2. Modell der Ebenenstrukturierung eines Unternehmens (nach ISO TR 10314)

der Fertigungsleitrechner. In den Bürobereichen der Planungsebene sind Unternehmensfunktionen wie die Arbeitsvorbereitung (z.B. mit CAP-Systemen) angesiedelt.

Führungsebene:
Die Analyse der für einen Fertigungs- oder Messauftrag benötigten Ressourcen, deren Anforderung, das Bilden von Auftragswarteschlangen, die Verteilung von Aufträgen auf einzelne Automatisierungsgeräte, die Überwachung des Auftragsfortschritts oder das Berichten des Auftragsstatus an die Leitebene sind typische Aufgaben der Führungsebene, die der Meisterebene entspricht. Technische Realisierungen der Führungsebene, die unter dem Oberbegriff automatisierte Produktion (vgl. Kapitel 9.1.1.5) zusammengefasst werden, sind beispielsweise Zellenrechner, integrierte DNC-/BDE-/MDE-Systeme und Fertigungsleitstände.

Steuerungsebene:
Leiten, überwachen und koordinieren der Aktivitäten eines oder mehrerer Automatisierungsgeräte des Werkstattbereiches zum Zweck des Bearbeitens von Rohmaterialien, der Steuerung von Montage- oder Messaufträgen sowie des Berichtens des Gerätezustandes an ein übergeordnetes technisches System sind Aufgaben, die der

Steuerungsebene zugeordnet werden. Technische Realisierungen der Steuerungsebene sind die Automatisierungsgerätesteuerungen.

Aktor-/Sensorebene:
Die Interaktion zwischen Prozess und Steuerung erfolgt durch Aktoren und Sensoren. Aufgabe der Sensoren (Messwertaufnehmer) ist es, Prozessparameter in Informationen umzuwandeln. Durch Aktoren (Stellglieder) werden Informationen in Prozessparameter überführt.

9.1.3 Kommunikation in der Leittechnik

Die letzten zwanzig Jahre waren geprägt von einer rasanten Entwicklung in der Informationstechnologie. Die Automatisierungsgeräte und Rechner in der Fertigung und Qualitätssicherung verfügen deshalb heute in der Regel über eine vor wenigen Jahren noch kaum vorstellbare hohe Datenverarbeitungsleistung und Speicherkapazität und sind dennoch so kostengünstig wie noch nie zuvor beschaffbar. Das hat eine Dezentralisierung der Aufgabenbearbeitung bewirkt. Daten können und werden heute nach Möglichkeit prozessnah verarbeitet. d.h., sie werden dort verarbeitet, wo sie entstehen. Über geeignete Kommunikationseinrichtungen werden die „lokal" aufbereiteten Daten zur Weiterverarbeitung an „Partner" übermittelt. In den so entstehenden verteilten Datenverarbeitungssystemen kommt der Vernetzung der einzelnen Automatisierungsgeräte, Messgeräte und Rechner mittels serieller Bussysteme (lokale Netzwerke, Feldbusse) eine Schlüsselfunktion zu.

Bereits seit dem Beginn der achtziger Jahre werden zur informationstechnischen Verknüpfung von Komponenten in verteilten Datenverarbeitungssystemen Netzwerkkonzepte entwickelt. Aufgrund von unterschiedlichen technischen Anforderungen, aber auch wegen unternehmerischer Interessen der Hersteller ist aus diesen Netzwerkkonzepten mittlerweile eine unter betriebswirtschaftlichen Gesichtspunkten nicht zu vertretende große Anzahl verschiedener serieller Bussysteme entstanden, die eine jeweils mehr oder weniger große Verbreitung gefunden haben. So enthält eine im April 1993 vom Zentralverband der elektrotechnischen Industrie e.V. (ZVEI) veröffentlichte Liste zirka 90 verschiedene Buskonzepte bzw. Bussysteme, die in der Bundesrepublik gegenwärtig eingesetzt werden.

Die Anwender aus der Fertigungstechnik sehen sich bei dieser Vielzahl unterschiedlicher Systeme vor das unlösbar scheinende Problem gestellt, die für eine Anwendung am besten geeignete Technik auszuwählen.

9.1.3.1 Kommunikationssegmente des Fertigungsbereichs

Der Vergleich der vertikalen und horizontalen Informationsflüsse in den verschiedenen Ebenen eines Unternehmens zeigt unterschiedliche Anforderungen hinsichtlich der geforderten Datendurchsatzleistung, der zu übertragenden Datenmenge und des Übertragungs- bzw. Reaktionszeiterhaltens in den einzelnen Ebenen (Bild 9.3). Daher haben sich in den Unternehmen der Stückgut-Industrie in einem Evolutionsprozess vier unterschiedliche Kommunikationssegmente gebildet [92, 93]:

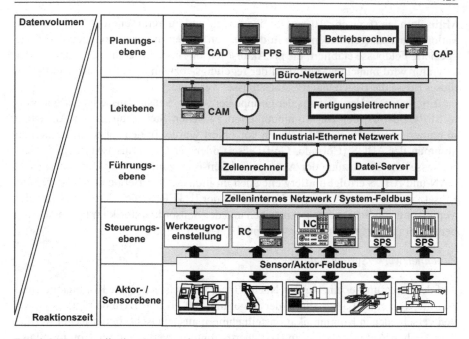

Bild 9.3. Kommunikationssysteme des Fertigungsbereichs

- Für die Kommunikation auf der Aktor-/Sensor-Ebene, d.h. dem Datenaustausch zwischen Aktoren, Sensoren und Gerätesteuerungen, werden sogenannte Aktor-/Sensor-Feldbusse verwendet.
- Die informationstechnische Verkettung der Automatisierungsgerätesteuerungen mit hierarchisch übergeordneten technischen Systemen der Leitebene erfolgt durch die sogenannten lokalen Zellennetzwerke bzw. System-Feldbusse.
- Die Integration der verschiedenen Betriebsteile (Fertigungshallen, Bürogebäude) und deren Kommunikationseinrichtungen erfolgt auf der Leitebene über Industrial-Ethernet Netzwerke.
- Zur Vernetzung der technischen und administrativen Bürobereiche der Planungs- und Leitebene werden heute Büro-Netzwerke auf der Basis von lokalen Netzwerken verwendet.

Aktor-/Sensor-Feldbusse (Abtastbusse)

Sind auf der Sensor-/Aktor-Ebene die verschiedenen Stellglieder und Messwertaufnehmer in zeitdiskrete Regelkreise eingebunden, so müssen die Daten zwischen ihnen und der jeweiligen Gerätesteuerung zyklisch übertragen werden. Hierbei müssen die Zykluszeiten wesentlich kleiner sein, als die für den Regelprozess charakteristischen Zeitkonstanten. Daher sind auf der Aktor-/Sensor-Ebene kurze Nachrichten mit einer Länge von nur wenigen Bit (ca. 10 bis 50 Bit) in einer Zeit von einigen

Millisekunden (typisch<10 ms) zu übertragen und zu verarbeiten. Als Kommunikationseinrichtungen haben sich in den letzten Jahren in der Aktor-/Sensor-Ebene
spezielle Feldbusse etabliert, die als Aktor-/Sensor-Busse bezeichnet werden. In der
Literatur wird manchmal aufgrund der regelungs- bzw. messtechnischen Funktion
dieser Busse die Bezeichnung „Abtastbusse" verwendet.

Ein typischer Vertreter aus der Gruppe der Aktor-/Sensor-Busse ist der genorm-
te SERCOS-Bus, der zur Kommunikation zwischen Steuerungen und Antrieben
in numerisch gesteuerten Maschinen konzipiert wurde. In deutschen Automobilen
kommen der ABUS (Corrado, Golf-Diesel) oder der CAN-Bus(BMW, Mercedes-
S-Klasse) zur Vernetzung der Aktoren und Sensoren zum Einsatz. Der Einsatz von
CAN und ABUS erfolgt mittlerweile auch im industriellen Bereich bzw. ist für den
Einsatz propagiert. Ein weiterer Vertreter ist der INTERBUS-S, der im Bereich der
Vernetzung von Steuerungen, Antrieben und der Sensorik/Aktorik im Prozessdaten-
bereich eingesetzt wird (vgl. auch Kapitel 5.3.5).

Zellennetzwerke/System-Feldbusse

Auf der Steuerungsebene werden Nachrichten, wie beispielsweise Kommandos und
Alarme, von einer Länge, die in der Regel um 100 bis 500 Byte beträgt, zwischen
den verschiedenen Kommunikationsteilnehmern ausgetauscht. In der Regel werden
keine hohen Anforderungen an das Übertragungszeitverhalten der Kommunikationseinrichtung gestellt, da aufgrund der Intelligenz der Gerätesteuerungen zeitkritische oder sicherheitsrelevante Operationen lokal ausgeführt werden. So wartet beispielsweise eine NC-Maschine bei einer erkannten und an den Zellenrechner ge-
meldeten Kollision nicht auf einen Abschaltbefehl, sondern schaltet selbsttätig ab.
Daher braucht die Alarmübertragung nicht in wenigen Millisekunden zu erfolgen,
sondern darf im Bereich mehrerer Zehntelsekunden bzw. Sekunden liegen.

Für die Dateiübertragung zwischen NC-Maschinensteuerung und Zellenrechner sind aus technologischer Sicht in der Steuerungsebene Netto-Übertragungsraten
in der Größe bis maximal 40.000 Bit/s erforderlich [91]. Beim Aufbau neuer Zellennetzwerke wird heute fast ausschließlich Ethernet benutzt, es existieren in vielen Fällen aber auch noch Lösungen, wie beispielsweise der SINEC-H1-Bus) von
Siemens bzw. System-Feldbusse wie der DIN-Messbus (DIN 66348), der Profibus
(DIN 19245), der französische FIP-Bus oder der japanische FAIS-Bus.

Industrial-Ethernet Netzwerke

Mit dem Einsatz der klassischen Ethernet-Technologie in der Produktion wird die
Idee verfolgt, eine standardisierte Kommunikationsinfrastruktur einzuführen, die
eine unternehmsweite Kommunikation sowie Automatisierung vom Büro bis zur
Maschine bzw. Sensor ermöglicht. Damit können die Prozess- und Fertigungsda-
ten zukünftig nicht nur auf der Feldebene (Maschinenebene) sondern in bereichsübergreifenden Systemen verarbeitet werden. Zur Anbindung der unterschiedlichen
Feldbusse an das übergeordnete Netzwerk sind busspezifische Infrastrukturkompo-
nenten notwendig (Gateways, Router, Bridges).

Büro-Netzwerke

In den Bürobereichen der höheren Unternehmensebenen ist der Informationsaustausch in der Regel nicht telegrammorientiert wie in der Aktor-/Sensor- und in der Steuerungsebene, sondern besteht vornehmlich aus der Dateiübertragung, dem Versenden von E-Mails sowie großen Datenmengen, wie z.B. CAD-Zeichnungen. Daher nehmen die horizontalen und vertikalen Datenströme in diesen Ebenen an Breite, d.h. an Umfang, zu. Die Anforderungen an das Reaktionszeitverhalten des Datenübertragungssystems nehmen im Gegensatz dazu deutlich ab.

Als Büro-Netzwerke kommen Produkte wie 10 MBit Ethernet, Fast Ethernet (100 MBit/s) oder Gigabit Ethernet (1000 MBit/s) zum Einsatz. Für Neuinstallationen wird das 10 MBit Ethernet heute nicht mehr eingesetzt, da Fast Ethernet inzwischen zum gleichen Preis erhältlich ist. Die Anschaltkosten pro Anschluss liegen heute unter 25 Euro. Gigabit Adapter sind zwar auch schon standardisiert, aufgrund der neueren Technologie aber erheblich teurer [142].

9.1.3.2 OSI-Referenzmodell

Die Kommunikationsschnittstellen für die verschiedenen lokalen Netzwerke und Feldbusse sind schon immer herstellerspezifisch ausgelegt worden und daher in der Regel weitgehend inkompatibel zueinander. Die fehlende Kompatibilität der Kommunikationsschnittstellen führt zu unnötig hohen Kosten bei der Integration von Automatisierungsgeräten in Multi-Vendor-Umgebungen. Daher wurde zwischen 1978 und 1983 unter der Bezeichnung Open Systems Interconnection (OSI) durch die ISO ein Referenzmodell für die Realisierung offener, d.h. herstellerneutraler Kommunikationsschnittstellen genormt [47].

Das OSI-Referenzmodell, ISO 7498 (vom CCITT ist die Norm ISO 7498 als CCITT-Empfehlung X.200 übernommen worden), ist eine Rahmen-Richtlinie, die ein architekturales Konzept beschreibt. Mit Hilfe dieses Konzepts sollen die Aktivitäten verschiedener Normungsgremien koordiniert und auf eine gemeinsame Plattform gestellt werden, die unabhängig voneinander an der Schaffung von offenen Kommunikationsschnittstellen arbeiten. Das OSI-Referenzmodell definiert offene Systeme und ihr Zusammenwirken in einer OSI-Umgebung sowie ein Schichtenmodell. Zum besseren Verständnis des OSI-Referenzmodells werden diese Begriffe in den folgenden Abschnitten näher erläutert.

9.1.3.3 Offene Systeme

Unter einem System wird eine autonome Einheit verstanden. Diese kann aus einem oder mehreren Rechnern, der zugehörigen Software, Peripheriegeräten, Terminals, Bedienern usw. bestehen und muss in der Lage sein, Datenverarbeitung durchzuführen und Datenübertragung auszuführen. Somit kann ein System z.B. ein Fertigungsrechner oder eine numerisch gesteuerte Arbeitsmaschine sein. Die vorstehende Systemdefinition einschränkend, werden im OSI-Sinne unter offenen Systemen jene Systeme verstanden, in denen der Informationsaustausch nach Kommunikationsnormen erfolgt, die aufbauend auf das OSI-Referenzmodell entwickelt wurden. Ein offenes System wird in zwei Hauptteile gegliedert. Sie werden Anwendung und Kommunikationssystem genannt [71].

Die Anwendung ist der Teil eines offenen Systems, der für eine bestimmte Anwendung die Datenverarbeitung ausführt. Strikt von der Datenverarbeitung getrennt ist die Datenübertragung. Ihre Durchführung obliegt dem Kommunikationssystem. Das Kommunikationssystem ermöglicht es, dass über das physikalische Datenübertragungsmedium Informationen mit dem Kommunikationspartner eines anderen offenen Systems ausgetauscht werden können. Die Regeln, nach denen der Informationsaustausch erfolgt, werden als Protokoll bezeichnet. Ausschließlich das Kommunikationssystem und die Schnittstelle zum Anwendungsprozess sind Gegenstand der OSI-Normung. Wichtig bei dieser Philosophie ist, dass das Kommunikationssystem gegen ein anderes ausgetauscht werden kann, ohne dabei den Anwendungsprozess verändern zu müssen.

Das OSI-Referenzmodell geht davon aus, dass in der sogenannten OSI-Umgebung zwei oder mehrere offene Systeme zur Erfüllung einer gemeinsamen Datenverarbeitungsaufgabe über ein physikalisches Datenübertragungsmedium zum Informationsaustausch miteinander verbunden sind.

9.1.3.4 Schichtenmodell

Das OSI-Referenzmodell ordnet die Aufgaben, die vom Kommunikationssystem bei der Datenübertragung zu erfüllen sind, in sieben Schichten ein (Bild 9.4).

Die Anwendungsschicht ist der Teil des Kommunikationssystems, der unmittelbar mit dem Anwendungsprozess über eine festgelegte Schnittstelle kommuniziert. Die Kommunikationsaufgabe wird in der sogenannten Anwendungsinstanz jeweils durch ein oder mehrere Anwendungsdienstelemente ausgeführt.

Zwischen den Anwendungsprozessen zweier miteinander im Informationsaustausch stehender offener Systeme besteht im Allgemeinen eine logische Verbindung (verbindungsorientierte Beziehung). Diese Verbindung muss vor dem Beginn des Informationsaustausches aufgebaut und nach dessen Ende wieder abgebaut werden. Der Auf- und Abbau von Kommunikationsverbindungen und die Datenübertragung zwischen den Anwendungsinstanzen werden durch die Anwendungsprotokolle geregelt. Diese Protokolle verwenden zur Übertragung von Informationen zwischen den beiden Anwendungsinstanzen Protokolldateneinheiten. Protokolldateneinheiten sind Telegramme, deren Bedeutung (Semantik) und deren Aufbau (Syntax) eindeutig in der jeweiligen OSI-Norm festgelegt sind. Diese Festlegung und die Art und Weise, wann und wie Protokolldateneinheiten auszutauschen sind und in welchem Zusammenhang sie zu den Dienstprimitiven stehen, wird in der Protokolldefinition beschrieben [71].

In der gleichen Art und Weise, in der der Anwendungsprozess die Dienste des Kommunikationssystems (der Anwendungsinstanz) nutzt, verwendet die Anwendungsinstanz als Dienstnutzer die Dienste der ihr hierarchisch untergeordneten Darstellungsinstanz. Die Dienstelemente der Darstellungsinstanz nutzen ihrerseits die

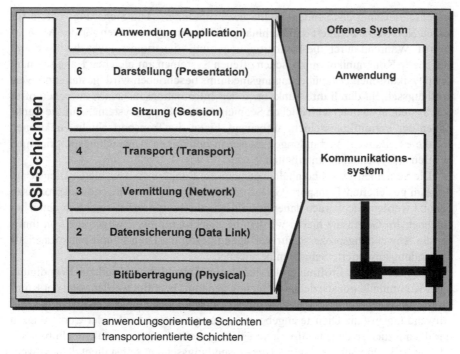

anwendungsorientierte Schichten
transportorientierte Schichten

Bild 9.4. Die Schichten des OSI-Referenzmodells

Dienstelemente der Sitzungsinstanz und so weiter, Bild 9.4. Allgemeingültig kann somit formuliert werden, dass ein Dienstelement der Schicht (N) seine Dienste dem oder den Dienstelementen der Schicht (N+1) zur Verfügung stellt. Es selbst benutzt die Dienste eines oder mehrerer Dienstelemente der Schicht (N-1). Die Nutzung der Dienste wird mittels der Dienstprimitive beschrieben. Gleiche Instanzen verschiedener Kommunikationssysteme kommunizieren miteinander durch Protokolldateneinheiten nach Regeln, die als Protokolle bezeichnet werden. Protokolle sind Sammlungen von semantischen und syntaktischen Regeln, die das Verhalten der Dienstelemente beim Informationsaustausch mit einem Partnerdienstelement in einem anderen offenen System festlegen. Im Folgenden ist der funktionale Rahmen der einzelnen OSI-Schichten global beschrieben.

In der Bitübertragungsschicht werden die Details der Informationsübermittlung zwischen offenen Systemen, wie z.B. Modulations- und Codierungsverfahren oder elektrische Eigenschaften des physikalischen Datenübertragungsmediums, festgelegt. Es wird den Kommunikationssystemen durch die Funktionen der Bitübertragungsschicht die Übertragung eines unstrukturierten Bitstroms ermöglicht. Die Sicherungsschicht stellt Mechanismen zur Verfügung, mit deren Hilfe einerseits aufbauend auf die ungesicherte Übertragung durch die Bitübertragungsschicht eine gesicherte Datenübertragung von Bitblöcken gewährleistet werden kann. Andererseits ermöglicht die Sicherungsschicht eine Datenflusssteuerung, d.h. eine Anpassung der

Durchsatzleistung des Senders an die des Empfängers. Die Sicherungsschicht für lokale Netzwerke definiert darüberhinaus die Steuerungsverfahren für den Medienzugriff. Während durch die Bitübertragungs- und Sicherungsschicht die insgesamt gesicherte Kommunikation zwischen offenen Systemen am gleichen Kabelsegment des physikalischen Datenübertragungsmediums beschrieben wird, gestattet die Vermittlungsschicht durch ihre Funktionen den Informationsaustausch zwischen offenen Systemen an unterschiedlichen Segmenten über Koppelsysteme. Auf die Funktionen der Vermittlungsschicht aufbauend, bietet die Transportschicht Funktionen an, die es erlauben, Verbindungen zwischen beliebigen Anwendungsprogrammen in offenen Systemen zu unterhalten.

Die Schichten 1 bis 4 beinhalten gemeinsam Funktionen bzw. bieten Dienste an, die zum gesicherten Transport von Informationen zwischen Anwendungsprozessen benutzt werden. Sie werden daher gemeinsam als transportorientierte Schichten bezeichnet. Im Gegensatz hierzu werden die Schichten 5 bis 7 wegen der von ihnen für die Anwendungsprozesse zur Verfügung gestellten Dienste und Funktionen als anwendungsorientierte Schichten bezeichnet.

Dienste, die zur Eröffnung, der geordneten Durchführung und zur Beendigung einer Kommunikationsbeziehung (Sitzung genannt) benötigt werden, sind der Kommunikationssteuerungsschicht zugeordnet. In der Darstellungsschicht werden der Anwendungsinstanz Dienste angeboten, die es gestatten, die Art der Codierung, in der die auszutauschenden Informationen dargestellt werden, auszuhandeln bzw. eine Konvertierung durchzuführen. Die Anwendungsschicht selbst dient dem Anwendungsprozess als Fenster zum Kommunikationssystem, d.h. sie stellt dem Anwendungsprozess anwendungsspezifische Kommunikationsdienste zur Verfügung.

9.1.3.5 TCP/IP-Protokolle

Unter Federführung der Advanced Research Projects Agency (ARPA) des US-Verteidigungs-Ministeriums (Department of Defence = DoD) wurde zu Beginn der siebziger Jahre ein Rechnernetz aufgebaut. Aufgabe dieses unter dem Namen ARPA-Netz bekannt gewordenen Netzes war es anfänglich, Universitätsrechenzentren und militärische Forschungseinrichtungen informationstechnisch zu verbinden. Es wurden verschiedene Kommunikationsprotokolle im Rahmen des ARPA-Netzaufbaus entwickelt. Aus diesen sind die TCP/IP-Protokolle hervorgegangen. Die TCP/IP-Protokolle werden seit 1983 weltweit eingesetzt.

Das Internet Protocol (IP) und das Transmission Control Protocol (TCP) wurden ursprünglich als die TCP/IP-Protokolle bezeichnet. Das Internet Protocol ist dafür zuständig, dass dort, wo nötig, auch weltweit Datenpakete von einem Sender über ein oder mehrere Netzwerke hinweg zu einem Empfänger in einem Zielnetzwerk transportiert werden. Die Aufgabe des Transport Control Protocol ist es, eine gesicherte Transportverbindung zwischen zwei miteinander kommunizierenden Anwendungsprozessen aufzubauen.

Für den Anwender sind in erster Linie die Protokolle der Anwendungsschicht von Bedeutung. TCP/IP bietet in der Anwendungsschicht eine Vielzahl spezifischer

Protokolle, die in der Regel für reine Rechenzentrums- und Büroanwendungen vorgesehen sind. Besonders wichtig sind hiervon:

- das Telnet-Protokoll zur Kommunikation zwischen Terminals und interaktiven Anwendungsprozessen,
- das File Transfer Protokoll (FTP) zur Übertragung von Dateien,
- das Simple Mail Transfer Protokoll (SMTP) für elektronischen Briefverkehr (Electronic Mail),
- das Hypertext Transfer Protokoll (HTTP) für WWW-Browser,
- das Simple Network Management Protokoll (SNMP) zur Netzwerkverwaltung und
- das Network News Transport Protokoll (NNTP) für den Austausch von Nachrichten zwischen Computern im Internet.

9.2 Fertigungsleitsysteme

Während in den fertigungsvorbereitenden Bereichen schon lange EDV-Systeme im Einsatz waren, setzte die Rechnerunterstützung im Bereich der Fertigungsleitsysteme erst sehr spät ein. Ein Grund dafür war, dass die kaufmännischen Anforderungen zunächst den Einsatz von EDV-Systemen in den planerischen Bereichen erforderten. Zur Erfassung der für die Planung und Kostenrechnung erforderlichen Daten wurden diese Systeme bis in den Bereich der Fertigung erweitert und sind heute unter dem Begriff Werkstattsteuerungssysteme bekannt. Ein anderer Grund war der Aufbau der damals eingesetzten Maschinensteuerungen, die einen direkten Anschluss an einen externen Rechner i. Allg. nicht vorsahen. Die Entwicklungen im Bereich der NC-Steuerungen haben jedoch dazu geführt, dass heute sogenannte flexible Fertigungssysteme (FFS) und flexible Fertigungszellen (FFZ) - das sind vollautomatische, rechnergeführte Ein- oder Mehrmaschinensysteme, realisiert werden können. Die zur Steuerung eingesetzten EDV-Systeme werden als Fertigungsleitrechner bezeichnet und umfassen neben der Direktführung der angeschlossenen Maschinen auch Funktionen zum automatischen Transportieren, Handhaben und Lagern. Diese komplexe Funktionalität wird unter dem Begriff automatisierte Produktion zusammengefasst.

Da in den heutigen Unternehmen i. Allg. Mischformen von konventioneller und automatisierter Fertigung vorhanden sind, nähern sich die zunächst unterschiedlichen Systeme Werkstattsteuerung und Fertigungsleitrechner immer weiter an. Von modernen Fertigungsleitsystemen wird erwartet, dass der Aufbau ihrer Software eine individuelle Anpassung an unterschiedliche Fertigungsstrukturen ermöglicht.

Spricht man heute von computergestützter Produktion, ist darunter nicht nur die vollautomatisierte Steuerung flexibler Fertigungssysteme, sondern ganz allgemein die EDV-Unterstützung im Bereich der Fertigungssteuerung zu verstehen. Dies umfasst je nach Ausbaustufe die Feinplanung der vom PPS-System vorgegebenen Fertigungsaufträge, die zeitgerechte und optimierte Bereitstellung von Material, Fertigungshilfsmittel und Informationen (z.B. NC-Programme), die Erfassung von Betriebsdaten sowie die manuelle, halbautomatische oder automatische Steuerung von Fertigungs-, Handhabungs-, Transport- und Lagervorgängen.

9.2.1 DNC(Distributed Numerical Control)

9.2.1.1 Geschichtliche Entwicklung

Auf das Ende der sechziger Jahre gehen die Ursprünge der informationstechnischen Integration numerisch gesteuerter Arbeitsmaschinen in Fertigungssystemen zurück. Arbeitsmaschinensteuerungen besaßen damals noch keine internen NC-Programmspeicher. Die NC-Programme mussten auf einem als Speichermedium dienenden Datenträger den Arbeitsmaschinensteuerungen zur Verfügung gestellt werden. Sie wurden von diesen satzweise eingelesen. In der rauen Werkstattumgebung erwiesen sich die fast ausschließlich als Datenträger verwendeten Papierlochstreifen jedoch immer wieder als Störungsquelle. Bei großen Teilespektren bereitete außerdem ihre Nutzung und Lagerung erhebliche organisatorische Probleme. Daher wurden Ende der sechziger Jahre in den USA, in Deutschland (z.B. von AEG, Siemens) und in Japan Fertigungssysteme erfolgreich erprobt, in denen die Datenübertragung mit dem Datenträger „Lochstreifen" ersetzt wurde. Über elektrische Datenübertragungsmedien wurden die numerisch gesteuerten Arbeitsmaschinen direkt mit Fertigungsrechnern verbunden. Dies geschah, indem die schon vorhandene elektrische Schnittstelle zum Lochstreifenleser genutzt wurde. Es entstand die sogenannte Behind-Tape-Reader-Schnittstelle (BTR). Die Fertigungsrechner wurden als NC-Programm- und Datenspeicher genutzt. Außerdem erfolgte durch sie zeitgerecht, d.h. entsprechend dem Arbeitsfortschritt der zu versorgenden Arbeitsmaschine, die satzweise Versorgung der Arbeitsmaschinensteuerungen mit Steuerinformationen. Als Bezeichnung für die entstehenden hierarchisch strukturierten Programm- und Datenverteilsysteme bürgerte sich weltweit der Begriff DNC-System ein. Ursprünglich stand das Akronym DNC für Direct Numerical Control [60, 231] und war mit bestimmten Merkmalen der DNC-Systeme der ersten Generation verbunden. Der Begriff Direct Numerical Control trifft aber nicht die besondere Eigenart des Rechner-/Maschinenverbunds. Er wurde deswegen durch „Distributed Numerical Control" ersetzt, da gerade die NC-Datenverteilung das Wesen moderner DNC-Systeme bestimmt [118, 157, 227].

In den ersten DNC-Systemen verringerte sich einerseits durch die direkte Verbindung von Fertigungsrechnern und Arbeitsmaschinensteuerungen der hohe räumliche und organisatorische Aufwand bei der Verwaltung der NC-Programme, die i.Allg. in großen Lochstreifenbibliotheken abgelegt waren. Andererseits konnten die hohen Nebenzeiten, die sich bei der Lochstreifenerstellung und bei der Steuerdatenverteilung an die Arbeitsmaschinensteuerungen ergaben, reduziert werden. Letztgenanntes führte vor allem anderen zu einer deutlichen Verringerung der Dauer des Änderungszyklus von NC-Programmen [129].

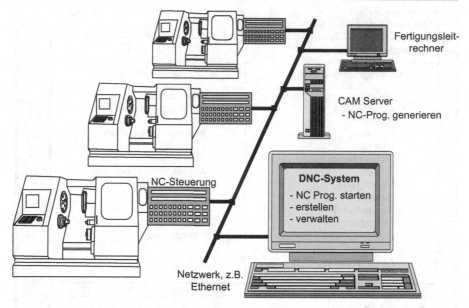

Bild 9.5. DNC-System im Fertigungsverbund

9.2.1.2 DNC-System

Moderne DNC-Systeme sind in den Informationsfluss eines Fertigungssystem integriert und verfügen über Schnittstellen zu einer heterogenen Umgebung von NC-Steuerungen und wahlweise zu einem CAM Server sowie Fertigungsleitrechner (Bild 9.5). Zur Datenübertragung werden primär Industrial-Ethernet- teilweise auch Wireless-LAN Netzwerke eingesetzt. Die Kompatibilität mit älteren Maschinen und Steuerungen werden durch universelle Datenkommunikationsfunktionen wie CSMA/CD- [185] oder Token-Passing-Bus-Basis [1, 35] sowie genormte Feldbusse, wie der PDV-Bus nach DIN 19241 [1] oder der Profibus nach DIN 19245 und nicht genormte Feldbusse [189], abgedeckt.

Der CAM-Server dient als Datenquelle und generiert aus den CAD-Daten die entsprechenden NC-Programme, inklusive ihrer Werkzeugdaten, Korrekturwerte und Nullpunkttabellen. Das DNC-System wird auf einem standard Industrie-PC mit Touch Screen betrieben. In Kombination mit 3D CAD-Zeichnungen von Aufspannungen, Werkzeugen und dem zu fertigende Werkstück wird der Maschinenbediener bei der Bedienung der DNC-Funktionalität bzw. der Administration der NC-Daten unterstützt. Hierbei werden DNC-Grundfunktionen und erweiterte Funktionen unterschieden (Bild 9.6). Zu den Grundfunktionen gehören die NC-Programmverwaltung und die NC-Datenverteilung. Die erweiterten Funktionen ermöglichen die NC-Datenkorrektur sowie die manuelle NC-Programmerstellung.

Eventuelle Modifikationen am manuell erstellten bzw. durch CAM generierten NC-Programm können entweder durch den Maschinenbediener an der Maschine getestet oder in einer Abtragssimulation (Bsp.: eM-RealNC) virtuell validiert werden.

Funktionen eines DNC-Systems

Grundfunktionen

NC-Programmverwaltung	NC-Datenverteilung

- Einlesen
- Abspeichern
- Ausgeben
- Kopieren
- Löschen
- Protokollieren
 	
- Verzeichnis
- Suchen
- Sperren und
  Freigeben
 	
- Sichern
- Komprimieren
	- Bereitstellen
	- Abruf übernehmen
	- Prüfen
	- Ausgabe vorbereiten
	
	- Übertragen
	- Anforderung übernehmen
	- Puffer verwalten
	- Ausgeben
	
	- Abschluss der
	  Übertragung

Erweiterte Funktionen

- NC-Datenkorrektur	- Steuerungsfunktionen für den Materialfluss

- NC-Programmerstellung	- Teilfunktionen der
	  Fertigungsführung
	  - Programme starten,
	    stoppen etc.
	  - Status lesen
	  - Variablen lesen
	  - ...

- Betriebsdatenerfassung und -verarbeitung	

Bild 9.6. Funktionen eines DNC-Systems

Ein integriertes Versionsmanagement überwacht dabei die Datenmodifikation und stellt eine konsistente Datenhaltung sicher.

Wird ein DNC-System im Verbund eines flexiblen Fertigungssystems (FFS) eingesetzt, kann die DNC-Funktionalität über einen Fertigungsleitrechner ferngesteuert werden. Hierzu stehen Teilfunktionen der Fertigungsführung bereit, die die Übernahme von Vorgabedaten (Termin- und Arbeitsplänen), die Feindisposition sowie die Weitergabe von organisatorischen Steuerdaten ermöglicht.

Weiterhin verfügen DNC-Systeme über Schnittstellen zur Betriebsdaten- (BDE) und Maschinendatenerfassung. Technische und organisatorische Daten des Fertigungsprozesses können somit erfasst und zur Prozessüberwachung bzw. Prozesssteuerung weiterverarbeitet werden (vgl. Kapitel 9.2.2).

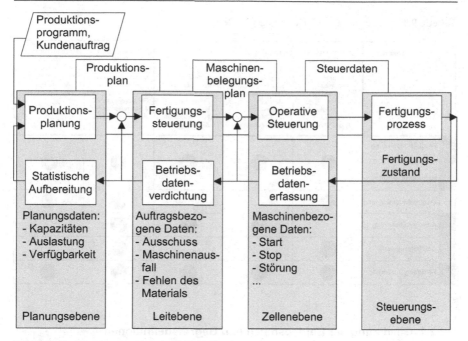

Bild 9.7. Der Fertigungsprozess als Regelkreis

9.2.2 Betriebsdatenerfassung und -verarbeitung

Die Aufgabe der Betriebsdatenerfassung (BDE) ist es, alle erforderlichen Istdaten aus dem Fertigungsbereich zu sammeln und in verarbeitungsgerechter Form für die Produktionsplanung und -steuerung zur Ermittlung neuer Solldaten sowie für die Kostenrechnung und Materialwirtschaft als aktuelle Planungsgrundlage bereitzustellen. Darüber hinaus benötigt die Arbeitsplanung Erfahrungswerte. Für die Fertigungssteuerung und Qualitätsregelung basiert die operative Steuerung auf den Rückmeldungen der Bearbeitungsstationen, der Mess- und Prüfeinrichtungen und der Handarbeitsplätze.

Der Produktionsablauf kann bezüglich des organisatorischen Informationsflusses als ein mehrfach unterlagerter Regelkreis aufgefasst werden, der

- als Führungsgröße den Produktionsplan,
- als Regeleinrichtung die Fertigungssteuerung in den verschiedenen Ebenen,
- als Regelstrecke den Fertigungsprozess und
- als Regelgröße die Abweichung zwischen der Rückkopplung über die Betriebsdatenerfassung bzw. -verarbeitung und der Sollvorgabe

enthält (Bild 9.7).

Tabelle 9.1. Gliederung und Verwendung von Betriebsdaten

Datenarten / Verwendungsort	Auftragsbezogene Daten	Maschinenbezogene Daten	Materialbezogene Daten	Qualitätsbezogene Daten	Mitarbeiterbezogene Daten
	Produktionszeit Einrichtezeit Transportzeit Liegezeit org. Stillstand Stückzahlen Ausschuss	Produktionszeit Ausfallrate Techn. Still- standzeit Auslastung NC-Daten (mod.) Werkzeugdaten	Bestand und Bewegung von: - Rohstoffen - Hilfsstoffen - Halbfertigteilen - Zukaufteilen	Qualitätsmerkmale: Mess- und Prüfwerte Fehlerkennzahlen Ausschussmengen Ausschussgründe	Anwesenheit Arbeitsstunden Zeitgrad
Produktionsplanung / Kalkulation / Materialwirtschaft	●	●	●	●	●
Bruttolohnabrechnung	●			●	●
Arbeitsvorbereitung		●	●	●	
Qualitätsregelung	●			●	
Fertigungssteuerung	●	●	●	●	●

9.2.2.1 Gliederung der Betriebsdaten und Begriffsdefinitionen

Betriebsdaten lassen sich, wie Tabelle 9.1 zeigt, nach ihrem Verwendungszweck und den anfallenden Datenarten gliedern. Unter Datenarten versteht man auftrags-, maschinen-, qualitäts- und mitarbeiterbezogene Rückmeldungen aus der Produktion. Die Erfassung der maschinenspezifischen Daten, wie z.B. Maschinenlaufzeiten, Stillstandszeiten und Störungsursachen, ist auch unter dem Begriff Maschinendatenerfassung (MDE) bekannt.

Die maschinen- und auftragsbezogenen Daten geben an zentraler Stelle jederzeit Aufschluss über laufende und gestörte Maschinen, den aktuellen Auftragsfortschritt und das anwesende Personal. Anhand dieser Daten können beispielsweise die Einhaltung der Auftragstermine kontrolliert, die Überlastung von Kapazitäten erkannt und eine geeignete Reaktion im Störungsfall veranlasst werden. Weiterhin werden die anfallenden Betriebsdaten zur Ermittlung von Durchlaufzeiten und Auftragskosten sowie zur Berechnung des Arbeitslohnes herangezogen.

Im Folgenden werden einige der wesentlichen Betriebsdaten aufgeführt [69]:

– Die Produktionszeit einer Bearbeitungsstation entspricht der Laufzeit des Bearbeitungsvorgangs vermindert um Stillstandszeiten.

– Unter Einrichtzeit ist der vom Leitsystem zu erfassende Zeitraum zur Abwicklung eines Einrichtauftrags zu verstehen.

– Eine Stillstandszeit ist der Zeitraum, in dem ein Fertigungssystem ganz oder teilweise nicht produziert. Maßgebend ist die Stillstandszeit der Bearbeitungsstationen, da ausschließlich sie direkt produzieren. Man unterscheidet technische Stillstandszeiten infolge einer technischen Störung und organisatorische

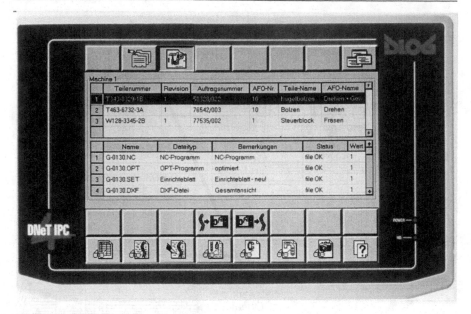

Bild 9.8. BDE-Terminal. Quelle: DloG

Stillstandszeiten, die z.B. auf fehlende Fertigungshilfsmittel oder Werkstücke zurückzuführen sind.

Zur Auswertung der erfassten Zeiten muss eine Bezugszeit definiert werden. Unter der Bezugszeit versteht man die maximal für die Produktion nutzbare Zeit innerhalb einer Fertigungsperiode. Diese Zeit leitet sich ab aus:

– dem Betriebskalender, in dem die Arbeitstage, Feiertage und Ferien innerhalb eines Kalenderjahres aufgeführt werden,
– dem Schichtmodell, das für eine Kapazitätsgruppe oder eine einzelne Kapazität die Beginn- und Endzeiten der Schichten eines Arbeitstages enthält, und
– dem Pausenmodell, in dem alle Pausen innerhalb einer Schicht enthalten sind.

9.2.2.2 BDE-Terminals

Das Spektrum der käuflichen BDE-Terminals ist breit gefächert und reicht von einfachen, kompakten Terminals mit wenigen Funktionstasten bis zum industrietauglichen PC. Die Terminals können zusätzlich mit Ausweislesern für Magnet- oder Barcode sowie mit Barcode-Lesestiften für die Betriebsdatenerfassung ausgerüstet werden (Bild 9.8).

Welche Ausbaustufe eines BDE-Terminals letztendlich zum Einsatz kommt, hängt vom gewünschten Funktionsumfang ab. Viele BDE-Terminals bieten neben der eigentlichen Betriebsdatenerfassung zusätzliche DNC-Funktionalitäten an. Bei diesen Terminals handelt es sich dann meist um PC-kompatible Rechner (siehe Kapitel 9.3.1).

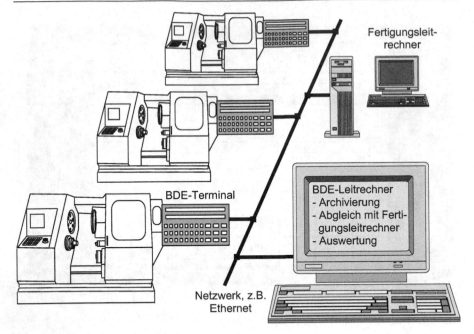

Bild 9.9. Integrierte BDE-Lösung

BDE-Terminals arbeiten im Verbund und sind an einen zentralen BDE-Rechner angeschlossen, der als Datenkonzentrator arbeitet und Auswertungsfunktionen zur Verfügung stellt, oder sie kommunizieren direkt mit einem übergeordneten Fertigungsleitrechner (Bild 9.9). Von den Terminal-Anbietern werden daher zahlreiche Schnittstellen von RS 232 bis hin zu Ethernet angeboten.

9.2.2.3 Funktionen der Betriebsdatenverarbeitung

Für den normalen Betrieb von BDE-Terminals müssen einige grundlegende Funktionen der Betriebsdatenverarbeitung vorhanden sein, die in der Regel automatisch ablaufen sollten. Hierzu zählen:

– Übernahme der Betriebsdaten aus dem Fertigungssystem und Archivierung,
– Aktualisierung der Betriebsdaten bei Ausfall und Wiederanlauf durch Abgleich mit dem übergeordneten Rechner,
– Verdichtung der Betriebsdatenbestände abgelaufener Fertigungsperioden (Schicht, Tag, Woche, Monat) in die Daten der nächstlängeren Periode und
– Übertragung der chronologisch sortierten Betriebsdaten an übergeordnete Rechner.

Eine übersichtliche Beurteilung des Systemgeschehens bieten grafisch darstellbare Statistiken. Hierzu gehört das Gantt- oder auch Laufzeitdiagramm, welches die

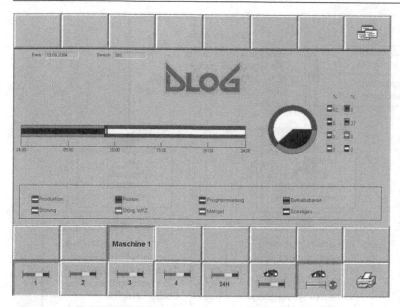

Bild 9.10. Nutzungsreport einer Maschine (nach DloG)

Bearbeitungszeiten über der Zeitachse darstellt und im Rückblick Störungen und Engpässe aufzeigen kann.

Bild 9.10 zeigt den Nutzungsreport einer Maschine, der einen Überblick über die Dauer verschiedener Tätigkeiten oder Störungen bezogen auf die maximal mögliche Nutzungszeit gibt. Die Gründe für die relativ geringe Nutzung der Maschine sind der hohe Rüstzeitanteil und Auftragsmangel. Weitere Auswertungsgrafiken sind z.B.:

- Auslastungsstatistik
  Die Auslastungsstatistik zeigt die Auslastung einer Einzelmaschine oder einer Kapazitätsgruppe auf einen bestimmten Zeitraum bezogen an.
- Fehlerstatistik
  Die Fehlerstatistik beruht auf der Fehlerzählung, getrennt nach Fehlerursachen, wobei auch die jeweilige Stillstandszeit der einzelnen Bearbeitungsstationen festgehalten wird.
- Fehlerhäufigkeitsverteilung
  Die Fehlerhäufigkeitsverteilung zeigt ein Histogramm, sortiert nach der Häufigkeit bestimmter Fehlerinnerhalb einer Periode. Zusammen mit einem Diagramm über die Aufteilung der technischen Stillstandszeit können signifikante Fehlerursachenermittelt werden, deren Beseitigung den größten Effekt hinsichtlich der Erhöhung der Verfügbarkeit erzielen. Durch den Vergleich der Diagramme vor und nach einer Fehlerbehebungsmaßnahme kann deren Wirksamkeit überprüft werden.

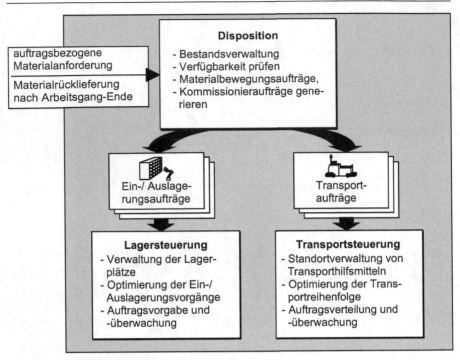

Bild 9.11. Aufgaben der Materialflusssteuerung

9.2.3 Materialflusssteuerung

Die Materialflusssteuerung auf Werkstatt- bzw. Leitebene umfasst die Funktionen
Verwalten, Lagern und Transportieren von Roh-, Halbfertig- und Fertigteilen sowie
Transporthilfsmitteln (z.B. Paletten, Gitterboxen usw.). Funktional betrachtet kann
die Materialflusssteuerung in die Teilfunktionen

– Disposition,
– Lagersteuerung und
– Transportsteuerung

unterteilt werden (Bild 9.11).

Von der Disposition werden alle Materialanforderungen entgegengenommen
und mit den Beständen an Material und Transporthilfsmitteln abgeglichen. Nach
der Festlegung des Bezugsortes werden Kommissionier- und Auslagerungsaufträge
an die Kommissionierplätze und die Lagersteuerung übergeben. Für teil- oder
fertigbearbeitete Werkstücke wird der Transport zur nächsten Bearbeitungsstation
oder in ein Zwischenlager veranlasst. Bestandsänderungen werden an das überla-
gerte PPS-System gemeldet.

Die Lagersteuerung übernimmt die Ein- und Auslagerungsaufträge von der Disposition, prüft deren Plausibilität und veranlasst und überwacht die vom Lagerper-

sonal oder von automatisierten Lagerbediengeräten durchgeführten Ein- und Auslagerungsvorgänge.

Aufgabe der Transportsteuerung ist die Organisation von Transporten zwischen Lagern, Arbeitsstationen und Puffern. Die Transportsteuerung verwaltet zu diesem Zweck Status und Standort der zugeordneten Transportsysteme, optimiert Transportwege, verteilt Transportaufträge und überwacht deren Durchführung.

9.2.4 Fertigungshilfsmittelorganisation

Die zeitgerechte Bereitstellung von Fertigungshilfsmitteln an den Arbeitsplätzen ist von zentraler Bedeutung im Bereich der Fertigung. Häufig kann ein Arbeitsgang nicht begonnen werden, da die vorbereitenden Tätigkeiten, wie z.B. Werkzeugmontage oder -voreinstellung, nicht abgeschlossen sind. Diese organisatorischen Stillstände können durch den Einsatz von EDV-Systemen vermieden werden [248].

Zu den Fertigungshilfsmitteln gehören neben Werkzeugen, Vorrichtungen, Greifern, usw. auch die Mess- und Prüfmittel. In den folgenden Abschnitten werden aufgrund ihrer besonderen Bedeutung lediglich Werkzeuge betrachtet. Eine Verallgemeinerung auf andere Fertigungshilfsmittel ist jedoch jederzeit möglich.

Das Werkzeugwesen kann allgemein in fünf Funktionsbereiche unterteilt werden:

- Werkzeugplanung,
- Werkzeugbewirtschaftung,
- Werkzeugdisposition,
- Werkzeugversorgung und -entsorgung sowie
- Werkzeugeinsatz.

Diese Bereiche sind in sich abgeschlossen und können den verschiedenen betrieblichen Ebenen zugeordnet werden (Bild 9.12).

9.2.4.1 Werkzeugplanung

Zentrale Aufgabe der Werkzeugplanung ist die Festlegung der unternehmensweit einzusetzenden Werkzeugtypen und der Aufbau eines betriebsweiten Werkzeugkatalogs. Im Rahmen der Werkzeugeinsatzplanung werden die zur Durchführung eines Arbeitsganges zu verwendenden Werkzeuge festgelegt.

9.2.4.2 Werkzeugbewirtschaftung

Die Werkzeugbewirtschaftung wird vom PPS-System durchgeführt und umfasst die Ermittlung langfristiger Werkzeugbedarfe, die Führung von Beständen und die Veranlassung der Beschaffung.

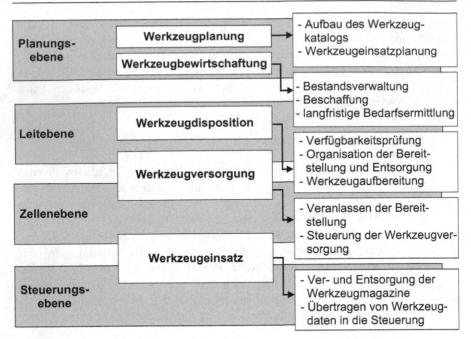

Bild 9.12. Einordnung des Werkzeugwesens in die betriebliche Ebenenstruktur

9.2.4.3 Werkzeugdisposition

Die Werkzeugdisposition ist auf Werkstattebene angesiedelt, ermittelt im Rahmen eines kurz- bis mittelfristigen Planungshorizonts die auftragsbezogenen Werkzeug- bedarfe und koordiniert die zeitgerechte Bereitstellung an den Maschinen.

Anhand der vorliegenden Fertigungsaufträge werden die pro Arbeitsgang be- nötigten Bruttobedarfe ermittelt. Auf Basis der bereits an den Maschinen vorhan- denen Werkzeuge wird der Nettobedarf berechnet. Nach der Überprüfung der Ver- fügbarkeit der Werkzeuge zum geplanten Einsatzzeitpunkt kann die Reservierung erfolgen. Die Koordinierung der termingerechten Werkzeugver- und -entsorgung spielt heute eine immer bedeutendere Rolle im Bereich der Fertigungssteuerung. Der im Bild 9.13 dargestellte Werkzeugkreislauf zeigt die einzelnen Stationen, die ein Werkzeug bis zum Einsatz und nach einem Einsatz zu durchlaufen hat. Um eine termingerechte Bereitstellung der Werkzeuge zu ermöglichen, sind Bereitstellungs- wege unter Berücksichtigung der verfügbaren Personal- und Arbeitsplatzkapazitä- ten im Werkzeugbereich zu verplanen und zu optimieren. Zusätzlich müssen Stör- fallstrategien bereitgestellt werden, die Störungen (z.B. Werkzeugbruch) ausregeln können.

Die heute realisierten Werkzeugverwaltungssysteme unterstützen im Wesentli- chen die elementaren Funktionen der Werkzeugdisposition und -reservierung. Für die vorausschauende Werkzeugplanung und -optimierung sowie das Störfallmana- gement sind bislang nur wenige Programmsysteme verfügbar.

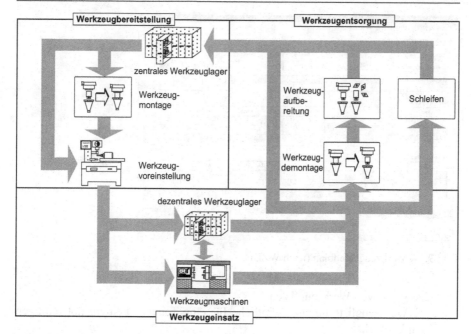

Bild 9.13. Stationen im Werkzeugkreislauf

9.2.4.4 Werkzeugver- und -entsorgung

Die von der Werkzeugdisposition festgelegten Planungsdaten werden von der Werkzeugversorgung durchgesetzt. Dies umfasst sowohl die Veranlassung der Bereitstellung als auch die Steuerung der Werkzeugvor- und -aufbereitung. Die Aufträge können von einem Leitstand aus direkt an die Terminals der Arbeitsplätze, die im Werkzeugfluss liegen, übertragen oder in Form von Auftragslisten ausgedruckt werden.

9.2.4.5 Werkzeugeinsatz

Die Funktion Werkzeugeinsatz hat die Aufgabe, die Werkzeuge an die dafür vorgesehenen Plätze im Maschinenmagazin zu übergeben und verschlissene Werkzeuge zu entnehmen. Zusätzlich werden werkzeugspezifische Daten in die NC-Steuerungen übertragen.

9.2.4.6 Werkzeuginformationssystem

Grundlage einer effizienten Werkzeugbewirtschaftung ist eine unternehmensweite Werkzeugdatenbank, in der die Stammdaten sämtlicher Werkzeuge bzw. Werkzeugkomponenten enthalten sind. Das Werkzeugverwaltungssystem übernimmt im Wesentlichen folgende Funktionen [190]:

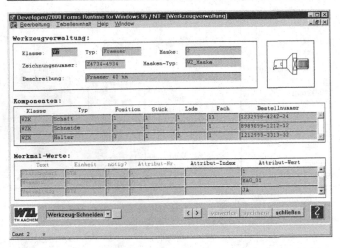

Bild 9.14. Werkzeugdatenblatt (nach WZL)

– Verwaltung von Werkzeuglisten
   Eine Werkzeugliste umfasst sämtliche für eine Teilebearbeitung notwendigen
   Komplettwerkzeuge.
– Verwaltung von Komplettwerkzeugen
   Stammdaten von Komplettwerkzeugen sind Geometriedaten, Technologiedaten
   und Werkzeug-Stücklisten.
– Verwaltung von Werkzeugkomponenten
   Stammdaten von Werkzeugkomponenten sind Geometrie-, Grafik- und Liefe-
   rantendaten.
– Drucken von Werkzeugblättern
– Generierung von Werkzeuggrafiken
   Aus den Grafiken der Einzelkomponenten kann automatisch eine Grafik des
   Komplettwerkzeugs erstellt werden.
– Erstellung von Verwendungsnachweisen
   Ein Verwendungsnachweis umfasst beispielsweise alle NC-Programme, in de-
   nen ein bestimmtes Werkzeug verwendet wird.

Zur Unterstützung des Bedieners beim Anlegen, Modifizieren oder Suchen von
Werkzeugdaten stehen i. Allg. übersichtliche Bedienoberflächen zur Verfügung
(Bild 9.14).

9.2.5 Elektronischer Leitstand

9.2.5.1 Aufgaben von Werkstattsteuerungssystemen

Aufgabe der Werkstattsteuerung ist die Durchsetzung und Überwachung der von
der Produktionsplanung und -steuerung vorgegebenen Aufträge. Während im PPS-
System Arbeitsgänge auf Kapazitätsgruppen verplant werden, ist auf Werkstattebene eine detaillierte Maschinenbelegungsplanung notwendig. Der Werkstattmeister

oder der Arbeitsverteiler wählt zu diesem Zweck aus dem vorhandenen Arbeitsvorrat die nächsten zu bearbeitenden Arbeitsgänge aus und weist sie den Einzel-
arbeitsplätzen zu. Ergebnis dieser Auftragsfeinplanung ist ein Maschinenbelegungsplan, in dem die Start- und Endtermine der Arbeitsgänge und ihre Reihenfolge an
den jeweiligen Arbeitsplätzen festgelegt sind.

Im Rahmen dieser Feinplanung sind jedoch zahlreiche Randbedingungen zu berücksichtigen, wie z.B. die Verfügbarkeit von Personal, Maschinen, Werkzeugen
und NC-Programmen zum geplanten Starttermin der Arbeitsgänge. Eine Nichtbe-
achtung dieser Randbedingungen kann zu ungewollten Maschinenstillstandszeiten
führen.

Weiterhin müssen bestimmte unternehmensspezifische Ziele, wie z.B. hohe
Auslastung der Maschinen, kurze Durchlaufzeiten oder geringe Bestände, eingehalten werden. Um diese Ziele unter Berücksichtigung der zahlreichen Restriktionen zu
erreichen, sind Hilfsmittel erforderlich, die nicht nur den Planungsvorgang an sich
erleichtern, sondern auch alternative Planungsläufe zulassen und eine Beurteilung
hinsichtlich der Planungsergebnisse ermöglichen.

Nach Abschluss der Maschinenbelegungsplanung werden die Arbeitsplätze mit
der Auftragsdurchführung beauftragt. Eine weitere Aufgabe neben der Arbeitsver-
teilung ist die Überwachung des Arbeitsfortschritts. Dies geschieht durch den Vergleich der geplanten Fertigstellungstermine mit der aktuellen Situation in der Werkstatt. Im Falle von drastischen Terminabweichungen, die durch Maschinenausfall,
Überlastung der Werkstatt oder organisatorische Fehler entstehen können, müssen
geeignete Um- oder Neuplanungen im Sinne einer „Fertigungsregelung" vorgenommen werden.

9.2.5.2 Funktionsumfang elektronischer Leitstände

Es gibt heute zahlreiche Hilfsmittel zur Unterstützung der Werkstattsteuerung. Unter den nicht rechnergestützten Systemen ist insbesondere die Plantafel zu nennen,
bei der die Auftragsverfolgung über Steckkarten auf einer Wandtafel erfolgt. Auf
der y-Achse dieser Wandtafel sind die vorhandenen Maschinen eingetragen, während die x-Achse die Zeit repräsentiert. Die einem Arbeitsplatz zugeteilten Arbeitsgänge werden entsprechend ihrer Reihenfolge hintereinander gesteckt. Auf diese
Weise kann die Auslastung der einzelnen Maschinen und der Arbeitsfortschritt kontrolliert werden.

Einfache rechnergestützte Werkstattsteuerungssysteme beschränken sich auf die
alphanumerische Darstellung von Auftragsdaten auf monochromen Terminals und
ermöglichen die Zuteilung von Aufträgen zu den Maschinen. Zur Beurteilung der
Auswirkungen dieses Planungsschritts werden verschiedene grafikähnliche Darstellungen angeboten. Der Bediener hat die Möglichkeit, die Maschinenbelegung so
lange zu optimieren, bis ein von ihm gewünschtes Zielkriterium erreicht ist.

Elektronische Leitstände ersetzen die klassische Plantafel durch eine fensterori-
entierte, vollgrafische Darstellung, die alle Möglichkeiten zur interaktiven Ein- und
Umplanung über Mausbedienung ermöglicht [133]. Bild 9.15 zeigt eine typische
Bedienoberfläche eines Leitstands. Der Maschinenbelegungsplan zeigt die zeitliche

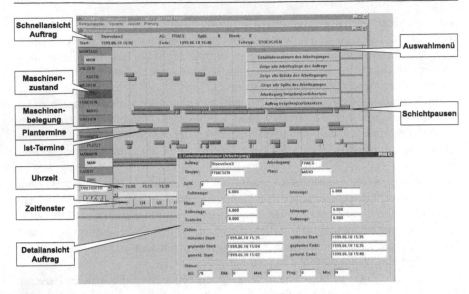

Bild 9.15. Grafischer Leitstand Quelle: WZL

Reihenfolge der Arbeitsgänge an den Maschinen. Durch Skalierung des darzustellenden Zeitraumes kann eine beliebig detaillierte Sicht erreicht werden.

Im Arbeitsvorrat sind die Aufträge enthalten, deren Arbeitsgänge noch nicht eingeplant wurden. Diese Arbeitsgänge lassen sich mit der Maus an eine geeignete Stelle im Maschinenbelegungsplan verschieben und sind damit einer Maschine zugeteilt. Der Leitstand nimmt bei dieser Vorgehensweise zahlreiche Plausibilitätsprüfungen vor. Beispielsweise darf ein Arbeitsgang nicht so eingeplant werden, dass sein Beginn vor dem Ende des Vorgängerarbeitsganges liegt.

Die heute angebotenen Systeme bieten darüberhinaus die Möglichkeit der automatischen Reihenfolgeplanung. Der Bediener kann dabei zwischen unterschiedlichen, nach verschiedenen Zielkriterien optimierenden Algorithmen auswählen. Die in mehrfachen Simulationsläufen ermittelten Maschinenbelegungspläne können anschließend unter Zuhilfenahme grafischer Auswertungsdiagramme bewertet werden. Ein Balkendiagramm zur Maschinenauslastung ermöglicht beispielsweise die Beurteilung des Planungsergebnisses hinsichtlich des Zielkriteriums „maximale Auslastung".

Ein weiterer wichtiger Punkt ist die Verarbeitung der Rückmeldungen aus der Fertigung. Die Farbgrafikdarstellung der Plantafel ermöglicht eine Einfärbung der Arbeitsgänge analog zu ihrem aktuellen Status. So können zugeteilte, gestartete, beendete, gestörte oder verspätete Arbeitsgänge leicht erkennbar gekennzeichnet werden. Damit wird die Übersichtlichkeit der Plantafel erheblich verbessert.

Leitstände bieten zahlreiche Schnittstellen zur Integration in das betriebliche Umfeld (Bild 9.16). Fertigungsaufträge können per Filetransfer von der Produktionsplanung und -steuerung in die lokale Datenbasis übernommen werden. Auch

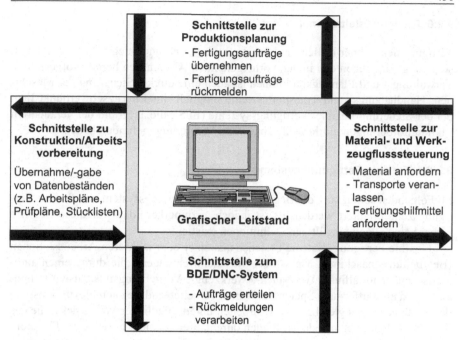

Bild 9.16. Schnittstellen eines Leitstandes

Rückmeldungen aus der Fertigung können über diese Schnittstellen an das PPS-System weitergemeldet werden. Die Verteilung der Aufträge an die Arbeitsplätze kann durch das Drucken von Auftragspapieren oder im Sinne der papierlosen Fertigung durch Anschluss von BDE-Terminals erfolgen. Auch die direkte Ansteuerung der Maschinen über eine DNC-Kopplung ist möglich. Da die beschriebenen Schnittstellen heute noch nicht genormt sind, erfordern derartige Kopplungen meist kundenspezifische Anpassungen.

Neben der reinen Plantafelfunktionalität sind heutige Leitstände um zahlreiche Funktionen, wie z.B.:

- BDE,
- DNC,
- NC-Programmverwaltung,
- Fertigungshilfsmittelverwaltung und
- Materialflusssteuerung

erweitert worden. Damit verschwimmt die Grenze zwischen Leitständen für die Werkstattsteuerung und Fertigungsleitrechnern, die im folgenden Abschnitt behandelt werden, zunehmend.

9.2.6 Fertigungsleitrechner

Fertigungsleitrechner stellen die höchste Stufe der rechnerintegrierten Fertigungssteuerung dar. Neben den in den vorhergehenden Abschnitten bereits vorgestellten
Verwaltungs- und Planungsfunktionen ist auch eine direkte Steuerung der Maschinen, Handhabungs- und Transportsysteme möglich. Ihr Einsatzschwerpunkt liegt
bei der Steuerung flexibler Fertigungssysteme (FFS), die aufgrund der veränderten
Marktanforderungen mittlerweile eine weite Verbreitung gefunden haben.

9.2.6.1 Flexible Fertigungssysteme

Im Folgenden sollen kurz die Begriffe Flexibles Fertigungssystem und flexible Fertigungszelle erläutert werden. Es ist jedoch anzumerken, dass für diese Begriffe
bisher keine allgemeingültigen Definitionen existieren.

Flexible Fertigungssysteme bestehen aus einer oder mehreren Arbeitsstationen
(Bearbeitungsmaschinen, Mess- oder Wascheinrichtungen), die durch einen automatischen Materialfluss (Werkstück-, Werkzeug-, Vorrichtungsfluss, usw.) miteinander und mit Puffer- und Speichersystemen verkettet sind. Je nach Flexibilitätsgrad
des Systems ist das gleichzeitige Bearbeiten unterschiedlicher Werkstücke, die das
System auch auf verschiedenen Pfaden durchlaufen können, möglich. In FFS können verschiedene Operationen (Spannen, Drehen, Fräsen, Montage, usw.) im Sinne
einer Komplettbearbeitung durchgeführt werden. Das Fertigungsleitsystem steuert
und überwacht dabei alle Materialfluss- und Bearbeitungsvorgänge während der automatischen Fertigung (Bild 9.17). Flexible Fertigungssysteme ermöglichen [253]:

- eine weitgehend bedienerlose und aufsichtsarme Fertigung,
- eine Entkopplung des Personals vom Arbeitstakt der Maschinen,
- eine Mehrmaschinenbedienung,
- einen rüstzeitfreien Auftragswechsel durch Werkzeugaustausch während der
  Maschinenhauptzeit und
- eine Erhöhung des Maschinennutzungsgrades.

Von entscheidender Bedeutung sind jedoch die wirtschaftlichen Vorteile von FFS.
Die Flexibilität von FFS ermöglicht die Fertigung kleiner montage- oder bedarfs-
gerechter Losgrößen, die eine Verringerung der Lagerbestände zur Folge haben.
Weiterhin können die Durchlaufzeiten der Aufträge drastisch verkürzt werden und
damit auch die auftragsbezogenen Lieferzeiten.

Für die kleinste Ausprägung flexibler Fertigungssysteme wurde der Begriff „flexible Fertigungszellen" (FFZ) geprägt. In der Regel handelt es sich dabei um Einma-
schinensysteme mit automatisierter Peripherie (Handhabungssystem, Werkstück-
speicher, usw.), die in der Lage sind, einen begrenzten Werkstückvorrat automatisch
zu bearbeiten. In der Literatur werden jedoch auch Systeme, die aus mehreren sich
ersetzenden Maschinen bestehen und über ein gemeinsames Werkstück- und Werk-
zeugversorgungssystem verfügen, als flexible Fertigungszellen bezeichnet [102].

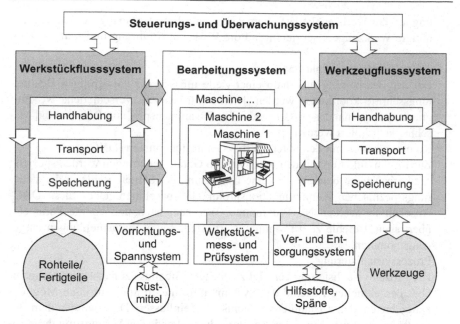

Bild 9.17. Komponenten eines Flexiblen Fertigungssystems

9.2.6.2 Funktionsumfang von Fertigungsleitrechnern

Fertigungsleitrechner müssen aufgrund ihrer komplexen Steuerungsaufgabe eine Vielzahl von Funktionen bereitstellen [12]. Die nachfolgend beschriebenen Funktionen sind in unterschiedlich ausgeprägter Form in fast allen Fertigungsleitrechnern vorhanden (Bild 9.18).

– Auftragsverwaltung
 Die Auftragsverwaltung übernimmt Fertigungsaufträge von übergeordneten Systemen, wie z.B. Produktionsplanung und -steuerung oder einem Bereichsrechner, und überträgt Fertigmeldungen an diese Systeme.
– Feinplanung
 Die Feinplanung generiert einen detaillierten Belegungsplan für die Maschinen, die Rüst- und Spannplätze.
– Ablaufsteuerung
 Die Ablaufsteuerung steuert die FFS-internen Abläufe, die zur Durchsetzung der Feinplanungsergebnisse erforderlich sind. Dies umfasst die Verteilung der Arbeitsgänge sowie die Beauftragung der Materialflusssteuerung mit der Bereitstellung der Werkstücke an den Arbeitsstationen.
– Materialflusssteuerung
 Die Materialflusssteuerung ist verantwortlich für die Bereitstellung von Material und dessen Transport zwischen Lagern, Puffern und Arbeitsstationen.
– Werkzeugmanagement
 Das Werkzeugmanagement muss neben der Werkzeugdatenverwaltung und -über-

tragung die Werkzeugbedarfe berechnen, eine Einsatzplanung vornehmen, benötigte Werkzeuge reservieren und die Werkzeugzuführung und -aufbereitung steuern.

– Zellenauftragskoordination
Bei der Bearbeitung innerhalb einer Zelle müssen die notwendigen Bearbeitungsschritte koordiniert werden. Hierzu müssen z.B. verschiedene NC-Programme nacheinander gestartet oder das Zusammenspiel von Roboter und Maschine koordiniert werden.

– Kommunikation mit den unterlagerten Gerätesteuerungen (DNC)
Zur Kommunikation mit den unterlagerten Gerätesteuerungen werden spezielle Treiberbausteine benötigt, die eine Umsetzung der Steuerbefehle in die steuerungsspezifischen Kommunikationsprotokolle vornehmen. Über diese DNC-Anschaltung werden NC-Programme, Werkzeugdaten und andere Parameter übertragen, Befehle zum Programmstart erteilt sowie Statusmeldungen entgegengenommen.

– Prozessvisualisierung
Die Prozessvisualisierung verfolgt zwei Ziele. Sie muss zunächst den Benutzer über den aktuellen Zustand des Systems informieren und ihm dann Möglichkeiten bieten, den Zustand des Systems zu beeinflussen. Dazu werden dem Benutzer beispielsweise in einem Leitstand die vorhandenen Aufträge mit ihren geplanten Terminen und deren aktueller Bearbeitungszustand angezeigt. Hier kann der Benutzer bei Bedarf dringende Aufträge vorziehen oder die Bearbeitung anderer Aufträge zurückstellen. Außerdem sollte dem Benutzer ein Überblick über das gesamte System gegeben werden, aus dem beispielsweise die Belegung der Palettenplätze sowie die aktuellen Transport- und Bearbeitungsvorgänge hervorgehen und ob an irgendeiner Stelle Störungen anliegen. An dieser Stelle muss er aktiv ins Systemgeschehen eingreifen können, um im Hand- oder Halbautomatikbetrieb die Anlage zu steuern oder um Fehlerzuständezu beheben.

– Maschinen- und Betriebsdatenerfassung(MDE, BDE)
Die Erfassung der Maschinen- und Betriebsdatenist Voraussetzung für die automatische Steuerung flexibler Fertigungssysteme. Aufgrund von Ereignissen werden Entscheidungen getroffen und weitere Bearbeitungsschritte veranlasst. Zahlreiche Statistiken geben Auskunft über den Fertigungsverlauf innerhalb einer Fertigungsperiode.

– Qualitätssicherung
Die Qualitätssicherung im Bereich der Fertigung beinhaltet den Aufbau von Qualitätsregelkreisen. Dies umfasst beispielsweise die Überwachung vorgegebener Prüfmerkmale an speziellen Prüfplätzen oder die Vermessung der Werkstücke direkt in der Maschine. Die Prüfergebnisse ermöglichen Rückschlüsse auf Mängel im Fertigungsprozess, die durch qualitätsregelnde Maßnahmen behoben werden müssen.

– Instandhaltung, Diagnose
Gerade bei automatisierten Systemen kommt der Instandhaltung eine besondere Bedeutung zu, da durch eine vorbeugende Instandhaltung viele Störungen be-

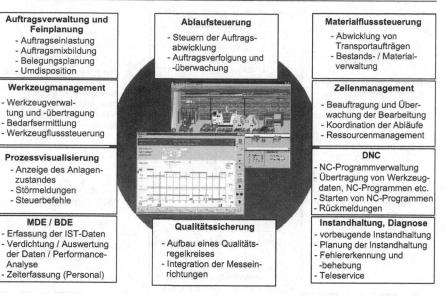

Bild 9.18. Funktionen eines Leitsystems

reits im Vorfeld vermieden werden können. Zur Behebung von Störungen, die während des Betriebs einer Anlage auftreten, werden Diagnosesysteme eingesetzt, die ein schnelles Erkennen und Beseitigen der Fehlerursachen ermöglichen.

9.2.6.3 Architekturen

Die Komplexität der Steuerung von FFS spiegelt sich in dem komplexen Aufbau der Steuerungssoftware von Fertigungsleitsystemen wieder. Zu Beginn der Entwicklung von Fertigungsleitsystemen handelte es sich in der Regel um Anwendungen, die genau auf die Belange des zu steuernden FFS zugeschnitten waren und in denen ein zentraler Fertigungsleitrechner alle Planungs- und Steuerungsfunktionen sowie die direkte Ansteuerung der Maschinen durchführte. Die Entwicklung der Steuerungssoftware erfolgte mehr oder weniger systematisch, indem zunächst die Anforderungen analysiert, die notwendigen Funktionen spezifiziert und dann in Programmcode umgesetzt wurden. Nachteilig an dieser Vorgehensweise waren die langen Entwicklungs- und Einführungszeiten sowie die geringe Wiederverwendbarkeit derartiger Fertigungsleitsysteme.

Aufgrund dieser Erkenntnisse werden heute bei der Entwicklung von Fertigungsleitsystemedie im Bild 9.19 dargestellten Ziele verfolgt [185].

Die Anpassbarkeit von Fertigungsleitsoftware an neue Steuerungsaufgaben steht in direktem Zusammenhang mit deren Wiederverwendbarkeit. Voraussetzung ist eine klare Strukturierung der gesamten Steuerungssoftware in anwendungsneutrale

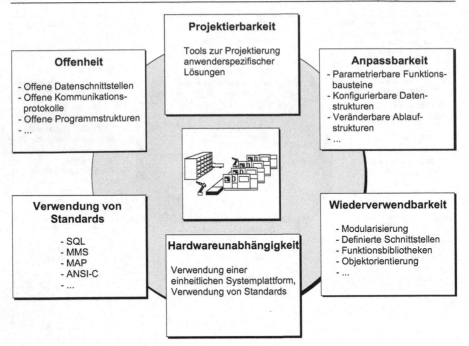

Bild 9.19. Ziele bei der Entwicklung von Fertigungsleitsystemen

und anwendungsspezifische Bausteine und deren Einordnung in ein Steuerungsmo-
dell. Im Bereich der Fertigungsleittechnik haben sich hierarchische Steuerungsmo-
delle durchgesetzt, die sich in

– Planungsebene,
– Leitebene,
– Zellenebene und
– Steuerungsebene

gliedern (siehe Kapitel 9.1.2). In der Planungsebene sind alle fertigungsvorbereitenden Funktionen sowie die langfristige Fertigungsplanung angesiedelt. Aufgabe der
Leitebene ist die übergeordnete Planung und Organisation der Fertigung, während
die Zellenebene, auch operative Ebene genannt, für die Ausführung der ihr zugeteilten Arbeiten verantwortlich ist. Die Steuerung des Fertigungsprozesses obliegt der
Steuerungsebene.

Anhand dieses Ebenenmodells kann die gesamte Steuerungsaufgabe zunächst
grob gegliedert werden. Ordnet man den jeweiligen Ebenen die entsprechenden
Steuerfunktionen zu, ergeben sich voneinander abgegrenzte Softwaremodule mit
definierten Schnittstellen zueinander. Funktionen einer hierarchisch höheren Ebene
beauftragen Funktionen der darunter liegenden Ebene mit der Durchführung einer
Aufgabe, die nach Fertigstellung quittiert wird. Gleichzeitig werden Ereignisse und
Zustandsänderungen an die höher liegenden Ebenen gemeldet, damit diese die ak-

tuellen Vorgänge berücksichtigen können. Innerhalb einer Ebene werden ebenfalls Informationen ausgetauscht, da Aufgaben auf unterschiedliche Softwarebausteine aufgeteilt bzw. Synchronisationen notwendig sind.

Zur Steigerung der Wiederverwendbarkeit ist es weiterhin notwendig, die einzelnen Softwarebausteine so zu gestalten, dass sie keinen oder nur einen geringen applikationsspezifischen Anteil beinhalten. Eine Möglichkeit besteht in der Parametrierung der Software, d.h. durch Änderung einiger Parameter kann die Funktionsweise der Software verändert werden. Eine andere Lösung ist die Verwendung einer konfigurierbaren Datenstruktur, mit der das zu steuernde System beschrieben wird, während der Algorithmus zur Verarbeitung dieser Datenstruktur systemunabhängig ist. Weiterhin besteht die Möglichkeit, Funktionsbibliotheken zu entwickeln, aus denen die für die jeweilige Steuerungsaufgabe benötigten Bausteine entnommen und zu einer ablauffähigen Software zusammengebunden werden. Es existieren zahlreiche weitere Ansätze.

Die Verwendung offener Kommunikationsstandards ist Voraussetzung für die Erweiterbarkeit und Integrierbarkeit von Fertigungsleitsystemen. Da im Bereich der Fertigung häufig Steuerungen und Softwareprodukte unterschiedlichster Hersteller mit eigenen Kommunikationsprotokollen zum Einsatz kommen, sind aufwändige Koppelbausteine notwendig. Die Verwendung international genormter Standards ermöglicht dagegen die Kommunikation von Systemen unterschiedlicher Hersteller. Zwischen Zellenrechner und Maschinensteuerung ist die Verwendung von MMS heute bereits ein Standard.

Die Anbieter von Fertigungsleitsystemen werden zunehmend mit dem Problem konfrontiert, ihre Systeme auf Rechnerplattformen unterschiedlichster Hersteller anzubieten, die zum Teil auch verschiedene Betriebssysteme verwenden. Um die Softwareapplikationen portierbar zu halten, müssen sie frei sein von betriebssystemspezifischen Befehlen, wie z.B. Befehle zur Interprozesskommunikation, für Zugriffe auf Dateien oder zum Aufbau von fensterorientierten Bedienoberflächen. Durch die Verwendung von „Systemplattformen" kann dieses Ziel erreicht werden. Systemplattformen bieten zahlreiche Dienste an, die von den Applikationen genutzt werden können, deren interne Realisierung diesen jedoch verborgen bleibt. Über sogenannte APIs (Application Programming Interface) können Anwendungsprogrammierer auf diese Dienste zugreifen. Bei einem Wechsel auf ein anderes Betriebssystem ist demnach nur die Systemplattform anzupassen, während die Applikationen unverändert übernommen werden können.

Die Kosten für ein Projekt im Bereich der Fertigungsleittechnik werden wesentlich von der Zeit für Entwicklung, Test und Inbetriebnahme derartiger Systeme bestimmt. Die Verwendung von Tools gewinnt daher zunehmend an Bedeutung. Darunter fallen Tools zur Erstellung kundenspezifischer Bedienoberflächen, zur Modellierung von Informationsflüssen und Zellenablaufsteuerungen, aber auch Simulationstools, z.B. zum Vergleichen unterschiedlicher Fertigungslayouts oder zum Testen der Fertigungsleitsoftware unabhängig vom Fertigungssystem [213, 249].

In den folgenden Abschnitten soll anhand eines Beispiels der Aufbau eines flexiblen Fertigungssystems und die zur Steuerung benötigte Fertigungsleitsoftware erläutert werden.

9.3 Integriertes Fertigungs- und Montagesystem

Das Laboratorium für Werkzeugmaschinen und Betriebslehre (WZL) der RWTH Aachen beschäftigt sich seit 1984 intensiv mit dem Aufbau und der Steuerung komplexer, hochautomatisierter Fertigungsanlagen. Zur Erprobung und Demonstration der am WZL entwickelten mechanischen und informationstechnischen Systeme wurde bereits 1984 ein integriertes Fertigungs- und Montagesystem (IFMS) am WZL installiert. Aufgrund neuer Entwicklungen und fortgeschrittener Technologien wurde das IFMS im Jahre 1993 vollständig umgebaut und erheblich vergrößert. Neben zahlreichen Erweiterungen im mechanischen Bereich steht die Erprobung der Fertigungsleittechnik zur Steuerung eines derart komplexen Systems im Vordergrund. Im Mittelpunkt steht dabei der Systembediener, der durch ergonomisch gestaltete, grafische Bedienoberflächen jederzeit Einfluss auf die Fertigungsabläufe nehmen kann. Im Sinne des Computer Integrated Manufacturing (CIM) wurde durch die Integration der Bereiche Produktionsplanung, Konstruktion, Arbeitsvorbereitung und Fertigungssteuerung eine durchgängige Steuerungsarchitektur implementiert.

9.3.1 Systemübersicht

Das IFMS besteht aus acht Bereichen, die jeweils eine spezifische Aufgabe erfüllen (Bild 9.20). Ein sechsachsiger Portalroboter mit zwei unabhängig voneinander gesteuerten Querbalken mit Laufkatzen wird zellenübergreifend zum Be- und Entladen von Maschinen, Kommissionieren von Rohteilen und für Montageaufgaben eingesetzt. Ein fahrerloses Transportsystem (FTS) führt den Transport von Paletten zwischen den einzelnen Zellen durch. Das FTS ist mit einem Rollenförderer zur Aufnahme von unterschiedlich aufgebauten Paletten im Europa-Format (120 cm x 80 cm) ausgestattet und befördert Paletten zu Übergabeeinheiten an den jeweiligen Zellen bzw. nimmt von dort Paletten mit bearbeiteten Werkstücken auf.

Aufgabe der Sägezelle ist die Lagerung und Bereitstellung von Stangenmaterial und Rohteilen, die nach dem Absägen vom Portalroboter entnommen und auf einer Palette kommissioniert werden.

Die Montagezelle besteht aus vier Palettenstellplätzen. Dort montiert ein Portalroboter sowohl Spannelemente auf Maschinenpaletten, als auch Werkstückträger auf Transportrahmen. Durch ein universelles Greifer- und Fingerwechselsystem kann der Portalroboter die unterschiedlichen Montageaufgaben selbständig durchführen.

Fertig bearbeitete Werkstücke können in der Messzelle stichprobenartig geprüft werden. Die dort eingesetzte NC-Messmaschine arbeitet die vorgegebenen Prüfprogramme vollautomatisch ab und liefert auch in der rauen Fertigungsumgebung

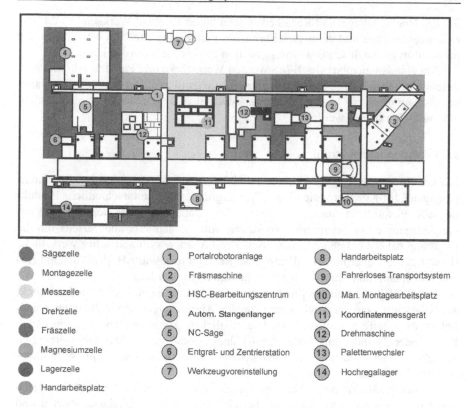

	Sägezelle	①	Portalrobotoranlage	⑧	Handarbeitsplatz
	Montagezelle	②	Fräsmaschine	⑨	Fahrerloses Transportsystem
	Messzelle	③	HSC-Bearbeitungszentrum	⑩	Man. Montagearbeitsplatz
	Drehzelle	④	Autom. Stangenlanger	⑪	Koordinatenmessgerät
	Fräszelle	⑤	NC-Säge	⑫	Drehmaschine
	Magnesiumzelle	⑥	Entgrat- und Zentrierstation	⑬	Palettenwechsler
	Lagerzelle	⑦	Werkzeugvoreinstellung	⑭	Hochregallager
	Handarbeitsplatz				

Bild 9.20. Integriertes Fertigungs- und Montagesystem (IFMS)

hochgenaue Messergebnisse. Maßabweichungen führen zu Korrekturen bei den entsprechenden Bearbeitungsoperationen in der Dreh- oder den Fräszellen.

In der Drehzelle werden alle Drehoperationen an Werkstücken durchgeführt. Die Rohteile werden durch einen Portalroboter in die Drehmaschine eingelegt und nötigenfalls zwischen den Bearbeitungsschritten von diesem gewendet. Mit Hilfe eines Doppelgreifers kann der Portalroboter fertig bearbeitete Werkstücke entnehmen und gleichzeitig ein neues Rohteil einlegen.

Kern der Fräszelle ist ein Bearbeitungszentrum, das über einen automatischen Palettenwechsler mit Werkstücken versorgt wird. Dieser kann von zwei Palettenstationen bedient werden.

Die Magnesiumzelle besteht aus einem HSC-Bearbeitungszentrum zur Bearbeitung von Magnesium und einer Palettenstation. Zur Zeit werden die Werkstücke noch manuell von der Palettenstation entnommen und auf die Maschinenpalette aufgespannt. In die Maschine ist ein Palettenwechsler integriert, sodass auch hier hauptzeitparallel gerüstet werden kann.

Ein Hochregallager mit Regalbediengerät lagert Paletten, Werkstücke und Vorrichtungselemente und dient gleichzeitig als Fertigungspuffer für Werkstücke, die
nicht sofort zur nächsten Bearbeitungsstation transportiert werden können.

Am Handarbeitsplatz des IFMS werden Werkstücke und Paletten ein- und aus-
geschleust, um manuelle Spannoperationen durchzuführen. Der manuelle Montage-
arbeitsplatz dient zur Montage von Werkstücken (z.B. Getrieben), die noch nicht
automatisch montiert werden.

9.3.2 Werkstückspektrum

Bei der Konzeption des IFMS stand im Hinblick auf die Realisierung eine durchgängigen CIM-Konzeptes die Idee im Vordergrund, völlig unterschiedliche Produk-
tionsabläufe auf einer Anlage zu verwirklichen. Dabei handelt es sich einerseits um
die Fertigung eines bestimmten Spektrums von Serienteilen, andererseits um die
Fertigung nahezu beliebiger prismatischer und rotationssymmetrischer Werkstücke
(Bild 9.21). Darüber hinaus sollen ebenso Rüstarbeiten, wie z.B. der Auf- und Abbau von Spann- und Transportpaletten, automatisiert werden.

Das Rohteilspektrum der prismatischen und rotationssymmetrischen Werkstücke
zur NC-Bearbeitung ist durch seine variablen Abmessungen sowie die unterschiedlichen Werkstoffe gekennzeichnet. Die möglichen Abmessungen liegen in einem
Kubus oder Zylinder mit einem Kantenlängen- bzw. einem Durchmesserbereich
zwischen 50 und 300 mm. Es können Stahl-, Aluminium- und Magnesiumrohtei-
le bearbeitet werden.

Darüberhinaus kann eine Serienproduktfamilie gefertigt werden. Es handelt sich
dabei um Varianten von Getrieben, bestehend aus Getriebegehäuse, -deckel und
-wellen. Die zugehörigen Zahnräder werden abgelängt und gedreht. Die Fertigbe-
arbeitung kann mit den im IFMS vorhandenen Maschinen nicht ausgeführt werden
und wird daher auf einer anderen Maschine durchgeführt.

9.3.3 Das Fertigungsleitsystem COSMOS^{plus}

Das IFMS dient nicht nur zur Erprobung neuer Fertigungstechnologien und -kom-
ponenten, sondern auch als Testfeld für die am WZL entwickelte Fertigungsleitsoftware. Unter dem Namen KOSMOS wurde bereits 1983 ein konfigurierbares Fertigungsleitsystem entwickelt, bei dem ein zentraler Rechner alle Steuerungsaufgaben
durchführte [132].

Die Anpassung an unterschiedlichste Fertigungslayouts erfolgte durch deren
Beschreibung in der KOSMOS-Datenstruktur. Es zeigte sich jedoch, dass es nicht
möglich war, vollkommen beliebige Steuerungsaufgaben lediglich durch eine Anpassung der Datenstruktur zu realisieren. Applikationsspezifische Eingriffe in die
Steuerungssoftware lassen sich bei derartigen Projekten nie vermeiden. In einem
weiteren Entwicklungsschritt wurde daher eine neue hierarchische Steuerungsarchitektur mit dem Namen COSMOS erarbeitet, die die im Kapitel 9.2.6.3 genannten
Ziele bezüglich Anpassbarkeit, Modularität, Offenheit und Wiederverwendbarkeit
erfüllt.

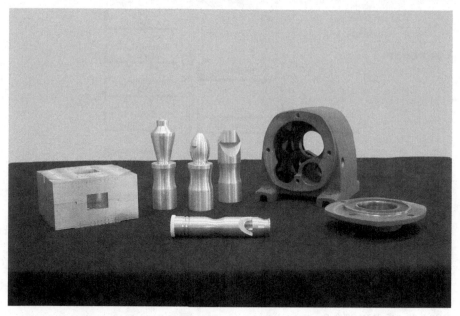

Bild 9.21. Werkstückspektrum des IFMS

Das modular strukturierte COSMOS wurde 1998 zum objektorientierten COSMOS^{plus} weiterentwickelt [245]. Durch die Umstellung auf eine objektorientierte Softwarestruktur, die unter Verwendung von Softwareentwicklungswerkzeugen vollzogen wurde, konnte die Wartbarkeit und Dokumentation weiter verbessert werden. Darüber hinaus ermöglichte die objektorientierte Strukturierung der Fertigungsleitsoftware – mit der hiermit verbundenen klaren Spezifikation der Objektschnittstellen und der strengen Kapselung der Objektinterna – die Realisierung von wiederverwendbaren Softwarekomponenten. Die Verwendung erprobter Softwarekomponenten ermöglicht die Verkürzung der Implementierungs- und Testphase (vgl. Kapitel 9.2.6.3) bei der Anpassung der Fertigungsleitsoftware an neue Rahmenbedingungen. Diese Steuerungsarchitektur wird in den nächsten Abschnitten am Beispiel des IFMS vorgestellt.

9.3.3.1 COSMOS^{plus}-Steuerungsarchitektur

Grundlage der COSMOS^{plus}-Steuerungsarchitektur ist eine objektorientierte Struktur, bei der Objekte für die Zellen- und Leitebene zur Verfügung stehen (Bild 9.22). Aufgabe der Objekte auf Leitebene ist die Organisation der Fertigung auf Basis der von der Planungsebene vorgegebenen Fertigungsaufträge und die Beauftragung und Überwachung der Zellenebene.

Die Zellenebene gliedert sich in einzelne Funktionsbereiche, sogenannte Zellen, die für die Durchführung spezifischer Teilaufgaben, wie z.B. Drehen, Messen oder Transportieren, verantwortlich sind [246]. Jeder Zelle ist eine eigene Zellensteue-

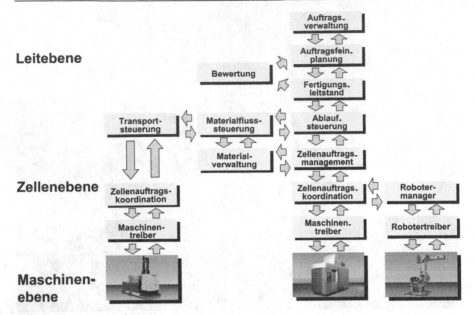

Bild 9.22. COSMOS*plus*-Systemarchitektur

rung zugeordnet, die von der Leitebene beauftragt wird und die an diese zurück-
meldet. Ein direkter Informationsaustausch zwischen Objekten zweier Zellen wird
nicht zugelassen. Diese Restriktion ermöglicht definierte Schnittstellen zwischen
Leit- und Zellenebene. Die Synchronisation verschiedener Zellen obliegt ebenfalls
der Leitebene.

Die objektorientierte Struktur von COSMOS*plus* bietet wiederverwendbare Objekte, die jeweils in sich abgeschlossene Aufgaben durchführen. Diese Objekte können jedoch Dienste anderer Objekte in Anspruch nehmen. So beauftragt beispielsweise die Ablaufsteuerung der Leitebene die Werkzeugflussorganisation mit der Bereitstellung von Werkzeugen. Bestimmte aktive Objekte sind als eigenständige Prozesse realisiert, die in einer Multitasking-Umgebung parallel zueinander ablaufen.

Um eine Hardwareunabhängigkeit zu erreichen, wurden für COSMOS*plus* Hard-
waredetails in speziell hierfür vorgesehenen Adapterklassen gekapselt. Eine relatio-
nale Datenbank bietet die Persistenz für die Zustandsspeicherung der Objekte von
COSMOS*plus*. Zugang zu dieser Datenbank erhalten die Applikationen über die
Sprache SQL (Structured Query Language), die einen De-facto-Standard darstellt
und sich daher sehr leicht portieren lässt.

Ein aktives Objekt, das mit einem anderen aktiven Objekt Daten austauschen
will, hinterlegt diese zunächst in der Datenbank und informiert dann das Empfänger-
Objekt über die Verfügbarkeit der Daten mittels eines Telegramms (Bild 9.23). In
diesem Telegramm sind alle Informationen enthalten, die das Empfänger-Objekt
zum Auslesen des korrekten Datensatzes aus der Datenbank benötigt. Durch die-

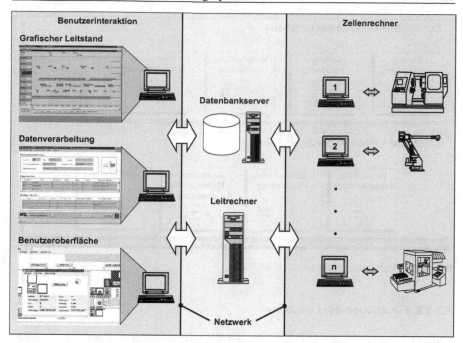

Bild 9.23. Datenfluss innerhalb der COSMOS^{plus}-Architektur

se Vorgehensweise wird gewährleistet, dass die Datenbank immer die aktuellsten Informationen enthält, die auch bei einem Systemausfall nicht verloren gehen.

Den Nachrichtenaustausch zwischen verteilten Objekten ermöglicht eine CORBA-Implementation (Common Object Request Broker Architecture), die eine Kommunikation zwischen Objekten netzwerkweit und über verschiedene Betriebssysteme und Programmiersprachen hinweg ermöglicht. Dadurch lassen sich die Funktionen der Fertigungsleitsoftware physikalisch beliebig zwischen Rechnern aufteilen, während die logische Struktur des Fertigungsleitsystems unverändert bleibt.

So könnten beispielsweise die Datenbank, die Materialflusssteuerung und die Ablaufsteuerung auf einem leistungsfähigen Rechner in einem klimatisierten Raum ablaufen, während ein grafischer Leitstand auf einem industrietauglichen Personal Computer direkt im IFMS installiert wird.

Die Integration der verschiedenen Rechnersysteme innerhalb des verteilten Leitsystems erfolgt über ein LAN, im Falle des IFMS handelt es sich um ein Ethernet-Netzwerk mit dem TCP/IP-Protokoll, das ebenfalls einen De-facto-Standard darstellt und nur geringe Anschaltkosten verursacht. Da heute für praktisch alle Softwareapplikationen vom Anwender standardisierte, grafische Oberflächen verlangt werden, bietet COSMOS^{plus} grafisch-interaktive Benutzerschnittstellen auf Basis des Betriebssystems Microsoft Windows.

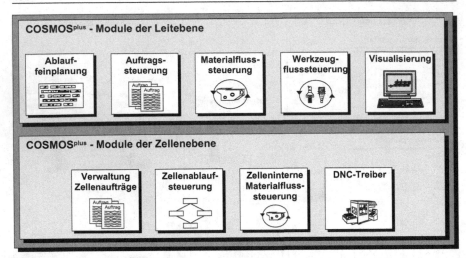

Bild 9.24. Funktionsumfang von COSMOS*plus*

9.3.3.2 Funktionen der Leitebene

Auf der Leitebene von COSMOS*plus* sind alle planerischen und organisatorischen Funktionen sowie die Steuerung zellenübergreifender Vorgänge, wie der Transport zwischen den Zellen oder die Verteilung und Überwachung der Arbeitsvorgänge, angesiedelt (Bild 9.24).

Fertigungsaufträge gelangen über eine spezielle Datenbankschnittstelle vom PPS-System in das Fertigungsleitsystem, oder sie werden über Eingabemasken des Moduls Auftragsverwaltung von Hand eingegeben.

Das Feinplanungsmodul wird vom Eintreffen neuer Aufträge über ein entsprechendes Telegramm informiert und beginnt automatisch oder unter Kontrolle des Systembedieners mit der Maschinenbelegungsplanung. Dabei ist zu beachten, dass beispielsweise Paletten nur begrenzt im System vorhanden sind. Ein Auftrag muss also zunächst in Teilaufträge zerlegt werden, für die genügend Palettenkapazität zur Verfügung steht. Anschließend beginnt der eigentliche Planungsvorgang. Nach Abschluss der Maschinenbelegungsplanung werden die Arbeitsgänge in ihrer Bearbeitungsreihenfolge und mit ihren geplanten Start- und Endterminen in der Datenbank hinterlegt. Anschließend wird die Auftragsdurchsetzung über die Änderung im Bestand der durchzuführenden Arbeitsgänge informiert. Sie liest die Arbeitsgänge entsprechend ihrer Reihenfolge aus der Datenbank und übergibt sie an die Zellenrechner, indem sie ein Übergabetelegramm mit Referenz auf den auszuführenden Arbeitsgang an den Zellenrechner sendet. Ein Zellenrechner quittiert dieses Übergabetelegramm positiv, wenn er in der Lage ist, diesen Arbeitsgang durchzuführen, oder negativ, wenn eine Bearbeitung aufgrund einer Störung nicht möglich ist oder zur Bearbeitung noch Werkzeuge, Material oder Paletten fehlen. Im Falle einer negativen Quittung aufgrund eines Fehlbestands in einer Zelle beauftragt die Auftragsdurchsetzung die Materialflusssteuerung mit der Bereitstellung. Sobald die

Materialflusssteuerung das Bereitstellungsende quittiert, d.h. die Zelle wurde mit den angeforderten Betriebsmitteln versorgt, wird der entsprechende Arbeitsgang erneut an den Zellenrechner übergeben. Sollten die Anforderungen des Zellenrechners nicht erfüllt werden können, wird der Arbeitsgang in der Zelle storniert und die Feinplanung über eine organisatorische Störung informiert.

Die Materialflusssteuerung auf Leitebene verwaltet Paletten, Rohmaterial, Werkstücke und die im FFS vorhandenen Lager- und Pufferplätze. Auf Veranlassung der Ablaufsteuerung werden die von den Zellenrechnern zusammengestellten Anforderungslisten ausgewertet, Verfügbarkeiten geprüft und Reservierungen vorgenommen. Anschließend werden Kommissionier- und Transportbefehle generiert, um die angeforderten Werkstücke oder Paletten bereitzustellen. Diese Transportbefehle beziehen sich jedoch nur auf zellenübergreifende Transporte sowie auf Ein- und Auslagerungsvorgänge, die entsprechend ihrer Ausführungsreihenfolge in der Datenbank abgelegt werden. Anschließend wird die Transportsteuerung mit der Durchführung dieser Transportvorgänge beauftragt.

Der Transportsteuerung obliegt die Ausführung und Überwachung von zellenübergreifenden Transportvorgängen. Zunächst wird eine Übergabeanfrage an die Zelle gesendet, in der die zu transportierende Palette vorhanden ist. Der Zellenrechner überprüft, ob ein Übergabeplatz zum Transportsystem frei ist und die Palette freigegeben werden kann. Ist das der Fall, wird das Telegramm positiv quittiert. Die Transportsteuerung fragt anschließend bei der Zielzelle an, ob eine Einlagerung möglich ist. Daraufhin überprüft auch diese Zelle die aktuelle Platzsituation innerhalb der Zelle und sucht einen möglichen Übergabeplatz. Wenn die Palette in der Zelle Platz findet, wird wiederum eine positive Quittung an die Transportsteuerung gesendet. Die Transportsteuerung fordert daraufhin die Startzelle auf, die Palette auf den Übergabeplatz auszulagern und beauftragt anschließend die Transportzelle mit dem Transport der Palette zur Zielzelle. Sobald das Transportsystem den Übergabeplatz der Zielzelle erreicht hat, wird diese von der Transportsteuerung mit der Einlagerung der Palette beauftragt. Damit ist der Transportvorgang abgeschlossen.

Eine konfigurierbare Bedienoberfläche ermöglicht sowohl die Bedienung des IFMS als auch die Verfolgung des aktuellen Fertigungsgeschehens (Bild 9.25). Zu diesem Zweck wird das gesamte Fertigungssystem grafisch dargestellt. Blinkende Flaggen und andere Symbole werden zur Darstellung laufender Bearbeitungs- oder Transportvorgänge eingesetzt. Über Buttons können weitere Fenster aufgeblendet werden, die detaillierte Informationen beinhalten. So kann man sich über alle in einer Zelle laufenden Aufträge informieren oder die Auftragszugehörigkeit von Werkstücken auf einer Palette bestimmen. Die Informationen können bis zu einem beliebigen Detaillierungsgrad aufgeblendet werden. Die Generierung derartiger Oberflächen erfolgt unter Verwendung eines am WZL entwickelten Design-Tools. Der Entwickler entwirft zunächst alle Elemente der grafischen Oberfläche, integriert diese anschließend in ein Modell und beschreibt dessen Funktionsweise, indem er einzelnen Elementen bestimmte Funktionen zuordnet. Die Oberfläche, die der Bediener zur Laufzeit sieht, wird von einem Interpreter erzeugt und ereignisorientiert gesteuert.

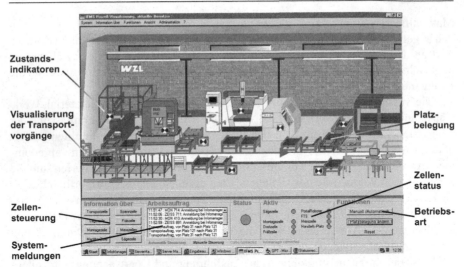

Zustands-indikatoren

Visualisierung der Transport-vorgänge

Platz-belegung

Zellen-status

Zellen-steuerung

Betriebs-art

System-meldungen

Bild 9.25. Grafisch-interaktive Bedienoberfläche von COSMOS^{plus}

9.3.3.3 Funktionen der Zellenebene

Die Zellenebene ist für die Durchführung der Vorgaben der Leitebene verantwortlich. Der Zellenrechner verwaltet und steuert zu diesem Zweck alle zur Zelle gehörenden Maschinen und Transportsysteme, Pufferplätze und Magazine sowie den Bestand an Werkstücken, Fertigungshilfsmitteln und Transportpaletten.

Auf Zellenebene sinkt der Anteil wiederverwendbarer Software gegenüber der Leitebene erheblich, da die zu steuernden Vorgänge vom Aufbau der Zelle abhängen. Grundsätzlich können jedoch alle Funktionen zur Verwaltung von Aufträgen, Beständen, Pufferplätzen usw. so verallgemeinert werden, dass sie in allen Zellenrechnern als Grundbausteine einsetzbar sind. Im Gegensatz dazu sind die zu steuernden Abläufe nicht nur vom Aufbau der Zelle abhängig, sondern können auch bei unterschiedlichen Werkstücken stark variieren.

Eine vom Aufbau der Zelle unabhängige Funktion ist die Verwaltung der Zellenauftragsliste. Diese Aufgabe ist dem Modul Auftragsverwaltung des Zellenrechners zugeordnet, das gleichzeitig auch die Schnittstelle zum Leitrechner darstellt. Die Auftragsverwaltung prüft die vom Leitrechner übergebenen Arbeitsgänge auf Durchführbarkeit. Ein Arbeitsgang ist durchführbar, wenn der vorgesehene Arbeitsplatz nicht gestört ist und alle zur Ausführung benötigten Werkstücke, NC-Programme und Fertigungshilfsmittel in der Zelle vorhanden und einsatzbereit sind. In diesem Fall wird der Arbeitsgang in den zelleninternen Arbeitsvorrat übernommen, andernfalls wird eine Differenzliste erstellt, mit der die noch fehlenden Objekte beim Leitrechner angefordert werden. Die Auftragsverwaltung beauftragt weiterhin die zelleninterne Ablaufsteuerung mit der Durchführung der Arbeitsgänge und nimmt Meldungen über den Auftragsfortschritt oder Störungen entgegen.

Die zelleninterne Materialflusssteuerung verwaltet und steuert die Belegung sämtlicher der Zelle zugeordneten Puffer-, Bearbeitungs- und Magazinplätze und die Transporte zwischen diesen Plätzen. Die Transportvorgänge werden von der Ablaufsteuerungder Zelle oder, im Falle von Ein- und Auslagerungsvorgängen, von der Leitebene veranlasst. Da der Materialfluss abhängig vom Layout der Zelle ist, muss die zelleninterne Materialflusssteuerung an dieses Layout anpassbar sein. Das geschieht über die Abbildung der in der Zelle vorhandenen Materialflussstationen in der Datenstruktur des Zellenrechners. Weiterer Programmieraufwand ist jedoch dann notwendig, wenn sich die Ver- und Entsorgungsstrategien für Material oder Werkzeuge in der Zelle ändern.

Schnittstelle zur NC-Steuerungsebene der Maschinen sind DNC-Treiberbausteine, die die Kommunikation zwischen Maschinensteuerungen und Ablaufsteuerung abwickeln. Über diese Schnittstelle veranlasst die Ablaufsteuerung beispielsweise das Laden und Starten von NC-Programmen. Andererseits sendet die Maschinensteuerung laufend aktuelle Status- oder Alarmmeldungen, um die Ablaufsteuerung über das aktuelle Prozessgeschehen zu informieren. DNC-Treiberbausteine müssen heute noch an die firmenspezifischen Kommunikationsprotokolle der verschiedenen Steuerungen angepasst werden.

9.3.3.4 Steuerungskomponenten

Die objektorientierte Softwarestruktur von COSMOS^{plus} spiegelt die Organisation des IFMS wider. Die durch die Objektorientierung geförderte Kapselung der Teilsysteme ermöglicht hierbei die unkomplizierte Verteilung der Fertigungsleitsoftware auf verschiedene Rechner (Bild 9.23). Es wäre daher auch denkbar, bei kleineren Systemen alle Zellenrechnerfunktionen auf einem einzigen leistungsfähigen PC ablaufen zu lassen.

Wesentlicher Bestandteil des Fertigungsleitsystems COSMOS^{plus} ist ein leistungsfähiges Datenbanksystem. Alle weiteren Rechner haben über das Ethernet-NetzwerkZugriff auf diese Datenbank. Um eine einheitliche Administration aller Rechner des Fertigungsleitsystems zu gewährleisten, wird durchgängig das Windows-Betriebssystem der Firma Microsoft verwendet. Hierdurch wird der Einsatz von kostengünstigen Standard-PCs für alle Aufgabenstellungen der Fertigungsleitsoftware ermöglicht. Die Verwendung von kostenintensiven Workstations ist mit der Umstellung auf COSMOS^{plus} nicht mehr erforderlich.

9.3.3.5 Industrieller Einsatz von COSMOS^{plus}

Für eine Anwendung aus der Industrie wurden Teile der Software von COSMOS^{plus} angepasst. Es handelt sich bei dieser Anwendung um ein flexibles Fertigungssystem, das aus einer Fräsmaschine mit zwei vorgelagerten Palettenstationen, einem Palettenlager und einer Rüststation besteht (Bild 9.26). Aufgabe der Software ist neben der Steuerung aller Bearbeitungs- und Transportvorgänge die Übernahme von Fertigungsaufträgen aus einem vorgelagerten PPS-System sowie die Rückmeldung

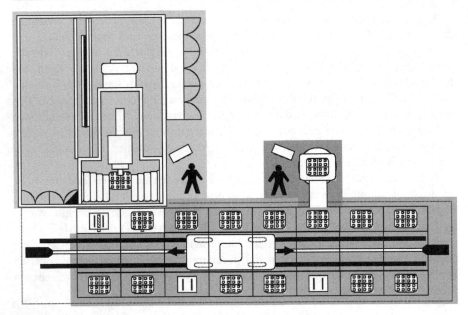

Bild 9.26. Industrielles Anwendungsbeispiel von COSMOS^{plus}

des Bearbeitungsfortschritts. Zudem müssen dem Benutzer Werkzeuge an die Hand gegeben werden, um sich einen Überblick über den aktuellen Systemzustand zu verschaffen und wenn nötig in den automatischen Ablauf einzugreifen. Bei der Entwicklung der Software musste weiterhin berücksichtigt werden, dass das System in Zukunft um eine weitere Maschine und um einen weiteren Rüstplatz erweitert werden soll.

Um die Fertigungsaufträge vom übergeordneten Rechner entgegennehmen zu können, wurde ein Modul entwickelt, das die in Dateien übergebenen Fertigungsaufträge in die Datenbank einträgt. Zur Rückmeldung des Auftragsfortschritts liest dieses Modul den aktuellen Systemzustand aus der Datenbank und schreibt ihn in eine für das übergeordnete System auswertbare Datei.

Für die Durchsetzung der Auftragsprioritäten wurde die COSMOS^{plus} Ablaufsteuerung an die vorliegende Anlage angepasst. Diese sucht bei einem freien Maschinenplatz die nächste auf dieser Maschine zu bearbeitende Palette im Lager und beauftragt die Materialflusssteuerung mit einem entsprechenden Transport. Die Materialflusssteuerung ist für die Ausführung der Transporte zuständig. Zur Kommunikation mit dem Transportsystem wurde ein Treiber entwickelt, der bei Bedarf die Platzbelegung ausliest, Transporte beauftragt und Rückmeldungen entgegennimmt.

Die Bearbeitung auf der Maschine wird durch das Zellenauftragsmanagement und die Zellenauftragskoordination gesteuert. Zur Kommunikation mit der Maschine wurde wiederum ein entsprechender Treiber entwickelt, der NC-Programme überträgt und startet, Werkzeugdaten ausliest etc. Die Werkzeugverwaltung wurde den Wünschen des Kunden angepasst. Bei Erweiterung um eine zweite Maschine

Bild 9.27. Auslagerung einer Palette aus dem Hochregallager durch das Regalbediengerät

müssen das Zellenauftragsmanagement, die Zellenauftragskoordination, die Werkzeugverwaltung und der Treiber ein zweites Mal mit entsprechenden Parametern gestartet werden.

9.3.4 Aufbau der Zellen des IFMS und informationstechnische Einbindung

9.3.4.1 Lager

Das Hochregallager dient der Lagerung von leeren Systempaletten sowie Paletten, die mit Rohteilen, Fertigteilen, Vorrichtungselementen usw. bestückt sind. Gleichzeitig hat das Lager die Aufgabe eines Fertigungspuffers, in dem halbfertige Werkstücke bis zur nächsten Bearbeitung zwischengespeichert werden können, Bild 9.27. Schnittstelle zum Transportsystem ist ein Übergabeplatz, über den Paletten ein- oder ausgelagert werden können. Der Transport zwischen Übergabeplatz und einem Lagerfach wird von einem SPS-gesteuerten Regalbediengerät (RBG) durchgeführt.

Informationstechnische Einbindung des Hochregallagers

Das Hochregallager wird durch einen eigenen Zellenrechner gesteuert, der über eine RS-232 Schnittstelle und die LSV/2-Prozedur direkt mit der Lagersteuerung kommuniziert. Der Zellenrechner verwaltet sowohl die Lagerplätze als auch den Lagerinhalt, koordiniert alle Ein- und Auslagerungsvorgänge und überträgt Steueranweisungen an das Regalbediengerät. Der Leitrechner veranlasst Ein- und Auslagerungsvorgänge, indem er ein entsprechendes Telegramm an den Zellenrechner sendet. Der Zellenrechner prüft daraufhin, ob noch ein freier Platz im Lager vorhanden ist bzw. ob sich die auszulagernde Palette überhaupt im Lager befindet. Zur Ausführung des Transportvorgangs werden die Start- und Zielkoordinaten an das Regalbediengerät übertragen. Sobald der Transport beendet ist, aktualisiert der Zellenrechner die Datenbank und sendet eine Quittung an den Leitrechner.

Bild 9.28. Fahrerloses Transportsystem

9.3.4.2 Transportsystem

Ein fahrerloses Transportsystem (FTS) verbindet Lager, Handarbeitsplatz und die verschiedenen Zellen (Bild 9.28). Als Werkstückträger dienen Transportrahmen im Europa-Format, auf denen Aufnahmeleisten montiert sind, die flexibel an unterschiedlichste Werkstücke angepasst werden können. Der direkte Transport von Werkstücken, die am Handarbeitsplatz auf Maschinenpaletten aufgespannt worden sind, ist durch die Verwendung spezieller Hilfsrahmen ebenfalls möglich. Im Gegensatz zu früheren Systemen benötigt dieses FTS zur Wegfindung keinen in den Boden eingelassenen Leitdraht. Der Fahrkurs und die Palettenstationen werden programmiert. Das Navigationssystem besteht aus Odometrie (Wegmessung) und Kreiselsteuerung. Zur Korrektur dieser Messsysteme sind entlang des Fahrkurses Referenzmagnete in den Boden eingelassen, deren genaue Position über eine Sensorleiste detektiert wird.

Da das FTS zur Übernahme bzw. Übergabe der Paletten sehr genau positioniert werden muss, ist an jeder Station ein Reflektor angebracht, den das FTS beim Positionieren vor den Stationen detektiert. Ultraschallsensoren überwachen das Umfeld des FTS, sodass bei Gefahr einer Kollision sofort auf Schleichfahrt umgeschaltet werden kann. Zusätzlich sind an der Vorder- und der Rückseite des Fahrzeuges Softbumper angebracht, die bei Kontakt mit einem Gegenstand das Anhalten des Fahrzeugs auslösen, um Schäden durch eine Kollision mit dem Fahrzeug zu verhindern. Die Datenübertragung zwischen FTS und Zellenrechner erfolgt drahtlos über ein Infrarot-Modem.

Informationstechnische Einbindung der Transportzelle

Aufgabe des Transportzellenrechners ist die Verwaltung der aktuellen Transportaufträge und die Festlegung der Transportreihenfolge auf Basis der Auftragsprioritäten. Die Transportaufträge werden zunächst von der Transportsteuerung der Leitebene in die Datenbank mit Angabe von Start- und Zielplatz und zu transportierender Palette eingetragen. Anschließend wird der Zellenrechner über ein Telegramm mit der Durchführung der Transportaufträge beauftragt. Der Zellenrechner prüft daraufhin zunächst die Plausibilität, d.h. er kontrolliert den Standort der zu transportierenden Palette und überprüft, ob der Zielplatz frei ist. Erst dann wird der Transportauftrag in die Transportwarteschlange entsprechend seiner Priorität übernommen.

Zur Durchführung eines Transportvorgangs überträgt der Zellenrechner Start- und Zielplatz des Transports an den Steuerrechner des FTS. Nach Durchführung des Transportauftrags aktualisiert der Zellenrechner den Standort der transportierten Palette in der Datenbank und sendet eine Transport-Endmeldung an den Leitrechner.

9.3.4.3 Sägezelle

Das automatische Sägezentrum des IFMS ermöglicht eine auftragsbezogene Bereitstellung von Werkstücken auf handhabungsgerechten Transportpaletten (Bild 9.29). Das integrierte Rohmateriallager der Säge bevorratet rundes und viereckiges Stangenmaterial aus Aluminium oder Stahl mit unterschiedlichen Abmessungen. Die Verwaltung des Lagerbestandes, der Transport zwischen Lager und Sägestation sowie der eigentliche Sägevorgang werden von einem PC-basierten Steuerrechner durchgeführt.

Nachdem ein Werkstück abgesägt worden ist, wird es mittels eines Transportschlittens zu einer Übergabestation gefahren, an der der Portalroboter das Werkstück entnehmen kann. Um ein Verkanten der Werkstücke durch Späne beim Ablegen auf dem Werkstückträger zu vermeiden, werden sie vom Roboter vorher an einer Entgratstation vorbeigeführt. Drehteile können vom Roboter vor dem Ablegen auf der Palette in die Zentrierstation eingelegt werden, in der automatisch zwei Zentrierbohrungen angebracht werden.

Informationstechnische Einbindung der Sägezelle

Der Sägezellenrechner erhält vom Leitrechner per Telegramm die Anweisung, eine bestimmte Anzahl von Rohteilen abzusägen und auf einer Palette zu kommissionieren. Zu diesem Zweck fordert der Zellenrechner zunächst eine leere, passend konfigurierte Palette beim Leitrechner an und beauftragt die Ablaufsteuerung mit der Durchführung des Sägeauftrags, sobald die Palette eingetroffen ist. Die Ablaufsteuerung des Sägezellenrechners liest daraufhin die Art des Rohmaterials und die Abmessungen des Rohteils aus der Datenbank.

Diese Daten werden anschließend an den Steuerrechner der Säge übertragen. Der Sägevorgang kann jedoch erst dann gestartet werden, wenn sich eine Brücke

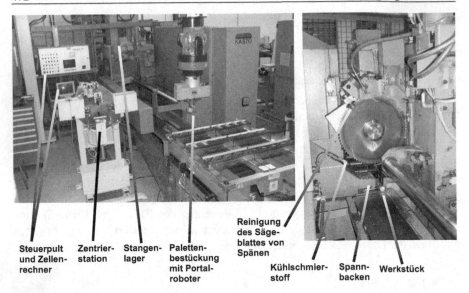

Steuerpult   Zentrier-   Stangen- Paletten-   Reinigung
und Zellen-   station   lager   bestückung   des Säge-
rechner   mit Portal-   blattes von
                                    roboter   Spänen
                                                   Kühlschmier-   Spann-   Werkstück
                                                   stoff   backen

Bild 9.29. Aufbau der Sägestation

des Portalroboters in der Sägezelle befindet. Da der Portalroboter für mehrere Zellen zuständig ist, fordert der Sägezellenrechner zunächst den Portalroboter an. Sobald sich der Roboter in der Sägezelle befindet, wird das Entladeprogramm in der Robotersteuerung angewählt und ein Startbefehl an die Säge erteilt. Das Entladeprogramm wird gestartet, wenn sich ein abgesägtes Rohteil auf dem Übergabetisch der Säge befindet. Sind alle Rohteile abgesägt, wird der Roboter freigegeben und der Leitrechner über den Abschluss des Sägeauftrags informiert.

9.3.4.4 Montagezelle

Die Montagezelle ist sowohl für die Montage von Baugruppen eines beliebigen Teilespektrums, z.B. Getriebe, als auch für die Montage und Demontage komplexer Spannvorrichtungen und Werkstückträger im Sinne eines automatischen Rüstens ausgelegt. Die Montage wird von einem Portalroboter mit automatischem Greiferwechsel ausgeführt.

Im Gegensatz zu anderen automatisierten Fertigungssystemen werden die Spannvorrichtungen im IFMS nicht mehr von Hand, sondern automatisch von einem Portalroboter montiert. Voraussetzung hierfür ist die Konstruktion robotermontagegerechter Elemente eines Baukastensystems. Vorrichtungsbaukästen eignen sich aufgrund ihrer Flexibilität und des gegenüber Sondervorrichtungen wesentlich geringeren Erstellungsaufwandes vorzüglich für kleine Serien bis hin zur Losgröße eins (Bild 9.30).

Konventionelle Baukastensysteme verfügen über eine Vielzahl zu handhabender und zu fügender Einzelteile, sodass hier zunächst Funktionen integriert werden

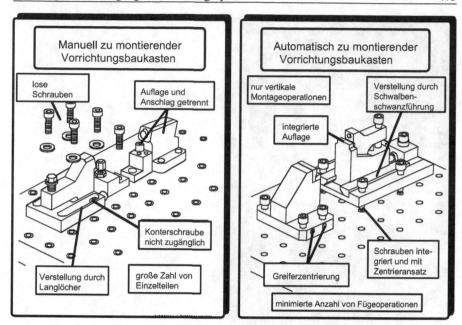

Bild 9.30. Funktionsmerkmale manuell und automatisch zu montierender Vorrichtungsbaukästen (nach Niedecker)

müssen. Weiterhin sind die Betätigungs- und Einstellelemente für Roboter oft kaum zugänglich und müssen daher anders angeordnet werden (Bild 9.31).

Die für die Vorrichtungsmontage benötigten Elemente werden als Vorrichtungsbaukasten in der Montagezelle zeitgleich mit einer leeren Maschinenpalette angeliefert. Die einzelnen Spannelemente sind über selbstzentrierende Passschrauben auf einer Grundplatte befestigt, die mit einem festen Bohrungsraster versehen ist (Bild 9.32). Durch diese Zwangspositionierung können Positionierfehlerdes Roboters ausgeglichen werden. Um die Spannelemente, An- und Auflageeinheiten trotz dieses Verbindungssystems möglichst frei im Raum platzieren zu können, wurden stufenlos verstellbare Zwischenelemente konstruiert, die als Adapter zwischen der Rasterplatte und den eigentlichen Vorrichtungselementen dienen. Die Vorrichtungsmontage erfolgt anhand eines Montageplans, der aus den Daten der CAD-gestützten Vorrichtungskonstruktion gewonnen wird. Art und Position der zu verwendenden Vorrichtungselemente werden aus dem CAD-Modell ausgelesen und vom Zellenrechner an den Roboter übertragen.

Ein ganz ähnliches Konzept wird bei der automatisierten Montage flexibler Werkstückträger für den Transport, die Speicherung und die Bereitstellung der abgesägten Rohteile verfolgt. Um ein großes Teilespektrum fertigen zu können, ohne an eine große Anzahl kapitalintensiver, fest konfigurierter Werkstückträger gebunden zu sein, werden Systempaletten eingesetzt, die aus einem Palettengrundrahmen und den darauf zu befestigenden Aufnahmeleisten bestehen (Bild 9.33).

Bild 9.31. Vorrichtungsmontage in der Montagezelle

Anforderungen an die Verbindung

- Ausgleich von Roboterungenauigkeiten
- hohe Funktionssicherheit
- exakte Zwangspositionierung der Vorrichtungselemente
- sichere Kraftübertragung

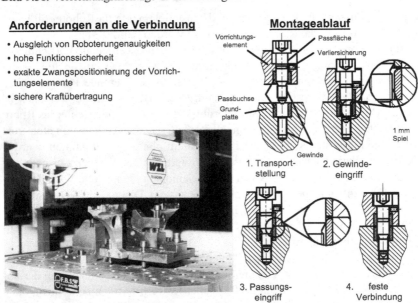

Bild 9.32. Fügekonzept der automatisierten Vorrichtungsmontage

Die Anpassung der Palette an die Werkstückform geschieht somit durch die Auswahl von Typ und Anordnung der Leisten. Um die Aufnahmeleisten trotz der Ungenauigkeit des Roboters exakt auf dem Palettenrahmen positionieren zu können, besitzt der Rahmen Zentrierbohrungen, in die jeweils eine der beiden Leisten mit zwei Stiften eingreift. Die zweite Leiste besitzt dagegen keine Zentrierstifte, da sie ja relativ zur ersten stufenlos verschiebbar sein muss. Die Befestigung der Leisten auf dem Rahmen geschieht über einen federbelasteten Schnellverschluss, der von den Zweifingergreifern betätigt wird.

Vor dem Montagevorgang werden unterschiedliche Leisten auf einer Palette bereitgestellt und in Abhängigkeit vom Fertigungsauftrag vom Roboter auf die Zielpalette montiert. Der dafür benötigte Montageplan wird direkt aus dem CAD-System gewonnen und an den Roboter übertragen.

Informationstechnische Einbindung der Montagezelle

Zur Durchführung eines Auftrags zur Montage von Transport- oder Vorrichtungspaletten muss der Zellenrechner zunächst die benötigten Leisten- und Vorrichtungselemente sowie eine leere Palette beim Leitrechner anfordern. Anschließend lädt die Ablaufsteuerung die Zielkoordinaten der zu montierenden Elemente aus der Datenbank, überträgt sie in die Robotersteuerung und startet das Montageprogramm. Der Roboter führt den Montageauftrag anhand der vorgegebenen Zielkoordinaten durch. Der Zellenrechner informiert den Leitrechner nach Abschluss des Montagevorgangs.

9.3.4.5 Drehzelle

Die in der Sägezelle abgesägten rotationssymmetrischen Teile werden lagerichtig auf einer Transportpalette abgelegt. Grundsätzlich kann die folgende Drehoperation wahlweise auf zwei verschiedenen Drehmaschinen ausgeführt werden. Beide Maschinen weisen ein unterschiedliches Konzept zur Be- und Entladung von Werkstücken auf. Wird der Auftrag auf der Drehmaschine Traub ausgeführt, wird zunächst in Abhängigkeit vom Durchmesser der zu fertigenden Werkstücke ein Backenwechsel durch den Roboter eingeleitet. Hierzu stehen drei verschiedene Spannbackensätze in einem Magazin zum Backenwechel bereit, da die Spannbacken der Drehmaschine nur einen begrenzten Werkstückdurchmesser spannen können. Anschließend werden die Werkstücke in die Maschine eingelegt. Um die Nebenzeiten für den Werkstückwechselvorgang zu verkürzen, wird ein Doppelgreifer eingesetzt, der ein bearbeitetes Teil gegen ein unbearbeitetes austauscht (Bild 9.34).

Wird der Auftrag dagegen auf der Drehmaschine Index V100 abgearbeitet, werden die abgesägten Rohteile zunächst auf einer Palette einem Handhabungssystem der Fa. Festo zugeführt. Dieses wird sowohl für die Be- und Entladung als auch für das Wenden des Werkstücks bei einer zweiseitigen Bearbeitung eingesetzt. Die Werkstückaufnahmen werden auf einem umlaufendes Transportband in den Arbeitsraum der Maschine befördert und dort mit der Spindel von dem Aufnahmeschlitten zu den feststehenden Werkzeugen transportiert. Nach der einseitigen Barbeitung

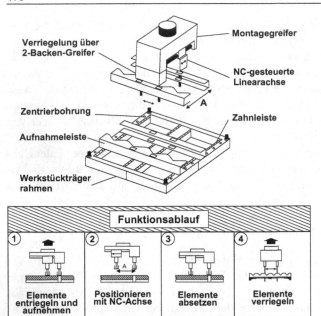

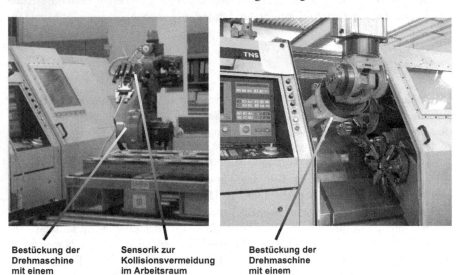

Bild 9.33. Ablauf der automatisierten Werkstückträgermontage

Bild 9.34. Werkstückwechsel an der Traub Drehmaschine

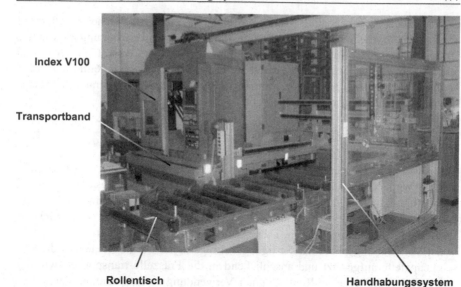

Bild 9.35. Werkstückwechsel an der Index Drehmaschine

wird das bearbeitete Teil zum Übergabeplatz am Handhabungssystem zurück transportiert (Bild 9.35).

Informationstechnische Einbindung der Drehzelle

Die Drehzelle wird vom Leitrechner per Telegramm mit der Durchführung einer Drehoperation beauftragt. Fällt die Wahl auf die Traub Drehmaschine wird zunächst vom Zellenrechner der Portalroboter angefordert. Gleichzeitig wird der Name des NC-Programms zur Durchführung der Drehoperation aus der Datenbank gelesen und das NC-Programm in die Steuerung der Drehmaschine übertragen. Anhand der Abmessungen des zu bearbeitenden Werkstücks entscheidet der Zellenrechner, ob das Backenfutter gewechselt werden muss. Zu diesem Zweck wird ein spezielles Backenfutter-Wechselprogramm in Drehmaschine und Roboter gestartet. Erst nach diesem Vorgang kann ein Werkstück in die Maschine eingelegt werden. Anhand eines Parameters wird dem Roboter mitgeteilt, ob es sich dabei um einen Einlege-, Entnahme- oder Wechselvorgang handelt. Sobald sich ein Rohteil in der Drehmaschine befindet, startet der Zellenrechner das NC-Programm.

Im Falle der Index V100 wird zunächst vom Zellenrechner die Steuerung des Festo Handhabungssystems via OPC (OLE for Process Control) mit der Bestückung der Werkzeugaufnahme beauftragt. Ist der Handhabungsvorgang abgeschlossen, wird der Name des entsprechenden NC-Programs zur Durchführung der Bearbeitung aus der Datenbank gelesen und über eine weitere OPC Verbindung in die NC-Steuerung der Index V100 übertragen und gestartet. Nachdem die Drehoperation beendet ist, wird das Handhabungssystem vom Zellenrechner angewiesen, das Fertigteil an der Übergabepositon zu entnehmen und auf einen entsprechenden Platz auf der Palette abzulegen bzw. das bearbeitete Teil zur zweiten Bearbeitung zu wenden.

Die aktuelle Position und der Bearbeitungszustand eines Werkstücks werden in jeder Situation von der zelleninternen Materialflusssteuerung nachgeführt. Dadurch kann die Bearbeitung nach einer Störung im Rahmen einer Wiederanfahrstrategie nach dem letzten Bearbeitungsschritt fortgesetzt werden.

9.3.4.6 Fräszellen

Das IFMS verfügt über zwei Zellen für die Fräsbearbeitung. In der ersten Zelle werden Werkstücke aus Stahl oder Aluminium bearbeitet. Sie besteht aus einem Bearbeitungszentrum und zwei voneinander unabhängigen Palettenstationen. Auf der ersten Station müssen die auf Transportpaletten angelieferten Werkstücke in Vorrichtungen gespannt werden. Dabei handelt es sich um die Vorrichtungen, die in der Vorbereitungsphase des Fertigungsauftrags in der Montagezelle auf die Maschinenpalette aufgesetzt und anschließend in die Fräszelle transportiert wurden. Der Portalroboter legt die Rohteile unter Verwendung eines speziellen Parallelbackengreifers mit integrierter Schraubvorrichtung in die Vorrichtung ein (Bild 9.36). Anschließend wird die Palette in die Wechselposition gefahren, sodass nach Beendigung einer Bearbeitung ein sofortiger Palettenwechsel erfolgen kann (Bild 9.37). Durch die Verwendung von zwei identisch aufgebauten Maschinenpaletten kann das Aufspannen zeitlich entkoppelt von der Bearbeitung durchgeführt werden. Geometrisch komplizierte Werkstücke müssen nach wie vor von Hand auf die Maschinenpalette aufgespannt werden. Dies geschieht am Handarbeitsplatz, z.B. für Getriebe und Deckel (Bild 9.38). Ein am Handarbeitsplatz aufgespanntes Getriebe mit dazu gehörendem Deckel wird über die zweite Palettenstation dieser Zelle auf den Palettenwechsler transportiert. Eine spezielle Übergabestation setzt dabei die Maschinenpalette vom Transportrahmen auf den Palettenwechsler um.

Die zweite Fräszelle besteht aus einem HSC-Bearbeitungszentrum (Bild 9.39) zur Bearbeitung von Magnesium und einer Palettenstation. Neben dem automatischen Werkzeugwechsler ist in die Maschine ein Drehtisch integriert, der ein schnelles Wechseln der Bearbeitungspalette ermöglicht. Auf diese Weise kann während der Bearbeitung auf der zweiten Palette das fertige Werkstück abgerüstet und das nächste Werkstück aufgerüstet werden, was eine Verringerung der Nebenzeiten bewirkt.

Informationstechnische Einbindung der Fräszellen

Der Zellenrechner der ersten Fräszelle ist für die Steuerung von Roboter, Bearbeitungszentrum, Palettenwechsler und Palettenübergabestation verantwortlich. In Abhängigkeit des zu fertigenden Werkstücktyps teilt die zelleninterne Materialflusssteuerung der Leitebene den Übergabeplatz für die anzuliefernde Palette mit.

Getriebegehäuse werden zunächst vom Zellenrechner auf den Palettenwechsler transportiert. Anschließend wird das Palettenwechselprogramm in der Steuerung des Bearbeitungszentrums gestartet. Gleichzeitig wird das NC-Programm in die

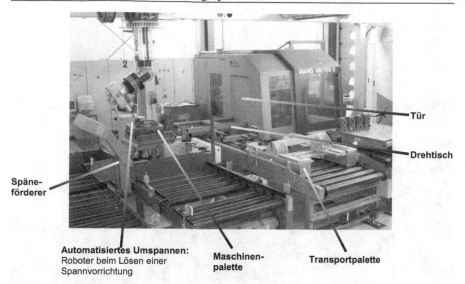

Bild 9.36. Automatische Bestückung einer Maschinenpalette mit Werkstücken

Steuerung übertragen, sodass unmittelbar nach Beendigung des Wechselvorgangs ein Bearbeitungsstart möglich ist.

Prismatische Rohteile müssen vor der Bearbeitung vom Roboter in eine Vorrichtung auf der Maschinenpalette gespannt werden. Dazu ermittelt der Zellenrechner die Lage eines noch unbearbeiteten Rohteils auf der Palette, überträgt die Koordinaten in die Robotersteuerung und startet das Einlegeprogramm. Anhand eines Parameters kann die Robotersteuerung erkennen, ob es sich um einen Einlege- oder Entnahmevorgang handelt. Sobald das Werkstück aufgespannt ist, wird die Maschinenpalette zur Wechselposition transportiert und nach Ende einer möglicherweise noch laufenden Bearbeitung in das Bearbeitungszentrum eingewechselt. In Abhängigkeit vom Bearbeitungszustand der Werkstücke, deren Position und der Anzahl der noch zu bearbeitenden Rohteile entscheidet der Zellenrechner, welche Aktionen als nächste durchzuführen sind. Diese Vorgehensweise ermöglicht ein Wiederanfahren des Zellenrechners aus jeder beliebigen Situation.

Bislang wird eine der beiden Fräszellen automatisch vom Leitsystem gesteuert. In dem HSC-Bearbeitungszentrum muss zunächst der Bearbeitungsprozess eingefahren werden, bevor auch diese Zelle in das Fertigungsleitsystem eingebunden wird.

Retrofitting des Bearbeitungszentrums

Die erste der beiden Fräsmaschinen wurde 1999 einem Retrofitting unterzogen. Hierbei wurden neben der Steuerung die Führungen, Messsysteme und Antriebe der Maschine ausgewechselt. Retrofitting wird durchgeführt, um vorhandene Maschinen mit besserer Steuerungssoft- und hardware auszurüsten. Dies ist günstiger

Bild 9.37. Palettenwechsel in der Fräszelle

und in der Regel schneller als die Neuanschaffung einer kompletten Maschine. Hierdurch kann gleichzeitig die Maschinenleistung z.B. durch digitale Antriebe und genauere Messsysteme verbessert werden. Im vorliegenden Fall lagen die Gründe für das Retrofitting in dem Bedarf nach einer höheren Genauigkeit und Leistungsfähigkeit der Maschine. Weiterhin besaß die vorherige Steuerung keine ausreichenden Werkzeugmanagementfunktionen, wie z.B. die Verwaltung von Werkzeugidentnummern.

Die neue Steuerung besitzt eine moderne Steuerungsoberfläche unter Windows NT, in die in Zukunft auch Leitsystemfunktionen integriert werden können. Weiterhin konnte mit der neuen SPS auch die Funktionalität des Palettenwechslers in die Maschine integriert werden. Daher müssen nicht mehr wie früher zwei unterschiedliche Steuerungen für den Palettenwechsel durch den Zellenrechner koordiniert werden. Schließlich konnte auch die LSV/2-Schnittstelle der alten Steuerung durch den Ethernet-Anschluss der neuen Steuerung ersetzt werden.

9.3.4.7 Messzelle

Kern der Messzelle ist ein werkstatttaugliches Koordinatenmessgerät, das nicht nur im klimatisierten Messraum, sondern auch in der rauen Fertigungsumgebung bei erheblichen Temperaturschwankungen eingesetzt werden kann (Bild 9.40). Mit Hilfe von Kettenförderern gelangt eine Maschinenpalette über den Rundtakttisch des Koordinatenmessgerätes, auf dem sich eine pneumatische Spannvorrichtung befindet. Die Palette wird aus ihrem Transportrahmen ausgehoben und auf die Auflagepunkte

Bild 9.38. Aufspannen von Getriebegehäuse und Gehäusedeckel am Handarbeitsplatz

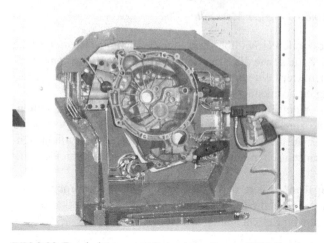

Bild 9.39. Bearbeitung von Magnesiumteilen im HSC-Bearbeitungszentrum

abgesenkt. Zusätzlich besteht die Möglichkeit, den Messtisch durch den Portalroboter mit Werkstücken zu beschicken. Bei der Beladung durch den Roboter kommt es auf eine abgesicherte Koordination zwischen Messgerät und Robotersteuerung an. Verschiedene Sensoren stellen sicher, dass sich die Pinole des Messgerätes in einer Sicherheitsposition befindet, sodass eine Kollision mit dem Roboter ausgeschlossen wird.

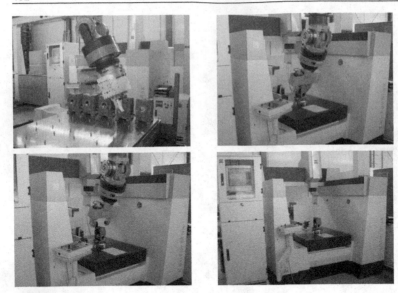

Bild 9.40. Qualitätskontrolle in der Messzelle

Informationstechnische Einbindung der Messzelle

Der Zellenrechner der Messzelle verfügt über fünf logische Schnittstellen, über die die Abläufe innerhalb der Zelle sowie die Kommunikation mit dem Fertigungsleitrechner abgewickelt werden. Der Leitrechner sorgt mit Hilfe der Materialflusssteuerung für die Bereitstellung des Werkstücks, das vermessen werden soll.

Anschließend schickt er ein Telegramm für den Messauftrag an den Zellenrechner der Messzelle. Die zur Durchführung des Messauftrags benötigten Daten werden aus der Datenbank ausgelesen. Eine digitale I/O-Schnittstelle dient dem notwendigen Informationsaustausch mit einer SPS, die den zelleninternen Palettentransport steuert.

Für Handhabungsaufgaben fordert der Zellenrechner den Portalroboter an. Schließlich werden noch der eigentliche Messablauf und die Kommunikation mit dem Koordinatenmessgerät vom Zellenrechner kontrolliert.

Literatur

1. AEG Aktiengesellschaft: *Produktionsleittechnik MCP*. Firmenschrift, (1988)
2. AG, S.: *Step 7 Programmiersystem*. Firmenschrift
3. Akima, H.: A new method of interpolation and smooth curve fitting based on local procedures. *J. ACM*, Jahrgang 17, , (1970)
4. Ameling, W.: *Digitalrechner 2. Datentechnik und Entwurf logischer Systeme*. Vieweg-Verlag, Wiesbaden, (1992)
5. Ameling, W.: *Digitalrechner. Grundlagen und Anwendungen*. Vieweg-Verlag, Wiesbaden, (1992)
6. Anand, S.: *CAD-directed robot path planning and collision avoidance using an octree-based data structure*. Dissertation, Pennsylvania State University, (1990)
7. Anand, S. und Knott, K.: *Heuristic search methods for finding collision free paths in the joint space of a manipulator*. Fachbericht, Society of Manufacturing Engineers, (1991)
8. Anderl, R. und Castro, P.: *CAD/CAM - Auf dem Weg zu einer branchenübergreifenden Integration*. Springer-Verlag, Berlin, (1990)
9. Asada, H. und Slotine, J.-E.: *Robot Analysis and Control*. John Wiley and Sons, (1986)
10. Association, O.: *OSACA Handbuch 2.0*. Stuttgart, (2000)
11. Auer, A.: *SPS - Aufbau und Programmierung*. Hüthig Verlag, Heidelberg, (1996)
12. Autorenkollektiv: Wege zur Verkürzung der Inbetriebnahme- und Stillstandszeiten komplexer Produktionsanlagen. In Weck, M., Eversheim, W., König, W. und Pfeifer, T. (Hrsg.), *Wettbewerbsfaktor Produktionstechnik*. VDI-Verlag, (1990)
13. Autorenkollektiv: *Wettbewerbsfaktor Produktionstechnik*. Aachener Werkzeugmaschinen Kolloquium. VDI-Verlag, Düsseldorf, (1993)
14. Azuma, R.: A survey of Augmented Reality. *Presence 6*, Nummer 4, Seiten 355–385, (1997)
15. Bailey, F.: *Halbleiter-Schaltungen*. R. Oldenbourg-Verlag, München, (1974)
16. Balzert, H.: *Die Entwicklung von Softwaresystemen - Prinzipien, Methoden, Sprachen und Werkzeuge*. Fachbericht, Bibliographisches Institut, Mannheim, (1982)
17. Balzert, H.: *Lehrbuch der Software-Technik*. Spektrum Akademischer Verlag, Heidelberg, Berlin, (1998)
18. Bartelt, V.: *Konzeption und Entwicklung eines Systems zur Digitalisierung und anschließenden Bearbeitung unbekannter Freiformflächen*. Dissertation, RWTH Aachen, (1999)
19. Baumann, H. G.: Roboter schielen auf Einzelstücke. *Roboter-Markt*, (1992)
20. Behr, B.: Viel Lärm um nichts: Aktuelle CD- und DVD-ROM-Laufwerke. *c't*, Nummer 15, (1999)
21. Berger, H.: *Automatisieren mit SIMATIC S5-135U*. Fachbericht, Siemens AG, Berlin, München, (1992)
22. Bernstein, H.: *PC-Speichermedien. Einkaufsführer und Benutzerleitfaden*. Markt und Technik Verlag, Haar, (1993)

23. Bielefeld, H.: *Speicherprogrammierbare Steuerungen in der Prozeßleittechnik*. VDE-Verlag, Berlin, (1990)

24. Black, B. und Ranzenberger, R.: A/D-Umsetzung - aber richtig. *Elektronik*, Nummer 24, (1999)

25. Blome, W.: *Der Sensor-Aktorbus: Theorie und Praxis des INTERBUS-S*. Verlag Moderne Industrie, Landsberg/Lech, (1993)

26. Blume, C. und Dillmann, R.: *Frei programmierbare Manipulatoren*. Vogel-Verlag, Würzburg, (1981)

27. Bögeholz, H.: Platten-Karussell: Festplatten mit EIDE- und SCSI-Schnittstelle. *c't*, Nummer 21, (1999)

28. Boole, G.: *The Mathematical Analysis of Logic*. Basil Blackwell, Oxford, (1965)

29. Borgolte, U.: The new standard robot programming language IRL. In *Proceedings of the 25. ISIR*, Hannover, (1994)

30. Born, H. e. A.: *AMIRA, Advanced man machine interface for robot systems applications*. Fachbericht, ESPRIT Projekt 22646, (1998)

31. Borucki, L.: *Digitaltechnik*. Teubner-Verlag, Stuttgart, (1989)

32. Bosch: *WinSPS Programmiersystem*. Firmenschrift

33. Brecher, C., Hoymann, H. und Lescher, M.: Effizienz und Flexibilität beim mobilen Einsatz von AR im Service. *wt - Werkstattstechnik online*, Nummer 5, (2004)

34. Brecher, C. und Voss, M.: Potenziale komponentenbasierter offener NC-Steuerungssysteme. In Brecher, C., Krüger, J., Uhlmann, E. und Pritschow, G. (Hrsg.), *Zukunftsweisende Steuerungs- und Maschinenkonzepte für die Fertigung*, Seiten 117–134. VDI-Verlag, Düsseldorf, (2005). VDI Reihe 2 Nr. 653

35. Brill, M.: *Offene Netze für die industrielle Kommunikation*. Firmenschrift, Siemens AG, (1991)

36. Bronstein, I. und Semendjajew, K.: *Taschenbuch der Mathematik*. Verlag Harri Deutsch, Frankfurt am Main, (1984)

37. Brouer, N.: *NC-Steuerungskern mit Datenschnittstelle für eine Autonome Produktionszelle*. Shaker Verlag, Aachen, (2000)

38. Brouer, N. und Weck, M.: Feature-oriented programming interface of an autonomous production cell. In *Proceedings of 4th IFAC Workshop on IMS*, Seiten 223–228, (1997)

39. Brühl, J.: *OSACA und HÜMNOS - Technische Ergebnisse*. Forschungsberichte, VDW, Frankfurt am Main, (1998)

40. Brühl, J. und Weck, M.: OSACA produktreif - Einheitliche Schnittstelle zu allen Steuerungen. *wt Werkstattstechnik*, Nummer 5, Seiten 263–264, (1999)

41. Bruins, D. H.: *Werkzeuge und Werkzeugmaschinen*. Hanser-Verlag, München, (1966)

42. Busse, R.: *Feldbussysteme im Vergleich*. Pflaum Verlag, München, (1996)

43. COSCOM: *CIM-Bausteine CAD-CAM-DNC*. Informationsmaterial, Ebersberg, (1993)

44. Dangelmaier, W.: Die C-Techniken - von CAx zu CIM. *Zeitschrift für Logistik*, (1990)

45. Daude, R., Hoymann, H. und Weck, M.: Task Oriented and Speech Supported User Interface in Production Technology. In *8th International Conference on Human-Computer Interaction*, (1999)

46. Daude, R. und Weck, M.: Kraftrückgekoppelte Bedienelemente. In Henning, K. und Weck, M. (Hrsg.), *Innovative Wege zur Handlungsunterstützung des Facharbeiters an Werkzeugmaschinen*, Aachener Reihe Mensch und Technik, Seiten 53–59. Wissenschaftsverlag Mainz, Aachen, (1998)

47. Day, J.-D. und Zimmermann, H.: The OSI Reference Model. *Proceedings of the IEEE*, Jahrgang 71, Nummer 12, Seiten 1334–1340, (1983)

48. Deltalogic: *Accon ProSys 1131 Programmiersystem*. Firmenschrift

49. Denavit, J. und Hartenberg, R. S.: A Kinematic Notation for Lower-Pair Mechanisms Based on Matrices. *Journal of Applied Mechanics*, Seite 215/221, (1995)

50. Deneb: *IGRIP - Robotersimulations- und Offline-Programmiersystem*. Firmenschrift, (1999)

51. DIN 19226: *Begriffe zum Verhalten von Schaltsystemen*, Band 3 der Reihe *Leittechnik, Regelungstechnik und Steuerungstechnik*. Beuth Verlag, Berlin, (1994)

52. DIN 24900: *Bildzeichen für den Maschinenbau, Teil 10*. Beuth-Verlag, Berlin, (1982)

53. DIN 30603: *Graphische Symbole für Einrichtungen, Teil 1*. Beuth-Verlag, Berlin, (1983)

54. DIN 40719, Teil 6: *Schaltungsunterlagen - Regeln für Funktionspläne(IEC 848)*. Beuth Verlag, Berlin, (1992)

55. DIN 55003: *Bildzeichen numerisch gesteuerter Werkzeugmaschinen, Teil 3*. Beuth-Verlag, Berlin, (1981)

56. DIN 66025: *Programmaufbau für numerisch gesteuerte Arbeitsmaschinen*. Berlin, (1981)

57. DIN 66025-1: *Programmaufbau für numerisch gesteuerte Arbeitsmaschinen*. Beuth-Verlag, Berlin, (1983)

58. DIN 66025-2: *Industrielle Automation. Programmaufbau für numerisch gesteuerte Arbeitsmaschinen. Wegbedingungen und Zusatzfunktionen*. Beuth-Verlag, Berlin, (1988)

59. DIN 66215: *Programmierung numerisch gesteuerter Arbeitsmaschinen. CLDATA. Allgemeiner Aufbau und Satztypen*. (1974)

60. DIN 66257: *Numerisch gesteuerte Arbeitsmaschinen. Begriffe*. Beuth-Verlag, Berlin, (1983)

61. DIN 66312: *IRL - Industrial Robot Language*, Kapitel 1. Beuth-Verlag, Berlin, (1993)

62. DIN EN 60204-1: *Allgemeine Anforderungen*, Band 1 der Reihe *Sicherheit von Maschinen - Elektrische Ausrüstung von Maschinen*. Beuth Verlag, Berlin, (1998)

63. DIN ISO 2806: *Industrielle Automatisierungssysteme - Numerische Steuerung von Maschinen - Begriffe*. Beuth-Verlag, Berlin, Auflage 1996-04, (1996)

64. DIN VDE 0801: *Grundsätze für Rechner in Systemen mit Sicherheitsaufgaben*. Beuth Verlag, Berlin, (1990)

65. Donovan, J.: *System-Programmierung*. Vieweg-Verlag, Wiesbaden, (1976)

66. Drews, P., Schmid, D. und Volkholz, V.: *Roboter in der Werkstatt*. Maschinenbau Verlag, Frankfurt am Main, (1997)

67. Durcansky, G.: *Digitaltechnik*. Physik-Verlag, Weinheim, (1983)

68. Dworatschek, S.: *Grundlagen der Datenverarbeitung*. De Gruyter-Verlag, Berlin, (1986)

69. Echelmann Industrieautomation: *Betriebsdaten-Workstation für flexible Fertigungssysteme: Systembeschreibung*, (1987)

70. Eckl, R., Pütgens, L. und Walter, J.: *A/D- und D/A-Wandler. Grundlagen, Prinzipschaltungen und Applikationen*. Franzis-Verlag, München, (1990)

71. Effelsberg, W. und Fleischmann, A.: Das ISO-Referenzmodell für offene Systeme und seine sieben Schichten. *Informatik-Spektrum*, Nummer 9, Seite 280/299, (1986)

72. End, W., Gotthardt, H. und Winkelmann, R.: *Softwareentwicklung - Leitfaden für Planung, Realisierung und Einführung von Datenverarbeitungverfahren*. Fachbericht, Siemens AG, Berlin, München, (1984)

73. Enderlein, R.: *Mikroelektronik*. Spektrum Akademischer Verlag, Heidelberg, (1993)

74. Engel, R.: *Objektorientierte Programmierung. Eine Einführung*. Markt und Technik Verlag, Haar, (1991)

75. Engeln-Müllges, G. und Reutter, F.: *Numerik-Algorithmen - Entscheidungshilfe zur Auswahl und Nutzung*. VDI-Verlag, (1996)

76. European Commision. *OSACA Final Report, ESPRIT III Project #6379*, (1996)

77. e.V., P. N.: PROFInet Architecture Description. In *PROFIBUS Guideline Draft Engineering Model Version 1.0*, Kapitel 2. Karlsruhe, (2001)

78. e.V. (VDW), V. D. W.: *Trendwende in der Steuerungstechnik: Herstellerübergreifend offene Systeme*. Verein Deutscher Werkzeugmaschinenfabriken e.V., Frankfurt, (1998)

79. Eversheim, W.: *Arbeitsvorbereitung*, Band 3 der Reihe *Organisation in der Produktionstechnik*. VDI-Verlag, Düsseldorf, (1990)

80. Eversheim, W.: *Grundlagen*, Band 1 der Reihe *Organisation in der Produktionstechnik*. VDI-Verlag, Düsseldorf, (1990)

81. Eversheim, W., Müller, G. und Katsy, B.: *NC-Verfahrenskette*. Beuth-Verlag, Berlin, (1994)

82. Fauser, M.: *Steuerungstechnische Maßnahmen für die Hochgeschwindigkeits-Bearbeitung - Geometriedatenverarbeitung auf der Basis von Splines und bandbegrenzende Führungsgrößen-Erzeugung*. Dissertation, RWTH Aachen, (1997)

83. Fedrowitz, C.: A Reduction Algorithm for Fast Collision Detection in PC-based Robot Off-line Programming. In *Proceedings of the 25. ISIR*, Hannover, (1994)

84. *FANUC Series 16/18i, 160i/180i Model A*. (1998)

85. Flaig, T., Neugebauer, J.-G. und Wapler, M.: VR4RobotS, A New Off-line Programming System Based on Virtual Reality Techniques. In *Proceedings of the 25. ISIR*, Hannover, (1994)

86. Flegel, Birnstiel und Nerreter: *Elektrotechnik für den Maschinenbauer*. Hanser-Verlag, Berlin, (1993)

87. Fleischer, D.: *Digitale Schaltglieder*. Fachbericht, Siemens AG, Berlin, München, (1985)

88. Franz, D.: *CAD/CAM-Basisbetrachtungen*. Fachbericht, Simens AG, Berlin, München, (1991)

89. Frentzen, B.: *Entwurf redundanter Steuerungssysteme - Ein Beitrag zur Steigerung der Sicherheit programmierbarer Steuerungen*. Dissertation, RWTH Aachen, (1987)

90. Freytag, A.: Zeichen setzen - Unicode in der Praxis. *c't*, Nummer 14, (1997)

91. Friedrich, A.: *Offenes DNC-Kommunikationssystem für numerisch gesteuerte Arbeitsmaschinen. Fortschritt-Bericht VDI, Reihe 20: Rechnerunterstützte Verfahren*. VDI-Verlag, Düsseldorf, (1993)

92. Friedrich, A. und Friedrich, J.: Netzwerkkonzepte - Mit Feldbus und LAN zum integrierten Informationsverbundsystem. Proceedings des Workshops V: Automatisierung in der Qualitätssicherung durchgängige Lösungen für die Messtechnik. In *7. Kongressmesse für industrielle Messtechnik MessCompü'93*, Wiesbaden, (1993)

93. Friedrich, A. und Friedrich, J.: Datenübertragung in der NC-Verfahrenskette. In *NC-Verfahrenskette*, Seite 105/145. Beuth-Verlag, Berlin, (1994)

94. Friedrich, W. H.: *ARVIKA - Augmented Reality für Entwicklung, Produktion und Service*. Publicis Corporate Publishing, Erlangen, (2004)

95. Frisch, H.: *Elektronik*. VDI-Verlag, Düsseldorf, (1978)

96. Furrer, F. J.: *Ethernet-TCP-IP für die Industrieautomation: Grundlagen und Praxis*. Hüthig Verlag, Heidelberg, (2000)

97. GE Fanuc Automation: *GE Fanuc Series 210iS-T*. Firmenschrift, Neuhausen, (1999)

98. GM, Ford und Chrysler: *Requirements of Open Modular Architecture Controllers for Applications in the Automotive Industry - Version 1.1*. Fachbericht, (1994)

99. Haasis, S. und Zimmermann, R.: *Effizienter Einsatz der CAD/NC-Kopplung*. Expert-Verlag, Ehningen, (1993)

100. Hackstein, R.: Klare Definition der C-Techniken. *Markt & Technik*, Nummer 36, (1986)

101. Hagelauer, R.: *ASIC-Entwurf für die Mikrosystemtechnik - Varianten, Verfahren, Systeme*. Begleitband zum Workshop Informationstechnik für Mikrosysteme, Kernforschungszentrum Karlsruhe, (1993)

102. Hammer, H.: Flexible Fertigungssysteme realisieren die computerintegrierte Fertigung. *Werkstatt und Betrieb*, Jahrgang 124, Nummer 5, (1991)

103. Happacher, M.: Offene Steuerungen: Das Eis ist gebrochen. *Elektronik*, Nummer 14, Seiten 18–19, (1998)

104. Happacher, M. und Möller, W.: In der Steuerungstechnik wird ein neues Kapitel aufgeschlagen. *Industrieanzeiger*, Nummer 10, (1998)

105. Hartenberg, R. S.: Die Darstellung und Handhabung der niederen Elementenpaare in einer auf Matrizenrechnung gegründeten Zeichensprache. *VDI*, Jahrgang 12, , Seite 145/155, (1956)

106. Häusler, L.: *MOS-Technologie*. Fachbericht, Siemens AG, Berlin, München, (1980)

107. Hekeler, M.: *Werkstattorientierte Produktionsunterstützung*. Fachbericht, TRAUB AG, (1992)

108. Herold, H., Maßberg, W. und Stute, G.: *Die numerische Steuerung in der Fertigungstechnik*. VDI-Verlag, Düsseldorf, (1971)

109. Hetschko, K. u.a.: Pressensteuerung mit Sicherheits-SPS und sicherem Feldbus. *iee*, Jahrgang 44, Nummer 11, Seite 12, (1999)

110. Heuer, A.: *Objektorientierte Datenbanken. Konzepte, Modelle, Systeme*. Addison-Wesley Verlag, Bonn, München, (1992)

111. Hilberg, W.: *Grundlagen elektronischer Schaltungen*. R. Oldenbourg-Verlag, München, (1992)

112. Hirzinger, G. und Heindl, J.: *Kraft-Momenten-Sensorgriff und Verfahren zum kombinierten Programmieren von Roboterbewegungen und Bearbeitungskräften bzw. -momenten*. Patent P3240251.1

113. Holder, M. und Plagemann, B.: *Der Industrie-PC in der Automatisierungstechnik*. Hüthig Verlag, Heidelberg, (1999)

114. Hölscher, H. und Rader, J.: *Mikrocomputer in der Sicherheitstechnik*. Verlag TÜV Rheinland, Köln, (1984)

115. Hoschek, J. und Lasser, D.: *Grundlagen der geometrischen Datenverarbeitung*. Teubner-Verlag, Stuttgart, (1992)

116. IEC 61131: Programming languages. Band 3 der Reihe *Standard for programmable controllers*. (1993)

117. Indramat GmbH: *Indramat MTC 200*. Firmenschrift, Lohr, (1999)

118. ISO. *Numerical control of machines - Vocabulary. Draft document for revision of ISO 2806, Dokumentennummer ISO/TCü184/SC 1/WG 2 N 51*, (1989)

119. ISO Genf. *ISO14649-CD: Data model for CNC controllers, commitee draft*, (2000)

120. ISO/DIS 6132: *Industrial automation systems - Numerical control of machines - Extended format and data structure*. Draft international Standard, (1989)

121. ISO/TC 184/SC 2/WG 4 N 219: *Graphical user interfaces for programming and operation of robots (GUI-R), DIS 15187*. (1998)

122. Jacobi, A. N.: *Realistische Simulation der Bewegungen Bewegungsführung von Industrierobotern*. Fachbericht, IPK Berlin, (1994)

123. John, K.-H. und Tiegelkamp, M.: *SPS-Programmierung mit IEC 1131-3: Konzepte und Programmiersprachen, Anforderungen an Programmiersysteme, Entscheidungshilfen*. Springer Verlag, Berlin, (2000)

124. Jung, F.: Universelles Datenaustauschformat. *itFokus*, Nummer 2, (2000)

125. Kamp, W.: *NC-Maschinen, Fachwörter und Definitionen*. VDI-Verlag, Düsseldorf, (1970)

126. Kästner, H.: *Architektur und Organisation digitaler Rechenanlagen.* Teubner-Verlag, Stuttgart, (1978)

127. Kief, H. B.: *NC/CNC-Handbuch 2000.* Hanser-Verlag, München, (1999)

128. Klein, F.: *NC-Steuerung für die 5-achsige Fräsbearbeitung auf der Basis von NURBS.* Dissertation, RWTH Aachen, (1995)

129. Klemmer, J.: Erfahrungen aus einer 10-jährigen DNC-Praxis im Flugzeugbau. *ZwF*, Jahrgang 81, Nummer 2, (1986)

130. Koch, G. und Rembold, U.: *Einführung in die Informatik für Ingenieure und Naturwissenschaftler.* Hanser-Verlag, Berlin, (1977)

131. Koch, T.: *Zustimmungsschalter.* Schriftenreihe der Bundesanstalt für Arbeitsschutz, Fb 681. Wirtschaftsverlag NW, Bremerhaven, (1993)

132. Kohen, E.: *Adaptierbare Steuerungssoftware für flexible Fertigungssysteme.* Dissertation, RWTH Aachen, (1986)

133. Köhler, C.: Der elektronische Leitstand Befehlsempfänger der PPS oder Partner der Werkstatt? *VDI-Z*, Jahrgang 132, Nummer 3, (1990)

134. Kohring, A.: *Systematisches Projektieren und Testen von Steuerungssoftware für Werkzeugmaschinen.* Dissertation, RWTH Aachen, (1993)

135. Koren, J. und Thaller, W.: *EDV für jedermann - Eine Einführung in die elektronische Datenverarbeitung.* Bibliographisches Institut, Mannheim, (1981)

136. Krebser, G.: *Betriebssystem für NC.* Springer-Verlag, Berlin, Heidelberg, (1992)

137. Kreidler, V.: CNC als CIM-Baustein. *NC-Fertigung*, Nummer 1, (1988)

138. Kreis, W., Möller, T. und Götz, S.: Montage- und Handhabungstechnik, Industrieroboter. Fachgebiete in Jahresübersichten. *VDI-Z*, Jahrgang 136, Nummer 4, Seite 108/117, (1994)

139. Kucera, G.: *Automatisieren mit SPS.* Markt & Technik Verlag, Haar, (1989)

140. Kuka Roboter GmbH: *KUKA KR C1: Bedienungsanleitung,* (1998)

141. Kuka Roboter GmbH: *KUKA KR C1: Systembeschreibung,* (1999)

142. Kuri, J.: Die richtige Hardware fürs LAN. *c't*, Nummer 17, (1999)

143. Latombe, J. C.: *Robot Motion Planning.* Kluwer Academic Publishers, Amsterdam, (1991)

144. Lauffs, H. G.: *Bediengeräte zur 3D-Bewegungsführung. Ein Beitrag zur effizienten Roboterprogrammierung.* Vieweg-Verlag, Wiesbaden, (1991)

145. Lehmann, J.: *FETs Kurz und bündig.* Vogel-Verlag, Würzburg, (1974)

146. Lehmann, J.: *Dioden und Transistoren.* Vogel-Verlag, Würzburg, (1983)

147. Lei, W. T.: *Flächenorientierte Steuerdatenaufbereitung für das Fünfachsige Fräsen.* Dissertation, Univ. Stuttgart, (1992)

148. Leist, K.: Sicherheitsgerichtete speicherprogrammierbare Steuerungen. *Automatisierungstechnische Praxis*, Nummer 6, Seiten 267–275, (1987)

149. Marposs GmbH: *Numerische Steuerungen und Messsteuerungen für Schleifmaschinen.* Firmenprospekt, Fellbach, (1991)

150. McKerrow, P. J.: *Introduction to Robotics.* Addison-Wesley, (1992)

151. Meister und Beuth: Elektrotechnik. In *Digitaltechnik*, Band 4. Vogel-Verlag, Würzburg, (1992)

152. Meschkowski, H.: *Mathematisches Begriffswörterbuch.* Hochschultaschenbücher-Verlag, (1966)

153. Milberg, J.: *NC-Werkzeugmaschinen und rechnerintegrierte Produktion.* Vorlesungsumdruck, Lehrstuhl für Werkzeugmaschinen und Betriebslehre, TU München, (1989)

154. Mitsubishi: *Melsec Medoc Programmiersystem.* Firmenschrift

155. Mittmann, R.: *International standardisierte SPS-Programmierung nach IEC 1131 zum Vorteil für Anwender und Hersteller.* Nummer 914 in VDI Berichte. Düsseldorf, (1991)

156. Moeller: *Sucosoft S 40 Programmiersystem*. Firmenschrift

157. NC-Gesellschaft Arbeitskreis DNC: *DNC im technologischen Umfeld*. NCG 2001 Entwurf, (1990)

158. Neipp, G. und Stracke, H.-J.: *Einführung in die CIM-Praxis*. VDI-Verlag, Düsseldorf, (1991)

159. NEOS ROBOTICS AB: *Trend setting break through for Neos Robotics*. Firmenschrift, (2000)

160. N.N.: *http://www.arcweb.com/omac*

161. N.N.: *http://www.ProSTEP.de*

162. N.N.: Hat CIM noch eine Zukunft? *CIM-Management*, Nummer 2, Seite 31/41, (1993)

163. N.N.: *HEIDENHAIN ATEK HS PLUS*. Programmieranleitung, (1996)

164. N.N.: Programmierbare Sicherheitssteuerungen. *SPS-Magazin*, Nummer 7, Seite 12, (1997)

165. N.N.: *Style Guide Werkzeugmaschinen (HÜMNOS/OSACA)*. Frauenhofer Institut für Arbeitswissenschaften und Organisation IAO und Frauenhofer IRB Verlag, (1997)

166. N.N.: *FIDIA M and C Controls - Programmieranleitung*. (1998)

167. N.N.: CAD/CAM. *Computer@Produktion*, Nummer 4, (1999)

168. N.N.: Der weite Weg zur Werkstatt-CNC. *maschine + werkzeug*, Nummer 10, Seiten 136–143, (1999)

169. N.N.: *NUM 1050 - Programmieranleitung*. (1999)

170. N.N.: Feldbusnorm: Die IEC 61158 ist durch. *Computer & Automation*, Nummer 1-2, (2000)

171. N.N.: Weltmarkt für SPS. *Industrieanzeiger*, Nummer 1-2, (2000). Konradin Verlag

172. Oberdorfer, B.: *Optoelektronische 3D-Meßtechnik. Erfassen und Verarbeiten der Werkstückgeometrie - Digitalisiertechniken für Konstruktion und Bemusterung*. Technologieforum, Fraunhofer IPA, (1996)

173. Oestreicher, T.: *Rechnergestützte Projektierung von Steuerungssystemen*. Dissertation, TH Karlsruhe, (1986)

174. Opitz, H.: *Moderne Produktionstechnik. Stand und Tendenzen*. Girardet Verlag, Essen, (1970)

175. Osterwinter, M.: *Steuerungsorientierte Robotersimulation*. Vieweg-Verlag, Wiesbaden, (1992)

176. Paul, R. P.: *Robot Manipulators, Mathematics, Programming and Control*. MIT Press, Cambridge, Massachussets, London, (1981)

177. Pfeifer, T.: *Fertigungsmesstechnik*. R. Oldenbourg-Verlag, München, Wien, (1998)

178. Pfeiffer, H.-J.: Optimierung und Kontrolle von NC-Drehprogrammen durch Simulation. *VDI-Z-Special CAD/CAM*, Nummer 5, Seiten 6–18, (1993)

179. Philippow, E.: Taschenbuch Elektronik. In *Bauelemente und Bausteine der Informationstechnik*, Band 3. Verlag Technik, (1989)

180. Plagemann, B.: *Speicherprogrammierbare Steuerungen*. Hüthig Verlag, Heidelberg, (1990)

181. Plapper, V., Wenk, C. und Weck, M.: Augmented Reality unterstützt Teleservice. *Werkstatttechnik (wt)*, Nummer 6, Seiten 293–294, (1999)

182. Popp, M.: *Profibus-DP: Grundlagen, Tipps und Tricks für Anwender*. Hüthig Verlag, Heidelberg, (2000)

183. Prassler, E., Dillmann, R. und Kuntze, H.-B.: *Robotik in Deutschland*. Shaker Verlag, Aachen, (1998)

184. Pritschow, G. und Frager, O.: Roboterzellen Programmierung: Die Sprache IRL und der Zwischencode ICR. *Robotersysteme*, Nummer 8, (1992)

185. Pritschow, G., Spur, G. und Weck, M.: *Leit- und Steuerungstechnik in flexiblen Produktionsanlagen*. Hanser-Verlag, München, Wien, (1991)

186. Pritschow, G., Spur, G. und Weck, M.: *Tendenzen in der NC-Steuerungstechnik*. Hanser-Verlag, München, Wien, (1993)

187. Pritschow, G., Storr, A., Gruhler, G. und Schuhmacher, H. (Hrsg.). *Off-Line Programming System with Geometrical Data Recording by Manually Guided Industrial Robot*, (1986). IFIP Working Conference on Off-Line-Programming of Industrial Robots

188. Rieseler, H.: *Roboterkinematik - Grundlagen, Invertierung und symbolische Berechnung*. Vieweg-Verlag, Wiesbaden, (1992)

189. Robert Bosch GmbH: *CC 200/300 BABNET Kommunikationsverfahren*. Firmenschrift, Erbach, (1987)

190. Robert Bosch GmbH: *Tool-Management-System TOMS*. Firmenschrift, (1988)

191. Robert Bosch GmbH: *Bosch Typ 3 osa*. Firmenschrift, Erbach, (1999)

192. Robert Bosch GmbH: *rho4: Systembeschreibung*. Fachbericht, (1999)

193. Sauter, R.: *Numerische Steuerungen im Werkzeugmaschinenbau - Funktionen, Programmierung und Betrieb*. Vogel-Verlag, Würzburg, (1987)

194. Schade, K.: *Mikroelektroniktechnologie*. Verlag Technik, Berlin, (1992)

195. Schäfer, W.: *Steuerungstechnische Korrektur thermoelastischer Verformungen an Werkzeugmaschinen*. Dissertation, RWTH Aachen, (1993)

196. Scheifele, D.: Offene Offerte. *NC-Fertigung*, Nummer 1, Seiten 44–46, (1994)

197. Scheingold und Daniel: *Interfaceschaltungen zur Messwerterfassung*. R. Oldenbourg-Verlag, München, (1983)

198. Schlingensiepen, J.: Zeit sparen dank neuer CNC-Steuerung. *REFA Nachrichten*, Nummer 1, Seiten 4–11, (1994)

199. Schneider, G.: Feuerprobe bestanden - PC-Technologie in der Robotersteuerungstechnik erfolgreich eingeführt. *Elektronik*, Nummer 8, (1998). Sonderdruck der Kuka Roboter GmbH

200. Schneider, H.: *Lexikon der Informatik und Datenverarbeitung*. R. Oldenbourg-Verlag, München, (1986)

201. Schweigert, U.: Kleine Fügespiele. Sensorgeführte Industrieroboter in der Präzisionsmontage. *Roboter-Markt*, (1992)

202. Seifert, H.-J.: *Modellgestützte Diagnose komplexer Produktionssysteme - Ein Beitrag zur Erhöhung der Verfügbarkeit kapitalintensiver Fertigungsanlagen*. Dissertation, Univ. Bochum, (1992)

203. Shah, R.: *NC Guide*. NCA Verlag, Zürich, (1972)

204. Siemens AG: *STEP 5*. Firmenschrift, (1993)

205. Siemens AG: *SIMENS 840D - Programmieranleitung Arbeitsvorbereitung*. (1996)

206. Siemens AG: *User's Manual, SINUMERIK 840D, OEM-Package NCK*. Firmenschrift, Erlangen, (1997)

207. Siemens AG: *Siemens Automatisierungs- und Antriebstechnik Katalog CA 01*. (1999)

208. Siemens AG: *Sinumerik 840 D. Katalog CA 01*. Firmenschrift, Erlangen, (1999)

209. Siemens AG A&D: *Schneller von der Zeichnung zum Werkstück: Einfacher fräsen mit ShopMill*. Firmenschrft E80001-V211-A138, (1999)

210. Silberschatz und Galvin: *Operating System Concepts*. Addison-Wesley, Auflage 4, (1994)

211. Silma: *CimStationRobotics*. Firmenschrift, (1999)

212. Simon, W.: *Die numerische Steuerung von Werkzeugmaschinen*. Hanser-Verlag, München, (1971)

213. Skudelny, C.: *Kosten und Nutzen der Simulation in der Strukturplanung*. ASIM-Arbeitskreis für Simulation in der Fertigungstechnik, Aachen, (1994)

214. Snyder, W. E.: *Computergesteuerte Industrieroboter. Grundlagen und Einsatz.* VCH-Verlagsges., Weinheim, (1990)

215. Sosonkin, V. L.: *Mikroprozessorsysteme für CNC-Steuerungen für Werkzeugmaschinen.* Verlag Technik, Berlin, (1990)

216. Sossenheimer, K. H.: *Entwickeln von Instrumentarien zur rationellen Planung und Steuerung der Inbetriebnahme komplexer Produkte des Werkzeugmaschinenbaus.* Dissertation, RWTH Aachen, (1989)

217. Spät, H.: *Eindimensionale Spline-Interpolationsalgorithmen.* R. Oldenbourg Verlag, München, (1990)

218. Spur, G.: *Vom Wandel der industriellen Welt durvh Werkzeugmaschinen: eine kulturgeschichtliche Betrachtung der Fertigungstechnik.* Hanser, München u.a., (1991)

219. Spur, G.: Zusammenhang von Informationstechnik und Fertigungstechnik. In *FMS Flexible Manufacturing Systems; Past - Present - Future. 25th CIRP International Seminar on Manufacturing Systems*, Bled, (1993)

220. Spur, G., Specht, D. und Schröder, S.: Die numerische Steuerung. In *Culture and technical innovation*, Seiten 621–735. (1994)

221. Spur, G. und Woijcik, L.: Flexibel vom CAD-Modell zum NC-Programm. *ZwF*, Nummer 2, Seiten 71–74, (1993)

222. Stiller, A.: Hoppla, jetzt komm ich! Athlon, AMD's neuer Superchip tritt ins Rampenlicht. *c't*, Nummer 16, (1999)

223. Stiller, A.: Prozessorgeflüster: Von Kupfer und Grünspan. *c't*, Nummer 25, (1999)

224. Stroustrup, B.: *Die C++Programmiersprache.* Addison-Wesley Verlag, Bonn, München, (1992)

225. Tecnomatix: *ROBCAD - Manufacturing Process Design & Robotics.* Firmenschrift, (1999)

226. Tietze, U. und Schenk, C.: *Halbleiter-Schaltungstechnik.* Springer-Verlag, Berlin, (1993)

227. Tönshoff, H., Martens und Menzel: DNC - Entwicklung, Konzepte, Funktionen, Tendenzen. Vom Direct Numerical Control zum Distributed Numerical Control. *VDI-Z*, Jahrgang 131, Nummer 9, (1989)

228. TRAUB (Hrsg.). *Drehen*, Band 3 der Reihe *CNC-Ausbildung für die betriebliche Praxis.* Hanser-Verlag, (1992)

229. VDI 2854: *Sicherheitstechnische Anforderungen an automatisierte Fertigungssysteme.* Beuth Verlag, Düsseldorf, (1991)

230. VDI-Gemeinschaftsausschuß CIM und VDI-Gesellschaft Entwicklung, Konstruktion, Vertrieb (Hrsg.). *Produktdatenverarbeitung*, Band 2 der Reihe *Rechnerintegrierte Konstruktion und Produktion.* VDI-Verlag, Düsseldorf, (1990)

231. VDI-Richtlinie 3424: *Numerisch gesteuerte Arbeitsmaschinen - Direktsteuerung mit Hilfe von Digitalrechnern.* VDI-Verlag, Düsseldorf, (1972)

232. VDI/DGQ 3441-3445: *Statistische Prüfung der Arbeits- und Positionsgenauigkeit von Werkzeugmaschinen*

233. Vries-Baayens, A.: *CAD product data exchange: conversions for curves and surfaces.* Dissertation, Technische Universität Delft, (1991)

234. Warnecke, H.-J. und Schraft, R. D.: *Handbuch Handhabungs- Montage- und Industrierobotertechnik.* Verlag Moderne Industrie, Landsberg am Lech, (1989)

235. Warnecke, H.-J. und Schraft, R. D.: *Handbuch Handhabungs- Montage- und Industrierobotertechnik-Erweiterungsblätter.* Verlag Moderne Industrie, Landsberg am Lech, (1997)

236. Weck, M.: Benutzerorientierte Software sichert Anwendern Wettbewerbsvorteile. *Industrie Anzeiger*, Nummer 9, (1997)

237. Weck, M.: Werkzeugmaschinen, Fertigungssysteme. In *Messtechnische Untersuchung und Beurteilung*, Band 5. Springer-Verlag, Berlin, Heidelberg, (2001)

238. Weck, M. und andere: *Simulation in CIM*. Verlag TÜV Rheinland, Köln, (1991)

239. Weck, M. und andere: Die offene Steuerung - Zentraler Baustein leistungsfähiger Produktionsanlagen. In *AWK'93: Wettbewerbsfaktor Produktionstechnik*, Seiten 4–43 – 4–72. VDI-Verlag, (1993)

240. Weck, M. und andere: „Wie offen hätten sie's denn gern?"- Offene Systeme in der Fertigung. In *AWK'96: Wettbewerbsfaktor Produktionstechnik*, Seiten 2–47 – 2–79. VDI-Verlag, Düsseldorf, (1996)

241. Weck, M., Brouer, N. und Daude, R.: Steuerung und Benutzungsschnittstelle einer Autonomen Produktionszelle. In Weck, M., Spur, G. und Pritschow, W. (Hrsg.), *Zukunftsweisende Steuerungs- und Maschinenkonzepte für die Fertigung*, Nummer 439 in 2, Seiten 1–17. VDI-Verlag, Düsseldorf, (1997)

242. Weck, M. und Dammertz, R.: Graphical robot programming and generation of application specific programming interfaces. *Annals of the WGP*, Jahrgang 1, Nummer 4, Seite 87 f., (1997)

243. Weck, M. und Daude, R.: Gesagt - getan. Sprachverarbeitung für Werkzeugmaschinen. *Schweizer Maschinenmarkt*, Nummer 27, Seiten 32–34, (1998)

244. Weck, M., Jahn, D., Hoymann, H. und Lescher, M.: Mobile service applications for machine tools. In Ong, S. und Nee, A. Y. C. (Hrsg.), *Virtual and Augmented Reality Applications in Manufacturing*. Springer, Berlin, (2004)

245. Weck, M., Jahn, D., Kurth, A. und Peters, A.: Component based control software for distributed manufacturing. In *Proceedings of 2000JUSFA*, (2000)

246. Weck, M., Koch, T., Sonnenschein, K., Friedrich, J. und Hummels, M.: Praxisnahe Lösungen - Zellensteuerung: Offene, modulare Architektur. *Industrie-Anzeiger*, Jahrgang 35, , (1992)

247. Weck, M. und Kohring, A.: *Sicherheitsaspekte bei der Ansteuerung von Industrieroboterachsen*. Schriftenreihe der Bundesanstalt für Arbeitsschutz, Fb 627. Wirtschaftsverlag NW, Bremerhaven, (1990)

248. Weck, M., Lange, N. und Pauls, A.: Ablaufsteuerung und Werkzeugfluss koordinieren. *Industrie-Anzeiger*, Nummer 49/50, (1991)

249. Weck, M. und Lopez, M.: Adaptierbare Bedienoberfläche für Fertigungsleitsysteme. *VDI-Z*, Jahrgang 134, Nummer 6, (1992)

250. Weck, M., Mertens, R. und Schubert, I.: *Sicherheit an Großmaschinen I und II*. Forschungsbericht, VDW, (1992)

251. Weck, M. und Weeks, J.: Montage modularer Spannvorrichtungen durch Industrieroboter: Programmierung in der Werkstatt. *Schweizer Maschinenmarkt*, Nummer 9, (1992)

252. Werkzeugmaschinenlabor, R. A.: *Handbuch des Informationszentrums für Schnittwerte (INFOS)*, (1979)

253. Werner und Kolb Werkzeugmaschinen GmbH: *Flexible Fertigungssysteme in der Praxis*. Firmenschrift, Berlin, (1988)

254. Wittmann, K.: *Die Entwicklung der Drehbank*. VDI-Verlag, Düsseldorf, (1960)

255. Wolf, G.: *Digitale Elektronik*. Franzis-Verlag, München, (1977)

256. Wollenberg, R.: Geometriedatenerfassung bei räumlichen Modellen. *tz für Metallbearbeitung*, Nummer 80, Seite 8, (1986)

257. Wulfsberg, J.: *Diagnose und Kompensation thermoelastischer Verlagerungen in Schleifmaschinen*. Dissertation, TU Hannover, (1991)

258. Zabel, A.: *Werkstattorientierte Programmierung von Industrierobotern für automatisiertes Lichtbogenschweißen*. Dissertation, RWTH Aachen, (1993)

259. Zaks, R.: *Chip und System - Einführung in die Mikroprozessortechnik*. Sybex-Verlag, Düsseldorf, (1984)

260. Zastrow, D. und Wellenreuther, G.: *Steuerungstechnik mit SPS*. Vieweg Verlag, Wiesbaden, (1995)

261. Zeller, F.-J.: *Sensorplanung und schnelle Sensorregelung für Industrieroboter*. Dissertation, Universität Erlangen-Nürnberg, (1995)

Index